기후위기, 탄소중립을 대응하는

올바른 건축시공 가이드북

김재문, 삼우씨엠 엮음

01

발간사

안녕하십니까. 삼우씨엠건축사사무소 사장 허 인입니다.
「올바른 건축시공 가이드북」을 발간하게 되어 매우 기쁘게 생각합니다.
1976년 창립 이래 대한민국 건설 문화의 선두주자로 성장해 온 삼우씨엠은 우리의 기업 미션인 'Better solutions to more people'을 실현하고자 본 책자를 발간하였습니다. 반세기 가까이 쌓아온 건설사업관리 노하우를 공유하여 우리의 사회적 책임을 다하고자 합니다.

본 책자는 최근 관련 규정과 건설시장의 변화를 반영하여,
소규모 건축물 시공에 필요한 다양한 공정에 대한 가이드를 제공합니다.
소규모 건축공사의 일반사항, 에너지 효율 최적화 방안, 주요 공정별
상세 지침을 담아 실용적인 참고서로 활용될 수 있도록 했습니다.

또한, 4차 산업혁명 시대의 건설사업 관리에 필요한 전문 기술과 현장관리의 선진화 내용을 포함하고 있어, 고객과 동종업계, 학계의 참고자료로 활용될 뿐만 아니라 현장 시공에도 큰 도움이 될 것으로 기대합니다.

삼우씨엠의 전 임직원은 앞으로도 국내 건설 산업 발전을 위해 끊임없이 노력할 것을 약속드립니다. 이 책자가 발간되기까지 열정과 헌신을 다해 주신 모든 임직원 여러분께 깊은 감사를 드립니다.
「건축물 시공가이드」가 여러분의 업무에 실질적인 도움이 되기를 진심으로 희망합니다. 감사합니다.

2024년 12월
(주)삼우씨엠건축사사무소 사장 **허 인**

대표 저자 서문

건축시공 가이드북은 올바른 시공을 통해 **우리 건축물이 기후위기**Climate Crisis **및 탄소중립**carbon neutrality **시대를 잘 적응**Adaptation**하기 위한 책자**입니다.

조금 거창한 단어(기후위기 및 탄소중립)로 시작하지만, **올바르지 못한 재료, 공법 및 시공 품질로 발생하는 눈에 보이지 않는 하자는 ① 거주자의 건강 및 생명을 위협** 할 수 있으며, **② 공인된 ZEB**Zero Energy Building **또는 GR**Green Remodeling**, 녹색건축 인증 등 친환경 건축물을 일반 건축물 보다 못한 건축물로 구현** 될 수 있습니다.

다양한 하자 및 낮은 시공 품질로 인한 에너지 손실 등의 원인은 다양하겠지만, 설계 및 시공 실무자의 **올바르지 못한 재료 선택, 보관 및 시공 방법(설계 디테일의 이해, 시공 절차 및 방법 등)에 대한 이해나 경험 부족이 큰 원인**이 될 수 있습니다.

따라서 이 건축시공 가이드북은 국내외 다양한 국가 시방서 및 시공가이드북을 기초로, 독자들의 **올바른 시공 방법의 이해도를 높이기 위해 2D, 3D 이미지 기반의 재료 및 시공 방법(순서도)을 제작**해 활용하였습니다. 또한, 자주 발생하는 공종별, 세부 공법 별로 하자 사례를 포함시켰습니다. 특히, **ZEB 1등급 시공사례, 아산시 공공 GR 공사 사례 및 기밀, 열교, 단열, 창호, 방수 등 주요 자재 생산업체의 협조를 받아 올바른 실제 시공 사례를 포함시켜서 기존의 시공 가이드북과 차별화** 하였습니다.

마지막으로 본 가이드북은 건축법 사각지대에 놓여 있는,
소규모 건축물 설계 및 시공 실무자를 위해 작성되었지만,
공종별 시공 가이드북의 세부사항은 규모에 상관없이 활용 가능합니다.

제1권에서는 건축공사 일반사항, 건축물 소비 에너지 최적화를 위한 공통 요소인 패시브 건축자재 및 시공 방법과 패시브, ZEB 인증 사례를 설명하였으며, 건축공사 주요 공종인, 지반공사, 콘크리트 공사, 강구조 공사, 목공사, 조적공사 및 석공사로 구성하였습니다.

제2권에서는 하자(온열환경, 결로, 기밀, 방수 등) 및 에너지 소비에 미치는 영향이 높은 방수, 단열, 미장, 타일 및 테라코타 공사, 수장, 천정, 외벽, 창호 및 유리공사, 지붕공사 및 건축물 유지관리 순으로 구성됩니다.

독자분들은 가이드북을 수험서처럼 활용하기 보다, 설계 및 시공 실무과정에서 해당 공종의 올바른 설계 디테일 이해, 재료 선정, 보관(운반) 및 시공방법(순서 등) 등을 이해 또는 응용해 보는 용도로 활용하기를 권고 드립니다.

2024년 12월
(주)삼우씨엠건축사사무소 **김재문 이사**

책자 작성과정 및 주요 대상 건축물

소규모 건축물은 중대형 건축물과 달리 시공 품질과 안전 관리 측면에서 상대적으로 사각지대에 놓여 있는 경우가 많습니다.

이는 건축물의 구조적 안정성뿐만 아니라 거주자의 안전과 편의성에 부정적인 영향을 미치고 있으며, 특히 신축과 리모델링 시장을 막론하고 부실시공과 하자 분쟁 또한 가속화 하는 실정에 있습니다.

이 책자는 이러한 현실적인 문제를 해결하고자 **국토교통부 R&D 과제인 『소규모 건축물의 소비에너지 최적화 설계·시공 기술』** 연구를 바탕으로 작성되었으며, 연구의 성과물인 72개 공종 중 소규모 건축물의 핵심 공종 38개를 선정하여 18개의 챕터로 구분하여 정리하였습니다.

본 책자에서 정의하는 소규모 건축물이란, 기본적으로 660㎡ 미만의 4층 이하 건물로, 단독주택이나 다가구주택, 다세대주택, 상가주택(근생) 등의 건물 유형을 의미하며, 소규모 건축물에서 발생하고 있는 다양한 문제점과 현상을 담아 내고자 하였습니다.

독자들이 본 책자를 활용하여 소규모 건축물의 설계와 시공 과정에서 흔히 발생할 수 있는 문제를 사전에 인지하고 해결할 수 있도록 돕고, 궁극적으로는 안전하고 품질 높은 건축물을 실현하는 데 기여하고자 합니다.

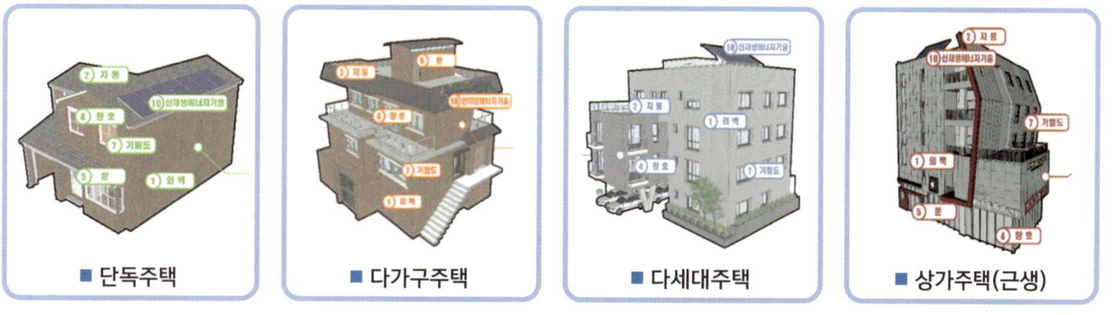

[소규모 건축물 대상 예시]

책자 구성 및 활용 방안

본 책자는 소규모 건축물의 설계와 시공 과정에서 발생할 수 있는 여러 문제를 해결하기 위해 시각화 및 이해 향상, 건축물 품질 향상, 하자 예방, 시공 안전이라는 네 가지 주요 키워드를 중심으로 내용을 구성하였습니다. 이 키워드 각각의 의미와 중요성을 더 자세히 살펴보면 다음과 같습니다.

올바른 건축시공 가이드북

시각화 및 이해 향상
복잡한 기술적 요소를 쉽게 이해할 수 있는 다양한 시각 자료 제공
설계기준 및 부위별 상세도 / 시공기준 및 시공예시도

건축물 에너지 및 품질 향상
간과되기 쉬운 부분에서의 품질 저하 발생
품질관리를 체계적으로 수행하기 위한 구체적인 방법 제공

하자 예방
하자 발생으로 인한 입주자들의 불편과 수리 비용의 증가 방지
소규모 건축물에서 자주 발생하는 다양한 하자들의 예방 방안 제공

시공 안전
체계적이지 않은 소규모 건축물의 안전 관리 실태
시공 현장에서의 안전 강화를 위한 구체적인 지침과 사례 제공

▶ 시각화 및 이해 향상

시공 과정에서 발생할 수 있는 복잡한 기술적 요소를 쉽게 이해할 수 있도록 다양한 시각 자료와 예시를 제공합니다. 이를 통해 건축 관계자는 물론 비전문가들도 건축물의 구조와 시공 절차를 명확히 이해할 수 있으며, 설계 의도와 시공 계획이 잘 전달될 수 있도록 돕습니다.

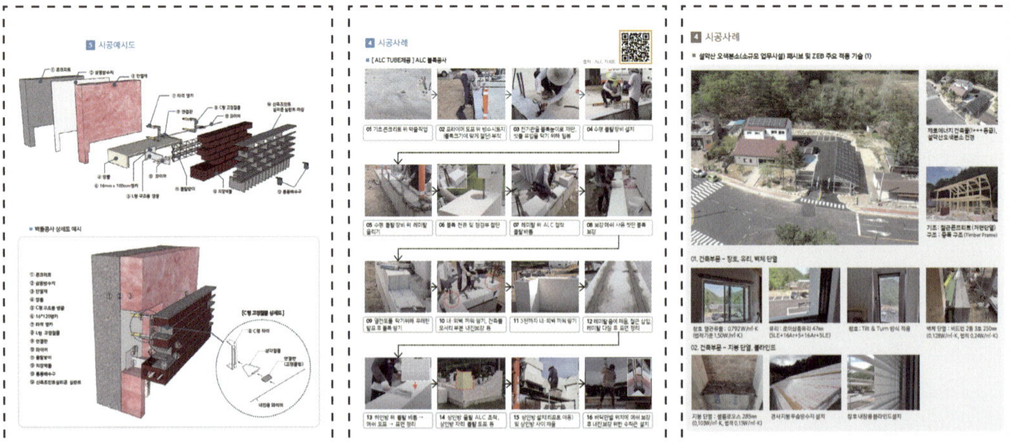

[시각화 및 이해 향상 가이드 예시]

▶ 건축물 에너지 및 품질 향상

건축 자재의 선택, 설계 기준 준수, 시공 기술의 표준화를 강조하며, 건축물의 에너지 성능 향상 및 품질 관리를 체계적으로 수행하기 위한 구체적인 방법을 제시합니다.

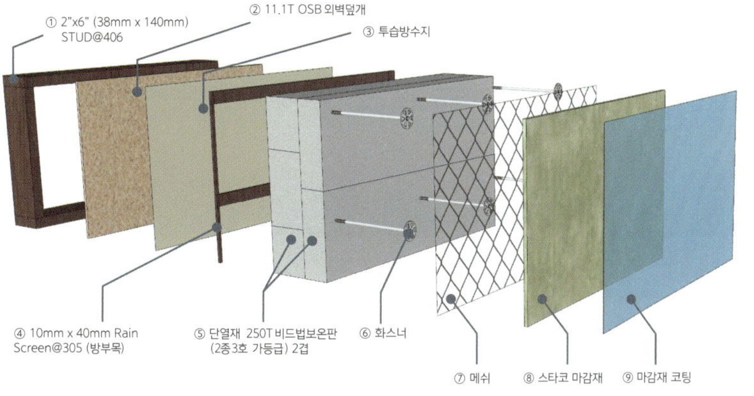

[건축물 에너지 및 품질 향상 가이드 예시]

▶ 하자 예방

건축물 하자는 시공 후 입주자들에게 큰 불편을 초래하며, 수리 비용 증가로 이어질 수 있습니다. 이 책은 하자의 근본 원인을 분석하고 이를 예방하기 위한 구체적인 사례와 대책을 제시합니다.

[그림 3.18.2-14] 기둥철근 기초 정착길이 부족 및 상부기둥 단면 과다

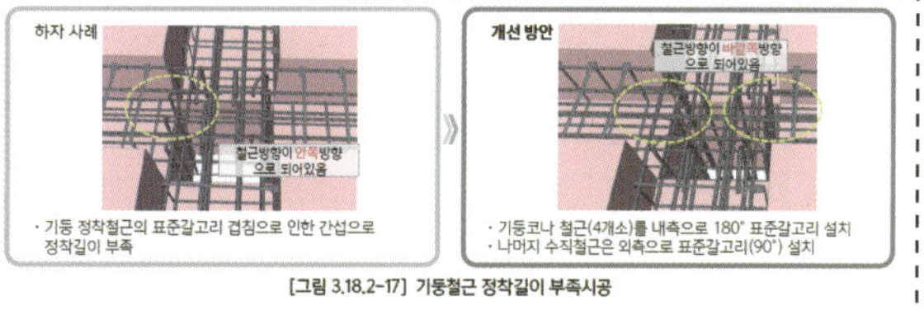

[그림 3.18.2-17] 기둥철근 정착길이 부족시공

[하자 예방 가이드 예시]

▶ 시공 안전

소규모 건축물은 대형 건축물에 비해 안전 관리가 체계적으로 이루어지지 않는 경우가 많습니다. 이 책은 시공 현장에서의 안전을 강화하기 위한 구체적인 지침과 사례를 제공하며, 작업자와 거주자의 안전을 최우선으로 고려하는 방법을 다룹니다.

[그림 3.9-1] 안전대를 착용해야 할 작업

[시공 안전 가이드 예시]

책자 구성 및 활용 방안

본 책자에 수록된 38개 공종은 **『소규모 건축물의 소비에너지 최적화 설계·시공 기술』** 연구의 성과물 72개 공종 중 핵심 공종을 정리하여 작성하였으며, 국내외 표준/전문시방서를 분석하여 연구 개발된 국내 소규모건축물 전문시방서(SBCS) 코드번호 분류체계에 따라 구분하고 있습니다.

SBCS 코드번호의 분류체계에 따른 제 1권과 제 2권 포함된 공종은 아래에서 확인하실 수 있습니다.

SBCS 41 90 55 05

"소규모건축물" 시공 기준 코드

하자예방 설계기준 →

[세분류] 현행 코드번호 유지 / 필요 시 세분류에서 <추가>

[소분류] 현행 시방서 코드번호 유지 / 필요 시 소분류에서 <추가>

[중분류] 현행 시방서 코드번호 유지 / 필요 시 중분류에서 <기술 OR 결합>

[대분류] 현행 시방서 코드번호 유지 → 건축공사 대분류 "41 00 00" 고정

[제1권]

1장. 소규모 건축공사 일반사항
- SBCS 41 90 01 00 소규모 건축공사 총칙
- SBCS 41 90 02 00 소규모 건축공사 일반사항

2장. 소규모 건축물 소비에너지 최적화
- SBCS 41 90 05 05 패시브 건축자재 및 시공
- SBCS 41 90 05 10 패시브 및 제로에너지건축물 인증

3장. 소규모 지반공사
- SBCS 41 90 20 05 토공사
- SBCS 41 90 20 10 직접기초공사

4장. 소규모 콘크리트 공사
- SBCS 41 90 30 05 철근콘크리트 공사

5장. 소규모 강구조 공사
- SBCS 41 90 31 05 경량철골구조 공사

6장. 소규모 목공사
- SBCS 41 90 33 05 수장 목공사
- SBCS 41 90 33 10 경골 목조공사
- SBCS 41 90 33 15 대단면 목조공사

7장. 소규모 조적공사
- SBCS 41 90 34 05 벽돌공사
- SBCS 41 90 34 10 블록공사
- SBCS 41 90 34 15 기타 조적공사

8장. 소규모 석공사
- SBCS 41 90 35 05 석재 바닥깔기
- SBCS 41 90 35 10 습식 석재 벽설치
- SBCS 41 90 35 15 건식 석재 벽설치

■ 시공사례/시공예시도 포함 공종

[제2권]

9장. 소규모 방수공사
- SBCS 41 90 40 05 도막 방수공사
- SBCS 41 90 40 10 복합 방수공사
- SBCS 41 90 40 25 실링공사

10장. 소규모 단열공사
- SBCS 41 90 42 00 소규모 단열 공사
- SBCS 41 90 42 05 외단열 공사

11장. 소규모 미장공사
- SBCS 41 90 46 05 미장공사
- SBCS 41 90 46 10 바닥 미장공사

12장. 소규모 타일 및 테라코타 공사
- SBCS 41 90 48 05 타일공사
- SBCS 41 90 48 10 테라코타 공사

13장. 소규모 수장공사
- SBCS 41 90 47 00 소규모 도장공사
- SBCS 41 90 51 05 석고보드 및 시멘트판
- SBCS 41 90 51 10 바닥공사

14장. 소규모 천장공사
- SBCS 41 90 52 00 소규모 천장공사
- SBCS 41 90 52 05 경량천장설치

15장. 소규모 외벽공사
- SBCS 41 90 54 10 외벽패널 공사

16장. 소규모 창호 및 유리공사
- SBCS 41 90 55 05 창호공사
- SBCS 41 90 55 15 유리공사

17장. 소규모 지붕공사
- SBCS 41 90 56 05 기와공사
- SBCS 41 90 56 10 금속재 지붕공사
- SBCS 41 90 56 15 지붕부속 자재

18장. 소규모 건축물 유지관리
- SBCS 41 90 99 00 소규모 건축물 유지관리

■ 시공사례/시공예시도 포함 공종

본 책자는 공종 별 ① 일반사항, ② 자재, ③ 시공 으로 구분되어 내용을 정리하였으며, 공종에 따라 ④ 시공사례, ⑤ 시공예시도 를 포함하고 있습니다.

책자를 효율적으로 활용하기 위하여 다음의 방법에 따라 시공가이드북을 활용하시기를 추천드립니다.

STEP 1

진행하려는 공사명을 목차에서 확인합니다.

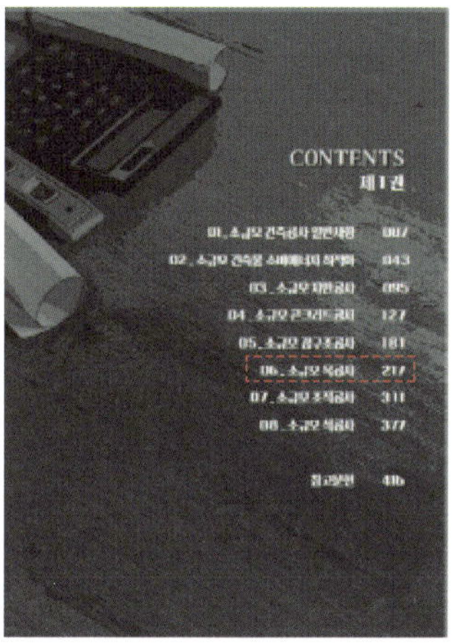

STEP 2

공사 일반사항에서 적용범위나 용어, 최종 제출물들을 간략하게 확인합니다.

1 일반사항

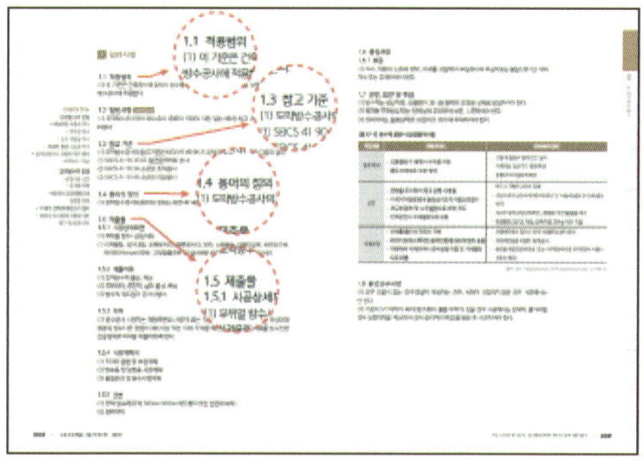

➜ 공사 적용범위, 기준, 용어 정의, 필요 서류 등 공사 일반에 대한 내용을 확인 할 수 있습니다.

STEP 3

시공 전에 필요한 자재목록 및 특징을 확인합니다.

2 자재

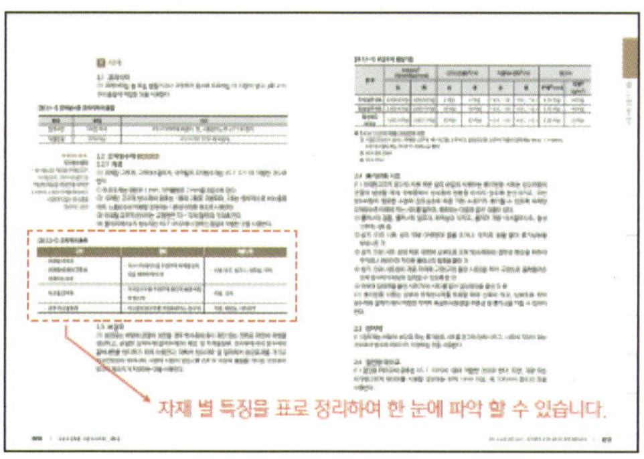

➜ 해당 공사에서 필요한 자재 종류 및 선정기준을 확인 할 수 있습니다.

STEP 4

시공 순서와 유의사항을 파악하고, 시공상세도 및 예시도를 통해 전체 공정을 선행학습 합니다.

3 시공

➜ 해당 공사의 공법, 시공 순서, 주의사항, 품질관리, 하자사례 등을 확인 할 수 있습니다.

제2권 (별책)

CONTENTS

제 1 권

SAMOO C.M.
CREATIVE MANAGEMENT

CHAPTER1

1장

소규모 건축공사 일반사항

01 _ SBCS 41 90 01 00 소규모 건축공사 총칙

02 _ SBCS 41 90 02 00 소규모 건축공사 일반사항

CHAPTER 1

01

SBCS 41 90 01 00
소규모 건축공사 총칙

1 일반사항

1.1 적용범위

(1) 이 기준은 법령 및 규정의 준수, 수급인의 기본 의무, 현장 확인 및 설계도서 검토, 책임한계, 착수 전 합동조사, 시공 전 협의, 공사수행, 야간공사, 동절기 공사, 하도급 관리, 공사협의 및 조정 등에 대해서 적용한다.
(2) 이 기준은 공사에 사용되는 자재의 적용기준, 재료의 검사, 재료의 반입, 사급자재, 지급자재관리, 자재의 운반, 보관, 취급에 관한 일반적인 사항에 대하여 적용한다.
(3) 이 기준은 공사현장관리, 주변구조물 보호, 공사용 도로 및 임시 배수로, 공사현장의 출입관리, 시공관리조직, 공사기록, 최종 현장청소 및 출입통제, 준공서류, 준공검사 내용, 시운전, 시설물 인계·인수, 보수예비품, 운전 및 유지관리 시범교육 등에 대하여 적용한다.

1.2 참고기준

1.2.1 관련법규

(1) 소규모 건축공사 총칙의 참고기준은 *KCSKCSKCS10 10 00 (1.2)*에 따르며, 추가사항은 다음과 같다.
① 건축법
② 건축물관리법
③ 건축공사 감리세부기준

1.3 용어의 정의

(1) 발주자: 건설산업기본법 제2조 제10 호의 발주자를 말한다.
(2) 공사감리자: 자기 책임하에(보조자의 조력을 받는 경우를 포함한다) 법이 정하는 바에 의하여 건축물·건축설비 또는 공작물이 설계도서의 내용대로 시공되는지 여부를 확인하고, 품질관리·공사관리 및 안전 관리 등에 대하여 지도·감독하는 행위로서 비상주감리, 상주감리, 책임 상주감리로 구분한다.
(3) 비상주감리: 공사감리자가 당해 공사의 설계도서, 기타 관계서류의 내용대로 시공되는지의 여부를 확인하고, 수시로 또는 필요할 때 시공과정에서 건축 공사현장을 방문하여 확인하는 행위를 한다. CHECK 01

CHECK 01 ◀
소규모 건축물 허가권자 공사감리자 지정대상 건축물
- 661㎡ 이하 주거용 건축물 (단독주택 제외), 495㎡ 이하 일반건축물
- 30 세대 미만 분양을 목적으로 하는 건축물 (다세대,연립주택,아파트)

(4) 수급인: 공사계약 일반조건 제2조 제2호의 계약상대자를 말한다.
(5) 하수급인: 건설산업기본법 제2조 제14호의 하수급인을 말한다.
(6) 현장대리인: 공사계약일반조건 제14조에 따라 공사현장대리인으로서, 현장에서 전반적인 공사 업무와 관리를 책임 있게 시행할 수 있는 권한을 가진 건설 기술자를 말한다.
(7) 설계서: 공사계약일반조건 제2조 제4호의 설계서를 말한다.
(8) 검사: 공사계약문서에 기재된 시공 단계 또는 납품된 공사재료 등의 품질 확보를 위해 기성부분 또는 완성품의 품질, 규격, 수량 등을 확인하는 것을 말한다.
(9) 지시: 공사감리자가 권한 범위 내에서 필요한 사항을 수급인에게 실시하도록 지시하는 것을 말한다.
(10) 확인: 계약문서대로 공사를 실시하고 있는지, 또는 지시, 조정, 승인, 검사 이후에 원래 의도와 규정대로 시행되었는지를 공사감리자가 확인하는 것을 말한다.
(11)검토: 공사감리자가 시공자가 수행하는 주요사항과 해당 건설공사와 관련된 건축주의

요구사항에 대해 설계도서, 공사시공자 작성자료, 현장실정 등을 숙지하고 공사감리자의 경험과 기술을 바탕으로 하여 타당성 여부를 파악하는 행위를 말한다. 공사감리자는 필요한 경우 검토의견을 건축주 또는 시공자에게 제출하여야 한다.

1.4 해석 CHECK 02

(1) 표준시방서(또는 공사시방서)에서 사용된 용어의 해석은 아래 순서에 따른다.
(2) 계약문서 (표준시방서(또는 공사시방서) 포함)
(3) 건설기술진흥법과 동 시행령, 동 시행규칙
(4) 기타 건설관련 법규
(5) 공사 종류별 용어사전
(6) 국어사전

▶ CHECK 02
관련 법령에서 설계도서 해석의 우선순위
① 공사시방서
② 설계도면
③ 전문시방서
④ 표준시방서
⑤ 산출내역서
⑥ 승인된 상세시공도면
⑦ 관련법령의 유권해석
⑧ 감리자의 지시사항

1.5 법령 및 규칙의 준수

(1) 수급인은 공사와 관련된 모든 법률, 시행령, 시행규칙, 훈령 및 예규, 조례 및 규칙 등(이하 건설관련법령)을 준수하여야 한다.
(2) 수급인은 표준시방서(또는 공사시방서)의 내용이 건설관련법령과 상호 모순될 경우(건설공사 중에 건설관련법령이 변경되고 변경된 규정에 따라야 할 경우를 포함한다.)에는 건설관련법령을 우선하여 준수하여야 한다.
(3) 수급인은 자신이나 고용인이 건설관련법령과 계약문서에 규정된 내용을 준수하여 시공하도록 해야 하며 이의 위반으로 민원이 발생하지 않도록 해야 한다.

1.6 수급인의 기본 의무

(1) 수급인은 계약에 따라 공사를 성실하게 이행해야 하며, 하자가 발생할 경우 건설관련법령 및 계약문서에 따라 성실하게 보수하여야 한다.
(2) 수급인은 특별한 사유가 없는 한 공사감리자의 업무수행에 적극적인 자세로 협조하여야 한다.

1.7 현장 확인 및 설계도서 검토

(1) 수급인은 공사 착수 전에 건설기술진흥법 제48조 제2항에 따라 설계도서를 면밀히 검토하고, 설계도서의 오류, 누락 등으로 공사가 잘못되거나 공기가 지연되는 일이 없도록 조치하여야 한다.
(2)설계도서를 검토하고 아래와 같은 경우가 있으면 수급인의 현장대리인은 검토의견서를 첨부하여 발주자에 통지하고 발주자의 해석 또는 지시를 받은 후 공사를 시행하여야 한다.
① 설계도서의 내용이 현장 조건과 일치하는지 여부
② 설계도서대로 시공할 수 있는지 여부
③ 그 밖에 시공과 관련된 사항
④ 하자발생이 우려되는 경우
⑤ 설계변경 사유 및 계약기간연장 사유가 있는 경우
⑥ 품질향상이나 공사비 절감을 기할 수 있는 경우
(3)수급인이 발주자에게 통지하지 않았거나 발주자의 해석 또는 지시를 받기 전에 임의로 수행한 공사는 기성량으로 인정하지 않는다. 또한 수급인이 임의로 시행한 공사에 대해 공사감리자의 원상복구나 시정 지시가 있는 경우 수급인은 수급인 부담으로 즉시 이행하여야 한다.

1.8 책임한계

(1) 수급인은 계약문서를 준수하여 공사를 이행해야 하며, 발주자의 시정요구 또는 이행 촉구 지시가 있을 때에는 이에 따라야 한다. 또한, 수급인은 인허가 변경, 민원 및 협의결과 등으로 인해 설계서를 변경할 필요가 있어 발주자가 설계변경을 요청할 경우에는 이에 성실히 응하여야 한다.

(2) 수급인은 건설공사와 관련하여 정부, 발주자, 외부기관 등에서 시행하는 각종 평가, 감사, 점검의 수감과 이에 따른 시정 지시를 성실히 이행해야 한다.

(3) 수급인은 현장대리인 등 수급인이 해당 공사를 위하여 임명, 지정, 고용한 자 및 수급인과 납품계약 또는 하도급 계약 체결한 자의 공사 관련 행위 및 결과에 대한 일체의 책임을 져야 한다.

(4) 수급인은 공사 현장의 이용 및 작업 효율 증대, 품질 향상, 안전사고와 환경공해 예방, 보건위생 등을 위하여 현장과 주변을 청결하게 유지하여야 한다.

(5) 수급인이 발주자와 공사감리자에게 하는 보고, 통지, 요청, 문제 또는 이의 제기 등은 서면으로 해야 효력이 있다.

(6) 인·허가 사항은 발주자가 수행함을 원칙으로 하며,수급인은 원활한 업무수행을 위하여 인·허가 업무에 최대한의 협조와 지원을 하여야 한다.

1.9 착수 전 합동조사

(1) 수급인은 구조물, 부대시설 등 해당 공종의 공사착수 전에 관계기관(행정 및 유관 기관), 공사감리자와 합동으로 설계도서상 내용과 현장의 적합 여부를 조사하여야 한다.

(2) 수급인은 조사결과에 따라 변경될 사항에 대하여 사유, 변경방안, 변경내용 등을 작성하여 발주자 또는 공사감리자에게 보고하여야 한다.발주자 또는 공사감리자는 조사결과에 따라 구조물 및 부대시설의 위치, 규격 등을 종합적으로 검토하여 변경과 추가 설치의 필요성이 인정될 경우 설계변경에 반영할 수 있도록 조치하여야 한다.

1.10 시공 전 협의

1.10 .1 공사추진 합동회의

(1)공사감리자는 필요 시, 각 공사의 특수사항 및 사전 협의사항 등 업무를 조정하기 위하여 공사추진 합동회의를 개최하여야 한다.

1.11 공사수행

1.11.1 공사수행 일반

(1) 수급인은 계약문서에 명시되지 않은 사항이라도 구조상 또는 외관상 당연히 시공을 요하는 부분은 발주자 및 공사감리자와 협의하여 이행하여야 한다.

(2) 발주자는 관련 법령, 계약문서에 의하여 자재 등의 품질 및 시공이 적정하지 못하다고 인정되는 경우에는 재시공 등의 지시를 할 수 있으며, 수급인은 이에 따라야 한다.

1.11.2 공사감리자의 업무 CHECK 03

(1) 비상주 감리를 포함하여, 공사감리자의 업무는 건축공사 감리세부기준, 제2장 공사 감리업무에 따른다.

1.11.3 응급조치

(1) 공사계약일반조건 제24조(응급조치)에 따른다.

1.11.4 지중 발굴물

(1) 공사계약일반조건 제38조(발굴물의 처리)에 따른다.

CHECK 03 ◀
건축공사 감리세부기준
- 이 기준은 「건축법」 제25조에 따라 감리자가 건축물의 공사감리를 수행함에 있어 필요한 사항을 규정한다.
- 이 기준은 「건축법」 제25조에 따라 지정된 공사감리자가 「건축법시행령」 제19조 및 제19조의 2에 따른 건축물의 공사감리업무를 수행함에 있어 일반적으로 적용할 수 있는 기준이다.

1.12 야간공사 CHECK 04

(1) 야간공사는 안전사고, 품질확보 불리 등의 문제로 시행하지 않음이 원칙이나 민원발생, 교통대책 등으로 불가피하게 시행할 경우에는 다음 사항에 유의하여 품질확보, 부실공사 방지, 안전관리에 만전을 기해야 한다. 또한 발주자의 지시가 있는 경우 발주자와 협의하여 추가비용을 청구할 수 있다.

(2) 공사장 조명, 작업자 복장, 안전표시 방법 및 기준, 야간공사 안전시설 기준, 야간공사 작업자 건강관리 및 야간공사 안전조치 등의 세부사항은 안전보건공단 안전보건기술지침인 *야간 건설공사 안전보건작업지침(C -52 -2016 2016)*에 따른다.

▶ CHECK 04
야간작업의 금지
- 적정한 조명이 확보되지 아니한 경우
- 정전이 예고된 경우
- 강풍, 강우, 강설, 혹한시 옥외작업
- 안전시설, 안전표지판, 교통표지판 및 근로자의 안전장구가 미비한 경우
- 기타 야간작업 안전 및 보건 조치가 미비한 경우

[표 1. 12-1] 야간공사 시 작업장의 최소 조도기준

작업장의 유형	조도(Lux)
일반 실내 및 지하 작업장	55 이상
일반 옥외	33 이상
피난 또는 비상구 바닥	110이상

- 출처: 야간 건설공사 안전보건작업 지침(2016, 한국산업안전보건공단)

1.13 동절기 공사

(1) 동절기 공사 중단 기간에는 물을 사용하는 공사와 기온저하로 인하여 시공품질 확보가 어려운 공사는 중단해야 한다. 다만, 다음의 경우에는 그러하지 아니한다.

(2) 수급인이 부득이한 사유가 있어 공사를 계속하여야 할 경우에는 동절기 공사로 인하여 시공품질의 저하 및 안전사고 등을 충분히 예방할 수 있도록 동절기공사 시행방안을 수립하여 발주자의 승인을 받은 후에 공사를 계속하여야 한다. 이 때 수급인은 추가되는 비용을 발주자에게 청구할 수 없으며, 이 기간 동안의 공사시행이 원인이 되어 발생하는 공사물의 잘못, 재시공 및 하자보수에 대한 책임을 져야 한다.

(3) 발주자로부터 공사를 계속하라는 지시가 있는 경우에 수급인은 지체 없이 동절기 공사 시행방안을 수립하여 발주자의 승인을 받은 후에 공사를 계속하여야 한다. 수급인은 이 기간 동안의 공사 시행이 원인이 되어 공사 결과물에 문제가 발생하거나, 재시공의 필요 또는 하자 등이 발생할 경우에는 이에 대한 보수의 책임을 져야 한다. 또한 동절기 공사의 추가비용은 발주자와 협의하여 청구할 수 있다.

▼ CHECK 05
방동제
- 콘크리트 따위의 동결을 방지하기 위한 혼합제. 콘크리트에는 염화 칼슘이나 식염 따위를 사용하는데, 철근을 녹슬게 하고 콘크리트의 내구성을 저하시키는 단점이 있다.

[표 1. 13-1] 동절기 중점관리사항

동절기 안전사고 예방을 위한 점검사항	■ 난방·전열기구, 용접 작업에 대한 화기 관리 책임자 지정 및 점검상태 이상 여부 확인
	■ 화재 발생에 대비한 근로자 화재 예방 교육 실시 여부 확인(소화시설 사용법, 대피로 인지 등)
	■ 밀폐공간 작업시 통풍 및 환기시설작동 여부 확인
	■ 동절기 빈번히사용되는 방동제(부동액) 등의 유해물질관리(MSDS) 및 근로자 교육 실시 여부 CHECK 05
	■ 동절기 폭설에 대비한 비상용 제설자재, 장비 확보 여부 및 비상 대기반 편성 및 운영 여부
	■ 예상치 못한 폭설·강풍시 가설구조물(비계, 동바리, 흙막이 지보공 등)의 변형 및 붕괴 예상 여부
	■ 위험요인 발견 시에는 관계기관에 신속하게 신고

- 출처: 동절기 건설현장안전보건 길잡이(2021, 고용노동부, 안전보건공단)

1.14 하도급관리

(1) 수급인은 계약된 공사의 일부를 제3자에게 하도급 하고자 할 때에는 발주자의 서면 승인을 받아야 한다. 다만, 전문공사를 해당 전문공사업자에게 하도급하는 경우에는 건설산업기본법 제29조 제4항에 의하여 발주자에게 통지해야 한다.

(2) (1)의 규정에 의하여 하도급한 경우에도 계약상의 수급인 책임과 의무가 면제되지 않으며, 수급인은 하수급인, 하수급인의 대리인, 하수급인이 채용한 근로자의 행위에 대하여 모든 책임을 져야 한다.

(3) 수급인이 공사 일부를 하도급 하는 경우에는 공사 시행에 적합한 기술과 능력을 가진 자를 하수급인으로 선정하여야 한다.

1.15 공사협의 및 조정

CHECK 06 ◀

스케줄링(Scheduling)

- 페인트, 뿜칠, 코팅 등 유해물질의 영향이 예상되는 공사를 수행하기 전 에는 연관 공종간 작업자들에게 피해를 주지 않도록 스케줄링을 통해 관리하도록 한다.

1.15.1 협의 및 조정 CHECK 06

(1) 수급인은 해당 공사와 관련된 다른 공사 수급인들과 마찰을 방지하고 전체 공사가 계획대로 완성될 수 있게 협력하고 최선의 방안을 도출한 후에 공사를 시행해야 한다.
이를 위해 관련 공사와의 접속부위 적합성, 공사 시공한계, 시공순서, 공사 착수시기, 공사 진행속도, 공사 준비, 공사물 보호, 가시설물 등의 적합성에 대해 모든 공사 관련자들과 면밀히 협의하고 조정하여 공사전체의 진행에 지장이 없도록 해야 한다.

[표 1.15.1-1] 협의 및 조정에 해당하는 공사

구분	내 용
수장 목공사 (SBCS 41 90 33 05)	■ 목공사를 착수하기에 앞서 해당 공정 선시공 요구 등 공종간 상호 간섭사항에 대하여 수급인, 관련된 타공종 수급인, 하수급인이 모두 참석하는 공종회의를 개최하여 공사에 차질이 없도록 한다.
석고보드 및 시멘트판 (SBCS 41 90 51 05)	■ 천정에 전등 보강목을 설치하는 경우 그 위치 및 설치에 관련된 사항에 대하여 해당 공사 착수에 앞서 전기공사 수급인과 작업 착수회의를 하여야 한다.
벽공사 (SBCS 41 90 51 15)	■ 패널공사 착수 전에 *SBCS 41 90 01 (1.15)*에 따라 관련 공종 및 타 공종과의 시공순서, 일정 등을 조정하기 위하여 다음 사항을 포함한 공사 착수회의를 개최하여야 한다. ① 운반 양중 설치 등에 관한 장비 및 가설재 사용 등에 관한 사항 ② 양수기함, 전기계량기함, 비디오폰 등 시설물과 내부벽 및 외부벽에 설치되는 창호공사 ③ 패널하부 고정부위 방수턱 설치 및 마감공사 ④ 기타 패널 설치와 관련된 공사
경량천장설치 (SBCS 41 90 52 05)	■ 천장틀 설치 시 천장내부의 전등 보강, 덕트배관, 전선배선 등 기타 선행 공종의 설치와 관련된 사항에 대하여 해당 공사착수에 앞서 작업 착수회의를 하여 공사감리자의 확인을 받은 후 착수하여야 한다.
외벽패널공사 (SBCS 41 90 54 10)	■ 외벽패널 공사 시 방수·방습, 단열, 창호 설치 등 선행 공종의 설치와 관련된 사항에 대하여 해당 공사착수에 앞서 작업 착수회의를 하여 공사진행에 차질이 없도록 한다.

1.15.2 발주자의 조속 완공 또는 연기 요구에 대한 조치

(1) 발주자는 공사의 안전, 일반인 보호, 2인 이상의 수급인이 관련된 공사의 원활한 수행을 위하여 당해 건설공사 일부분의 조속한 완공 또는 연기를 요구할 수 있으며, 수급인은 특별한 사유가 없는 한 이에 따라야 한다. 발주자는 이에 소요되는 추가비용을 수급인에게 지급할 수 있다.

1.15.3 협의 및 조정에 따른 설계변경

(1) 수급인은 해당 공사와 연관된 다른 공사와의 상호 마찰방지를 위한 협의·조정 결과가 아래와 같은 경우 발주자에 설계변경을 요청할 수 있다.

① 지하구조물 공사의 우선순위 상 불가피한 선·후 시공에 따른 기초 저면의 안전성 저하를 방지하기 위해 설계변경이 불가피한 경우

② 광통신관로, 공동구, 전화 및 전선관로, 배수관, 급수관 등 지하매설물의 교차, 존재 유무 등에 의해 매설 심도가 변경되어 설계변경이 불가피한 경우

1.15.4 협의 및 조정에 대한 수급인의 책임

(1) 수급인은 공사 상호간의 협의 및 조정을 소홀히 하여 발생한 재시공 또는 수정·보완 공사에 대해 책임을 져야 한다.

2 자재

2.1 적용기준

(1) 수급인은 공사에 사용하는 자재(재료, 제품 및 설비기기를 포함한다. 이하 이 기준에서 같다.) 중에서 이 기준과 설계서에 품질기준이 명시되어 있는 품목은 그 품질기준에 적합한 신품(가설시설물용 자재를 제외한다.)을 사용하여야 한다. 다만, 해당 설계서에 품질기준이 명시되어 있지 않은 품목에 대하여는 다음 각 항의 순서에 따라 적합한 자재를 우선 사용하여야 한다.

① 산업표준화법에 의한 한국산업표준 인증제품(이하 'KS 인증제품'이라 한다.)

② 건축, 토목, 기계설비, 조경 공사의 경우에는 건설기술 진흥법 제60조에 의한 국립·공립 시험기관 또는 건설기술용역업자가, 그리고 전기설비, 통신설비 공사의 경우에는 공인 시험기관이 산업표준화법에 의한 한국산업표준에 따라 품질시험을 실시하여 KS 인증제품과 동등한 성능이 있다고 확인된 것

③ ① 및 ②에 적합한 자재 중 환경부하가 적은 환경표지(마크), GR마크, 저탄소 인증자재 등 정부가 정한 기준에 의하여 인증받은 친환경 자재 및 제품을 우선적으로 사용하여야 한다.

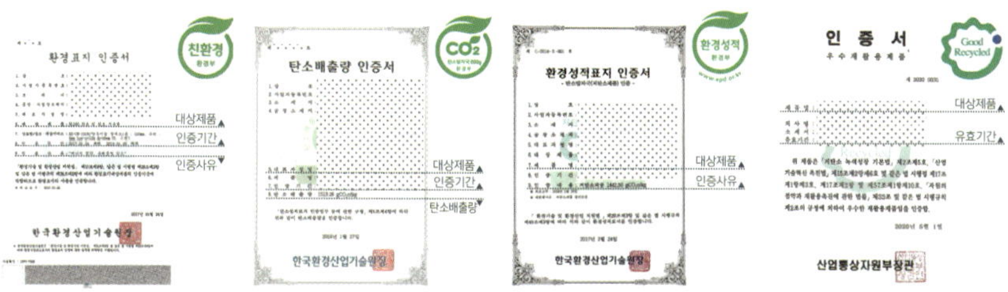

- 환경표지 인증서 - 탄소배출량 인증서 - 저탄소제품 인증서 - GR마크 인증서

[그림 2. 1-1] 친환경 자재 및 제품 인증서 CHECK 07

(2) 전기설비, 통신설비에 사용하는 자재로서 (1)에 적합한 자재가 없을 경우에는 전기용품 안전기준에 의한 형식 승인 품을 사용하여야 한다.

(3) (1)의 ① 및 ②에 적합한 자재가 없을 경우에는 공사감리자의 확인을 받아 품질 및 성능이 우수한 제품을 사용하여야 한다.

(4) 수급인은 공장생산부재의 경우 공장생산에 앞서 제작도, 제작요령서, 제품검사요령서, 생산공정표 등을 공장생산자에게 작성하도록 하여 공사감리자에게 제출하고 필요에 따라 확인을 받아야 한다.

(5) 공장생산부재에는 공사명, 생산자명, 제조연월일, 제품부호, 제조번호 등이 표시되어야 한다.

(6) 품질시험을 시행한 결과 불합격률이 높다고 인정되는 생산업체의 자재에 대하여 발주자 또는 공사감리자는 수급인에 사용제한을 지시할 수 있으며, 수급인은 이에 따라야 한다.

(7) 수급인은 공사에 사용할 예정인 자재(지급자재를 제외한다.)에 대하여 공사감리자에게 품질, 색상, 무늬, 질감 등 계약문서와의 적합성을 확인받은 것 중에서 임의대로 선정, 사용할 수 있다.

(8) 수급인은 계약에서 따로 정하지 않는 한 하자발생 시의 교체 및 유지관리의 용이성을 감안하여 단일 제조업체에서 생산된 단일규격의 자재를 사용하여야 한다.

2.2 재료의 검사

(1) 수급인은 공사감리자의 검사를 거쳐 합격된 재료를 사용해야 한다. 다만, 한국산업표준에 적합한 제품, 기타 관련 법규에 의하여 품질검사를 받았거나 품질을 인정받은 재료에 대해서는 검사를 생략할 수 있다.

▶ CHECK 07

인증사유, 유효기간 확인

- 환경표지 인증서의 인증사유는 자원순환성 향상, 에너지 절약, 지구 환경오염 감소, 지역 환경오염 감소, 유해물질 감소, 생활 환경오염 감소, 소음·진동 감소 등 7가지 구분
- 따라서, 제품의 인증사유를 통해 환경 특성 파악
- 유효기간이 지난 제품은 해당사항이 없으므로 갱신 여부 등 확인 필요

녹색건축인증(G-SEED)

- 친환경 자재는 국내 녹색건축인증(G-SEED) 「재료 및 자원」, 「물순환 관리」, 「실내환경」 분야의 해당 항목에서 점수 취득을 위해 요구될 수 있으며, 각 인증서(그림 2.1-1)의 인증사유에 따라 구분할 수 있다.

2.3 재료의 반입

(1) 수급인은 재료를 반입할 때마다 그 재료가 설계서상의 조건에 적합함을 확인하고, 증명자료를 첨부하여 공사감리자에게 문서로 보고해야 한다.
(2) 수급인은 부적격품을 신속히 공사현장 외로 반출해야 한다.
(3) 수급인은 공장생산부재에 대해 생산공장 출하 시 검사필 표시, 제품부호, 제조번호, 수량 및 제품의 파손 유무 등을 확인해야 한다.

2.4 사급자재

(1) 수급인은 공사에 사용할 예정인 자재로서 (2.1(1))에 적합한 자재는 당해 공사의 진행에 지장이 없도록 공사공정예정표에 따라 적기에 현장에 반입하여야 한다.

2.5 지급자재관리

(1) 지급자재의 종류, 수량, 인도 장소, 기타 조건은 계약에 따른다.
(2) 수급인은 공사감리자의 입회하에 지급자재를 검수하고, 수급인의 책임하에 적절히 보관하여야 한다.
(3) 수급인은 정해진 목적 이외에는 지급자재를 사용하지 말아야 한다.
(4) 수급인은 지급자재의 사용개소, 사용수량의 잔량을 공사감리자에게 보고해야 한다.
(5) 수급인은 대여받은 기계기구류의 사용 및 보관에 주의해야 하고 철저히 정비하여야 하며, 대여기계에 대해서는 사용일지와 정비일지를 비치하고, 공사감리자의 요구가 있으면 제출하여야 한다.

2.6 자재의 운반, 보관, 취급

(1) 수급인은 반입자재에 대해 그 품질과 공사의 적합성이 보장되도록 보관하여야 한다. 수급인은 자재를 보관하거나 반출할 때는 자재를 손상하지 않도록 하여야 하며, 이물질이 혼입되거나 자재가 섞이지 않는 방법과 장비를 사용하여야 한다.
(2) 수급인은 보관 전에 자재승인을 받았을지라도 공사 투입 전에 다시 검사할 수 있는 위치에 자재를 보관하여야 한다.
(3) 수급인은 준공과 관계없이 자재의 변질, 손상, 오염, 뒤틀림, 변색 등 품질에 영향을 주는 일체의 변화가 생기지 않도록 보관, 운반, 취급하여야 한다.
(4) 수급인은 화기위험이 있는 자재를 다른 자재와 분리하여 보관하고 화재예방대책을 수립하여 취급하여야 한다.
(5) 수급인은 관련법규나 계약에서 정한 빈도에 따라 건설공사 도중 품질시험 검사를 시행하여야 하는 자재가 있다면, 품질시험 검사가 종료될 때까지, 시험에 합격되어 사용 중인 자재와 섞이지 않도록 분리하여 보관하여야 한다.
(6) 수급인은 지급자재의 인수, 출고 및 재고상태를 지급자재관리부에 기록하고 상시 비치, 보관, 관리해야 한다.

- 출처: 가연성 자재 등의 보관 가이드라인(2018, 안전보건공단)

가연성자재 지하층 방치 / 스티로폼 등 큰 부피의 가연성자재 방치 / 스티로폼 등 가연성 자재 이동통로에 방치 / 가스통, 가연성 자재, 흡연 등 혼합 방치

[사진 2. 6-1] 가연성 자재 등의 부적절한 보관 및 취급 사례

위험물 저장소 / 자재 보관장소 구획화 / 소방자재 / 소화장비 보관함 / 임시소방시설 및 소화용구 비치

[사진 2. 6-2] 가연성 자재 등의 적절한 보관 및 취급 사례

3 시공

3.1 공사현장관리

(1) 수급인은 공사현장의 재료 거치장, 작업장 및 공사용 사무소 등에는 공사관계자 이외의 인원(특히 유아, 어린이 등) 및 차량 등이 출입하지 못하도록 방지책 등으로 폐쇄하고 필요한 장소에는 조명시설을 설치해야 한다.
(2) 수급인은 공사용 차량의 출입구가 타인에게 방해되지 않도록 공사통로에 설치하고 표지판으로 표시하며 필요에 따라 교통 유도원을 배치해야 한다.
(3) 수급인은 휴일 및 작업이 행하여지지 않을 때에는 작업장의 출입구 등을 폐쇄해야 한다.

공사용 차량의 출입구 설치

교통 유도원의 배치

현장 임시 조명 설치

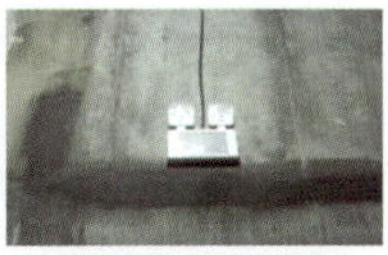
기타 조명시설/장비

[사진 3.1-1] 공사현장 관리사항

3.2 주변 구조물 보호

(1) 수급인은 공사장이나 그 주변에 있는 지상 및 지하의 기존시설 또는 가시설물에 위해를 주지 않도록 발주자 또는 공사감리자와 협의하여 필요한 조치를 취해야 한다.
(2) 수급인은 발파, 굴착 등의 건설공사로 인한 공사장이나 그 주변에 있는 지상 및 지하의 기존시설 또는 가설구조물의 피해를 최소화하거나 예방하기 위하여 정밀한 사전조사를 실시하고 필요한 사전보강, 보수, 임시 이전 등을 실시하여야 한다.
(3) 수급인은 공사시공에 의한 손상이 예상되는 상하수도, 가스, 전기, 전화 등 지하 매설물에 대해서는 관계규정에 따라 공사착공 전에 안전영향평가를 실시하여야 하며, 필요에 따라 공사감리자(필요시 해당 시설물 관리자 포함)의 입회하에 시험굴착 등으로 확인하고 해당 물건의 보안대책에 대해 조정함과 동시에 그 결과를 발주자 또는 공사감리자에게 보고해야 한다.
(4) 보고에도 불구하고 사고발생 및 사후처리에 대한 책임은 수급인이 진다.

3.3 공사용 도로 및 임시 배수로 CHECK 08

(1) 수급인이 사용하는 공사용 도로는 사용하는 동안 유지관리를 철저히 해야 한다.
(2) 수급인은 공사용 도로 및 임시 배수로의 신설, 개량 및 보수가 필요한 때에는 그 계획을 사전에 공사감리자에게 제출하여 확인을 받아 해당 기관에 소정의 수속절차를 거치고 표지의 설치, 기타 필요한 조치를 수급인 부담으로 하여야 한다.
(3) 수급인은 공사용 도로 및 임시 배수로의 신설, 개량, 보수 및 유지 시에 가능한 한 일반인들에게 불편이 없도록 하고, 공공의 안전을 해치지 않도록 하여야 한다. 공사용 도로의 공사 및 사용으로 인하여 제3자에게 끼친 손해는 수급인이 해결하여야 한다.
(4) 수급인이 공사를 위해 가설한 공사용 도로 및 임시 배수로는 사용 완료 후 즉시 수급인 부담으로 원상복구 후, 공사감리자에게 그 결과를 보고토록 한다.

▶ CHECK 08
임시 배수로의 신설
- 천막과 모래주머니를 사용한 임시 배수로 설치
- 흙탕물 등 가라앉힌 후 배수되도록 처리

3.4 공사현장의 출입관리 등

(1) 수급인은 공사현장에서 일반인 및 근로자의 출입시간, 보건위생과 풍기 단속, 화재, 도난, 기타의 사고방지에 대하여 특히 유의하여야 한다.

3.5 시공관리조직

(1) 수급인은 공사의 규모, 공사의 특징을 충분히 고려하여 적절한 시공관리 조직을 만들어야 한다.

(2) 수급인은 시공관리에 필요한 능력, 자격을 갖춘 관리자(현장대리인)를 선정하여 공사감리자에게 보고해야 한다.

3.6 공사기록

(1) 수급인은 공사의 착수로부터 사용승인 시까지의 승인과 협의가 필요한 사항 및 시험과 검사 등 설계도서의 적합성을 증명하는 데 필요한 서류 등 공사 전반에 관하여 필요한 사항을 기록·비치하고 검사, 확인, 검토 등을 위해 공사감리자에게 제출한다.

3.7 최종 현장청소 및 출입통제

(1) 수급인은 준공검사 전에 최종 현장청소를 하여야 한다.

(2) 수급인은 내외부의 유리, 명판 및 시선에 노출된 표면을 청소하고, 얼룩 및 이물질을 제거하며, 투명하고 미끄러운 표면은 닦고, 부드러운 표면은 진공청소하여야 한다.

(3) 수급인은 기기와 정착물의 청소할 표면과 재료에 대해 적합한 청소재료로 청결하게 청소하여야 한다.

(4) 수급인은 운전 기기의 여과지를 청소 또는 대체하여야 한다.

(5) 수급인은 지붕, 고랑, 홈통 및 배수계통에서 부스러기를 제거하여야 한다.

(6) 수급인은 현장을 청소하고, 포장구역을 비질하고, 조경구역의 표면을 반듯하게 긁어 주어야 한다.

(7) 수급인은 폐자재와 잉여자재, 쓰레기 및 임시시설물을 현장에서 제거하여야 한다.

(8) 수급인은 기타 발주자 또는 공사감리자가 제거하여야 한다고 지시하는 잡초 및 오물 등 기타 부분에 대하여도 청소하여야 한다.

(9) 수급인은 준공 전 청소 완료 후에는 각 시설물 내부에의 출입을 통제하여야 한다.

(10) 수급인은 전기설비 또는 난방설비 등의 기능검사에 필요한 최소한의 인원만을 출입토록 하며, 출입 시는 슬리퍼 또는 실내화를 착용하게 한다.

(11) 수급인은 각 시설물 입구에 신발털이 매트를 설치하고 계단·복도바닥에는 보양천 또는 비닐을 덮어 보양한다.

- 출처: 그린프로청소(https://greencleaning.co.kr

[사진 3. 7-1] 최종 현장 청소의 범위

3.7.1 준공청소 검사

(1) 준공청소 검사는 다음의 (표 3.7.1-1)에 기술된 주요 검사항목에 따라 수행한다.

[표 3.7.1-1] 준공청소 단계별 주요 검사항목 ***(LHCS 10 10 05 25 건축공사 일반, 부록3)***

공정단계별		주요 검사항목
준공청소	준공청소 완료 후	▪ 유리닦기 및 문틀 청소상태 ▪ 화장실, 발코니 물청소 여부 ▪ 계단실, 복도 왁스 마감상태 ▪ 청소 후 보양 관리상태 ▪ 그 밖에 현장 대리인이나공사감리자가 지정하는사항 등

- 출처: 한국토지주택공사 전문시방서(2020, 한국토지주택공사)

3.8 준공서류 CHECK 09

(1) 수급인은 공사가 완성된 때는 관련 법규 및 계약문서에 따라 준공서류를 작성·정리하여 발주자 또는 공사감리자에게 제출한다.

(2) 준공서류의 종류 및 내용은 다음과 같다.

① 당해 공사의 준공부분에 대한 설계도면(준공도면)과 공사현장에서 설계변경한 부분의 설계도면 원도

② 시공상세도면

③ 공사사진첩

④ 발급받은 신고 및 인·허가 필증 원본

⑤ 구조계산서(설계변경된 부분에 한한다)

⑥ 신공법의 시공 또는 실패사례 보고서(필요시)

⑦ 공사시방서 각 절에 명시된 측정 시험 및 검사보고서

⑧ 하수급인 목록(상호, 소재지, 대표자, 전화번호, 공사범위, 공사기간 등)

⑨ 시설물 유지관리 지침서(필요시)

▶ CHECK 09

친환경 건축물 인증서의 제출

- 녹색건축인증(G-SEED), 건축물에너지효율등급, 제로에너지건축물인증(ZEB) 등 친환경 건축물 인증 대상인 경우 해당 인증서가 준공서류에 추가될 수 있다.

3.9 준공검사 내용

(1) 발주자 또는 공사감리자가 시행하는 준공검사 시에 아래 사항에 대하여 검사하고 적정성을 평가한다.

(2) 시공의 정확도, 마감상태, 적정자재 사용 여부

(3) 제반설비기기의 작동상태 등 기능점검

(4) 지급자재 정산, 잔재 및 발생물 처리

(5) 사업승인 조건사항 이행상태

(6) 주변정리 및 원상복구사항 처리내용

(7) 제출물 및 공무행정서류 처리상태

(8) 인·허가 완료상태

(9) 입주에 따른 부대시설 공사 진행상태

(10) 준공 전 청소 이행상태

(11) 기타 계약문서에 명시된 사항

[표 3.9-1] 소규모 공사를 위한 개략 준공검사 체크리스트-1 (계속)

부위	주요 검사 내용	적합유무
건물 주변 정리상태	■ 건물주변 흙 정리 상태	
	■ 건물주변 건축잔재 방치여부/건축쓰레기 미반출 여부	
	■ 가설자재 미반출 여부	
	■ 건물 허리벽 흙 오염방지를 위한 조치 여부	
	■ 도로 등 훼손 및 원상복구 상태	
건물 외부 마감상태 확인	■ 건물외벽 수직, 수평 및 복도난간 절개부위 수직상태	
	■ 구조체 면접기 상태	
	■ 건물 외부벽 도장면 바탕 및 도장 새김질 상태	
	■ 선홈통 수직 및 연결 상태	
지하실 마감상태	■ 지하실 청소상태 (건축자재, 기타 잡쓰레기)	
	■ 트렌치 뚜껑설치 여부, 집수정 도장상태	
	■ 지하실 내부 방수미장 들뜸 여부	
옥상 및 옥탑 마감상태	■ 물탱크 바닥 방수 몰탈시공 및 오버플로어 드레인 시공 여부	
	■ 물탱크 주변 청소상태 및 걸레받이 도장시공 상태	
	■ 옥탑지붕층 바닥 치장줄눈 및 들뜸 상태	
	■ ELEV기계실바닥 경량콘크리트/쇠흙손/EPOXY마감 여부	
	■ 천정 단열재 시공여부(물탱크실)	
	■ 옥탑 외부벽 도장바탕 상태 확인(거푸집 턱짐, 요철 등)	
	■ [옥상] 옥상바닥 누름 콘크리트 구배상태 (역구배, 물고이는 곳)	
	■ [옥상] 신축줄눈 시공상태 (줄눈폭, 깊이, 실링재 도면과 확인)	
	■ [옥상] 옥상난간 신출줄눈 시공여부	
1층 홀, 복도, 계단실 등 공용부분 마감상태	■ 복도 낙성방지 및 걸레받이 도장, 새김질 상태	
	■ 복도 바닥 테라죠 종석 배합상태, 갈기의 평활도, 구석갈기 구배 확인	
	■ 천정과 벽 접합부 새김질 상태 및 도장이색 여부	
	■ 각종 함(소화전 등) 주위 틈 발생 여부확인	
골조외벽	■ 바탕면 요철/곰보 등 유무	
	■ 수직/수평 유지와 물 끊기 홈 시공상태	
계단실	■ 테라죠 공사의 경우 이음 줄눈은 시방서 기준과 동일 유무	
	■ 코너부위, 턱진 부위 등의 갈기 상태	
복도	■ 나누기 줄눈, 바닥 평활도 상태	
	■ 구배유지, 들뜸 현상	
내장공사	■ 이음, 맞춤부분의 상태	
	■ 이질자재 접합부 틈 발생 유무	
타일공사	■ 들뜸, 탈락이 없고 상태가 미려 유무	
	■ 타일 줄눈과 타일면이 시멘트 등의 오염 유무	
도배공사	■ 도배지 오염, 탈락 및 이음부위 들뜸 유무	
	■ 반자돌림, 걸레받이 등 접합부위의 마름질 상태	

[표 3.9-1] 소규모 공사를 위한 개략 준공검사 체크리스트-2

부위	주요 검사 내용	적합유무
도장공사	■ 각 부위 새김질 상태(선형 등)	
	■ 색상 선명도 및 울음현상 유무	
수장공사	■ 이음부위의 접착제 고정 상태	
	■ 들뜸, 틈이 없이 고정되어 있는지 유무	
	■ 민속 장판지 등 시공시 굽도리 도련질 상태(수평 유지)	
창호공사	■ 창문틀 연귀맞춤 상태	
	■ 흠집이나 나무결이 보이지 않도록 시공 유무	
	■ 문틀하부에 도장오염 및 도장 바탕면처리 상태	
	■ 창문개폐 시 작동 상태	
유리공사	■ 설치된 유리에 도장오염 또는 손상 유무	
	■ 유리고정 세팅블록, 실링재 등의 상태가 기준에 적합한지 유무	
가구공사	■ 수직/수평 상태 유지와 흔들림 상태	
	■ 문짝 및 서랍 등의 개폐시 작동상태	
청소상태	■ 실내/외 준공청소 상태	

3.10 시운전

(1) 수급인은 시운전이 필요한 경우 시운전을 위한 일정, 시운전 대상 등을 미리 발주자 또는 공사감리자와 협의하여야 한다.
(2) 시운전이 필요한 경우 제작자의 지침서에 따라 해당 제작자, 공사감리자의 입회, 수급인의 감독하에서 실시하여야 한다.

3.11 시설물 인계·인수

(1) 수급인은 시설물의 인계·인수를 위한 계획을 수립하여 발주자 또는 공사감리자에게 제출하여야 한다.
(2) 수급인이 준공시설물을 인계하기 위하여 제출한 인계·인수서는 발주자 또는 공사감리자가 이를 검토하고, 확인하여야 한다.
(3) 발주자와 수급인과의 시설물 인계·인수를 위하여 공사감리자는 입회인이 된다.
(4) 공사감리자는 시설물 인계·인수에 대한 발주자의 지시사항이 있을 경우 이에 대한 현황파악 및 필요대책 등 의견을 제시하여 수급인이 이를 수행하도록 조치하여야 한다.
(5) 수급인은 인계·인수서에 준공검사 결과를 포함하여야 한다.

3.12 보수예비품

(1) 수급인은 하자발생 시 사용할 보수예비품을 발주자에게 제공하여야 한다.
(2) 제공하여야 할 보수예비품은 표준시방서(또는 공사시방서)의 각 시방 기준에 명시된 품목 및 수량이어야 하며, 본 공사의 시공제품과 품명, 모델번호, 제조자가 동일한 것이어야 한다.
(3) 수급인은 하자보수책임기간이 만료되면 발주자에게 보수예비품 잔여량의 반환요청을 할 수 있다.
(4) 수급인은 보수예비품에 대한 비용을 추가로 청구할 수 없다.

3.13 운전 및 유지관리 시범교육 CHECK 10

(1) 수급인은 발주자에게 공사목적물인 장비 또는 설비시스템의 시동, 가동중지, 제어, 조정, 문제점의 발견, 비상시 운전 및 안전유지, 윤활유 및 연료의 주입, 소음·진동의 조절, 청소, 손질, 보수, 서비스를 요청하는 방법 및 유지관리지침을 보는 방법 등 운전 및 유지관리에 필요한 전반적인 사항에 대하여 시범 및 교육을 시행하여야 한다.
(2) 교육 대상 장비, 시스템의 종류, 기타 상세한 사항은 계약에 따른다.
(3) 교육장소 및 일시는 발주자와 협의하여 정한다.

▶ CHECK 10
소규모 건축물 유지관리
- 「건축물 관리법」에 의거한 소규모 건축물의 유지관리는 *SBCS 41 90 99*를 참고하여 수행할 수 있다.

CHAPTER 1

02

SBCS 41 90 02 00
소규모 건축공사 일반사항

1 일반사항

CHECK 01 ◀
- 목조프리패브 공법을 사용한 건축물 그린리모델링 영상

1.1 적용범위 CHECK 01

(1) 이 기준은 소규모 건축공사(신축, 리모델링 등)에 적용한다.

(2) 이 기준에서 소규모 건축공사는 일반적으로 660㎡ 미만 4층 이하의 건물로 정의하며, 몇 가지 예외사항을 포함한다.

① 단독주택, 다가구주택, 다세대주택

② 위 ①의 경우 1층에 필로티 구조의 주차장을 가질 경우 5층 허용

③ 위 ①의 주택을 다른 용도로 사용하는 경우(소규모 사무소, 식당, 유치원 등)

④ 5층 이상의 상가주택(근린생활시설)

⑤ 4층 이하의 연립주택

⑥ 다세대주택 연립주택으로 구성된 소규모 단지

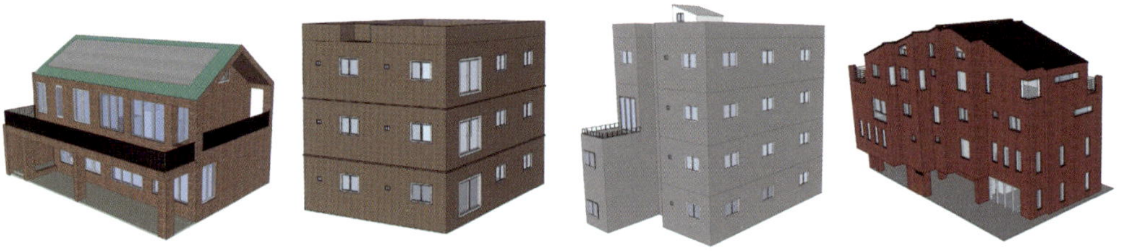

단독주택 | 다가구주택 | 다세대주택 | 상가주택(근린생활시설)

[그림 1.1-1] 소규모 건축공사의 적용범위

(3) 이 기준 중 당해 공사에 관계없는 사항은 이를 적용하지 않는다.

(4) 각 공사에 있어서 다른 공사와 관련이 있는 사항에 대하여는 각기 그 해당 공사의 설계도서 등에 기재된 사항을 준용한다.

1.2 건축공사 일반

1.2.1 공통사항

(1) 설계도서의 우선순위 및 적용규정

① 설계도서는 상호보완의 효력을 가지고 있으며, 상호 모순이 있거나 모호할 때에는 공사계약 일반조건에서 규정하는 바에 따른다.

② 이 기준과 이 기준 이외의 *KCS 41 00 00, SBCS 41 90 00* 내용 간에 상호모순이 있을 경우에는 이 기준 이외에서 명시된 내용을 우선 적용한다.

(2) 공사감리자의 업무 CHECK 02

① 공사감리자는 건축공사 감리세부기준 제2장 공사감리업무에 따른다.

② 검사, 지시, 검토 등 공사감리자의 권한과 책임으로 간주한다.

③ 소규모 공사의 비상주감리는 공사감리자가 당해 공사의 설계도서, 기타 관계서류의 내용대로 시공 되는지의 여부를 확인하고, 수시로 또는 필요할 때 시공과정에서 건축공사 현장을 방문하여 확인하는 행위를 한다.

CHECK 02 ◀
공사계약일반조건
- 설계도면과 공사시방서는 서로 일치하나 물량내역서와 상이한 경우에는 설계도면 및 공사시방서에 물량내역서를 일치
- 설계도면과 공사시방서가 상이한 경우로서 물량내역서가 설계도면과 상이하거나 공사시방서와 상이한 경우에는 설계도면과 공사시방서 중 최선의 공사시공을 위하여 우선되어야 할 내용으로 설계도면 또는 공사시방서를 확정한 후 그 확정된 내용에 따라 물량내역서를 일치

(3) 수급인의 책무
① 수급인은 공사의 품질에 책임을 진다.
② 그 외의 사항은 *SBCS 41 90 01 (1.6)*에 따른다.
(4) 의의
*SBCS 41 90 01 (1.7)*에 따른다.
(5) 관공서 등의 수속
시공 상 필요한 관공서나 기타 기관의 수속은 지체 없이 처리하여야 하며, 이에 소요되는 비용은 수급인 부담으로 한다.
(6) 관련 및 별도공사
계약 이외의 관련 및 별도공사에 대하여는 당해 공사관계자와 협의하여 공사 전체의 공정에 지장이 없게 하여야 한다.

1.2.2 현장관리 일반
(1) 공사현장관리는 원칙적으로 수급인의 책임 하에 자주적으로 실시한다.
(2) 건설기술자 등의 배치
① 수급인은 공사관리, 기타 기술상의 관리를 담당하는 건설기술자를 공사 규모 및 특성에 맞게 적절히 배치하되 기술자격을 증명하는 자료를 제출하여 공사감리자의 확인을 받아야 한다.
② 건설기술자의 배치기준은 건설산업기본법규에 따른다.
③ 배치된 현장대리인과 건설기술자는 현장에 상주하여야 하며, 공사관리 및 기타 기술 상의 관리에 있어 부적당하다고 인정될 경우에 공사감리자는 수급인에게 그 교체를 요구할 수 있다.
(3) 설계도서 등의 비치
공사현장에는 해당 공사에 관련된 공사계약 일반조건 상의 계약문서, 관계법규, 한국산업표준, 중요가설물의 응력계산서, 공사예정공정표, 시공계획서, 기상표 및 기타 필요한 도서 등을 비치하여야 한다.
(4) 공사용 가설시설물
① 가설울타리, 비계 및 발판, 현장사무소 및 현장창고, 가설설비 등 기타 공사용 가설시설물의 설치는 당해 공사를 원만히 시행할 수 있도록 가설물설치계획서를 작성하여 공사감리자의 확인을 받아야 한다.
② 가설시설물은 사용하는 동안 유지관리를 철저히 하여야 하며, 사용 종료 후 철거하고 원상복구하되 그 철거 시기는 미리 공사감리자의 확인을 받아야 한다.
(5) 공사용 도로 및 임시 배수로
SBCS 41 90 01 (3.3)에 따른다.
(6) 각종 건설 부산물 및 지장물 처리
① 지중 매설물 및 건설폐기물, 건설폐재류 및 건설폐토석 등 공사 중에 발생하는 건설부산물의 처리는 공사시방서를 첨부하여 공사감리자에게 인계하고 지시를 따른다.
② 지장물의 처리는 공사감리자와 협의하여 처리한다.
③ 건설폐기물 및 산업부산물은 관계법규에 따라 적절히 처리한다.
(7) 문화재의 보호
*SBCS 41 90 01 (1.11.4)*에 따른다.
(8) 주변 구조물의 보호
*SBCS 41 90 01 (3.2)*에 따른다.
(9) 표지 설치
수급인은 각종 안내 표지판 등을 설치하되 그 표지판의 규격, 자재, 색상, 표기내용 및 설치장소 등은 공사감리자의 확인을 받는다. 다만, 안전표지는 *(1.2.5 (7))*에 의한다.

(10) 공사현장의 출입관리 등

*SBCS 41 90 01 (3.4)*에 따른다.

(11) 건물 등의 보양

① 기존 건물, 시공완료 부분 및 사용하지 않은 자재는 적절한 방법으로 보양해야 한다.

② 손상된 부분은 신속히 원상태로 복구하여야 한다.

(12) 정리, 정비, 청소

공사현장은 항상 현장에서 사용하는 여러 자재 및 기계기구 등의 정리정돈, 정비점검, 청소 등을 철저히 하여 공사에 지장이 없도록 하고, 현장 내부 및 현장 주변을 청결히 유지하도록 한다.

(13) 민원처리와 비용

수급인은 건설공사로 인하여 발생하는 민원에 대해서는 신속히 대처하여 공사완료 전에 해결해야 하며, 이에 소요되는 경비는 수급인이 부담한다.

공사용 가설시설물: 가설시설물 설치 사례 / 낙하물 방지망 설치 사례 / 비상 대피로 설치 사례

임시 배수로: 임시 배수로 설치 사례

표지 설치: 안전보건 수칙 표지판 설치 / 현장 표지판 설치 / 비상 대피로 표지판 설치 / 보행자 안전통로 표지 설치

정리, 정돈: 마감 잔여물, 폐기물 정리 사례 / 현장 자재 정리 정돈 사례

건물 등의 보양: 실내 보양 작업 사례 / 승강기 보양 작업 사례

[사진 1.2.2-1] 현장관리 일반사항 예시

1.2.3 자재관리 일반

(1) 일반사항

① 자재일반

*SBCS 41 90 01 (2.1)*에 따른다.

② 견본품

색깔, 무늬, 마무리 정도는 미리 견본품을 제출하여 공사감리자의 확인을 받아야 한다.

③ 검사

*SBCS 41 90 01 (2.2)*에 따른다.

(2) 자재의 반입

*SBCS 41 90 01(2.3)*에 따른다.

(3) 지급자재 및 대여품

① 지급자재가 설계도서에 제시한 품질에 적합하지 아니하는 경우에는 그 내용을 문서로 보고하고 공사감리자의 지시를 받는다.

② 그 외의 사항은 *SBCS 41 90 01 (2.5)*에 따른다.

1.2.4 시공관리 일반

(1) 시공계획

① 시공관리조직

*SBCS 41 90 01 (3.5)*에 따른다.

② 하수급인 선정

*SBCS 41 90 01 (1.14)*에 따른다.

③ 공장의 선정

공장의 선정은 공사시방서에 의하여 정한다. 공사시방서에 없는 경우에는 공장제품의 종류, 시공방법에 대하여 관련 법규 등에 적합한 기술과 설비를 갖추고, 적정한 관리체제로 운영되고 있는 공장으로 선정하고 공사감리자의 확인을 받는다.

(2) 시공관리

① 시공일반

현장시공은 설계도서, 원척도, 시공도 등에 따라 시행한다.

② 공사기간

가. 수급인은 특별히 정한 경우를 제외하고, 계약서상에 명기된 기간 내에 공사를 착공하여 지체 없이 계획대로 공사를 추진하여 계약공기 내에 완료하여야 한다.

나. 공사감리자가 시공순서 변경을 요구할 때 수급인은 품질에 나쁜 영향이 없는 한, 이를 반영하여야 한다.

③ 공정표

수급인은 설계도서에 따라 공사 전반에 대한 상세한 계획을 세우고 소정양식의 공정표를 제출하여야 한다.

④ 치수

치수는 설계도서에 표시된 치수로 한다.

⑤ 측량

가. 수급인은 착공과 동시에 설계도면과 실제 현장의 이상 유무를 확인하기 위하여 측량을 실시한 후 측량성과표를 공사감리자에게 제출하여 검토 및 확인을 받아야 하며, 공사의 모든 부분에 대한 위치, 표고, 치수의 정확도에 대하여 책임을 가진다.

나. 수급인은 발주자가 설치한 측량말뚝을 이동 또는 손상시켜서는 안 되며, 만일 이동이 필요할 때에는 공사감리자의 확인을 받아야 한다.

CHECK 03 ◀

기준점(B.M) 설치 목적

- 터파기의 기준점
- 지반고 및 건물고 설정 기준
- 지반 침하 여부 검사용

기준점(B.M) 설치 시 유의사항

- 기준점은 바라보기 좋고 공사에 지장이 없는 곳에 2개소 이상 설치
- 지반면에서 0.5~1.0m 위에 두고 그 높이를 기준표 밑에 표시
- 기준점의 위치 등 기타사항은 현장기록부에 기록
- 기준점은 이동 및 변형이 없게 보호 조치

다. 공사의 기준고는 설계도서에 표시된 수준고를 기준으로 부지 인근에 기준점(BM)을 설치하고, 공사감리자의 확인을 받은 후 준공 시까지 보호·유지하여야 한다. CHECK 03

라. 시공측량에 종사하는 자는 국가기술자격법에 의한 측량에 관한 자격을 갖춘 자로 한다.

⑥ 규준틀

가. 건축물의 위치, 시공범위를 표시하는 규준틀은 바르고 튼튼하게 설치하고, 공사감리자의 검사를 받아야 한다.

나. 중요한 규준틀은 준공 시까지 잘 보호해야 하고, 파손되었거나 이동설치 시에는 공사감리자의 지시에 따라야 한다.

⑦ 시공도, 견본 등

가. 원척도, 시공상세도, 견본 : 원척도, 시공상세도, 견본 등은 지체 없이 작성하여 공사감리자에게 제출하여 확인을 받아야 한다.

나. 입회 및 자료제출 : 수중, 지하 또는 건물 내부에 매몰되는 부분 및 자재의 배합, 강도, 기타 시공 후의 검사가 곤란한 시공 부분에 대해서는 공사감리자의 입회하에 모양, 치수, 강도, 품질 등을 확인하고 관련 기록, 기타 필요한 자료(검사보고서, 기록사진, 품질시험 성적표 등)를 제출해야 한다.

다. 기계기구 : 중요한 기계기구는 당해 공사에 상응하는 성능 및 규격 등의 것으로 하되 사용하기 전에 공사감리자의 확인을 받는다.

라. 폭발물 등의 취급 : 폭발물, 기타 위험물의 운반, 보관 및 사용 등의 취급은 관계 법규에 따라 확실하고 안전하게 하여야 한다.

⑧ 공사 수행

가. 수급인은 건설공사와 관련하여 발주자가 시행하는 감사 및 검사에 협조하고, 이에 따른 시정 지시를 이행하여야 하며, 발주자의 특별한 과실이 없는 한, 이를 이유로 공사기한 연기 또는 추가공사비를 요구할 수 없다.

나. 수급인은 관련 법규에 따라 공사를 일시 정지한 경우 또는 동절기 공사 등에 따라 공사를 중단한 경우에는 공사 중단으로 인하여 공사 중인 건물의 품질이 저하되지 않도록 공사 중단 부분, 공사물 및 가설재 등을 보호하거나 정비하여야 한다.

다. 그 외의 사항은 *SBCS 41 90 01 (1.8과 1.11.1)*에 따른다.

⑨ 공사협의 및 조정

가. 협의 : 수급인이 당해 공정과 다른 공정의 수급인들 간의 마찰을 방지하고, 전체 공사가 계획대로 완성될 수 있도록 관련 공사와의 접속부위, 공사한계, 시공순서, 공사 착수시기, 공사 진행속도 등의 적합성에 대하여 모든 공정의 관련자들과 면밀히 검토하는 행위를 말한다.

나. 협의 및 조정에 따른 설계변경 : *SBCS 41 90 01 (1.15.3)*에 따른다.

다. 협의 소홀에 대한 수급인의 책임 : *SBCS 41 90 01 (1.15.4)*에 따른다.

⑩ 공사보고

공정의 진행, 작업인원의 현황, 자재의 반입, 기계기구 및 장비, 기후 등 공사감리자가 필요하다고 인정하여 지시한 사항에 대해서는 공사보고서를 공사감리자에게 제출한다. 공사보고의 서식, 제출방법, 시기 등에 대해서는 공사감리자의 지시에 따른다.

⑪ 시공의 검사

가. 시공의 검사는 필요에 따라 공사감리자의 입회를 요청한다.

나. 공장제품의 반입에 있어서 반입검사를 실시한다.

다. 검사의 결과는 기록하고 필요에 따라 보고서를 작성하여 공사감리자에게 보고한다.

1.2.5 안전 및 보건관리 일반

(1) 안전관리 CHECK 04

① 수급인은 산업안전보건법규, 건설기술진흥법 및 기타 관련 법규에서 규정하고 있는 산업재해예방 기준을 준수하여야 하며, 공사현장의 안전·보건에 관한 정보를 근로자에게 제공하여야 한다.

② 수급인은 관련 법령에서 정하는 바에 따라 재해의 예방을 안전시설, 안전표지를 설치하고 보호구를 지급하여야 한다.

(2) 안전조치 및 활동

① 공사현장에서 다음과 같은 경우에는 안전시설의 설치, 보호구의 착용 등 산업재해발생을 방지하기 위해 적절한 안전조치를 취한 후 공사감리자의 감독 하에 작업을 하여야 한다.

가. 토사 · 구축물 · 인공구조물 등이 붕괴될 우려가 있는 경우
나. 기계 · 기구 등이 넘어지거나 무너질 우려가 있는 경우
다. 개구부, 단부, 엘리베이터홀 등 근로자의 추락 위험이 있는 장소
라. 비계 또는 거푸집의 설치 · 해체
마. 가설리프트의 운행
바. 지반 굴착
사. 법에 따라 허가를 받아야 하는 물질을 사용하는 경우
아. 화재 · 폭발 우려가 있는 경우
자. 밀폐공간에서의 작업
차. 석면이 함유된 물질의 파쇄 또는 해체
카. 폭발성 물질, 인화성 물질, 산화성 물질, 부식성 물질, 독성 물질 등 위험물질의 취급
타. 공중 전선 근접 장소 등 감전의 위험이 있는 경우
파. 물체가 떨어지거나 날아올 위험이 있는 경우
하. 유해 · 위험 기계 및 기구를 사용하여 자재의 운반, 절단, 가공 작업 등을 하는 경우 및 기타 산업재해 발생 위험이 있는 장소에서 작업하는 경우

▶ CHECK 04

재해예방전문지도기관의 기술지도 여부 확인

- 공사금액 1~120억원 미만 중·소규모 건설현장 재해예방을 위해 고용부에서 지정한 민간기관으로 건설현장에서 안전관리 및 기술지도 역할 수행
- 지도기관 : 6인 이상의 법인 또는 산업안전지도사 1인 형태로 지정·운영
- 기술지도 : 지도기관이 건설현장에 방문하여 현장의 위험요인을 확인하고 적절한 안전조치 등을 지도·권고하는 행위

<출처> 건설공사발주자 기술지도 계약의무제 시행에 따른 건설재해예방 지도계약 안내(2022, 고용노동부)

작업 전 안전교육 실시 | 근로자 쉼터 설치 | 소방자재 보관함 설치 | 전기기계 및 기구 취급주의
올바른 보호구 착용 | 안전대 착용 및 안전고리 설치 | 고소작업 시 리프트카 이용 | 지정폐기물보관소 설치

[사진 1.2.5-1] 현장 안전조치 사례

[표 1.2.5-1] 재해 발생의 형태

재해 형태	내 용
추락	사람이 인력(중력)에 의하여 건축물 등의 높은 장소에서 떨어지는 것
전도 전복	사람이 거의 평면 또는 경사면 등에서 구르거나 넘어짐 또는 미끄러지는 경우, 물체가 전도, 전복되는 것
충돌 접촉	재해자 자신의 움직임, 동작으로 인하여 기인물에 접촉 또는 부딪히거나, 물체가 고정부에서 이탈하지 않은 상태로 움직임 등에 의하여 접촉, 충돌하는 것
낙하 비래	고정되어 있던 물체가 고정부에서 이탈하거나, 설비 등으로 부터 물질이 분출되어 사람을 가해하는 것
붕괴 도괴	토사, 건축물, 가설물 등이 허물어져 내리거나 주요 부분이 꺾여져 무너지는 것
협착 감김	운동하는 물체 사이의 협착, 회전부와 고정체 사이의 끼임 롤러 등 회전체 사이에 물리거나 또는 회전체, 돌기부 등에 감긴 것
전류 접촉	충전부 등에 신체의 일부가 직접 접촉하거나 유도전류의 통전으로 근육의 수축, 호흡곤란 등이 발생한 경우 또는 특별 고압 등에 접근함에 따라 발생한 합선 등으로 인하여 발생한 아크에 접촉한 것 (전기 접촉이나 방전에 의해서 사람이 충격을 받은 경우)
이상온도 노출접촉	고, 저온 환경 또는 물체에 노출, 접촉되는 것
유해 위험물질 노출 접촉	유해, 위험물질에 노출, 접촉 또는 흡입하였거나 독성물질에 쏘거나 물리는 것
산속결핍 질식	유해물질과 관련 없이 산소가 부족한 상태, 환경에 노출되었거나 이물질 등에 의하여 기도가 막혀 호흡기능이 불충분한 것
소음노출	폭발음을 제외한 일시적, 장기적인 소음에 노출된 것
이상기압 노출	고, 저기압 등의 환경에 노출되는 것
유해광선 노출	전리 또는 비전리 방사선에 노출되는 것
폭발	건축물, 용기 내 또는 대기 중에서 물질의 화학적, 물리적 변화가 급격히 진행되어 열, 폭음, 폭발압 등이 동반하여 발생되는 것
화재	가연물에 점화원이 가해져 비의도적으로 불이 일어나는 것(방화도 포함)
과도한 힘동작	물체의 취급과 관련하여 근육의 힘을 많이 사용하는 경우(밀기, 당기기 등)
반복적 동작	물체의 취급과 관련하여 근육의 힘을 많이 사용하지 않는 경우(지속적 또는 반복적인 업무수행으로 신체의 일부에 부담을 주는 행위, 동작)
신체 반작용	일시적 급격한 행위, 동작, 균형상실에 따른 반사적 행위(스트레스 등)
압박, 진동	재해자가 신체특정부위에 과도한 힘에 눌려진 경우나 마찰접촉 또는 진동 등으로 신체에 부담을 주는 것
폭력행위	의도적 또는 의도가 불분명한 위험행위로 자신 또는 타인에게 입히는 상해(언어, 성폭력 및 동물에 의한 상해 등 포함)

② 다음의 기계·기구를 사용하는 경우 반드시 방호조치를 해야 한다. CHECK 05

가. 아세틸렌용접장치 또는 가스집합용접장치

나. 방폭용 전기기계·기구

다. 교류아크릴 용접기

라. 크레인, 곤돌라, 리프트 등 인원 및 자재 운반기계·기구

마. 연삭기, 목재가공용 둥근톱, 동력식 수동대패 등 가공기구

바. 정전 및 활선작업에 필요한 절연용 기구
사. 추락 및 붕괴 등의 위험이 있는 장소에 설치하기 위한 가설기자재
아. 기타 유해·위험 기계·기구

③ 다음의 기계·기구·구조물 등을 사용하는 경우 반드시 유해·위험방지를 위한 조치를 취해야 한다.
가. 가설건축물
나. 이동식 크레인 등 중량물 운반용 기계·기구
다. 불도저, 모터 그레이더, 로더, 스크레이퍼, 도저, 파워쇼벨, 드래글라인, 크렘셀, 버킷굴삭기, 트렌처 등 토공장비
라. 항타기, 항발기, 어스드릴, 천공기, 어스오거, 페이퍼드레인머신 등 천공장비
마. 콘크리트 펌프차, 견인식 콘크리트 펌프 등 콘크리트 타설용 기계·기구
바. 리프트, 지게차, 롤러 등 기타 건설용 기계 · 기구

④ 현장에서 사용하는 유해·위험 기계·기구는 안전검사기관에서 실시하는 안전검사를 주기적으로 받아야 한다.

⑤ 유해물질을 흡입할 우려가 있는 장소에서 작업을 할 경우에는 반드시 후드, 덕트, 공기정화장치, 배풍기 등으로 구성된 국소배기장치를 설치한 후 작업을 해야 한다.

⑥ 겨울철 콘크리트 보양을 위해 급열장치를 설치하는 경우 화재 등을 방지하기 위해 소화기를 설치하고 관리인원을 배치하여야 하며, 가스중독, 산소부족 등의 예방을 위해 가스농도측정기, 산소농도측정기 등을 설치하여야 한다.

⑦ 고소작업대를 이용하여 작업을 하는 경우 아웃리거 등을 설치하는 등 전도방지 조치를 취한 후 작업을 실시한다.

⑧ 수급인은 공사현장 주변의 건축물, 도로, 매설물, 통행인에 재해가 미치지 않도록 조치하여야 한다.

⑨ 응급조치 및 사고보고
가. 다음의 경우 즉시 작업을 중지하고 근로자를 안전한 곳으로 대피시켜야 한다.
(가) 근로자의 사망 등 중대재해가 발생한 경우
(나) 산업재해발생의 급박한 위험이 있을 경우
나. 산업재해 발생 위험 등으로 인하여 작업을 중지하고 대피하였을 때에는 지체 없이 그 사실을 바로 안전보건관리책임자에게 보고하여야 하며, 이에 대한 적절한 조치를 취하여 위험요소가 제거되기 전에는 작업을 재개하면 아니 된다.

⑩ 기록의 유지
산업재해가 발생한 때에는 관계법령이 정하는 바에 따라 재해발생원인 등을 기록하여야 하며, 이를 3년간 보존하여야 한다.

(3) 보건조치 및 활동

① 수급인은 근로자의 건강보호 · 유지를 위하여 관계법령에서 정한 바에 따라 근로자를 대상으로 건강진단을 실시하여야 한다.

② 다음의 작업에 종사할 근로자에 대하여는 배치 전 건강진단을 실시하고 배치예정 업무에 적합한 것으로 판정된 근로자만을 대상으로 작업에 배치하여야 하며, 수시로 건강진단을 실시하여 건강이상 여부를 확인하여야 한다.
가. 유기화합물, 금속류, 산 및 알칼리류, 가스상 물질, 금속가공유 등에 해당하는 물질 중 관계법령에서 정한 유해인자를 취급하는 작업
나. 분진, 소음·진동, 방사선, 고기압, 저기압, 유해광선 등에 노출되는 작업
다. 관계법령에서 정한 시간 이상 야간작업을 수행하는 경우

(4) 안전보건비용
산업재해의 예방을 위하여 관계법령에 규정된 사항의 이행을 위하여 안전보건관리비를 계상하여야 한다.

▶ CHECK 05

방호조치

- 기계·기구에 의한 위험작업, 기타작업에 의한 위험으로부터 근로자를 보호하기 위하여 통상적인 방법으로는 접근하지 못하도록 하는 제한 조치를 말한다.
- 위험기계·기구에 대한 방호망, 방책, 덮개 등의 방호장치를 설치하거나 보호구의 착용, 출입금지, 작업중지, 대피, 안전교육 실시 등의 모든 행위가 방호조치에 속한다.
- 법적근거 : 산업안전보건법 제80조

(5) 안전시설

① 추락위험이 있는 장소에는 다음의 안전시설을 설치한 후 작업을 실시한다.

가. 상부 난간대, 중간 난간대, 발끝막이판 및 난간기둥으로 구성된 안전난간

(가) 상부 난간대는 바닥면 · 발판 또는 경사로의 표면으로부터 900mm 이상 지점에 설치하고, 상부 난간대를 1200mm 이하에 설치하는 경우에는 중간 난간대는 상부 난간대와 바닥면등의 중간에 설치하여야 하며, 1200mm 이상 지점에 설치하는 경우에는 중간 난간대를 2단 이상으로 균등하게 설치하고 난간의 상하 간격은 600mm 이하가 되도록 한다.

(나) 발끝막이판은 바닥면등으로부터 100mm 이상의 높이를 유지해야 한다.

(다) 난간기둥은 상부 난간대와 중간 난간대를 견고하게 떠받칠 수 있도록 적정한 간격을 유지한다.

(라) 상부 난간대와 중간 난간대는 난간 길이 전체에 걸쳐 바닥면등과 평행을 유지한다.

(마) 난간대는 지름 27mm 이상의 금속제 파이프나 그 이상의 강도가 있는 자재이어야 한다.

(바) 안전난간은 구조적으로 가장 취약한 지점에서 가장 취약한 방향으로 작용하는 100kg 이상의 하중에 견딜 수 있는 튼튼한 구조이어야 한다.

나. 작업발판

(가) 작업발판의 자재는 작업할 때의 하중을 견딜 수 있도록 견고한 것으로 한다.

(나) 작업발판의 폭은 400mm 이상으로 하고, 발판자재 간의 틈은 30mm 이하로 한다.

(다) 작업발판의 지지물은 하중에 의하여 파괴될 우려가 없는 것을 사용하고 작업발판자재는 뒤집히거나 떨어지지 않도록 둘 이상의 지지물에 연결하거나 고정시킨다.

(라) 작업발판을 작업에 따라 이동시킬 경우에는 위험 방지에 필요한 조치를 한다.

(마) 작업발판 및 통로의 끝이나 개구부로서 근로자가 추락할 위험이 있는 장소에는 안전난간, 울타리, 수직형 추락방망 또는 덮개 등의 방호 조치를 충분한 강도를 가진 구조로 튼튼하게 설치하여야 하며, 덮개를 설치하는 경우에는 뒤집히거나 떨어지지 않도록 설치하여야 한다. 이 경우 어두운 장소에서도 알아볼 수 있도록 개구부임을 표시하여야 한다.

다. 안전방망

(가) 안전방망의 설치위치는 가능하면 작업면으로부터 가까운 지점에 설치하여야 하며, 작업면으로부터 망의 설치지점까지의 수직거리는 10m 이내로 한다.

(나) 안전방망은 수평으로 설치하고, 망의 처짐은 짧은 변 길이의 12퍼센트 이상으로 한다.

(다) 건축물 등의 바깥쪽으로 설치하는 경우 망의 내민 길이는 벽면으로부터 3m 이상 되도록 한다.

(라) 안전방망을 설치하기 곤란한 경우에는 근로자에게 안전대를 착용하도록 하는 등 추락위험을 방지하기 위하여 필요한 조치를 하여야 한다.

라. 안전대 및 부착설비 : 추락할 위험이 있는 높이 2m 이상의 장소에서 근로자에게 안전대를 착용시킨 경우 안전대를 안전하게 걸어 사용할 수 있는 설비 등을 설치하여야 한다. 이러한 안전대 부착설비로 지지로프 등을 설치하는 경우에는 처지거나 풀리는 것을 방지하기 위하여 필요한 조치를 하여야 한다.

마. 승강설비 : 높이 또는 깊이가 2m를 초과하는 장소에서 작업하는 경우 해당 작업에 종사하는 근로자가 안전하게 승강하기 위한 설비를 설치하여야 한다.

바. 조명시설 : 근로자가 높이 2m 이상에서 작업을 하는 경우 그 작업을 안전하게 하는 데에 필요한 조명을 유지하여야 한다.

② 공사현장 내에 작업장으로 통하는 장소 또는 작업장 내에 근로자가 사용할 안전한 통로를 설치하고 항상 사용할 수 있는 상태로 유지하여야 한다. 통로의 주요 부분에는 통로표시를 하고, 통로면으로부터 높이 2m 이내에는 장애물이 없도록 하여야 한다.

안전난간 설치

작업발판 설치

안전방망 설치

안전대 및 부착설비

[사진 1.2.5-2] 현장 안전시설 설치 사례

③ 붕괴·낙하의 위험이 있는 경우 다음의 조치를 취한다.

가. 지반은 안전한 경사로 하고 낙하의 위험이 있는 토석을 제거하거나 옹벽, 흙막이 지보공 등을 설치한다.

나. 지반의 붕괴 또는 토석의 낙하 원인이 되는 빗물이나 지하수 등을 배제한다.

다. 갱내의 낙반 · 측벽 붕괴의 위험이 있는 경우에는 지보공을 설치하고 부석을 제거하는 등 필요한 조치를 한다.

라. 붕괴의 위험이 예상되거나 부동침하, 균열, 뒤틀림 등이 발생한 경우 안전진단 등 안전성 평가를 하여 근로자에게 미칠 위험성을 미리 제거하여야 한다.

④ 물체가 떨어지거나 날아올 위험이 있는 경우 낙하물 방지망, 수직보호망 또는 방호선반의 설치, 출입금지구역의 설정, 보호구의 착용 등 위험을 방지하기 위하여 필요한 조치를 하여야 한다. 낙하물 방지망 또는 방호선반을 설치하는 경우에는 높이 10m 이내마다 설치하고, 내민 길이는 벽면으로부터 2m 이상으로 해야 하며, 수평면과의 각도는 20도 이상 30도 이하를 유지한다.

(6) 안전표지 및 보호구

① 안전표지

가. 공사현장 내에 유해 · 위험 시설 및 장소에는 근로자가 쉽게 볼 수 있도록 위험요소 및 주의사항을 명시한 안전표지를 게시하여야 한다.

나. 안전표지는 금지, 경고, 지시, 안내 등으로 구분하여 게시하여야 하며, 근로자 중 외국인이 있는 경우 외국인근로자의 고용 등에 관한 법률에 의거하여 외국어로 병기하여 안전보건표지판을 부착하여야 한다.

– 출처: 산업안전보건법 시행규칙, 별표6(2021, 고용노동부)

[그림 1.2.5-1] 안전보건표지판의 종류

② 공사현장에서는 근로자에게 작업의 위험성에 따라 다음의 보호구를 착용한 후 작업을 실시하도록 해야 한다.

가. 안전모: 물체가 떨어지거나 날아올 위험 또는 근로자가 추락할 위험이 있는 작업

나. 안전대(安全帶): 높이 또는 깊이 2m 이상의 추락할 위험이 있는 장소에서 하는 작업

다. 안전화: 물체의 낙하 · 충격, 물체에의 끼임, 감전 또는 정전기의 대전(帶電)에 의한 위험이 있는 작업

라. 보안경: 물체가 흩날릴 위험이 있는 작업

마. 보안면: 용접 시 불꽃이나 물체가 흩날릴 위험이 있는 작업

바. 절연용 보호구: 감전의 위험이 있는 작업

사. 방열복: 고열에 의한 화상 등의 위험이 있는 작업

아. 방진마스크: 분진(粉塵)이 심하게 발생하는 작업

자. 방한모 · 방한복 · 방한화 · 방한장갑: 섭씨 영하 18도 이하에서 작업하는 경우

[그림 1.2.5-2] 안전인증(KCs 마크)

CHECK 06 ◀

방호장치·보호구 안전인증

▪ 안전인증 대상은 위험기계·기구의 방호장치와 유해 위험한 작업장에서 근로자가 착용하는 보호구이며, 산업안전보건인증원의 안전인증(KCs마크) 확인

③ 보호구는 반드시 안전인증을 받은 제품을 사용한다. CHECK 06

(7) 안전보건교육

① 수급인은 관계법규에 따라 작업자에게 안전교육을 실시하여야 한다.

② 건설 일용근로자를 채용할 때는 고용노동부장관에게 등록한 기관이 실시하는 기초안전 · 보건교육을 이수하도록 하거나 이수한 자를 채용하여야 한다.

③ 현장 내 안전보건교육은 관련법령에서 정한 바에 따라 실시하여야 한다.

(8) 스마트 건설안전장비

① 스마트 건설안전장비는 자동감지·판단, 무선통신 기술 등 첨단기술을 활용해 건설현장의 안전사고를 예방하기 위한 장치이며, 그 종류와 기능은 다음의 (표 1.2.5-2)와 같다.

[표 1.2.5-2] 스마트 건설안전장비의 종류 및 기능-1 (계속)

사용구분	스마트 안전장비 종류		사진	스마트 안전장비 기능
건설현장	지능형 (AI) CCTV	고정형 / 이동형		고성능 영상 촬영 및 AI 학습을 통해 위험요인*을 감지하고 경고 알림 * 화재발생, 위험구역 접근, 안전모 미착용 등
		Sound Desk 구축		AI CCTV에 스피커를 부착하여 실시간 경고 알림·방송이 가능
구조물	붕괴·변위 위험경보 장비			흙막이, 비계 등 가시설의 변위/가속도 변화를 감지하여 주변에 즉시 경고 알림
근로자	안전 턱끈·안전 고리			작업자의 안전모 미착용 및 안전고리 미설치 시, 경고 알림
	스마트 밴드			작업자 개인의 신체 위험을 인지·감지(측정) 경고 알림
	웨어러블 카메라		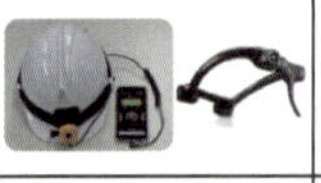	작업자 및 관리자 시점의 영상을 실시간 전송, 위험 감지
	스마트 에어백 조끼			추락 사고 시 에어백 역할 및 사고 알림
건설작업	이동형 유해가스 측정 경보시스템			폐쇄된 장소에서의 유해가스 유무 확인 경보 알림
	개구부 개폐 경보시스템			떨어짐 방지를 위한 개구부 경보 알림

[표 1.2.5-2] 스마트 건설안전장비의 종류 및 기능-2

사용구분	스마트 안전장비 종류	사진	스마트 안전장비 기능
건설작업	일반센서·위험센서		근로자 출근시간 및 작업시간, 퇴근시간, 위험구역 접근, 위치 파악 * 현장 위험구역 설정 필요
	이동형 화재감지 센서		작업자 현장 화기작업시 주변 발화 불꽃을 감지하여 경고 알람
	출입 관리 시스템	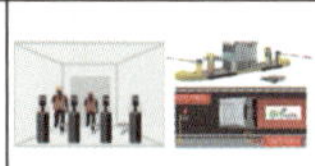	작업자 안면인식 기능으로 위험 장소 출입 관제 시스템 전송, 출입자 온도 측정 / 미허가 작업차량 현장 출입을 관리하여 작업자, 장비의 위험을 방지하는 시스템
	자율주행 로봇 안전관리 시스템		현장 작업자 안정상태 확인 등 알림
건설기계	충돌협착 방지장비		건설기계 및 장비에 부착하여 실시간으로 작업자 감지 및 경고 알림 * 건설기계가 활용되는 굴착공사에 한하여 지원
	장비 영상 시스템		장비와 작업자 충돌·협착 사고 예방을 위한 영상 전송
시스템	드론 안전관리시스템		안전사각지대 및 원거리 감시 * 실시간 화면 전송
	안전업무 협업 시스템		현장 안전보고 업무 효율증대 및 현장 점검시 실시간으로 현장 상황을 공유하여 위험 요소를 줄일 수 있는 업무관리 시스템
	안전관리 시스템		스마트 안전장비로부터 전달되는 정보를 스마트폰으로 실시간 확인 / 스마트 안정장비로부터 전달되는 정보를 관리하는 시스템

- 출처: 스마트 건설안전장비 리플릿(2022, 국토안전관리원)

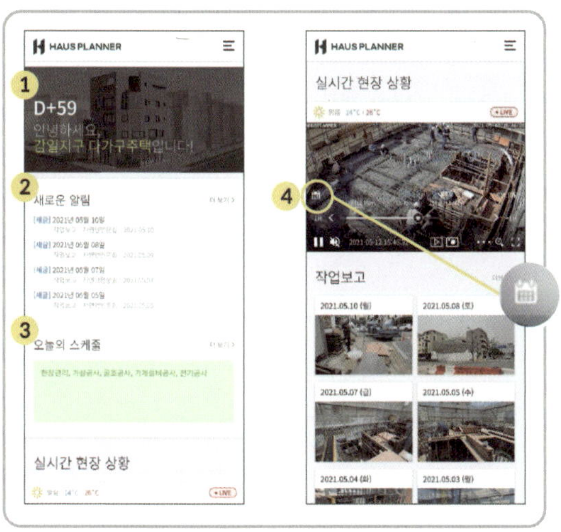

[그림 1.2.6-1] 건축 시공관리 플랫폼 활용

- 출처: HAUS PLANNER(https://www.hausplanner.com)

[사진 1.2.6-1] 건설 현장 실내·외 기록 카메라 설치 사례

1.2.6 공사기록과 인도 일반

(1) 공사기록

① 공사기록문서

*SBCS 41 90 01 (3.6)*에 따른다.

② 공사기록사진

수급인은 공사감리자의 지시에 따라 각 공정별 기록사진을 촬영하여야 하며, 시공 중일 때와 시공 후의 사진이 선명하게 식별되도록 작성·제출하여야 한다.

③ 준공도

수급인은 공사가 완성된 때는 공사시방서에 따라 준공도를 작성·정리하여 공사감리자에게 제출한다.

(2) 인수 · 인계

① 준공검사

가. 수급인, 공사감리자는 공사가 완료된 후 준공검사를 실시하고, 설계도서 및 공사계약 서류 등을 조회하여 그 적합성을 확인한다.

나. 수급인은 준공검사 결과 불합격 사항이 있을 경우 신속하게 조치하여 재검사를 받는다.

다. 수급인은 공사준공 관련 인·허가 관청의 사용승인 검사를 받고, 사용승인 필증을 교부받아 발주자에게 제출하여야 한다.

② 인수·인계

공사 완료 후 사용승인이 되면 수급인은 공사감리자의 지시에 따라 다음에 제시한 서류 및 건축물을 발주자에게 인도한다.

(가) 준공보고서 및 인도서

(나) 준공도서

(다) 건축물 등의 유지관리에 관한 설명서

(라) 설비기기의 성능시험성적서와 취급설명서

(마) 관공서에 대한 수속서류

(바) 열쇠인도서 및 열쇠함

(사) 공구인도서 및 공구함

(아) 공사시방서에 의한 예비자재 및 물품(설비용의 예비부품을 포함한다)

(자) 공사감리자가 지시하는 기타의 자료, 자재, 기구류

③ 하자담보

가. 계약서에 정해진 하자담보기간 내에 하자가 발생한 경우에는 발주자 및 공사감리자와 협의한 후 하자 전반에 대한 조사를 실시한다.

나. 하자 조사 결과 건축물에 발생한 하자로 인정될 경우, 공사감리자와 협의한 후 신속하게 적절한 조치를 취한다.

1.3 참고 기준

(1) 소규모 건축공사 일반사항의 참고기준은 *KCS 41 10 00 (1.3)*에 따르며, 추가사항은 다음과 같다.

① SBCS 41 90 01 소규모 건축공사 총칙

1.4 용어의 정의

(1) 소규모 건축공사 일반사항의 용어의 정의는 다음과 같으며, 이 기준에서 명시되지 않은 사항은 *KCS 41 10 00 (1.4)*에 따른다.

① 관계전문기술자(책임기술자): 건축법 제2조에 따라 건축물의 구조, 설비 등 건축물과 관련된 전문기술자격을 보유하고 설계와 공사감리에 참여하여 설계자 및 공사감리자와 협력하는 자를 말한다.

② 시공자: 건설산업기본법 제2조 제7호의 규정에 의한 건설업자 및 주택법의 규정에 의한 주택건설사업에 등록한 자로서 발주자로부터 건설공사를 도급받은 건설업자를 말하며, 하도급받은 시공업자를 포함한다.

1.5 제출물

(1) 수급인은 공사계약문서 및 설계도서 등에서 지정한 것과 공사감리자가 지시한 각종 사항을 지정한 기일 내에 지체 없이 서류를 구비하여 보고하여야 한다.
(2) 수급인이 공사감리자에게 제출한 서류의 형식과 내용 등이 공사계약문서에 포함되지 않은 경우에는 공사감리자의 지시에 따라야 한다.

1.6 품질확보

1.6.1 자재관리 품질확보

(1) 자재시험 및 자재검사
① 자재시험 일반
가. 자재시험은 설계도서에 정한 조건의 적합함을 증명할 수 없는 경우에 시행한다.
나. 자재시험용 공시체는 공사감리자의 입회하에 채취하고 봉인하여 검인을 받고 공인시험기관에서 시험하고, 그 성적결과보고서를 제출하여 확인을 받는다.
다. 공장생산시 설계품질을 확보하기 위한 구체적 품질관리지침서를 작성하여 공사감리자에게 제출한다.
② 검사 및 자재시험의 표준
가. 검사 또는 시험은 한국산업표준을 표준으로 하고 표준으로 제정되지 않은 경우에는 이 시방의 해당 각항 또는 공사감리자의 지시에 따른다.
나. 시공자는 완성된 공장제품을 검사하고, 검사결과는 필요 시 관련 법규에 따라 작성하여 공사감리자에게 제출한다.
③ 사용할 때의 불량품 : 시험에 합격된 자재 시설물이라도 사용할 때 변질 또는 손상되어 불량품으로 인정될 때는 이를 사용하지 않는다.
(2) 시험 또는 검사 후의 조치
① 시험 또는 검사 종료 후, 합격한 반입자재는 소정의 장소에 정돈하여 적절히 보관한다.
② 불합격된 자재는 장외로 반출하고, 신속히 대체품을 반입하여 공사 진행에 지장이 없도록 한다.

1.6.2 품질관리 및 검사

(1) 품질관리의 실시
① 수급인은 설계도서에서 요구되는 품질을 확보하기 위하여 공사의 품질시험 및 품질관리를 실시하여야 한다.
② 공사용 자재의 품질관리 및 품질시험은 1.2.3에 따른다.
(2) 공장제품 품질관리
공장제품은 해당 규격 또는 설계도서에서 요구하는 품질기준 이상을 만족하여야만 한다.
(3) 시공검사
① 수급인은 매 공정 완료단계마다 그 시공이 설계도서에 정한 조건에 적합함을 계측 등에 의하여 확인하고, 이를 공사감리자에게 보고한다.
② 설계도서에서 지정된 경우, 상기 ①의 보고가 있는 경우 및 공사감리자가 지정한 공정에 이른 경우에 공사감리자의 검사를 받는다. 다만, 이에 따를 수 없는 경우에는 따로 지시를 받는다.
③ 특별히 지시하는 작업에 대해서는 시공의 확인 · 검사의 결과에 따라 승인을 받은 후 다음 작업을 시작하여야 한다.
④ 검사에 합격한 공정과 동일한 공법에 의해 시공한 부분에 대한 검사를 추출검사로 할 수 있다.
⑤ 시공 후 검사가 불가능한 부분은 공사감리자와 협의하여 사전에 검사를 받은 후 서면 또는 설계도서로 확인 받아 두어야 한다.

(4) 시공검사에 수반하는 시험

① 시공의 검사에 수반하는 시험은 관련법규 및 공사시방서에 따른다.

② 시험을 실시하는 시험소는 공사시방서에 따른다. 공사시방서에 규정이 없을 때에는 공사감리자와 협의하여 정한다.

③ 시험에 소요되는 비용은 수급인이 부담한다.

(5) 기성검사

① 공사의 기성부분 검사는 우선 수급인이 검사하고 설계도서와 대조하여 그 적합성을 확인한 후 공사감리자에게 보고하여 검사를 받는다.

② 검사를 위하여 필요한 자료의 제출, 검측, 절차 등은 공사계약문서 등에 따르고 기타의 사항은 공사감리자의 지시에 따른다.

[그림 1.6.2-1] 자재관리 품질확보 예시 – 타설전 콘크리트 품질검사

2 자재

2.1 환경관리 및 친환경자재

(1) 자재 부분의 시방에는 일반사항에 나타낸 것 이외에 다음 사항을 구체적으로 고려하여야 하며, 공사감리자의 요청 시 검사 및 측정을 실시할 수 있다.

① 장수명 제품
② 자원 재활용 제품(산업부산물 재활용 포함)
③ 내재 에너지 최소화 제품(에너지 저소비 제품, 저탄소 제품)
④ 건강 유해 물질 저방출 제품
⑤ 물류 최소화 제품
⑥ 기타 지속가능한 제품(친환경 제품)

(2) 현장에서 자재를 사용할 때에는 아래의 조건을 고려하여 적용한다.

① 고도의 숙련성을 필요로 하여 재시공이 빈번한 제품의 선택은 신중을 기한다.
② 현장에서 화학적 처리가 필요하여 수질오염 및 토양오염의 우려가 있는 자재의 사용을 제한한다.

(3) 자재의 친환경 시방

① 가급적 사용수명이 길고, 유지관리의 필요성이 적은 제품을 사용한다.
② 유사한 성능을 갖는 제품 중에서 선택이 가능한 경우에는 다음 순으로 사용을 고려할 수 있다.

가. KS I ISO 14025에 의한 '제3유형 환경성 표시 및 선언' 제품 또는 이와 동등한 '환경성적표지' 제품
나. 탄소배출량이 표시된 제품 또는 이와 동등한 탄소성적표지 제품
다. KS Q 14020 시리즈에 적합한 환경마크 등 친환경 제품 또는 우수재활용인증마크(GR) 제품
라. 상기 다.에 대신하여 해당 자재에 대해 전과정 평가(LCA)를 이미 실시하였거나, 향후 LCA를 실시하여 자재의 환경영향을 정량적으로 제시할 수 있는 경우, 환경성적표지와 동등하게 고려할 수 있음
마. 기타 친환경 건설제품

<환경표지 인증서> <탄소배출량 인증서> <저탄소제품 인증서> <GR 마크인증서>

[그림 2.1-1] 친환경 자재 및 제품 인증서

(4) 조립식 구조물의 부재 및 조립식 부재

① 조립식 구조물의 부재 또는 이미 가공된 상태로 현장에 반입되는 조립식 부재는 KS ISO 14001 환경경영시스템에 적합한 공장 또는 친환경 기술 인증을 득한 공장에서 생산된 부재의 우선 사용을 고려한다.
② 조립식 부재의 운송거리 증가에 따른 에너지 소비 및 온실가스 배출 등을 고려하여야 한다.

3 시공

3.1 환경관리 및 친환경시공

3.1.1 일반사항

(1) 수급인은 환경 관련 제반 법규를 준수하여 공사에 수반하여 부정적인 환경영향이 가급적 발생하지 않도록 한다.

3.1.2 시공 중 환경오염 방지

(1) 수급인은 공사로 인한 수질 오염, 공기 오염, 토질 오염 등의 부정적인 환경영향이 발생하지 않도록 계획하여야 한다.

3.1.3 수송에 의한 환경영향 저감

(1) 시공과 관련한 수송에 의한 환경영향을 저감하기 위하여 아래의 사항을 고려하여 건설용 중장비 및 기계기구의 수송계획, 자재 반입, 폐기물 배출 계획을 수립한다.

① 사용되는 건설용 중장비 및 기계기구 공급자에게 수송계획을 제출하도록 하여 효율적인 수송계획을 수립한다.

② 지역 공급자를 통한 건설용 중장비 및 기계기구의 임대 및 사용을 고려한다.

③ 수송요구를 최소화하여 수송에 의한 환경부하를 저감하고 비용절감을 유도한다.

3.1.4 환경보호

(1) 수급인은 공사 중 또는 준공 후에 공사현장 및 인근의 환경에 파괴, 훼손이 없도록 보호에 만전을 기하여야 한다.

모래보관소 방진시설 설치

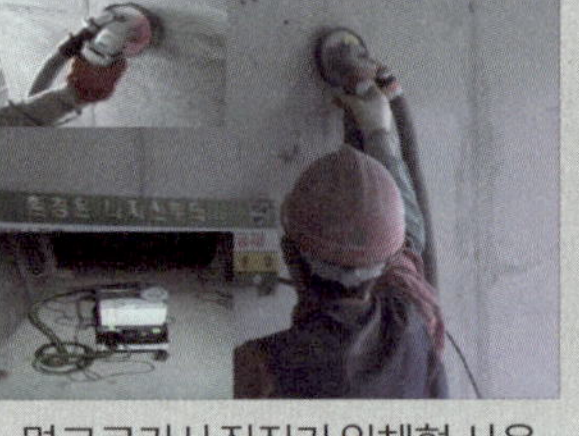
면고르기시 집진기 일체형 사용

운반차량 반진덮개 설치

현장내 세륜기 설치

[사진 3.1-1] 환경보호를 위한 현장 사례

SAMOOCM
CREATIVE MANAGEMENT

CHAPTER 2

2장

소규모 건축물 소비에너지 최적화

01 _ SBCS 41 90 05 05 패시브 건축자재 및 시공

02 _ SBCS 41 90 05 10 패시브 및 제로에너지건축물 인증

CHAPTER 2

01

SBCS 41 90 05 05
패시브 건축자재 및 시공

1 일반사항

1.1 적용범위

(1) 이 기준은 소규모 건축물의 소비에너지 최적화를 위한 패시브 건축자재 및 시공과 관련된 공사에 적용한다.

1.2 참고기준

1.2.1 열교 차단재

(1) SBCS 41 90 42 소규모 단열공사 (2) KS M ISO 4898 발포폴리스티렌 보온재
(3) 건축물의 에너지절약 설계기준

1.2.2 기밀 및 팽창테이프

(1) SBCS 41 90 55 소규모 창호 및 유리공사

1.2.3 (평지붕)방수상부 외단열 공법

(1) SBCS 41 90 40 소규모 방수공사 (2) SBCS 41 90 42 소규모 단열공사
(3) SBCS 41 90 54 소규모 외벽공사 (4) SBCS 41 90 56 소규모 지붕공사
(5) KS F4934 자착식형 고무화 아스팔트 방수 시트 (6) KS F3211 건설용 도막 방수재
(7) KS M3808 발포 폴리스티렌(PS) 단열재

[표 1.2.3-1] 지붕방수 공법 비교

구분	외단열 지붕(평지붕, 방수상부 외단열 공법)	내단열 지붕(평지붕)	
이미지	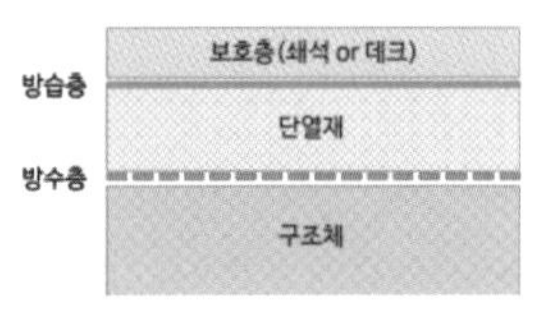	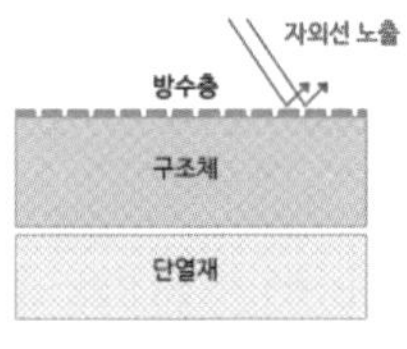	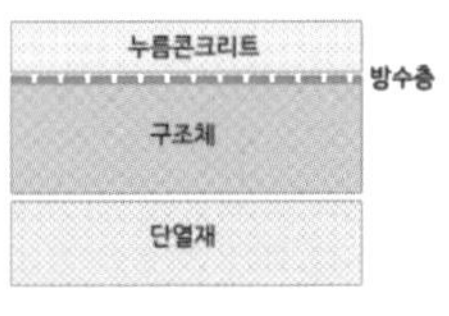
구성	· 내부마감 > 구조체 > 방수층 > 단열재 > 방습층 > 보호층	· 내부마감 > 단열재 > 구조체 > 방수층(마감)	
특징 CHECK 01	· 방수층이 단열재 하부에 설치되어 방수층에 도달하는 자외선을 차단	· 방수층이 자외선에 직접 노출되거나, 방수층 보호를 위해 누름 콘크리트 시공	
		노출 방수	비노출(누름 콘크리트)
방수지속성	○	X	△
수리용이성	○	○	X
열교성능	○	X	X
시공성	△	○	X
경제성 CHECK 01	○	△	X

▲ CHECK 01
유지관리비 고려
- 자외선 노출 시, 방수층 성능 감소가 가속화되므로 주의한다.
- 경제성은 해당 자재의 유지관리비까지 포함하여 비교 및 고려한다.

1.2.4 투습 방수·방습지

(1) SBCS 41 90 54 소규모 외벽공사

1.2.5 태양광 발전설비

(1) 태양광 설비를 설치할 경우 전기사업법, 전기공사업법, 전기설비기술기준, 전기설비 기술기준의 판단기준 및 건축구조기준 등 관련규정을 따라야 한다.

1.3 제출물

1.3.1 견본

(1) 시공 견본은 공사감리자와 협의 후 필요한 크기와 모양을 확정하여 제출한다.

1.3.2 품질인증서류

(1) 품질인증서류는 각 자재별로 KS 표시 인증서, 공인된 기관의 시험성적서 등 공사감리자와 협의 후 필요한 서류를 제출한다.

(2) 태양광 발전설비의 경우 신재생에너지설비 KS 인증서를 제출한다. CHECK 02

1.3.3 시공 상세도면

(1) 시공 상세도면은 공사감리자와 협의 후 부위별로 필요한 상세도를 선정하여 제출한다.

▶ CHECK 02
신재생에너지설비 KS 인증
- 신재생에너지 인증대상 설비의 제조공장심사 및 제품심사를 실시하여 정부가 규정한 인증심사기준과 제품의 성능·품질기준을 모두 충족하는 경우 인증서를 발급하고 KS 마크 표시를 허용하는 국가인증제도

CHECK 03 ◀
열교차단 단열 시공 부속자재
① 플라스틱 몸체 + 철재 못(플라스틱 마감)
② 플라스틱 몸체 + 플라스틱 못
③ 플라스틱 몸체 + 철재 못
④ 철재 못 + 삽입 단열재
⑤ 고정 못 머리용 단열재 뚜껑
⑥ 트랙 시스템용 고정 못
⑦ 트랙 시스템 레벨조절용 플라스틱

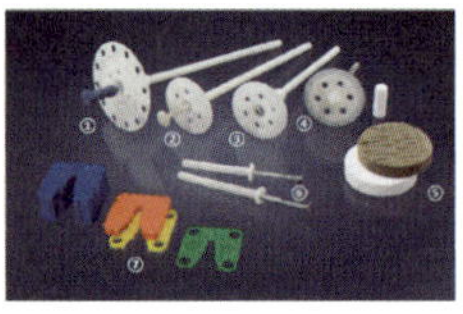

<출처> 한국패시브건축협회 (https://www.phiko.kr)

2 자재

2.1 열교 차단재 CHECK 03

2.1.1 열교 차단재의 특징

(1) 열교 차단재는 다음과 같은 특징을 가진다.

① 건축물 열교 현상 최소화　② 창 주변 결로 및 곰팡이 발생 억제
③ 건축물 에너지 효율 향상　④ 마감 시공 품질 향상
⑤ 시공성 우수 및 LCC(건축물 생애주기 비용) 효과 상승

2.1.2 열교 차단재의 품질

(1) KS M 3808 규정에 적합한 제품으로 한다. 단, 지정된 단열 재료와 성능이 다른 재료를 요구할 경우에는 공사감리자의 확인을 받아 지정된 재료의 열전도 저항값에 상응하는 두께 이상의 단열 재료를 선택하여 사용한다.

2.1.3 품질 기준

(1) 신축 건축물과 리모델링에 적용하는 열교 차단재(EPS)의 품질은 *(표 2.1.3-1)*과 같다.

[표 2.1.3-1] 열교 차단재(EPS 단열재) 품질 기준 CHECK 04

항목	단위	품질 기준	시험방법
밀도	kg/㎤	28 이상	KS M 3808
압축강도	N/㎠	15 이상	
흡수량	g/100㎠	1.0 이하	
굴곡파괴하중	N	35 이상	KS M ISO 1209-1
초기 열전도율	W/(m·k)	0.032 이하	KS L 9016
연소성-연소시간	초	120 이내	KS M ISO 9772
연소성-연소길이	㎜	60 이하	
열관류율(시뮬레이션)	W/㎡·k	1.700 이하	ISO 15099
가열에 의한 길이 변화율	%	균열 및 변형 등이 없고 변화율이 2.0 이하	KS I 3245
흡수에 의한 길이 변화율	%	균열 및 변형 등이 없고 변화율이 0.2 이하	

(2) 신축 건축물과 리모델링에 적용하는 준불연 열교 차단재(NFEPS)의 품질은 *(표 2.1.3-2)*와 같다.

[표 2.1.3-2] 준불연 열교 차단재(NFEPS 단열재) 품질 기준 CHECK 04

시험항목		판정기준	시험방법
열방출 시험	총 방출열량 (MJ/㎡)	8 MJ/㎡ 이하	KS F ISO 5560-1
	열방출율이 연속으로 200kW/㎡를 초과하는 시간(s)	10 s 이하	
	시험체를 관통하는 방화상 유해한 균열, 구멍 및 용융(심재의 전부용융, 소멸) 등	없을 것	
가스 유해성	행동정지시간 (min : s)	9 min 이상	KS F 2771
열전도율 (W/(m·K))		0.036 이하	KS M 3808

▲ CHECK 04　비드법보온판(EPS), NFEPS
- Expanded polystyrene (EPS) : 발포폴리스티렌을 발포제의 작용으로 팽창시킨 것으로 일명 스티로폼으로 알려져 있다. 희고 가벼우며, 내수성·단열성·방음성·완충성 등 우수하여 널리 사용된다.
- No Fire Expanded polystyrene(NFEPS) : 준불연 EPS의 약칭

(3) 제품은 상기 품질기준을 포함하여 규격서에 기재한 모든 사항을 만족하며, 이외의 사항에 대해서는 보유한 모든 품질인증의 시험기준을 만족해야 한다.

2.1.4 재료 검사

(1) 현장에 반입하는 재료는 한국산업규격 또는 산업통상자원부 장관의 형식 승인 여부 및 재료의 규격, 품질 등이 도면 또는 공사 시방서와 일치하는 여부에 대하여 공사감리자의 검사를 받아야 한다.
(2) 공사 착수 전에 열교 차단재의 견본 및 성능시험서(시험성적서, 1년 이내)를 공사감리자에게 제출하여야 한다.

2.1.5 운반, 보관, 취급

(1) 열교 차단재는 운반 및 취급 시 한국산업규격(KS)에 제시되어 있는 단열재로 손상이 되지 않도록 주의해야 한다.
(2) 열교 차단재는 직사일광이나 비, 바람 등에 직접 노출되지 않으며, 습기가 적은 곳에 용도, 형상 등에 따라 구분하여 보관한다.
(3) 열교 차단재 위에 중량물을 올려놓지 않도록 하며, 2개월 이상 방치하지 않도록 한다.

2.2 기밀 및 팽창테이프

2.2.1 창호 및 유리공사

(1) 창호 및 유리공사에 대해서는 *SBCS 41 90 55(2. 자재)*에 따른다.

2.2.2 기밀자재

(1) 창호 설치 주변 기밀을 위해 사용되는 기밀자재는 실내 상대습도에 따라 습기의 이동이 가능한 가변형 투습자재를 사용한다.
(2) 창호 설치 주변 기밀을 위해 사용되는 기밀자재는 성능기준(KS F 2607에 따른 Sd값, 기밀성능, 방수성능 등)을 고려한다.
(3) 건물의 내부 및 외부 창호와 벽체 사이의 기밀층 형성을 위해 기밀 테이프 및 팽창테이프를 시공한다.
(4) 서로 다른 이질 자재를 겹쳐 쓸 경우 수축과 팽창이 서로 다르므로 팽창테이프를 시공하여 기밀층을 형성해준다.

[표 2.2.2-1] 일반(다용도) 기밀 테이프 제품 종류

구분 (다용도)	기밀테이프 (All round기밀테이프+UV저항강화)	기밀테이프 (All round 기밀테이프)	기밀테이프 (All round 기밀테이프 +3면 접착)
제품 사진			
크기	길이 : 300mm / 폭 : 60mm	길이 : 300mm / 폭 : 60mm	길이 : 300mm / 폭 : 60mm

- 출처: (주)프로클리마(http://www.proclima.co.kr)

[표 2.2.2-2] 창호용 기밀 테이프 제품 종류 및 적용 부위

구분 (창호용)	창호용 외부 기밀테이프 (목조, 조적조)	창호용 외부 기밀테이프 (철근콘크리트조)	창호용 내부 기밀테이프 (목조, 조적조)	창호용 내부 기밀테이프 (철근콘크리트조)
제품 사진				
크기	창호 외부용	창호 외부용	창호 내부용	창호 내부용
적용 부위	목조, 조적조 구조체	철근콘크리트 구조체	목조, 조적조 구조체	철근콘크리트 구조체

- 출처: (주)프로클리마(http://www.proclima.co.kr)

[표 2.2.2-3] 기밀 테이프 전용 접착제 CHECK 05

구분	친환경 접착제 (액체형)	친환경 접착제 (고체형)
제품 사진		
제품 용량	310ml	11mmx 10m / 11mm x 20m
적용 부위	투습 방수지, 가변형 투습 방수지, 창호 기밀테이프 접착 시 사용 가능	투습 방수지, 가변형 투습 방수지, 창호 기밀테이프 접착 시 사용 가능
주 사용처	습기나 젖은 곳 접착 가능	고체식. 표면이 매끄럽지 않은 곳에 사용 가능
시공 사진		

- 출처: (주)프로클리마(http://www.proclima.co.kr)

[표 2.2.2-4] 팽창 테이프 제품 사양 및 적용 부위 CHECK 06

제품 사진

제품 개요	
사용처	■ 목조, 스틸, 통나무, 조적에 시공가능
성능	■ 방수/방풍/방음 성능 우수
	■ 알칼리성 및 산성비에 대한 강한 저항력
	■ UV 저항 성능 우수

시공 사례

적용 부위	
창호	■ 창호와 벽체 연결부위
	■ 작은 틈새부위 또는 모든 연결부위기밀확보에 적합
틈새부위	■ 콘크리트 크랙 대비에 대한 지원
	■ Concreting 연결 Formwork
내부	■ 경량벽체 연결부위 기밀층 확보
	■ 이중바닥 연결 기밀층 확보
지붕	■ 천창 연결부위
	■ 틈새기밀로 지붕방수 확보
	■ 구조체의 수축과 팽창이 심한 곳에 적합

- 출처: (주)프로클리마(http://www.proclima.co.kr)

▲ CHECK 05
기밀 테이프 전용 접착제
• 기밀 테이프 자체로도 접착성을 가지고 있으나, 습기나 젖은 곳, 접착이 잘 안되는 부위의 경우 전용 접착제의 사용이 필요하다.

▲ CHECK 06
팽창 테이프
• 팽창 테이프는 사용 후 팽창하는 특징으로 기밀성이 확보되므로 사전에 적절한 두께 및 폭을 고려하여 해당 부위에 정확히 시공하도록 한다.

2.3 (평지붕) 방수 상부 외단열 공법

2.3.1 프라이머

(1) 프라이머는 솔, 롤러, 고무주걱 등으로 도포하는데 지장이 없고, 8시간 이내에 건조되는 품질의 것으로 방수재 제조사가 지정하는 것으로 한다.

2.3.2 자착형 방수시트

(1) (평지붕) 방수 상부 외단열 공법에 적용하는 자착형 방수시트는 KS F 4934의 품질에 적합한 것을 사용한다.

2.3.3 우레탄 방수재

(1) 우레탄 고무계 방수재는 KS F 3211에서 정하는 품질에 적합한 것을 사용하며, 우레탄 고무계 방수재 종류는 1류를 사용한다.

[표 2.3.3-1] 지붕방수 공법 비교

구분	아스팔트계 시트방수	도막방수	합성고분자계 시트방수	시멘트계 방수
정의	• 아스팔트 시트를 바탕면에 접착 또는 고정하여 방수층을 형성하는 공법	• 합성고무 또는 합성수지를 시트상태로 성형하여 바탕면에 접착 또는 고정하여 방수층을 형성하는 공법	• 우레탄 고무계 방수재를 바탕면에 여러 번 도포하여 이음매가 없는 연속적인 방수층을 형성하는 공법	• 시멘트 모르타르에 방수재를 혼합하여 모르타르 자체적으로 방수층을 형성하는 공법
특징	• 규격화된 제품을 사용하기 때문에 방수층 두께가 동일 • 공정이 단순 • 신축성이 있어 구조체의 거동에 따른 대응성이 우수	• 규격화된 제품을 사용하기 때문에 방수층 두께가 동일 • 공정이 단순 • 신축성이 있어 구조체의 거동에 따른 대응성이 우수	• 방수층의 일체성확보 용이 • 누수부위 발견이 쉽고 보수 용이 • 복잡한 형상 시공 용이 • 공정 단순 • 작업자의 숙련도에 따라 방수층 두께가 상이	• 모르타르 건조수축에 따른 균열발생 • 신축성이 없어 구조체의 거동에 따른 균열발생 우려 • 세대 욕실, 다용도실에 적용 가능

2.3.4 단열재

(1) (평지붕) 방수 상부 외단열 공법에 적용되는 단열재는 KS M ISO 4898의 표4(건축물 단열재용 XPS의 물성)의 범주Ⅲ-A를 사용한다.

[표 2.3.4-1] (평지붕) 방수 상부 외단열 공법 적용 단열재 비교

구분	XPS-Ⅱ, Ⅲ	EPS-Ⅲ	PUR-Ⅲ
이미지			
열전도율[1]	27 mW/m·K	34 mW/m·K	23 mW/m·K
단열재 두께(중부1, 2지역 기준)	50mm(하부) + 150mm(상부)	60mm(하부) + 150mm(상부)	50mm(하부) + 100mm(상부)
압축강도	250kPa 이상	150kPa 이상	150kPa 이상
밀도	30 kg/㎥ 이상	30 kg/㎥ 이상	35 kg/㎥ 이상
흡수성(%)[1]	1	2	3
난연성	관련법령에 따른다		
예상 단가(0.15 W/㎡·K)	31,000원	32,600원	46,500원
특징	• 수분흡수에 의한 영향이 적으며 압축강도가 우수함	• 타 단열재에 비해 저렴하나, 수분흡수에 의한 단열성능 저하 고려 필요	• 동일 단열성능을 위해 필요한 단열재의 두께가 얇아지나 압축강도가 떨어짐
종합성능	○	X	△

주1) KS M ISO 4898 경질 발포 플라스틱-건축물 단열재-규격

2.3.5 투습방수지

(1) (평지붕) 방수 상부 외단열 공법에 적용하는 투습방수지는 제조사에서 지정하는 외부용 투습방수지를 사용한다.

> CHECK 07 ◀
> **(평지붕) 방수 상부 외단열 공법 적용 부직포**
> • (평지붕) 방수 상부 외단열 공법에 사용되는 부직포는 토목용이 아닌 조경용 부직포를 사용한다.
> • 조경용 부직포는 장섬유 부직포를 사용하여 쇄석에 의한 부직포 찢어짐을 최소화한다.

2.3.6 배수판 및 부직포

(1) 별도의 명기가 없는 경우 30㎜ 조경용 배수판을 사용하고 조경용 장섬유 부직포를 사용한다. CHECK 07

2.3.7 보호층

(1) 보호층으로 쇄석을 사용할 경우, 흙이 섞여 있지 않은 지름 35㎜ 이상의 쇄석을 사용한다.

[표 2.3.7-1] (평지붕) 방수 상부 외단열 공법 마감

구분	쇄석 마감	평지붕 외단열 데크 마감
이미지		
구성	방습층 → 배수판 → 부직포 → 쇄석	방습층 → 페데스탈 데크(마감 포함)
특징	• 페데스탈 데크에 비해 비용이 저렴하여 경제성 부분에서 우수하지만, 마감이 불규칙하여 보행이 어려우며 옥상 활용도 측면에서 불리	• 옥상을 평탄하게 마감할 수 있어 쇄석에 비해 옥상활용도 측면에서 유리

- 출처: (주)티푸스코리아(http://www.tifus.co.kr)

2.3.8 파라펫 단열 및 방수

(1) 파라펫이 있는 경우 상단부까지 단열 및 방수를 보강한다.
(2) 파라펫 상부는 금속재 등의 두겁석을 설치하여 마감한다.

2.3.9 우수드레인

(1) 우수드레인은 PVC 재질의 제품 또는 주철재 제품을 사용하며, 보호층의 우수와 단열층의 우수를 배수할 수 있는 2중 배수 구조의 제품을 사용한다.
(2) 배수구 주변 시트방수를 부착하여 보강한다.

(평지붕) 방수 상부 외단열 공법의 우수 배수구조 | 현장제작 및 설치 사례

[그림 2.3-1] 우수드레인 구조, 설치 사례

- 출처: 한국패시브건축협회 (https://www.phiko.kr)

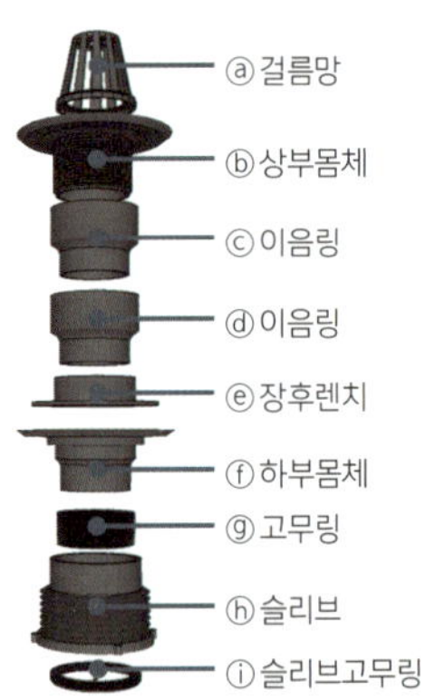

[그림 2.3-2] 우수드레인 구조

2.3.10 선홈통

(1) 지붕의 선홈통 시공은 *SBCS 41 90 56*에 따른다.
(2) 외벽의 홈통 시공은 *SBCS 41 90 54*에 따른다.

2.4 투습 방수·방습지

(1) 가변형 투습방습지는 건물 내부, 투습방수지는 건물 외부의 기밀층 형성에 필요한 자재이다.

(2) 가변형 투습방습지와 투습방수지의 자재는 제조사의 공사시방서에 따른다.

[표 2.4-1] 가변형 투습방수지 (실내 벽면 설치용)

구분	일반 가변형 투습방습지	가변형 투습방습지(인장성능 강화용)	가변형 투습방습지(유리견직물)
제품 사진	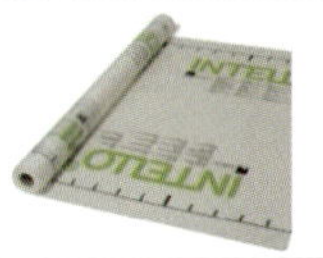	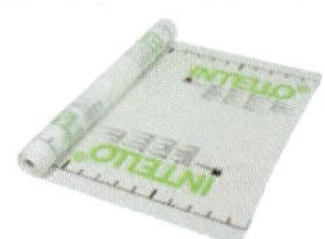	
투습저항계수	37,500	37,500	10,000
투습공기저항	7.5m / 0.25~25m	7.5m / 0.25~25m	2.3m / 0.6~4m
보강메쉬	-	Polypropylen (폴리프로필렌	유리견직물
온도저항성능	-40℃~180℃	-40℃~80℃	40℃
두께	0.2mm	0.2mm	0.23mm
인장성능 (수직/수평)	130N(50㎜) / 100N(50㎜)	350N(50㎜) / 290N(50㎜)	550N(50㎜) / 310N(50㎜)
유연성 (수직/수평)	65% / 65%	15% / 15%	5% / 5%
제품 특징	▪ 상대습도에 따라 투습의 양이 달라지며, 거의 모든 기후조건에서 효과적인 투습저항 변화를 보이며 Sd 값은 0.25~25m.	▪ 보강메쉬가 있으며 밀도가 있는 단열재 사용에 적합함. 인장성능이 기존 투습방습지보다 강화.	▪ 유리견직물의 보강메쉬가 들어가 있으며 종이재질로 구성됨. 경량구조 작업에 적합함.

- 출처: (주)프로클리마(http://www.proclima.co.kr)

[표 2.4-2] 투습 방수지 (실외 벽면 설치용)

구분	투습 방수지 (지붕용)	투습 방수지 (벽체용)	투습 방수지 (오픈 조인트용)	투습 방수지 (메탈라스용)
제품 사진				
투습저항계수	200	125	80	10
UV 저항성능	5개월	3개월	6개월	3개월
투습계수	< 0.05m	0.05m	0.05±0.02m	0.06±0.02m
방수성능	W1 Class	W1 Class	W1 Class	W1 Class
수압성능	10m	10m	-	>2.5mm
인장성능 (수직/수평)	230N(50㎜)/180N(50㎜)	140N(50㎜) / 100N(50㎜)	290±20N(50㎜) / 220±20N(50㎜)	285±15N(50㎜) / 215±15N(50㎜)
유연성 (수직/수평)	45% / 65%	60% / 60%	50±20% / 70±20%	45±10% / 70±10%
제품 특징	▪ 3중 멤브레인 구조의 일체형 투습 방수지로 주로 지붕 시공에 사용함. ▪ Polypropylen마이크로 섬유로 높은 방수능력과 투습 성능이 있음.	▪ 3중 구조의 벽체용 투습 방수지로 벽체외벽의 방수층 및 방풍층 형성을 위해 합판계열 위에 설치함. ▪ 판재형태의 모든 단열재 위에 사용이 가능함.	▪ 오픈 조인트용 투습 방수지로 높은 인장강도를 가지고 있음. ▪ 열전도율은 0.17W/mk.	▪ 메탈라스용 투습 방수지로 공기층을 형성하여 징크나 금속재로부터 하부 구조재를 보호함. ▪ 공기층 형성으로 방음효과 및 열안정성이 우수함.

- 출처: (주)프로클리마(http://www.proclima.co.kr)

목조주택 벽체 시공 사례

외단열 벽체 시공 사례

지붕 시공 및 보양 사례 (1)

지붕 시공 및 보양 사례 (2)

일체형(목조) 벽체 제품

일체형 벽체 시공 사례

[사진 2.4-1] 투습 방수지 시공 사례

CHECK 08 ◀
운반, 보관, 취급
- 주요 설비 및 자재 운반시 충격이 가해지지 않도록 기구 단위별로 포장하여 반입하여야 한다.
- 설비는 현장 반입 후 우수 등에 젖지 않도록 보관하여야 한다.

2.5 태양광 발전설비 CHECK 08

2.5.1 공통사항(태양광 모듈, 계통연계형 인버터, 접속함 등)

(1) 한국산업표준(이하 "KS")에 따른 인증제품을 설치하여야 한다. 다만, BIPV형 모듈과 인버터의 용량이 250kW를 초과하는 경우는 품질기준에 만족하는 시험 결과가 포함된 시험성적서를 설비(설치)확인 신청시 신재생에너지센터에 제출할 경우에는 사용할 수 있다.

2.5.2 접속함

(1) KS인증 제품을 설치하여야 한다.

(2) 모듈 보호를 위해 독립형 태양광설비 또는 2차 전지와 연결되는 태양광설비는 역전류방지다이오드가 시설된 접속함을 사용하여야 한다. 역전류방지다이오드 용량은 모듈 단락전류(Isc)의 1.4배 이상, 개방전압(Voc)의 1.2배 이상이어야 하며, 현장에서 확인할 수 있도록 표시하여야 한다.

(3) DC용 퓨즈 및 DC차단기(또는 계폐기)가 설치된 접속함을 사용하여야 한다.

(4) 지락, 낙뢰, 단락 등으로 설비 이상(異常)현상 시 경보등 또는 경보장치가 작동하는 접속함을 사용하여야 한다.

2.5.3 지지대

(1) 지지대는 다음 각 호의 재질로 제작하여야 한다. 지지대간 연결 및 모듈-지지대 연결 은 가능한 볼트로 체결하되, 절단가공 및 용접부위(도금처리제품 한정)는 용융아연 도금처리를 하거나 에폭시-아연페인트를 2회 이상 도포하여야 한다.

① 용융아연 또는 용융아연-알루미늄-마그네슘합금 도금된 형강(단, 수상형의 경우 별도 규정 준수)

② 스테인리스 스틸(이하 "STS")

③ 알루미늄합금

④ ① 또는 ②와 동등이상의 성능(인장강도, 항복강도, 압축강도, 내구성 등)을 가지는 재질로서 KS 인증대상 제품인 경우에는 KS인증서 및 시험성적서를 설비(설치)확인 신청시 센터에 제출하여야 하며 KS 인증대상 제품이 아닌 경우에는 동등 이상의 성능임을 명시한 국가 공인시험기관의 시험성적서(KOLAS 인정마크 표시)와 건축법 제67조에 따른 관계전문기술자(이하 "관계전문기술자")로부터 연결부위를 포함하여 풍하중, 적설하중 등 구조하중에 견딜 수 있는 구조 임을 확인받은 서류를 설비(설치) 확인 신청시 센터에 제출하여야 한다.

3 시공

3.1 열교 차단재 CHECK 09

3.1.1 열교 차단재 공사일반

(1) 이 기준은 건축물의 창 주위의 열 손실에 의한 건축물 에너지 효율이 저감되는 것을 방지하는 목적으로 창 주위의 열교(열 손실)를 저감하는 열교 차단재인 발포폴리스틸렌, 발포폴리에틸렌 등 준불연 단열재를 사용한 단열 공사에 적용한다. 다만 적용 재료 및 공법을 이용하는 단열 공사에 대해서는 공사감리자의 확인을 받아 해당 단열 재료의 제조 및 시공자 시방에 준하여 시공한다.

▶ CHECK 09
열교차단 공법 시공영상

외피 열교부위별 선형 열관류율 기준

- 구성재료(콘크리트, 단열재, 단열보강 등)에 따른 열교부위의 세부적인 사항은 *건축물의 에너지절약 설계기준 [별표 11]* 열교부위별 선형 열관류율 기준에 따른다.

3.1.2 신축 건축물의 열교 차단재 시공

3.1.2.1 공사 전 검사

(1) 시공 전에 적용할 부위에 대한 설계도면 및 시방에 적합한지 확인하고 부적합한 경우 시정이 된 후 작업이 진행되어야 한다.

3.1.2.2 공사 순서

(1) 벽체의 거푸집 설치와 동시에 열교차단재(본체와 메움체)를 설치한다.
(2) 콘크리트를 타설 후 일정 양생 후 거푸집 탈형과 동시에 열교차단재의 메움체를 제거한다.
(3) 창호 설치와 외벽단열재를 설치한다.
(4) 외부 마감(조적 금속재 외) 시공을 실시한다.

3.1.2.3 공사 후 검사

(1) 시공 후에 적용 부위에 대한 설계도면 및 시방에 적합한지 확인하여야 한다.
이상의 시공 순서를 도식화하면 아래 그림과 같다.

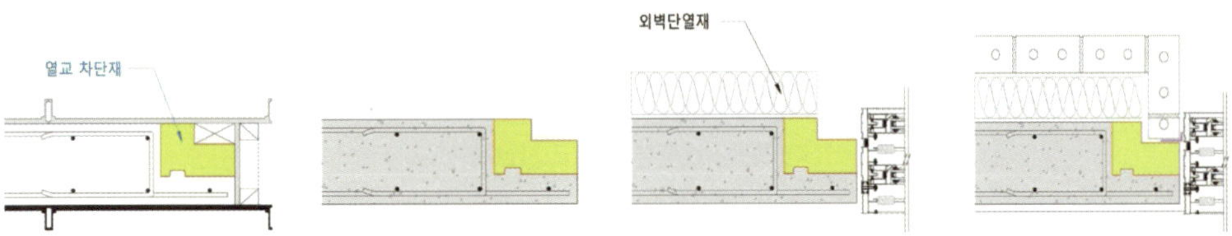

01. 거푸집(열교차단재 설치)　02. 거푸집 해체　03. 창호설치 및 단열재 시공　04. 외부 조적 시공(기본형)

- 출처: (주)스타빌엔지니어링(http://starvilleng.co.kr)

[그림 3.1.2.3-1] 신축 건축물 열교 차단재 시공 순서

3.1.3 리모델링 건축물의 열교 차단재 시공

3.1.3.1 공사 전 검사

(1) 시공 전에 적용할 부위에 대한 설계도면 및 시방에 적합한지 확인하고 부적합한 경우 시정이 된 후 작업이 진행되어야 한다.

3.1.3.2 공사 순서

(1) 기존 건축물의 외장재와 창호를 제거한다.
(2) 콘크리트 외벽에 외단열을 시공하고 창 개구부에 열교 차단재를 설치한다.
(3) 열교 차단재는 콘크리트와 외단열과 일체화시키고 그 위에 창호를 설치한다.
(4) 창호 설치 후 외부 마감을 실시한다.

3.1.3.3 공사 후 검사

(1) 시공 후에 적용할 부위에 대한 설계도면 및 시방에 적합한지 확인하여야 한다. 이상의 시공에 의해 완성된 그림은 아래와 같다

* 단면상세

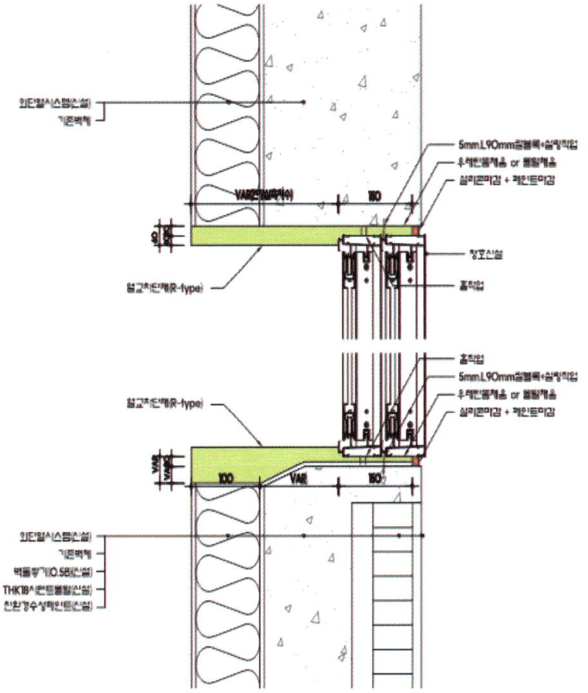

* 평면상세 TYPE-1

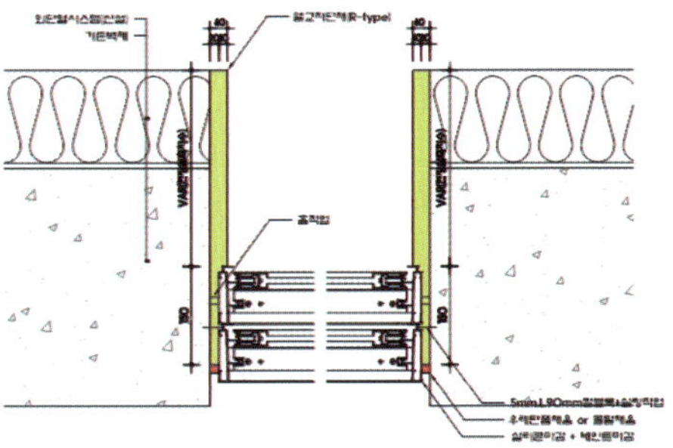

▶ 평면상세 TYPE-2

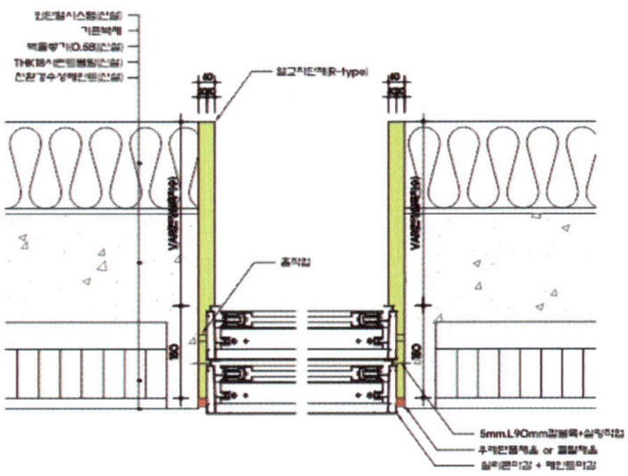

- 출처: (주)스타빌엔지니어링(http://starvilleng.co.kr)

[그림 3.1.3.3-1] 리모델링 건축물의 열교 차단재 시공

3.1.4 열교차단 단열재 고정 못

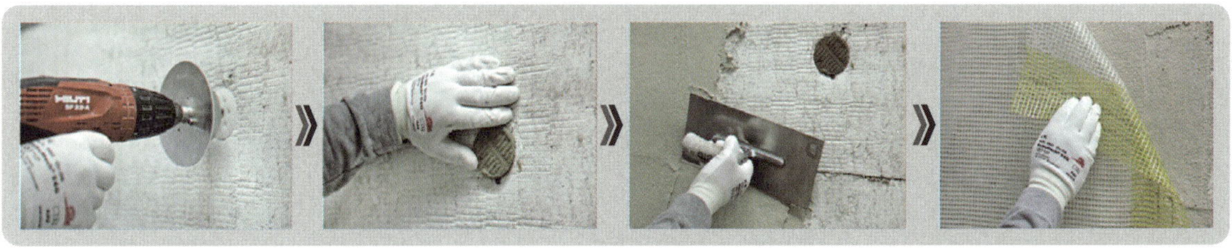

- 출처: 외단열 미장 마감공법 설계 및 시공지침 Ver.1.5(2015, 한국패시브건축협회)

[사진 3.1.4-1] 열교차단 고정 못과 그물망의 시공

3.2 기밀 및 팽창테이프

3.2.1 기밀 및 팽창테이프 공사일반

(1) 이 기준은 건축물의 내부 및 외부 창호와 벽체 사이의 기밀층 형성에 필요한 기밀 및 팽창 테이프 시공에 적용한다.

3.2.2 창호 및 문 설치

(1) 소규모 창호 및 유리공사에서 각 설치는 *SBCS 41 90 55 (3. 시공)*에 따른다.

3.2.3 기밀자재

3.2.3.1 주의사항

(1) 기밀층 형성을 위해 기밀 테이프 및 팽창 테이프를 시공 시 아래의 사항을 고려한다.
① 영하 10℃이하일 경우에는 작업을 삼가도록 권장한다.
② 벽면이나 벽체에 수분이 없는 것을 권장한다.
③ 자재 보관 시 습기나 강한 자외선으로부터 보호되어야 한다.
④ 야적 기간은 3개월을 넘기지 않도록 한다.
⑤ 시공시 접착제나 기밀테이프는 끊김없이 모두 이어져야 기밀층이 유지된다.
⑥ 창호 사방으로 절단하여 시공할 시 부수자재를 사용하여 끊어진 부위에 틈이 없도록 한다.
⑦ 수용성 제품은 완전히 건조되기 전 물이 유입될 시에 접착력이 떨어지게 되며 방수층이 무너진다.

3.2.3.2 기밀 테이프 CHECK 10

(1) 사전준비
① 바탕 벽면을 검사하고 시공에 적합한가 확인한다.
② 창호 프레임과 벽체 사이에 폼이 충전 되었는지 확인한다.
③ 작업할 공간에 이물질을 충분히 제거한 뒤 시공한다.
(2) 주의사항
① 창호 설치 후 폼이 충분히 굳은 상태에서 기밀테이프 시공을 시작한다.
② 외단열 및 내단열 공사는 기밀테이프 시공 후 작업한다.
③ 철물 부위에는 충분한 접착제를 사용하도록 한다.
④ 미장 작업 시 테이프 면적의 최소 75%을 전용 접착제를 도포해준다.
⑤ 잘못 된 단열재 시공으로 물고임 현상 발생 시 방수층이 무너질 수 있다.
⑥ 창호주변 물빠짐이 원활하도록 단열재에 구배를 두거나 빗물받이 등을 설치하도록 한다.
(3) 시공방법 CHECK 11
① 창호가 설치되는 주변을 청소하고 구조체 표면을 정리한다.
② 창호 프레임에 기밀테이프를 부착한 후 모서리 부위에서 20~50mm 교차하여 마무리 한다.
③ 창호 프레임을 구조체 위에 설치한 후, 수평을 확인하고 결합철물을 이용하여 구조체에 고정한다.
④ 창호 프레임에 부착된 보양재를 제거한 후, 창호 프레임 외부에 기밀테이프를 부착한다.
⑤ 외부에 부착되는 기밀테이프는 프레임에 15mm 이상 부착되도록 하며, 각 테이프의 모서리는 50mm 이상 겹치도록 부착한다.
⑥ 창호와 구조체 사이에 우레탄폼을 도포한 후 실내측 프레임에 부착된 기밀테이프를 구조체에 부착한다.
⑦ 배관공, 설비층 등 기타 기밀자재(기밀 테이프)의 시공은 제조사의 공사시방서에 따른다. CHECK 12

▶ CHECK 10
부위별 기밀 테이프 시공 사례

■ 창호 기밀 테이프

■ 배관공 기밀 테이프

■ 설비층 기밀 테이프

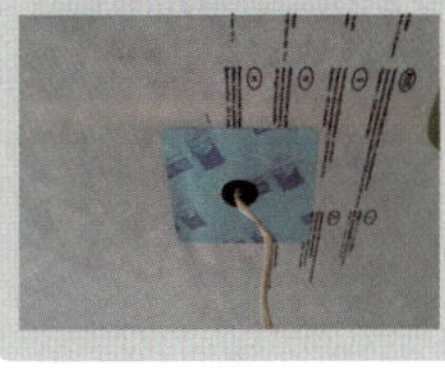

▶ CHECK 11
창호 기밀 테이프 시공영상

▶ CHECK 12
기타 기밀자재 시공영상

▶ 시공순서 예시

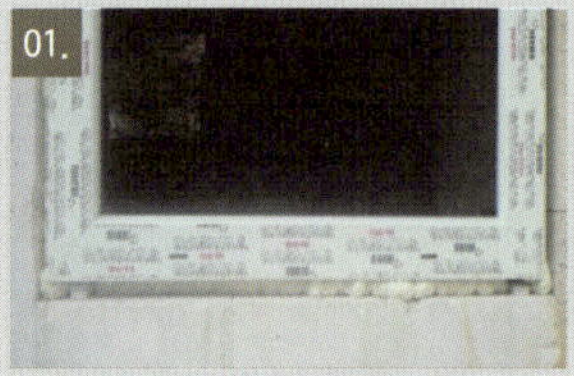

단열재 충진

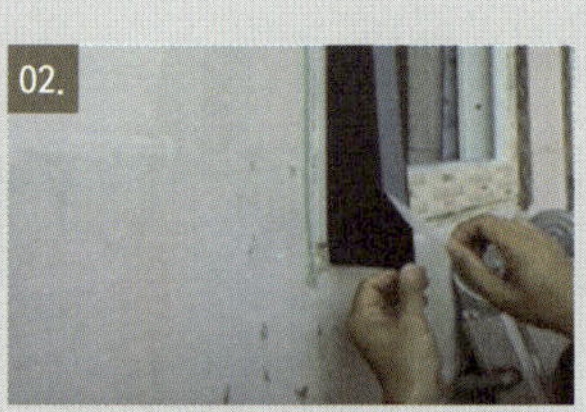

테이프의 한 면을 제거 후 프레임에 부착

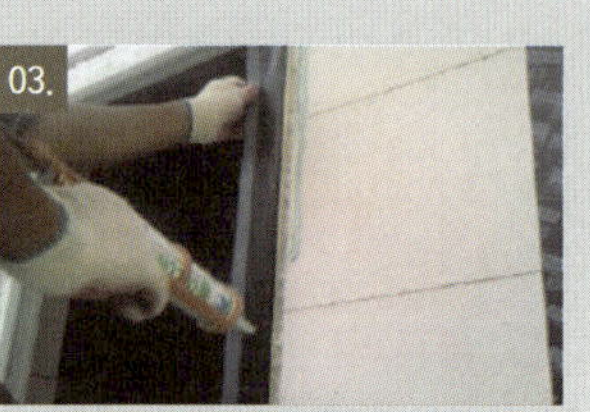

테이프가 붙을 콘크리트 면에 접착제 바름

아래면→옆면→윗면 순으로 테이프 접착

테이프가 겹쳐진 끝부분에는 접착제 및 기밀테이프로 마감

외단열재가 창호프레임을 덮을 경우 기밀테이프가 보이지 않게 시공 가능

▶ 시공완료 사례

사례 1) 외단열재가 창호프레임을 덮은 시공 사례

사례 2) 창호기밀테이프 위 미장 마감 사례

▶ 하자 사례

잘못된 창호시공으로 인한 하자 사례

- 출처: 한국패시브건축협회 (https://www.phiko.kr)

[사진 3.2.3.2-1] 콘크리트, RC구조의 외부창호 기밀 시공법

3.2.3.3 팽창 테이프

(1) 시공방법

① 창호가 설치되는 주변을 청소하고 구조체 표면을 정리한다.

② 팽창테이프 부착 순서는 프레임 상부에서 측면, 측면에서 하부 순으로 작업한다.

③ 프레임 상부에 팽창테이프 부착 시, 창호 프레임에서 각 모서리로부터 10mm 이상 여유길이를 두고 부착한다.

④ 측면에 부착되는 팽창테이프는 창호 프레임 하부에서 10mm 이상 여유길이를 두고 부착한다.

⑤ 하부에 부착되는 팽창테이프는 창호 프레임길이에 맞춰서 부착한다.

⑥ 창호 프레임을 구조체 위에 설치한 후, 수평을 확인하고 결합철물을 이용하여 구조체에 고정한다.

⑦ 창호를 고정한 후, 기밀테이프를 프레임과 구조체에 부착한다.

페인트로 마감을 할 경우 프레임 사이에 팽창형 밴드를 사용

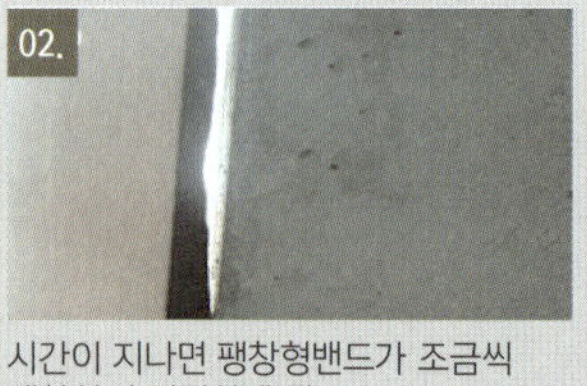

시간이 지나면 팽창형밴드가 조금씩 팽창하여 기밀하게 됨

내부창호 기밀 시공 완료

- 출처: 한국패시브건축협회 (https://www.phiko.kr)

[사진 3.2.3.3-1] 콘크리트, RC구조의 내부창호 기밀 시공법

▶ 서로 다른 단열재 시공

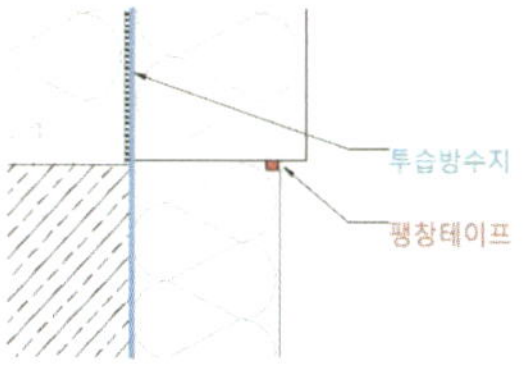

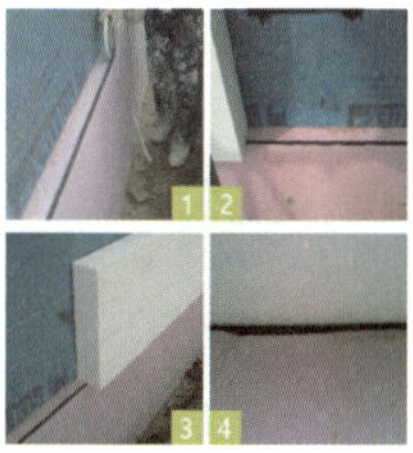

서로 다른 이질 자재를 겹쳐 쓸 경우 수축과 팽창이 서로 다르므로 추후 크랙이 생겨 우수나 습기가 유입된다. 따라서 자재 사이에 팽창테이프를 시공하여 기밀층을 형성 해준다.

▶ 외단열 시 빗물받이

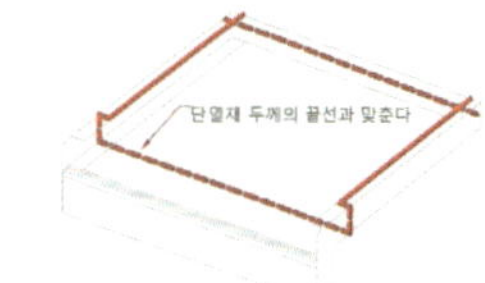

빗물받이와 벽면 또는 단열재가 겹치는 부위에 팽창 테이프를 붙여준다. 빗물받이를 끼운 뒤 단열재를 시공하면 팽창 테이프가 차차 팽창하며, 기밀층을 형성한다.

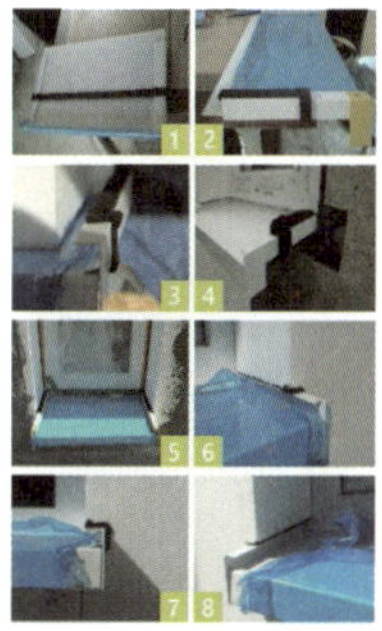

CHECK 13

- 출처: (주)프로클리마(http://www.proclima.co.kr)

[그림 3.2.3.3-1] 팽창 테이프의 시공 사례

3.3 (평지붕) 방수 상부 외단열 공법

3.3.1 (평지붕) 방수 상부 외단열 공법 공사일반

(1) 이 기준은 건축물의 옥상부(평지붕) 등의 콘크리트 바탕 위에서 이루어지는 공사에 있어서 실내로의 물의 침입을 방지하며 외단열 공법을 적용하는 방수 상부 외단열 공사를 말한다.

(2) 옥상은 배수, 방수 및 단열 등의 구성요소로 세분화할 수 있다. 이에 대해 방수층은 방수 및 배수의 목적을 달성할 수 있는 성능 및 시스템을 갖추어야 한다.

① 옥상(평지붕)의 방수 상부 외단열 공법에 따른 방수층의 구성은 건축물의 장기적인 내구성 확보와 경제적인 유지관리를 위한 누수 보수비용을 고려했을 때 건물에 미치는 영향이 크므로 이에 대한 설계, 시공, 품질관리 계획이 중요하다.

② 옥상을 위한 방수층은 누수문제 발생 시 건축물의 내구성과 직결되며, 특히 건축물과 가장 근접하게 위치하여 일체화되어야 하는 방수층 에 대한 시공 및 품질관리는 중요한 기술 사항으로서 설계단계에서부터 이에 대한 기술적 검토가 필요하다.

▶ CHECK 13

외단열 시 빗물받이 팽창 테이프 시공영상

3.3.2 시공순서

(1) 슬래브 CHECK 14

① 슬래브 콘크리트 타설 시에 구배시공과 함께 동시에 미장한다.

② 방수 바탕면은 매끈하게 마감이 될 수 있도록 한다.

(2) 방수층

① 블리딩에 의한 레이턴스가 있는 경우 바탕 콘크리트가 보일 정도로 제거한다. CHECK 15

② 표면에서 돌출되어 있는 모래 알갱이나 콘크리트 덩어리들을 깨끗하게 정리하고 먼지를 청소한다.

③ 모서리 면잡기

④ 모서리와 파라펫 부분에 프라이머를 도포한다.

⑤ 모서리 보강시트

⑥ 바닥전체 프라이머 도포

⑦ 1차 방수시트 / 2차 방수시트

⑧ 담수테스트

(3) 압출법 단열재(XPS)

① 바닥 단열재 : 약간의 우레탄폼을 사용해 깔아주고 단열재의 틈도 우레탄폼으로 메꾸어 준다.

② 단열재 사이에 침투한 물이 배수 될 수 있도록 PVC 레듀샤를 이용하여 배수구를 처리한다.

③ 매 단열재 층마다 배수구를 설치한다.

▶ CHECK 14

기존 건축물(평지붕) 시공

- 기존 건축물의 평지붕에 시공 시 슬래브의 돌출 부위는 모두 제거하고, 바닥 평탄화 및 구배 시공이 필요하다.
- 돌출 부위 제거가 어려운 부위는 직접 방수재, 단열재 등을 가공한 기밀한 시공이 필요하다.

▶ CHECK 15

레이턴스

- 레이턴스란 블리딩에 의하여 콘크리트 표면에 떠올라 침전한 미세한 물질을 말한다.
- 시멘트, 골재의 미세한 분말과 골재에 묻은 진흙 등의 혼합물로 콘크리트의 강도와 접착력을 저하시켜 제거해야 한다.

(4) 지붕용 투습방수지 : 테이핑을 하지 않고 150mm정도 겹침시공
(5) 조경용 배수판 깔기
(6) 부직포(흰색) 깔기
(7) 쇄석(50㎜)깔기
(8) 청소 : 쇄석에 붙어 있는 흙먼지, 이물질 등을 청소해 준다.
(9) 검사 : 배수가 원활이 되는지 확인한다.
(10) 배수구 상부는 타공 트렌치를 설치한다.

3.3.3 시공 시의 고려사항

(1) 방수층 시공 시 유의해야 할 점으로서 이음부, 모서리부 등이 완벽하게 접착되어야 하며, 방수층 파손 후에는 물이 새는 정확한 위치를 찾기가 어려운 점을 고려하여 누수보수가 용이한 공법으로 시공한다.
(2) 파라펫이 있는 경우 상단부까지 단열 및 방수를 시공하여 열교 및 누수를 방지한다. 파라펫의 상부는 금속재 등의 두겁석을 설치하여 마감한다.

옥상구배 불량으로 물고임 발생 | 방수 노후화, 모서리 보강재 미시공 등 하자 | 방수층 보수 시, 누름콘크리트 시공으로 인한 폐기물 발생 | 노출 방수로 인한방수층 들뜸

- 출처: 한국패시브건축협회 (https://www.phiko.kr)

[사진 3.3.3-1] 옥상방수의 하자사례

3.3.4 누수 및 결로 방지

(1) 노후 부위 관리 : 옥상(평지붕)에 방수상부 외단열 공법이 기존 건물에 적용되었을 때 난간부 등과 같이 노후화에 의해 균열이 발생된 곳의 보수·시공 및 기타 시설물의 접합부 등 누수 및 결로에 대비한 품질관리나 장기적인 유지관리가 이루어져야 한다.
(2) 배수관리 : 옥상(평지붕)의 방수 상부 외단열 공법에 있어 가장 중요한 배수 부문의 설치 및 관리를 최상의 조건으로 유지하도록 관리한다.

3.3.5 시설물의 관리

(1) 옥상공간에서 각종 설치물의 접합부가 방수층을 바로 뚫거나 조인트부의 들뜸 및 드레인 주변의 방수층 시공이 미비하여 간접적인 누수의 요인이 되거나 방수층을 파단시키는 요인이 발생될 수 있다. 따라서 방수층 시공 완료 후에도 시설물 설치 시 방수층을 보호할 수 있도록 유의해야 하며, 시공이 어려운 부분에 특히 세심한 방수처리가 요구된다.

3.3.6 방수층의 보호

(1) 방수층 위에 구성되는 시스템의 디자인 요소에 따라 다양한 시설물이 설치되고, 이용자 등에 따라 장기 하중 및 순간적 하중(낙하물 충격)이 다르게 영향을 미친다. 이때 방수층은 충분히 보호받을 수 있는 상태이어야 하며, 보호층을 방수층 위에 설치한 후 시공이 이루어져야 한다.

3.3.7 배수구의 관경 및 루프 드레인의 설치 상태 및 청소 관리

(1) 루프 드레인 설치 : 배수구와 루프 드레인은 심화된 형태이어야 하며, 적정 직경의 배수구가 최소 옥상층 모서리마다 있어야 한다.

(2) 청소 관리 : 일반적으로 배수구가 기타 물질에 막혀 생기는 오버 플로어 현상이 발생한다. 옥상은 배수의 역할이 가장 중요하며, 방수와 직결되는 문제이므로 주기적으로 청소 관리를 하도록 한다.

3.4 투습 방수·방습지

3.4.1 투습 방수·방습지 공사일반

(1) 이 기준은 건축물의 내부 및 외부 기밀층 형성에 필요한 가변형 투습방습지 및 투습 방수지의 시공에 적용한다.

3.4.2 주의사항

(1) 작업 착수 전 안전관리에 유의한다.

(2) 일반적으로 시공 작업 시 온도에 크게 영향을 두지 않으나 영하 -10℃ 이하 일 경우에는 삼가할 것을 권장한다.

(3) 벽면이나 벽체에 수분이 없는 것을 권장한다.

3.4.3 가변형 투습방습지 시공(내부용) CHECK 16

▶ CHECK 16
가변형 투습방습지 시공영상

(1) 사전준비

① 가변형 투습방습지를 시공하기 전에 바탕 벽면을 검사하고 시공에 적합한가를 확인한다.

② 공사 착수 전 어떤 시공방법을 하였는지 파악하여 작업 가능 여부를 확인한다.

③ 작업할 공간에 이물질을 충분히 제거한 뒤 시공하도록 한다.

(2) 시공준비

① 벽체 시공 시 바닥에서 약 1.4m 떨어진 곳에 마킹한다.

② 가변형 투습방습지와 바닥면이 100㎜ 가량 겹치게 한다. 이는 시공 후에 접착제를 도포하기 위함이다.

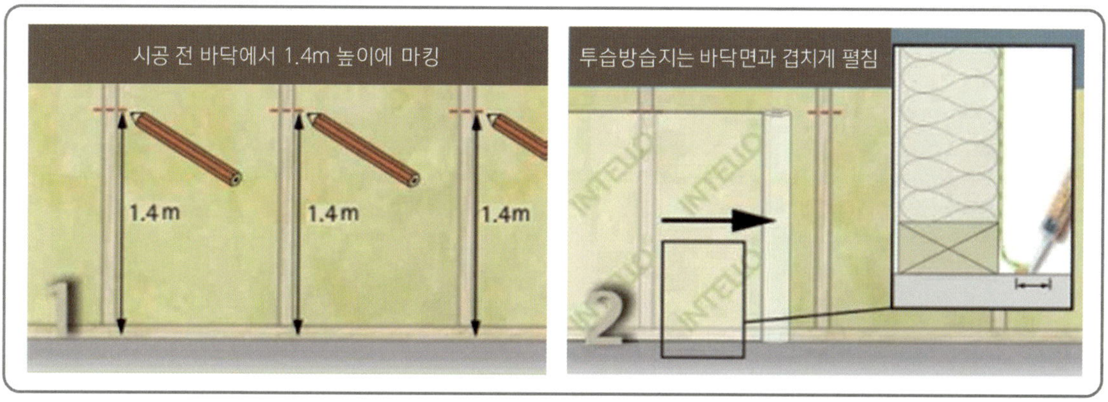

- 출처: (주)프로클리마(http://www.proclima.co.kr)

[그림 3.4.3-1] 가변형 투습방습지 시공 준비

(3) 목조 구조

① 시공할 부분을 청결히 청소한다.

② 100㎜ 정도의 여유를 두고 타카로 고정시키며 진행한다. 이 때 너무 팽팽하게 당기지 않도록 주의한다.

③ 제품에 인쇄된 표시를 참고하여 100~150㎜ 가량 겹치도록 작업한다.

④ 겹쳐진 부분에 다용도 기밀테이프를 사용하여 기밀층을 확보한다.

⑤ 설치 된 투습방습지에 틈이 없도록 밀대로 꼼꼼하게 붙여준다.

⑥ 바닥과 모서리 부분에는 항상 100㎜ 정도 여유를 두어 접착제를 사용하여 연결할 수 있도록 한다.

⑦ 바닥 또는 벽과 만나는 부분은 다용도 기밀테이프 또는 친환경 접착제를 사용하여 기밀층을 확보한다.

⑧ 시공 시 접착제나 기밀테이프가 끊김 없이 모두 이어져야 기밀층이 유지되므로 끊어지지 않도록 주의한다.

- 출처: (주)프로클리마(http://www.proclima.co.kr)

[사진 3.4.3-1] 목조 구조 시공 순서

- 출처: (주)프로클리마(http://www.proclima.co.kr)

[사진 3.4.3-2] 배관, 전선 모서리 등 기밀층 유지

(4) 조적 및 철근콘크리트 구조

① 기본적인 시공방법은 (3)과 동일하나 기밀층이 무너지지 않게 충분한 접착제를 사용하도록 한다.

② 100㎜ 정도의 여유를 두고 타카로 고정시키며 진행한다.

③ 벽체 모서리에 100㎜ 정도 여유를 두고 절단한다.

④ 모서리 부분에 친환경 접착제를 사용하여 접착한다. 이때 모든 접착부위는 끊김이 없어야 한다.

⑤ 설치된 투습방습지에 틈이 없도록 밀대로 꼼꼼하게 붙여준다.

⑥ 조적 또는 경량 구조와 만나는 곳에 기밀테이프를 사용하여 기밀층을 형성한다. 또는 전용 테이프를 사용하여 테이프면을 가변형 투습방습지에 접착한 후 메시 소재에 미장 작업을 해준다.

⑦ 콘크리트 작업 시 충분한 접착제로 기밀층이 무너지지 않도록 한다.

- 출처: (주)프로클리마(http://www.proclima.co.kr)

[사진 3.4.3-3] 조적 및 철근콘크리트 구조 시공 순서

(5) 가변형 투습방습지 선 시공

이중깔도리와 장선이 물리는 곳에 'ㄷ' 형태로 선 시공을 해준다.

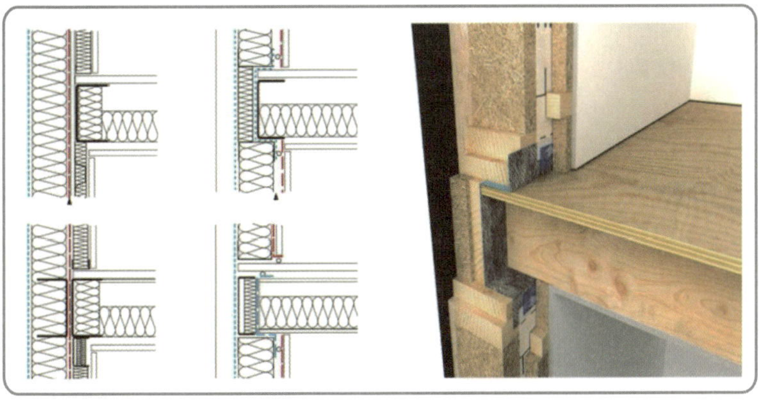

- 출처: (주)프로클리마(http://www.proclima.co.kr)

[그림 3.4.3-2] 가변형 투습방수지 선 시공

(6) 접촉면 시공 시
① 가변형 투습방습지를 폭 400㎜ 정도로 잘라준다.
② 내력벽과 비내력벽이 만나는 곳에 타카로 고정한다.
③ 내벽 설치 후 벽면에 가변형 투습방습지를 시공한다.
④ 기밀테이프를 접착하여 준다.
⑤ 계단 스트링거와 벽면이 접하게 되는 경우 스트링거보다 여유 있게 가변형 투습방습지를 잘라준다.
⑥ 계단 스트링거와 접합하는 부분에 타카로 고정한다.
⑦ 틈새가 생기지 않도록 기밀테이프로 막아준다.

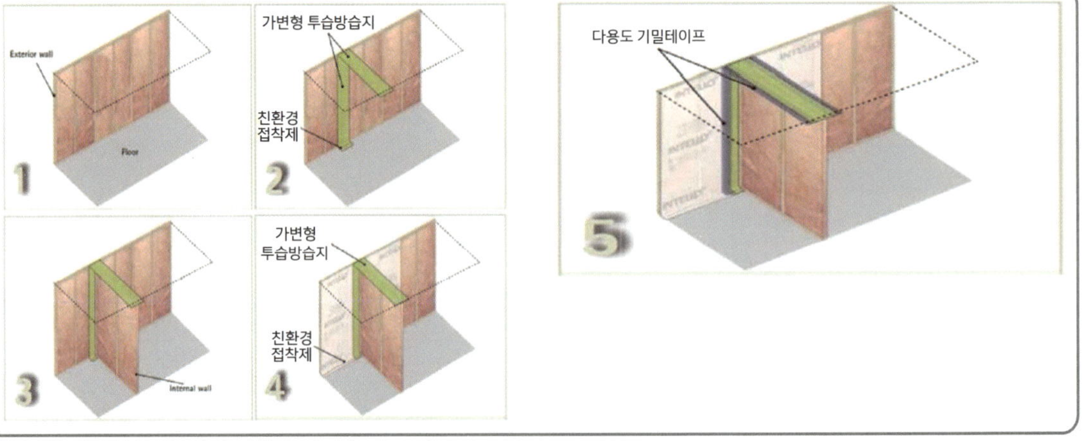

- 출처: (주)프로클리마(http://www.proclima.co.kr)

[그림 3.4.3-3] 접촉면 시공 시

사례 01. 내벽 설치 전 가변형 투습방수지 선 시공한 모습

사례 02. 계단 설치 전 가변형 투습방수지 선 시공한 모습

사례 03. 접촉면에 가변형 투습방수지 선 시공한 모습

사례 04. 접촉면에 가변형 투습방수지 선 시공한 모습

[사진 3.4.3-4] 가변형 투습방수지 선 시공 사례

(7) 층간 시공
① 가변형 투습방습지 폭 1,100㎜ 정도로 잘라준다
② 1층의 이중깔도리에 가변형 투습방습지를 고정한다.
③ 림조이스트를 타고 가변형 투습방습지를 말아 올려준다.
④ 2층의 밑깔도리 위로 가변형 투습방습지를 감아올린다.
⑤ 층간 모서리 부분에 기밀테이프를 사용하여 가변형 투습방습지를 연결하여 준다.
⑥ 타카로 고정한 부분이나 틈새가 발생되는 부분에 기밀테이프를 사용하여 접착한다.

- 출처: (주)프로클리마(http://www.proclima.co.kr)

[사진 3.4.3-5] 층간 시공 순서

3.4.4 투습방수지 시공(외부용) CHECK 17

▶ CHECK 17
외부용 투습방수지 시공영상

(1) 사전준비

① 시공자는 본 시스템을 적용하기 전에 바탕 벽면을 검사하고 시공에 적합한가를 확인한다.

② 시공자는 공사 착수 전 어떤 시공방법을 하였는지 파악하여 작업 가능 여부를 확인한다.

③ 작업할 공간에 이물질을 충분히 제거한 뒤 시공하도록 한다.

(2) 시공방법

① 투습방수지를 아랫부분부터 시공해 나간다. 이는 겹쳤을 때 빗물이 아래로 흘러 내려갈 수 있도록 하기 위함이다. 이때 투습방수지는 100㎜ 가량 겹쳐서 시공한다.

② 끝부분에서 약 30㎜ 지점에 300㎜의 간격으로 타카를 사용하여 고정한다.

③ 타카는 최소 폭 10㎜, 깊이 8㎜ 이상을 사용한다.

④ 투습방수지가 겹쳐진 부분에 다용도 기밀테이프를 사용하여 기밀층을 연결해 준다.

⑤ 콘크리트에 접합할 경우 친환경 접착제를 을 사용하여 접착한다.

⑥ 무분별한 타카 시공으로 인해 투습방수지에 구멍이 나지 않도록 주의한다.

- 출처: (주)프로클리마(http://www.proclima.co.kr)

[사진 3.4.4-1] 투습방수지 시공순서

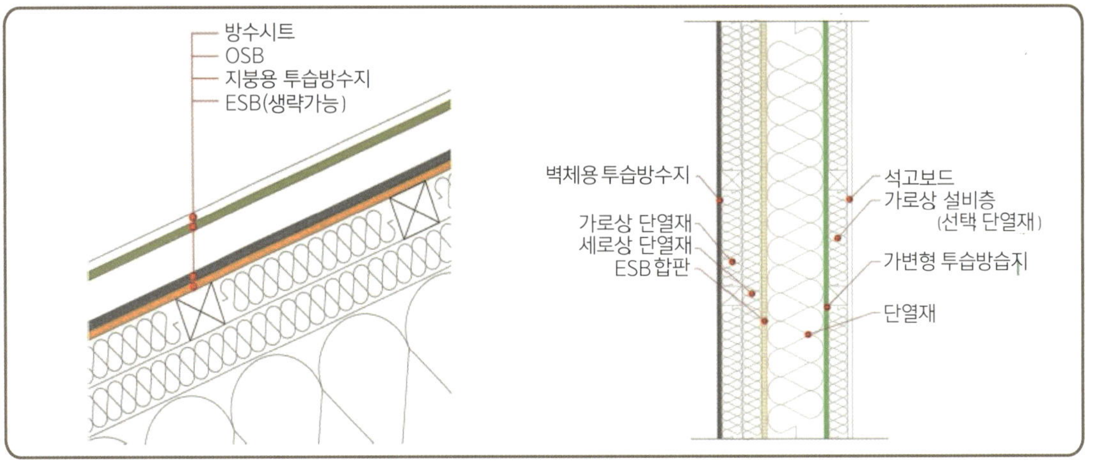

- 출처: (주)프로클리마(http://www.proclima.co.kr)

[그림 3.4.4-1] 투습방수지 시공단면

CHECK 18 ◀
배관, 전선 모서리 등 기밀층 유지 시공 사례

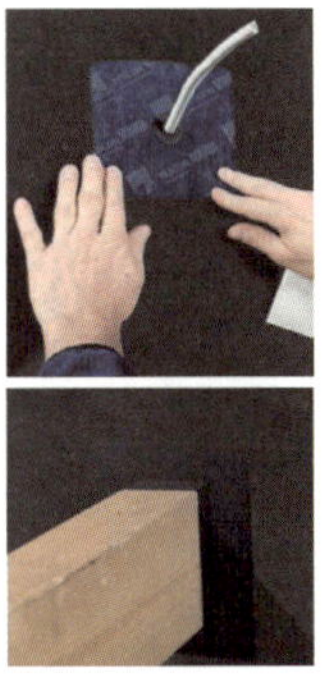

(3) 창호 설치 시

① 창호 부분 아래위 Y자 모양으로 절개한다.
② 벽면에 타카로 임시 고정하여 펼쳐놓는다.
③ 모서리에 기밀테이프로 틈새를 막아준다.
④ 창호를 설치한다.
⑤ 창호와 투습방수지가 만나는 부분에도 기밀테이프를 접착해준다.
⑥ 밀대로 꼼꼼하게 접착해준다.
⑦ 배관, 전선, 모서리 등 틈새가 발생하였을 시 상황에 맞는 접착제를 사용하여 틈새에 빗물이 들어가지 않게 해야 한다. CHECK 18

- 출처: (주)프로클리마(http://www.proclima.co.kr)

[사진 3.4.4-2] 창호 설치 시

3.5 태양광 발전설비 CHECK 19

3.5.1 구조물

(1) 옥상(평지붕)형 설치

① 최대 높이는 옥상 바닥면으로 부터 5미터 이하로 한다. 단, 건축물의 옥탑위에 태양광 발전시설을 설치할 경우 태양광모듈 최대 높이는 옥탑 바닥면으로부터 2미터 이하로 한다.

② 바닥면은 적설 및 강우량을 고려하여 바닥으로부터 최소 30센티미터 이상으로 한다.

③ 설치면적은 수평투영면적 기준으로 옥상 바닥 면적의 90퍼센트 이내로 설치한다.

④ 태양광모듈은 경계면 외측에서 돌출되지 않도록 하며, 유지관리 보수의 용이성 및 안전을 위하여 경계면 내측으로 모듈 경사면 모든 면에서 30센티미터 이상으로 하여 안전공간을 확보하여야 한다.

⑤ 발전효율을 고려하여 경사각은 36° 이내 범위로 한다.

(2) 경사지붕(박공지붕)형 설치

① 태양광모듈의 최하단과 지붕면의 최상단 사이는 최소 10센티미터, 최대 1미터 이내로 한다. (단, 도심 및 주택가에 한함)

② 하중, 풍압, 적설, 강우 등에 따른 안전을 고려하여 지붕경계면 이내로 설치할 수 있으며, 지붕의 용두 및 경계면의 볼록한 지점 이내로 설치해야 한다.

③ 지붕경계면을 제외하고 100퍼센트 이내로 설치하되, 태양광모듈이 설치되지 않는 부분은 디자인을 고려하여 이질감이 생기지 않도록 한다.

④ 태양광모듈은 경사지붕면에 평행이 되도록 설치해야 하나, 최대 5° 이내의 오차 범위를 허용한다.

3.5.2 방위각

(1) 모듈의 일조면은 정남향 방향으로 설치하여야 하나, 정남향으로 설치가 불가능할 경우에 한하여 정남향을 기준으로 동쪽 또는 서쪽 방향으로 45도 이내로 설치하여야 한다. 다만, BIPV, 방음벽 태양광 등의 경우에는 정남향을 기준으로 동쪽 또는 서쪽 방향으로 90도 이내에 설치할 수 있다.

(2) 북측 경계선으로부터 태양광모듈 높이의 3분의 1 이상 내측으로 거리를 두고 설치 한다. 다만 건축법 시행령 제86조 및 제119조 규정의 조건을 충족하는 경우는 적용 하지 아니한다.

3.5.3 태양광설비 분산형전원 계통연계

(1) 단순 병렬운전 분산형전원의 설비용량 50kW 초과시설은 이상 또는 고장 발생시 자동적으로 분산형전원을 전력계통으로부터 분리하기 위한 장치 시설 및 해당 계통과의 보호협조를 위해 계통연계용 보호장치(역전력계전기)를 설치하여야 한다. 다만, 단독운전 방지기능을 가진 것을 단순 병렬로 연계하는 경우에는 역전력 계전기 설치를 생략 한다(전기설비기술기준의 판단기준 제283조).

3.5.4 기타

(1) 발전설비 설치 시 인근 주위 공동주택 및 건물 등으로 태양광 반사 등으로 인해 주거 및 업무 환경에 현저히 악영향 등을 미칠 시 시민피해 방지를 위한 설치 반사각도 및 시설 등에 대한 재설계 및 조정, 시설 개선 대책을 요구할 수 있다. (필요시 전문기관 자문 의뢰 등)

(2) 건축물 높이에 태양광 발전설비의 높이를 합쳐서 20m 이상인 경우 피뢰침 설치 또는 피뢰 설비기능 확보를 해야한다. 이 경우 주차장에 설치하는 태양광은 피뢰침 설치를 안해도 되는지 확인이 필요하다.

(3) 태양전지 모듈의 유지보수를 위한 공간과 작업안전을 고려한 발판 및 안전난간을 설치 해야 한다.

3.5.5 유지관리 CHECK 20

(1) 미세먼지 등에 의한 태양광 모듈 오염시 현장여건을 고려하여 필요시 청소작업 등을 실시하여야 한다.

▶ CHECK 19

공사시공 및 준공

① 기초공사
② 가대 및 모듈설치
③ 주요 기기 설치
④ 전기배선 및 접속반 공사
⑤ 접지공사, 피뢰침 공사
⑥ 계통연계 및 모니터링 설비
⑦ 사용 전 점검 또는 검사
⑧ 준공 및 발전 개시

<출처> 태양광 발전설비 설치 및 유지관리 가이드라인 (2021, 경기도)

▶ CHECK 20

점검 등 유지관리

- 수시점검(수시) : 정상동작, 정보표시 이상 여부 등
- 일상점검(월 1회) : 미미한 손상, 인버터 정상동작 여부 등
- 정기점검(년 4회) : 장비 부식, 외부배선 손상 등, 필요시 전기안전진단 실시
- 특별점검(필요시) : 정상가동에 문제 발생, 외부기관 안전점검 등 사유 발생 등

<출처> 태양광 발전설비 설치 및 유지관리 가이드라인 (2021, 경기도)

CHECK 21 ◀
태양광 발전설비 준공 사례

▪ 옥상(평지붕) OR 주차장

▪ 경사지붕(박공지붕)

[표 3.5.5-1] 건축물 태양광 발전설비 설치 가이드라인 CHECK 21

1. 옥상(평지붕)면 설치 높이	바닥면(최대 높이)	옥상 바닥면에서 5m 이하
	옥탑위(최대 높이)	옥탑 바닥면에서 2m 이하
	바닥면 이격거리	30㎝ 이상
2. 경사지붕(박공지붕) 설치 높이	방열 공간	지붕면과 모듈 최하단, 최상단 사이는 최소 10㎝ 이상, 최대 1m 이하
3. 경사각	옥상(평지붕)형	36° 이내
	경사 지붕형	경사지붕면에 평행유지
4. 경계면 돌출	옥상(평지붕)형	돌출하지 않음
	경사 지붕형	지붕 경계면 이내로 설치 (지붕용두 및 경계면의 블록한 지점 이내)
5. 안전 공간	옥상(평지붕)형	경계면 4면에서 30㎝ 이상 이격
6. 설치 면적	옥상(평지붕)형	수평투영면적 기준으로 옥상 바닥 면적의 90% 이내 설치
	경사 지붕형	지붕경계면을 제외하고 100% 이내
7. 일조권 확보	옥상(평지붕)형	▪ 정남향을 기준으로 동쪽 또는 서쪽 방향 으로 45도 이내(BIPV, 방음벽 태양광 등의 경우에는 정남향을 기준으로 동쪽 또는 서쪽 방향으로 90도 이내) ▪ 태양광모듈 최대 높이의 1/3 이상 북측경계면 내측으로 이격
	모든 설치유형	법적기준 준용 ▪ 건축법시행령 제86 조 ▪ 건축법시행령 제119조
8. 구조물 안전성 확보	구조물 설치	5kW 초과, 기존 건축물은 태양광구조물에 대한 구조전문가의 구조안전 확인

- 출처:태양광 발전설비 설치 및 유지관리 가이드라인(2021, 경기도)

[표 3.5.5-2] 태양광설비 안전점검 체크리스트

점검사항	점검결과 (O, X)	미흡한 경우 조치계획
1. 외관상 모듈 파손이나 균열이 있는가?	(O, X)	
2. 모듈·지지대 조립은 헐거움 없이 단단히 조립하였는가?	(O, X)	
3. 지지대의 휨 또는 콘크리트(기초 등)에 균열이 있는가?	(O, X)	
4. 지지대와 구조물간 헐거움 없이 단단히 결착되었는가?	(O, X)	
5. 설치된 모듈이 청결하게 유지되고 있는가?	(O, X)	
6. 접속함 및 분전함의 발열여부는 없는가? (열화상감지기등 사용)	(O, X)	
7. 전기설비노후화, 전선처짐등이 있는가?	(O, X)	
8. 주변환경에 의해 모듈에 음영이 발생하는가?	(O, X)	
9. 인버터내부 결속상태는 양호한가?	(O, X)	
10. 인버터내부 온도상승 또는 생물 등의 침입 흔적이 있는가?	(O, X)	
11. 인버터표시부의 동작이 되고 있는가?	(O, X)	
12. 인버터외부배선의 손상 및 접속단자의 풀림은 없는가?	(O, X)	
13. 인버터접속함의 부식 및 손상이 없는가?	(O, X)	
14. 인버터및 접속함 내부의 청결상태(먼지)는 양호한가?	(O, X)	
15. 모니터링시스템의정상동작에 이상이 없는가?	(O, X)	
16. 지붕방수에 문제는 없는가?	(O, X)	
17. 태양광 이외에 추가하중 적재여부가 있는가?	(O, X)	

- 출처:태양광 발전설비 설치 및 유지관리 가이드라인(2021, 경기도)

3 시공사례

■ 소규모 단독주택(목구조) 기밀 테이프 시공

01 기밀테이프 외측용 (좌), 내측용(우)을 준비한다. CHECK 22

02 창호배치 및 기밀테이프를 커팅 (4면, 내·외측)한다.

03 내측 (또는 외측) 기밀테이프를 4면에 접착한다.

04 대형창호는 2인 1조로 작업을 수행한다.

05 외측 (또는 내측) 기밀테이프를 4면에 접착한다.

06 접착후에는 시공 편의를 위해 마스킹테이프로 고정한다.

07 내외측기밀테이프사이틈새를 우레탄으로 충분히 충진한다.

08 창호 시공 후, 기밀테이프를 벽체에 접착 및 충분히 눌러준다.

09 기밀테이프(내측) 시공 완료.

10 모서리, 이음부는 다용도 (내측용) 테이프로 마무리한다.

11 외측 역시 내측과 동일한 방법으로 시공한다.

▲ CHECK 22

- 기밀 테이프는 구조 및 용도(내부, 외부)에 따라 구분되며, 접착식으로 시공할 수 있다. 다용도 테이프는 주로 모서리, 이음부에 사용된다. (아래 순서대로 외측 다용도, 외측 기밀테이프, 내측 다용도, 내측 기밀테이프로 구분된다.)

■ 소규모 다세대주택 옥상(평지붕)의 방수상부 외단열 공법

01 콘크리트 타설 시 바탕구배를확보

02 (기존 건물 공사시) 바탕면 정리 CHECK 23

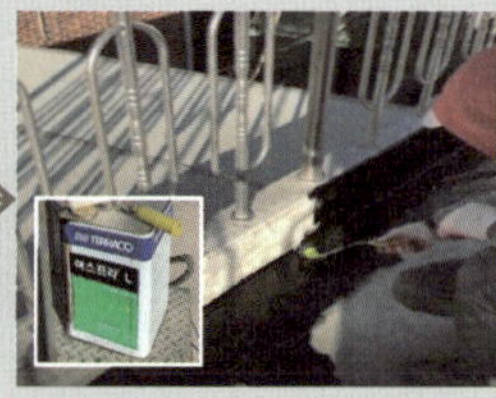

03 모서리프라이머도포

04 모서리 보강재 시공

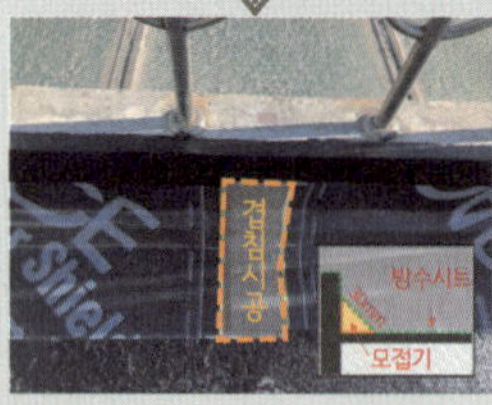

05 모서리 방수층 보강

06 방수층 시공(시트방수 2겹, 모서리4겹)

07 담수시험

08 단열재 시공(엇갈리게 배치, 2겹 시공)

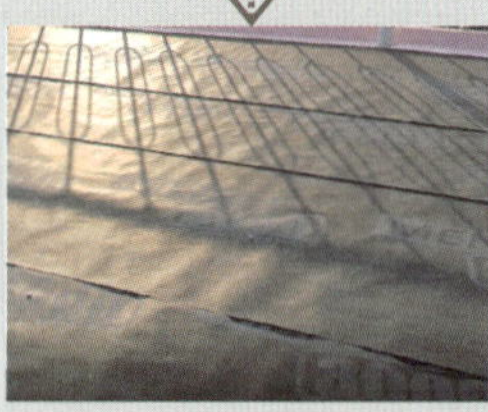

09 투습방수지 시공

10 배수판 및 부직포 시공

11 보호층(누름층)으로 쇄석 시공

우수드레인 시공

01 우수드레인 설치 전 방수처리(프라이머도포 등)

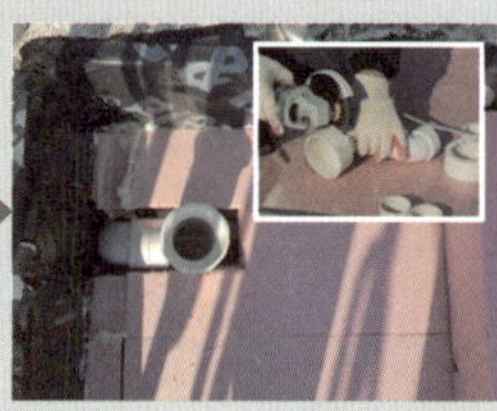

02 우수드레인은 현장에 맞추어 보완 및 시공 CHECK 24

03 우수드레인 라인에 맞춰 배수판 절단 및 부직포 덮기

04 우수드레인쇄석 덮기(완료)

▲ CHECK 23

- 기존 건축물의 옥상(평지붕)에 방수상부 외단열 공법 시공 시, 방수층을 시공하기 전에 바탕면의 정리(돌출부위 및 철물 제고, 구배 고려 등)를 세밀하게 수행하여야 한다.

▲ CHECK 24

- 우수드레인은 기성품의 치수가 상이한 경우 원활한 배수를 위해 현장에서 직접 가공하여 설치한다.

■ 아산시 역도팀 합숙소 리모델링 공사 (목조 프리패브 공법 적용) CHECK 25

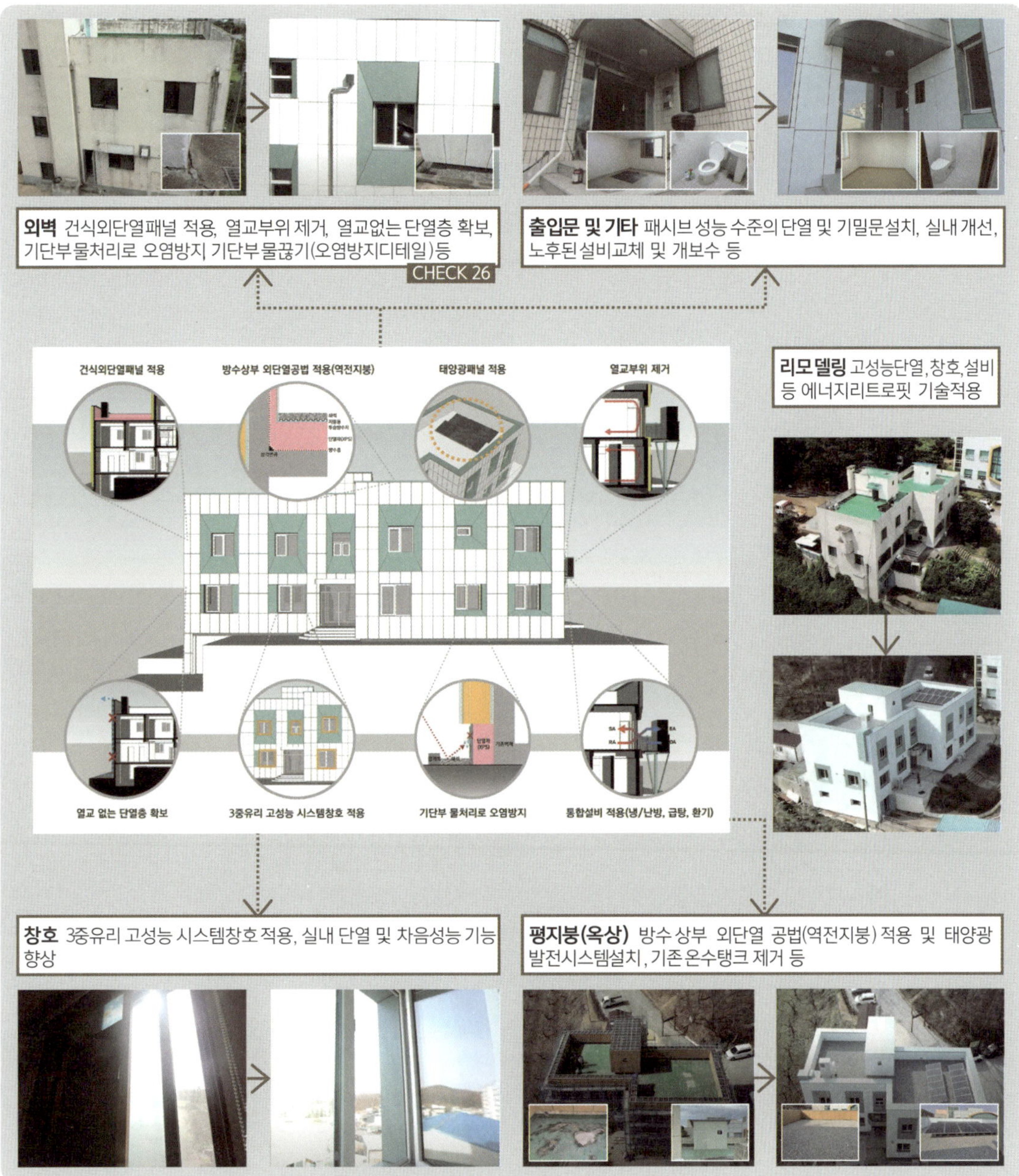

▲ CHECK 25

- 아산시 역도팀 합숙소 그린리모델링 영상

▲ CHECK 26

- 외벽에 대한 목조 프리패브 공법의 시공사례는 *SBCS 41 90 54 소규모 외벽공사*를 참조한다.

CHAPTER 2

02

SBCS 41 90 05 10

패시브 및 제로에너지건축물 인증

1 일반사항

1.1 적용범위

(1) 이 기준은 「건축물에너지효율등급」, 「제로에너지건축물 인증」 및 사단법인 한국패시브건축협회의 「패시브건축물 인증」을 수행한 소규모 건축물 공사(660㎡ 이하, 업무시설)를 사례로 유사한 규모에서 동등 이상의 성능을 목적으로 하는 건축물에 적용할 수 있다.

(2) 이 기준은 "설악산국립공원사무소 오색분소(건축물 에너지효율등급 1+++등급, 제로에너지건축물 인증 1등급, 패시브건축물 인증 5.0L 이하)"과 "무등산국립공원 원효분소(건축물 에너지효율등급 1+++등급, 제로에너지건축물 인증 1등급, 패시브건축물 인증 3.0L 이하)"에 적용된 사례를 바탕으로 작성되었으며, 타 공사에서는 목표 등급과 설계도면에 따라 변경될 수 있다.

[표 1.1-1] 적용범위 상세-1 (계속)

설악산 국립공원 오색분소	
위치 / 연면적	강원도 양양군 서면 오색리 / 442.06㎡
용도/규모/구조	제1종 근린생활시설(공공업무시설) / 지상 2층 / 경량+중량 목구조
기술 적용 사항	고단열, 고기밀, 시스템 창호, 열교 없는 디테일, 열회수형환기장치 차양장치, 태양광 발전

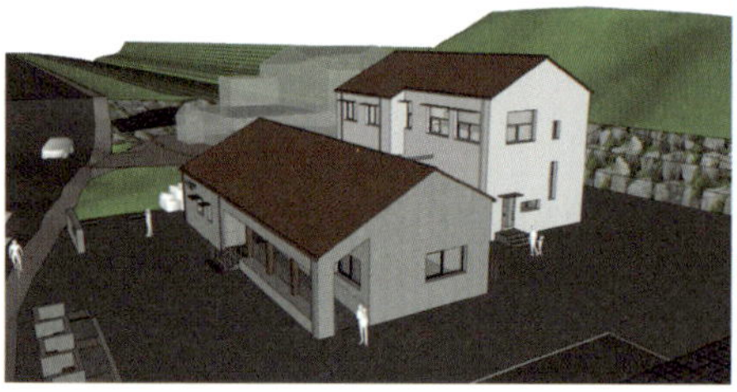

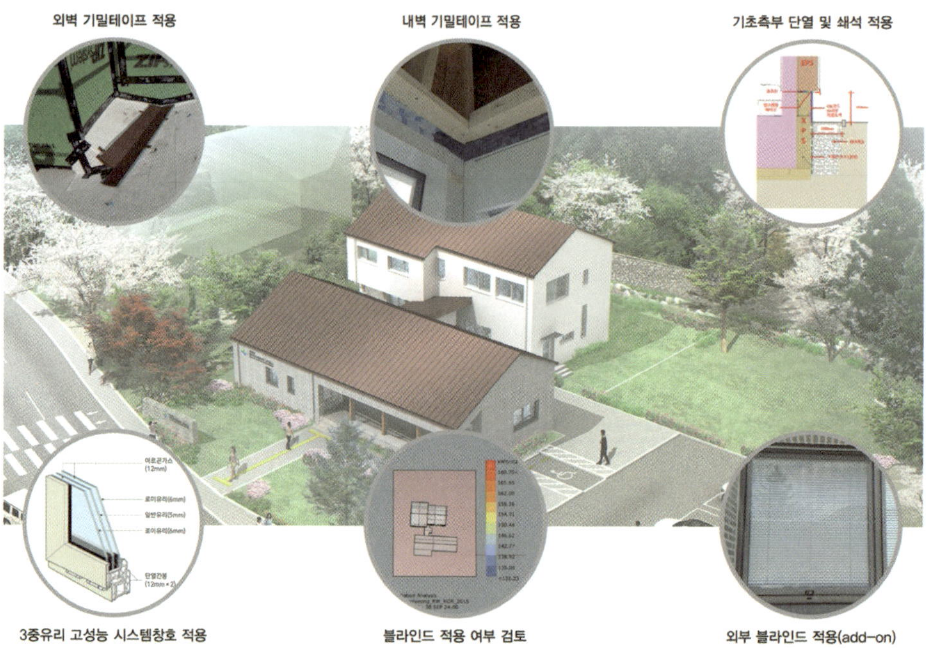

[표 1.1-1] 적용범위 상세-2

무등산 국립공원 원효분소	
위치 / 연면적	광주광역시 북구 금곡동 / 459.24㎡
용도/규모/구조	제1종 근린생활시설(공공업무시설) / 지상 2층 / 철근콘크리트조
기술 적용 사항	고단열, 고기밀, 시스템 창호, 열교 없는 디테일, 열회수형환기장치 차양장치, 방수상부 외단열, 태양광 발전

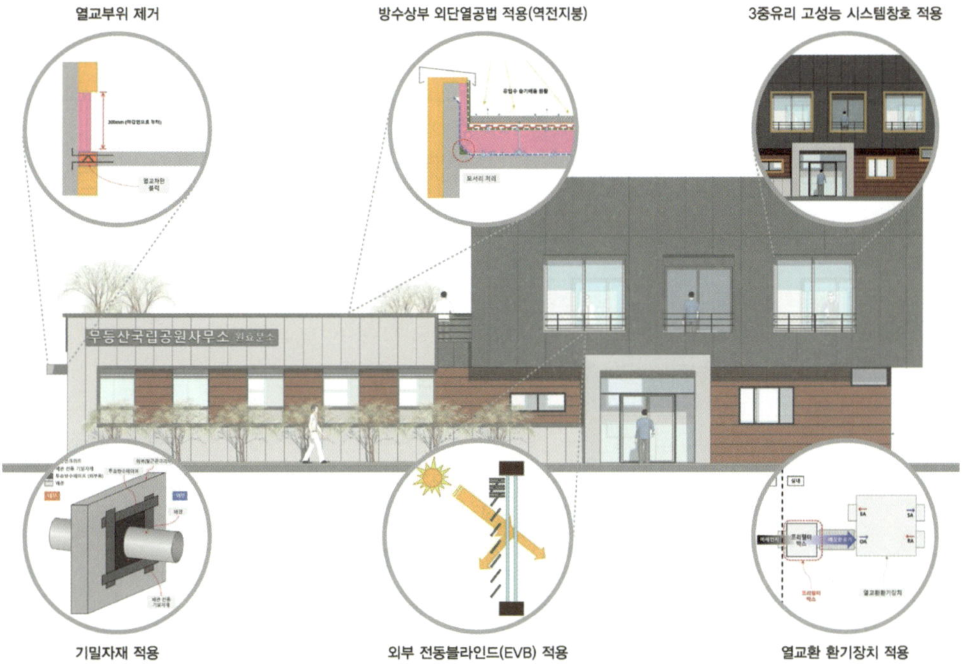

1.2 참고기준

(1) 법률 제17229호, 녹색건축물 조성 지원법
(2) 대통령령 제31243호, 녹색건축물 조성 지원법 시행령
(3) 국토교통부령 제914호, 녹색건축물 조싱 지원법 시행규칙
(4) 국토교통부령 제623호, 건축물 에너지효율등급 인증 및 제로에너지건축물 인증에 관한 규칙
(5) 국토교통부고시 제2020-574호, 건축물 에너지효율등급 인증 및 제로에너지건축물 인증 기준
(6) 한국에너지공단, 건축물 에너지효율등급 인증 및 제로에너지건축물 인증제도 운영규정
(7) 국토교통부고시 제2017-881호, 건축물의 에너지절약설계기준
(8) 신재생에너지센터 제2021-11호, 신·재생에너지 설비 지원 등에 관한 지침

1.3 용어의 정의

(1) 건축물에너지 효율등급 인증 : 국토교통부와 산업통상자원부의 공동부령인 「건축물 에너지효율등급 및 제로에너지건축물 인증에 관한 규칙」에 따라 인증을 받는 것을 말한다.
(2) 제로에너지건축물 인증 : 국토교통부와 산업통상자원부의 공동부령인 「건축물 에너지효율등급 및 제로에너지건축물 인증에 관한 규칙」에 따라 인증을 받는 것을 말한다.
(3) 패시브건축물 인증 : 사단법인 한국패시브건축협회의 「패시브하우스 인증기준」에 따라 인증을 받는 것을 말한다.
(4) 1차에너지 : 연료의 채취, 가공, 운송, 변환, 공급 등의 과정에서의 손실분을 포함한 에너지를 말한다.
(5) 에너지요구량 : 건축물의 냉방, 난방, 급탕, 조명 부문에서 표준 설정 조건을 유지하기 위하여 해당 공간에서 필요로 하는 에너지량을 말한다.
(6) 에너지소요량 : 에너지요구량을 만족시키기 위하여 건축물의 냉방, 난방, 급탕, 조명, 환기 부문의 설비기기에 사용되는 에너지량을 말한다. CHECK 01
(7) 에너지소비량 : 에너지소요량에 건축물의 대지 내와 대지 외에서 공급되는 신·재생에너지 소비량과 신·재생에너지 생산에 필요한 화석에너지소비량을 더한 에너지량을 말한다.
(8) 에너지생산량 : 건축물의 대지 내와 대지 외에서 공급되는 신·재생에너지 생산량에서 신·재생에너지 생산에 필요한 화석에너지소비량을 감한 에너지량을 말한다.
(9) 친환경 컨설턴트 : 건축주 또는 수급인으로부터 친환경 인증대행을 요청 받아 수행하는 자를 말한다.
(10) 에너지자립률 : 인증 대상 건축물의 단위면적당 1차에너지소비량 대비 신·재생에너지 설비를 활용하여 생산한 단위면적당 1차에너지생산량의 비율을 말한다. CHECK 02
(11) 원격검침계량기 : 에너지사용량을 전자식으로 계측하여 에너지 관리자가 실시간으로 모니터링하고 기록할 수 있도록 하는 장치이다.
(12) 폐열회수환기장치 : 난방 또는 냉방을 하는 장소의 환기장치로 실내의 공기를 배출할 때 급기되는 공기와 열교환하는 구조를 가진 것으로서 고효율인증제품 또는 KS B 6879(열회수형 환기 장치) 부속서 B에서 정하는 시험방법에 따른 에너지계수 값이 냉방시 8 이상, 난방시 15 이상, 유효전열교환효율이 냉방시 45% 이상, 난방시 70% 이상의 성능을 가진 것을 말한다.
(13) 효율 : 설비기기에 공급된 에너지에 대하여 출력된 유효에너지의 비를 말한다.
(14) 열원설비 : 에너지를 이용하여 열을 발생시키는 설비를 말한다.
(15) 태양열 설비 : 태양의 열 에너지를 변환시켜 전기를 생산하거나 에너지원으로 이용하는 설비를 말한다.
(16) 태양광 설비 : 태양의 빛 에너지를 변환시켜 전기를 생산하거나 채광(採光)에 이용하는 설비를 말한다. CHECK 03

▶ CHECK 01
단위면적당 에너지 소요량
- 에너지소요량(냉방·난방·급탕·조명·환기) / 요구되는 공간의 바닥면적
- 냉방설비가 없는 주거용 건축물(단독주택 및 기숙사를 제외한 공동주택)의 경우 냉방 평가항목 제외
- 신재생에너지 생산량은 에너지소요량에 반영되어 효율등급 평가에 포함

▶ CHECK 02
에너지자립률(%)
- 단위면적당 1차에너지 생산량 ÷ 단위면적당 1차에너지 소비량 × 100

▶ CHECK 03
태양광 vs 태양열
- 일반적으로 태양광 발전은 태양의 빛 에너지를 변환시켜 전기를 생산하는 기술로 직류전기를 만들어 내고, 인버터를 통해 교류전기로 변환하여 사용할 수 있다.
- 일반적으로 태양열은 지구에 도달하는 열 에너지로 물을 따뜻하게 데우는 용도로 사용하며 주로 온수(급탕)와 난방에 이용하는 방식이다.

1.4 인증기준

(1) 제로에너지건축물 인증은 *건축물 에너지효율등급 인증 및 제로에너지건축물 인증 기준 [별표 1의2] 제로에너지건축물 인증 기준*에 따른다.

(2) 사단법인 한국패시브건축협회의 「패시브하우스 인증기준」은 다음 *(표 1.4-1)*과 같다.

[표 1.4-1] 패시브건축물 인증등급 기준

<table>
<tr><th colspan="2">항목</th><th>A_0등급</th><th>A_1등급</th><th>A_2등급</th><th>비 고</th></tr>
<tr><td colspan="2">연간난방에너지 요구량</td><td>15 kWh/m^2·y</td><td>30 kWh/m^2·y</td><td>50 kWh/m^2·y</td><td>-</td></tr>
<tr><td colspan="2">연간냉방에너지 요구량</td><td>15 kWh/m^2·y</td><td>30 kWh/m^2·y</td><td>40 kWh/m^2·y</td><td>권고사항</td></tr>
<tr><td colspan="2">연간 1차에너지 요구량</td><td>120 kWh/m^2·y</td><td>150 kWh/m^2·y</td><td>180 kWh/m^2·y</td><td>권고사항</td></tr>
<tr><td colspan="2">A/V(Area/Volume)</td><td colspan="3">A/V ≤ 1 (주거), A/V ≤ 0.6 (비주거)</td><td>권고사항</td></tr>
<tr><td colspan="2">벽체열관류율</td><td>U≤ 0.15 W/m^2·K</td><td>U ≤ 0.15 W/m^2·K</td><td>U ≤ 0.21 W/m^2·K</td><td>복합열관류율</td></tr>
<tr><td colspan="2">기밀</td><td>n50 ≤ 0.6회</td><td>n50 ≤ 0.8회</td><td>n50 ≤ 1.0회</td><td>-</td></tr>
<tr><td rowspan="3">열교</td><td>선형</td><td>0.010W/m·K</td><td>0.020 W/m·K</td><td>0.030 W/m·K</td><td rowspan="3">-</td></tr>
<tr><td>점형</td><td>0.010W/m^2·K</td><td>0.015 W/m^2·K</td><td>0.020 W/m^2·K</td></tr>
<tr><td colspan="4">부득이한 경우 ISO13788 조건에 의한 열교 해석 시 내부표면 온도가 12.6℃ 이상이 되도록 할 것</td></tr>
<tr><td colspan="2">환기장치</td><td>유효전열교환효율 85% 이상
전력소비량 ≤ 0.45Wh/m^3</td><td>유효전열교환효율 80% 이상
전력소비량 ≤ 0.5 Wh/m^3</td><td>유효전열교환효율 75% 이상
전력소비량 ≤ 0.5 Wh/m^3</td><td>벽부형/바닥거치형
천정형일경우 협의</td></tr>
<tr><td colspan="2">창호</td><td>Ug ≤ 0.7 W/m^2·K
Uf ≤ 1.0 W/m^2·K(중부1, 2)
Uf ≤ 1.2 W/m^2·K(남부,제주)
g값 ≥ 0.4
VLT≥ 0.4</td><td>Ug ≤ 0.75 W/m^2·K
Uf ≤ 1.0 W/m^2·K(중부1, 2)
Uf ≤ 1.2 W/m^2·K(남부,제주)
g값 ≥ 0.4
VLT≥ 0.4</td><td>Ug ≤ 0.8 W/m^2·K
Uf ≤1.0 W/m^2·K(중부1, 2)
Uf ≤1.2 W/m^2·K(남부,제주)
g값 ≥ 0.4
VLT≥ 0.4</td><td>-</td></tr>
<tr><td colspan="2">차양</td><td colspan="3">북측 창을 제외한 남, 동, 서측 외부 차양계획 의무
창호면적(유리면적)이 1m^2 이하일 경우 제외 가능
주실은 외부 전동차양 권장</td><td>-</td></tr>
<tr><td colspan="2">기타사항</td><td colspan="3">급탕 생산 및 분배 시스템에서 열손실을 최소화
고효율 가전기기사용 필수</td><td>-</td></tr>
</table>

1.5 인증등급

(1) 「제로에너지건축물 인증등급 기준」은 다음 *(표 1.5-1)* 과 같다.

[표 1.5-1] 제로에너지건축물 인증등급 기준 CHECK 04, 05

ZEB 등급	구분	제1호	제2호		제3호
	등급 산정기준	에너지자립율(%)	연간 단위면적당 1차에너지소요량(kWh/㎡ · 년)		건축물에너지관리시스템
			주거용	비주거용	
+ 등급		120이상	-10 미만	-70 미만	설치여부 확인
1 등급		100이상	10 미만	-30 미만	
2 등급		80이상	30 미만	10 미만	
3 등급		60이상	50 미만	50 미만	
4 등급		40이상	70 미만	90 미만	
5 등급		20이상	90 미만	130 미만	

(2) 「패시브건축물 인증등급 기준」은 다음 *(표 1.5-2)* 와 같다.

[표 1.5-2] 패시브건축물 인증등급 기준

항목	연간난방에너지 요구량
A0등급	1.5L이하
A1등급	~ 3.0L이하
A2등급	~ 5.0L이하

▲ CHECK 04

단위면적당 1차에너지 소요량

- 단위면적당 에너지소요량 × 1차에너지 환산계수

▲ CHECK 05

1차에너지 환산계수

- 연료 : 1.1 ▪ 전력 : 2.75 ▪ 지역난방 : 0.728 ▪ 지역냉방 : 0.937

1.6 의무사항

(1) 수급인은 인증관련 전담자를 지정하여, 관련 내용의 이행과 관련 문서작성 등을 전담하도록 한다.
(2) 친환경 전담자는 이 프로젝트와 유사한 인증의 수행 경험이 있어야 하며, 해당 인증에 대한 이해도가 높아야 한다.
(3) 친환경 전담자는 인증회의에 참석하여 회의를 주도해야 하며, 해당 인증서를 모두 교부받을 때까지 현장에 상주 또는 비상주하는 배치 인력으로 한다.
(4) 수급인은 (1), (2), (3)에 규정된 세부항목 중 인증 관련 자재 및 시스템을 준공 이전에 검토하여 공사일정에 지연이 없도록 관리한다.
(5) 수급인은 건축물의 용도 및 평면계획, 창호 규격, 문(門)의 규격 등 재료나 설계계획이 변경될 경우 예비인증 도서와 비교·검토하여 평가항목에 문제가 발생하지 않도록 검토한다. 검토결과는 건축주 또는 공사감리자와 협의하여 확인을 받는다.
(6) 수급인은 친환경 컨설턴트가 인증의 취득을 위해 요청하는 서류를 사전에 준비하고 제출을 요청하는 경우 제공한다.

1.7 제출물

(1) 수급인은 공사계약문서에 지정한 기일 내에 친환경 인증을 수행하여 인증서를 취득하여야 하며, 인증서 및 부속서류를 구비하여 건축주 또는 공사감리자에게 제출하여야 한다.
(2) 건축물에너지효율등급 인증
① 평가서류 CHECK 06
가. 설계도면
나. 부위별 성능내역서
다. 건물 전개도
라. 장비용량 계산서
마. 조명밀도 계산서
바. 시험성적서(창호, 단열재, 신재생에너지 설비 등)
② 건축물에너지효율등급 인증서
(3) 제로에너지건축물 인증
① 평가서류
가. 건축물에너지효율등급 인증서
나. 건축물에너지관리시스템 또는 전자식 원격검침계량기 설치도서
② 제로에너지건축물 인증서
(4) 패시브건축물 인증
① 평가서
가. 건축도면(개요, 배치도, 평면도, 입면도, 단면도, 창호상세도, 인방상세도, 창호일람표, 기초상세도, 기타 상세도)
나. 설비도면(난방배관평면도, 위생배관평면도, 환기평면도)
다. 시험성적서(창호, 유리, 간봉, 단열재, 열교환환기장치, 보일러, 에어컨)
라. 계산서(장비용량 계산서, 풍량산출 계산서, 조명밀도 계산서)
마. 입면도
② 패시브건축물 인증서

◀ CHECK 06
인증평가 제출서류
- 부위별 성능내역서 : 건축물 부위(외벽, 지붕, 바닥)의 열관류율이 계산되어 있는 도면 또는 서류
- 건물 전개도 : 거실을 둘러싸고 있는 벽, 지붕, 바닥, 창 및 문 등의 외피를 부위별 성능내역서에 따라 면적을 산출한 도면

1.8 품질확보

(1) 예비인증 시 특정자재에 대해 시험성적서가 제출된 경우, 수급인은 현장에 반입되는 자재의 성능이 시험성적서 값과 동일한지 확인하여야 한다. 시험성적서 값과 상이한 경우, 친환경 컨설턴트와 협의하여 인증등급 변동유무를 확인하여야 하며 검토결과를 건축주 또는 공사감리자에게 보고하여야 한다.

2 자재

▶ CHECK 07
KS F 2277
• 건축용 구성재의 단열성능 측정방법 - 교정열상자법 및 보호 열상자법

2.1 단열재 CHECK 07

(1) 단열자재는 *SBCS 41 90 42 소규모 단열공사*에 따른다.
(2) 단열재 두께는 *건축물의 에너지절약설계기준 [별표 1] 지역별 건축물 부위의 열관류율표*에 명시된 기준을 충족하여야 한다.
(3) 열관류율 계산에서 사용되는 단열재의 열전도율값은 한국산업규격(KS)에서 제시되는 것 또는 사용 단열재에 대한 KS F 2277에 따른 국가공인시험기관의 KOLAS 인정마크가 표시된 시험성적서에 의한 값을 사용하여야 한다.
(4) 외부마감재료로 적용하는 단열재의 경우 관계법령에 따라 준불연 단열재(시험성적서)를 사용한다.

2.1.1 적용사항

(1) 다음의 단열재 종류 및 두께는 설악산국립공원 오색분소에 적용된 기준이며, 단열재 변경이 필요한 경우 공사감리자와 협의하여 확인을 받고 건축물의 성능 및 시공에 문제가 없어야 한다.

[표 2.1.1-1] 설악산국립공원 오색분소 단열재 성능 충족 필요사항

구분		외벽	지붕		바닥
설악산국립공원 오색분소	이미지				
	종류	비드법보온판 2종3호	셀룰로오스 보온재	글라스울 보온판 25K	압출법보온판 1호
	등급	'가'등급	'가'등급	'가'등급	'가'등급
	두께	250mm	285mm	40mm	150mm
	열전도율	0.033 W/m·K	0.034W/m·K	0.034 W/m·K	0.028 W/m·K

(2) 다음의 단열재 종류 및 두께는 무등산국립공원 원효분소에 적용된 기준이며, 단열재 변경이 필요한 경우 공사감리자와 협의하여 확인을 받고 건축물의 성능 및 시공에 문제가 없어야 한다.

[표 2.1.1-2] 무등산국립공원 원효분소 단열재 성능 충족 필요사항

구분		외벽	지붕		바닥
무등산국립공원 원효분소	이미지				
	종류	글라스울 보온판 32K	압출법보온판 1호	글라스울 보온판 64K	압출법보온판 1호
	등급	'나'등급	'가'등급	'가'등급	'가'등급
	두께	250mm	285mm	180mm	150mm
	열전도율	0.036 W/m·K	0.034W/m·K	0.033 W/m·K	0.028 W/m·K

설악산국립공원 오색분소 외단열 시공 상세

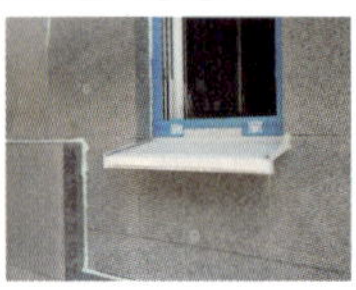

무등산국립공원 원효분소 외단열 시공 상세

2.2 창 및 문

(1) 창호자재는 *SBCS 41 90 55 05 창호공사*에 따른다.
(2) 문 자재는 *SBCS 41 90 55 10 문 공사*에 따른다.
(3) 창 및 문의 ***단열성능은 건축물의 에너지절약설계기준 [별표 1] 지역별 건축물 부위의 열관류율표***에 명시된 기준을 충족하여야 한다.
(4) 창 및 문의 단열성능은 건축물의 에너지절약설계기준 [별표 4]의 창틀 및 문틀의 종류별 열관류율을 따른다. 단, KS F 2278에 따른 KORAS 공인시험기관의 KORAS 인정마크가 표시된 시험성적서를 제출하거나, 「효율관리기자재 운용규정」 제4조제1항제25호의 창세트에 대한 [효율관리기자재 신고확인서]를 제출하는 경우 해당 열관류율을 적용할 수 있다.

◀ CHECK 08

기밀성능 등급별 통기량
- 1등급 : 0~1 ㎥/h㎡ 미만
- 2등급 : 1~2 ㎥/h㎡ 미만
- 3등급 : 2~3 ㎥/h㎡ 미만
- 4등급 : 3~4 ㎥/h㎡ 미만
- 5등급 : 4~5 ㎥/h㎡ 미만

로이삼중유리 상세도

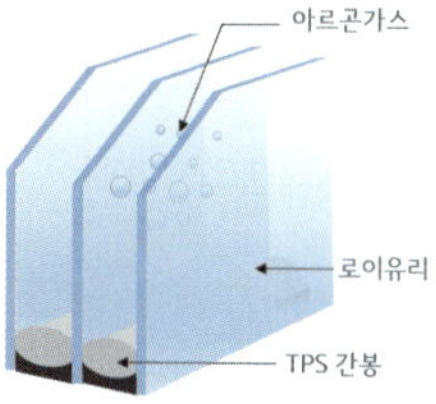

2.2.1 적용사항

(1) 설악산국립공원 오색분소 및 무등산국립공원 원효분소는 다음의 창호성능을 충족하여야 한다. 창호 변경이 필요한 경우 공사감리자와 협의하여 확인을 받고 건축물의 성능 및 시공에 문제가 없어야 한다.

[표 2.2.1-1] 창호성능 충족 필요사항 CHECK 08

구분		구성	열관류율	기밀성(통기량)	로이코팅 종류	열교차단재	비고
오색분소	창호 (1, 2층)	T43로이삼중유리 (5LE+14AR+5CL+14AR+5LE)	0.995 W/㎡·K	1등급(0.87㎥/(h·㎡))	(소프트, 하드)	적용	KOLAS 시험성적서
	창호 (식당, 주방)	T43로이삼중유리 (5LE+14AR+5CL+14AR+5LE)	0.923 W/㎡·K	-	(소프트, 하드)	적용	-
	출입문	T24복층유리 (5CL+14AR+5CL)	1.197W/㎡·K	1등급(0.50㎥/(h·㎡))	-	적용	KOLAS 시험성적서
원효분소	창호 (1, 2층)	T47로이삼중유리 (5LE+16AR+5CL+16AR+5LE)	0.786W/㎡·K	1등급(0.14㎥/(h·㎡))	(소프트, 하드)	적용	KOLAS 시험성적서
	창호 (발코니, 휴게실)	T47로이삼중유리 (5LE+16AR+5CL+16AR+5LE)	0.754W/㎡·K	1등급(0.00㎥/(h·㎡))	(소프트, 하드)	적용	KOLAS 시험성적서
	출입문	T47로이삼중유리 (5LE+16AR+5CL+16AR+5LE)	0.908W/㎡·K	2등급(1.20㎥/(h·㎡))	(소프트, 하드)	적용	KOLAS 시험성적서

로이삼중유리

출입문

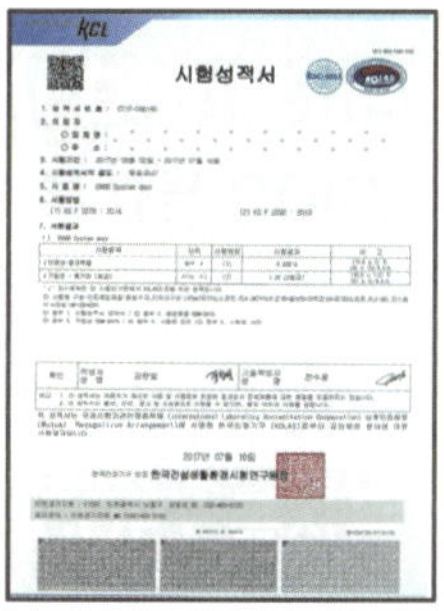
KOLAS 시험성적서

시험성적서부속서

[사진 2.2.1-1] 창호 설치 사례

2.3 열교차단재

(1) 열교차단재 품질기준은 *SBCS 41 90 05 05 패시브 건축자재 및 시공*에 따른다.

(2) 열교차단 패스너 또는 스크류 등 부속철물은 「패시브하우스 인증기준」 선형열관류율 및 점형열관류율 기준에 충족되는 제품을 적용하며, 마감재 부착 시 마감재의 하중과 철물의 유지력을 고려하여 공사감리자의 확인을 받는다.

(3) 설악산국립공원 오색분소 및 무등산국립공원 원분소는 다음의 열교차단재를 적용하여야 한다. 변경이 필요한 경우 공사감리자와 협의하여 확인을 받고 건축물의 성능 및 시공에 문제가 없어야 한다.

[표 2.3 -1] 열교차단재 적용부위

구분		이미지	적용부위	선형열관류율	비고
설악산 오색분소	열교차단 앵커 또는 스크류	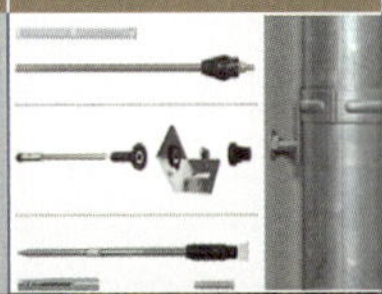	외벽(부착물)	-	선홈통, CCTV등 외부부착물
무등산 원효분소	열교차단 프레임		외벽	0.027 W/m·K	구조틀 + 단열재
	열교차단 블록		파라펫	-	파라펫 등 돌출부위 연결재

▶ CHECK 09
외부차양의 종류
- 외부전동 블라인드(EVB)
- 블라인드 내장형
- 외부 덧창형(덧문,슬라이딩)
- 롤 셔터형

2.4 차양 CHECK 09

(1) 패시브건축인증과 관련하여 외부전등 블라인드는 SBCS 41 90 05 05 패시브 건축자재 및 시공에 따른다.

(2) 외부차양은 태양일사의 실내유입을 차단하기 위해 남측, 서측, 동측 창호에 설치하며 1m^2 미만의 창호는 생략할 수 있다.

(3) 외부차양은 하절기 방위별 실내 유입이 최대로 되는 시각에 외부 직달 일사량의 70% 이상을 차단할 수 있는 제품을 적용한다.

(4) 무등산국립공원 원효분소는 다음의 외부전동 블라인드를 적용하여야 한다. 변경이 필요한 경우 공사감리자와 협의하여 확인을 받고 건축물의 성능 및 시공에 문제가 없어야 한다.

[표 2.4 -1] 외부차양 설치 위치

종류	이미지	설치위치	일사차단율	비고
외부전동 블라인드(EVB)		무등산국립공원 원효분소 동·서·남측 창호(1층, 2층)	70% 이상	외부 설치 + 제어장치
블라인드 내장형		설악산국립공원 오색분소 동·서·남측 창호(1층, 2층)	70% 이상	내장형

2.5 공조장치

(1) 폐열회수환기장치는 고효율인증제품 또는 KS B 6879(열회수형 환기 장치)부속서 B에서 정하는 시험방법에 따른 에너지계수 값이 냉방시 8이상, 난방시 15이상, 유효전열교환효율이 냉방시 45%이상, 난방시 70%이상의 제품을 적용한다.

(2) 전열교환기 자재 기준은 *KCS 31 25 15 공기조화기기 설비공사(2.3)* 기준에 따른다.

(3) 필터

① 실외공기가 유입되는 OA측에는 프리필터 박스를 적용한다.

② 프리필터 박스에 적용되는 필터의 종류는 다음과 같다. CHECK 10

가. 1차필터 : 프리필터

나. 2차필터 : 미디움필터

다. 3차필터 : 헤파필터

③ 실내공기가 전열교환기로 유입되는 RA측에는 G4필터를 적용한다.

◀ CHECK 10

프리필터(Pre filter)

- 특수합성섬유 또는 금속(Metal) 등의 여과재를 각종 프레임에 장착하여 가장 널리 사용하는 1차 필터(Filter)로서 공기정화기(AHU), 공기청정기, 탈취기 등을 사용하는 일반빌딩, 산업체에서 전처리용 필터로 10 ㎛ 이하의 분진을 포집하는 필터를 말한다.

미디엄 필터(Medium filter)

- 유리섬유(Glass fiber)를 사용하여 여러 가지 형태로 제작하여 사용하는 필터로서 1㎛ 이상의 분진을 처리하는 기계장치의 보호와 실내 청정도를 높이는데 사용하는 중성능 필터

헤파필터(HEPA filter, High Efficiency Particulate Air filter)

- 무균실(Clean room)의 공조에 널리 사용되고 있는 필터로서 0.3 ㎛의 입자크기에 대하여 최소 99.97% 이상의 포집효율을 가진 고효율 필터

<출처> 공조용 에어필터, SPS KFIC 0004: 2017 (한국여과기공업협동조합 단체표준)

2.5.1 적용사항

(1) 설악산국립공원 오색분소 및 무등산국립공원 원효분소의 공조장치는 다음의 성능을 충족하여야 한다. 변경이 필요한 경우 공사감리자와 협의하여 확인을 받고 건축물의 성능 및 시공에 문제가 없어야 한다.

[표 2.5.1-1] 공조장치 풍량 별 효율

구분		이미지	풍량	유효 전열교환효율	소비전력	기외정압
오색분소	전열교환기-1	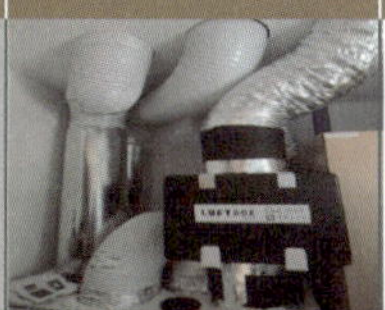	500 CMH	70.4%(난방) 63.9%(냉방)	202W	150Pa
	전열교환기-2		800 CMH	71.5%(난방) 65.6%(냉방)	344W	150Pa
원효분소	전열교환기-1		250 CMH	76%(난방) 67%(냉방)	93W	150Pa
	전열교환기-2	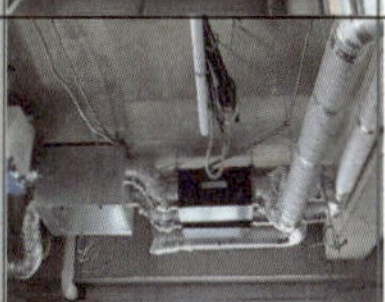	350 CMH	75%(난방) 63%(냉방)	153W	150Pa
	전열교환기-3		500CMH	80%(난방) 72%(냉방)	157W	150Pa

▶ CHECK 11

냉·난방기기의 냉매

- 냉·난방기기의 냉매는 ODP 및 GWP가 낮은 물질을 사용한다.

냉매의 물질 종류에 따른 ODP 및 GWP

물질 종류	ODP	GWP
CFC-11	1	3800
CFC-12	1	8100
CFC-13	1	10000
HCFC-22 (R-22)	0.05	1700
HFC-23	0	11700
HFC-32	0	650
HCFC-123	0.02	90
HCFC-124	0.022	470
HCFC-125 (R-125)	0	2800
HCFC-142b	0.065	1800
HFC-134a (R-134a)	0	1300
404a	0	4700
R-407c	0	1530
R-410a	0	1730
R-507	0	3900

2.6 공기열원펌프 CHECK 11

(1) 열원설비는 부분부하 및 전부하 운전효율이 좋은 것을 선정한다.
(2) 난방기기, 냉방기기, 냉동기, 송풍기, 펌프 등은 부하조건에 따라 최고의 성능을 유지할 수 있도록 대수분할 또는 비례제어운전 적용을 고려한다.
(3) 난방기기는 고효율인증제품 또는 이와 동등 이상의 것 또는 에너지소비효율 등급이 높은 제품을 설치한다.
(4) 냉방기기는 고효율인증제품 또는 이와 동등 이상의 것 또는 에너지소비효율 등급이 높은 제품을 설치한다.
(5) 공기열원펌프 구성 및 자재기준은 *KCS 31 25 10 열원기기 설비공사(2.1.4)*에 따른다.

2.6.1 적용사항

(1) 설악산국립공원 오색분소 및 무등산국립공원 원효분소의 공기열원펌프는 다음의 성능을 충족하여야 한다. 변경이 필요한 경우 공사감리자와 협의하여 확인을 받고 건축물의 성능 및 시공에 문제가 없어야 한다.

[표 2.6.1-1] 공기열원펌프 용량 별 효율

구분		이미지	용량(kW)		소비전력(kW)		성적계수		에너지소비 효율등급
			냉방	난방	냉방	난방	냉방	난방	
오색분소	전기히트펌프-1		14.5	16.8	3.8	3.6	3.8	4.7	1등급
	전기히트펌프-2		23.3	26.5	6.5	6.5	3.6	4.1	1등급
	전기히트펌프-3		29.0	32.6	8.0	8.0	3.6	4.1	1등급
원효분소	전기히트펌프-1		40.6	45.7	10.4	10.1	3.9	4.5	1등급
	전기히트펌프-2	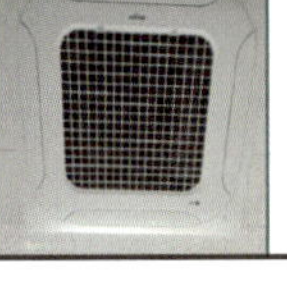	11.0	12.4	2.5	2.7	4.4	4.6	-

2.7 보일러

(1) 보일러 구성 및 자재기준은 *KCS 31 25 10 열원기기 설비공사(2.5)*에 따른다.

2.8 펌프

(1) 펌프는 한국산업규격(KS B 6318, 7501, 7505등) 표시인증제품 또는 KS규격에서 정해진 효율 이상의 제품을 설치하여야 한다.
(2) 펌프의 구성 및 자재기준은 *KCS 31 25 10 열원기기 설비공사(2.9)*에 따른다.

2.9 조명기기

(1) 조명기기 중 안정기내장형램프, 형광램프를 채택할 때에는 산업통상자원부 고시 「효율관리기자재 운용규정」에 따른 최저소비효율기준을 만족하는 제품을 사용하고, 유도등 및 주차장 조명기기는 고효율에너지기자재 인증제품에 해당하는 LED 조명을 설치하여야 한다.
(2) LED 조명기구는 구조 및 부속재료 등의 기준은 *KCS 31 70 10 옥내조명 설비공사(2.6)*에 따른다.

2.10 적용사항

(1) 설악산국립공원 오색분소 및 무등산 국립공원 원효분소의 조명기기는 다음의 성능을 충족하여야 한다. 조명의 종류 또는 수량이 변경되어 조명밀도가 변경되는 경우 공사감리자와 협의하여 확인을 받고 건축물에너지효율등급 및 제로에너지건축 인증 취득에 문제가 없어야 한다.

[표 2.10-1] 조명기구 설치 위치 별 성능

실명		타입	소비전력	수량	조명밀도
오색분소	회의실	LED	12W / 40W	4EA/ 2EA	6.2 W/㎡
	사무실	LED	12W / 18W/ 40W	16EA/ 6EA /3EA	5.8 W/㎡
	숙소	LED	12W / 15W / 40W	2EA / 2EA / 2EA	5.2 W/㎡
원효분소	회의실	LED	40 W	4 EA	5.78W/㎡
	사무실	LED	40 W	14 EA	6.98W/㎡
	근무자 대기실	LED	12W/50W/25W	4EA/1EA/1EA	3.65W/㎡

2.11 신재생에너지

(1) 태양광발전 모듈은 한국산업표준(이하 "KS")에 따른 인증제품을 설치하여야 한다.
(2) 태양열 온수기는 한국산업표준(이하 "KS")에 따른 인증제품을 설치하여야 한다.

2.11.1 적용사항

(1) 설악산국립공원 오색분소 및 무등산 국립공원 원효분소의 태양광 발전 모듈은 다음의 성능을 충족하여야 한다.

[표 2.11.1-1] 태양광발전 모듈의 효율

구분	용량	수량	설치	효율
태양광 Type-1	460W	36 EA	동향, 설치각 30˚	20.6%
태양광 Type-2	460W	36 EA	남향, 설치각 30˚	20.6%

3 시공 CHECK 12

▶ CHECK 12
패시브 인증
(1.00회/h 이하 기준)을 위한
기밀성 평가 결과
1) 설악산 오색분소
• 감압 : 0.91회/h
• 가압 : 1.10회/h
• 평균(적용값) : 1.00회/h
2) 무등산 원효분소
• 감압 : 0.67회/h
• 가압 : 0.95회/h
• 평균(적용값) : 0.81회/h

3.1 단열재

(1) 단열자재는 *SBCS 41 90 42 소규모 단열공사*에 따른다.

3.2 창 및 문

(1) 창호 자재는 *SBCS 41 90 55 소규모 창호공사*에 따른다.
(2) 문 자재는 *SBCS 41 90 55 소규모 공사*에 따른다.

3.3 열교차단재

(1) 열교차단재는 *SBCS 41 90 05 05 패시브 건축자재 및 시공*에 따른다.

3.4 차양

(1) 외부차양은 *SBCS 41 90 05 05 패시브 건축자재 및 시공*에 따른다.

3.5 공조장치

(1) 열회수형 환기장치의 설치기준은 *KCS 31 25 15 공기조화기기 설비공사(2.15)*에 따른다.

3.6 공기열원펌프

(1) 열원기기의 설치기준 *KCS 31 25 10 열원기기 설비공사(3.1~3.2)*에 따른다

3.7 보일러

(1) 보일러조립 및 설치는 *KCS 31 25 10 열원기기 설비공사(3.5)*에 따른다.

3.8 펌프

(1) 열원기기의 설치기준 *KCS 31 25 10 열원기기 설비공사(3.8)*에 따른다.

3.9 조명

(1) 조명기구 설치기준은 *KCS 31 70 10 옥내조명설비공사(3.6)*에 따른다.

3.10 신재생 에너지

(1) 태양광발전 모듈의 설치는 *신재생 에너지 설비의 지원 등에 관한 지침 [별표 1]의 2. 태양광설비 시공기준*에 따른다.
(2) 태양열 온수기의 설치는 *신재생 에너지 설비의 지원 등에 관한 지침 [별표 1]의 4. 태양열설비(액체식) 시공기준*에 따른다.

태양광 패널 설치 전경 / 지붕 설치 / 주차장 설치

[사진 3.10-1] 태양광 패널 설치 사례 – 설악산국립공원 오색분소

3.11 체크리스트 CHECK 13

[표 3.11-1] 소규모 건축물의 ZEB 본인증 체크리스트

적용기술	검토사항	평가
단열	부위별 단열재 종류 일치 [ex. 그라스울 보온판(종류) 32K(밀도)]	만족, 불만족
	부위별 단열두께 부합	만족, 불만족
	단열재 부착위치 일치	만족, 불만족
창호	유리 구성 일치	만족, 불만족
	단열성능부합	만족, 불만족
	기밀성능부합	만족, 불만족
	창호 시험성적서(열관류율)	만족, 불만족
	창호 시험성적서(기밀성)	만족, 불만족
문	유리 구성 일치	만족, 불만족
	단열성능부합	만족, 불만족
	기밀성능부합	만족, 불만족
	문 시험성적서(열관류율)	만족, 불만족
	문 시험성적서(기밀성)	만족, 불만족
열교	열교차단재 적용	만족, 불만족
	열교차단 앵커 또는 패스너 적용	만족, 불만족
	열교차단 프레임 적용 유무	만족, 불만족
	열교차단 프레임 시험성적서 일치	만족, 불만족
차양	(수평/수직 차양, 외부전동블라인드등) 외부차양 설치 유무	만족, 불만족
	차양 직달일사차단기준(70%) 만족	만족, 불만족
공조	전열교환기설치위치 일치	만족, 불만족
	풍량 일치	만족, 불만족
	유효전열교환효율(냉방, 난방) 부합	만족, 불만족
	소비전력 일치	만족, 불만족
	정압 일치	만족, 불만족
열원기기	(냉방, 난방 등) 열원기기용량 일치	만족, 불만족
	(냉방, 난방 등) 열원기기효율 부합	만족, 불만족
	(냉방, 난방 등) 열원기기설치위치일치	만족, 불만족
보일러	(급탕 등) 보일러용량 일치	만족, 불만족
	(급탕 등) 보일러효율 부합	만족, 불만족
조명기기	(LED등) 조명기구수량 일치	만족, 불만족
	(LED등) 조명기구소비전력일치	만족, 불만족
	(LED등) 실별 조명밀도부합	만족, 불만족
신재생에너지	신재생에너지(태양광, 태양열, 지열 등) 설치 용량 일치	만족, 불만족
	신재생에너지(태양광, 태양열, 지열 등) 효율 일치	만족, 불만족
	신재생에너지(태양광, 태양열, 지열 등) 설치 위치 일치	만족, 불만족
BEMS	건물에너지관리시스템(BEMS) 또는 전자식 원격검침계량기설치	만족, 불만족

▲ CHECK 13

단열재 시험성적서

- 설계도서에서 에너지절약 설계기준 해설서에 표시된 값 외의 성능이 적용된 제품의 경우 KS F 2277에 따른 제품의 시험성적서 확인이 필요하다.

설비기기 성능 확인

- 냉방, 난방, 급탕, 환기, 신재생 등 설계도서에 표시된 설비기기의 성능은 현장에서 해당 제품의 고효율에너지기자재 등 관계기관의 인증서 또는 공인된 시험기관(KOLAS)의 시험성적서를 통해 확인할 수 있다.

▶ CHECK 14

단열

- 외단열 세부사항은 외단열 미장마감 공법 설계 및 시공지침 참조 (www.phiko.kr)

창호

- 창호의 상세기준은 인증등급에 따를 것
- (12.)실란트는 기밀·방수 자재가 아님
- (13.)남측창의 경우 고정차양 대체 가능

기밀

- 기밀자재 시공

[표 3.11-2] 패시브건축물인증 체크리스트-1 (계속)

(단 열) 요구사항		평가
1. 6주 이상 숙성 EPS를 사용할 것		적용, 미적용
2. 본드접착은 단열면의 40%이상 도포할 것		적용, 미적용
3. 본드접착은 단열면의 테두리 모두 접착할 것		적용, 미적용
4. 단열재 크기는 최대 600 x1200㎜ 이하를 시공		적용, 미적용
5. 단열재 부착시 통줄눈 금지		적용, 미적용
6. 모서리는 겹침 이음금지 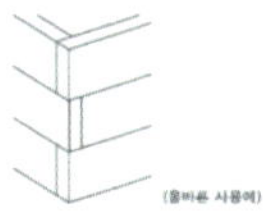 		적용, 미적용
7. 개구부 모서리는 단열재를 절단하여 사용할 것 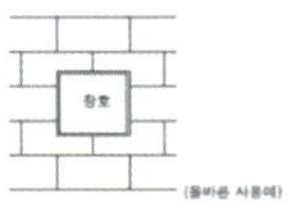 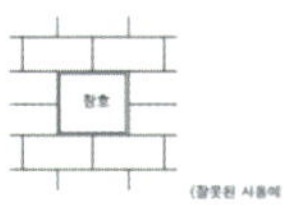		적용, 미적용
8. 개구부 모서리 보강매쉬는 300x300㎜ 이상 사용		적용, 미적용
9. 화스너개수는 최소 예시그림 이상 사용 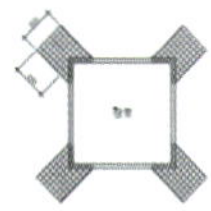 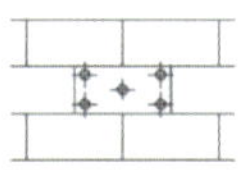		적용, 미적용
10. 5℃ 이하 작업 금지		적용, 미적용
11. 미장마감 이중메쉬 시공		적용, 미적용
12. 외피 열관류율 0.21 W/㎡·K 이하	지붕	적용, 미적용
	외벽	적용, 미적용
	바닥	적용, 미적용
13. 단열재 이음부위, 철물연결부위 등에 단열폼으로 충전		적용, 미적용
14. 외벽하부의 비드법보온판과 압출법보온판 접합부위는 우수유입방지를 위한 방수팽창테이프 적용		적용, 미적용
15. 화장실 바닥 단열재 100㎜ 취부		적용, 미적용

[표 3.11-2] 패시브건축물인증 체크리스트-3 (계속)

(열 교) 요구사항	평가
1. 기하학적열교 부위 온도 12.6℃ 이상으로 설계	적용, 미적용
2. 단열과 평면에서 단열재가 끊김없이 연결되도록 적용	적용, 미적용

[표 3.11-2] 패시브건축물인증 체크리스트-2 (계속)

(창 호) 요구사항	평가
1. 로이삼중유리 적용	적용, 미적용
2. 유리 열관류율 0.8 W/㎡·K 이하	적용, 미적용
3. 창호 프레임 열관류율 1.2 W/㎡·K 이하 (PVC) 창호 프레임 열관류율 2.0 W/㎡·K 이하 (ALU)	적용, 미적용
4. 시스템도어 1.2 W/㎡·K 이하	적용, 미적용
5. 단열방화문 0.8 W/㎡·K 이하	적용, 미적용
6. 유리 VLT(가시광선투과율) 0.4 이상	적용, 미적용
7. 유리 g-value(태양열 취득계수) 0.4 이상	적용, 미적용
8. 단열 간봉 적용 (선형열관류율 0.03 W/m·K 이하)	적용, 미적용
9. 창호와 골조사이 '단열폼 충전' 적용 및 도면 표기(이격거리최소 30㎜ 이상)	적용, 미적용
10. 외벽단열재가 창틀을 30㎜ 이상 덮도록 적용	적용, 미적용
11. 창호의 외측 하부는 빗물받이 적용	적용, 미적용
12. 창호프레임 전체 둘레로 단열재가 만나는 부분은 우수유입방지를 위해 방수팽창테이프 등 적용	적용, 미적용
13. 일사유입창은 외부전동차양장치 적용(남, 동, 서측)	적용, 미적용

[표 3.11-2] 패시브건축물인증 체크리스트-4 (계속)

(기 밀) 요구사항	평가
1. 배관 및 배선 주변 부위	적용, 미적용
2. 바닥과 벽체가 만나는 부위	적용, 미적용
3. 벽체와 지붕이 만나는 부위	적용, 미적용
4. 벽체가 꺾이는 부위	적용, 미적용
5. 전기 인입선의 외벽관통 부위	적용, 미적용
6. 전동블라인드 전원공급선의 외벽관통 부위	적용, 미적용
7. 외부전동 전원공급선의 외벽관통 부위	적용, 미적용
8. 통신 인입선의 외벽관통 부위	적용, 미적용
9. 비디오폰 및 도어제어전선의 외벽관통 부위	적용, 미적용
10. 우수 인입관의 외벽관통 부위	적용, 미적용
11. 환기장치 덕트관로의 외벽관통 부위	적용, 미적용
12. 주방 및 다용도실의 후기배기덕트의 외벽관통 부위	적용, 미적용
13. 투습 방습지 연결부위	적용, 미적용
14. 시공 시 기밀층훼손 부위	적용, 미적용
15. 콘센트박스 및 비디오폰박스의 외벽관통 부위	적용, 미적용
16. 오수 및 배수 인출관의 외벽관통 부위	적용, 미적용
17. 옥외 부동수전 인출관의 외벽관통 부위	적용, 미적용

18. 수도 인입관의 외벽관통 부위	적용, 미적용
19. 가스 인입관의 외벽관통 부위	적용, 미적용
20. 욕실 배기덕트의 외벽관통 부위	적용, 미적용
21. 보일러연도의 외벽관통 부위	적용, 미적용
22. 세대 분전반박스 부위	적용, 미적용
23. 온도조절기박스 부위	적용, 미적용
24. 전등 박스 부위	적용, 미적용
25. 전등 스위치박스 부위	적용, 미적용
26. TV분배함 및 통신용 국선단자함 부위	적용, 미적용
27. 관통 부위에 설치하는 슬리브 및 pipe 내부	적용, 미적용
28. TV유니트 및 통신용 콘센트 박스 부위	적용, 미적용
29. 분전반, 콘센트 전선 기밀캡시공	적용, 미적용

[표 3.11-2] 패시브건축물인증 체크리스트-5

(환 기) 요구사항	평가
1. 외기유입구는 지면 및 배기구로부터 3m 이상 이격하고 유지관리가 용이, 비와 눈으로부터 보호될 수 있는 위치에 설치	적용, 미적용
2. 외기유입구는 방충망을 설치하고, 입구를 보호하기 위한 덮개가 설치된제품 적용.	적용, 미적용
3. 외벽의 덕트 관통부는 기밀, 단열, 습기확산을 방지할 수 있는 디테일 적용.	적용, 미적용
4. 실내에 열교환환기장치가 설치될 경우 덕트는 50㎜ 이상의 단열재로 감싸고 단열재와 덕트 사이에 습기가 침투하여 결로가 생기지 않도록 방습 및 기밀하에 시공.	적용, 미적용
5. 모든 실이 열교환 환기가 가능하도록 계획하고 모든 덕트는 기밀하게 연결할 것.	적용, 미적용
6. 환기가 필요한 모든 실에서 각 실 사이에 공기흐름을 원활하게 하기 위한 개구부를 둘 것.	적용, 미적용
7. 각 실의 공급공기와 배기공기는 밸런스를 맞추어 설계 및 시공하고, 준공 시 설계풍량으로 커미셔닝(TAB) 할 것.	적용, 미적용
8. 열교환환기장치의 내부 결빙 시 기기보호를 위해 자동으로 운전이 중지될 수 있도록 하고, 결로수가 발생될 경우 그에 대비한 수단(결로수배출구 등)을 강구할 것.	적용, 미적용
9. 열교환환기장치의 작동을 중지했을 경우, 외기유입을 방지하기 위해 OA/EA 측에 기밀전동댐퍼를 설치할 것.	적용, 미적용
10. 간절기에는 급배기 시 열교환소자를 거치지 않고, 환기할 수 있도록 바이패스모드가 적용된 제품을 사용할 것.	적용, 미적용
11. 각 모드별(강, 중, 약) 풍량을 설정할 수 있는 제품을 사용할 것.	적용, 미적용
12. SA/RA측에 소음관을 설치하고 구조체로의 소음전달 방지책 및 각 실에 전달되는 소음을 방지할 수 있는 수단을 강구할 것. - 소음 기준 : 기계실 50dB 이하 / 실내 40dB 이하 (건축물의 설비기준 등에 관한 규칙)	적용, 미적용
13. 외기유입구측과 실내배기구측에 반드시 고성능필터(급기측 F7 등급, 배기측 G4 등급이상의 여과성능)를 설치하여 먼지 등의 오염물질로부터 열교환소자를 보호할 수 있도록 할 것.	적용, 미적용
14. 겨울철 외기온도가 영하 10℃에서도 기기가 정상적으로 작동할 수 있는 장치를 사용하거나 부가적인 조치(프리히터설치)를 취할 것.	적용, 미적용
15. 외기가 영하 10℃일 때, 실내에 공급되는 공기의 온도는 17℃ 이상으로 공급할 수 있도록 유효전열교환효율이 75% 이상인 제품을 쓰거나 공기가열장치를 설치할 것.	적용, 미적용
16. 외기를 통한 먼지 및 오염물질 등으로부터 기기가 정상 작동을 보장 할 수 있도록 부가적인 조치(OA측 필터박스 기밀화 or프리필터박스 등)을 설치할 것.	적용, 미적용
17. 열교환환기장치를 유지관리의 용이성을 고려하여 장치를 바닥 혹은 벽체에 설치할 것.	적용, 미적용
18. 열교환환기장치를 부득이 천장 적용 시 프리필터를 천정 외부 유지관리가 용이한 위치에 노출할 것.	적용, 미적용
19. 건축규모, 배관 길이 등에 따른 정압 손실을 고려한 적정 풍량의 기기를 사용할 것.	적용, 미적용

– 출처: 한국패시브건축협회 (https://www.phiko.kr)

[사진 3.11-1] (기밀) 요구사항 사례

• 보와 벽체가 만나는 연결부위 기밀 시공 사례

• 시스템 에어컨 냉매 배관 외벽 관통 부위 기밀시공 사례

[부록]

■ 기밀의 기준 CHECK 15

- 기밀성능은 블로어도어 테스트(Blower Door Test)를 통해 수치화된 기준을 적용
- 측정기준은 ISO 9972에 따르며, 국내의 평가기준은 50기압하의 기밀성능에 따름

[기밀성능 평가기준 (한국건축친환경설비학회)]

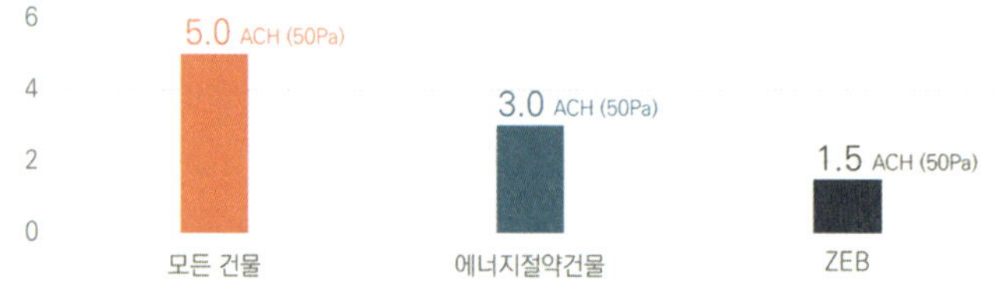

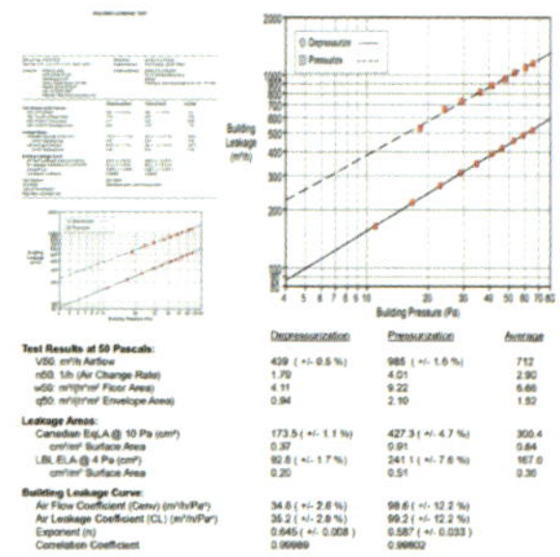

측정기준		평가기준		
구분	내용	구분	기밀성능 기준	비고
기밀 성능	· 출입문에 팬 설치 · 실내 외 가압 및 감압 실시 · 풍량, 침기 및 누기량 측정	모든건물	5.0 ACH50이하	기본기준
		에너지절약건물	3.0 ACH50이하	권장사항
측정 관련법	KS L ISO 9972 건물 기밀성 측정(팬 가압법)	제로에너지건물	1.5 ACH50이하	권장사항 (적정 환기 필요)

※ ACH@50(Air Change Rate @50Pa) : 건물 내부에 인위적으로 ±50Pa의 차압이 유지될 때 발생한 침기 또는 누기에 의한 시간당 환기횟수를 나타내는 단위로 CFM@50 값과 대상의 체적으로 산정, 크기와 형태가 다른 건물의 기밀성능을 상호 비교하기 위한 지표로 이용

▶ CHECK 15

기밀성

- 건축물 외벽, 천장, 창호 등에 존재하는 작은 틈새의 침기로 인하여 에너지 손실이 발생하므로 건축물의 철저한 기밀시공은 매우 중요한 요소이다.

ACH

- Air Change Rate (환기율) 의도된 개구부나 장치를 통하여 외부 공기가 실내공간에 유출입되는 공기량과 실체적에 대한 비율이며 이것은 ACH(회,1/h)로 표현

ACH50(1/h)

- CMH 50값을 실체적 (측정되어지는 것으로 규정된 공간의 총 체적)으로 나눈 값
- 즉, 건물에 50Pa의 압력차가 작용하고 있을 때, 침기량 또는 누기량이 한 시간동안 몇 번 교환되었는가로 표현한 것
- 서로 다른 크기의 건물에서 기밀성능을 비교할 때 유용한 척도

■ 기밀성능 주요 국가별 측정기준 CHECK 16

- KS L ISO 9972(단열-건물기밀성 측정-팬 가압법) 규격은 1996년 발행된 ISO 9972를 기초로 작성되었으며 가압법만 활용함.

관련 기준 및 규정	국가	압력차 측정범위	측정횟수	가·감압	측정 조건	측정결과 표현
ASTM E779-03	미국	10~60Pa	5~10	가·감압	풍속 2m/s 이하 온도5~35℃ 200m·K이하	ELA@4Pa
CGSB	캐나다	15~50Pa	1,2 또는 7	감압	풍속 5.6m/s 이하	EqLA@10Pa
DIN EN 13829	유럽	10~50Pa	5 이상	가·감압	풍속 6m/s 이하 500m·K이하	ACH@50
ATTMA	영국	10~60Pa	7	가·감압	풍속 6m/s 이하	(m3/h)㎡
USACE	미국	25~75Pa	12	가·감압	풍속 6m/s 이하 (건물10m내에서)	CFM75/ft2
ISO 9972	-	15~60Pa	5~10	가·감압	풍속 3m/s 이하 200m·K이하	Flow coeff & Exponent

▶ CHECK 16

DIN EN 13829

- DIN EN 13829에서는 측정기술에 대한 요구사항, 주변조건 측정, 여러 가지 중요 계수, 테스트 보고서, 측정오차에 대한 계산 등을 다룬다.

4 시공사례

■ 설악산 오색분소(소규모 업무시설) 패시브 및 ZEB 주요 적용 기술 (1)

제로에너지 건축물(1+++등급),
설악산오색분소 전경

기초 : 철근콘크리트(저면단열)
구조 : 중목 구조(Timber Frame)

01. 건축부문 - 창호, 유리, 벽체 단열

창호 열관류율 : 0.792W/㎡·K
(법적기준 1.50W/㎡·K)

유리 : 로이삼중유리 47㎜
(5LE+16Ar+5+16Ar+5LE)

창호 : Tilt & Turn 방식 적용

벽체 단열 : 비드법 2종 3호 250㎜
(0.128W/㎡·K, 법적 0.24W/㎡·K)

02. 건축부문 - 지붕 단열, 블라인드

지붕 단열 : 셀룰로오스 285㎜
(0.103W/㎡·K, 법적 0.15W/㎡·K)

경사지붕 투습방수지 설치

창호 내장용블라인드설치

■ 설악산 오색분소(소규모 업무시설) 패시브 및 ZEB 주요 적용 기술 (2)

1 배관부위 기밀시공
• 배관용 기밀자재 접착, 우레탄 폼 충진 등 배관부위는 기밀하게 시공한다

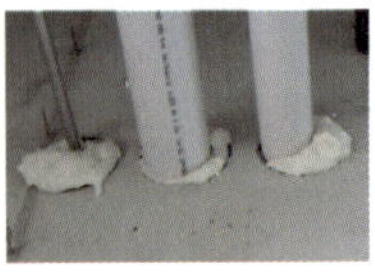

03. 기계설비 부문 - 냉방, 난방

EHP 실외기 (냉방 66.8kW, COP 3.83 / 난방 75.4kW, COP 4.265)

EHP 실내기바닥 상치형

화장실 동파방지용 방열기 설치

2층 직원 숙소, 전기 바닥난방 설치

04. 기계설비 부문 - 급탕, 환기

전기 온수기(용량 : 4.5kW) 설치

급탕 펌프 2EA 설치

회전식 전열교환기 설치

회전식 전열교환기 필터박스

05. 전기설비 부문 - 조명, 신재생

LED 조명(적용면적 421.66㎡, 조명부하 12W, 조명밀도 6.2W/㎡

2층 상부 LED조명 설치

경사지붕 태양광 PV(용량 39.6kW, 효율 20.5%) 설치

옥외 주차장 지붕 태양광 PV 설치

06. 전기설비 부문 - 전자식 원격검침 계량기

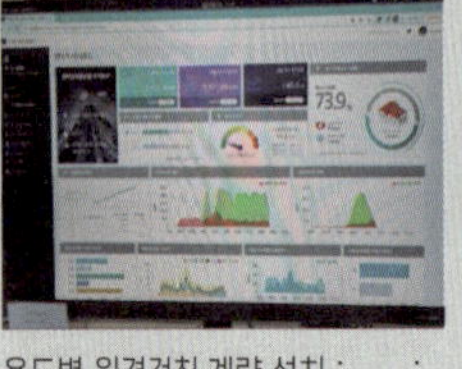
용도별 원격검침 계량 설치 : : 에너지관리 모니터링

분전반 CT 설치

SAMOO C.M.
CREATIVE MANAGEMENT

CHAPTER 3

3장

소규모 지반공사

CHAPTER 3

01

SBCS 41 90 20 05 토공사

1 일반사항

1.1 적용범위

(1) 이 기준은 소규모 건물의 토공사에 적용하며, 이 기준에서 명시되지 않은 사항은 *KCS 11 20 00*에 의한다.

1.2 토공사 일반 CHECK 01

(1) 공사 착수 전에 굴토공사로 인한 위해방지 대책 및 토공사 시공계획서를 작성하여 공사감리자의 확인을 받아야 하며, 공사도중 예측하지 못한 사항이 발생하여 당초의 계획대로 공사를 추진할 수 없는 경우에는 공사감리자의 지시 또는 확인을 받아 전 공정에 차질이 없도록 조치를 취해야 한다.

▶ CHECK 01

관련 용어

- 절토 : 터깎기 또는 땅깎기라고 하며, 평지를 만들기 위해 흙을 깎아내는 작업을 의미
- 성토 : 터돋우기 또는 흙쌓기라 하며, 흙을 쌓는 작업을 의미
- 정지 : 터고르기라 하며, 땅을 평평하게 고르는 작업을 의미
- 굴토 : 흙파기라 하며, 구조물의 기초를 설치하기 위해 적당한 깊이로 땅을 파는 작업을 의미
- 매토 : 되메우기라 하며, 기초파기를 한 부분에 흙을 다시 메우는 작업
- 잔토 : 잔토처리라 하며, 흙파기한 흙을 장외로 처리하는 작업을 의미
- 배토 : 흙을 밀어붙여 제거하는 작업을 의미
- 다짐 : 흙이나 잡석, 콘크리트 등을 다져서 밀실하게 만드는 작업을 의미

<출처> 건축시공 제2판 (2009, 노인철)

1.3 참고기준

(1) 토공사의 참고기준은 *KCS 11 20 00*의 해당 요건에 따른다.

1.4 제출물

1.4.1 시공상세도면

(1) 지하매설물 종합도 : 지하매설물의 종류, 규격, 매설위치, 이격거리 등 공간관계를 명시

1.4.2 시공계획서

(1) 터파기 및 되메우기 계획

① 터파기 작업 : 터파기의 구배, 폭, 깊이, 흙막이 시공방법, 되메우기 토사의 적치 계획 및 잔토처리 계획, 장비 계획, 가배수로 계획, 차단기 등 안전시설 설치 계획

② 되메우기 작업 : 다짐두께, 다짐장비, 다짐횟수, 시공함수비 등 작업계획

③ 용수지역 또는 지하수위 이하를 굴착할 경우 : 펌프 설치 및 배관 계획, 가배수로 설치 계획

④ 잔토처리 작업 계획 : 굴착토의 잔토처리는 현장여건을 감안하여 신속하게 지정된 사토장에 처리할 것

(2) 설계검토 보고서

다음과 같이 설계서와 현장조건이 일치하지 않을 경우 설계검토 보고서를 작성해야 한다.

① 기초지반의 지지력이 부족할 경우 : 치환, 지반개량 또는 말뚝 기초로 변경 검토

② 기존 가옥 주변에서 지하수위 이하를 굴착할 경우 : 차수공법 검토

③ 터파기의 깊이가 깊거나 구조물에 인접하여 터파기를 시행할 경우 : 흙막이 설치 검토

④ 기초 바닥이 경사진 암반일 경우 : 수평 및 계단식 내림기초 또는 잡석치환 검토

⑤ 지하수위가 높아 구조물의 부상이 우려될 경우 : 부상방지 어스앵커 설치 검토

⑥ 각 항목별로 등록된 전문 기술자가 작성한 설계도 및 계산서를 제출하되, 설계도에는 재료의 규격, 형태, 소요 공사비, 시공 순서, 시공 방법 등을 명시하여야 한다.

1.4.3 공사기록 서류

(1) 기초 터파기가 완료되면 전체 현황 및 지반 상태를 확인할 수 있는 부위별 사진을 촬영하여 공사감리자에게 제출하여야 한다.

1.5 공사 전 협의

(1) 터파기 작업을 시행하기 전에 각 공종의 책임자들이 회의를 개최하여 지하구조물(건축물, 급수관, 배수관, 가스관, 전선관, 통신관 등)이 서로 겹치는 부분이 있는지를 사전 검토하고, 가장 적절한 작업의 우선 순위를 정한 후, 협의된 시공 순서에 따라 순차적으로 공사를 시행해야 한다. 만약 수급인이 이러한 의무를 등한시하여 역순으로 시공함으로써 지하구조물에 문제가 발생할 경우에는 수급인 부담으로 적절한 시설 또는 보강으로 조치 해야 한다.

2 자재

2.1 일반 되메우기용 재료 CHECK 02

2.1.1 포장지역

(1) 포장 하부 구조물의 되메우기용 재료는 유기질토, 동토, 빙설, 초목, 다량의 부식물을 포함한 흙이 섞이지 않아야 하며, 다음의 규정에 적절한 것이어야 한다.

① 최대치수 : 100㎜ 이하 ② 4.75㎜체 통과량 : 25~100%

③ 75㎛체 통과량 : 15% 이하

④ 소성지수 : 10 이하 ⑤ 수침 CRB : 10% 이상

◀ CHECK 02

되메우기 재료의 특성

- 되메우기 재료는 압축성이 적고 물의 침투에 의해 강도가 저하되지 않아야 하며, 다지기 쉽고 동상의 영향을 받지 않는 재료를 사용하여야 한다.

2.1.2 기타지역

(1) 포장지역을 제외한 기타 지역의 되메우기용 재료는 흙깎기 또는 터파기한 흙 중에서 양질의 토사를 선별하여 사용하되, 사용 전에 공사감리자의 확인을 받아야 한다.

2.2 시초 되메우기용 재료

(1) 각종 관로 및 외부방수 처리된 구조물의 시초 되메우기용 재료는 2.1항의 규정을 따르되, 최대치수 항목을 50㎜로 하고, 부식방지를 위하여 피복된 파이프나 외부방수 처리된 구조물의 시초 되메우기용 재료는 최대치수를 25㎜ 이하로 한다. 또한 시초 되메우기용 재료는 관이나 피복재, 방수층을 손상시킬 수 있는 날카로운 모서리를 갖지 않아야 한다.

2.3 기타사항

(1) 이 기준 이외의 토공사의 자재는 *KCS 11 20 00 (2. 자재)*의 해당 요건에 따른다.

램머 1톤 진동롤러 5톤 진동롤러 컴팩터

[사진 2.3-1] 되메우기 후 다짐장비의 종류

3 시공

3.1 사전조사

3.1.1 기매설된 지장물조사

▶ CHECK 03

문화재 지표 조사

- 지표조사란 지표에 드러난 문화재 또는 매장문화재의 징후를 지형을 훼손시키지 않은 채 조사하여 해당지역의 문화재 존재 여부 및 그 성격을 확인하는 행위를 의미한다.

(1) 공사구역 내의 지하매설물(전력, 전화, 상·하수도, 가스관 등)은 관의 종류, 설치위치, 높이 등을 철저히 조사하여 터파기시 이를 손상시키는 등의 사고가 발생치 않도록 이설, 방호, 철거 등의 조치를 강구해야 하며, 이러한 의무를 등한시하여 사고가 발생할 경우 모든 책임은 수급인이 져야 한다.

3.1.2 인접구조물 등에 대한 안전성 검토

(1) 인접구조물에 근접하여 터파기를 시행할 경우, 지하수위 저하 또는 안식각 부족 등으로 전도, 침하 등의 위험이 없는 지를 사전에 검토하고, 문제가 있다고 판단될 경우에는 차수공법, 토류벽 설치 등의 설계변경을 요청해야 한다.

3.1.3 문화재 조사 및 처리 CHECK 03

(1) 문화재 지표 실시보고서를 확인하고 문화재 발견시는 판례법에 따라 신고 및 보존조치하여 공사감리자에게 보고하여야 한다.

▶ CHECK 04

시공기면(계획고)

- 노반(표층과 노상 사이 층) 의 높이를 보여주는 기준면으로서 각종 구조물은 이것을 기준으로 만들어진다.

측량성과도의 작성방법 예시

- 국토교통부훈령, 지적업무처리규정에 따라 측량성과도를 작성한다.

지적현황측량 성과도

3.2 공사준비 CHECK 04

(1) 도면에 표시된 종·횡단도, 시공기면, 등고선 및 기준면을 확인한다.
(2) 지하구조물(전력, 전화, 상수도, 가스관 등)의 철거 및 이설이 필요한 경우에는 관련 시설의 설치관리자에게 철거 및 이설을 요청한다.
(3) 수준점, 측량기준점, 기존구조물, 기타 구역내 시설물은 터파기 또는 장비의 통행으로 손상되지 않게 보호한다.

3.3 대지정리

(1) 공사에 앞서 앞으로의 작업이 원활히 진행될 수 있도록 정리한다.
(2) 공사에 장애가 되는 수목 등은 제거하고 기존수목으로서 보존가치가 있다고 판단되는 수목은 보존 또는 이전한다.
(3) 대지안의 표토를 걷어내고 큰 잡목초는 표토 걷어내기 전에 반드시 제거한다.
(4) 기존건물의 규모가 크고, 기초 역시 깊은 경우 그의 해체 및 철거는 충분한 주의를 한다.
(5) 공사장 출입구 및 공사 전용도로의 파손 및 작업동선에 이상이 있을 경우 공사감리자의 지시에 따라 개조, 보강한다.
(6) 대지가 연약지반일 경우, 공사의 규모, 목적 등에 맞는 가설도로를 조성 지반을 안정화하기 위하여 진동 다짐공사를 하는 것으로 한다.
(7) 중장비를 사용하는 경우에는 장비의 전도를 막기 위하여 작업지반을 견고히 하도록 충분한 점검·정비 및 보강을 실시한다. 필요에 따라서 는 장비용 작업대를 설치한다.

01. 대지의 작업동선 및 출입구, 공사 전용도로 파악
02. 공사에 장애가 되는 수목 및 큰 잡목초 제거
03. 중장비를 사용한 석재 옮기기
04. 표토 걷어내기

[사진 3.3-1] 대지 정리 순서 사례

3.4 터파기

3.4.1 일반사항

(1) 터파기는 구조물의 축조 또는 각종 관로의 매설에 지장이 없도록 설계서 또는 공사감리자가 지시한 깊이와 폭 및 경사로 굴착한 다음 평탄하게 바닥을 고르고 공사감리자의 검사를 받아야 하며, 공사감리자의 지시 없이 기초공사를 시행해서는 안된다.
(2) 터파기시, 지반의 경연, 지형의 상황에 따라 흙막이공, 물막이공을 설치할 필요가 있을 경우에는 설계변경 승인을 얻어 시행하되, 토압 또는 수압에 견딜 수 있도록 견고하게 조립, 설치하여야 한다.
(3) 기초터파기 작업 중 지하수가 용출되면 물푸기 작업을 하여야 하며, 기초터파기 완료 후, 콘크리트 타설 중, 타설 후에도 최저 24시간 동안은 계속하여 물푸기를 하여야 한다. 물푸기 지점 및 배수구는 기초지반에 변동이 일어나지 않도록 최소한 기초로부터 1m 이상 떨어진 지점에 설치한 후, 웅덩이를 만들어서 물을 퍼내야 한다.
(4) 구조물 주변에서 터파기를 하는 경우, 구조물에 유해한 영향이 미치지 않도록 적당한 비탈면 경사를 갖도록 해야 하며, 구조물 기초로부터 적어도 45°지지각 내에서는 터파기를 시행하지 않도록 한다. 단, 흙막이 등 별도의 대책이 있을 경우는 예외로 한다.
(5) 터파기시 장비를 투입할 경우 장비의 전도, 전락을 막기 위해 작업지반을 견고히 다진 다음 충분한 점검을 거치고, 작업대를 사용할 경우 구조 및 안정성에 대해 확인해야 한다.
(6) 터파기 주변은 안전사고에 대비, 수급인 부담으로 차단기, 조명, 경고 신호, 보행자 횡단로(필요한 경우) 등을 설치하여야 하며, 가배수로 또는 지면을 역경사가 지게 처리하여 지표수의 유입을 막아야 한다.
(7) 각종 관로의 터파기시, 접합부 굴착은 작업시의 공구사용이 가능하도록 필요한 만큼 넓게 굴착하여야 한다.
(8) 터파기시 예상하지 못한 지중조건이 발견되면 공사감리자에게 통지하고 지시가 있을 때까지 해당구역의 작업을 재개하지 않는다.

3.4.2 배수·지수

(1) 지표수 및 지하수가 굴착면에 유입되는 것을 방지해야 하며 대지 및 주위 지역으로부터 지표수의 월류를 방지해야 한다.
(2) 공사에 장애가 되는 지하수, 우수, 괸물, 외부로부터의 유입수 등은 중력배수 또는 강제배수를 시켜야 하며, 필요시에 시멘트 약액주입 등으로 지수시켜야 한다.
(3) 배수 및 지수 등으로 공사장 인접지반 및 시설물에 지장을 주지 않아야 한다.
(4) 배수를 중단할 때에는 지하수위의 상승으로 인한 구조체의 부상, 보일링 등이 생기지 않도록 한다.
(5) 직접기초인 경우 지하수로 인하여 기초 밑면의 지반이 손상되지 않도록 한다.

3.4.3 기초파기 저면

(1) 터파기의 기초바닥면은 터파기로 인하여 원지반이 흐트러져서는 안되며, 소정의 기초 바닥면보다 깊게 파지 않도록 주의한다. 그리고 터파기가 더 된 부분은 수급인 부담으로 빈배합의 콘크리트 또는 잡석 등 비압축성 재료로 구조물의 허용지지력 이상이 되도록 잘 다지며 되메워야 한다.
(2) 저면은 평탄성을 유지하도록 하고 흐트러진 부분이 있을때는 자연지반과 동등 이상의 지내력을 갖도록 한다.
(3) 직접기초인 경우 기계굴착을 하면 지지지반이 흐트러지므로 100㎜ 여유를 두고 기계굴착을 중지하고 잔여분은 인력파기를 하여 지반면을 보호하여야 한다.
(4) 지하수 유출로 지반이 연약해질 우려가 있을 경우 충분히 배수 후 지반을 건조시키고, 필요시 잡석을 깔고 자갈 채움 후 잘 다진다.
(5) 이암, 풍화토, 마사토 등의 지질은 면고르기 후 24시간 이내에 풍화되어 소정의 지지력 확보가 어려우므로 버림콘크리트 타설과 터파기 계획을 유기적으로 면밀하게 검토하여 지내력 확인이 된 후 곧이어 버림콘크리트가 타설되도록 한다.
(6) 건물 주위는 건물기초 최외곽으로부터 아래와 같이 터파기 여유폭을 두어 배수로 설치와 후속 작업에 지장이 없도록 한다.

01. 중장비를 사용한 대지 정리 02. 대지 정리 후 터파기 공사 03. 잡석다짐 후 PE필름 깔기 04. 버림 콘크리트 타설

[사진 3.4.3-1] 터파기 및 버림콘크리트 시공 순서 사례

[표 3.4.3-1] 터파기 심도 및 여유 폭

터파기 심도	터파기 여유 폭
1m 이하	800 ㎜
2m 이하	900 ㎜
4m 미만	1,100 ㎜
4m 이상	1,200 ㎜

3.4.4 암깍기

(1) 천공 및 발파작업은 충분한 경험 및 자격이 있는 담당자가 화약류 취급에 관한 관계법규를 준수하고 발파에 필요한 화약류의 종류, 사용량, 사용기간, 사용횟수의 제한, 발파방법, 방음, 방진시설의 설치, 소음, 진동의 발생 예측량 및 주변 여건 등에 대하여 사전에 계획서를 작성하여 공사감리자의 확인을 받은 후 시행하여야 한다.

(2) 천공 및 발파작업으로 인하여 공공시설물, 인접구조물, 지하매설물, 지상구조물등에 영향을 주지 않도록 하여야 하고 근로자의 안전은 전적으로 수급인이 책임을 진다.

(3) 발파작업은 완성된 비탈면 또는 노상면의 교란이나 이완 및 터파기를 최소한 줄일수 있도록 천공의 깊이, 간격, 장약량 등의 조절에 세심한 주의를 하여야 한다.

(4) 인근주택이나 발파 작업조건 및 시한을 게시하고 인근주민의 협조를 구하여 민원발생을 사전에 예방하여야 하며, 필요할 경우 시험발파 결과에 따라 1회 발파 화약량의 제한 및 비석방지 발파 보호공을 설치하여야 한다.

(5) 암은 가능한 많은 량을 유용(流用)하고, 활용에 대해 공사감리자와 협의 후 처리한다.

3.5 되메우기

(1) 되메우기는 불순물, 유기물 등이 함유되지 않은 양질의 토사를 최적 함수비에 가까운 함수비로 다짐완료 후, 두께가 포장하부구간은 200㎜, 녹지구간은 300㎜ 이내가 되도록 펴서, 전압기 또는 램머 등으로 규정된 밀도에 맞게 충분히 다져야 한다.

(2) 되메우기의 다짐도는 시험실 최대건조밀도에 대한 현장 다짐밀도가 다음 *(표 3.5-1)* 기준 이상이어야 한다.

[표 3.5-1] 되메우기 다짐밀도 기준

구 분	다 짐 도 (%)	
	점 성 토	비점성토
포 장 하 부	90	95
보도 및 기타지역	85	90

(3) 되메우기는 지하구조물의 방수층 또는 관로에 손상을 주지 않도록 주의해서 시공해야 하며, 외부방수 처리된 구조물의 경우에는 구조물의 상부 슬래브나 외벽으로부터 1m까지, 관로의 경우에는 관상단까지 시초 되메우기용 재료를 사용하여 조심스럽게 되메우기 하여야 한다.
(4) 관로, 하수암거, 공동구 등의 구조물은 양쪽을 동시에 되메우기 하여 편압이 발생하지 않도록 해야하며, 되메우기용 중장비는 기초나 옹벽으로부터 최소한 뒤채움 높이만큼 떨어져서 작업을 해야 한다.
(5) 되메우기는 강도 발휘시간이나 모르타르의 경화시간을 고려하여 콘크리트 및 방수공사 시공 후, 적어도 7일 이상 경과 후에 시행하되, 모든 검사·시험이 끝나고 공사감리자의 지시가 날 때까지 되메우기를 시행하여서는 안된다.
(6) 되메울 부분에 물이 고여 있을 경우에는 되메우기 전에 완전히 제거하고, 건축물에서 바깥쪽으로 2% 정도 구배를 두어 건물피트 내로 우수가 침입하지 못하도록 하여야 한다.
(7) 되메우기는 젖은 지반이나 스폰지 지반, 동결 지반에 시공해서는 안되며, 젖거나 덩어리지거나 동결된 재료를 되메우기 재료로 사용해서도 안된다.

3.6 잔토처리

(1) 잔토는 수평이동과 수직이동의 용도에 맞는 장비를 적절히 조합, 선정하여 사용한다.
(2) 터파기한 흙 중에서 되메우기에 적당한 흙은 터파기 장소 부근에 적치하고, 되메우기에 부적당하거나 사용하지 않을 잔토는 토공계획에 따라 터파기 장소 밖으로 반출한다. 이때 터파기 장소부근에 적치하는 흙은 본 구조물에 피해를 주지 않도록 터파기의 가장자리로부터 최소 1m 이상, 깊은 터파기의 경우는 터파기의 깊이 이상 떨어진 장소에 적치하여야 하며, 쌓는 높이는 2.5m 이하가 되어야 한다.
(3) 건축공사와 병행 시공되는 구조물(건물, 지하주차장, 지하저수조, 오수정화시설, 공동구, 하수암거 등)의 되메우기용 토사는 적치장소가 없을 경우, 설계변경 승인을 얻어 다른 장소에 운반하였다가 재반입하여 되메우기 할 수 있다.
(4) 되메우기 할 재료의 저장장소는 배수가 잘 되도록 하여 되메우기 재료의 함수비 증가를 방지해야 하며, 이물질이 혼입되지 않도록 해야 한다.
(5) 잔토를 운반하는 트럭은 과적을 피하고 운반 중 흙이 넘쳐흐르지 않도록 한다. 또한 타이어 등에 부착한 흙이 도로를 더럽히지 않도록 한다.
(6) 토사장의 위치 또는 잔토의 사토는 공사감리자와 협의하여 확인을 받은 후 시행하도록 한다.

[사진 3.6-1] 잔토처리 순서

3.7 허용오차

(1) 포장하부 되메우기 표면 : ± 25㎜
(2) 일반지역 되메우기 표면 : ± 50㎜
(3) 터파기 바닥면 : ± 30㎜

3.8 검사

[표 3.8-1] 토공사 단계별 주요 검사항목 (LHCS 10 10 05 25 건축공사 일반, 부록3)

공정단계별		주요 검사항목
토공사	기초 터파기 완료 후	· 터파기 심도, 안식각 및 여유폭 확인 · 터파기 주위 가배수로 및 집수정 설치확인 · 터파기 상단 빗물 유입 방지턱 설치 및 법면 보호조치 여부 · 지반 조사서상 토질과 상이 여부

- 출처 : 한국토지주택공사 전문시방서(2020, 한국토지주택공사

3.9 안전시공

3.9.1 공사시 안전규칙

(1) 굴착 깊이가 1m 이상 시 근로자가 안전하게 승강할 수 있는 승강로를 설치하고 안전난간을 설치하여 추락을 방지한다.

(2) 작업구역 내 관계자 외 출입 금지구역을 설정하고 관리감독자를 배치한다.

(3) 굴착 깊이가 10m가 넘을 경우 안전기술사의 검토를 받아야 하고 안전지도를 받거나 전담 안전관리자를 선임해야 한다.

(4) 휴식각 : 흙 자체중량으로 경사면에 정지하는 각도

(5) 토사의 휴식각 : 모래와 점토지반의 휴식각은 함수율에 따라 약간 차이가 있다.

① 습윤 상태의 진흙 휴식각 : 20~45도

② 습윤 상태의 모래 휴식각 : 20~35도

- 출처 : 건축시공 현장실무(2020, 배영수)

▼ CHECK 05

토사 다이크

▪ 우천시 빗물 등으로 성토사면 등이 유실되는 것을 방지하기 위하여 흙으로 만든 작은 물막이 시설로 다이크 설치 재료에 따라 콘크리트 다이크, 토사 다이크 등이 있다.

[표 3.9-1] 굴착작업 안전시공사례

작업내용		위험 포인트	안전관리대책
굴착작업	**① 현황측량 및 지장물조사**	· 지장물조사 미흡으로 인한 향후 작업 시 폭파 · 감전위험	· 도시가스, 통신케이블, 지역난방, 상수도, 전기 케이블, 지하구조물 등 지장물에 대 한 철저한 조사를 실시
	② 장비사용 전 점검 및 신호수 배치	· 신호수 미배치로 인한 협착사고	· 건설기계작업계획수립(산업안전기준에 관한 규칙 제 173, 219조) · 신호수 사전교육 실시 · 신호수 복장준수
	③ 굴착작업 및 상차작업	· 신호불량에 따른 장비 협착사고	· 급경사 운행 시 높이 1.0m 기준으로 토사 다이크를 설치 · 굴착고 높은 경우 구배 유지 CHECK 05 · 굴착구간 출입금지구역설정및 신호수배치 · 덤프 운행 속도규정(10km/h이하) 준수 · 장비운전원 음주측정
	④ 동선확보 및 장비관리	· 동선 미 확보로 인한 장비 협착사고	· 강관 또는 라바콘 등을 활용하여 구획 · 장비와 근로자 동행 별도구획 및 관리 · 접근금지 표시 실시 · 장비실명제실시
	⑤ 법면 보양	· 법면 구배불량으로 인한 붕괴사고 · 법면상부 난간 미설치로인한 추락	· 지반종류에 따른 구배 기준 준수 · 우천배치 천막보양 실시 · 법면상부 안전난간대 설치
	⑥ 야간 작업	· 조도 불량으로 인한 장비 협착사고 · 신호불량에 따른 장비 협착사고	· 장비 이동구간 윙카 등 표시 · 작업조도 확보 · 신호수 복장 야간용 착용 · 신호수 적정위치에적정 인원 배치

- 출처 : 굴착 작업안전(2008, 한국산업안전공단, 오지환 외)

[표 3.9-2] 옹벽시공 안전시공사례

작업내용		위험포인트	안전관리대책
옹벽시공	① 작업준비	· 작업내용에 대한 사전협의/교육 미실시로 인한 위험 노출 · 개인보호구 미착용에 의한 협착, 추락 등의 사고	· 시공팀과 안전팀의 사전협의 · 작업구간 구획방안 사전조율 · 개인지급 보호구 및 구획표시구간 접근금지 표식 확인
	② 시공재료운반, 보관	· 판넬자재 과다적재로 인한 전도 및 협착 · 지게차 이동시 자재낙하 및 협착, 충돌	· 평평하고 경사가 없는 곳에 적재 · 규정된 줄걸이 로프 사용 철저
	③ 터파기 및 줄기초	· 매설 지장물 미확인 · 안식각 미준수로 인한 붕괴	· 작업전 지장물 조사 선실시 · 터파기 위치, 심도, 굴착폭 확인
	④ PC 판넬 조립	· 백호우 이동시 협착, 충돌 · 자재인양시 줄걸이 불량으로 인한 낙하 및 협착	· 장비 운행속도 규정 준수(10km) · 줄걸이 사용시 확인 철저
	⑤ Steel 보강제 설치	· 보강제 하차시 장비(지게차) · 보강제 운반시 낙하 및 협착 · 볼트 조임강도 불량으로 인한 도괴	· 자재하차시 밴딩상태 선확인 · 하차전담 신호수 배치 · 투입인원 외 타 작업인원 접근 금지 표식설치 및 운영
	⑥ 뒷채움 토공작업	· 다짐작업시 다짐면 상태불량으로 다짐기 전도(협착) · 뒷채움 포설작업시 장비에 의한 충돌 및 협착	· 다짐작업 전 면고르기 상태 선확인 · 숙련공 외 다짐공 사용금지(경력자) · 장비 후방감지 카메라 작동상태 확인(덤프 후진경보음 확인/ 비상등 on) · 벽쪽에서 안쪽으로 순차적으로 다짐(전면판의 하중변위 예방을 위함)
	⑦ 사후관리	· 다짐작업 불량으로 인한 붕괴 및 도괴	· 다짐시험, 함수량시험, 현장밀도시험 지속실시 (기초지반에 대한 지지력확보)
	⑧ 작업종료	· 사후관리 미흡으로 인한 붕괴 및 도괴	· 작업종료 후 10분간 정리정돈실시

3.10 토공사 하자 사례 및 개선방안

▶ CHECK 06

압밀침하 (압밀탈수)

- 정의 : 외력에 의해 간극 내 물이 빠져 흙입자 사이가 좁아짐에 따라 압밀에 의해 침하되는 현상

방지대책

- 지하수위(물)를 계획없이 펌핑하여 낮추지 않음
- 공극이 생기지 않도록 밀실하게 채우고 빗물이 스며들지 않도록 조치

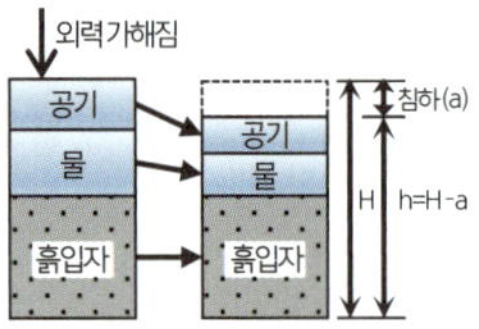

<흙의 압밀침하>

<출처> 건축시공 제2판 (2009, 노인철)

[표 3.10-1] 하자 사례 및 개선 방안(1) CHECK 06

구분		내용
2단 굴착 과다	하자 내용	- 1단 Earth Anchor 띠장 후 2단굴착 깊이 과다로 배부름 등 변위 - 토류판 흘림방지철선 누락
	개선 방안	- 1단 Earth Anchor 띠장 설치 후 2단 굴착 깊이는 상단부의 2배 이내 유지 - 토류판 흘림방지철선의 수직양단 내림 고정
절취면의 파괴 및 숏크리트의 탈락	하자 내용	- 절리 등에 대한 사전대책 미흡으로 절취면의 파괴 - 절취면의 암벽 바탕면 처리 불량에 따른 숏크리트 탈락
	개선 방안	- 암의 절리상태, 강도 등 사전조사 - 암절취면의 바탕청소 등 실시 후 숏크리트 타설
지하연속벽의 죠인트 처리 및 보 연결철근의 조립불량	하자 내용	- 선행판넬과 후행판넬 사이의 죠인트 부위 방수 불량 - 테두리보 등의 연결 매입철근의 길이 부족 및 배열의 불량
	개선 방안	- 수직도 확보, 청소철저 및 적정한 방수재 사용 - 시공 상세도에 따라 철근 가공·조립, 콘크리트 타설 및 수직도 유지
코너 Strut 및 띠장의 구속력 불량	하자 내용	- 코너 Strut와 띠장과의 연속성이 없어 변위발생 우려 - 띠장 간의 연결상태와 연속성이 없어 변위발생 우려
	개선 방안	- 연속성이 있는 띠장 배열 시공 및 중첩 시공 - 코너 Strut와 띠장의 지지는 동일 축선상에 둔다
진동에 따른 Strut 및 Pile의 이탈·변위	하자 내용	- 발파충격 및 상부 복공판의 적재하중에 따라 부재의 비틀림 또는 변위 - Bracing 미설치 및 코너 Strut 단부의 미끄럼방지판 미설치
	개선 방안	- 가시설물의 일체성 확보를 위한 Strut 상하간에 브레싱 설치 - 코너 Strut와 띠장 간의 볼트접합재와 미끄럼방지 용접철판 설치
띠장 지지 Packing 규격 부족	하자 내용	- 띠장 지지 Packing 규격 부족으로 인한 토류벽의 변형량 증가 - 배면지반 침하량 증가 및 인접건물 균열발생
	개선 방안	- 엄지말뚝과 띠장 사이에 틈새가 발생되지 않도록 Packing 시공철저 - 작업자 사전지도 및 현장관리철저, H-pile 천공 시 수직도 및 Line 준수
띠장의 하중이 작용하는 부위 보강 미실시	하자 내용	- 편심하중이 걸리는 경우 띠장의 플랜지에 변위 발생
	개선 방안	- Strut 또는 앵커 등이 띠장에 지지되는 부위에 보강재(스티프너) 설치
띠장 하부 Bracket 설치부족	하자 내용	- 시공자의 작업 소홀로 인한 Bracket 설치간격 과다(부족시공) - Bracket 제작 및 설치방법 미흡
	개선 방안	- 도면에 표기된 Bracket에 준하여 시공 - Bracket은 최소 띠장 1본당 2개소 및 최대간격이 4m 이내가 되도록 설치
어스앵커두부 지압판 단면 부족 등	하자 내용	- 지압판 단면 부족 - 두부의 강선이 띠장과 접촉되어 꺾임
	개선 방안	- 지압판 규격준수(250×250) - 두부 위 강선은 띠장과 접촉되지 않도록 직선유지
Strut 내의 스크류잭 설치위치 불량	하자 내용	- 스크류 잭의 설치 위치가 집중되어 외부 충격에 대한 전단저항력감소 - 스크류 잭이 사보강재 내부에 있는 경우 Strut의 재긴장 불가
	개선 방안	- 스크류 잭의 설치위치분산으로 하중전달의감소 - 사보강재가 있는 경우 보강재 외부에 설치

- 출처 : 건축공사 들여다보기(2009, 서울지방국토관리청, 노성열 외)

[표 3.10-2] 하자 사례 및 개선 방안(2)

구분		내용
코너 Strut	하자 내용	- 띠장과 피스블럭 사이 틈새 발생, 스톱퍼 미설치 등 - 코너부위 가시설의 변위억제력이 부족
	개선 방안	- 피스블럭 설치 시 틈새 방지 및 스토퍼 설치 - 하중전달되는 띠장위치 복부 보강(웨브에 스티프너 설치)
경사버팀대하부 버팀말뚝설치불량	하자 내용	- 큰 토압 작용 시 버팀말뚝 띠장 변형 - 바닥 버림콘크리트 타설높이 보다 높게 시공 시 기초철근배근 곤란
	개선 방안	- 버팀말뚝 띠장 복부 보강(웨브에 스티프너 설치) - 후속공정 시공계획을 고려하여 말뚝의 상단높이 결정
토류판 걸침폭부족, 변형 및 위치 이탈	하자 내용	- 토류판의 이탈 및 과다한 변형 - 시공 지연시 배면토사 붕괴(되메움 공간이 증가하여 배면토의 변위 증가)
	개선 방안	- 토류판의 최소 걸림폭 확보 및 이탈방지 보조철물 시공, 기 시공된 부위 보강 - 되메우기 공간이 크고 건물이 인접한 경우 토사와 시멘트 건비빔재로 채움
흙막이 벽체(SCW) 시공 불량	하자 내용	- 토류벽 형성 불량 - 토류벽 일부 붕괴로 토사유실
	개선 방안	- 원지반과 밀크 교반 철저 - 일부 토류벽체 불량 시 콘크리트 또는 모르타르 채움으로 보강
중간말뚝 설치 위치 바닥슬래브 누수	하자 내용	- 중간말뚝 설치위치의바닥슬래브에서 누수 발생(되메우기 완료 후 수압 증가)
	개선 방안	- 슬래브 콘크리트 타설 시 거푸집을 대어 중가말뚝 제거 후 슬래브를 완료할 수 있도록 2중 시공 - 말뚝 중간에 지수재 또는 지수판 설치

- 출처 : 건축공사 들여다보기(2009, 서울지방국토관리청, 노성열 외)

CHAPTER 3

02

SBCS 41 90 20 10 직접기초공사

1 일반사항

1.1 적용범위

(1) 이 기준은 건축물 또는 토목 구조물의 기초가 지지 지반에 직접 설치되는 지내력 기초인 경우로서 모래 및 잡석지정 이외의 별도 지정을 사용하지 않는 기초공사에 적용한다.

▶ CHECK 01

지정(Soil Ground)

- 구조물을 지반에 안전하게 구축하고자 기초자체를 보강하거나 지반을 튼튼하게 보강하는 일

기초(Footing)

- 상부구조의 하중을 받아서 안전하게 지반 또는 지정부에 전달하는 건물의 최하부 구조부

1.2 참고 기준 CHECK 01

1.2.1 관련 기준

(1) SBCS 41 90 20 05 토공사
(2) SBCS 41 90 30 05 철근콘크리트 공사
(3) KS F 2318 스플릿 배럴 샘플러에 의한 현장관입 시험 및 시료채취 방법
(4) KS F 2444 확대 기초에서 적정하중에 대한 흙의 지지력 시험방법

1.3 제출물

1.3.1 시공계획서

(1) 지내력 추정 과정 및 사유가 포함된 지내력 판단결과
(2) 기초판의 내림, 기초판 크기 변경 등 기초설계의 변경시공 여부에 관한 계획

1.3.2 설계검토 보고서

(1) 지내력 판단 결과 및 지형 여건상 기초 설계를 변경해야 할 경우
① 구조물 기초 설치위치의 지반사진, 도면 및 기초 지반 지내력 검토결과
② 시공상세도면

1.4 품질보증

(1) 말뚝 기초 이외에 기초형식이 지내력 기초인 경우에는 지내력 시험 후 지내력(fe)을 구조계산서상의 추정 지내력 이상인 것을 공사감리자가 확인한 후 다음 공정을 시공할 수 있다.
(2) 지형 여건상 또는 각종 시험의 결과가 기초공법 및 형식을 기초설계와 다르게 변경하여야 할 경우는 설계도면, 사진 및 기초 검토결과(지질조사 재실시결과 등) 등을 포함하여 공사감리자의 확인 후 시공한다.

[사진 1.4-1] 직접기초공사 사례

2 재료

2.1 자갈지정 공사용 재료

(1) 자갈은 크기 45㎜ 내외의 자갈이나 막자갈 또는 모래가 반섞인 자갈로 한다.

모래 | 10mm 골재 | 20mm 골재 | 40mm 골재

[사진 2.1-1] 자갈 지정공사용 재료 예시

2.2 잡석지정 공사용 재료

(1) 잡석지정에 사용되는 기초잡석은 변질될 염려가 없는 경질의 잡석 또는 조약돌로서 입경 50~150㎜의 대·소알이 적당한 입도로 혼합된 것을 사용한다.

50~150㎜ 잡석 | 잡석지정시공 사례

[사진 2.2-1] 잡석지정 공사용 재료 예시

2.3 밑창 콘크리트 지정공사용 재료

(1) 밑창 콘크리트 재료는 *SBCS 41 90 30 05*에 따른다.

(2) 밑창 콘크리트의 품질은 정한 바가 없는 경우는 골재최대치수 25㎜, 강도 180kgf/㎠ (18 N/㎟), 슬럼프 80㎜를 기준으로 한다.

2.4 철근, 거푸집, 콘크리트

(1) *SBCS 41 90 30 05*의 해당 요건에 따른다.

3 시공

3.1 지내력 판단

(1) 기초판이 시공될 원지반까지 터파기를 한 후 기초 설계상의 소요지내력에 도달하는지를 판단한다.

(2) 평판재하시험과 표준관입시험은 설계지내력 확보에 대한 확인이 필요한 경우에 하며, 시험기준은 다음과 같다. CHECK 02

① 평판재하시험은 KS F 2444에 따라 건물당 2개소 이상 시험을 하여 지내력을 확인한다.

② 표준관입시험은 지내력이 변하는 구간마다 KS F 2307에 따라 시행한다.

▶ CHECK 02

KS F 2444

• 얕은 기초의 평판 재하시험 방법 이 규격은 현장에서 재하 방법에 의하여 흙의 지지력을 측정하는 시험 방법에 대하여 규정한다.

KS F 2307

• 표준 관입 시험방법

• 이 표준은 표준 관입 시험 장치를 사용하여 원위치에서의 지방의 단단한 지층을 판정할 수 있는 물성값(N값)을 구함과 동시에 흙 시료를 채취하는 관입 시험방법에 적용한다.

[그림 3.1-1] 평판재하시험 순서 예시 CHECK 03

▶ CHECK 03

평판재하시험 설명 영상

3.2 기초바닥 고르기

(1) 지내력이 감소되지 않도록 흐트러진 상태의 흙을 제거하여 원지반에 기초가 설치되도록 한다.

(2) 터파기한 바닥면은 인력으로 지반 고르기를 시행하되, 터파기로 인하여 교란된 부분은 램머, 탬퍼 등을 사용하여 실험실 최대 건조밀도 95% 이상 다짐을 실시한다.

(3) 건축공사에서 점토, 실트 및 풍화토층에 지지되는 지내력 기초로 시공되는 경우 지하수 등에 의하여 흐트러지거나 약화될 우려가 있고 기초시공이 곤란한 경우에는 소정의 두께로 잡석을 깔고 공극 부위를 틈막이 자갈로 채워 다짐을 하여야 한다. 이때 잡석 및 자갈의 최대 크기는 45㎜ 이내로 한다.

(4) 기초바닥 정리가 완료된 후에는 우수나 지하수로 인해 지반이 취약해지지 않도록 가능한 빠른 시일 내에 후속공정을 착수하고 배수로 조성과 양수작업을 할 수 있도록 한다. 또한, 터파기 후 빠른 시일 내에 후속공정을 착수할 수 없는 경우 눈이나 비등으로 인한 지내력 저하방지를 위하여 비닐 등을 덮어 보양한다.

(5) 물푸기 지점 및 배수구는 기초지반에 변동이 일어나지 않도록 최소한 기초로부터 1m 이상 떨어진 지점에 설치한 후, 웅덩이를 만들어 배수하여야 한다.

3.3 잡석 지정공사

(1) 잡석은 한 층의 두께가 200㎜를 초과하지 않는 층으로 깔고, 잡석 틈새에는 사춤자갈을 채워 실험실 최대 건조밀도 95% 이상 다짐을 실시한다.

(2) 잡석지정의 깊이는 연약지반의 지지력에 의하여 결정하되, 최대깊이는 2m 이하로 한다.

(3) 잡석 포설시 지하수위가 높거나 용수 등으로 잡석이 분산 또는 유실되어 지반개량에 악영향이 우려될 경우는 승인을 받아 보강섬유(부직포) 등으로 보강해야 한다.
(4) 잡석으로 기초지반을 치환할 경우 2개소 이상 재하시험을 하여 지내력을 확인한다.
(5) 기성 공작물에 손상을 입힐 우려가 있을 경우와 잡석지정의 주위 부분을 공사감리자의 지시에 따라 알맞은 공구를 사용하여 다진다.
(6) 기초지반이 연약하여 부동침하가 예상되는 경우는 설계변경 승인을 받아 말뚝기초 등으로 변경한다.

▼ CHECK 04

직접기초(얕은기초)란?

- 얕은기초는 상부 구조물로부터 하중을 기초 저면을 통하여 직접 지반에 전달하며, 기초저면 지반의 전단저항력으로 하중을 지지시키는 형식을 의미
- 압축성이 큰 지지층이 없을 때 지반에 직접 설치하므로 직접기초라고도 함

줄기초, 온통기초

- 줄기초와 온통기초는 경질지방에 사용하는 얕은 기초로 소규모 건물(단독주택 등)에 많이 사용함

3.4 밑창 콘크리트 지정공사

(1) 밑창 콘크리트의 표면은 정해진 높이로 평탄하게 시공하며, 타설 두께는 별도의 명시가 없는 경우 60mm로 한다.
(2) 기초저면이 암반일 경우에는 발파 등으로 인해 금이 간 암석부스러기 등은 제거하고, 시공기준면보다 더 터파기한 부분은 수급인 부담으로 버림 콘크리트를 채워서 평탄하게 마무리하여야 한다.

3.5 소규모 기초공사

▪ 독립기초

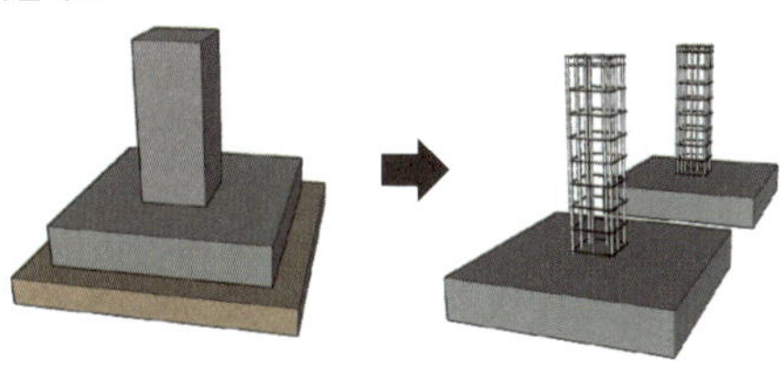

- 단일 기둥을 하나의 기초로 지지하는 방식으로, 기둥간격이 넓은 경우 사용

▪ 연속기초(줄기초)

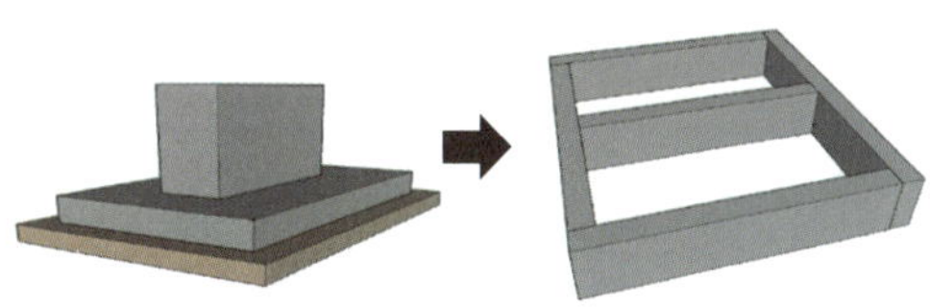

- 연속된 기초판이 다수의 연속기둥 또는 벽체를 지지하는 방식

▪ 복합기초

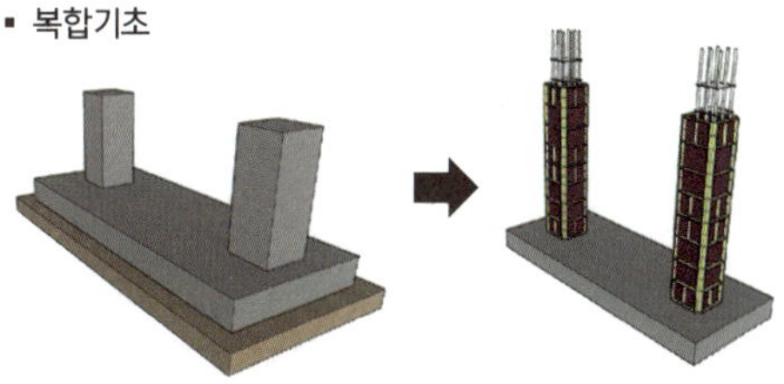

- 2개 이상의 기둥을 하나의 기초로 연결하는 방식으로, 기둥간격이 좁을 경우 사용

▪ 전면기초(매트기초)

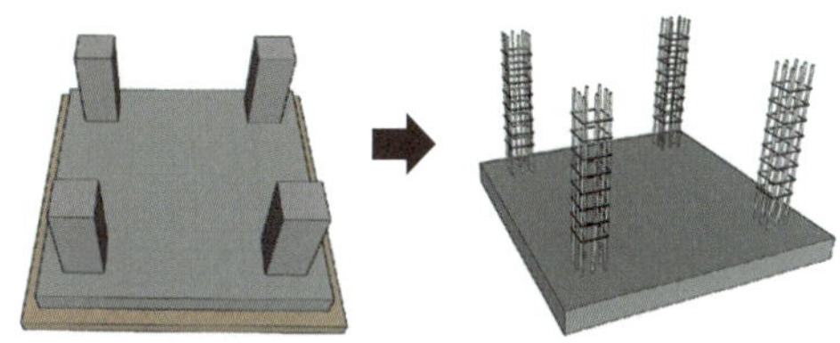

- 건물 하부의 전체를 기초판이 지지하는 방식으로, 고층건물이나 중량건물, 연약지반, 지하수위가 높은 지하실 바닥에 유리

[그림 3.5-1] 직접기초(얕은기초)의 종류 및 특징 CHECK 04

3.6 철근, 거푸집, 콘크리트

(1) *SBCS 41 90 30 05*의 해당 요건에 따른다.

기초부위 거푸집 설치

기초 철근 배근 및 배관설치 병행

콘크리트 타설 및 양생

거푸집 해체 및 기초공사 완료

[사진 3.6-1] 기초공사 철근, 거푸집, 콘크리트 시공 사례

3.7 하자 사례 및 개선방안

■ 하자 사례

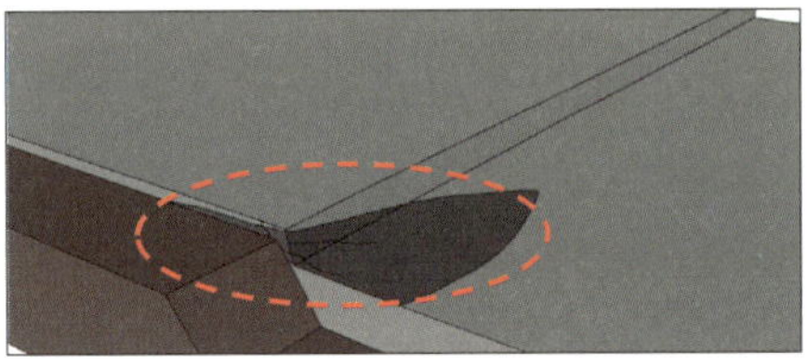

- 지하구조물 골조공사가 완료되고 되메우기 후 기초의 이어치기 부위에서 균열 및 누수 발생

■ 개선 방안

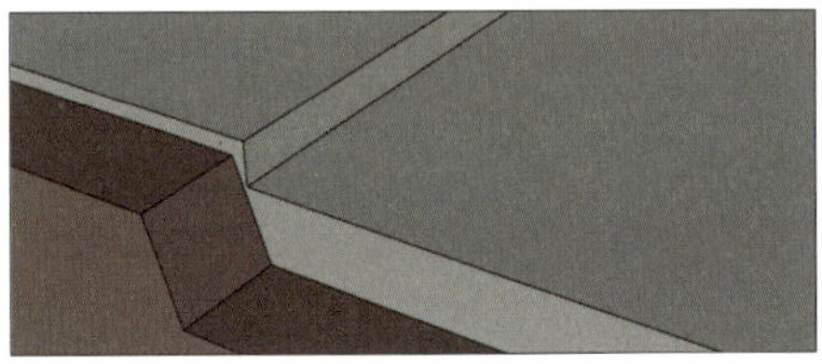

- 수압이 작용하는 이어치기면에 반드시 Key와 지수판 설치
- 타설 후 콘크리트 잔재, 각재, 이물질 등을 제거
- V Cutting 후 도막방수재를 채워 보강

[그림 3.7-1] 기초이어치기부위 누수

■ 하자 사례

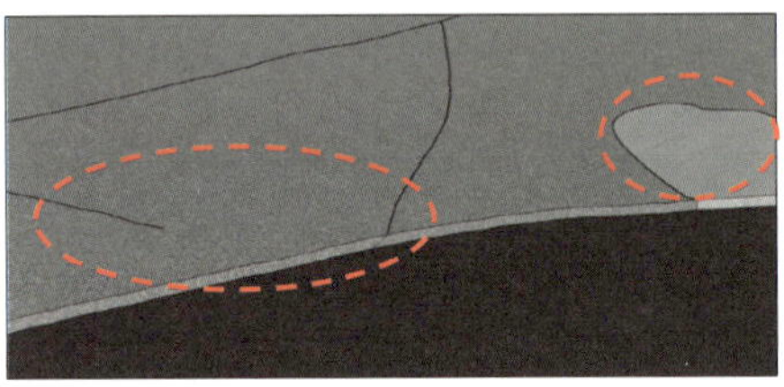

- 철근 간격(망상형)으로 침하균열 발생
- 콘크리트 피복두께 부족 시공
- 콘크리트 타설 및 마감작업 종료 후 콘크리트 자중에
- 의해 압밀이 진행되어 공극 발생
- 다짐 작업 미흡으로 내부 공극이 균열 유발
- 콘크리트 타설 후 양생관리 미흡

■ 개선 방안

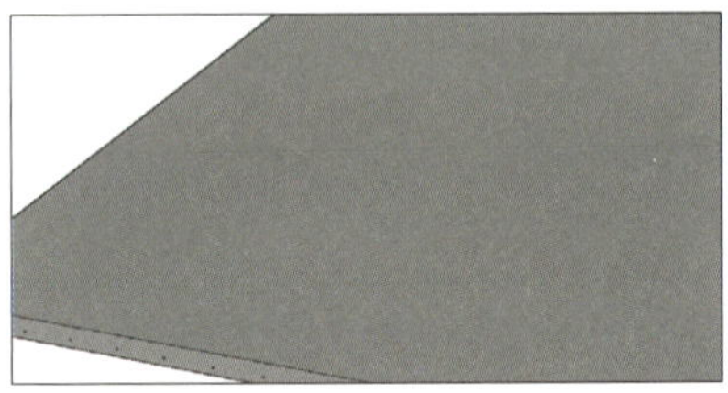

- 콘크리트가 굳기 시작하기 전 Tamping 실시
- 콘크리트의 침하가 완료되는 시간까지 타설 간격 조절
- 콘크리트의 타설 높이를 낮추고 충분한 다짐 실시
- 콘크리트 소요 피복 두께 확보
- 균열 진행여부를 확인 후 보수 작업 실시

[그림 3.7-2] 기초 콘크리트 침하 균열 발생

[부록]

· 기초의 단열과 동결심도 CHECK 05

– 출처 : 도로교통기술원

지 역	측후소 지반고(m)	동결지수 (℃·일)	동결기간 (일)	지 역	측후소 지반고(m)	동결지수 (℃·일)	동결기간 (일)
속초	17.6	181.6	66	합천	32.1	193.0	62
대관령	842.0	873.8	127	거창	224.9	278.2	74
춘천	74.0	539.0	92	영천	91.3	237.8	64
강릉	26.0	167.2	57	구미	45.5	278.1	76
서울	85.5	380.9	80	의성	73.0	425.2	78
인천	68.9	354.7	78	영덕	40.5	138.8	57
원주	149.8	613.0	94	문경	172.1	279.4	55
울릉도	221.1	129.3	32	영주	208.0	417.8	77
수원	36.9	468.4	79	성산포	17.5	-	-
충주	69.4	528.4	89	고흥	60.0	83.5	49
서산	26.4	313.2	76	해남	22.1	102.6	49
울진	49.5	121.6	57	장흥	43.0	130.1	52
청주	59.0	411.6	78	순천	74.0	179.9	64
대전	67.2	317.7	68	남원	89.6	272.4	67
추풍령	245.9	303.9	78	정읍	40.5	223.9	61
포항	2.5	98.5	52	임실	244.0	420.3	86
군산	26.3	194.9	61	부안	7.0	244.7	61
대구	57.8	160.9	54	금산	170.7	372.5	77
전주	51.2	233.5	61	부여	16.0	330.0	74
울산	31.5	83.6	46	보령	15.1	254.8	76
광주	73.9	141.4	55	천안	24.5	405.4	78
부산	69.2	49.6	27	보은	170.0	461.7	76
통영	25.0	37.4	27	제천	264.4	610.2	91
목포	36.5	75.6	33	홍천	141.0	635.4	98
여수	67.0	62.2	31	인제	199.7	614.5	91
완도	37.5	38.1	26	이천	68.5	511.0	89
제주	22.0	4.1	3	양평	49.0	619.7	91
남해	49.8	148.9	38	강화	46.4	486.2	89
거제	41.5	52.1	39	진주	21.5	132.8	51
산청	141.8	141.8	49	서귀포	51.9	-	-
밀양	12.5	180.2	62	철원	154.9	685.0	109

[전국 동결지수 및 동결기간 현황 – 2003]

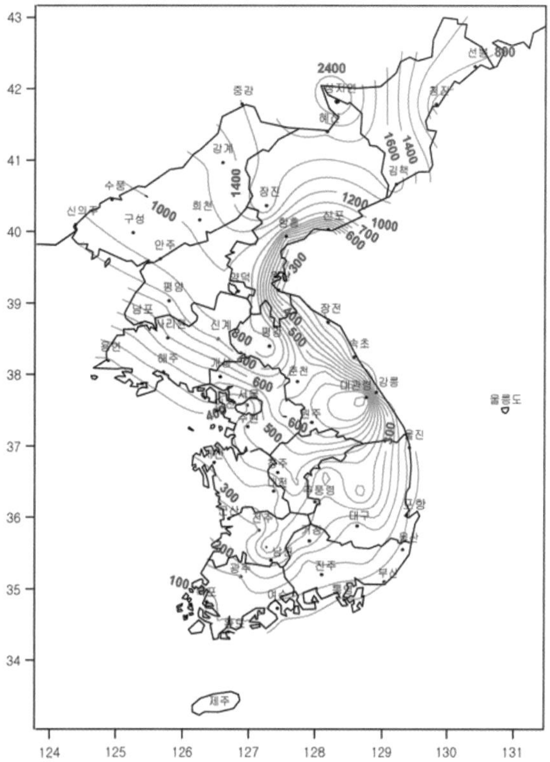

[전국 동결지수선도]

- 동결깊이는 다음의 식에서 추정할 수 있다.
- $Z=C\sqrt{F}$
- Z : 동결심도, C : 정수(3~5), F : 동결지수(℃·일)

정수	설명	
	일조상태	토질 및 배수상태
3	양지	토질 및 배수 양호
5	음지	실트질 토질

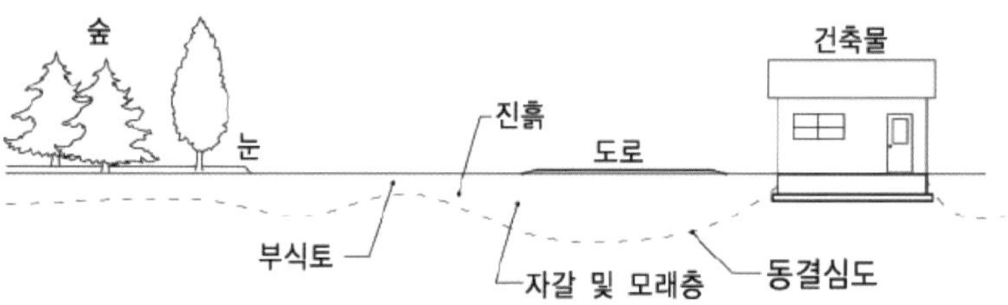

[대지 조건에 따른 동결 깊이]

▲ CHECK 05

동결심도

- 동결심도란 지반에서 동상현상이 미치지 못하는 곳까지의 깊이를 말한다.
- 즉, 지표면 아래의 온도가 영하가 되어 동결하는 층과, 그렇지 않은 층의 경계인 지하 동결선까지의 깊이이다.

– 출처 : 한국패시브건축협회 (https://www.phiko.kr)

▶ CHECK 06

IRC

• (International Residential Code)는 미국에서 전 세계 미군을 파견할 때 그들이 지내는 막사(숙소)를 건설하기 위한 코드로 시작되었으며, 현재는 국제적인 주거시설의 건축 코드로 발전한 일종의 매뉴얼이다.

CHECK 06

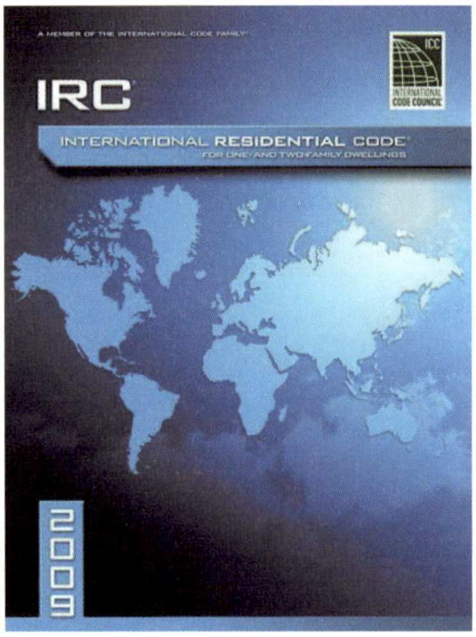

[International Residential Code(IRC)]

- 출처 : 한국패시브건축협회 (https://www.phiko.kr)

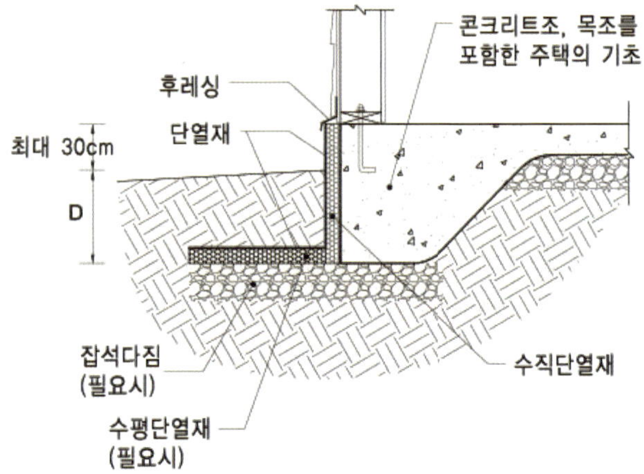

1) IRC에서 정의한 동결심도 깊이 – 단면

▶ CHECK 07

국내 동결심도 산정

• <전국 동결지수 및 동결기간 현황>으로부터 대관령의 동결지수 '815 ℃·일'을 대입하여 산정하면 기초깊이 305㎜만 하되, 측면에 EPS 기준 수직단열재 약 40㎜ 정도 시공된다면 동결심도와 무관하게 기초를 둘 수 있다. 즉, 우리나라에서는 해당 기준의 단열재를 설치할 경우 기초 깊이는 300㎜ 정도면 충분하다.

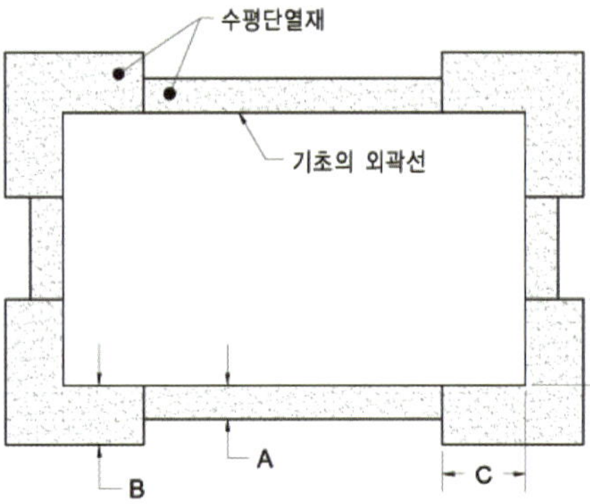

2) IRC에서 정의한 동결심도 깊이 – 평면

CHECK 07

동결지수 (℃·일)	기초깊이 D(mm)	수직단열성능 (W/㎡k)	수평단열성능 (W/㎡k)		수평단열길이 (mm)		
			벽면	코너	A	B	C
~815	305	1.27	-	-	-	-	-
1,093	360	1.01	-	-	-	-	-
1,371	410	0.85	3.34	1.16	305	610	1,020
1,648	410	0.73	0.87	0.66	305	610	1,020
1,926	410	0.63	0.71	0.51	610	760	1,530
2,204	410	0.56	0.54	0.44	610	915	1,530

3) IRC에 의한 단열재 설치와 기초깊이에 관한 사항

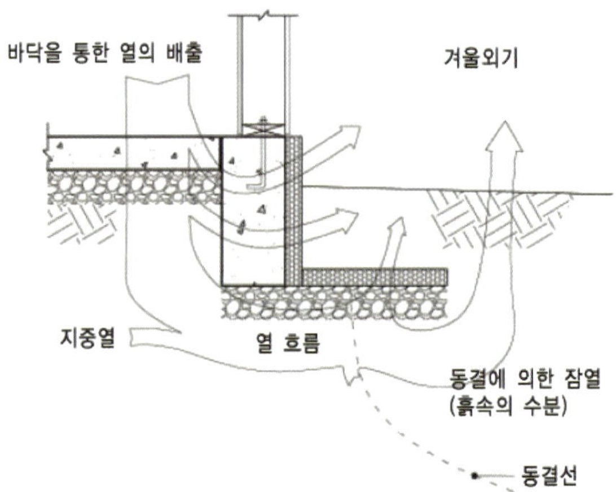

< 건축물에서의 열류 흐름 >

4 시공사례

■ 무등산 원효분소(소규모 업무시설) 직접기초공사

01 직접기초 공사 전 토공사 (터파기, 되메우기, 다짐 등)

02 잡석다짐, 버림콘크리트 후 거푸집, 바닥 단열재 시공

03 바닥 단열재 위 철근 배근, 배관 작업 등

04 기초 콘크리트 타설

05 기초 콘크리트 타설 완료 후 보양 및 양생

06 기초 콘크리트 주변 거푸집 해체

07 기초 콘크리트 주변 되메우기 및 다짐

08 후속 공종 진행
- 철근콘크리트공사

5 시공예시도

■ 직접기초 시공순서도 – 외단열 매트기초 1)

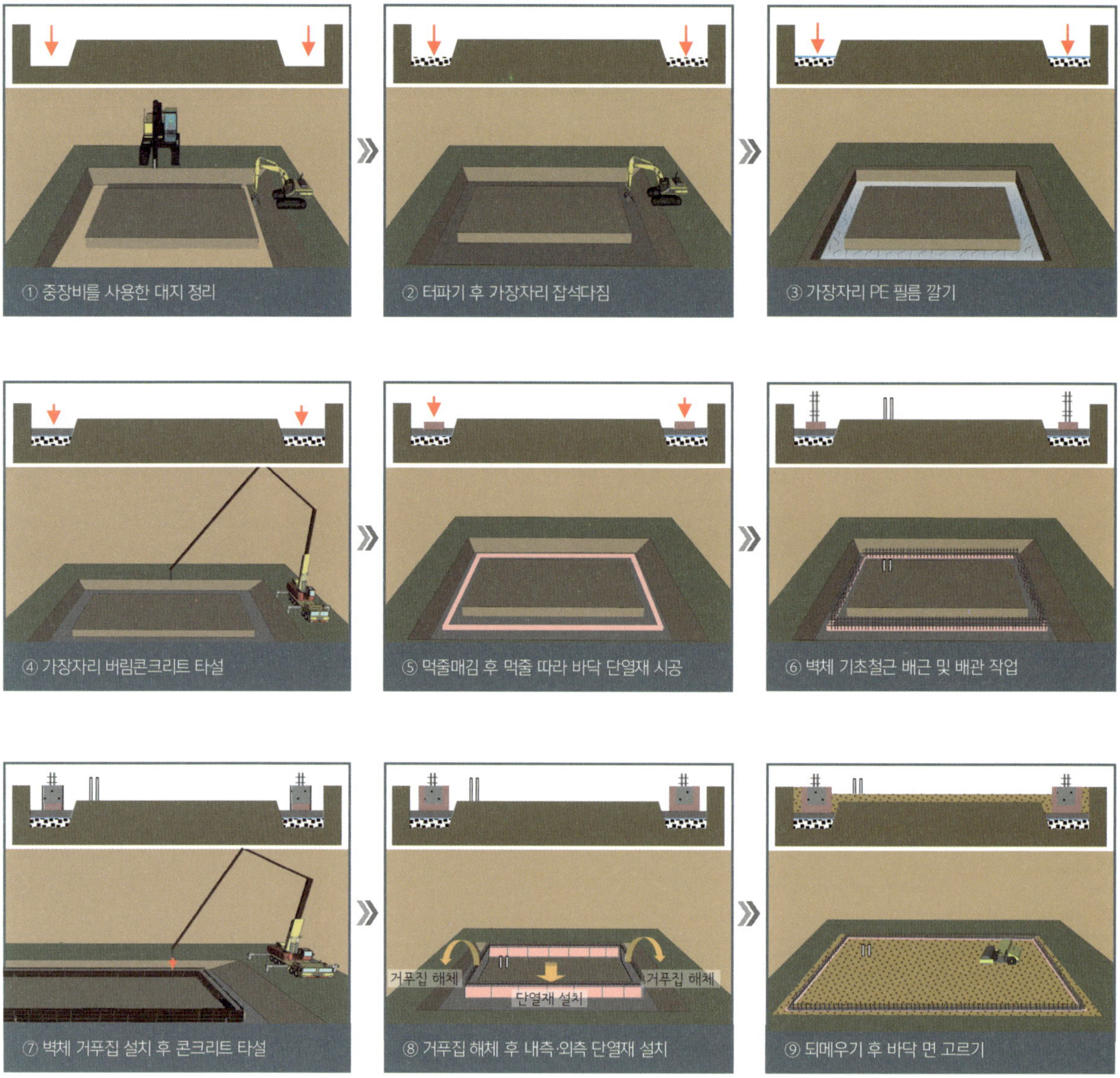

1) 기초에서 발생하는 결로를 최소화하기위한 소규모 패시브하우스의 기초 단열 예시로, 곰팡이 및 결로 발생 하자를 최소화 하기 위한 시공 예시임.

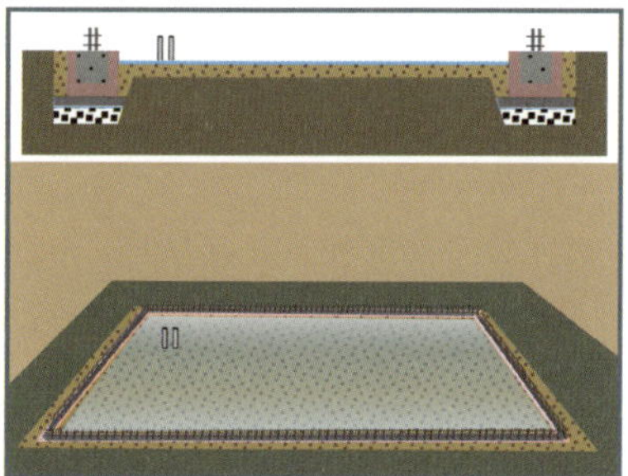

⑩ 바닥 면 PE 필름 설치

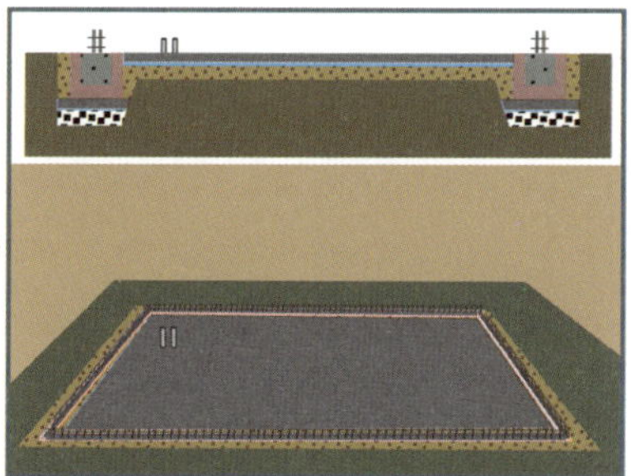

⑪ 중앙 부위 버림 콘크리트 타설

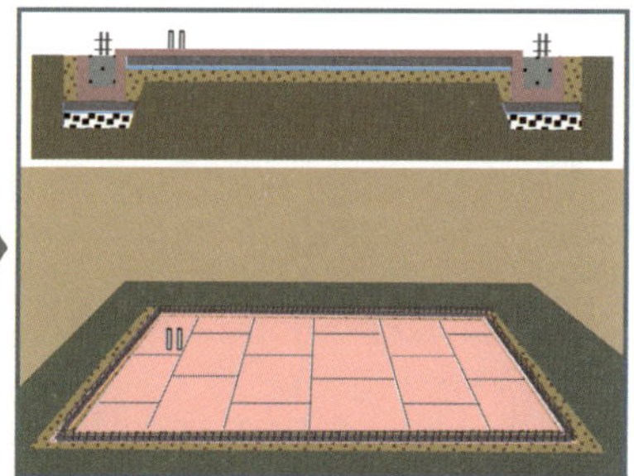

⑫ 기초 바닥 단열재 시공

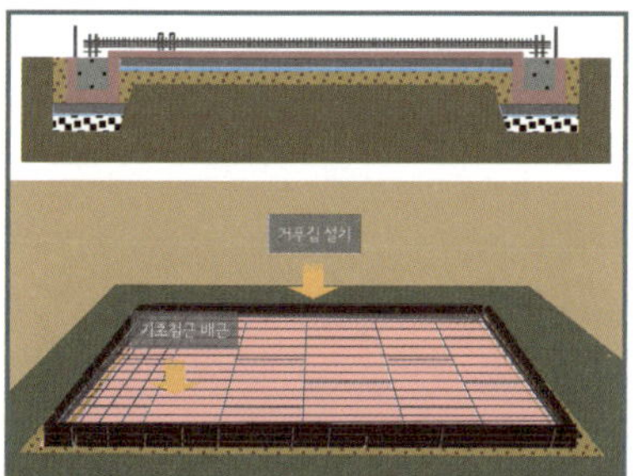

⑬ 기초 철근 배근 및 거푸집 설치

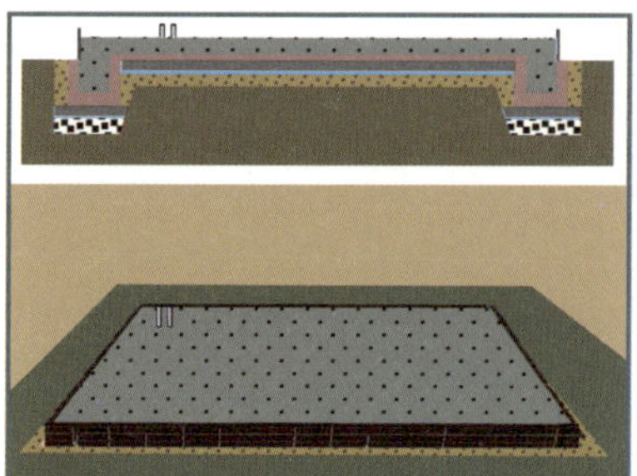

⑭ 기초 콘크리트 타설

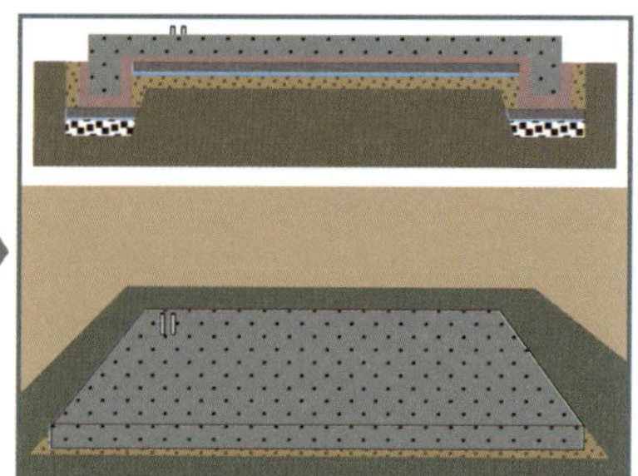

⑮ 거푸집 해체 후 직접 기초 공사 완료

■ [시공 상세 및 설명] 동결심도

▶ 대지 조건에 따른 동결심도

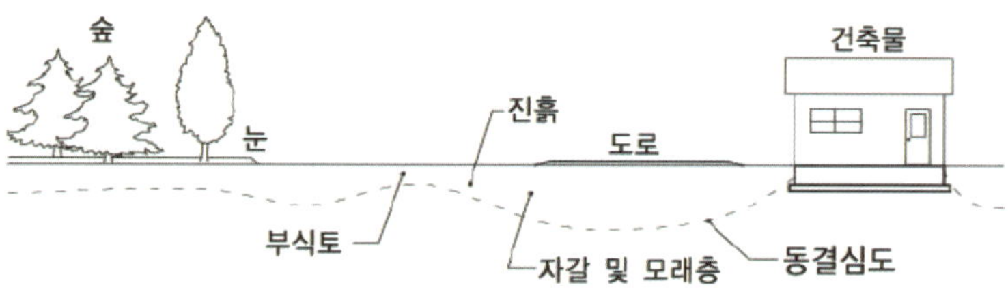

1. 동결심도는 겨울철에 땅이 어는 깊이를 말하며, 숲이나 눈 또는 나뭇잎으로 덮힌 흙이나, 건축물에서는 동결심도가 극히 얕아지고, 도로 등 상부에 아무것도 없는 곳에서는 동결심도가 깊어짐을 알 수 있음.
2. 겨울에 기초하부의 토양이 얼면 그 부피가 커져서 건축물을 들어올릴 수도 있기 때문에 건축 시 동결심도는 필수적으로 고려되어야 함.
3. 동결선 깊이는 지방에 따라 다름. ① 북부지방 : 120cm, ② 중부지방 : 90cm, ③ 남부지방 : 60cm

사례 01. 설악산국립공원 오색분소 시공 현장

■ [시공 사진] 시공순서도 ① 중장비를 사용한 대지 정리 ~ ④ 가장자리 버림 콘크리트 타설

01. 중장비를 사용한 대지 정리

02. 대지 정리 후 터파기 공사

03. 가장자리잡석다짐작업

04. 잡석다짐후 면 다짐

05. 가장자리 PE 필름 깔기

06. 가장자리 버림콘크리트타설

07. 가장자리 버림 콘크리트 타설 완료

■ [시공 사진] 시공순서도 ⑤ 먹줄 매김 후 먹줄 따라 바닥 단열재 시공 ~ ⑥ 벽체 기초철근 배근 및 배관 작업

01. 버림콘크리트위 먹줄매김

02. 먹줄따라 바닥 단열재 시공

03. 벽체 기초철근배근

04. 배관작업

■ [시공 사진] 시공순서도 ⑦ 벽체 거푸집 설치 후 콘크리트 타설 ~ ⑧ 거푸집 해체 후 내측·외측 단열재 설치

01. 벽체 거푸집 설치

02. 콘크리트 타설

03. 콘크리트 타설 후 양생

04. 거푸집 해체 후 단열재 설치

■ [시공 사진] 시공순서도 ⑨ 되메우기 후 바닥 면 고르기 ~ ⑪ 중앙 부위 버림 콘크리트 타설

01. 거푸집 재설치

02. 기초바닥 고르기

03. 기초바닥면으로 잡석운반

04. 기초바닥면 잡석다짐

05. 진동 롤러로 면 다짐

06. PE 필름 설치

07. PE필름 설치 완료

08. 중앙 부위버림콘크리트 타설

■ [시공 사진] 시공순서도 ⑫ 기초 바닥 단열재 시공 ~ ⑮ 거푸집 해체 후 직접 기초 공사 완료

01. 바닥 단열재 시공

02. 기초철근 배근(1)

03. 기초철근배근(2)

04. 기초철근배근 완료

05. 배관 작업

06. 배관 작업 완료

07. 배관작업완료 후 기초콘크리트타설

08. 기초콘크리트타설 후 양생

09. 양생 완료 후 거푸집 해체

10. 직접기초공사 완료

사례 02. 한국패시브건축협회, 19호 표준주택 - 순천 유정헌 시공 현장

- 출처 : 한국패시브건축협회 (https://www.phiko.kr)

■ [시공 사진] 시공순서도 ① 중장비를 사용한 대지 정리 ~ ⑮ 거푸집 해체 후 직접 기초 공사 완료

01. 규준틀을 설치하여 기초터파기 위치 확인

02. 포크레인으로 기초부분 터파기 실시

03. 정화조 매설

04. 기초터파기가 완료된 모습

05. 진동 롤러로 잡석 다짐

06. PE 필름 설치(시공)

07. PE 필름 위 버림 콘크리트 타설

08. 버림콘크리트타설 완료 후 양생

09. 버림 콘크리트 위 되메우기용 EPS 단열재 블록 시공 후 PE 필름으로 감싸기

10. EPS 단열재 블록 위 철근배근 실시(1) 및 거푸집 설치

11. EPS 단열재 블록 위 철근배근 실시(2)

12. 철근배근완료 후 각종 배관 인입

13. 모든 앵커가 가로철근에 걸리도록 시공

14. 기초 슬라브 타설

15. 기초슬라브양생 후 거푸집탈형

PE : 폴리에틸렌(Polyethylene)

EPS : 비드법보온판 단열재 (Expanded Polystyren)

■ 직접기초 시공순서도 - 줄기초

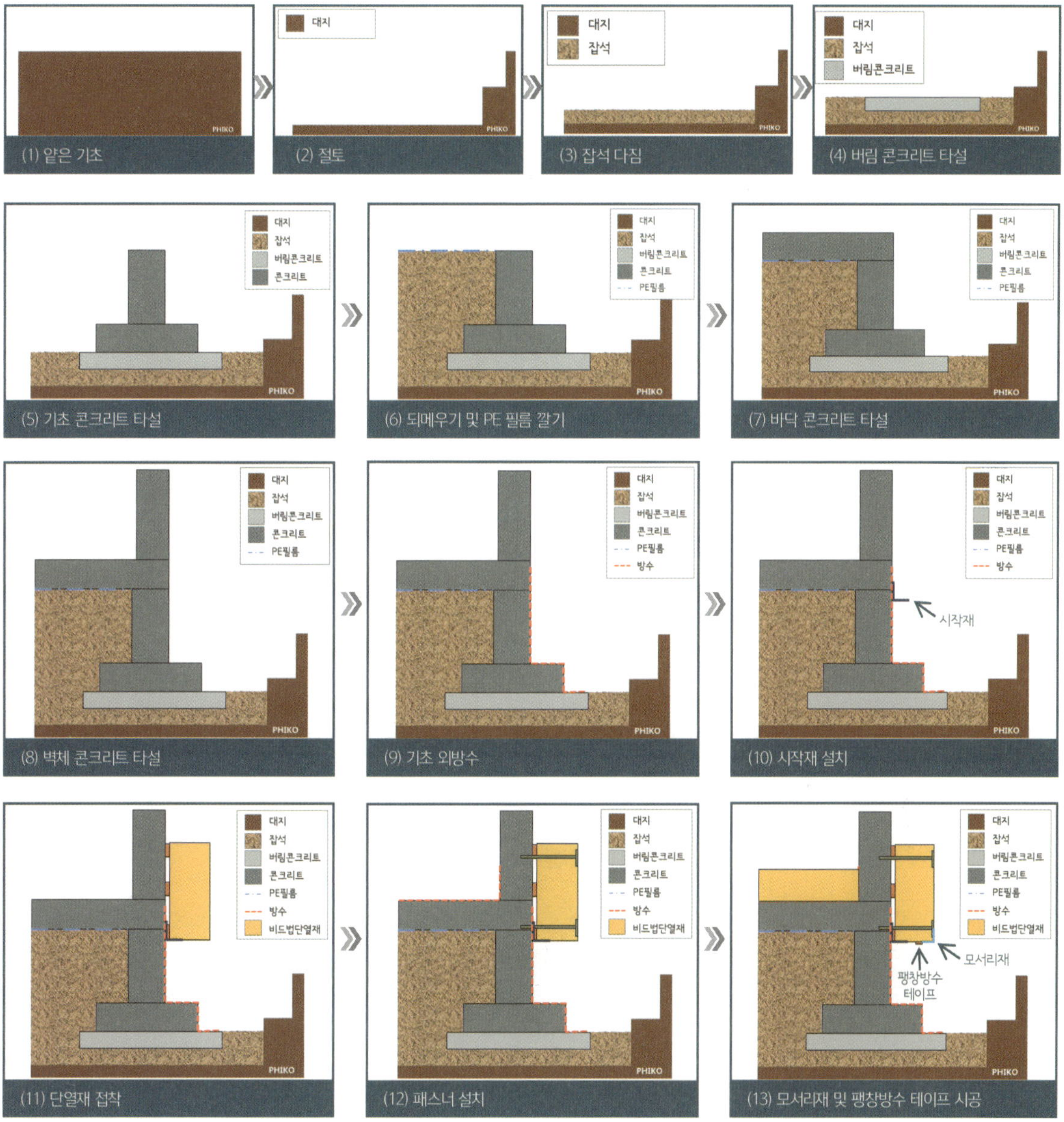

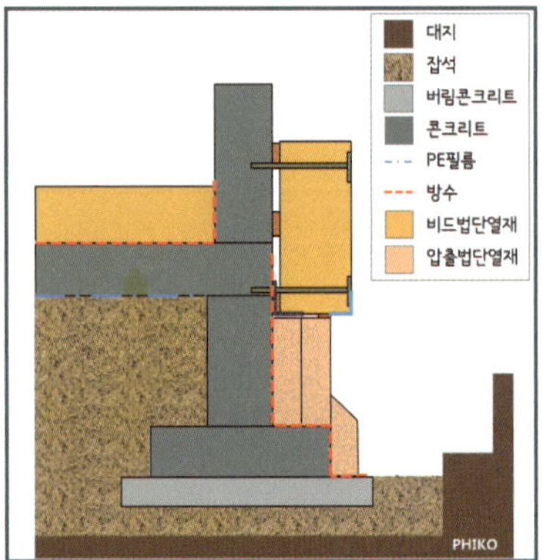

(14) 기초 단열재 설치

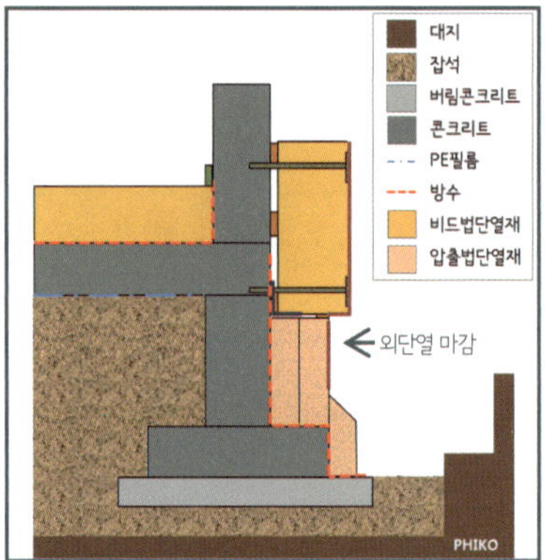

(15) 외단열 마감

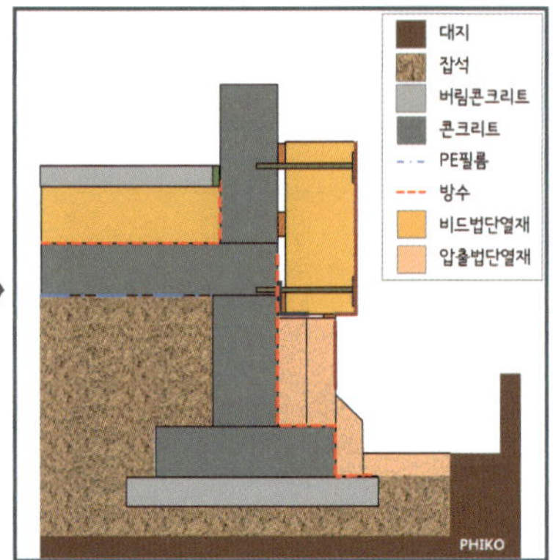

(16) 수평단열 설치

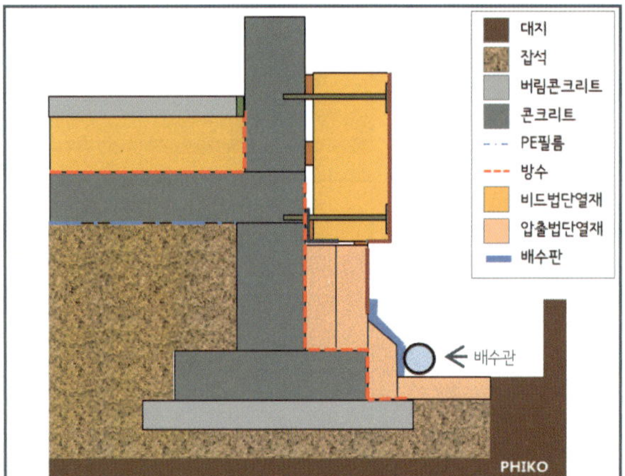

(17) 배수판 및 배수관 설치

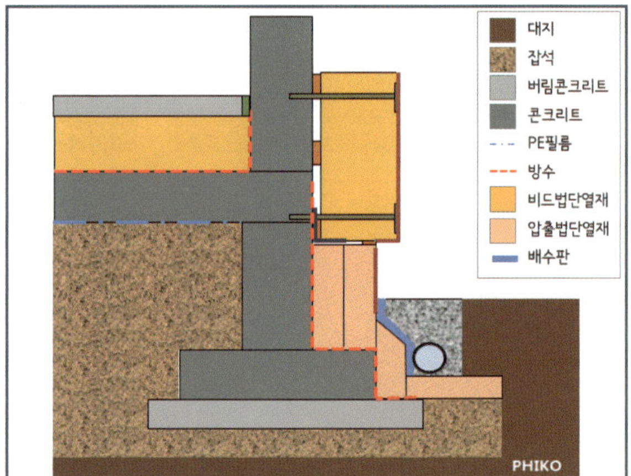

(18) 쇄석 채움 및 지반 정리 실시

■ [시공 상세 및 설명] 패시브하우스에서의 시작재 설치와 모서리재

▶ 시작재 및 모서리재 시공 예시

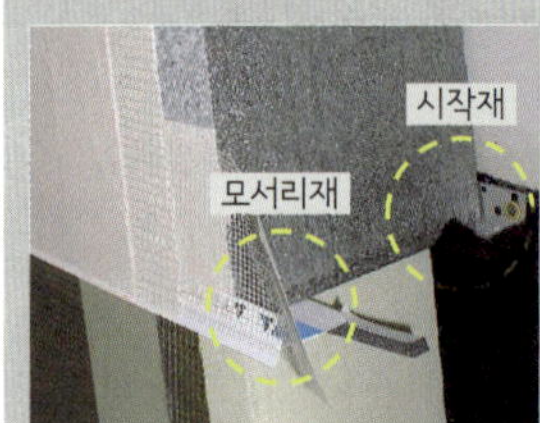

▶ 팽창방수 테이프 시공 예시

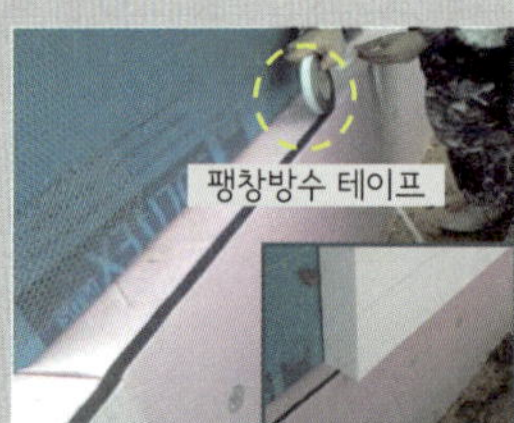

▶ 시작재 시공 상세

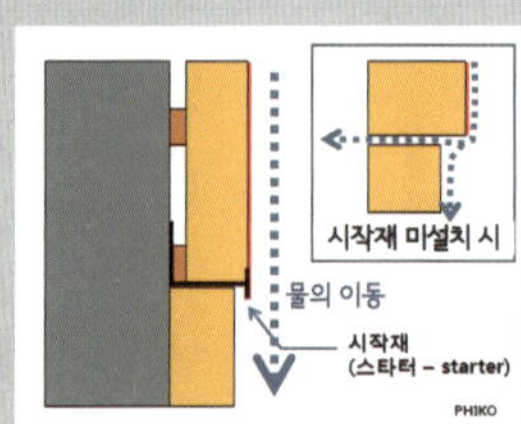

▶ 모서리재 시공 상세

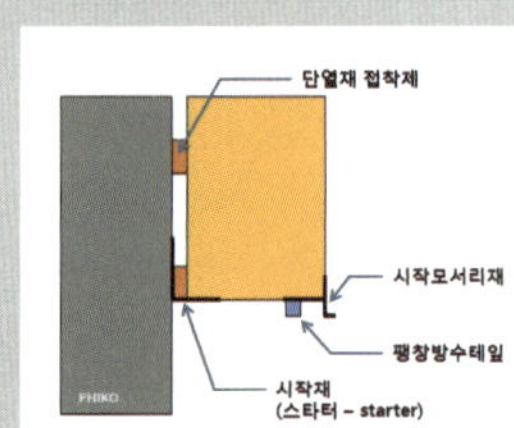

SAMOOCM
Creative Management

CHAPTER 4

4장

소규모 콘크리트공사

SBCS 41 90 30 05 철근콘크리트 공사

CHAPTER 4

SBCS 41 90 30 05
철근콘크리트 공사

1 일반사항

1.1 적용범위

(1) 이 기준은 소규모 건물의 철근콘크리트 공사에 적용하며, 콘크리트의 재료, 배합, 운반, 타설 및 양생을 포함한다.

(2) 주요내용

① 거푸집 ② 철근 및 보강재 ③ 콘크리트

1.2 참고 기준

1.2.1 관련 기준

(1) 거푸집 관련

① KS D3566 일반 구조용 탄소 강관
② KS D3568 일반 구조용 각형 강관
③ KS F3110 콘크리트 거푸집용 합판
④ KS F5650 콘크리트 거푸집용 합성수지판
⑤ KS F5651 콘크리트 거푸집용 합성수지 패널
⑥ KS F8001 강관 파이프 서포트
⑦ KS F8002 강관 비계용 부재
⑧ KS F8003 강관틀 비계용 부재 및 부속철물
⑨ KS F8006 강제틀 합판 거푸집
⑩ KS F8014 받침철물
⑪ KS F8021 조립형 비계 및 동바리 부재
⑫ KS F8022 강관틀 동바리용 부재
⑬ KS F8023 거푸집 긴결재
⑭ KS M3805 폴리염화비닐 지수판
⑮ KS M6793 수팽창 고무 지수재

(2) 철근

① KS D3504 철근콘크리트용 봉강
② KS D3552 철선
③ KS D7017 용접철망 및 철근 격자

(3) 콘크리트 재료

① KS F2401 굳지 않은 콘크리트의 시료 채취 방법
② KS F2402 콘크리트의 슬럼프 시험방법
③ KS F2403 콘크리트의 강도시험용 공시체 제작방법
④ KS F2405 콘크리트의 압축강도 시험방법
⑤ KS F2408 콘크리트의 휨 강도 시험 방법
⑥ KS F2409 굳지 않은 콘크리트 단위 용적 질량 및 공기량 시험방법(질량방법)
⑦ KS F2422 콘크리트에서 절취한 코어 및 보의 강도시험방법
⑧ KS F2515 골재 중의 염화물 함유량 시험방법
⑨ KS F2526 콘크리트용 골재
⑩ KS F2527 콘크리트용 부순골재
⑪ KS F2534 구조용 경량 골재

⑫ KS F2560 콘크리트용 화학혼화제
⑬ KS F2561 철근 콘크리트용 방청제
⑭ KS F2562 콘크리트용 팽창재
⑮ KS F2563 콘크리트용 고로슬래그 미분말
⑯ KS F2567 콘크리트용 실리카 퓸
⑰ KS F2594 굳지않는 콘크리트의 슬럼프 플로우 시험방법
⑱ KS F4009 레디믹스트 콘크리트
⑲ KS L5201 포틀랜드 시멘트
⑳ KS L5210 고로 슬래그 시멘트
㉑ KS L5211 플라이 애시 시멘트
㉒ KS L5401 포틀랜드 포조란 시멘트
㉓ KS L5405 플라이 애시

1.2.2 한국콘크리트 학회

(1) 콘크리트 표준시방서 (2) 콘크리트 구조기준 (3) KCI-ADI-101 콘크리트용 유동화제 품질규격

1.2.3 표준시방서

(1) KCS 14 20 00 콘크리트공사

1.2.4고시

(1) 국토교통부 고시, 건설공사 품질관리 업무지침 "제3편 레미콘·아스콘 품질관리"

1.3 제출물

1.3.1 시공상세도면

(1) 콘크리트 이어치기 계획도
(2) 거푸집 및 동바리 상세도(5m이상인 경우 구조안전성 검토)

[표 1.3.1-1] 허용 이어치기 시간 간격의 표준

외기온도	허용 이어치기 시간간격
25℃초과	2.0시간
25℃이하	2.5시간

1.3.2 제품자료

(1) 레미콘 제조업자에 대한 사항 : 레미콘 제조업자는 레미콘의 생산가능 규격, 공장의 제조설비 및 위치, 골재원, 일일 생산능력 및 품질관리능력에 관한 사항과 운반거리 및 운반시간과 운반차량의 수 등
(2) 혼화재료 (3) 콘크리트 양생재 (4) 콘크리트 결함부 보수재료 (5) 시멘트
(6) 철근, 지수판 등

CHECK 01 ▶
시공계획서 일반사항
① 공사의 개요
② 공사의 요건
③ 구조물의 요구성능
④ 콘크리트의 성능, 콘크리트 재료, 배합 등
⑤ 조직표, 노무계획
⑥ 재료사용계획
⑦ 시공기계, 시공설비
⑧ 가설준비
⑨ 콘크리트공사에 관한 시공계획
⑩ 품질관리계획
⑪ 시공 관리계획, 안전 및 보건계획
⑫ 검사 및 유지관리계획
⑬ 그 밖의 필요한 사항

1.3.3 시공계획서 CHECK 01

(1) 사용장비 및 작업인원 구성에 관한 계획
(2) 철근 및 거푸집, 동바리 시공계획
(3) 품질이 변하거나 작업 중 남은 콘크리트 처리계획
(4) 콘크리트 운반 및 펌핑 계획 타설 구획과 순서에 관한 계획
(5) 서중 콘크리트 시공계획
① 서중 콘크리트로 시공하는 경우에 한하며 다음 사항이 포함되어야 한다.
가. 당해 지역의 기상통계자료에 따른 서중콘크리트 공사의 예상 시행시기와 급격한 기온변화를 감안한 서중콘크리트 시행계획
나. 배합위치에서의 콘크리트 비빔온도 및 산정근거
다. 수분의 급격한 증발이나 온도상승을 방지하기 위한 양생방법 및 양생기간
(6) 한중콘크리트 시공계획
① 한중콘크리트로 시공하는 경우에 한하며 다음 사항이 포함되어야 한다.
가. 당해 지역의 기상통계자료에 따른 한중콘크리트 공사의 예상 시행시기와 급격한 기온변화를 감안한 한중콘크리트 시행계획
나. 타설 시의 콘크리트 소요 온도 유지방법
다. 운반 중의 콘크리트 온도변화를 감안한 레디믹스트 콘크리트 공장 선정의 적정여부
라. 초기양생방법 및 측정 위치를 포함한 각종 온도측정방법
(7) 콘크리트 양생계획
(8) 콘크리트 결함부 보수 및 면 처리 계획
(9) 콘크리트 타설 계획 : 다음 사항 등을 포함한 계획서로 타설 2일 전에 제출한다.
① 타설 예정일, 타설 시간, 타설 부위, 타설 물량, 투입 인원, 투입 장비, 타설 순서 및 방법 등
② 타설 부위 도면, 공사참여자 실명부

1.3.4 레디믹스트 콘크리트 제조 자료

(1) 전산 작성된 레디믹스트 콘크리트 제조 자료를 운반차량이 현장에 도착하는 즉시 받아 보관 및 관리하고 공사감리자가 요구할 경우 제출한다.

1.4 품질보증

1.4.1 레미콘 제조업자 자격

(1) 공사의 요건 및 이 시방서의 요건을 만족시키고 KS F 4009에 따라 레미콘을 제조할 수 있는 자로서, 재료시험기사 자격을 가진 기술자 혹은 이와 동등 이상의 지식, 경험이 있는 기술자가 상주하며, 공사감리자의 확인을 받은 자이어야 한다.

1.5 운반, 보관 및 취급

1.5.1 철근

(1) 철근은 같은 치수와 길이의 것을 묶음으로 운반해야 하며, 단단히 묶고, 노출된 위치에 제조공장, 철근의 등급과 치수를 명시한 플라스틱 꼬리표를 달아 구별해야 한다.
(2) 철근을 현장에 운반해서, 직접 땅에 닿지 않도록 적절한 보관시설에 저장하거나 눈이나 비에 노출되지 않도록 덮어야 하며, 습기, 먼지, 기름 또는 콘크리트와 부착을 저해할 수 있는 기타 사유로 철근이 손상되지 않게 해야 한다.
(3) 철근은 재질별, 규격별로 보관하는 것이 좋으며, 묶음이 헤쳐진 후에도 철근은 구별해 두어야 한다.

[표 1.5.1-1] 철근 반입 작업 안전관리사항 - 출처 : 철근 작업안전(2009, 한국산업안전보건공단, 오지환 외)

작업내용	위험포인트	안전관리대책
① 자재반입(하차)	· 지게차 사용시 협착 · 자재반입시 낙하	· 하역작업구간주변 전담신호수배치 및 주변 인원통제철저 · 장비점검 : 전조등, 백미러, 후방감지카메라, 경보장치 확인 · 철근자재 밴딩 및 고정상태 확인
② 자재반입(운반)	· 과하중 양중으로 인한 낙하 · 양중로프 파단으로 인한 낙하 · 신호 불량으로 인한 낙하	· 양중로프 수시점검(불량 시 교체) · 신호수 배치 및 신호방법 숙지

1.5.2 콘크리트

[표 1.5.2-1] 콘크리트 반입 및 운반작업 안전관리사항 CHECK 02

작업내용	위험포인트	안전관리대책
① 콘크리트 작업 준비	· 거푸집 및 동바리 설치불량으로 인한 협착 · 장비 동선 미확보로 인한 전도, 협착	· 거푸집, 동바리 설치상태 사전점검(타설전 붕괴예방 조치) · 레미콘 동선 및 펌프 카 배치위치 사전 검토 및 지반정리 · 펌프 카 관련서류 검토(작업계획서, 면허, 등록증, 보험)
② 장비 및 압송관 설치	· 펌프카 지반불량: 전도 · 펌프카 상부 고압선에 붐대 간섭: 감전 · 압송관 고정 불량 : 낙하, 비래	· 펌프카 지반 정지, 아웃트리거 접지부 고임목 설치 · 펌프카 상부 고압선등 지장물 간섭여부 확인(장소 이동) · 압송관 연결부 등 고정 철저 · 압송관 진동에 의한 거푸집 훼손 예방 (받침, 패킹설치 등)
③ 레미콘 반입	· 레미콘의 펌프카로 후진 중 정지선지나침으로 인한 협착 · 레미콘 트럭동선 보행로 간섭 및 노면불량으로 인한 협착,전도 · 펌프카 붐대 상승 시 구조물과 간섭으로 인한 붕괴, 비래	· 레미콘 트럭의 펌프 카 접근 시 일정거리유지, 고임목 설치 (유도원 고정배치) · 교통이 혼잡한 장소는 신호수 배치 · 레미콘 트럭 진입로 노면 정리 · 펌프카의 붐대는 천천히동작 (신호체계 준수)

- 출처 : 콘크리트 작업안전(2009, 한국산업안전보건공단, 오지환 외)

▲ CHECK 02

콘크리트 운반 시 고려 사항

① 전 공정 중의 콘크리트 작업의 공정 ② 1일 타설할 콘크리트 양에 맞추어 운반, 타설방법 등 결정 및 인원배치
③ 운반로 및 운반경로 ④ 타설 구획, 시공이음의 위치, 시공이음의 처치방법 ⑤ 콘크리트 타설 순서
⑥ 콘크리트 비비기에서 타설까지 소요시간 ⑦ 기상조건

1.6 환경조건 CHECK 03

1.6.1 한중콘크리트

(1) 일 평균기온이 4℃ 이하일 경우는 한중콘크리트로 시공한다. 단, 일 최저기온이 3℃ 미만일 경우는 별도의 승인을 받아 시공하여야 한다.

1.6.2 서중콘크리트

(1) 일 평균기온이 25℃이상 또는 일 최고기온이 30℃를 초과될 것으로 예상될 경우에는 서중콘크리트로 준비하여 시공한다.

◀ CHECK 03

한중콘크리트

- 한중콘크리트란 양생기간 중에 콘크리트가 동결할 염려가 있는 시기나 장소에서 시공하는 경우에 사용

서중콘크리트

- 서중콘크리트란 기온이 높아서 콘크리트 운반 중에 슬럼프 저하, 콜드조인트 발생, 콘크리트 표면 수분의 급격한 증발 등의 염려가 있는 시기나 장소에서 시공하는 경우에 사용

2 재료

CHECK 04 ▶

거푸집공사 시공상 조건

- 강도 : 각종 외력에 대해 충분히 안전하고 변형되지 않게 할 것
- 정밀도 : 형상, 치수가 정확하며 충분히 수밀성이 있을 것
- 경제성 : 소요자재가 절약되고 반복 사용되어 가설공사로서 염가일 것
- 공사의 간편성 : 가공조립이 간단하고 해체가 쉬울 것

<출처> 건축시공 제2판 (2009, 노인철)

2.1 거푸집 CHECK 04

2.1.1 재료

(1) 합판은 KS F 3110의 규정에 적합한 것이어야 한다.

(2) 강제틀 합판 거푸집은 KS F 8006에 적합한 것으로 한다.

(3) 흠집 및 옹이가 많은 거푸집과 합판의 접착부분이 떨어져 구조적으로 약한 것을 사용해서는 안된다.

(4) 부러지거나 균열이 있는 거푸집 띠장은 사용할 수 없다.

(5) 제물치장 콘크리트용 거푸집널에 사용하는 합판은 내알칼리성이 우수한 재료로 표면처리된 것으로 한다.

(6) 형상이 찌그러지거나 비틀림 등 변형이 있는 것은 교정한 다음 사용해야 한다.

(7) 금속제 거푸집의 표면에 녹이 많이 나 있는 것은 쇠솔(Wire Brush) 또는 샌드페이퍼(Sand Paper) 등으로 닦아내고 박리제를 엷게 칠해 두어야 한다.

(8) 거푸집널을 재사용하는 경우는 콘크리트에 접하는 면을 깨끗이 청소하고 볼트용 구멍 또는 파손 부위를 수선한 후 사용해야 한다.

(9) 목재 거푸집 널은 콘크리트표면의 불량경화를 방지하기 위하여 직사광선에 노출되지 않도록 시트 등을 사용하여 보호한다.

▶ 목조 거푸집

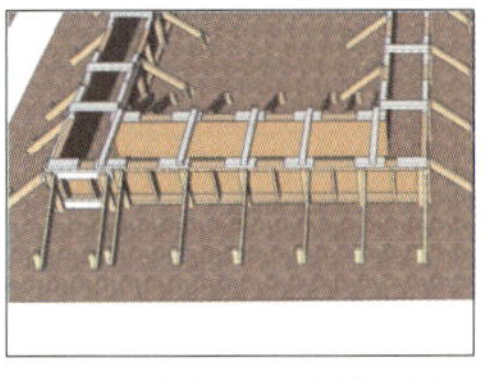

만들고자 하는 틀을 쉽게 제작 가능

▶ 유로폼 거푸집

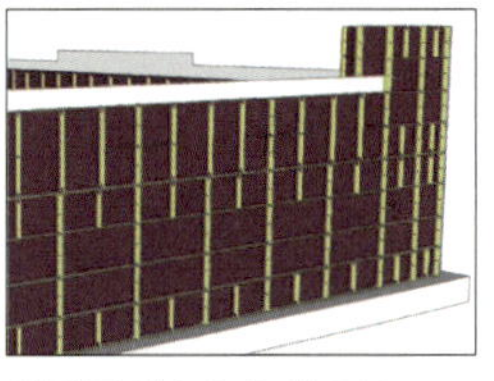

일정 규격(4x8, 3x6) 으로 생산되며 조립과 사용이 편해 대부분의 건축현장에서 널리 사용

▶ 갱폼 거푸집

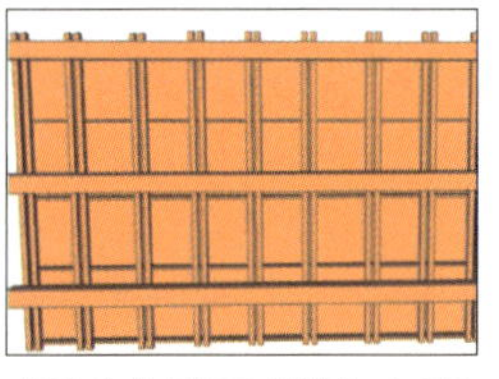

한번에 설치하고 해체할 수 있는 시스템화 된 거푸집으로, 아파트현장에서 주로 사용

▶ 와플폼 거푸집

작은 보가 없이 큰 공간을 확보하기 위한 무량판 구조에 사용

▶ 철제 거푸집

무겁고 초기비용도 높으나, 마감면이 매끈하고 강도가 뛰어나 여러 번 다시 사용이 가능

▶ 알루미늄 거푸집

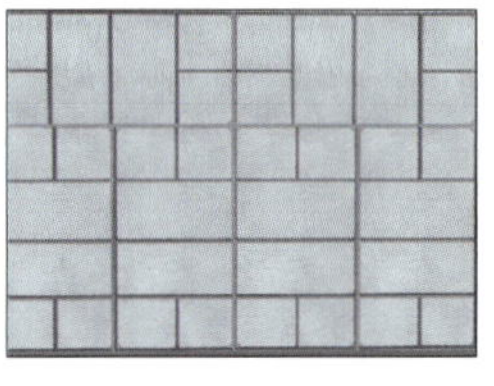

가볍고 내구성이 높으며, 콘크리트의 알카리성 성분이 침투하지 않도록 되어있음

▶ 터널폼 거푸집

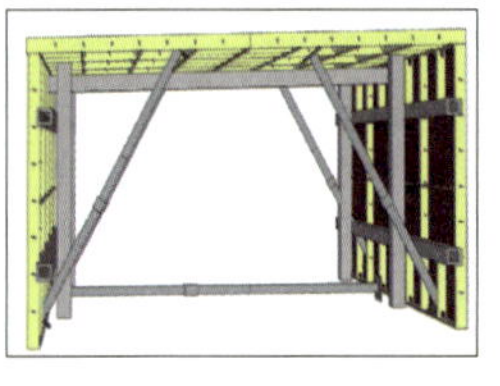

벽과 바닥의 콘크리트 타설을 한번에 가능하게 함

[그림 2.1.1-1] 거푸집 종류별 사진 및 주요 적용부위

2.1.2 띠장 및 동바리 CHECK 05

(1) 각재는 육송 또는 동등 이상의 재질로서 함수율이 24% 이하이어야 한다.

(2) 원형 파이프는 KS D 3566, 각 파이프는 KS D 3568, 경량 형강은 KS D 3530에 적합한 것으로 한다.

(3) 현저한 손상, 변형, 부식이 있는 것은 사용해서는 아니 된다.

[사진 2.1.2-1] 동바리 종류별 예시

> ◀ CHECK 05
> **받침기둥 상세(Pipe Support)**
>
> 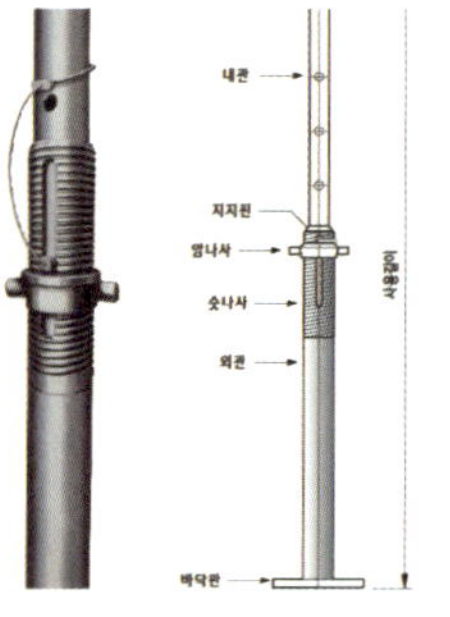
>
> **목재 동바리**
> - 목재 동바리는 강관 동바리를 사용하기 힘든 낮은 높이 공간에 주로 사용됨

2.1.3 긴결재

(1) 긴결재는 KS F 8023의 규정에 적합한 것 또는 동등 이상인 것이어야 한다.

(2) 폼타이는 그 형태에 따라 매립형과 관통형이 있으며, 다음에 적합하여야 한다.

① 매립형 폼타이는 콘크리트를 깨뜨리지 않고 제거할 수 있는 선단이나 선단 긴결재를 두어 콘크리트 표면에서 25mm 이상의 깊이를 갖는 구멍을 남길 수 있는 구조이어야 한다.

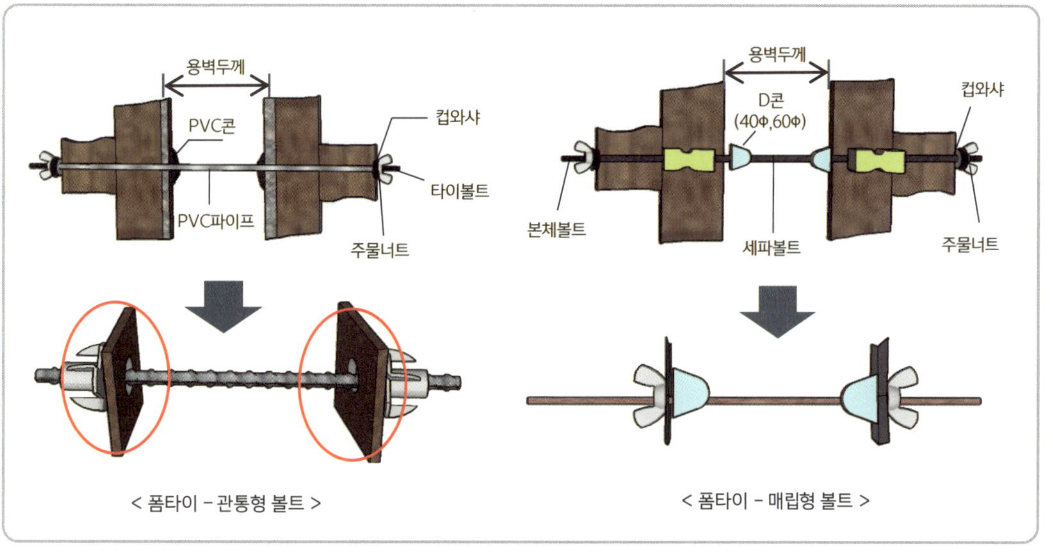

[그림 2.1.3-1] 폼타이 종류 및 예시

CHECK 06 ▶
박리제의 요구성능
1) 목제 거푸집
• 흡수를 방지하고 거푸집의 치수변화를 방지
• 마감공사에 영향을 주지 않을 것
2) 금속제 거푸집
• 방청효과가 있을 것
• 아연, 알루미늄은 양성 금속이므로 내알칼리성과 피막성이 높을 것

2.1.4 거푸집 박리제 CHECK 06

(1) 거푸집 박리제로 모든 형태의 거푸집에 사용할 수 있는 제품이라야 하며, 콘크리트 표면에 붙거나 얼룩을 만들어 나쁜 영향을 주어서도 안된다. 그리고 접합과 부착이 필요한 콘크리트 표면의 처리를 약하게 해서는 안되며, 물, 증기 및 양생제로 양생할 때 표면이 축축하게 적셔지는 것을 방해해서는 안된다.
(2) 거푸집 박리제를 사용시에는 반드시 공사감리자의 확인을 받아야 한다.

2.1.5 면목 및 물끊기

(1) 합성수지 제품 또는 동등 성능 이상의 제품을 사용한다.

2.1.6 기타 재료

(1) 받침 철물은 KS F 8014의 규정에 적합한 것을 사용하거나 공인된 시험기관이 내력시험 등에 의하여 사용길이별 허용하중을 표시한 제품을 사용하여야 한다.
(2) 강재틀 거푸집 패널에 사용되는 조립핀은 KS F 8023의 규정에 적합한 것이어야 한다.
(3) 앵커, 폼행거, U헤드, 잭베이스(jack base)는 공인된 시험기관이 내력시험 등에 의하여 사용길이별 허용하중을 표시한 제품을 사용하여야 한다.
(4) 간격재는 콘크리트에 유해한 영향이 없는 것으로, 거푸집 간격유지와 철근의 위치 고정에 적합한 것이어야 한다.

2.2 철근 및 보강재

2.2.1 철근

(1) KS D 3504에 적합한 이형철근으로 한다.

[표 2.2.1-1] 철근의 종류와 표시방법

종류	기호	구분	용도	표시방법		비고
				숫자	DOT	
이형철근	SD 300	녹색	일반용	각인없음	각인없음	-
	SD 350	적색		3	●	숫자 또는 ●표시
	SD 400	황색		4	●●	
	SD 500	흑색		5	●●●	
	SD 600	회색		6	●●●●	
	SD 700	하늘색		7	●●●●●	
	SD 400W	백색	용접용	●+4	●+●●	원산지 앞 ●표시
	SD 500W	분홍색		●+5	●+●●●	

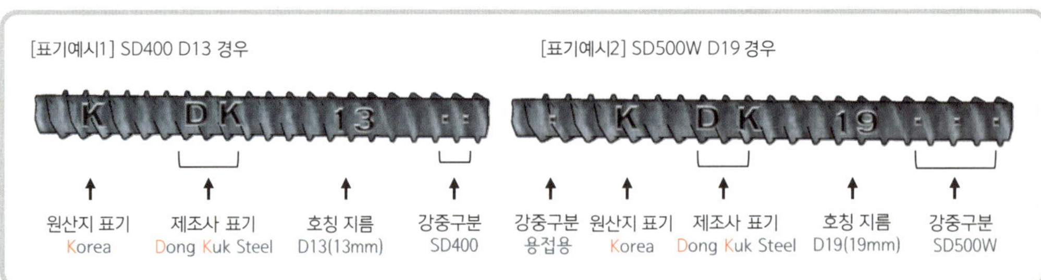

[그림 2.2.1-1] 철근에 강도 및 규격 표시 기준 예시도

2.2.2 결속선

(1) KS D 3552에 합치해야 하거나 동등 이상의 제품으로, 지름 0.9㎜(#20번선) 이상 되는 어닐링(annealing) 철선으로 한다. 노출콘크리트의 마무리면에 근접한 경우에는 연질의 스테인리스 강선을 사용해야 하며, 도금한 철근에는 아연도철선을 사용해야 한다.

2.2.3 철근고임대 및 간격재

(1) 재질 : 철재, 콘크리트 제품으로 한다. 단, PVC 계열의 제품은 측면 및 슬래브의 경우로 한하고 마감이 석고보드 등 불연재료로 마감된 경우에 한하며, 승인을 받은 경우에만 사용할 수 있다.
(2) 형태 : 형태는 거푸집과 접촉이 최소가 되도록 하며, 구조가 개방되어 콘크리트 흐름에 방해되지 않고 부착강도를 높일 수 있는 모양의 기성제품으로서, 일정한 피복두께를 유지시키고 철근에서 이탈되는 것을 방지할 수 있어야 한다.

콘크리트 철근 고임대 사용 예시

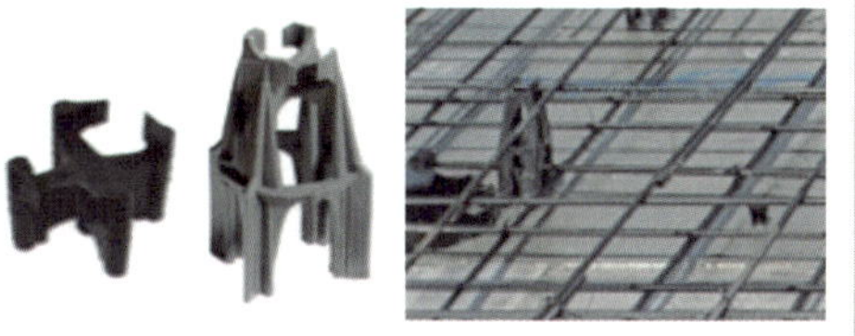

플라스틱 하부철근 및 상부철근 고임대 사용 예시

벽 철근 간격재 사용 예시

일체형 벽 철근 간격재 사용 예시

[사진 2.2.3-1] 철근 고임대 및 간격재 종류별 예시

2.3 수팽창 지수재 및 지수판

2.3.1 수팽창 지수재

(1) 수팽창 지수재는 침투수에 대하여 콘크리트 시공이음부(construction joint)의 거동에 대응하는 탄력성과 수압에 저항하는 수밀성, 팽창성, 장기적 내구성을 확보할 수 있는 재질이어야 한다.
(2) 수팽창 지수재는 재질이 치밀하고 균질하게 제조된 것이어야 하며, 다른 불순물이 없어야 한다.
(3) 수팽창 지수재의 크기, 모양은 해당 구조물의 조건에 맞도록 설계 · 제조되어야 한다.
(4) 수팽창 지수재의 성능은 해당 구조물의 조건에 맞는 성능을 가져야 하며, KS M 6793에서 규정하는 품질과 동등 이상의 성능을 갖는 제품이어야 한다.

수팽창 고무 지수재

벤토나이트 지수재

PVC 지수판

[사진 2.3.1-1] 지수재 및 지수판의 종류 예시

CHECK 07 ▶

지수판의 기능

- 지수판은 지하 외벽 콘크리트의 이어붓기 부분에 누수방지를 위해 설치하는 판으로 습기와 접촉하면 체적이 팽창되어 침수와 누수를 막아줌

2.3.2 지수판 CHECK 07

(1) 지수판은 침투수에 대하여 콘크리트의 신축이음 또는 시공이음부의 거동에 대응하는 탄력성과 수압에 저항하는 수밀성, 장기적 내구성을 확보할 수 있는 재질이어야 한다.

(2) 지수판은 재질이 치밀하고 균질하게 제조된 것이어야 하며, 다른 불순물이 없어야 한다.

(3) 지수판의 크기, 모양은 KS M 3805에서 규정하는 것에 준하며, 해당 구조물의 조건에 맞도록 설계 · 제조되어야 한다.

(4) 지수판의 성능은 해당 구조물의 조건에 맞는 성능을 가져야 하며, KS M 3805에서 규정하는 품질과 동등 이상의 성능을 확보한 제품이어야 한다.

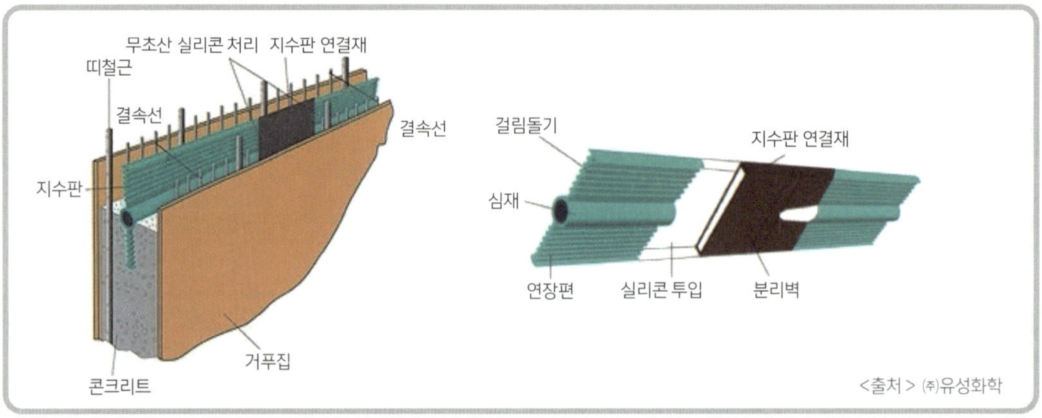

<출처> ㈜유성화학

[그림 2.3.2-1] 지수판 상세도

CHECK 08 ▶

레디믹스트 콘크리트 납품서

- 레디믹스트 콘크리트를 현장에 반입 시 제출해야 하는 서류의 하나로 납품하는 콘크리트의 출발 및 도착 시간, 호칭강도, 슬럼프, 굵은 골재의 최대치수, 시멘트의 종류 등 콘크리트의 물성 및 물량이 기록된 서류이다.
- 품질확인 외에도 타설량과 대금 지불의 중요 증빙서류이므로 운반차량마다 납품서를 확인한다.

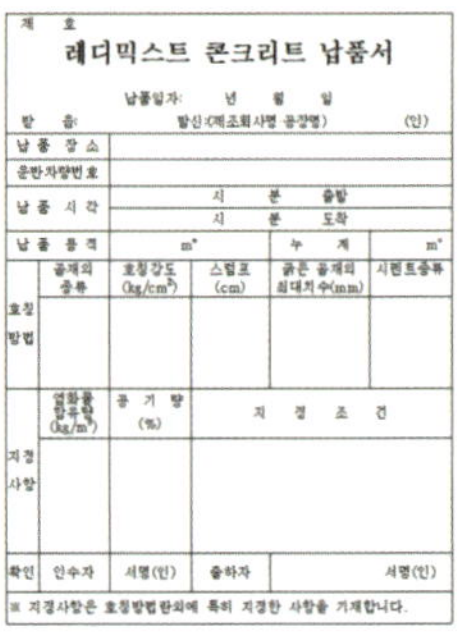

제 호

레디믹스트 콘크리트 납품서

납품일자: 년 월 일

발 송: 발신:(제조회사명 공장명) (인)

납품장소					
운반차량번호					
납품시각	시 분 출발				
	시 분 도착				
납품용적	m³		누계	m³	
호칭방법	골재의 종류	호칭강도 (kg/cm²)	스럼프 (cm)	굵은 골재의 최대치수(mm)	시멘트종류
지정사항	염화물 함유량 (kg/m³)	공기량 (%)	지정조건		
확인	인수자	서명(인)	출하자	서명(인)	

※ 지정사항은 호칭방법란외에 특히 지정한 사항을 기재합니다.

2.3.3 자재 품질관리

(1) 수팽창 지수재의 품질은 KS M 6793의 품질기준에 적합한 것을 사용한다.

2.4 콘크리트 재료 CHECK 08

2.4.1 시멘트계 재료

(1) 시멘트는 KS L 5201 에 적합한 것으로 한다.

(2) 고로 슬래그 시멘트는 KS L 5210 에 적합한 것으로 한다.

(3) 플라이 애시 시멘트는 KS L 5211 에 적합한 것으로 한다.

(4) 포졸란 시멘트는 KS L 5401에 적합한 것으로 한다.

[표 2.4.1-1] 포틀랜드 시멘트의 품질기준

구분	분말도 (㎠/g)	안정도 (%)	초결 (분)	종결 (시간)	압축강도(Mpa)		
					3일	7일	28일
KS L 5201	2800이상	0.8이하	60이상	10이하	12.5이상	22.5이상	42.5이상

2.4.2 골재

(1) 골재에는 시멘트와 유해한 알칼리반응을 일으키는 성분이 포함되지 않아야 한다.

(2) 콘크리트용 골재는 KS F 2526에 적합한 것을 사용한다. 콘크리트용 부순골재는 KS F 2527에 적합한 것으로 한다.

(3) 경량골재는 KS F 2534에 적합해야 한다.

(4) 동결되어 있거나 빙설이 혼입된 골재는 그대로 사용해서는 안 된다.

2.4.3 물

(1) 콘크리트에 사용하는 물은 상수도 또는 KS F 4009의 2.3(물)에 따른다.

2.4.4 혼화제 CHECK 09

(1) 혼화제는 공사감리자의 확인을 받아 사용한다.

① 혼화제로 사용할 AE제, 감수제, AE감수제 및 고성능 AE감수제는 KS F 2560에 적합한 것으로 한다.

② 방청제는 KS F 2561에 적합한 것으로 한다.

2.4.5 혼화재

(1) 혼화재는 공사감리자의 확인을 받아 사용한다.

① 플라이애쉬는 KS L 5405에 적합한 것으로 한다.

② 팽창제는 KS F 2562에 적합한 것으로 한다.

③ 고로슬래그 미분말은 KS F 2563에 적합한 것 가운데에서 공사감리자의 확인을 받은 것을 사용한다.

④ 실리카 퓸은 KS F 2567에 적합한 것으로 한다.

◀ CHECK 09

혼화재 vs 혼화제

- 혼화재 : 혼화재료 중 사용량이 비교적 많아서 그 자체의 부피가 콘크리트의 배합계산에 관계되는 혼화재료, 포틀랜드 시멘트에 추가하거나 치환하여 사용
- 혼화제 : 포틀랜드 시멘트, 배합수, 골재 이외의 콘크리트 구성 재료로 콘크리트에 특정한 성능을 부여하는데 쓰이는 첨가제

[표 2.4.5-1] 대표적인 혼화재 종류의 특징 및 주의사항

구분	고로 슬래그	플라이 애쉬	실리카 퓸
개요	· 제철소 고로에서 선철을 제조하는 과정에서 발생하는 슬래그를 분쇄한 미분말	· 석탄 화력발전소에서 생성되는 미분탄재를 집진한 것	· 실리콘 제조시 배출가수에 섞여 부유하여 발생하는 초미립자 부산물
크기 성분	· 시멘트보다 조금 작음 · 시멘트와 유사한 성분 · 성분: 생석회, 실리카, 알루미나	· 구형으로 크기는 시멘트와 같은 정도 · 실리카 성분이 주성분	· 구형으로 초미세립자 · 실리카 성분이 대부분
반응	· 잠재 수경성(2차 반응)	· 포졸란 반응(2차 반응)	· 포졸란 반응(2차 반응)
특징	· AAR저항성 큼 · 염해 저항성 큼(내해수성) · 수화열 저감 · 초기강도 낮음 · 장기강도 다소 높음 · 화학저항성, 수밀성, 내구성 큼 · 단점: 건조수축이 큼	· Ball Bearing · Workability 개선 · 단위수량 감소 · 수화열 저감 · 초기강도 낮음 · 장기강도 높음 · 단점: 미연 탄소의 AE제 흡착작용	· Ball Bearing · 공극채움(Micro Filler) · 수밀성 향상 · 염분 침투저항성 증가 · 내마모성 증가
용도	· 서중 콘크리트 · Mass 콘크리트 · 해양구조물 공사	· 서중 콘크리트 · Mass 콘크리트 · 댐, 포장공사	· 고강도 콘크리트 · PC 공사
주의사항	· 수화열 저감 목적시 시멘트량 대비 40% 이상 사용	· 미연 탄소분이 적어야 함(강열감량 5% 이하)	· 실리카퓸 치환율이 10~15%까지만 증가, 과첨가시 강도저하 · 비표면적이 커서 고성능감수제 사용 필수 · 조직이 치밀하여 폭렬 발생 쉬움

2.5 습기차단 필름

(1) 특별히 명시하지 않는 한 폴리에틸렌 필름으로 두께 1.0㎜ 인 것으로 한다.

2.6 콘크리트 배합

2.6.1 배합 일반사항

(1) 배합은 "콘크리트 성능기준"에 만족되도록 한다.

(2) 배합설계 방법은 한국콘크리트학회 콘크리트 표준시방서에 따른다.

(3) 레미콘은 KS F 4009 해당요건에 따라야 한다.

2.6.2 콘크리트 성능기준

(1) 철근 콘크리트 규격 : 강도는 구조도면에 명기된 바에 따르며, 다음의 *[표 2.6.2-1]* 과 같이 적용한다.

(2) 무근 콘크리트의 규격 : 도면에 명기된 바가 없는 경우에 다음의 *[표 2.6.2-2]* 와 같이 적용한다.

(3) 강도 : 달리 명기하지 않는 한 강도시험에서 공시체의 재령은 표준품인 경우 28일을 기준으로 한다.

(4) 염화물 함유량 : 콘크리트 출하지점에서 염소이온량이 0.3kg/㎥ 이하이어야 한다.

(5) 공기량 : 보통 콘크리트 공기량은 4.5(%)를 기준으로 한다.

[표 2.6.2-1] 철근 콘크리트 규격 및 적용 부위

구분	규격			적용부위
	골재최대 치수(㎜)	설계기준강도 MPa(N/㎟)	슬럼프(㎜)	
구조용 콘크리트	25	구조도면 기준	150	기초 제외 일반 부분
기초 및 기초 매트	25	구조도면 기준	120	기초

[표 2.6.2-2] 무근 콘크리트 규격 및 적용 부위

구분	규격			적용부위
	골재최대 치수(㎜)	설계기준강도 MPa(N/㎟)	슬럼프(㎜)	
밑창 콘크리트	25	18	80	-

3 시공

3.1 거푸집 설치 CHECK 10

3.1.1 거푸집 설치

(1) 거푸집 및 동바리는 승인된 시공도면에 따라 콘크리트 부재의 위치, 형상 및 치수를 기준으로 하여 허용오차기준을 만족하도록 가공하고 조립한다.
(2) 거푸집 및 동바리는 조립이나 해체에 편리한 구조로서 콘크리트에 손상을 주지 않고 안전하게 떼어낼 수 있도록 조립하여야 한다.
(3) 각종 배관, 박스, 매설물은 콘크리트를 부어 넣을 때 이동하지 않도록 시공도에 표시한 위치에 견고하게 부착시킨다.
(4) 이음매와 접합부는 모르타르가 새지 않게 봉합해야 한다. 제작자의 설치지침서에 따라 누수방지 재료를 설치해야 하며, 맞댄 거푸집 패널사이의 면이 매끈한 연속성을 유지해야 하고, 콘크리트 부어넣기 작업에 의한 변위를 지탱할 수 있어야 한다.
(5) 거푸집과 동바리는 콘크리트를 부어넣기한 후 그 중량에 의하여 생기는 거푸집의 침하량을 계산해서 그만한 솟음을 두어야 한다.
(6) 키홈, 긴홈 및 우묵한 곳을 만들기 위하여 나무, 합성수지 또는 PVC 삽입제 등을 설치해야 하며, 나무 삽입제는 부풀지 않고 제거하기 쉬워야 한다.
(7) 거푸집을 깨끗하고 비틀림과 꺾임이 없게 유지해야 한다.
(8) 비틀림이나 변위를 방지하도록 임시 칸막이로 버텨야 하며 콘크리트 모르타르의 누설을 방지할 수 있도록 거푸집에 밀착시켜 설치해야 한다.
(9) 벽, 기둥의 바닥 및 필요한 곳에는 거푸집의 검사와 청소를 위한 구멍을 두어야 한다. 청소구멍은 콘크리트를 부어넣기 바로 전에 검사를 하고 검수하기 전에는 폐쇄해서는 안된다.

◀ CHECK 10

거푸집공사 시공순서

① 기초(Foundation)
② 기둥(Column)
③ 내벽(Inner Wall)
④ 큰 보(Girder)
⑤ 작은 보(Beam)
⑥ 슬래브(Slab)
⑦ 외벽(Outer Wall)
⑧ 공사 완료

동바리 및 멍에의 간격

- 혼슬래브 두께 150㎜ 미만 : 간격은 1.5m 이내
- 슬래브 두께 300㎜ 미만 : 간격은 800㎜ 이내
- 슬래브 두께 500㎜ 미만 : 간격은 600㎜ 이내

3.1.2 매설재 및 개구부 CHECK 11

(1) 각종배관 슬래브, 박스, 문틀, 매설물 및 정착물 등은 콘크리트를 부어넣기 전에 이동하지 않도록 시공도에 표시한 위치에 견고하게 고정시켜야 한다.

▶ CHECK 11

콘크리트 타설 전 배관 고정

타설 및 양생 후 (▼)

3.2 거푸집 및 동바리의 해체

3.2.1 일반사항

(1) 거푸집은 공사감리자의 확인을 받아 안전하게 해체한다.
(2) 동바리 해체 후 유해한 균열 및 처짐의 유무를 조사하고 이상을 발견한 경우는 즉시 공사감리자의 지시를 받는다.

3.2.2 거푸집 및 동바리의 해체

(1) 거푸집 및 동바리는 콘크리트가 자중 및 시공 중에 가해지는 하중을 지지할 수 있는 강도를 가질 때까지 해체할 수 없다.
(2) 거푸집 및 동바리의 해체 시기 및 순서는 시멘트의 성질, 콘크리트의 배합, 구조물의 종류와 중요도, 부재의 종류 및 크기, 부재가 받는 하중, 콘크리트 내부의 온도와 표면 온도의 차이 등을 고려하여 결정하고 공사감리자의 확인을 받는다.
(3) 기초, 보, 기둥, 벽 등의 측면 거푸집널 해체는 시험에 의해 *[표 3.2.2-1]*을 만족할 때 시행한다. 특히, 내구성이 중요한 구조물에서는 콘크리트 압축강도가 10MPa 이상일 때 거푸집널을 해체할 수 있다. 거푸집널 존치기간 중 평균기온이 10℃ 이상인 경우는 콘크리트 재령이 *[표 3.2.2-2]*의 재령 이상 경과하면 압축강도 시험을 하지 않고도 해체할 수 있다.
(4) 슬래브 및 보의 밑면, 아치 내면의 거푸집은 콘크리트의 압축강도가 아래 표를 만족할 때 해체할 수 있다.
(5) 보, 슬래브 및 아치 하부의 거푸집널은 원칙적으로 동바리를 해체한 후에 해체한다. 그러나 구조계산으로 안전성이 확보된 양의 동바리를 현 상태대로 유지하도록 설계, 시공된 경우 콘크리트를 10℃ 이상 온도에서 4일 이상 양생한 후 사전에 책임기술자의 승인을 받아 해체할 수 있다.

[표 3.2.2-1] 콘크리트의 압축강도를 시험할 경우 거푸집널의 해체 시기

부재		콘크리트 압축강도
기초, 보, 기둥, 벽 등의 측면		5 MPa 이상
슬래브 및 보의 밑면, 아치 내면	단층구조의 경우	설계기준 압축강도의 2/3 이상 또한, 최소 14Mpa 이상
	다층구조인 경우	설계기준 압축강도 이상 (필러 동바리 구조를 이용할 경우는 구조계산에 의해 기간을 단축할 수 있음. 단, 이 경우라도 최소강도는 14Mpa 이상으로 함)

[표 3.2.2-2] 콘크리트의 압축강도를 시험하지 않을 경우 거푸집널의 해체 시기(기둥, 보, 기둥 및 벽의 측면)

시멘트 종류 / 기온	조강 포틀랜드 시멘트	보통 포틀랜드 시멘트 고로슬래그 시멘트 (1종) 포틀랜드 포졸란 시멘트 (1종) 플라이애쉬 시멘트 (1종)	고로슬래그 시멘트 (2종) 포틀랜드 포졸란 시멘트 (2종) 플라이애쉬 시멘트 (2종)
20℃ 이상	2일	4일	5일
20℃ 미만 10℃ 이상	3일	6일	8일

(6) 동바리 해체 후 해당 부재에 가해지는 전 하중이 설계하중을 초과하는 경우에는 전술한 존치기간에 관계없이 하중에 의하여 유해한 균열이 발생하지 않고 충분히 안전하다는 것을 구조계산으로 확인한 후 책임기술자의 승인을 받아 해체할 수 있다.

(7) 콘크리트는 양생 시에 직사 일광이나 강풍에 노출되거나 과도하게 건조하면 표면에 건조수축 및 균열이 발생하는 등 손상이 생기기 쉬우므로 거푸집 탈형 후에는 시트 등으로 직사일광이나 강풍을 피하고 급격히 수분이 증발하는 것을 방지하여야 한다.

3.2.3 거푸집 및 동바리를 해체한 직후의 재하

(1) 거푸집 및 동바리를 해체한 직후 구조물에 재하하는 하중은 콘크리트의 강도, 구조물의 종류, 작용하중의 종류와 크기 등을 고려하여 유해한 균열이나 기타 손상이 발생하지 않는 범위 이내로 한다.

(2) 동바리를 해체한 후에도 유해한 하중이 재하 될 경우에는 동바리를 적절하게 재설치하여야 한다. 또한 시공 중의 고층건물의 경우 최소 3개 층에 걸쳐 동바리를 설치한다.

3.3 습기 차단재

3.3.1 습기차단재(폴리에틸렌 필름) 포설

(1) 지면에 접한 슬래브 하부에 습기차단재가 시공되는 경우 이음부위를 100㎜ 이상 겹치도록 하고, 테이프나 접착제를 사용하여 기밀하게 처리한다.

· 대지정리 후 PE 필름 시공 · 테이프나 접착제를 이용하여 기밀하게 시공 · PE 필름 시공 완료 후 콘크리트 타설 · 콘크리트 타설 후 양생

[사진 3.3.1-1] 바닥 콘크리트 타설 시 PE 필름 시공 사례

3.4 철근의 가공 및 조립 CHECK 12

3.4.1 공통사항

(1) 철근은 계약도면, 승인 받은 시공상세도면에 따라 설치해야 한다.

(2) 철근 조립 전에 콘크리트와의 부착력을 감소시킬 우려가 있는 들뜬 녹, 기름류, 먼지, 흙 등을 제거해야 한다. 조립한 후 콘크리트의 부어넣기까지 장기간 경과되었을 때는 콘크리트를 부어넣기 전에 위의 사항을 재검사하고 필요에 따라 철근을 청소한다.

(3) 철근은 정확하게 설치해야 하고, 콘크리트를 치기 전에 공사감리자의 검사를 받아야 한다. 그리고 작업원의 체중과 콘크리트치기로 이동되지 않도록 견고하게 고정시켜야 한다.

3.4.2 철근지지물(Bar-Support)

(1) 철근은 고임재, 간격재 및 현수재 위에 지지되게 하고, 제자리에 이미 설치된 철근에 단단하게 결속해야 한다. 고임재의 다리는 거푸집 표면에 박히지 않고 거푸집 안에서 지지되게 해야 한다.

3.4.3 배근

(1) 설계도상의 바른 위치에 배치하고 콘크리트를 부어넣을 때 움직이지 않도록 견고하게 결속하여야 하며 필요한 경우 조립 철근을 사용할 수 있다.

(2) 철근이 종횡으로 만나는 부위는 결속철선 또는 철근용 클립으로 견고하게 결속하여야 하며 기둥, 보, 벽의 접합부 등의 중요부분은 2~3선 묶음으로 한다.

(3) 철근과 철근의 순간격은 굵은 골재 최대치수의 1.25배 이상으로 25㎜이상, 공칭 지름의 1.5배 이상으로 한다. 여기서 철근간의 순간격은 철근 표면간의 최단거리이며, 철근간의 마디, 리브 등이 가장 근접하는 경우의 치수이다. 겹침이음의 경우에도 이음 철근과 인접 철근과의 간격은 위의 값 이상으로 한다.

(4) 보 관통구멍과 벽 및 슬래브의 개구부 보강철근은 설계도면에 따른다.

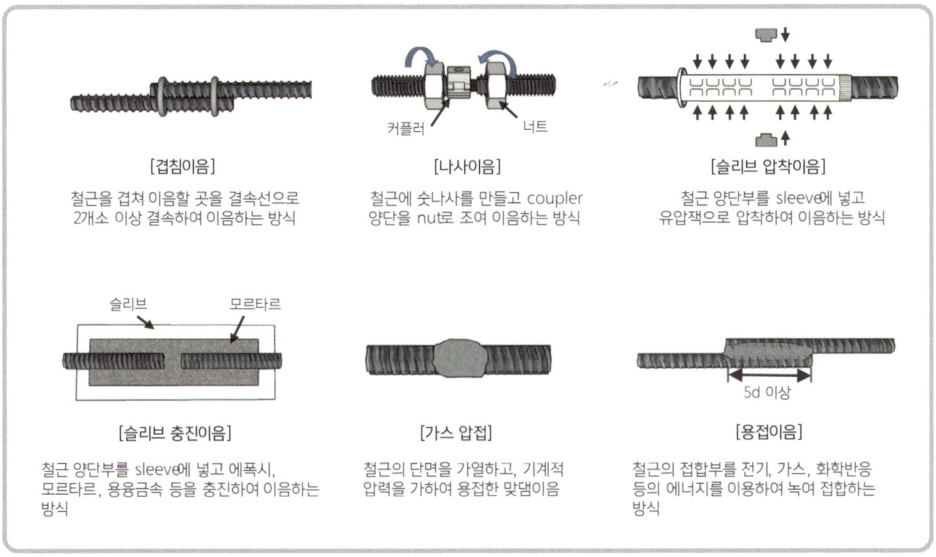

[그림 3.4.3-1] 철근이음의 종류별 예시도

◀ CHECK 12

철근의 조립순서

- 철근콘크리트조 : 거푸집 조립순서에 맞춰 하부에서 상부로

① 기초(Foundation)
② 기둥(Column)
③ 벽(Wall)
④ 보(Beam)
⑤ 슬래브(Slab)
⑥ 계단(Stairs)

- 철골철근콘크리트조 : 철골세우기 및 리벳 조임이 완료된 부분부터 조립

① 기초(Foundation)
② 기둥(Column)
③ 보(Beam)
④ 벽(Wall)
⑤ 슬래브(Slab)
⑥ 계단(Stairs)

기초철근의 조립순서

① 거푸집 위치 먹매김
② 철근 간격표시
③ 직교철근 배근
④ 대각선철근 배근
⑤ 스페이서 설치
⑥ 기둥주근 설치
⑦ 띠근(Hoop) 감기

<출처> 건축시공 제2판 (2009, 노인철)

지붕층 슬라브 철근배근 사례

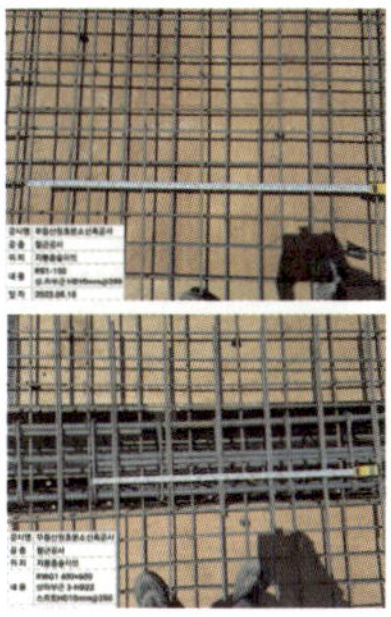

3.5 조인트

3.5.1 시공이음

(1) 시공이음은 될 수 있는 대로 전단력이 작은 위치에 설치하고, 시공이음을 부재의 압축력이 작용하는 방향과 직각되게 해야 한다. 설계서에 없는 경우, 보, 바닥 슬래브 및 지붕 슬래브에서는 중앙부근에, 기둥 및 벽에서 바닥슬래브, 기초의 상단 또는 하단에 이음부를 두며, 이음부의 단면은 수평 또는 수직이 되게 한다.

(2) 설계에 정해져 있는 이음의 위치와 구조는 지켜져야 하며, 설계에 정해져 있지 않은 이음을 설치한 경우에는 구조물의 강도, 내구성 및 외관을 해치지 않도록 위치, 방향 및 시공방법을 시공계획서 및 시공도에 명기하여 공사감리자의 확인을 받아야 한다.

(3) 부득이 전단이 큰 위치에 시공이음을 설치할 경우에는 시공이음에 장부 또는 홈을 만들던지 적절한 강재를 배치하여 보강해야 한다.

(4) 시공이음부를 철근으로 보강하는 경우에는 정착 길이는 철근지름의 20배 이상으로 하고 원형철근의 경우에는 갈고리를 붙여야 한다.

(5) 시공이음을 계획할 때에는 온도변화, 건조수축 등에 의한 균열의 발생에 대해서도 고려해야 한다.

(6) 시공이음은 직선이고 경우에 따라 구조물과 정확하게 수직하고 수평한 배치를 갖게 해야한다.

(7) 시공이음에서는 콘크리트의 표면을 깨끗하게 청소하고, 다음 층의 콘크리트를 치기 전에 레이턴스를 제거해야 한다. 수축에 대한 시각여유를 주기 위해서는 12시간 내에는 시공 이음의 굳은 쪽에 콘크리트를 쳐서는 안 된다. CHECK 13

CHECK 13 ▶

콘크리트 시공이음 시 레이턴스의 제거

▪ 레이턴스는 블리딩에 의해 비교적 밀도가 낮은 미세한 입자가 부유물과 함께 부상하여 콘크리트의 표면에 침적되어 경화되지 않기 때문에 콘크리트의 시공이음 등에서 이것을 제거하지 않으면 시공이음부의 강도가 낮아질 수 있음

(8) 역방향 치기 콘크리트의 시공시에는 콘크리트의 침하를 고려하여 시공이음이 일체가 되도록 콘크리트의 재료, 배합 및 시공방법을 선정해야 한다.

(9) 철근은 시공이음을 가로질러서 연속되어야 한다.

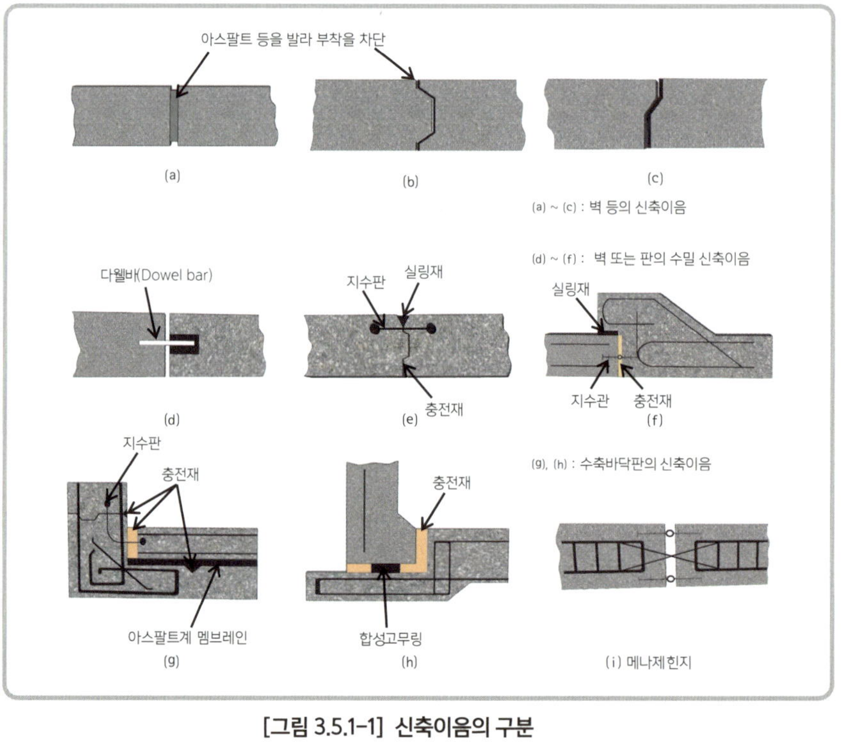

[그림 3.5.1-1] 신축이음의 구분

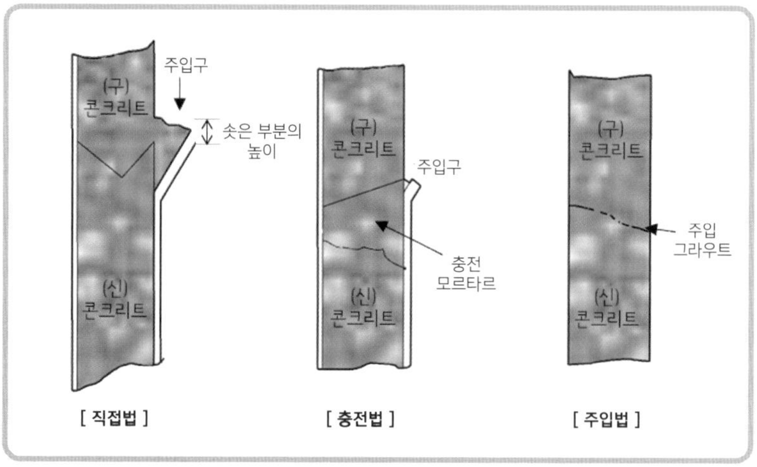

[그림 3.5.1-2] 역방향 타설 콘크리트의 이음

3.6 수팽창 지수재 및 지수판

3.6.1 수팽창 지수재의 시공

(1) 수팽창 지수재는 콘크리트 면과 들뜸 현상이 없어야 한다.
(2) 수팽창 지수재에 못을 치거나 구멍을 뚫어서는 안 된다.
(3) 수팽창 지수재는 저장 중 48시간 이상 직사광선을 받지 않아야 한다.
(4) 수팽창 지수재는 공기가 자유롭게 유통할 수 있도록 보관하여야 하며, 비에 젖거나 물과 접촉해서는 안 된다.
(5) 수팽창 지수재 설치 후 우천과 콘크리트 살수 양생시 물에 노출되어 사전 부풀음이 발생하지 않도록 보호조치를 하여야 한다.
(6) 물과 접촉되어 사전 부풀음이 발생된 수팽창 지수재는 반드시 제거하고 재시공하여야 한다.

3.6.2 지수판의 시공

3.6.2.1 신축이음(expansion joint)

(1) 콘크리트 신축이음 지수판은 중앙 밸브형 주름판(CC형), 중앙밸브형 평판(CF형), 언컷트형 주름판(UC형), 특수형(S형)을 사용해야 한다.
(2) 지수판의 중앙밸브(원통)부와 신축이음재(joint filler)가 반드시 일치되도록 설치하여 온도변화에 따른 콘크리트 팽창수축 대응기능을 확보하여야 한다.
(3) 콘크리트 타설 시 지수판이 접히거나 움직이지 않도록 단단히 고정하여야 한다.

3.6.2.2 시공이음(construction joint)

(1) 콘크리트 시공이음 지수판(수평 및 수직)은 평면형 주름판(FC형)과 평면형 평판(FF형) 및 특수형(S형)을 사용하여야 한다.
(2) 콘크리트 시공이음부에는 중앙 밸브형 주름판(CC형)과 중앙 밸브형 평판(CF형)을 사용하지 말아야 한다.(콘크리트 팽창수축 대응기능 불필요 및 시공성 불량)
(3) 콘크리트 타설시 좌우, 상하 균등하게 묻히도록 설치하여야 한다.

3.6.2.3 보호 및 마감

(1) 지수판은 재료의 주위에 공기가 자유롭게 유통할 수 있도록 저장하여야 한다.
(2) 지수판은 저장 중 48시간 이상 직사광선을 받지 않아야 한다.
(3) 지수판 본체에 구멍을 뚫거나 못을 치지 말아야(누수원인) 한다.

3.7 콘크리트 타설 전 검사

3.7.1 시공조건의 확인

(1) 콘크리트 타설전에 거푸집, 토압지지면, 철근 및 매설물 등을 검사한 후 공사감리자의 확인을 받아야 한다.

3.7.2 작업준비

(1) 타설일정의 통지

결함 있는 거푸집이나 철근에 대한 검사와 수정을 위해, 일정상의 콘크리트 타설 전 최소한 48시간 전에 공사감리자에게 미리 통지한다. 필요한 모든 점검이 이루어 질 때까지 콘크리트를 타설하지 않는다.

(2) 기후조건

콘크리트 타설 예정시간에 대한 일기 예보를 숙지한다. 혹독한 기상 상태가 될 것으로 예상되면, 일정을 취소하여 타설을 시작하지 않는다.

(3) 검사 : 콘크리트 타설에 앞서 아래 사항에 대하여 공사감리자의 검사를 받아야 한다.

① 철근 배근, 매입(埋入)부품 등의 설계도서와의 일치여부

② 운반, 타설 장비 등 승인된 시공계획서 내용과의 일치여부

③ 거푸집 내부면의 물축임과 청소상태

④ 콘크리트 이어붓기 면이나 거푸집 내부 및 철근표면에 부착된 얼음, 눈 또는 서리의 제거상태

⑤ 거푸집 및 동바리의 시공상태

CHECK 14 ▶
지붕 철근 배근 → 콘크리트 타설

3.8 콘크리트 운반, 타설 및 다짐 CHECK 14

3.8.1 일반사항

(1) 콘크리트는 그 종류, 품질 및 시공조건에 적합한 방법에 의하여 재료분리, 누출 및 품질변화가 가능한 한 적게 되도록 운반한다.

(2) 콘크리트의 타설 및 다짐은 콘크리트가 균질하고 밀실하게 충전되어 소요강도 및 내구성을 가지며, 유해한 타설 결함부가 없는 구조체 콘크리트가 얻어질 수 있도록 실시하여야 한다.

(3) 수급인은 콘크리트의 운반, 타설 및 다짐에 앞서 소요 품질의 구조체 콘크리트를 확보하기 위하여 아래 타설 계획서에 대해 공사감리자의 확인을 받는다.

① 운반, 타설, 다짐의 방법과 사용기기의 종류 및 수량

② 운반, 타설, 다짐을 위한 노무의 조직

③ 콘크리트의 비빔시작에서 타설 종료까지의 시간 한도

④ 타설 구획 및 타설 순서

⑤ 단위시간당 타설량

⑥ 품질이 변한 콘크리트의 조치

⑦ 타설이음부의 처리방법

⑧ 개구부, 슬리브 매설 부위 등의 타설 방법

(4) 강우, 강설 등이 콘크리트의 품질에 유해한 영향을 미칠 우려가 있는 경우에는 필요한 조치를 정하여 공사감리자의 확인을 받는다.

3.8.2 콘크리트의 운반

(1) 운반기기는 콘크리트 펌프, 버킷, 슈트 및 손수레 등으로 하고, 콘크리트의 종류, 품질 및 시공조건에 따라서 운반에 의한 콘크리트의 품질변화가 작은 것을 선정한다.

(2) 운반용 기구는 사용에 앞서 내부에 부착된 콘크리트와 이물질 등을 제거하고, 충분히 정비·점검한다.

(3) 콘크리트의 비빔시작부터 타설종료까지의 시간한도는 외기온이 25 ℃ 미만인 경우에는 120분, 25 ℃ 이상인 경우에는 90분으로 한다. 다만, 콘크리트 온도를 낮추거나 또는 응결을 지연시키는 등의 특별한 대책을 강구하는 경우에는 공사감리자의 지시를 얻어 이 시간한도를 변경할 수 있다.

(4) 운반 및 타설 시에는 콘크리트에 가수해서는 안 된다. 유동화제를 첨가하여 슬럼프를 회복시키는 경우에는 공사감리자의 확인을 받는다.

3.8.3 타설 CHECK 15

(1) 콘크리트는 콘크리트가 위치하는 장소에 가능한 가까운 곳에서 타설한다. 기둥을 포함하는 벽에서 기둥부위로 타설 콘크리트를 옆으로 흘려보내서는 안 된다.

(2) 타설이음부에 있어서 콘크리트의 타설, 다짐은 타설이음부에 다짐불량이나 블리딩수의 집중으로 인한 취약부가 생기지 않도록 실시한다.

(3) 1회에 타설하도록 계획된 구획 내에서 콘크리트가 일체가 되도록 연속하여 타설한다.

(4) 타설속도는 콘크리트의 워커빌리티 및 타설장소의 시공조건 등에 따라 양호한 다짐이 가능한 범위로 한다.

(5) 콘크리트의 자유낙하 높이는 콘크리트가 분리되지 않는 범위로 한다.

(6) 계속 타설 중의 이어붓기 시간간격의 한도는 외기온이 25 ℃ 미만일 때는 150분, 25 ℃ 이상에서는 120분으로 한다. 다만, 연속 타설 부위에 결함이 생기지 않도록 특별한 방법을 강구한 경우에는 공사감리자의 확인을 받아 연속 타설 시간간격의 한도를 조정할 수 있다.

(7) 콘크리트 타설 시 철근, 거푸집, 간격재 및 철근 고임재 등을 이동시킴으로써 피복두께의 부족이 발생하지 않도록 한다. 특히 슬래브 상부 철근을 직접 발로 밟거나 하여 철근이 밑으로 처지지 않도록 주의한다.

(8) 칠 부재의 두께가 500㎜ 이상일 때는 특히 침하균열이 발생되지 않도록 타설속도를 저감시켜야 하며, 타설 종료 후 표면조사를 하여 균열이 발생할 경우 즉시 탬핑(Tamping, 다짐)하여 균열을 제거하여야 한다.

(9) 압송 종료 후 수송관의 세정은 지상에서 하고, 해체하지 않은 수직관의 세정수가 콘크리트나 거푸집에 유입되지 않도록 한다.

◀ CHECK 15

워커빌리티

- Workability(작업성)는 레미콘의 성질, 품질, 시공성을 종합적으로 표현하는 용어로서 사용하고 있다. 콘크리트 시방서에서는 '컨시스턴스 및 재료분리에 대한 저항성의 정도에 의해 정해지는 레미콘, 모르타르에 있어서 운반, 타설, 응결, 마감 등의 작업의 용이함'으로 정의된다.

타설 작업 흐름도(Flow)

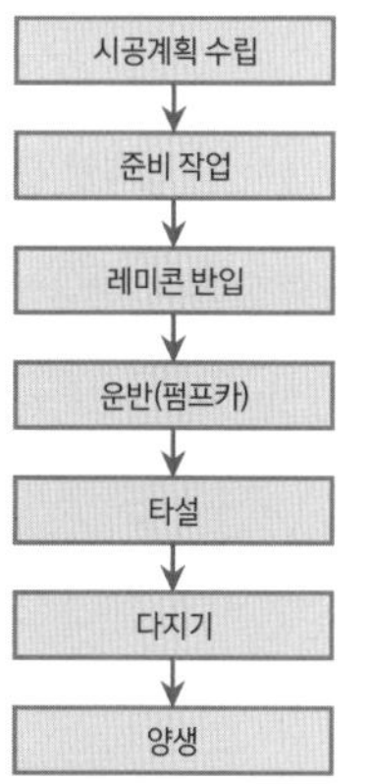

[표 3.8.3-1] 부위별 최소 피복두께

종류			피복두께
수중에서 타설하는 콘크리트			100㎜
흙에 접하여 콘크리트를 친 후 영구히 흙에 있는 콘크리트			75㎜
흙에 접하거나 옥외의 공기에 직접 노출되는 콘크리트	D19 이상 철근		50㎜
	D16 이하 철근, 지름 16㎜ 이하 철선		40㎜
옥외의 공기나 흙에 직접 접하지 않는 콘크리트	슬래브, 벽체, 장선	D35 초과 철근	40㎜
		D35 이하 철근	20㎜
	보, 기둥(모든 철근)		40㎜
	쉘, 철판부재(모든 철근)		20㎜

- 출처 : 콘크리트구조 철근상세 설계기준(KDS 14 20 50: 2021)

3.8.4 다짐

(1) 다짐은 철근 및 매설물 등의 주위와 거푸집의 구석구석까지 콘크리트가 충전되어 밀실한 콘크리트가 얻어질 수 있도록 한다.
(2) 콘크리트 다지기에는 내부진동기의 사용을 원칙으로 하나, 얇은 벽 등 내부진동기의 사용이 곤란한 장소에서는 거푸집 진동기를 사용해도 좋다.
(3) 콘크리트는 타설 직후 바로 충분히 다져서 콘크리트가 철근 및 매설물 등의 주위와 거푸집의 구석구석까지 잘 채워져 밀실한 콘크리트가 되도록 하여야 한다.
(4) 거푸집널에 접하는 콘크리트는 되도록 평탄한 표면이 얻어지도록 타설하고 다져야 한다.
(5) 거푸집 진동기는 거푸집의 적절한 위치에 단단히 설치하여야 한다.

▶ CHECK 16
콘크리트 타설 불량
• 사진과 같은 재료분리 현상은 굵은골재의 입도가 부적합하며, 단위수량을 과다하게 높여 타설하는 경우 발생함

[사진 3.8.4-1] 콘크리트 타설 시공하자 사례 CHECK 16
- 출처 : 한국패시브건축협회 (https://www.phiko.kr)

3.8.5 콘크리트 타설 후 윗면의 마무리 및 처리

(1) 타설 및 다짐 후 콘크리트의 윗면은 소정의 위치와 물매에 따라 소정의 정밀도가 얻어질 수 있도록 평활하게 표면마무리를 한다.
(2) 콘크리트의 침하, 굵은 골재의 분리, 블리딩 등에 의한 결함은 콘크리트의 응결이 끝나기 전에 처리한다. 전기나 설비 등이 특히 많이 배선된 슬래브 부위는 수축균열이나 침하균열 등의 균열이 발생할 확률이 높으므로 콘크리트 타설 후, 1시간 정도가 경과되고 나면 콘크리트 표면을 탬핑(다짐) 등으로 처리한다. CHECK 17
(3) 기둥, 벽 등의 수평 타설 이음부의 윗면은 소정의 물매와 거칠기로 마무리한다. 타설 이음면을 응결 지연제를 사용하여 처리하는 경우 응결지연제의 종류와 사용방법은 신뢰할 수 있는 자료 또는 시험에 의해 정하여 공사감리자의 확인을 받는다.

CHECK 17 ▶
블리딩 현상
• 콘크리트 타설 후 콘크리트가 굳어지는 동안 물과 결합재 일부가 콘크리트 윗면으로 상승하는 현상
• 심할 경우 초기균열을 발생시키는 원인이 되며, 감수제, AE제, 포졸란 등의 사용은 보수효과가 있어 블리딩 현상을 줄여줌

3.9 양생 및 보양

3.9.1 일반사항

(1) 콘크리트는 타설한 후 소요기간까지 경화에 필요한 온도, 습도조건을 유지하며, 유해한 작용의 영향을 받지 않도록 충분히 양생하여야 한다. 구체적인 방법이나 필요한 일수는 각각 해당하는 조항에 따라 구조물의 종류, 시공조건, 입지조건, 환경조건 등 각각의 상황에 따라 정한다.

CHECK 18 ▶
습윤양생
• 시멘트의 수화에 필요한 물을 콘크리트로부터 발산되지 않도록 할 뿐만 아니라, 필요한 양만큼 확보하기 위한 작업을 의미
• 건조수축에 의한 초기 균열을 방지하는데도 효과가 있음

3.9.2 습윤양생 CHECK 18

(1) 콘크리트는 타설한 후 경화가 시작될 때까지 직사광선이나 바람에 의해 수분이 증발하지 않도록 보호하여야 한다.
(2) 콘크리트의 표면을 해치지 않고 작업이 될 수 있을 정도로 경화하면 콘크리트의 노출면은 양생용 매트, 모포 등을 적셔서 덮거나 또는 살수를 하여 습윤상태로 보호하여야 한다. 습윤상태로 보호하는 기간은 다음 *[표 3.9.2-1]* 을 표준으로 한다.
(3) 거푸집판이 건조될 우려가 있는 경우에는 살수하여야 한다.
(4) 막양생을 할 경우에는 충분한 양의 막양생제를 적절한 시기에 균일하게 살포하여야 한다. 막양생으로 수밀한 막을 만들기 위해서는 충분한 양의 막양생제를 적절한 시기에 살포할 필요가 있으므로 사용 전에 살포량, 시공방법 등에 관해서 시험을 통하여 충분히 검토하여야 한다. 막양생제는 콘크리트 표면의 물빛(水光)이 없어진 직후에 실시하며, 부득이 살포가 지연되는 경우에는 막양생재를 살포할 때까지 콘크리트 표면을 습윤상태로 보호하여야 한다.

[표 3.9.2-1] 습윤양생기간의 표준

일평균 기온	보통 포틀랜드시멘트	고로슬래그시멘트 플라이애쉬시멘트 B종	조강포틀랜드시멘트
15℃ 이상	5일	7일	3일
10℃ 이상	7일	9일	4일
5℃ 이상	9일	12일	5일

3.9.3 온도제어 양생

(1) 콘크리트는 경화가 충분히 진행될 때까지 경화에 필요한 온도조건을 유지하여 저온, 고온, 급격한 온도변화 등에 의한 유해한 영향을 받지 않도록 필요에 따라 온도제어양생을 실시하여야 한다.
(2) 온도제어양생을 실시할 경우에는 온도제어방법, 양생기간 및 관리방법에 대하여 콘크리트의 종류, 구조물의 형상 및 치수, 시공방법 및 환경조건을 종합적으로 고려하여 적절히 정하여야 한다.
(3) 증기양생, 급열양생, 그 밖의 촉진양생을 실시하는 경우에는 콘크리트에 나쁜 영향을 주지 않도록 양생을 시작하는 시기, 온도상승속도, 냉각속도, 양생온도 및 양생시간 등을 정하여야 한다.

3.10 한중콘크리트

3.10.1 일반사항

(1) 일 평균기온이 4℃ 이하일 경우는 한중콘크리트로 시공한다.
(2) 수급인은 공사 시작 전에 한중 콘크리트에 사용될 자재, 시설, 배합, 양생방법 및 그들의 관리방법 등 필요한 사항이 포함된 동절기 시공계획서를 제출하여 공사감리자의 확인을 받는다.

3.11 서중콘크리트 CHECK 19

3.11.1 일반사항

(1) 서중 콘크리트는 일평균 기온이 25℃ 또는 일 최고온도가 30℃를 초과하는 경우에 적용한다.
(2) 수급인은 공사 시작 전에 이용하는 재료, 시설, 배합, 비빔, 운반, 타설 및 양생 방법을 제시하여 공사감리자의 확인을 받는다.

◀ CHECK 19
서중콘크리트 시공 유의사항
- 서중 콘크리트 시공 시 구조물은 외부기온에 의해 초기강도는 온도에 따른 수화반응에 의해 충분히 확보할 수 있으나, 장기적인 강도의 발현이 저하될 수 있음
- 이에 따라 콘크리트 구조물이 품질기준강도 확보에 어려울 수 있으므로 기온보정강도를 검토하는 것이 바람직함

3.12 콘크리트 표면마감

3.12.1 거푸집 마감면

(1) 비노출 마감면 (면처리)
별도의 마감이 없는 비노출 마감면은 핀 및 철선제거, 폼타이 구멍 등 결함 부위를 보수한 후 거푸집 이음부위를 따라 요철 턱짐부위 등을 연마기로 갈아내어 표면 상태를 마감한다.

3.12.2 슬래브 상부마감

(1) 보통마감 : 모르타르 등이 추가로 시공되는 부위는 나무흙손, 밀대 등으로 자갈이 보이지 않도록 평탄하게 고름질 한다.

3.13 시공허용오차

[표 3.13-1] 콘크리트 부재의 위치 및 단면치수 허용차의 표준값

항 목		허용차(mm)
위 치	설계도면에 표시된 위치에 대한 각부분의 위치	± 20
단면치수	기둥, 보, 벽의 단면치수 및 바닥슬래브의 두께	-5 / +20
	기초의 단면치수	-10 / +50

(1) 콘크리트 부재의 위치 및 단면치수의 허용차는 *[표 3.13-1]*을 표준으로 한다.
(2) 콘크리트 마무리의 평탄하기는 아래 표를 표준으로 한다.

[표 3.13-2] 콘크리트 마무리의 평탄하기 표준값

콘크리트 내·외장 마무리	평탄하기(㎜)	참 고	
		기둥, 벽의 경우	바닥의 경우
마무리두께가 7㎜ 이상의 경우 또는 바탕의 영향을 그다지 받지 않는 경우	1m당 10 이하	바름바탕 띠장바탕	바름바탕 이중마감바탕
마무리두께가 7㎜ 미만의 경우 그외 상당히 양호한 평탄함이 필요한 경우	3m당 10 이하	뿜칠바탕 타일압착바탕	타일바탕 융단포설바탕 방수바탕
콘크리트가 제물치장 마무리이거나 마무리 두께가 매우 얇을 때, 그 외 양호한 표면상태가 필요할 때	3m당 6 이하	제물치장콘크리트 도장바탕 천붙임바탕	수지바름바탕 내마모마감바탕 쇠흙손마무리바탕

3.14 콘크리트면 보수

(1) 거푸집을 제거한 즉시 콘크리트면을 검사하여 긴결재로 인하여 철근의 부식이 우려되거나, 곰보자국, 공동부위, 후속마감에 영향을 미칠 수 있는 오염 및 변색부위 등의 결함부위를 보수한다.
(2) 건축물의 구조적 안전이 우려되는 결함부위는 건축구조기술사의 판단을 받아 안전하게 조치하여야 한다.
(3) 결함부위를 보수할 수 없는 경우에는 이를 제거하고 재시공한다.
(4) 결함상태에 따라 시멘트 모르타르나 콘크리트 등으로 결함부위를 보수한다. 폼타이 구멍은 내부를 밀실하게 채우고, 표면에 노출된 긴결철물은 완전히 제거한다.
(5) 철근위치 또는 단면을 관통하는 잔금이나 균열은 승인된 보수 방법으로 보수한다.
① 철근 콘크리트 구조물의 내구성 확보를 위하여 허용되는 균열 폭은 아래 표의 범위 이내이어야 한다.

[표 3.14-1] 철근 콘크리트 구조물의 허용균열 폭(㎜)

강재의 종류	건조환경	습윤환경	부식성 환경	고부식성 환경
철근	0.4㎜와 0.006Cc 중 큰 값	0.3㎜와 005Cc중 큰 값	0.3㎜와 004Cc중 큰 값	0.3㎜와 0.035Cc중 큰 값

주1) Cc : 최외단 주철근의 표면과 콘크리트 표면사이의 콘크리트 최소 피복두께(㎜)

[사진 3.14-1] 콘크리트 표면 결함 사례

3.15 철근 현장품질관리

3.15.1 철근가공 및 조립의 검사

(1) 철근의 가공 및 조립의 품질검사는 다음 표에 따른다.

[표 3.15-1] 철근 가공 및 조립에 대한 품질검사(*d*)

<table>
<tr><th colspan="2">항목</th><th>시험·검사방법</th><th>시기·회수</th><th>판정기준</th></tr>
<tr><td colspan="2">철근의 종류, 지름, 수량</td><td>제조회사의 시험성적서에 의한 확인, 외관 관찰, 지름의 측정</td><td>가공 및 조립시</td><td>철근가공조립도와 일치할 것</td></tr>
<tr><td colspan="2">철근의 가공치수</td><td>스케일 등에 의한 측정</td><td rowspan="6">조립 후 및 조립 후 장기간 경과한 경우</td><td>소정의 허용오차 이내일 것</td></tr>
<tr><td colspan="2">간격재의 종류, 배치, 수량</td><td>외관 관찰</td><td>철근의 피복이 바르게 확보되도록 적절히 배치되어 있을 것</td></tr>
<tr><td colspan="2">철근의 고정방법</td><td>외관 관찰</td><td>콘크리트를 타설할 때 변형, 이동의 우려가 없을 것</td></tr>
<tr><td rowspan="3">조립된 철근의 배치</td><td>이음 및 정착 위치</td><td rowspan="3">스케일 등에 의한 측정 및 외관관찰</td><td>철근가공조립도와 일치할 것</td></tr>
<tr><td>철근피복</td><td>허용오차 : d ≤ 200㎜인 경우 -10㎜,
d ＞200㎜인 경우 -13㎜</td></tr>
<tr><td>유효높이</td><td>허용오차 : d ≤ 200㎜인 경우 ±10㎜,
d ＞200㎜인 경우 ±13㎜</td></tr>
</table>

* 단, 하단 거푸집까지의 순거리에 대한 허용오차는 - 7㎜이며, 피복두께의 허용오차는 도면 또는 설계기준에서 요구하 최소 피복두께의 -1/3로 하여야 한다.

(2) 종방향으로 철근을 구부리거나 철근이 끝나는 단부의 허용오차는 ±50㎜이다. 다만 브래킷이나 내민 받침의 불연속단에서 철근단부의 허용오차는 ±13㎜이며. 그 밖의 부재의 불연속단에서 허용오차는 25㎜ 이다.

(3) 철근이 설계된 도면상의 배근위치에서 철근지름 이상 벗어나야 하는 경우에는 공사감리자의 확인을 받아야 한다.

3.15.2 철근이음의 검사

(1) 철근의 이음에 겹침이음 방법 이외의 방법을 사용할 경우에는 이것을 사용하기 전에 그 이음 강도를 확인하기 위한 시험을 실시하여야 한다.

(2) 겹침이음

[표 3.15.2-1] 겹침이음의 검사방법

<table>
<tr><th>종류</th><th>항목</th><th>시험·검사방법</th><th>시기·회수</th><th>판정기준</th></tr>
<tr><td rowspan="2">겹침이음</td><td>위치</td><td rowspan="2">외관관찰 및 스케일에 의한 측정</td><td rowspan="2">가공 및 조립시</td><td rowspan="2">철근가공조립도와 일치할 것</td></tr>
<tr><td>이음길이</td></tr>
</table>

3.16 콘크리트 현장 품질관리

3.16.1 일반사항

(1) 콘크리트의 품질관리는 국토교통부 고시, *건설공사 품질관리 업무지침 "제3편 레미콘 아스콘 품질관리"*에 따른다.

3.16.2 불량레미콘의 처리

(1) 수급인은 불량레미콘이 발생한 경우 즉시 반품 처리하고, 불량레미콘 폐기 처리사항을 확인하여 기록을 비치하여야 하며, 발주자에게 매월 말 그 결과를 보고하여야 한다.

(2) 불량레미콘 유형

① 슬럼프 측정결과 기준에 벗어나는 경우

② 공기량 측정결과 기준에 벗어나는 경우

③ 염화물함량 측정결과 기준에 벗어나는 경우

④ 레미콘 생산 후 규정시간을 경과하는 경우

⑤ 기타의 경우

(3) 공사감리자와 수급인은 반품 처리된 레미콘의 타 현장 반입을 방지하기 위해 불량자재 폐기확약서를 생산자에게 징구하여 준공시까지 보관하여야 한다.

(4) 불량레미콘이 사용되었을 경우에는 불량레미콘이 타설된 부위는 재시공을 원칙으로 한다. 다만 발주자의 승인을 받아 안전진단 등을 실시하고 구조물의 안전에 이상이 없다고 판명된 경우는 그 결과에 따를 수 있다.

3.16.3 콘크리트 압축강도 시험

(1) 공시체

① 콘크리트의 압축강도용 공시체는 Φ150 X 300㎜를 기준으로 하되, Φ100 X 200㎜의 공시체를 사용할 경우 강도보정계수 0.97을 적용하여야 한다.

(2) 압축강도에 의한 콘크리트 품질

① 압축강도에 의한 콘크리트 품질 검사는 다음의 *[표 3.16.3-1]*에 따른다.

② KS F 4009에 의한 레디믹스트 콘크리트는 KS F 4009에 의한다.

[표 3.16.3-1] 압축강도에 의한 콘크리트 품질 검사

항목	시험방법	시기·회수	판정기준
압축강도 (fck) (일반적인경우 재령 28일)	KS F2405	타설공구마다, 타설일마다 1회, 타설량 [120] ㎥ 당 1회, (1회 시험에는 3개의 공시체를 사용), 1 검사로트에 3회	압축강도 35 MPa이하인 경우 ① 연속3회 시험값의 평균이 설계기준 압축강도 이상 ② 1회 시험값이(설계기준압축강도 -3.5MPa) 이상

* 1회의 시험값은 공시체 3개의 압축강도 시험값의 평균 값임.

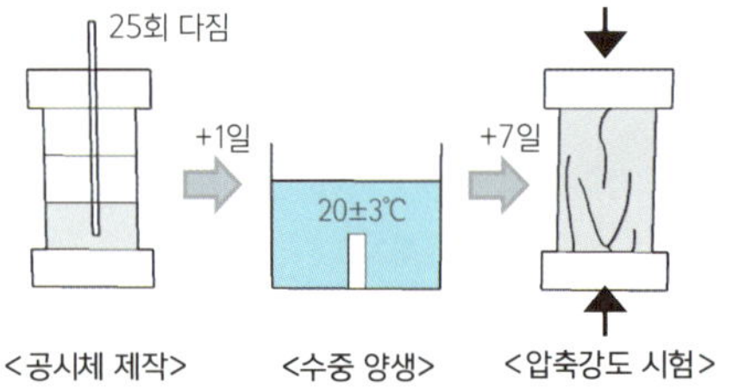

1) 현장에서 몰드에 레미콘을 3층으로 나누어서 각 층을 25회 다짐 후 공시체를 만든다.
2) 다음날 몰드가 어느정도 굳어지면 시험실 양생 수조로 옮긴다.
3) 시험실의 양생 수조는 20±3℃를 유지한다.
4) 양생후 7일, 28일 압축강도 시험(KS F 2405)을 진행한다.

[그림 3.16.3-1] 콘크리트 압축강도 시험 방법

(3) 거푸집 존치기간 판단용 공시체의 양생(구조체 콘크리트의 강도 추정을 위한 압축강도 시험방법)

① 거푸집 존치기간 판단용 공시체는 현장 수중 양생을 한다.

② 공시체의 위치는 주변기온과 같이 변화할 수 있는 곳으로 하되, 급격한 온도변화가 있지 않은 곳이나 일광이 닿지 않는 곳으로 한다.

③ 현장 양생기간 중의 기온, 수조의 온도 등을 기록·유지하여야 한다.

④ 공시체의 압축강도는 설계기준 압축강도의 85% 이상이어야 한다. 단, 85% 미만인 경우에도 위의 판정기준에 합격한 경우에는 적합한 것으로 한다.

(4) 강도시험에 불합격하였을 경우 조치

① 강도시험 결과가 위의 판정기준 보다 낮은 경우 KS F 2422에 적합한 방법으로 3개의 코어를 채취하여 강도시험을 하며, 이때 코어의 채취위치는 구조적으로 위험이 없는 부위로 한다.

② 코어시험에서 3개의 코어의 평균 강도가 설계기준강도의 85% 이상이며, 모든 코어가 설계기준강도의 75% 보다 크면 구조적으로 적정한 것으로 판정한다. 시험결과 콘크리트가 부적정하면 재시험을 실시하고 그 결과에 따라 필요한 조치방안을 수립하여 승인을 받아 시행한다.

③ 코어를 채취한 구멍은 동등 이상 품질의 콘크리트로 빈틈없이 채우고 표면결함이 없도록 마감한다.

3.16.4 콘크리트 받아 들이기 검사

(1) 콘크리트 타설 전 검사는 다음 표에 따른다.

(2) 레디믹스트 콘크리트는 KS F 4009에 의한다.

[표 3.16.4-1] 콘크리트 타설 전 검사

항목	시험방법	시기·회수	판정기준
아직 굳지 않은 콘크리트의 상태	육안 검사	타설 초기 및 타설 중	워커빌리티가 좋은 것 품질이 균일한 것
슬럼프 슬럼프 플로	KS F 2402	1) 압축강도 시험용 공시체 채취 시 2) 타설 중 품질변화가 인정될 때	30mm 이상 80mm 미만 : 허용오차 ± 15 80mm 이상 180mm 이하 : 허용오차 ± 25 슬럼프 플로 : 설정 값의 ± 50 mm
공기량	KS F 2409 KS F 2421 KS F 2449	상동	허용오차 : ± 1.5
온도	온도 측정	상동	정해진 조건에 적합할 것
단위수량	배합표 및 콘크리트의 제조 관리기록에의한 확인	1) 타설초기 2) 타설중, 품질변화가 인정될 때	규정한 값 이하인 것
염화물량	KS F 2515	1) 바다모래나 염화물이 포함되었는지 의심스러운 골재를 사용한 경우는 타설초기 및 120㎥당 1회 이상 2) 그 외의 경우 1일에 1회 이상	KS F 4009 또는 공사시방에서 규정한 값 이하인 것

3.16.5 철근콘크리트 검사

[표 3.16.5-1] 철근콘크리트공사 단계별 주요 검사항목 (LHCS 10 10 05 25 건축공사 일반, 부록3)

공정단계별		주요 검사항목
철근콘크리트	기초 버림콘크리트 타설 및 먹줄 놓기 완료 후	· 기초 및 벽체 중심선 확인 · 버림콘크리트 두께 및 평탄성 여부
	기초 콘크리트 타설준비 완료 후	· 지반계수 확인 (기초시공자료에 의거) · 기초 철근배근 및 철근결속, 스페이서 설치상태 · 옹벽 수직철근 피복두께 유지 및 이탈방지를 위한 철근 고정상태 · 기초 거푸집 상단 귀잡이 및 버팀대 설치 여부 · 바닥과 거푸집 사이 틈 밀봉 확인
	형틀제작 도면검토	· 부위별 거푸집 제작도면 · 슬라브 보조합판 설치계획 · 동바리 설치계획 · 멍에, 띠장 설치계획
	기초 콘크리트 타설과정	· 레미콘 배합보고서 및 송장확인 · 레미콘 가수여부 확인 · 콘크리트 타설기준 준수여부 · 현장품질시험 실시여부 (슬럼프, 염분측정, 공기량, 공시체 제작) · 보양재 및 살수시설 준비상태
	기초 거푸집 제거 후	· 거푸집 존치기간 준수여부 · 콘크리트 상태확인 (재료분리, 균열, 침하) · 기초 콘크리트 규격 확인
	벽체 철근배근 완료 후	· 벽체 중심선, 각종 개구부, 박스위치 확인 · 벽체 수직 및 수평철근 간격 및 수직철근 위치 이탈여부 확인 · 벽 교차부 배근 및 폭고정근 배치상태 · 내력벽 단부 띠기둥, 띠철근 보강 · 각종 벽체 개구부 보강근 확인 · 벽체 형틀 설치 전 확인 (스페이서, 타공종 매입철물) · 결로방지재 규격, 틈새 및 부착상태 확인 · 고정못 및 부착식 간격재 배치상태
	콘크리트 타설 준비 완료 후	· 조립시 부재규격 및 설치간격 확인 (받침목, 장선, 멍에) · 단열홈 및 방수홈 설치상태 · 매설물 위치확인 (앵커철물, 드레인, 슬리브, 전기박스) · 슬래브 철근규격 및 배근간격 확인 · 개구부 및 각종 슬리브 박스 주위 보강근 배근 상태 · 옹벽 마구리 청소구멍 설치, 청소상태확인 · 결로방지재 규격, 틈새 및 부착상태 확인 · 고정못 및 부착식 간격재 배치상태
	콘크리트 타설과정	· 레미콘 배합보고서 및 송장 확인 · 콘크리트 타설순서 준수여부 · 콘크리트 이어치기의 적정여부 · 콘크리트 면정리상태 (발코니턱, 복도상단) · 보양재 및 살수시설 확인
	거푸집 제거 후	· 거푸집 존치기간 준수여부 · 콘크리트 상태확인 (재료분리, 균열, 침하) · 콘크리트 타설두께 확인 · 발코니 난간턱 보양상태 확인 · 결로방지재 상태확인(이음부, 틈, 훼손부위)

- 출처 :한국토지주택공사 전문시방서(2020, 한국토지주택공사)

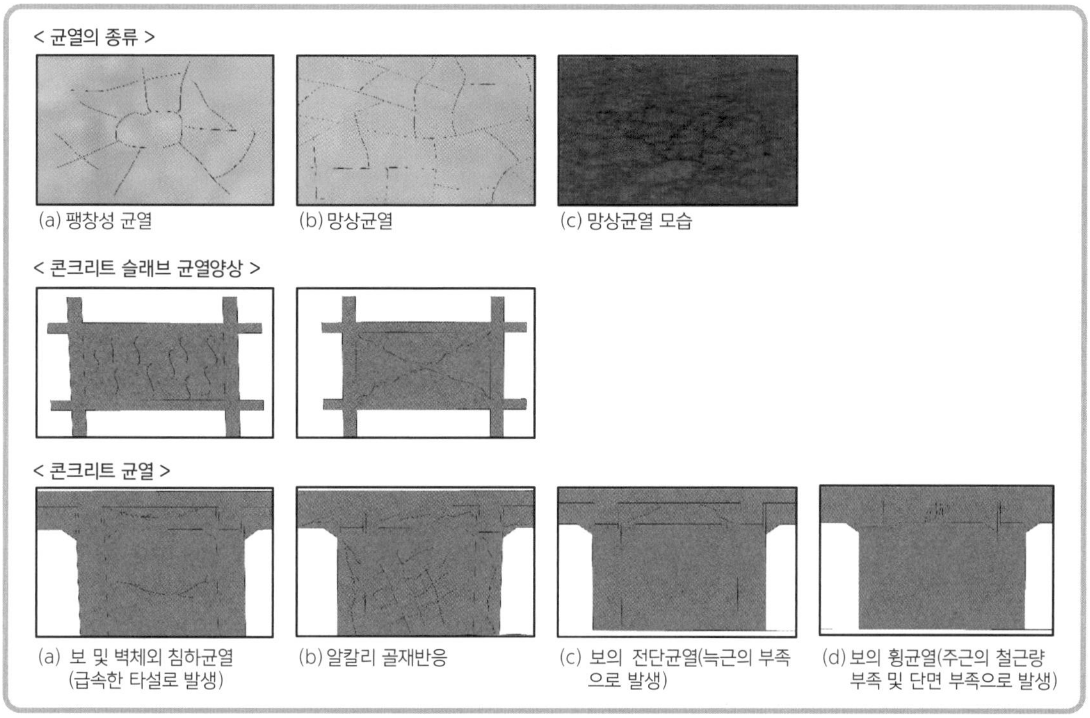

[그림 3.16.5-1] 콘크리트 균열

3.17 안전시공

3.17.1 철근콘크리트공사 거푸집 안전시공

[표 3.17.1-1] 철근콘크리트공사 안전시공사례 – 옹벽 거푸집 설치 작업

작업내용		위험포인트	안전관리대책
옹벽 거푸집 설치 작업	① 먹메김	· 이동 시 전도 위험 · 집수정, PIT등의 오픈구에 따른 추락위험	· 현장 내 오픈구는 사전 안전덮개 설치를 하여 추락위험 방지 · 작업 이동 시 주변 환경 숙지후 이동하여 철근 및 기타 자재에 의한 전도 위험 사전 예방 조치함
	② 수평목 설치	· 자재 이동 시 전도위험	· 자재 이동 시 주변 작업환경 숙지 후 작업 투입
	③ 유로폼 및 후렛타이 설치	· 유로폼 및 기타 부속자재 설치 시 낙하물 발생 위험 · 상·하부 동시작업 시 하부 작업자 낙하물 위험 · 안전고리 미착용 시 추락위험	· 상부 유로폼 설치작업자는 2인 1조 작업을 진행하여 낙하물 발생 사전 예방 · 소자재는 상부 작업발판에 장기 방치하지 말 것이며, 낙하물 방지를 위하여 바로 제 거조치 · 고소작업 시 안전고리 착용 습관화
	④ 외부 버팀대 설치	· 수직,수평 버팀대 및 보강파이프 설치 시 낙하물 위험 · 고소작업에 따른 추락위험 · 하부 정리정돈불량에 따른 전도위험	· 보강파이프 및 버팀목은 2인 1조 작업을 진행하여 낙하물 발생 사전 예방 · 고소작업 시 안전고리 착용 습관화 · 작업 전·후 정리정돈을 철저히하여 전도사고 사전예방 · 작업발판 위 소자재 방치 금지할 것
	⑤ 검측	· 검측 시 추락, 전도위험	· 상부 검측 시 안전고리 착용 철저히할 것

– 출처 : 거푸집 작업안전(2008, 한국산업안전보건공단, 오지환 외)

[표 3.17.1-2] 철근콘크리트공사 안전시공사례 – 보 형틀 조립 작업

작업내용		위험포인트	안전관리대책
보 형틀 조립 작업	① 제작 완성된 보형틀에 보 인양용 로프 및 생명줄 가설치	· 보 인양로프 미사용	· 거푸집 결속용 로프와 크레인용 로프로 구분하여 준비 ※ 거푸집 제작장에 2~3벌 준비 · 보 인양로프 안전계수 > 5 CHECK 20
	② 크레인 훅에 달린 인양로프에 보 인양용 로프 체결 (크레인로프 + 보 인양로프)	· 인양로프 상태불량(와이어로프, 섬유 로프) 훅 해지장치 불량	· 인양로프 규격 및 사용주기 설정 · 인양로프의 파단하중 > 달기하중 (안전계수 5 이상) · 인양로프 관리 지침 설정 · 인양로프 보관함 운영
	③ 인양 유도로프 설치	· 유도로프 없어 무리한 유도작업 시 추락	· 작업전 위험예지 실시(1톤 이상 크레인 작업자) · 유도로프 사용(교육)
	④ 사전준비작업 – 작업발판 확보	· 작업발판 불량 또는 미확보로 불안전한 자세로 인한 추락	· 거푸집 보 설치 시 기둥 양쪽 부분 작업대 : B/T 비계 또는 고소작업차 ※사다리 사용 금지
	⑤ 설치구간 생명줄 설치	· 추락(설치 시) · 낙하위험(공도구 등)	· 안전담당자 작업지휘 및 감독(작업방법, 재료 상태, 보호구 등) · 하부 추락방지망 설치 후 상부 작업 가능 Process Check
	⑥ 설치장소로 보 형틀 인양	· T/C고장(자유낙하) 신호 불일치 무리한 인양	· 지정 신호수(특별교육 필한 자) · 걸이각도 60도 이내 · 유도로프 사용 및 주변 작업자 통제
	⑦ 보 형틀 위치 잡기	· 작업발판 미설치불량 작업발판 사용 · 작업자 부주의(무리한 작업 = 사고)	· 상부작업자 안전벨트 사용 · 안전한 작업발판(고소차, B/T) · 충분한 작업시간 배정
	⑧ 동바리 받치기 및 생명줄 고정	· 미검정품사용 손상된 제품 사용 조립도 미준수 지보공 한 방향 미시공 (거꾸로 설치 시 동일 시공)	· 작업 전 특별교육 실시(거푸집 지보공 조립 작업자) · 지보공 조립도에 의한 시공(V3 P/S 허용하중 = 1.2T) · 보의 미끄러짐 / 탈락 방지 조치 · 휨 : 최대길이의 1/55 이상 사용금지
	⑨ 샤클 해체 및 상승	· 샤클 해체 시 로프가 보 거푸집 하단으로 처져샤클과 보 간섭	· 거푸집 Setting 후 크레인용 로프와 샤클은 반드시 거푸집 상단에 위치(상승 시 끝까지 지켜볼 것)
	⑩ 이동	· 이동 중 실족	· 안전벨트 사용 · 안전통로 이용

– 출처 : 거푸집 작업안전(2008, 한국산업안전보건공단, 오지환 외)

▲ CHECK 20

안전계수

- 시부재를 작업에 사용할 때에 허용되는 응력과 그 부재의 파괴 응력과의 비를 의미함
- 일반적으로 파괴강도에 대해 정하중일 경우 3~4배, 동하중일 경우 5~10배 적용

[표 3.17.1-3] 철근콘크리트공사 안전시공사례 - 슬래브 거푸집 작업

	작업내용	위험포인트	안전관리대책
슬래브 거푸집 작업	① 작업준비	· 불안전한 행동, 상태로 인한 안전사고	· 작업 시 신규교육 이수여부 확인 · TBM시 위험예지 확인 및 복장 확인(건강상태 확인) 必
	② 자재양중	· 지게차 자재 하차 불량으로 인한 추락/ 전도/ 협착/ 낙하 · T/C 양중 밴딩 불량으로 인한 자재 낙하	· 자재 1.5m이상 적재금지(단,부득이한 경우 유도자 배치 후 작업) · 지게차 후방 감시 카메라 설치 · 포크 및 지붕 상단 탑승 및 무리한 양중 금지(한다발씩 밴딩 必) · 신호수에 의한 양중 작업, 와이어로프/ 벨트 및 샤클상태 확인 · 잡 자재 인양함 사용(밴딩 확인)
	③ 보 측판 작업	· 개구부 주변 작업시 추락 · 개구부 주변작업시 자재 낙하	· 생명 줄 브래킷 선(先) 해체 금지, 안전벨트 착용 및 활용 · 개구부 주변 자재 야적 금지 · 하부 작업구획 설정 및 하부 주변통제
	④ 호리빔 설치	· 무리한 작업(1인 작업)으로 인한 추락 · 작업 중 자재 낙하(투척)	· 2인 1조 작업 실시 必, 안전벨트 착용 및 활용 · 단부 발생시 안전조치 후 작업 · 하부 작업구획 설정 및 통제 · 1인 작업 금지/ 자재 투척 금지
	⑤ 콘판넬 설치	· 상부 발판 미고정으로 인한 추락 (호리빔사이) · 자재 과적재(철근 등)로 인한 붕괴	· 호리빔 상부 발판 설치 후 작업 · 발판 고정(겹침 이음 설치) · 콘판넬 설치구간 자재 분산 적재 · 하부 동바리 보강 상태 확인
	⑥ 동바리 설치	· 동바리 상부마감 못치기 등 발판 불량으로 인한 추락 · 동바리 불량시공 상태 Con'c 타설시 좌굴에 의한 붕괴	· B/T 비계 설치 후 작업 · 사다리 사용 시 2인 1조 및 안전벨트 활용(B/T 비계 설치불가 시) · 구조 검토에 의한 시공 준수 - 높이: 4.6m기준, 수평 버팀대 X: @250,수평 버팀대 Y : @750 · 3.5m이상일때는 2m마다 수평연결재 가로, 세로 2개 방향 설치 必 · 수평연결재(후리도매) 끊어지는 부위 없이 겹이음으로 연결
	⑦ 작업종료	· 정리정돈 불량으로 인한 전도 · 잔재 처리 작업(T/C) 낙하물에 의한 재해	· 작업 종료 20분 전 정리 정돈 실시 · 신호수에 의한 양중 · 와이어 로프 상태 확인 · 자재 결속 철저

- 출처 : 거푸집 작업안전(2008, 한국산업안전보건공단, 오지환 외)

3.17.2 철근콘크리트공사 철근 안전시공

[표 3.17.2-1] 철근콘크리트공사 안전시공사례 – 철근

작업내용		위험포인트	안전관리대책
철근가공 및 운반작업	① 절단 작업	· 철근 절단 부주의로 손 협착, 안구 재해 · 기계·기구 미접지 및 전선 불량으로 감전 · 절단기 주위 정리 불량으로 인한 전도	· 절단기 단철 절단 시 보안경 착용(단철 튀어 오름 주의) · 기계기구 접지(외함포함) 실시
	② 절곡 작업	· 벤딩 작업 중 협착 · 가공 자재에 걸림으로 인한 전도 · 벤딩기 주위 정리 불량으로 인한 전도	· 지정된 가공인력에 의한 작업 · 충분한 작업공간 확보 후 작업 · 가공장 휀스구획, 정리정돈
	③ 가공철 양중준비	· 양중 Box 미사용 · 양중 Box 상부 과적	· 양중 Box 사용 · 양중 Box 상부 과적 금지 및 겹양중 절대 금지
	④ 규격별 철근 분류 적재	· 잔철근과 장철근 혼합 인양으로 인한 인양 시 낙하 · 체결 시 샤클상태 미확인으로 인한 인양 시 볼트풀림 현상	· 자재양중 시 장철근/잔철근 구분 양중. 잔철근 양중작업 시 양중용 Box이용 양중작업 · 와이어 체결시 샤클은 U자 부위에 와이어가 체결 · 와이어는 한방향으로 체결
	⑤ 자재 양중	· 미숙련자 배치로 인한 양중작업 시 불안전 인양 낙하 · 인양 시 와이어 파손으로 낙하	· 와이어 체결 시 중심을 잡아 체결 · 신호수는 신호수교육 이수 후 지정 신호수 배치(숙련공) 신호수 복장 착용 · 인양 전 와이어 상태 점검 및 불량적발 시 교체
	⑥ 양중물 인양	· 자재양중시 유도로프 미체결로 인한 자재 하역 시 주변작업자 충돌	· 자재양중 시 신호수는 양중용 유도로프 설치 및 양중작업구간 주변 인원통제
	⑦ 양중물 하역	· 자재하역 시 신호수 주위작업자 미 통제로 인한 협착 · 하역하는 슬래브 바닥 보강 미흡으로 인한 슬래브 붕괴슬래브 단부에 자재하역 시 낙하	· 자재 양중 시 신호수는 주위작업자를 통제 · 하역 시 바닥은 동바리 보강을 확인하고 자재를 하역 · 신호수는 안전통로 확보 후 자재를 하역 · 작업지휘자는 수시로 신호수 교육을 통하여 슬래브 단부에는 적재를 금지
철근조립작업	① 철근 조립 작업	· 작업발판 불량 / 추락 · 조립작업 중 추락 · 렌탈작업 중 전도 및 추락	· 작업발판 기준 및 철근 순차적 작업 준수 · 우마 1m 이하, 폭 500㎜ 이상 사용 · 상하 동시작업 금지 · 장철작업 3인1조 작업 및 고소 작업 시 안전벨트 착용 · 렌탈 운전원 교육 실시
	② 철근 결속 작업	· 개구부, 단부 방치로 인한 추락 · 이동 중 철근에 걸림으로 인한 전도	· 개구부, 단부 추락방호조치 : 덮개, 안전난간 설치 · 슬래브 철근 위 보행자 통로 설치
	③ 잉여자재양중	· 자재결속 불량으로 인한 낙하 · 신호 불량으로 인한 낙하	· 가공철근/ 단철근 양중 Box 사용(하중 표시 必) · 신호수 배치 및 신호방법 숙지

– 출처 : 철근 작업안전(2009, 한국산업안전보건공단, 오지환 외)

3.17.3 철근콘크리트공사 콘크리트 안전시공

[표 3.17.3-1] 철근콘크리트공사 안전시공사례 – 콘크리트

작업내용		위험포인트	안전관리대책
콘크리트 타설 / 다짐작업	① 콘크리트타설	· 타설 속도 및 순서 미준수로 인한 붕괴 · 한 장소에 집중타설로 편심발생으로 인한 붕괴 · 타설 중 거푸집, 동바리의 변형으로 인한 붕괴 · 타설 중 호스 단독운반 등 무리한 동작으로 인한 추락, 전도 · 호퍼로 타설 중 양중로프 불량으로 인한 낙하	· 타설 속도 및 순서 준수(순서: 기둥→옹벽→보→슬래브) · 콘크리트 한 장소 집중타설 금지 · 타설중 거푸집, 동바리 변형여부를 파악할 감시자 배치 · 자바라 호스는 3인 이상 1조로 구성하여 운반 · 호스 손잡이 결속 철저 · 호퍼 양중 시 4점지지양중 와이어로프 18㎜ 이상 사용
	② 콘크리트다짐	· 진동기 접지불량으로 인한 감전 · 전선 침수로 인한 감전 · 과다한 진동다짐으로 거푸집과 철근에 접촉하여 발생하는 붕괴	· 진동기 접지 실시, 수시 점검 · 전선 거치 또는 보호조치 · 방수형 콘센트 사용 · 진동기 과다한 사용 금지 거푸집, 철근 등과 접촉 주의
콘크리트 양생작업	① 콘크리트 양생 정리작업	· 압송관 해체 중 안전대 미사용으로 인한 추락 · 양생기간 미준수로 인한 붕괴	· 압송관 해체 시 안전대 사용 · 양생기간 준수 후 거푸집 해체

– 출처 : 콘크리트 작업안전(2009, 한국산업안전보건공단, 오지환 외)

3.18 철근콘크리트공사 하자 사례 및 개선방안

3.18.1 거푸집공사 하자 사례 및 개선방안

하자 사례

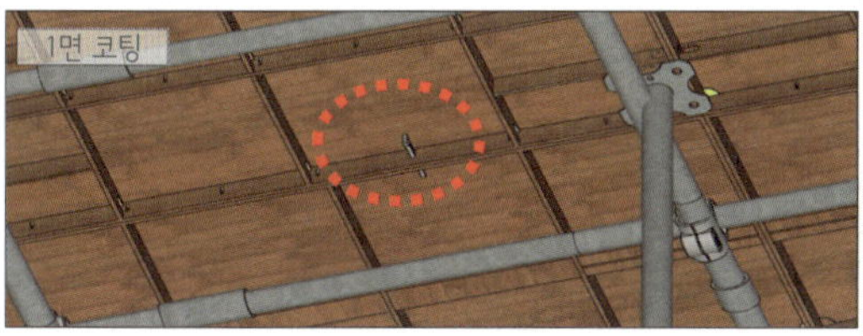

· A부분 플랫타이 1EA 체결
· 1면 코팅합판으로 자재변형 우려

개선 방안

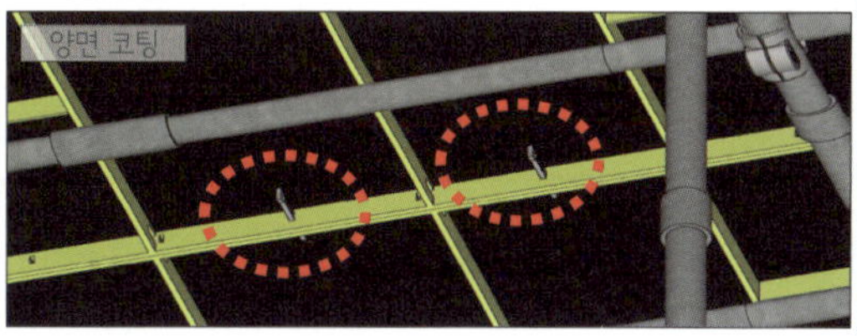

· 수평 플랫타이 2EA 체결
· 양면 코팅으로 발주 및 투입 확인

[그림 3.18.1-1] 유로폼 수평 플랫타이 체결 누락

하자 사례

· 동바리 처짐 발생으로 골조 수평 불량

개선 방안

· 동바리 하부 버림콘크리트타설 등의 지반안정 대책 필요

[그림 3.18.1-2] 동바리 받침 불량

하자 사례

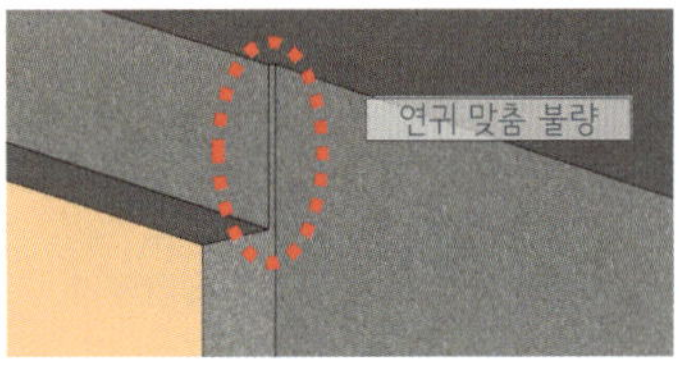

· 형틀작업 시 연귀 맞춤 정밀시공 불량

개선 방안

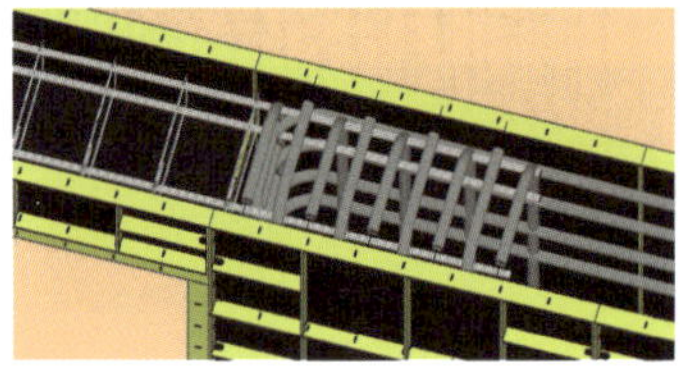

· 기능공 교육 실시 및 폼 계획 철저

[그림 3.18.1-3] 코너부위 연귀 맞춤 불량

하자 사례

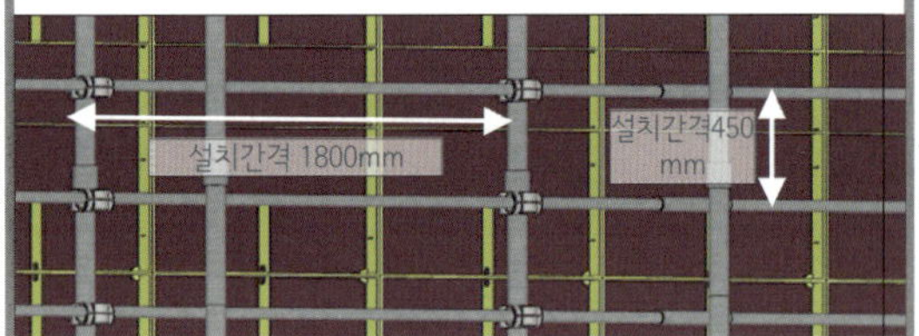

· 수평지지대 간격은 600mm가 정상이나 450mm 간격으로 설치
· 수직지지대 긴축은 1,200mm가 정상이나 1,800mm 간격으로 설치

개선 방안

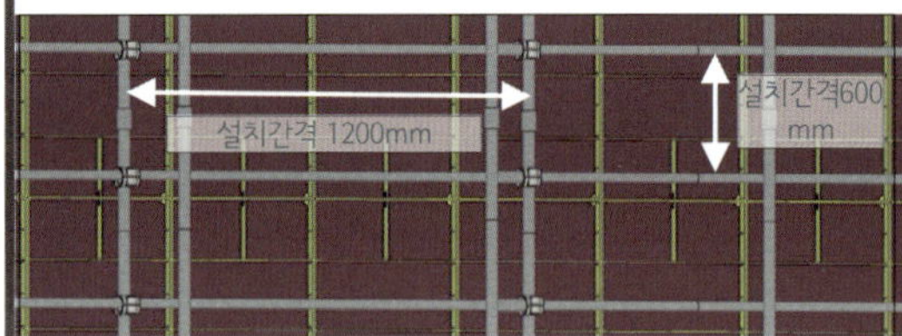

· 수평/수직 지지대 적정 설치간격 준수

[그림 3.18.1-4] 수평/수직 지지대 설치간격 불량

하자 사례

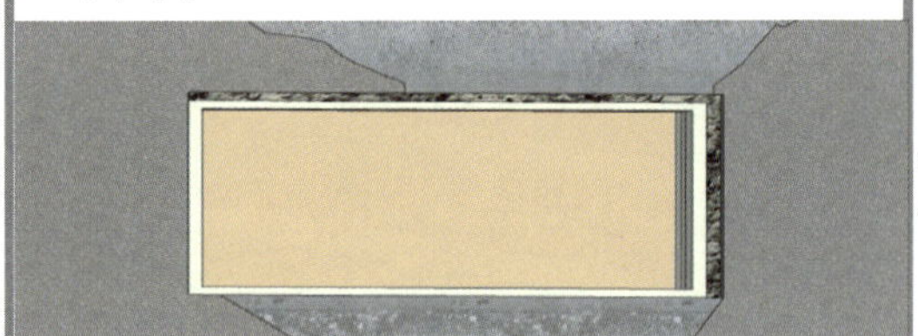

· 창호 개구부 규격 과다
· 미장 마감 시 탈락 및 누수 우려

개선 방안

· 창호 개구부 규격 설계도면 준수(창호 사이즈 +30mm)
· 물끊기 홈(콤비) 면목 시공 고려

[그림 3.18.1-5] 개구부 OPEN SIZE 과대 및 제작 형태 불량

하자 사례

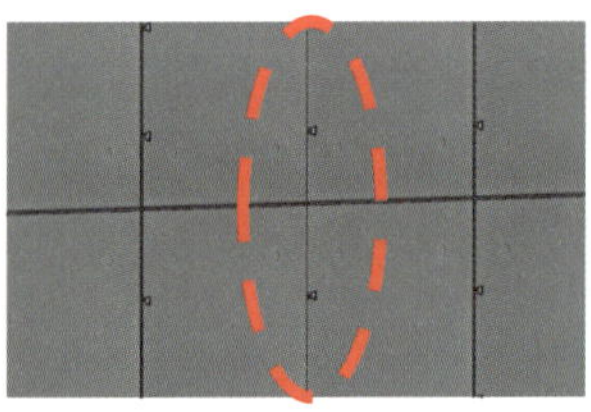

· 단열몰탈(THK10mm)시공부위 턱쌤(Recess)누락 및 오시공
· 폼 계획 시 사전 검토 미흡

개선 방안

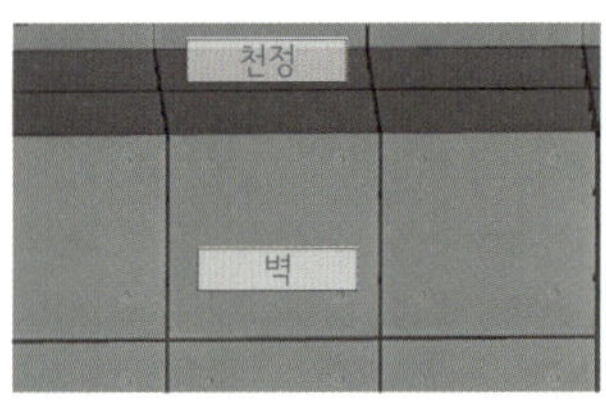

· 벽, 천정 단열재 위치 동시 검토
· 벽복합 판넬 일체형 사용 검토

[그림 3.18.1-6] 단열 모르타르 시공부위 턱쌤(Recess) 누락 및 오시공 CHECK 21

▲ CHECK 21

턱쌤(Recess)

- 창문틀이 끼이는 부분에 턱이 지게 쌓는 쌤으로 비바람에서 문설주나 창문틀을 보호하고 벽면의 아물림에 유리함.

하자 사례

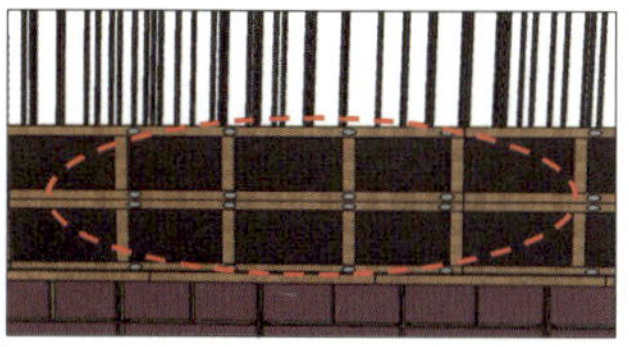

· 보 거푸집 설치 위치에 콘크리트 설계 기준강도 확보전에 각목을 못으로 고정하여 지지함으로써 접합부 콘크리트면 균열 및 파손 발생

개선 방안

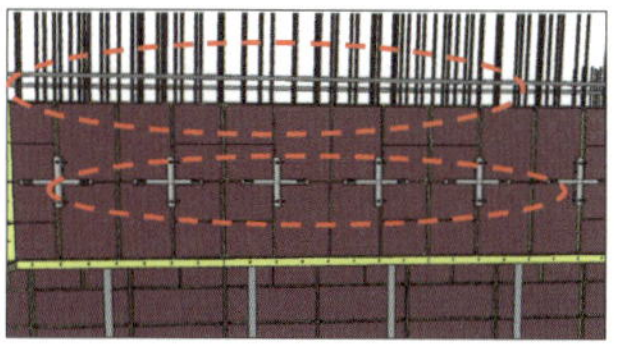

· 보 거푸집 설치용 기둥밴드 사용하여 접합부 콘크리트면 손상 방지

[그림 3.18.1-7] 거푸집 지지방법 미흡

하자 사례

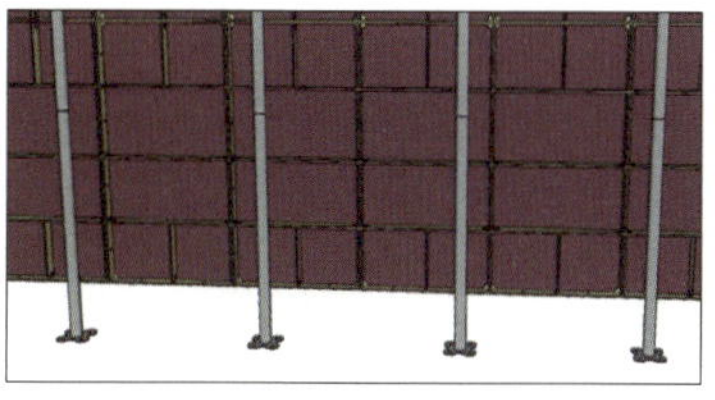

· 성토지반 위에 깔판 등 밑둥잡이 없이 강관 비계를 설치하여 전도 등 안전사고 우려

개선 방안

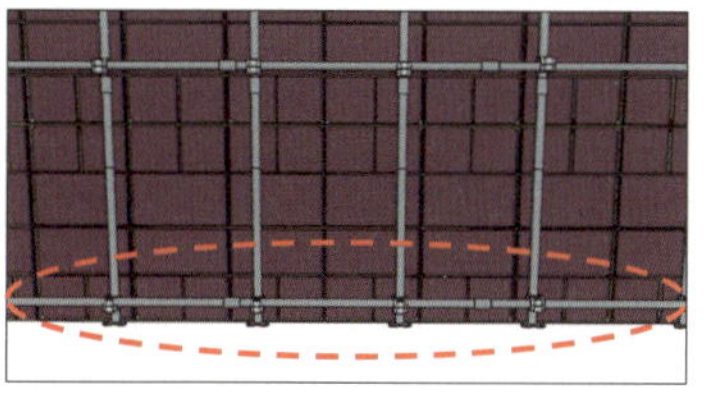

· 쌍줄비계 설치계획서 작성
· 유해, 위험방지계획서 준수 시공

[그림 3.18.1-8] 강관비계 밑면에 받침철물, 깔판 등 밑둥잡이 누락

하자 사례

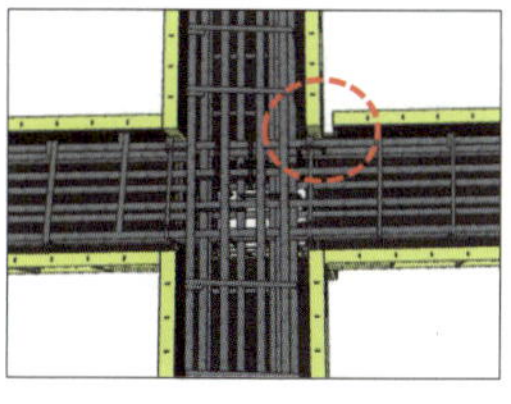

· 보의 시공이음부에 콘크리트 막이 설치를 소홀히 하여 보철근이 가공·조립된 시공이음부 인접부위로 콘크리트가 밀려 타설

개선 방안

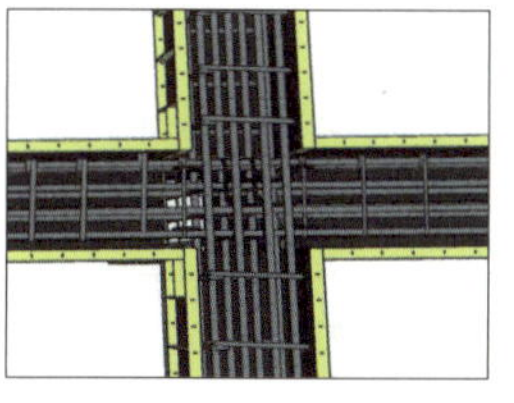

· 보의 시공이음부에 콘크리트 막이를 견고하게 설치하고 콘크리트 타설 후에 후속 철근배근 전에 반드시 제거

[그림 3.18.1-9] 보 시공이음부에 콘크리트 막이 설치 소홀로 콘크리트가 밀려 타설

하자 사례

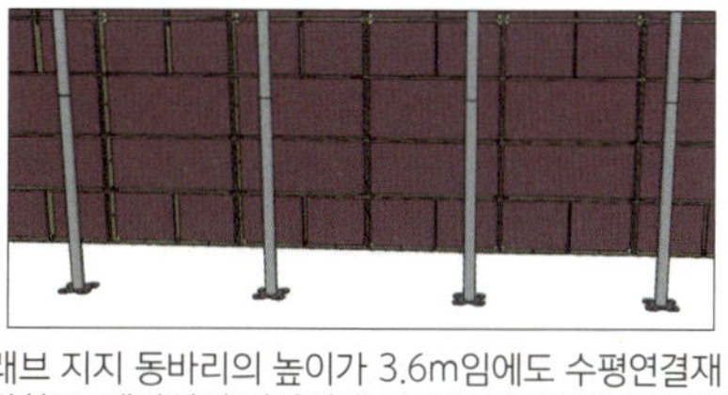

· 슬래브 지지 동바리의 높이가 3.6m임에도 수평연결재 설치를 누락하고, 계단실의 경사면에 쐐기목 설치없이 동바리를 수직 또는 경사로 설치하여 안전사고 우려

개선 방안

· 동바리 높이가 3.5m를 초과하는 경우에는 높이 2m 이내마다 수평연결재를 양방향으로 설치하고, 경사면에 동바리를 설치할 경우 반드시 쐐기목 사용

[그림 3.18.1-10] 동발 수평 연결재 누락 및 상하부 고임대 미설치

하자 사례

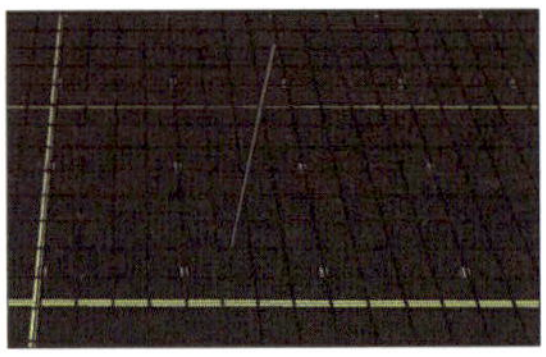

· 지하연속벽에 붙혀 시공되는 벽체의 거푸집 조립 시 긴결용 철물을 제거가 곤란한 자재인 스냅타이를 설치하여 추후 용접 제거시 콘크리트 표면강도 손상 우려

개선 방안

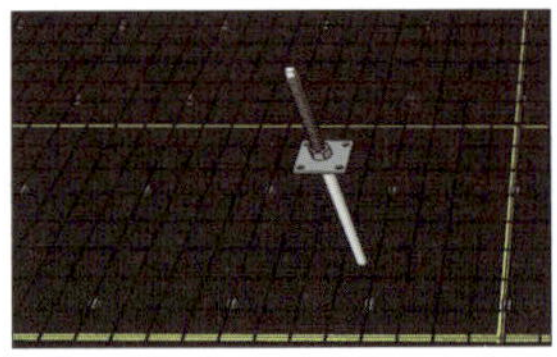

· 거푸집 조립 시 설치하는 긴결용 철물은 반드시 제거가 용이한 폼타이를 사용

[그림 3.18.1-11] 벽체 거푸집 긴결용 철물을 제거가 곤란한 스냅타이로 시공

하자 사례

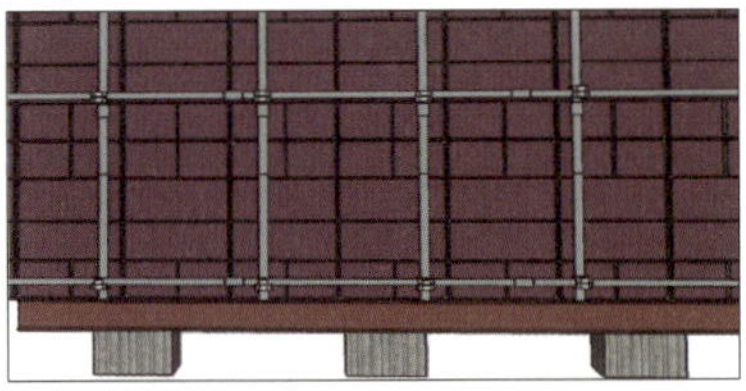

· 계단실 벽체 내측거푸집의 지지를 콘크리트 벽돌 2단으로 처리하여 안전사고 우려

개선 방안

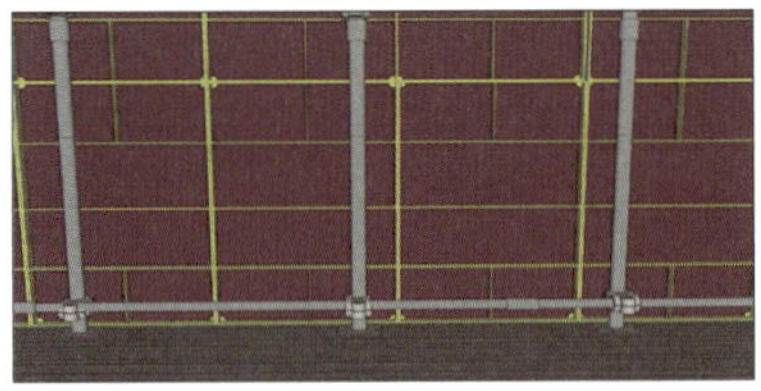

· 거푸집 긴결철물 규격 및 설치간격 준수

[그림 3.18.1-12] 계단실 벽체 거푸집 콘크리트벽돌로 지지

하자 사례

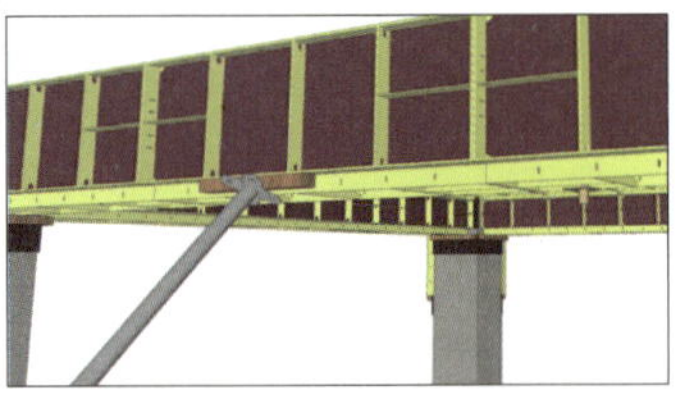

· 보 측면 거푸집을 지지하는 가새가 받침멍에 상부에 고정되어 있지 않고 멍에 측면에 고정되어 있어 가새 역할을 하지 못함

개선 방안

· 보 측면 거푸집을 지지하는 가새는 받침멍에 상부에 밀착

[그림 3.18.1-13] 보 측면 거푸집 지지하는 가새 접합위치 불량

하자 사례

· 벽체 거푸집 밑잡이 내측에 철망을 설치하여 벽체 하부 단면결손 예상

개선 방안

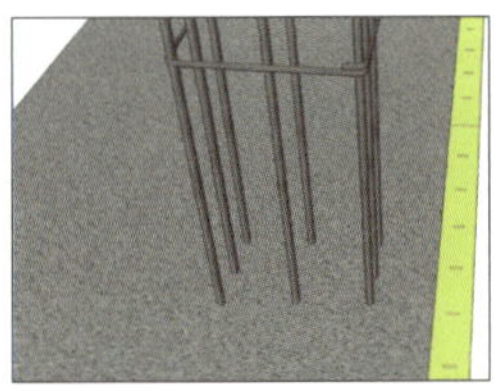

· 거푸집 밑잡이와 시멘트 페이스트 유출방지재가 구조체 내부에 설치되지 않도록 정밀 시공하여 벽체 하부 단면 결손 방지

[그림 3.18.1-14] 벽체거푸집 밑잡이 내부에 철망설치로 단면결손

하자 사례

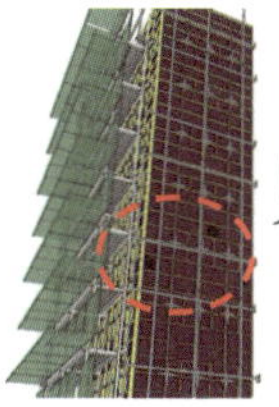

· 높은 기둥의 거푸집을 훼손(폼타이 설치 구멍)된 거푸집으로 다량 사용하여 시멘트 페이스트 유출 예상

개선 방안

· 수밀성이 없거나 훼손된 거푸집의 재사용 금지

[그림 3.18.1-15] 훼손된 기둥 거푸집 사용

하자 사례

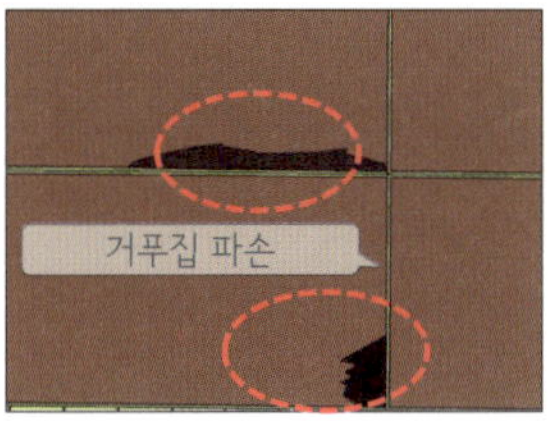

· 파손되거나 변형된 슬래브 거푸집 사용

개선 방안

· 파손되거나 변형된 거푸집은 구조체 형성에 지장을 초래하므로 재사용 금지

[그림 3.18.1-16] 파손 변형된 슬래브 거푸집 사용

3.18.2 철근공사 하자 사례 및 개선방안

[표 3.18.2-1] 콘크리트 표면결함의 원인 및 대책

결 함	내 용	원 인	대 책
곰보	콘크리트 표면에 재료분리 발생에 의해 굵은골재가 표면에 나타나는 현상	· 벽두께가 얇은 경우 · 철근이 빽빽하게 배근된 경우 · 타설높이가 높을 경우 · 부적절한 진동 다짐 · 타설시간이 긴 경우	· 진동다짐을 확실하게 한다 · AE제 첨가 · 타설계획철저, 배차간격 조정 · 철근 순간격 확보
기포	콘크리트의 수직경사면에 10mm이하의 구멍이 발생하는 현상	· 유성성분 많은 박리제 사용 · 진동다짐 방향, 장비의 부적절 · 고성능 감수제 사용(점성증가)	· 유성성분 적은 박리제 사용 · 적절한 진동다짐(내부다짐 → 표면다짐) · 안정한 기포를 동반하는 공기연행제 선택
동결융해	콘크리트의 다공질속에 함유된 수분이 동결하여 그 팽창압으로 표층부가 파괴되는 현상	· 기온이 낮고 동결융해 횟수가 많을 경우 · 강우, 강설에 의해 수분이 침투한 경우 · Air Void 분포가 적절치 못한 경우 · 해수작용이나 제설제에 의한 동결융해 현상 촉진	· AE재 첨가하여 팽창압(수압)을 완충 · 물결합비(W/B)를 작게 한다 · 적절한 진동다짐(공기량 감소 주의) · 습윤상태에서 동결융해작용 받지 않도록 양생 · 염화물 침투 방지
백화	경화된 콘크리트 노출면이 화학반응에 의해 백색의 얼룩이 생기는 현상	· 콘크리트 내부의 물의 이동 · 외부로부터 수분 공급 · 물시멘트비 높을 경우 · 단위 시멘트량 많은 경우 · 백화발생을 촉진하는 혼화재료일 경우	· 물시멘트비를 낮게 한다 · 골재의 입도를 적절히 혼합 · 혼화재료 선정에 유의 · 적절한 진동다짐 · 밀실한 콘크리트 시공으로 물의 이동, 공급 차단
변색	콘크리트 표면에 골재의 유기물, 철물의 녹, 이질암 미립분에 의한 갈색계통의 변색	· 이물질, 유기물 다량 함유된 골재 사용 · 철근, 철물의 녹이 콘크리트 표면까지 전달	· 골재 유기물 함유되지 않은 골재 사용 (유기불순물 시험) · 단위수량을 작게 한다 · 철근, 형틀면 녹제거 · 피복두께 확보
얼룩	콘크리트 표면에 회색의 색조 내에서 농담의 차이가 발생하는 현상	· 사용재료나 배합이 다른 경우 · 수산화칼슘이나 탄산칼슘의 생성량 차이	· 재료는 동일 산지, 동일 납품사의 것을 사용 · 동일 블록내 동일 로트 제품 사용 · 양생은 압력이나 수분공급량 차이 발생치 않도록 동일조건
층박리	콘크리트 마감 작업중 발생된 층분리 부분이 양생중 또는 사용 중에 떨어져나가는 현상	· 분말도 낮은 시멘트 사용 · 유기불순물 포함한 골재 사용 · 입도가 큰 골재 사용 · 단위수량이 큰 경우 · 얇은 분리층의 빠른 건조 · 흙손질 시기의 부적절	· 유기불순물 허용한도 이내 깨끗한 골재 사용 · 골재의 입도를 적절히혼합 사용 · 단위수량 감소 · 적절한 진동다짐 · 진공배수공법 적용
표면먼지	콘크리트 타설 후 블리딩현상으로 콘크리트 표면에 떠오르는 미세한 물질이 남아 있는 현상	· 분말도 낮은 시멘트 사용 · 유기불순물 포함한 골재 사용 · 입도가 큰 골재 사용 · 단위수량이 큰 경우	· 유기불순물 허용한도 이내 깨끗한 골재 사용 · 골재의 입도를 적절히혼합 사용 · 단위수량 감소시켜 반죽질기를 질게 한다 · 적절한 진동다짐

하자 사례

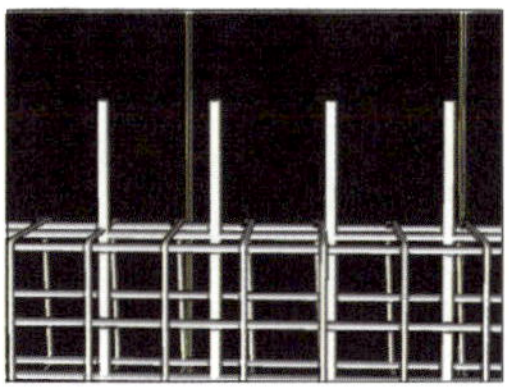

· 외벽 수직철근 중 흙막이 배면부 수직철근만 흙막이 벽체 지지 띠장과 간섭됨에도 외벽 전체 수직철근 길이를 설계규격보다 짧게 시공한 후 겹침이음 처리하여 겹침이음 길이 부족

개선 방안

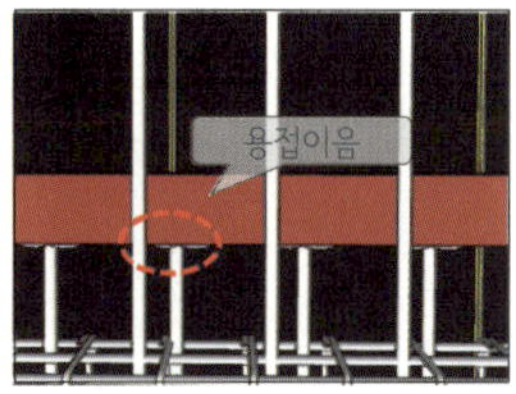

· 흙막이 벽체 지지 띠장과 간섭되는 배면부 수직철근만 기계적 또는 용접이음 처리하고 전면부 수직철근은 겹침이음 길이 확보

[그림 3.18.2-1] 외부벽체 겹침이음 길이 부족 시공

하자 사례

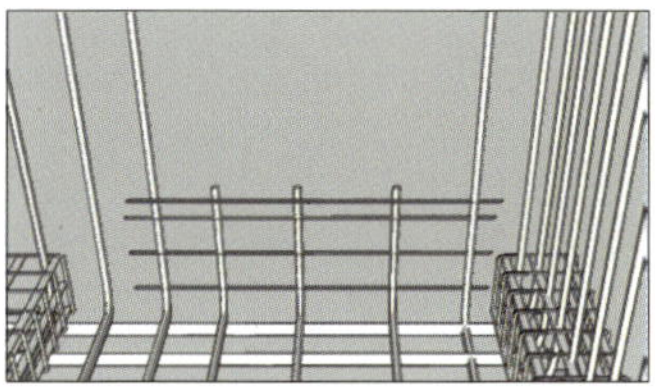

· 개구부 인방보 철근 정착길이 부족
· 개구부 주위 보강철근 누락 및 상이한 규격 철근 사용

개선 방안

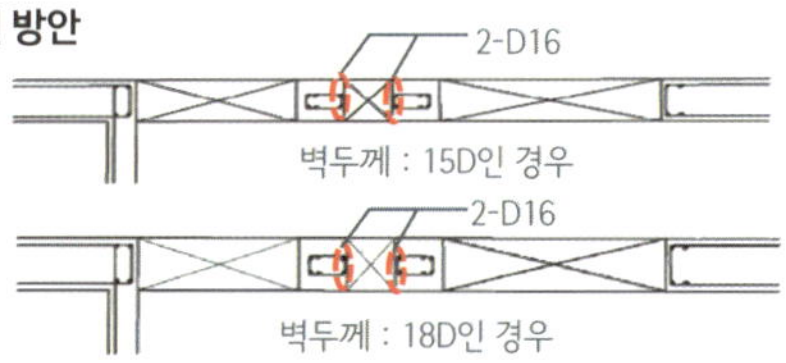

· 수평철근 정착길이 확보 및 2-D16이상의 보강근 사용
· 개구부에 의해 감소된 철근을 양측에 나누어 배근
· 벽두께가 250mm 이상일 때는 경사 보강근 배근
· 보강근은 개구부의 모서리에서 정착길이 연장하여 배근

[그림 3.18.2-2] 벽체 인방 보철근 정착길이 부족 및 개구부 주위 보강 불량

하자 사례

· 수평철근 1본 누락

개선 방안

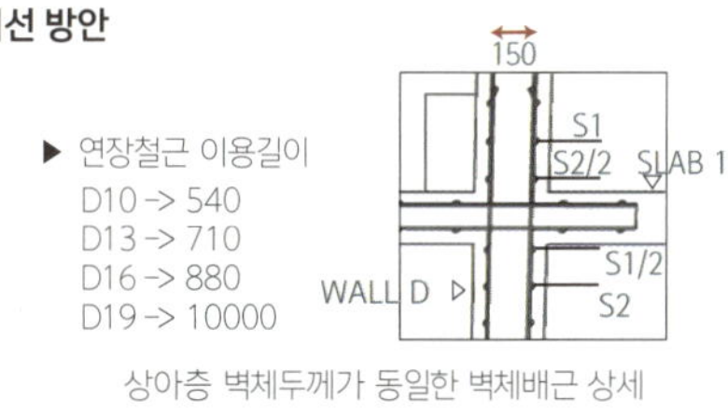

· 주요부분에 대한 Shop Dwg을 작성하여 벽체 위치별 수량을 확정

[그림 3.18.2-3] 벽체 수평철근 배근 부족

하자 사례

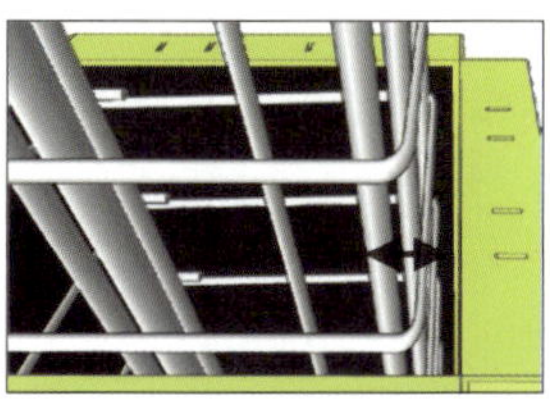

· 수직철근 조립 시 스페이서 누락으로 피복두께 부족
· 벽체 단부 보강근 위치 이탈

개선 방안

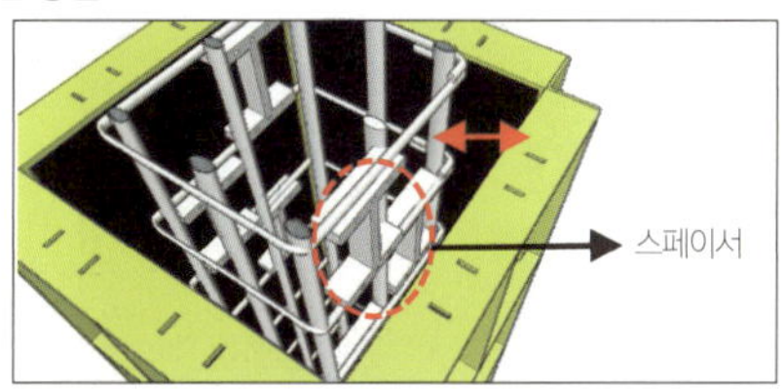

· 스페이서 간격 규정 준수
· 수직철근 배근 위치 설계도면 준수

[그림 3.18.2-4] 벽체 단부 보강철근 설계 위치 이탈 및 피복두께 부족

하자 사례

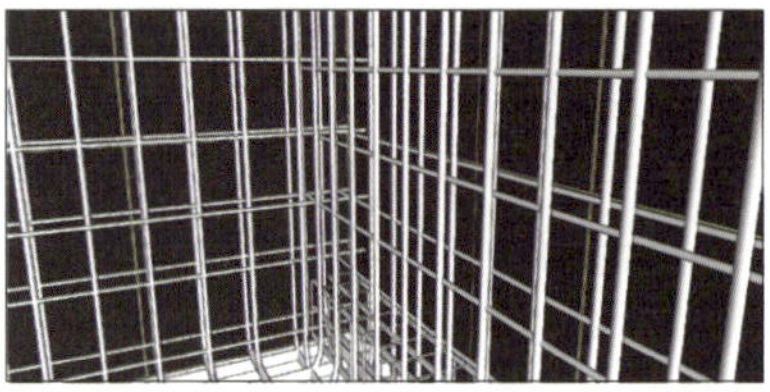

· 기둥과 벽체 내/외부 벽체 구분 사용 안됨

개선 방안

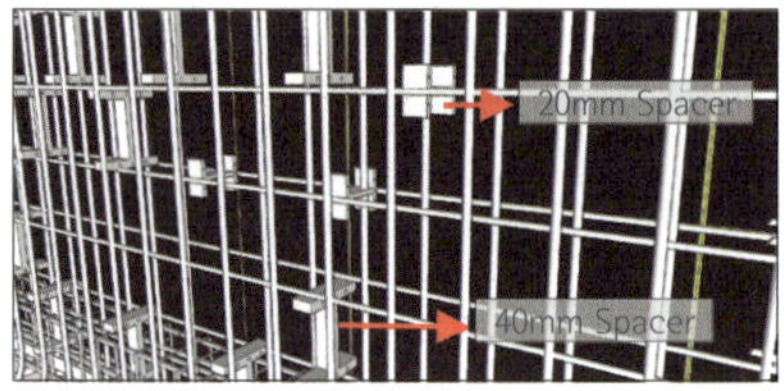

· 구조물 부위별 피복두께 규정 준수
· 피복두께별로 적합한 스페이서 설치

[그림 3.18.2-5] 스페이서 규격 부적정

하자 사례

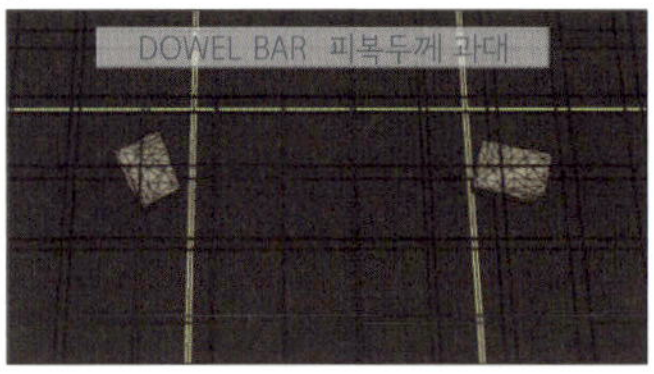

· 40mm 고임목을 사용하여 피복두께 과다
· 철근과 목심 간섭으로 피복두께 과다
· 슬래브 유효깊이 감소로 인한 내력 저하

개선 방안

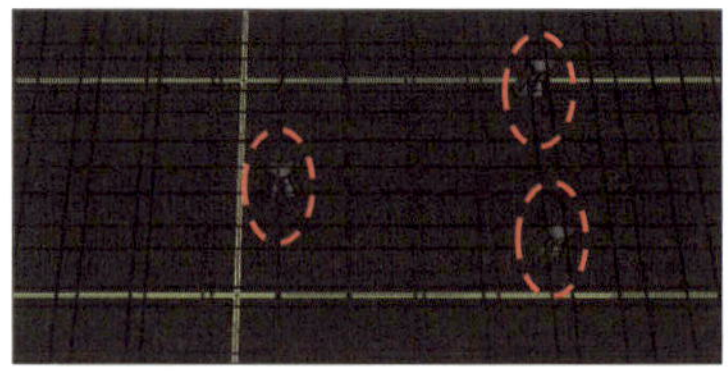

· 피복 20mm 유지할 수 있는 고임목 등 가공 설치
· 목심과 철근이 교차하지 않도록 사전준비

[그림 3.18.2-6] 슬래브 피복두께 과다로 인한 내력 감소

하자 사례

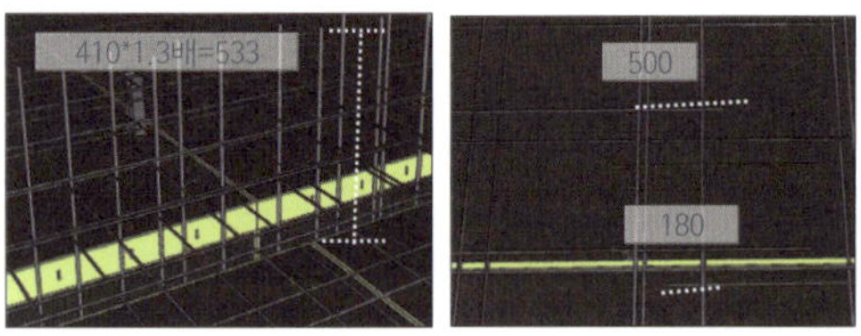

· Cut Bar의 여장길이 부족

개선 방안

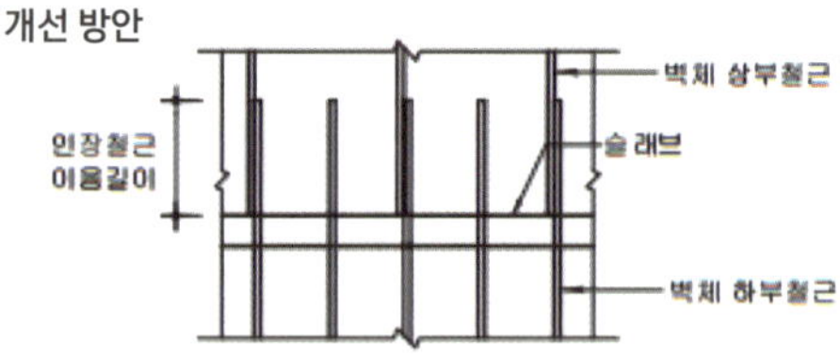

· Cut Bar의 여장길이(D13일때)
  - 부재의 유효춤: 180mm(슬라브 두께)
  - 12d(철근의 지름): 12X13=156mm중에서 큰 것 기준, 즉 180mm 적용

[그림 3.18.2-7] 슬래브 CUT BAR 여장길이 부족

하자 사례

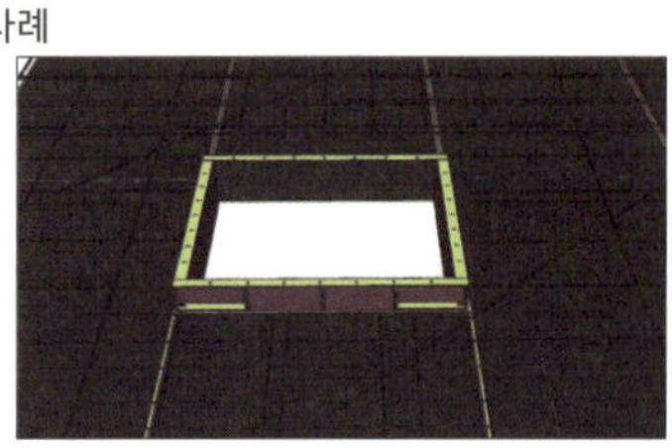

· 대각선 방향 하부 보강근 누락
· 주근 절단본수와 동일수량 보강근 미시공

개선 방안

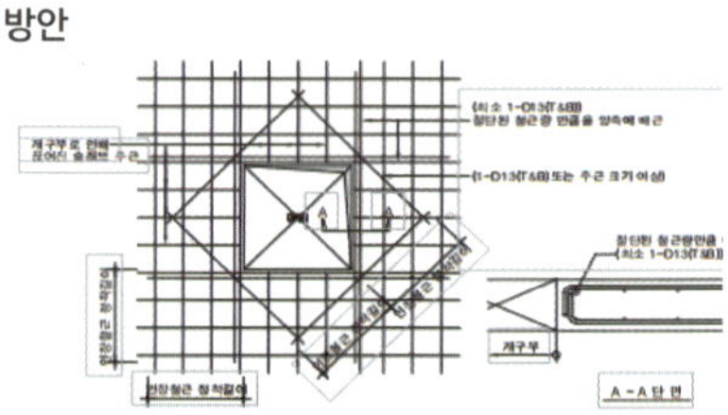

· 사선방향 보강근은 최소 1-D13을 보강
· 개구부주변 보강은 절단된 주근의 개수를 나누어 배근

[그림 3.18.2-8] 자재 인양구 철근보강 수량 부족

하자 사례

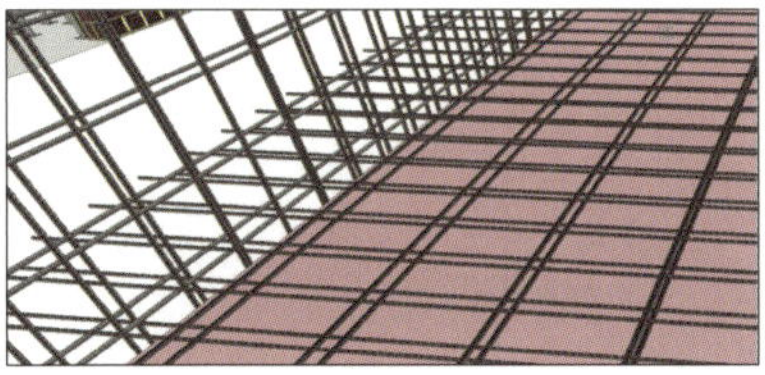

· 슬래브 하부철근을 역보 하부철근 위에 배근하여 유효깊이 20mm 감소로 인한 내력 저하

개선 방안

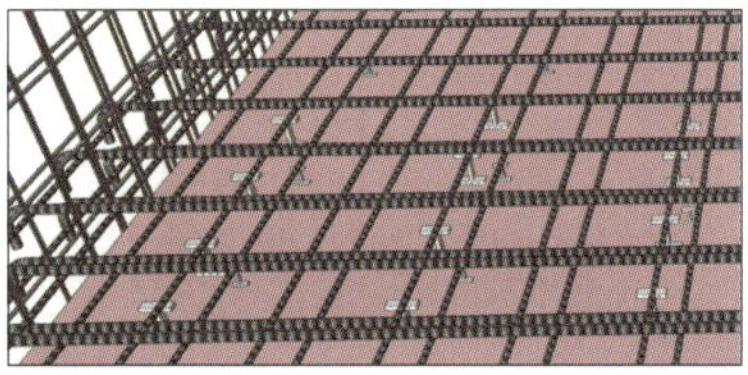

· 주요부분에 대한 Shop Dwg을 작성하여 배근 실시
· 피복두께가 큰 부재(보)의 철근은 피복 두께가 작은 부재(슬래브) 철근 상부에 설치

[그림 3.18.2-9] 역보 주변 슬래브 철근배근 불량

하자 사례

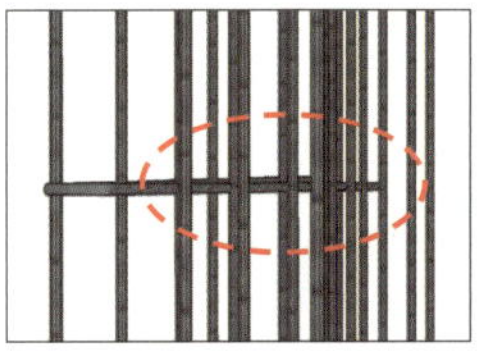

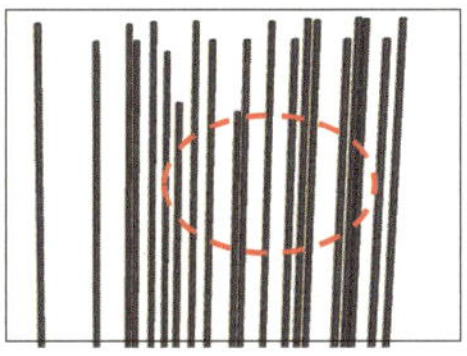

· 외부 벽체 전단철근을 내부 수평철근(부근)에 감싸 걸거나 내측에 붙혀 결속함
· 전단 철근의 역할 부족

개선 방안

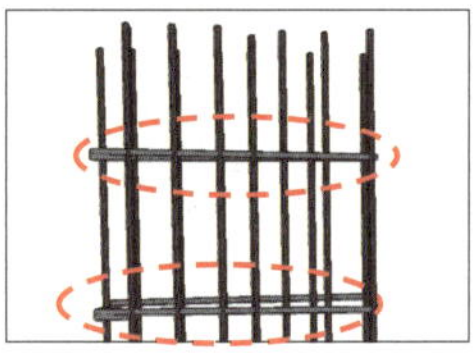

· 외부 벽체 전단철근은 반드시 수직철근을 감싸 조립

[그림 3.18.2-10] 외부 전단철근 조립 불량

하자 사례

· 기둥 및 벽체 철근에 도포된 시멘트페이스트를 제거하지 않고 거푸집 조립하여 철근의 콘크리트 부착강도 저하

개선 방안

· 기둥 및 벽체 철근에 도포된 시멘트페이스트는 반드시 브러시로 제거

[그림 3.18.2-11] 기둥 및 벽체에 도포된 시멘트페이스트 미제거

하자 사례

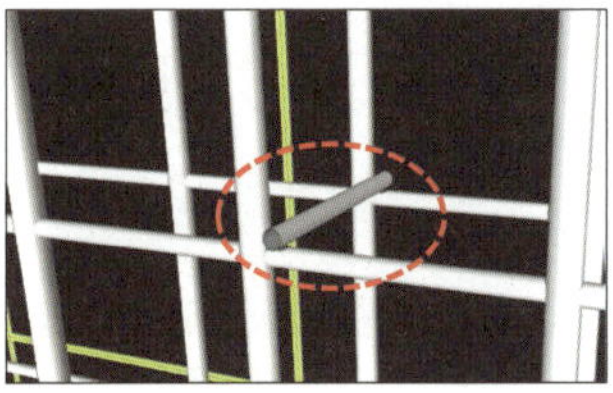

· 콘크리트 합벽용 거푸집 간격재를 벽체 수직철근(주근)에 용접
· 외부 벽체 수직철근(주근) 용접에 의한 손상으로 응력 저하

개선 방안

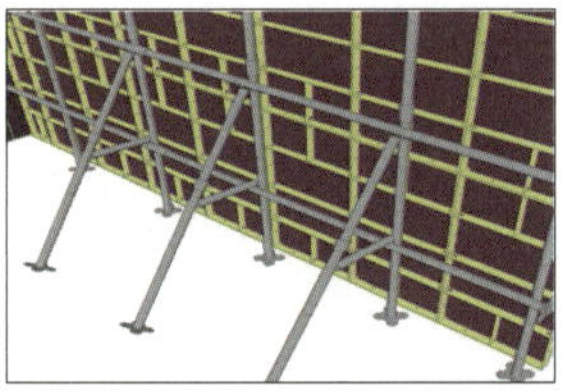

· 브레이스 프레임 거푸집, 간격재 용접용 보조철물 등 사용으로 외벽 측압으로 인한 구조물 변형 방지

[그림 3.18.2-12] 지하 외벽 거푸집 긴결철물(간격재)을 벽체 수직철근(주근)에 용접 시공

하자 사례

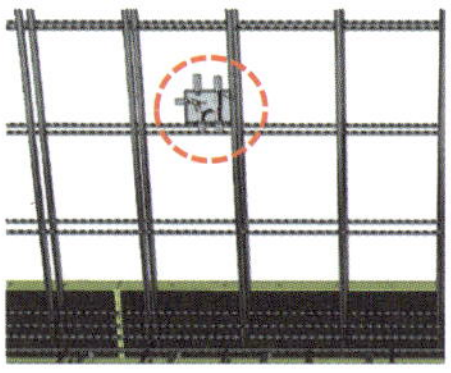

· 전기박스와 간섭된 슬래브 중앙부(하부) 인장철근을 전기박스 위에 설치하여 슬래브 유효깊이 감소 및 휨 내력 저하 발생
· 기둥 또는 벽체내부에 PVC 배수관 설치로 콘크리트 단면축소 및 동절기 결빙으로 인한 기둥구조물 파손

개선 방안

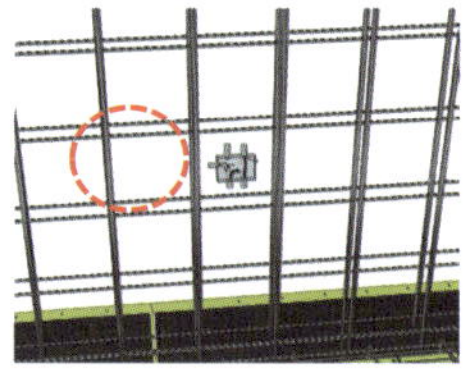

· Shop Dwg을 작성하여 전기 Box 등의 간섭사항을 사전에 검토하여 배근 실시
· PVC 배수관은 설계자, 감리자 등과 협의하여 변경 처리

[그림 3.18.2-13] 슬래브 유효깊이 감소로 인한 내력 저하

하자 사례

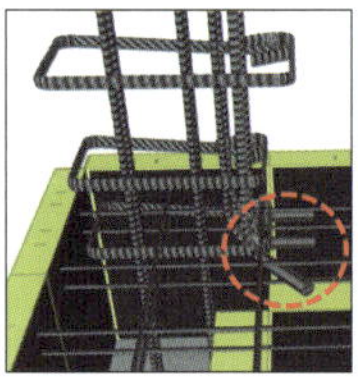

· 기둥철근 기초 정착길이 부족, 표준갈고리 길이 부족
· 상부 기둥규격 과다에 따른 슬래브 주변 전단력 작용으로 인한 균열 발생 우려

개선 방안

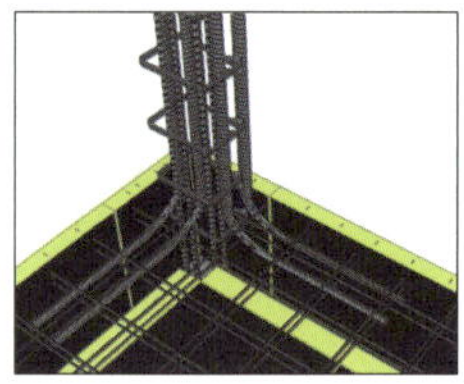

· 설계시 기둥설치 위치까지 테두리보 확대
· 상부기둥 규격≤하부기둥규격 구조 설계

[그림 3.18.2-14] 기둥철근 기초 정착길이 부족 및 상부기둥 단면 과다

하자 사례

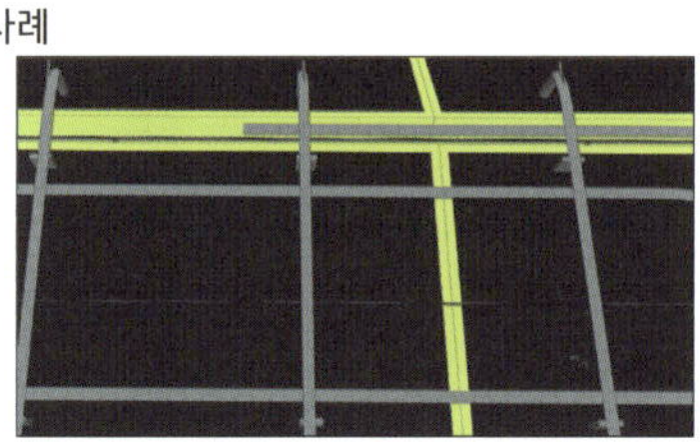

· 계단슬래브 보강철근을 꺾인 위치에 설치
· 계단슬래브 보강철근 누락

개선 방안

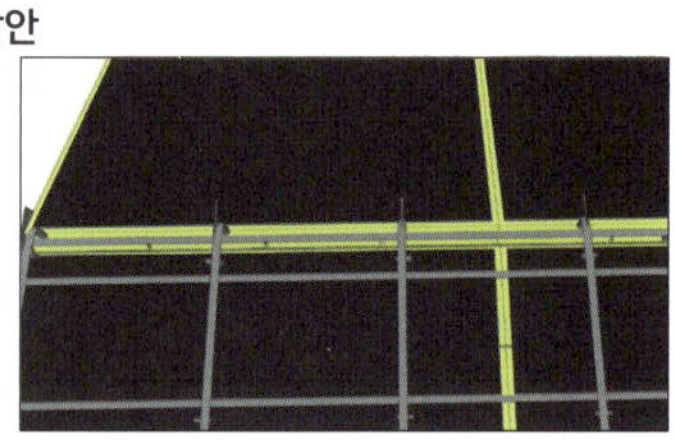

· Shop Dwg 작성하여 철근위치 사전검토 실시

[그림 3.18.2-15] 계단슬래브 보강철근 누락 및 위치 부적정

하자 사례

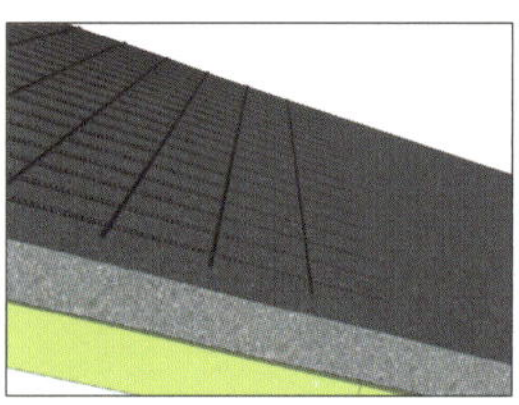

· 철근 가공·조립 시 피복두께 유지 불량으로 콘크리트 타설 후 철근 노출
· 계단 슬래브 시공이음부에 쌓인 이물질 미제거로 재료 분리

개선 방안

· 거푸집 조립 및 철근배근 후 청소 철저
· 스페이서(Spacer) 규격 준수

[그림 3.18.2-16] 계단슬래브 피복두께 부족 및 철근노출

하자 사례

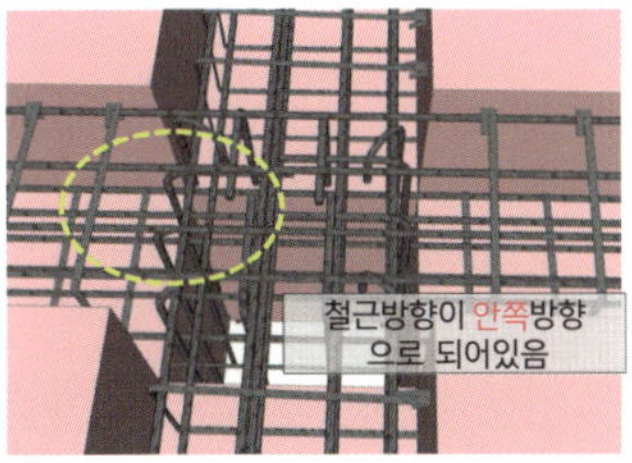

· 기둥 정착철근의 표준갈고리 겹침으로 인한 간섭으로 정착길이 부족

개선 방안

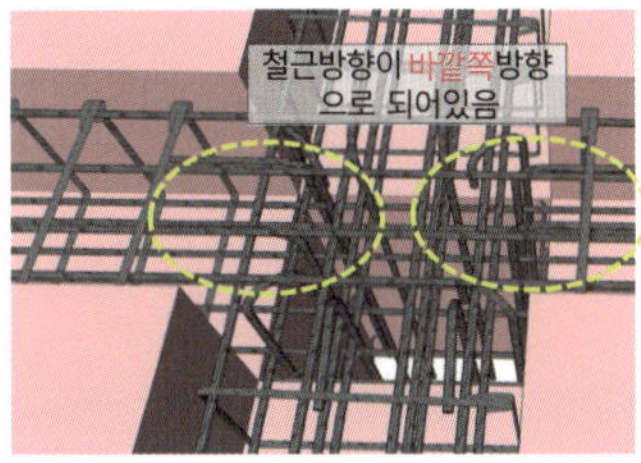

· 기둥코나 철근(4개소)를 내측으로 180° 표준갈고리 설치
· 나머지 수직철근은 외측으로 표준갈고리(90°) 설치

[그림 3.18.2-17] 기둥철근 정착길이 부족시공

하자 사례

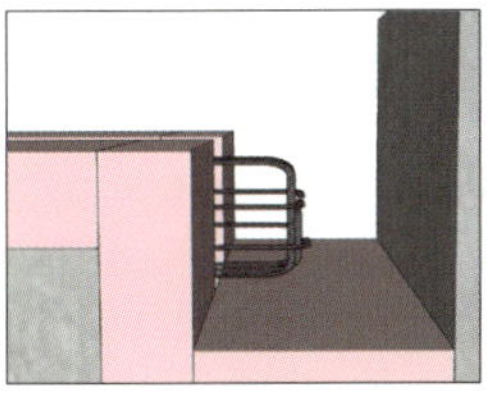

· 보 상부 인장철근은 표준갈고리가 있는 방법으로 가공하였으나 위험단면에서부터 시작되는 정착철근 직선길이 부족

개선 방안

· 설계시 테두리보의 폭을 정착길이 이상으로 반영

[그림 3.18.2-18] 보 철근 정착길이 부족 시공

하자 사례

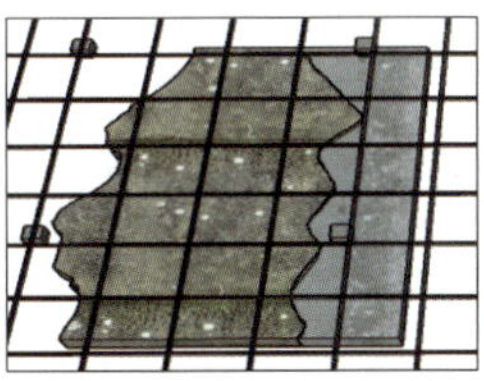

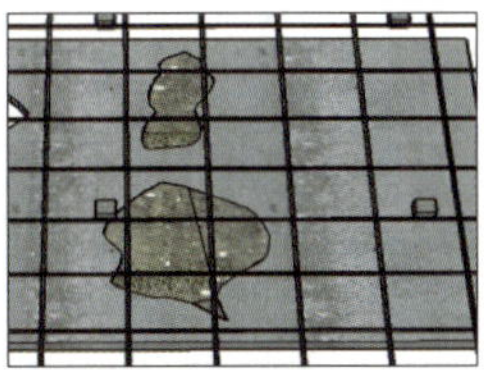

· 무근콘크리트 누락시공으로 추후 콘크리트 시공시 토사와 혼합 시공됨
· 저판하부 키(Key) 위치 부정확

개선 방안

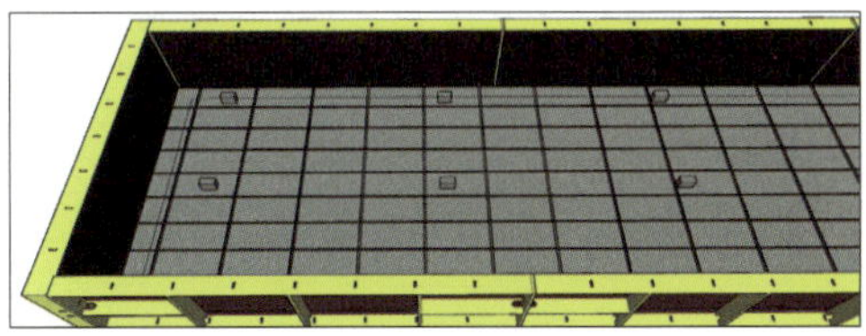

· 거푸집설치 후 버림콘크리트 타설
· 먹메김 후 저판하부 키(Key) 위치 정밀시공

[그림 3.18.2-19] 옹벽저판하부 키(KEY)설치 지반 버림 콘크리트 누락 시공

3.18.3 콘크리트 공사 하자 사례 및 개선방안

하자 사례

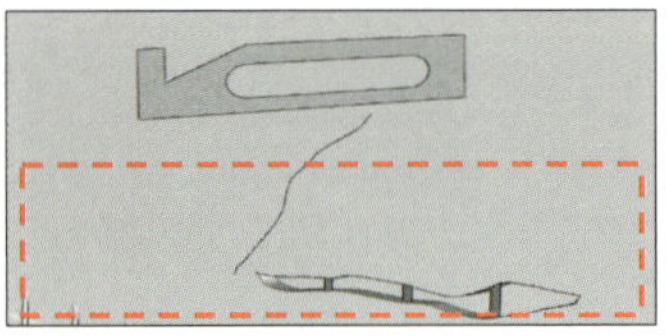

· 철근의 배근간격이 조밀한 경우 철근의 구속에 의해 침하균열 발생
· 과다한 슬럼프 및 타설시간 경과
· 철근 배근 방법 부적정(U-Bar 철근 설치로 4개철근 겹침이음)
· 콘크리트 피복두께 부족 등

》

개선 방안

· 철근 배근간격 적정 유지
· 시공연도에 지장이 없는 최소한의 슬럼프 유지 및 타설 시간관리 시방 준수
· 굳기 시작하는 시점에서 Tamping 실시하여 침각 방지
· 교차부 및 보강부 철근 배근방법에 대한 샵드로잉 작성·실시
· 콘크리트 피복두께에 대한 설계도서 내용 준수 시공

[그림 3.18.3-1] 콘크리트 침하 균열

하자 사례

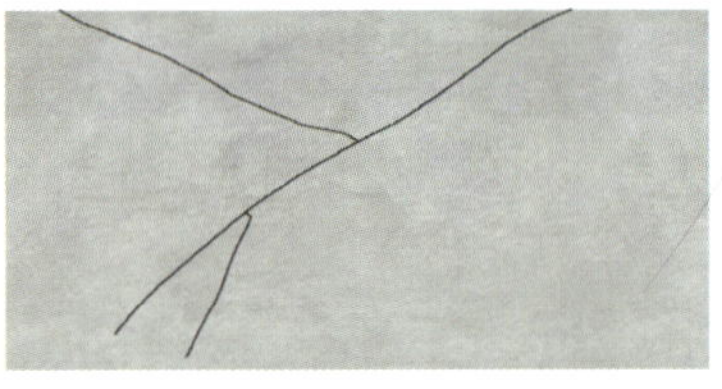

· 하절기 콘크리트 타설시 급결건조에 따른 소성 수축 균열 발생

》

개선 방안

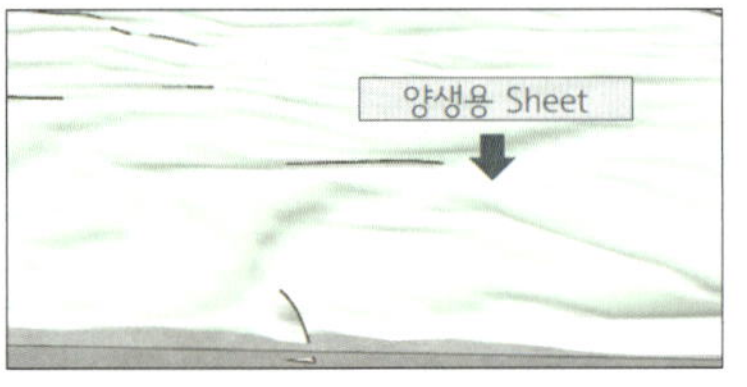

· 콘크리트 노출면은 양생용 Sheet를 덮거나 실수를 하여 습윤 상태로 보호

[그림 3.18.3-2] 슬래브 소성수축 균열 발생

하자 사례

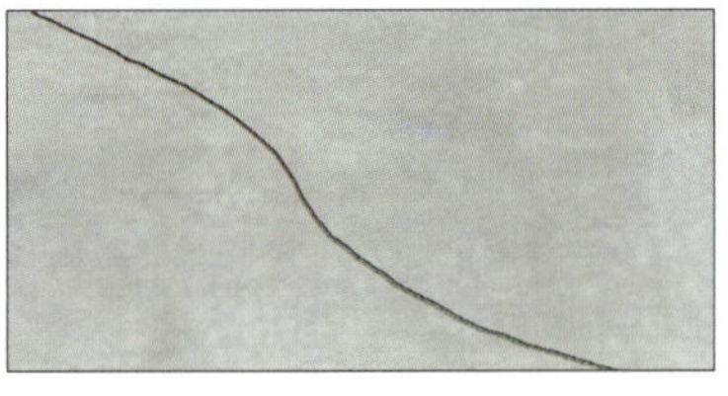

· 거푸집 및 동바리 존치기간 미준수로 콘크리트 균열 및 처짐 발생

》

개선 방안

· 콘크리트 거푸집 존치기간 준수 철저
· 타설 전 수평상태 재확인

[그림 3.18.3-3] 콘크리트 균열 및 처짐 발생

하자 사례

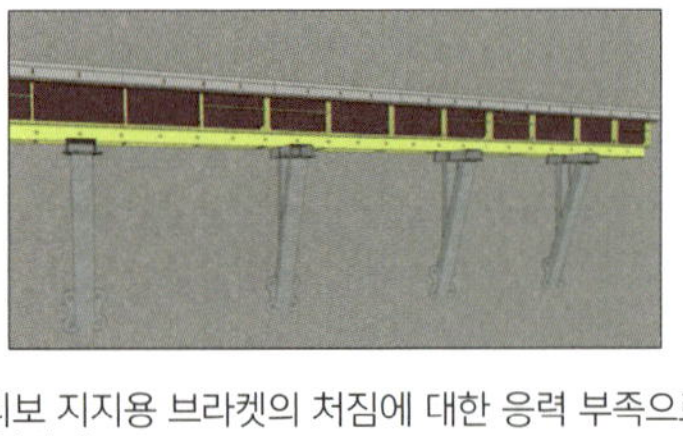

· 테두리보 지지용 브라켓의 처짐에 대한 응력 부족으로 처짐 및 균열발생

》

개선 방안

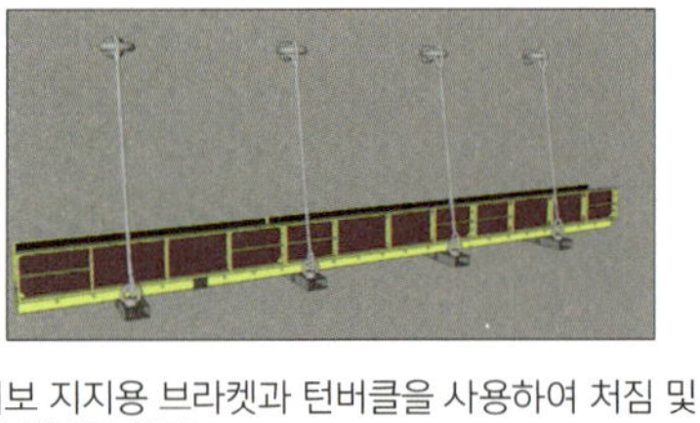

· 테두리보 지지용 브라켓과 턴버클을 사용하여 처짐 및 철골보 뒤틀림 방지

[그림 3.18.3-4] 테두리보 콘크리트 타설 후 처짐 및 균열 발생

하자 사례

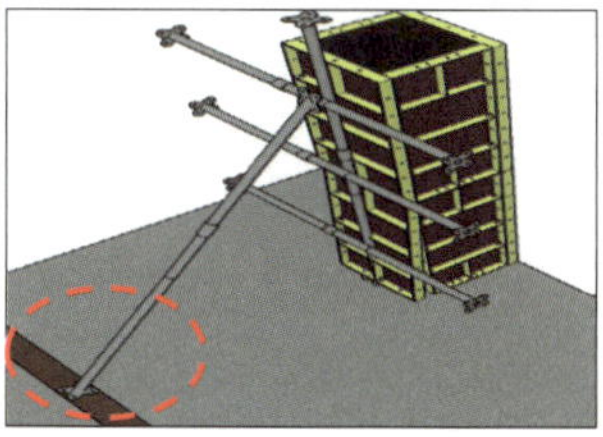

- 경사 지지대 누락 또는 부적절한 설치 원인
- 다짐시 거푸집이 배부르지 않도록 무리한 진동 금지

개선 방안

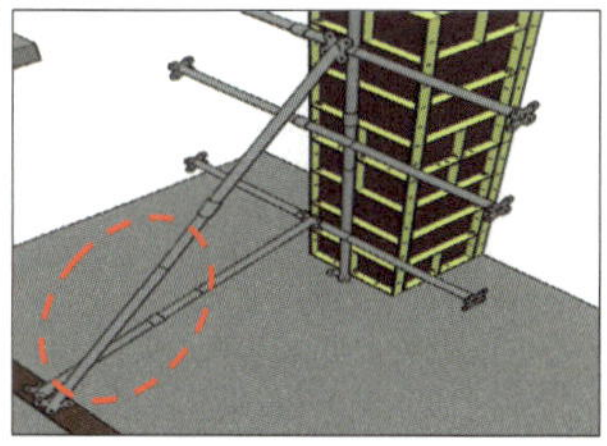

- 거푸집 경사 지지대 설치 간격 준수
- 무리한 진동 금지

[그림 3.18.3-5] 발코니 벽체 하부 배부름

하자 사례

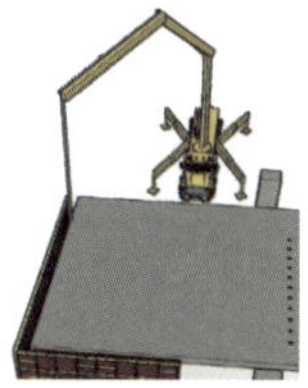

- 초기 동해 방지를 위한 양생시설 미시공
- 최고/최저 온도계를 설치하여 1시간 마다 양생 온도관리를 하나, 일정한 온도유지 및 온도 상승·곡선의 기울기 관리 불가

개선 방안

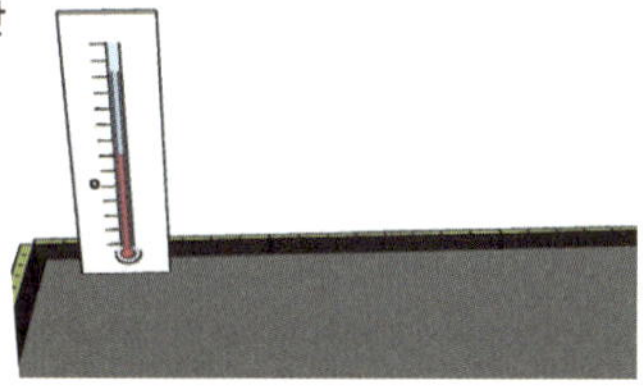

- 동절기 공사 계획서 작성 후 이행
- 양생시설 설치 후 공사 진행
- 자기온도기록계를 설치하여 양생온도 관리 실시

[그림 3.18.3-6] 콘크리트 타설시 동절기 보온양생 미준수

하자 사례

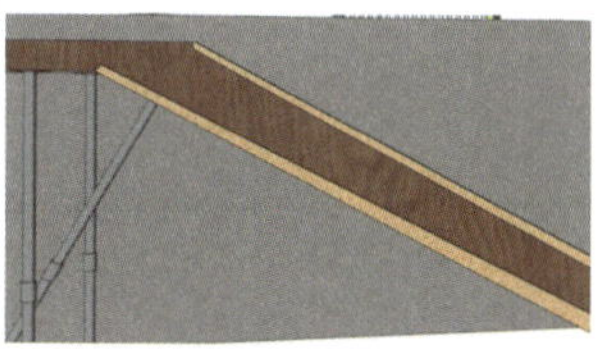

- 계단 슬래브와 연결되는 벽체를 분리 시공
- 계단슬래브와 연결되는 벽체 접합부(전단력이 큰 부분)에 내부 공극이 많이 발생하는 Expanded Metal Lath를 설치하여 균열 발생 우려

개선 방안

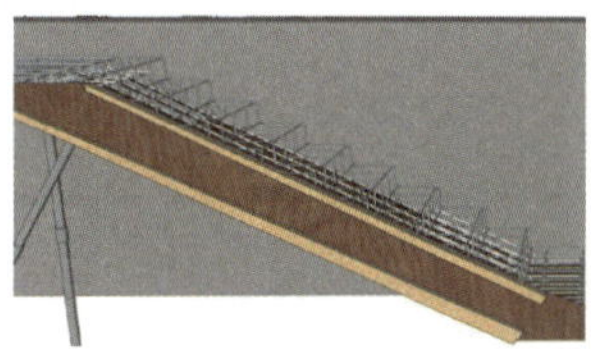

- 계단 슬래브와 연결되는 벽체는 원칙적으로 일체 시공
- 고사현장 여건 상 부득이하게 분리 시공할 경우 내부 공극이 없는 철망 사용

[그림 3.18.3-7] 계단실 구조물 시공이음부 처리 불량

하자 사례

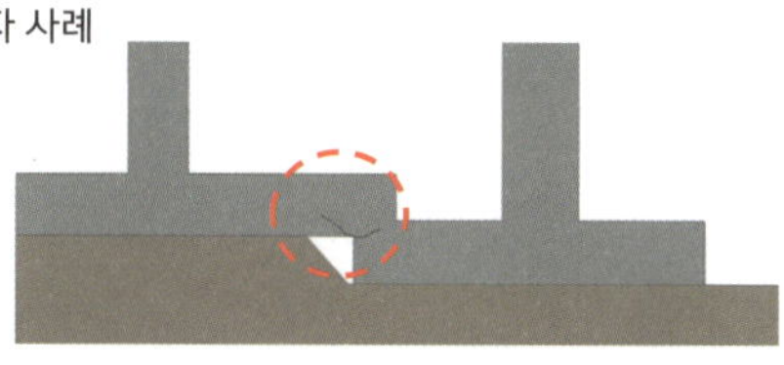

- 독립기초 하부 지반의 경사면에 요철이 많이 발생되어 있으나 무근콘크리트 시공없이 Expanded Metal Lath를 설치하여 내부공극이 많이 발생함
- 독립기초 시공 후 내부공극 침하로 인한 기초 부위 균열 및 누수 발생

개선 방안

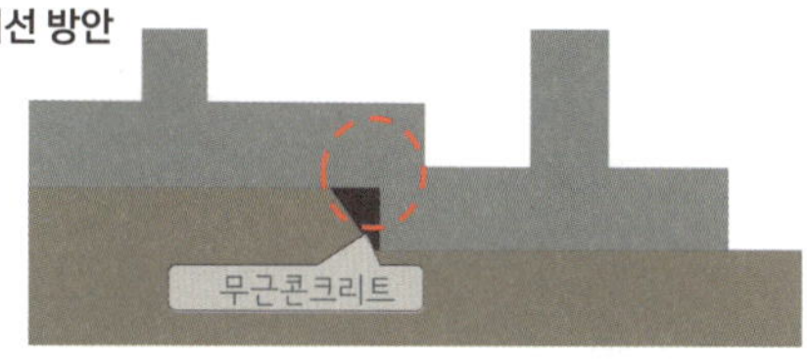

- 독립기초 하부 지반의 경사면은 바닥과 동일하게 무근콘크리트 시공

[그림 3.18.3-8] 독립기초 하부지반 경사면 시공 불량

하자 사례

· 콘크리트 재료 부적합
· 콘크리트 타설시 진동다짐 기준 미준수

개선 방안

· 콘크리트 배합설계 검토
· 레미콘 공장 사전점검 및 반입콘크리트 품질 적정 확인 철저
· 콘크리트 타설시 진동다짐 기준 준수

[그림 3.18.3-9] 기둥 재료분리 발생

하자 사례

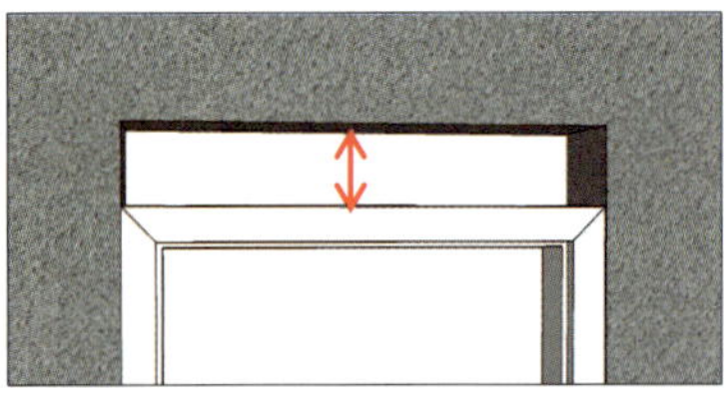

· 현관문틀 상부 틈새 과다로 마감처리 곤란 및 결로 발생 우려

개선 방안

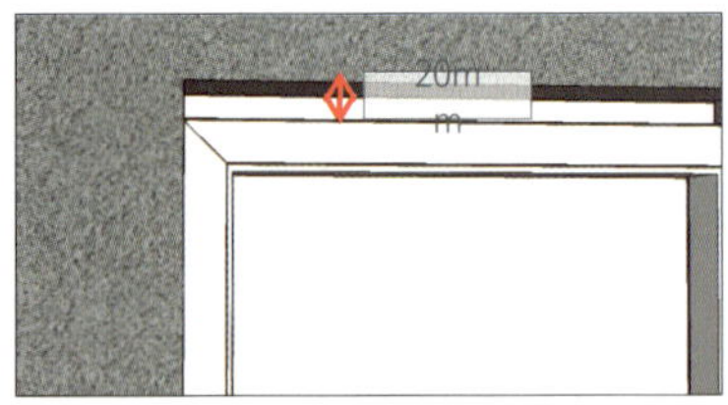

· 현관문틀 상부 틈새를 20mm 정도 유지

[그림 3.18.3-10] 현관문틀 상부 틈새 과다

하자 사례

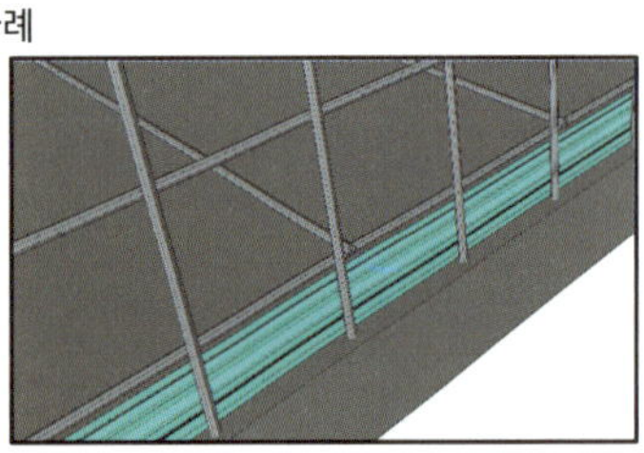

· 이어치기 부위 지수판 설치 불량으로 누수 발생

개선 방안

· 지수판 정밀 시공 및 이어치기 전 청소 실시

[그림 3.18.3-11] 콘크리트 이어치기 불량(1)

하자 사례

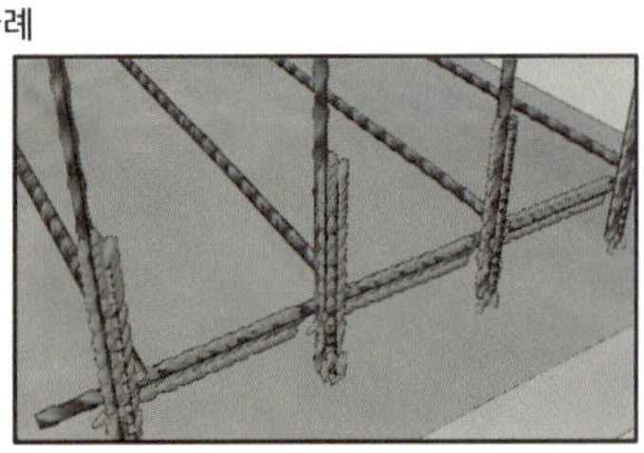

· 이어치기 부위 철근에 묻은 이물질 미제거로 부착강도 저하

개선 방안

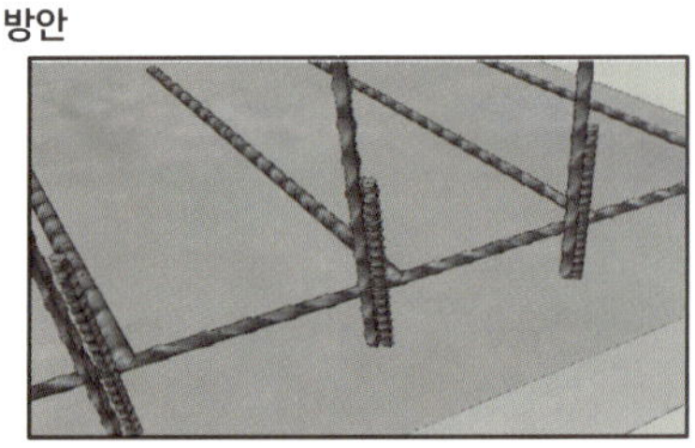

· 이어치기 부위 평활도 유지 및 철근에 묻은 이물질 제거 철저

[그림 3.18.3-12] 콘크리트 이어치기 불량(2)

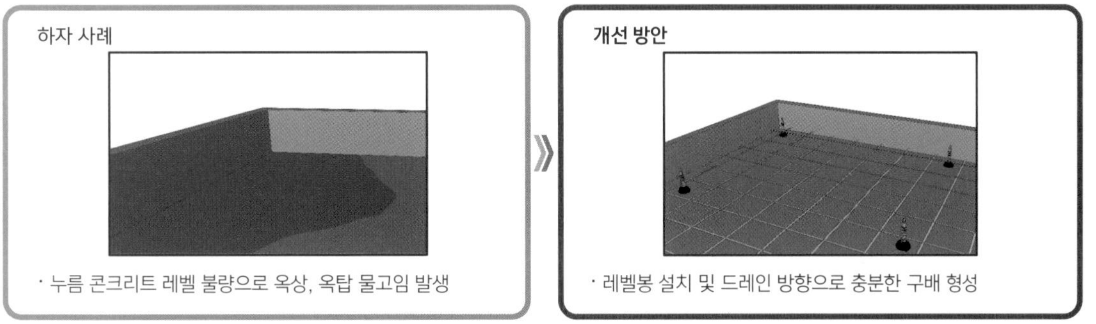

[그림 3.18.3-13] 콘크리트 레벨 불량

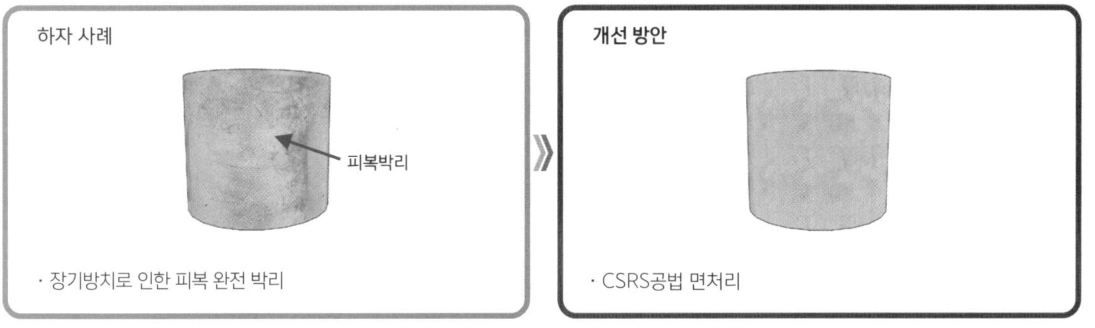

[그림 3.18.3-14] 노출콘크리트 피복박리

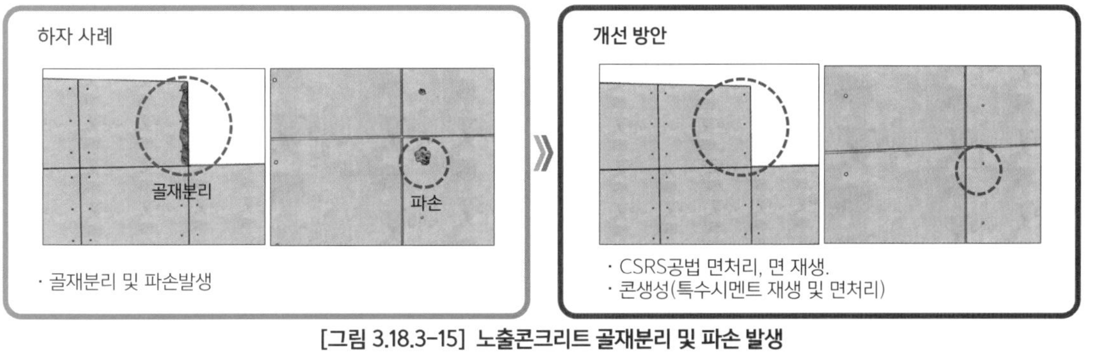

[그림 3.18.3-15] 노출콘크리트 골재분리 및 파손 발생

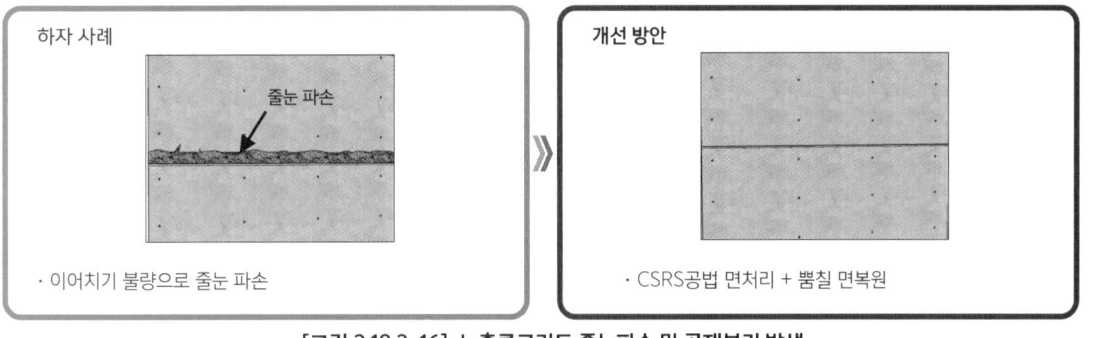

[그림 3.18.3-16] 노출콘크리트 줄눈파손 및 골재분리 발생

하자 사례

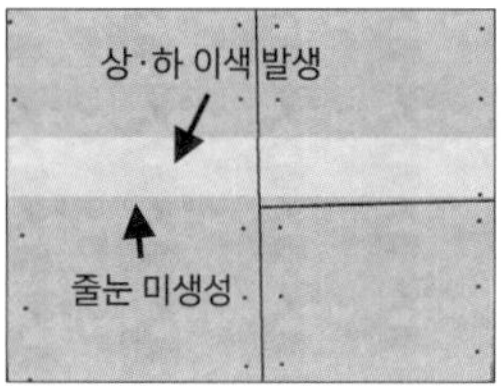

. 이어치기 조인트 및 상,하 이색발생
. 줄눈재 미삽입으로 줄눈 미생성

》

개선 방안

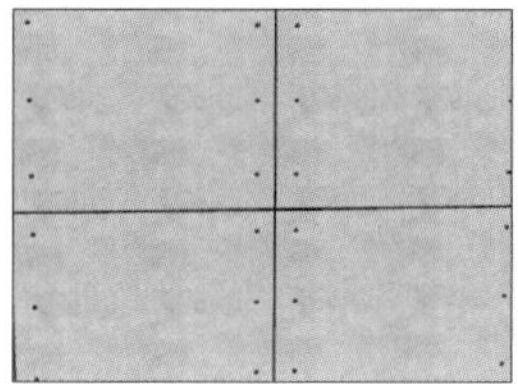

· 단차 커팅 그라인딩 및 면처리 (CSRS공법)
· 줄눈 그라인드 컷팅 생성

[그림 3.18.3-17] 노출콘크리트 콜드조인트 및 줄눈 불량

하자 사례

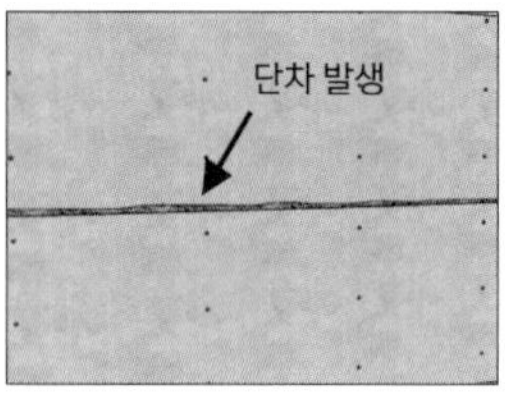

· 이어치기 불량으로 단차 발생

》

개선 방안

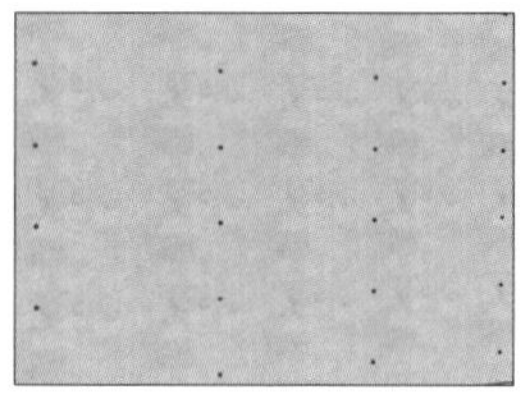

· 쪼아내기 후 미장 및 CSRS공법 면처리

[그림 3.18.3-18] 노출콘크리트 이어치기 단차 발생

하자 사례

· 장기 방치로 녹물, 백화, 패널자국 발생

》

개선 방안

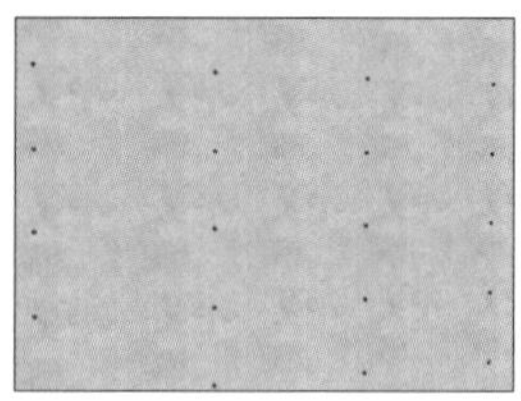

· 특수시멘트 뿜칠 및 면 처리

[그림 3.18.3-19] 노출콘크리트면 오염 발생

4 시공사례

■ **무등산 원효분소(소규모 업무시설) 철근콘크리트 공사**

01 기초콘크리트 시공완료

02 되메우기

03 기초콘크리트 위 먹줄매김

04 기둥 철근 배근 및 벽체 거푸집 조립

05 외측 벽체거푸집 설치

06 외측 거푸집 설치 완료 후 지지대 설치

07 벽 철근 배근 및 배관 정리

08 기둥거푸집 조립

09 기둥거푸집 설치

10 내측 벽체 거푸집 설치

11 동바리및 상부 거푸집 설치

12 상부철근 배근

13 각종 배관 설치 및 정리

14 현장 레디믹스트 콘크리트 타설

15 진동기로 콘크리트 다짐

16 콘크리트 미장

5 시공예시도

■ 철근콘크리트 시공순서도

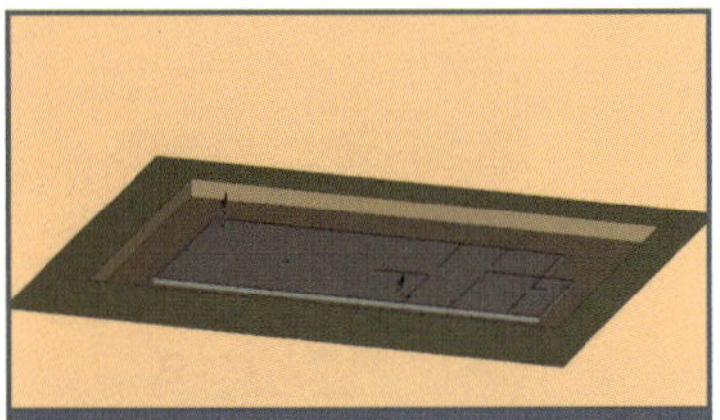

① 기초콘크리트 위 먹줄 매김

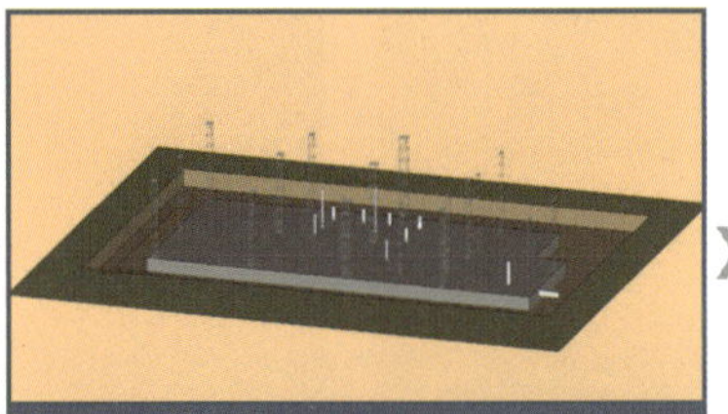

② 기초콘크리트 위 기둥 철근 배근

③ 벽 철근 배근

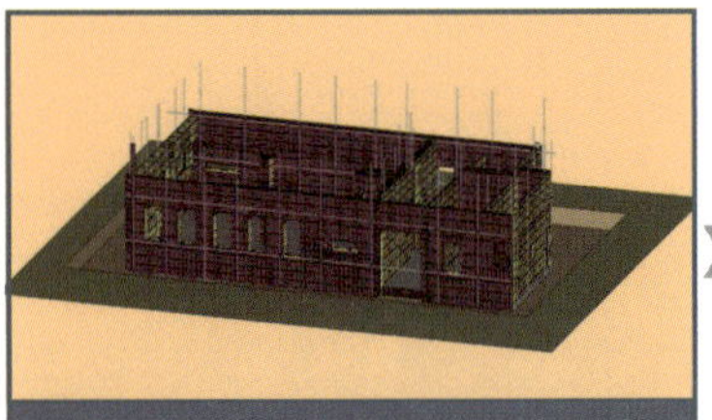

④ 벽 거푸집 설치

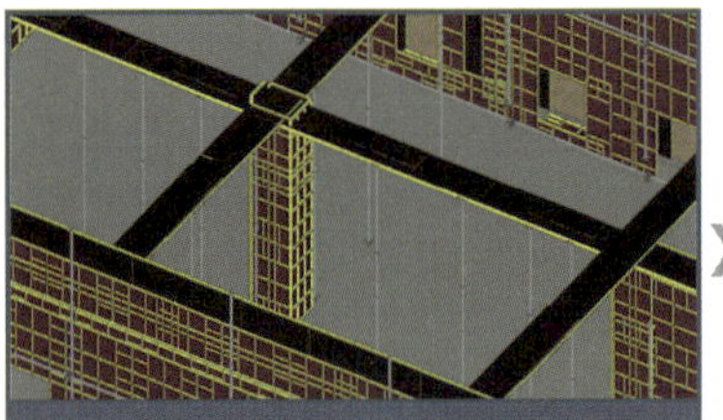

⑤ 상부 거푸집 전 동바리 설치

⑥ 상부 거푸집 설치 및 철근 배근

⑦ 콘크리트 타설

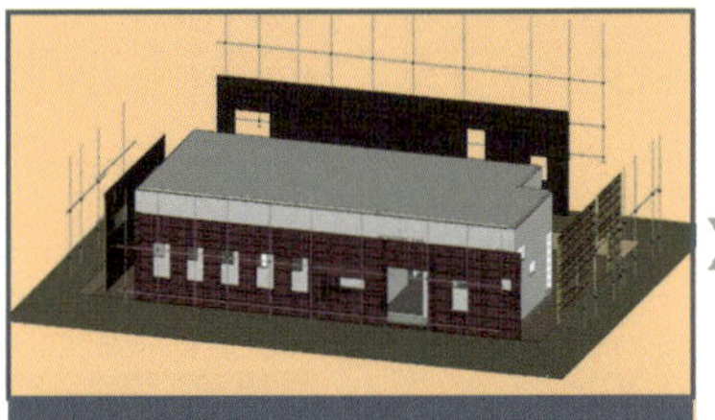

⑧ 거푸집 해체

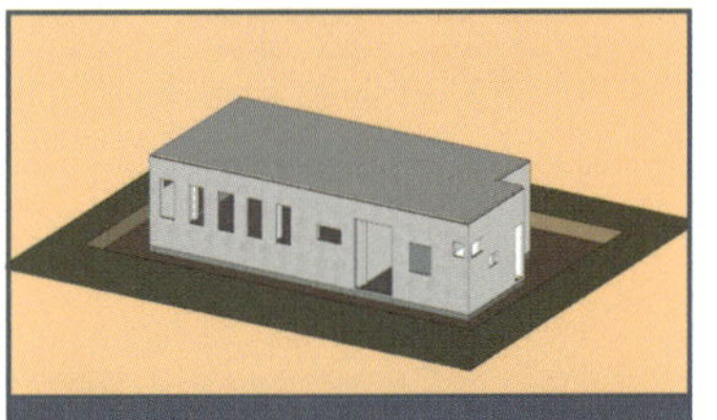

⑨ 완료

■ [시공 상세 및 설명] 철근콘크리트 공사의 주요 부속 재료

▶ 핀

▶ 폼 타이

▶ 스페이서

▶ 철근 고임대

■ [시공 사진] 시공순서도 ① 기초콘크리트 위 먹줄매김 ~ ⑥ 상부 거푸집 설치 및 철근 배근

01. 기초콘크리트 시공 완료

02. 되메우기

03. 기초콘크리트 위 먹줄 매김

04. 기둥철근배근 및 벽체거푸집조립

05. 외측 벽체 거푸집설치

06. 외측거푸집설치완료 후 지지대설치

07. 벽 철근 배근 및 배관 정리

08. 기둥 거푸집조립

09. 기둥 거푸집설치

10. 내측 벽체 거푸집 설치

11. 동바리 및 상부 거푸집 설치

12. 상부 철근 배근

13. 각종 배관 설치 및 정리

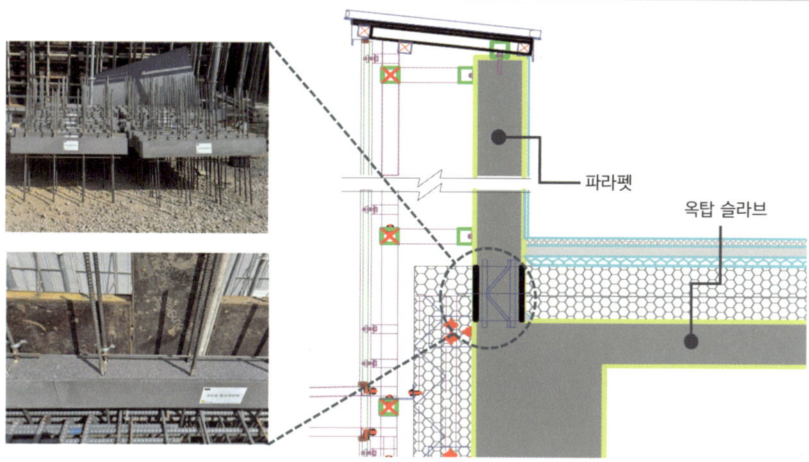

[시공 상세 및 설명] ⑥ 상부 거푸집 설치 및 철근 배근 시 구조용 열교차단재 설치 상세 - 파라펫 부위

■ [시공 사진] 시공순서도 ⑦ 콘크리트 타설 ~ ⑨ 완료

01. 지붕층슬라브 콘크리트 타설 준비

02. 지붕층 슬라브 콘크리트 타설

03. 진동기로 콘크리트 다짐

04. 지붕층슬라브 콘크리트 미장

05. 지붕층슬라브 콘크리트 타설 완료

06. 양생 후 거푸집 해체

07. 철근콘크리트 공사 완료

SAMOOCM
CREATIVE MANAGEMENT

CHAPTER 5

5장

소규모 강구조공사

SBCS 41 90 31 05 경량철골구조 공사

CHAPTER 5

SBCS 41 90 31 05
경량철골구조 공사

1 일반사항

1.1 적용범위

(1) 이 기준은 주로 판두께 6㎜ 이하의 얇은 부재를 구조부재로 이용한 경량철골 구조물(강구조) 공사에 적용한다.
(2) 이 기준에 기술하지 않은 사항은 당해 공사 관련 시방서에 따른다.
(3) 특별한 조사, 연구 등에 따라 이 시방서의 전부 또는 일부를 적용하지 않는 경우에는 공사감리자의 확인을 받는다.

1.2 경량철골 구조 일반

(1) 경량철골 구조물의 시공은 *KCS 14 31 05*의 규정을 따른다. 다만, 개개 구조물의 시공은 특별한 검토를 하여 그 구조물의 시공에 적절한 것으로 인정되는 사항은 이 시공 기준을 따르지 않을 수 있다.
(2) 공사가 종료된 후에는 원칙적으로 공사기록 등에 의해 시공이 적절히 실시되었다는 관련 서류를 보관하여야 한다.

1.3 참고기준

(1) 경량철골 구조공사의 참고기준은 *KCS 14 31 05(1.3.1)*에 명시된 관련 한국산업표준을 따른다.
(2) 경량철골 구조공사 참고기준은 *KCS 14 31 05(1.3.2)*에 명시된 관련 기준 및 지침을 따른다.
(3) 경량철골 구조공사의 내화피복은 *KCS 14 31 50*에 따른다.

CHECK 01 ▶
내화피복
• 화재발생시 1,000℃ 내외의 고열이 발생되는데 철골자체는 불에 타지 않으나 강소재는 600℃ 이상의 열에 일정시간 노출되면 강소재의 열적 특성에 급격한 변화가 일어나서 강재붕괴가 시작된다. 이에 화재열이 강재에 전달되는 것을 차단하거나 지연시켜서 인명구조 및 화재진압시간을 확보하기 위해 관련법적으로도 내화피복이 필요하다.
<출처> 건축시공 제2판 (2009, 노인철)

1.4 용어의 정의

(1) 경량철골 구조공사의 용어의 정의는 *KCS 14 31 05(1.4)*에 따른다. CHECK 01

1.5 공법의 선정 및 제출자료

1.5.1 공법의 선정

(1) 설계도서에 기재되어 있는 시공의 수단과 방법(공법)에 관해서는 이 시방서에 따른다. 다만 설계품질의 제품을 제작함에 있어서 이 시방서가 현장의 제작 조건에 적합하지 않거나 또는 이것을 대신할 만한 보다 좋은 방법이 있는 경우에는 시공자, 협력업자 등 공사수행에 관계하는 자의 책임 하에 입안한 후 공사감리자와 협의하여 가장 좋은 방법을 선정한다.
(2) 설계도서에 기재되어 있지 않은 시공의 수단과 방법에 관해서는 설계자와 공사감리자와 협의하여 시공자, 협력업자 등 공사수행에 관계하는 자의 책임 하에 결정한다.

1.5.2 제출자료

(1) 시공자, 협력업자 등 공사수행에 관계하는 자는 공사 및 제작 착수 전에 시공계획서 및 시공상세도(shop drawing), 공장제작요령서, 현장시공요령서, 공정표 등을 작성 제출하여 공사감리자의 확인을 받는다.
(2) 공사감리자의 확인을 받는 시공계획서에는 아래와 같이 계약에 따라 필요한 항목들을 명기해야 한다.
① 시공계획서 : 일반사항, 공사개요, 공사담당 및 조직, 가설계획, 인원계획, 강재구입 및 조달계획, 설치계획, 접합계획, 품질관리 및 검사계획, 공장 및 현장도장계획, 수송계획, 공정표 및 공정관리계획, 타공사와의 관련사항, 안전관리 계획
② 공장제작 요령서 : 일반사항, 공사개요, 공장조직, 재료관리요령, 제작 및 용접작업요령, 품질관리 및 검사요령, 기타
③ 현장시공요령서 : 일반사항, 공사개요, 현장조직, 설치작업요령, 고장력볼트 접합작업요령, 용접 접합작업 요령, 안전관리요령
(3) KS 규격품의 경우 강재의 종류, 형상 및 치수는 규격 증명서의 원본으로 확인한다. 강재 규격 증명서의 원본을 준비할 수 없는 경우에는 그 사본에 의해 확인한다. 그 사본은 해당 강재와 일치한다고 보증하는 자의 성명, 날인 및 날짜가 첨부되어 있는 것이어야 한다. 이 기준에 규정되어 있지 않은 KS 규격품이나 또는 KS 규격품이라 하더라도 공급원이 처음으로 생산, 공급하는 경우에는 해당 구조물의 용도에 따라 용접성능 등의 요구성능에 대하여 공사감리자의 확인을 받아야 한다. CHECK 02

CHECK 02 ▶
밀시트(mill-sheet, 강재 규격증명서)
• 철강 및 제철공장에서 원자재를 주문자에게 공급할 때 보내지는 자재의 송장과 같은 것으로서 자재의 규격(두께, 폭, 길이 등), 중량, 품질 등을 기록한 서류
<출처> 건축시공, 그림으로 보는 착공에서 준공까지 (2019, 정상진 외)

[표 1.5.2-1] 시공상세도 주요 검토사항 CHECK 03

구분	검토내용		
건축물 층고 치수 및 기둥 이음 확인	· 각 층의 기준레벨과 철골의 위치확인, 특히 주각 베이스플레이트 하단 위치와 고름모르타르 두께에 주의하고 모르타르 강도 체크 · 기둥 부재 각 길이, 폭, 무게 등이 도로상황, 도로교통법 등에 문제가 없는지 확인, 기둥 이음방식 확인		
사용재료의 일치성	· 기둥, 보 등의 재질 및 형상 확인	· H형강, BH강의 구별	
앵커볼트	· 앵커볼트 위치 확인 · 앵커볼트 구멍의 크기 확인	· 앵커볼트 재질, 형상, 길이 확인	· 베이스 플레이트 길이 확인
접합	· 볼트의 종류 (H/S,T/S) · 개선 형상 및 치수	· 용접공법의 종류 · 엔드탭의 종류 및 형상	· 접합/설치부분의 시공성
골조 정합성	· 철골과 골조의 중심선 확인 · 이음위치	· 스팬 및 층 높이 치수 확인 · 건축도면 치수와 철골 치수와의 교차확인 : 계단, 골조와 접합부 등	· 부재기호, 부재치수
기타	· 가설 조립 피스의 확인 · 페인트 시공여부	· 슬리브 관통 위치와 보강 · 사전검토사항확인	· 기둥, 보와의 철근 간섭처리

- 출처 : 건설기술지침 Rev.2(2019, 대한건축학회, 대우건설)

1.6 품질보증 및 관리

1.6.1 품질보증

(1) 품질보증의 원칙

① 경량철골 구조물은 건설기술진흥법 제58조 1항 및 시행령 제96조의 규정에 따라 인증된 해당 제작능력 등급에 적합한 강구조물 제작공장에서 제작한 것으로서 품질이 보증된 것을 사용해야 한다.

② 경량철골 구조물의 품질보증을 위해서 시공자, 협력업자 등 공사수행에 관계하는 자는 구조기술사 및 공사감리자와 상호 협력하여 각각 분담된 역할을 수행해야 한다.

③ 시공자, 협력업자 등 공사수행에 관계하는 자는 설계자가 설계도서에서 요구하는 설계품질에 맞도록 시공품질을 보증해야 한다.

④ 시공에 대한 품질보증은 시공단계의 각 공정마다 품질관리 계획서에 의하여 시행해야 한다.

⑤ 경량철골 구조물 제작 및 시공의 품질확보와 품질보증을 위하여 공사실명제를 실시해야 한다.

(2) 시공품질의 보증

시공품질을 보증하기 위해서는 아래 4단계의 필요한 내용이 이행되어야 한다.

① 설계품질의 파악

② 설계품질을 달성하기 위한 계획의 작성

③ 계획대로 계속 실행되고 있다는 증명

④ 시공품질이 설계품질을 확보하고 있다는 증명

◀ CHECK 03

중점 검토사항

- 건축 – 구조 – Shop Dwg. 일치여부
- 접합부 디테일과 마감부분의 처리
- 건축구조기준에 부합여부
- 정확한 철골의 길이 확인, 보와 기둥과의 연결, 층과 층사이의 철골
- 설비, 전기 개구부 등의 고려 여부
- 공장도장 부분 표기
- 내화도장 부분 표기 : 방화관리기준과 크로스검토
- 부속철물의 위치
- Deck Plate 및 현장 지붕의 Camber값 확인

1.6.2 재료의 품질관리

(1) 강재는 KS 인증 공장에서 제조되어야 한다.

(2) KS 규격증명서가 첨부되어 있는 규격품은 재료시험을 하지 않아도 무방하다.

(3) 규격증명서가 첨부되어 있는 규격품이더라도 특별히 재료시험을 해야 하는 경우의 시험방법은 해당 KS의 시험방법에 따른다. 다만, 이미 시행한 시험결과만으로도 공사감리자가 충분하다고 인정한 경우 이 시험을 생략할 수 있다.

1.6.3 시공자의 품질관리

(1) 시공자는 시공계획서 등에 따라 공장제작 및 공사 현장시공의 품질관리를 해야 한다.

(2) 품질관리의 실시상황은 필요에 따라 그 타당성을 공사감리자에게 입증할 수 있는 것으로 하고 입증에 필요한 기록을 남겨야 한다.

1.6.4 경량철골 구조 제작자의 품질관리

(1) 품질관리 조직

제작공장은 아래의 품질관리 기능을 갖는 품질관리 조직을 갖추어야 한다. 또한, 이 조직은 품질관리 조직도 등으로 명시해야 한다.

① 품질관리 방침을 나타내는 기능
② 설계품질을 확인하고 제작의 목표품질을 설정하는 기능
③ 설계품질 실현을 위하여 계획하는 기능
④ 계획에 따라서 품질을 검사하여 만들어 내는 기능
⑤ 시공품질을 확인, 평가하는 기능
⑥ 품질평가 정보에 따라 생산능력을 향상시키는 기능
⑦ 표준화를 도모하는 기능
⑧ 불일치를 예방하는 기능
⑨ 불일치의 재발을 방지하는 기능
⑩ 품질증명에 필요한 기록을 남기는 기능

(2) 품질관리 실시내용

① 설계품질의 확인 : 경량철골 구조 제작자는 시공에 들어가기 전에 설계도서와 계약도서 등의 공사관련 서류로부터 설계품질을 정확하게 파악해야 한다. 설계품질을 이해할 수 없는 경우에는 질의서를 제출하여 공사감리자와 협의해야 한다.
② 품질관리 실시계획 : 경량철골 구조 제작자는 가공착수 전에 설계품질을 실현하기 위한 구체적인 품질관리 실시방법, 관리항목, 관리값, 기준에 벗어난 경우의 검사 및 처리 등을 계획해야 한다.
③ 시공품질의 보증 및 평가 : 경량철골 구조 제작자는 강재 제작 중에 실시계획에 따라 품질관리를 하고, 각 공정의 작업결과의 이상 유무를 확인해야 한다. 이상이 확인된 경우에는 신속히 수정함과 동시에 이상 발생의 실제 원인을 규명하여 재발방지책을 강구해야 한다. 중대한 불량부분의 처리에 관해서는 공사감리자와 협의해야 한다. 또한 완성된 제품은 제작자가 검사를 하여 품질평가를 해야 한다.
④ 기록 및 보고 : 경량철골 구조 제작자는 제작자 검사의 결과를 기록하고, 필요에 따라 보고서로 정리하여 공사감리자에게 제출해야 한다.

1.6.5 현장시공

(1) 공사현장시공의 품질관리는 이 기준 *1.6.4* 에 따른다.

1.7 운반, 보관 및 취급

(1) 강재의 운반, 보관 및 취급 시에는 강재의 휨, 굵힘 및 과다 적재하중은 피해야 한다. 휘거나 손상을 입을 수 있는 돌출 부분은 적절한 보호조치를 취해야 한다.

(2) 강재는 오염과 손상을 입지 않도록 상차, 운반, 하차한다. 받침목 또는 기타 지지물 위에 보관하고, 덮개 등으로 조치하여 부식되지 않도록 보관한다. 또한 보관 중 비틀림이 생기지 않도록 지지대의 간격을 좁게 하고, 레벨의 편차가 없도록 한다.

(3) 강재는 현장에 반입시 녹막이 페인트 처리된 강재를 반입하여야 하며, 또한 심한 녹, 표면손상 등의 유해한 표면 결함이나, 휨, 비틀림 등의 변형이 없어야 한다. 녹막이 페인트에 하자가 생겨 녹이 발생되었거나, 녹막이 페인트가 되어 있지 않은 채 반입되어 현장에 장기간 야적되어 녹이 발생한 경우에는 부재 설치 전에 녹을 제거하고, 보수한 후 공사감리자의 확인을 받는다.

(4) 볼트 및 연결재는 KS B ISO 3269에 의하여 인수검사가 완료된 것을 상자로 포장하여 운반하도록 하며 실내 보관관리를 원칙으로 한다. 다만 제품의 표시와 포장의 표시방법은 사용강재의 해당 산업표준에 따른다.

(5) 보관은 재료의 식별이 용이하도록 조치한다.

[표 1.7-1] 경량철골 구조공사 자재의 반입, 운반, 적재 안전관리사항

작업내용	위험포인트	안전관리대책
공통, 자재반입, 운반 및 적재	· 지게차 하역, 운반 작업 시 운전자 시야 미확보 및 운전자 실수로 인한 작업자 충돌 및 협착 위험	· 하역 및 운반 작업 시 신호수를 배치하고 지게차의 충분한 회전 반경을 확보한 후 작업 실시 · 작업자 접근 통제 후 작업 실시 및 운전 기준 속도 준수 · 적재물이 시계를 방해할 경우 신호수의 유도 하에 후진으로 경적을 울리면서 서행
	· 하역운반 차량 및 지게차 상·하차 작업 시 편심, 장애물 등에 의한 자재 낙하 위험	· 운반 차량 상부에서 불안전한 하역 작업 금지 · 지게차 이동 경로 상에서 지장물 등을 제거하고 바닥 평탄성 확인 · 상·하차 시 자재의 편심 확인 및 신호수는 지게차 하부에 작업자 출입을 통제
	· 지게차 사용 시 사전 점검, 사용수칙 위반에 따른 사고 및 운전원 전방주시 태만으로 작업자 충돌 위험	· 작업 전 전조등, 방향 지시등, 후사경, 제동 및 경보장치, 바퀴 이상 유무 등 사전 점검 · 포크에 사람 태움 금지 및 허용 하중 초과 금지 · 운전 중 흡연 및 핸드폰 사용 금지 및 운전자 이탈시 시동 끄고 운전 열쇠 지참
	· 손수레를 사용하여 운반 작업 중 이동 통로 상에서 장애물 및 운반 방법 불량(균형상실)으로 인한 전도, 협착 사고 위험	· 작업 전 운반 경로 상에서의 장애물 등을 제거 및 정리하고 급선회 및 운반 시 뒤지 않도록 하며 반드시 앞에서 끌어서 운반 실시 · 손수레 과적 금지 및 2인 1조 작업 실시
	· 자재 적재 및 야적 시 쌓기 불량(편심발생)으로 인한 자재 전도로 근로자 협착 통행로 상에서 자재 적재 및 정리 정돈 불량으로 근로자 통행 중 전도 및 협착 위험	· 자재 쌓기 시 바닥 수평 상태 확인 후 편심, 전도 발생이 없도록 안정되게 적재 · 근로자 통행에 지장 없도록 통로 확보 후 적재 · 작업 전·후 정리 정돈 실시
	· 세대 내 리프트 출입문 개방 후 출입문 밖으로 신체 내밀기 및 리프트 케이지 상부에 올라가 길이가 긴 부재 상하차 및 인양 작업 중 리프트 거동에 의한 추락 위험	· 리프트 출입문 임의 개방 금지 · 리프트 케이지 상부에 올라가서 불안전한 인양 작업 금지
	· 단열재 보관 장소에서 용접 등 화기작업에 따른 화재 및 담배꽁초 등의 발화 원인으로 인한 화재 발생 위험	· 폐쇄된 지하층에 단열재 보관은 지양하고 개방된 지상층에 단열재를 야적 보관 · 작업장 주변에서 화기(용접 등) 작업 및 흡연 금지 · 야적 및 보관 장소에 소화기 비치 · 작업 후 폐 단열재는 즉시 반출

- 출처 : 건축공사 들여다보기(2006, 서울지방국토관리청, 노성열 외)

철골조립 작업을 위해 철골 보 위로 이동 중 추락 / 데크 플레이트의 한쪽을 밟아 전위되면서 추락 / 지붕 철골조립 작업 중 인양중인 강재에 부딪혀 추락 / 철골부재 인양, 하차 작업 중 줄걸이용 로프가 훅에서 이탈하여 철골부재 낙하

[그림 1.7-1] 철골구조공사 사고유형

1.8 환경조건

(1) 현장 대리인은 공사로 인한 소음, 진동 및 분진의 영향을 저감하기 위해 사용장비의 작업시간 조정, 소음기 설치 등 소음저감 대책을 수립하여 소음을 방지하여야 한다.

(2) 도심지나 생활환경 지역 내에서 공사차량 및 장비의 출입이나 운영 시 주차관리인, 신호수, 표시등 및 교통 표지판을 설치하여 통행장애를 최소화하여야 한다.

(3) 기온이 0℃ 이하인 경우는 용접을 해서는 안 된다. 다만, 접합부로부터 100㎜ 범위의 모재 부분을 36℃ 이상으로 가열하여 용접하는 경우는 예외로 한다.

(4) 비 또는 눈이 내리는 곳이나 바람이 10m/s 부는 곳에서 용접을 하여서는 안 된다. 단지 날씨 등의 영향을 받지 않도록 충분한 보호시설을 하였을 경우에는 공사감리자의 지시를 받아서 용접할 수 있다.

2 자재

2.1 사용 재료 요건

(1) 이 기준의 경량철골 구조에 사용되는 재료, 즉 강재는 구조용 강판, 강관, 형강, 선재, 봉강, 볼트 및 연결재, 정착재, 주조품 등과 이들의 부속재료를 포함한다.
(2) 경량철골 구조에 사용되는 재료는 이 기준에서 규정하고 있는 한국산업표준(이하 KS라 칭함.)에 적합한 강재를 사용하는 것을 기본으로 한다.
(3) 상기 (2) 이외의 경우에는 해당 경량철골 구조물 관련 기준 및 시방서에서 정한 바에 따른다.

2.2 재료

2.2.1 강재

(1) 일반구조용 압연강재 : 일반구조용 압연강재는 KS D 3503에 적합한 것으로 한다.
(2) 용접구조용 압연강재 : 용접구조용 압연강재는 KS D 3515에 적합한 것으로 한다.
(3) 일반구조용 탄소강관 : 일반구조용 탄소강관은 KS D 3566에 적합한 것으로 한다.
(4) 일반구조용 각형강관 : 일반구조용 각형강관은 KS D 3568에 적합한 것으로 한다.
(5) 일반구조용 경량형강 : 일반구조용 경량형강은 KS D 3530에 적합한 것으로 한다.

2.2.2 부속철물

(1) 고력볼트. TS 볼트 : 고력볼트는 KS B 1010에 적합한 것으로 한다.
(2) 스터드볼트 : 스터드 볼트는 KS B 1037에 적합한 것으로 한다.
(3) 머리 붙이 스터드 : 머리붙이 스터드는 KS B 1062 에 적합한 것으로 한다.
(4) 턴버클 : 턴버클은 KS F 4512, KS F 4513 및 KS F 4521에 적합한 것으로 한다.
(5) 앵커볼트 : 앵커볼트는 KS B 1016에 적합한 것으로 한다.
(6) 볼트 : 볼트는 KS B 1002에 적합한 것으로 한다.
(7) 너트 : 너트는 KS B 1012의 6각 너트에 적합한 것으로 한다.
(8) 와셔 : 와셔는 KS B 1324, KS B 1326에 적합한 것으로 한다.

2.2.3 용접재

(1) 용접재료는 AWS(미국용접협회)의 해당 규정에 따른다. 연결되는 강재의 종류에 적합한 용접재료를 선택한다. 달리 명시하지 않는 한 E70으로 한다.
(2) 이종의 강재를 접합할 경우에는 강도가 큰 강재에 적용되는 용접봉을 사용한다.

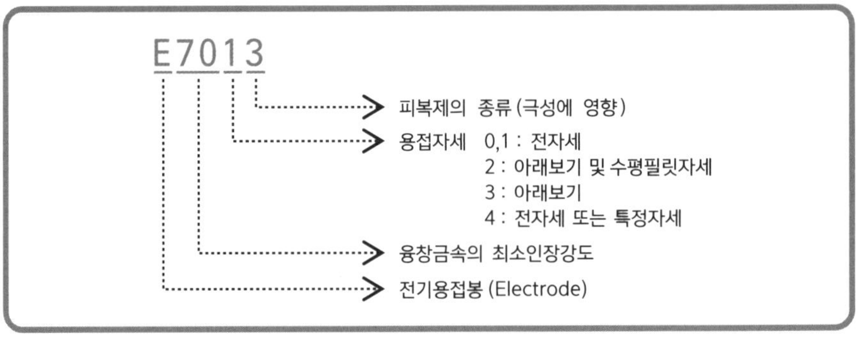

[그림 2.2.3-1] 연강용 피복 아크용접봉의 기호

2.2.4 녹막이칠 CHECK 04

(1) 내부용 녹막이 도료는 KS M 6030의 1종(알키드 프라이머)에 적합한 방청도료를 사용한다.

(2) 외부노출 철골 부재에 대해서는 무기질 아연말 도료를 사용한다.
(국토교통부 표준시방서 내의 무기질 아연말계 도료규격에 적합한 제품을 사용한다.)

◀ CHECK 04

철골표면에 도장해서는 안되는 부위

- 콘크리트에 매설되는 부위
- 고장력 볼트의 마찰접합면
- 조립상 표면접합이 되는 부위
- 현장용접 부위(모재 양측 약 100~200mm)

[사진 2.2.4-1] 녹막이칠 재료 및 시공 사례

[표 2.2.4-1] 무기질 아연말계 도료규격

시험항목	단위	품질기준	시험방법
건조도막의 상태	-	이상 없을 것	KS M 5000-242
용기내의 상태	-	덩어리, 응결 피막이 없을것	KS M 5000-2011
가사시간 (혼합)	hr	5 이상	KS M 5307
불휘발분 (주제)	%	30 이상	KS M 5000-2113
비 중 (주제)	-	1.03 - 1.09	KS M 5000-213
건조시간 (경화)	hr	48 이내	KS M 5000-2512
금속아연 (아연말중)	%	90 이상	KS M 5000-517
전아연 (아연말중)	%	95 이상	KS M 5000-5051

2.2.5 그라우트

(1) KS F 4044에 적합한 무수축 타입으로서 시멘트감수제, 수축보정제를 사전에 혼합한 공장제조품이어야 하며, 그라우트 제조회사 제품자료 및 견본품에 따라 공사감리자의 확인을 받아야 한다.

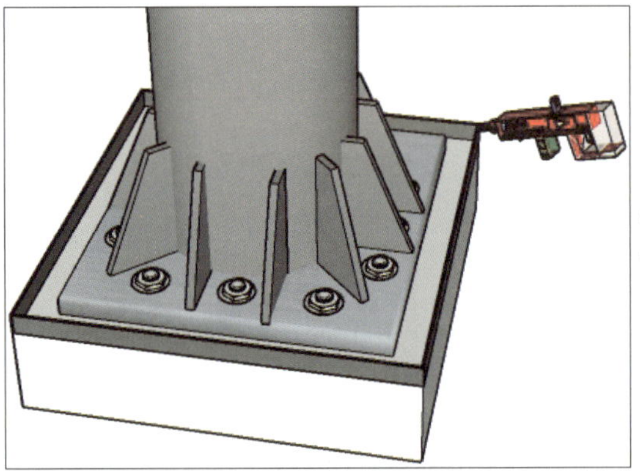

① 철골 기둥 주변 가대 설치

② 무수축 몰탈(그라우트) 배합

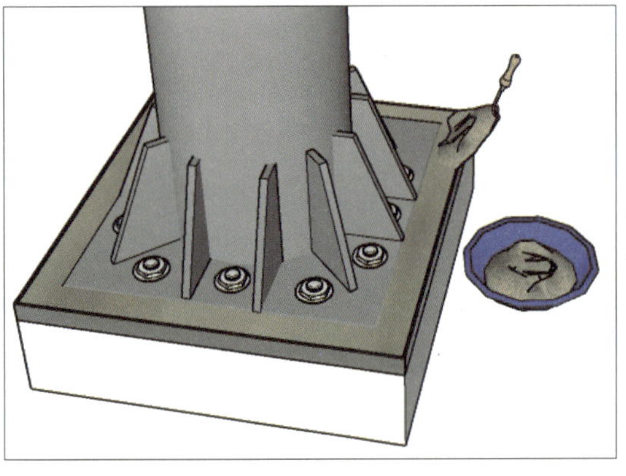

③ 무수축 몰탈(그라우트) 부어넣기

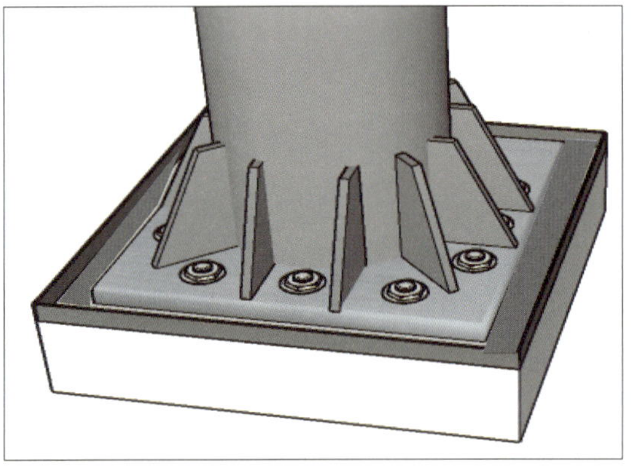

④ 무수축 몰탈(그라우트) 양생

[그림 2.2.5-1] 무수축 모르타르(그라우트) 시공 사례 CHECK 05

▲ CHECK 05

무수축 그라우트 사용시 주의사항

- 승인된 그라우트 확인
- 그라우트가 입고되면 습하지 않은 곳에 보관
- 사용시 올바른 배합비
- 현장의 기온을 확인하고 섭씨 5도 이하일 경우 보양 및 보존을 준비 (겨울철 야외 그라우팅 지양)
- 그라우팅 작업 전 기초가 젖어 있도록 사전작업
- 그라우팅 작업 중 틈새로 투입이 잘 되었는지 확인
- 경화가 시작되고 적당히 물을 뿌려 급속 건조되는 것을 방지(저온시)
- 우수한 강도 위해 충분한 경화기간 권장(7일 이상)

3 시공

① 설계도서 검토 및 시공계획
- 강재의 재질, 치수, 형상 확인
- 특수구조 시스템 여부

↓

② 발주
- 발주에서 공장제작, 현장반입까지의 충분한 조달기간 확보
- 특수 사이즈, 형상 유·무를 확인하여 자재 조달

↓

③ 제작도(ShopDrawing)
- 설계도 및 시방서에 준하여 작성
- 제작, 운반, 양중 및 현장설치의 용이성 고려
- 철골세우기용 부속철물 반영
- 후속 마감작업, 설비·전기공사와의 관련성
- 접합위치, 접합방법, 치수 등의 확인

↓

④ 공장제작
- 원척도/ 본뜨기
- 절단/ 구멍뚫기
- 조립
- 검사
- 녹막이칠

- 철골의 공장가공은 완성품에 가깝도록 하여 현장작업 간소화
- 공장제작 과정의 품질관리 시스템 확인
- 용접공 자격검사
- 용접봉 품질관리
- 용접 전 검사 및 제품검사

↓

⑤ 운반
- 철골의 절 나누기, 부재사이즈, 형상
- 도로사정에 따른 차량의 길이, 폭, 용적의 제한 고려
- 현장주변의 진입도로 상황 고려

↓

⑥ 현장설치
- 현장준비
- 가설
- 앵커볼트 매입
- 주각 Setting
- 세우기
- Plumbing
- 접합
- 검사
- 녹막이칠

- 현장상황에 적합한 세우기공법 선정
- 계절/ 기후에 따른 설치기간 및 설치사이클, 실작업일수 산정
- 양중계획 및 용접기기 등의 사용에 따른 전력용량 산정
- 야적장소 확보
- 공구분할에 따른 설치순서 결정
- 정밀도관리 및 품질검사 계획
- 노출철골의 방청시방 확인
- 중량, 고소작업에 따른 추락·낙하 등의 재해예방
- 소음·진동의 공해방지

↓

⑦ 내화피복
- 기준에 적합한 재료의 적정두께 확보
- 비산·분진의 공해방지

[그림 3-1] 철골공사 Flow CHECK 06

- 출처 : 사망재해 다발작업 안전대책(2006, 노동부 / 한국산업안전공단)

◀ CHECK 06

발주

- 철골은 철강구조물 인증 제작 공장에서 제작한 것으로, 품질이 보증된 것을 사용(발주)한다.

철골공사 시공계획

- 설계도서 및 시공계획 : 철골공사는 건축물의 주 공정작업으로서 전체공사의 공기, 품질에 미치는 영향이 크고, 상당한 조달기간을 필요로 하므로 적합한 시공계획이 절대적이다.

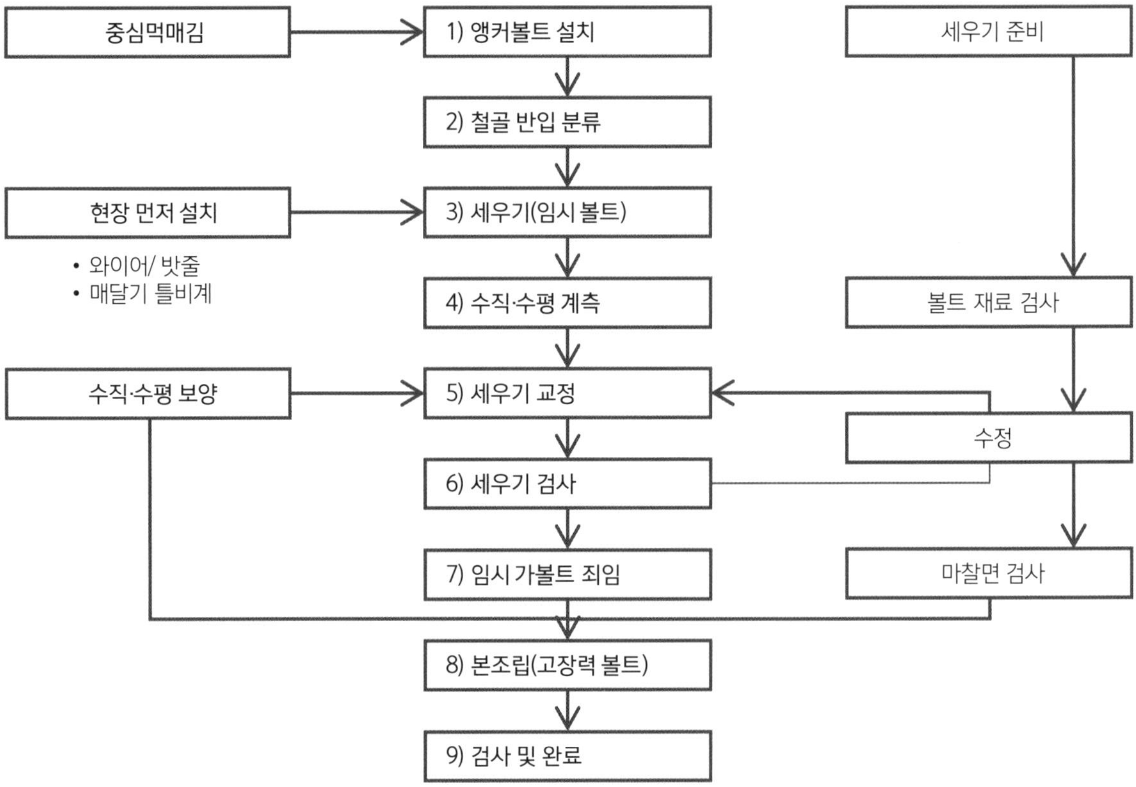

[그림 3-2] 현장세우기 공정 계획도

- 출처 : NCS(국가직무능력표준)을 적용한 건축시공(2017, 정용식 외)

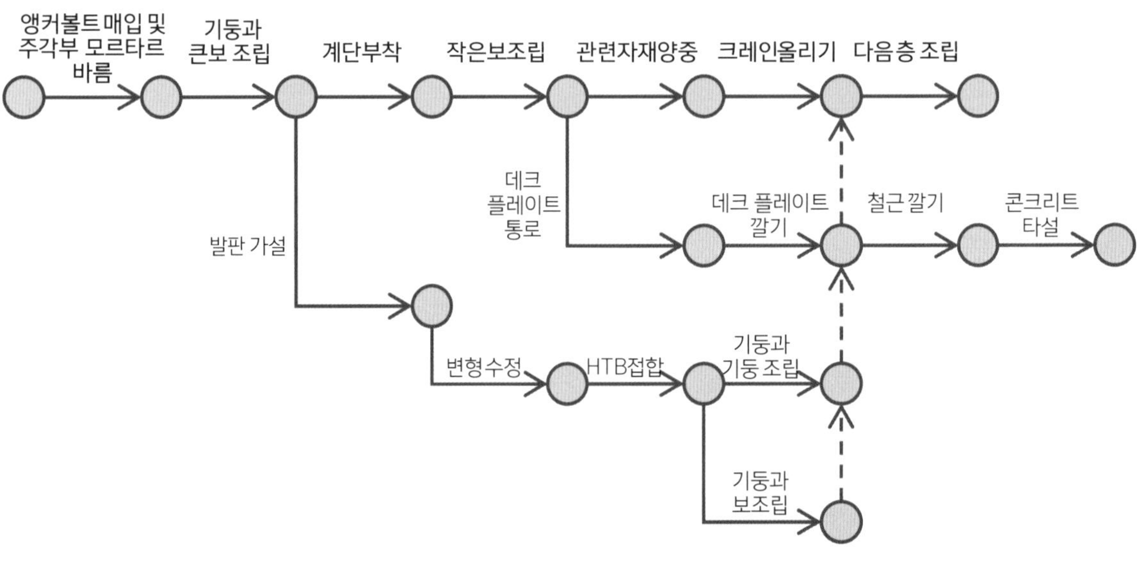

[그림 3-3] 기준층(1개 층) 철골 조립 공정표

- 출처 : NCS(국가직무능력표준)을 적용한 건축시공(2017, 정용식 외)

3.1 공 장

3.1.1 절단

(1) 부재의 절단면은 도면에서 지정한 것을 제외하고 축선에 수직이어야 하고, 특히 단면 형상이 손상되지 않도록 한다.
(2) 절단은 기계절단을 원칙으로 한다. 수동가스절단을 사용하는 경우에는 그 절단부가 깨끗하고, 그리고 절단 흠이 없어야 한다.
(3) 용접하는 부재의 절단치수는 용접에 의해 발생하는 수축과 마감 등을 고려한 크기로 한다.

3.1.2 휨 가공

(1) 휨 가공을 필요로 하는 부재는 상온가공 또는 열간가공으로 하고, 이 때 생긴 변형은 교정한다.

3.1.3 고력볼트, 볼트접합

(1) 볼트 구멍에 의한 변형은 제거한다.
(2) 경량철골 구조물에 고력볼트를 사용하는 경우, 마찰면은 녹, 먼지, 기름 및 도료 등 마찰력을 저하시키는 것을 제거하여야 하나, 견고한 검정 녹은 제거하지 않아야 한다.

3.1.4 용접

(1) 아크 수동용접 및 반자동용접에 종사할 수 있는 용접공은 KS B 0885(용접기술승인에 있어서 시험방법 및 판정기준)의 용접기술 승인시험에 합격한 유자격자로 한다.
(2) 사용하는 용접기는 경량철골 구조 부재의 용접을 적정하게 하는 기능과 구조를 갖춘 것으로 한다.
(3) 사용하는 용접봉은 *[표 3.1.4-1]* 중에서 경량철골 부재의 용접에 적합한 것으로 한다.

[표 3.1.4-1] 피복아크 용접봉 사용구분 1)

피복아크 용접봉의 종류	적용강종 및 판 두께 (mm)
연강용 피복아크 용접봉	SS275, SM275 (t < 25) SS 275, SM 275 (예열을 할 때 25≤ t<33)
저수소계 피복아크 용접봉	SS275, SM275 (예열을 하지 않을 때 25≤ t<33) SM355, SM420, SM460 SMA275, SMA355, SMA460 HSB380, HSB380L, HSB380W HSB460, HSB460L, HSB460W HSB690, HSB690L, HSB690W

* SS275의 적용은 품질등급 가의 구조물 및 가설부재에 사용하는 경우 또는 형강이나 박판으로 된 SM재의 사용이 곤란한 경우에 한한다. 단, 품질등급 '가'의 구조물을 제외한 경우에는 사전에 용접성 문제가 없는지 확인하여야 한다.

(4) 용접부에는 용접에 지장을 주는 수분, 기름, 도료 및 녹 등이 없어야 한다.
(5) 맞댐용접은 판두께가 완전하게 용입되도록 용접조건을 적절하게 선택하여 시공한다.
(6) 모살용접, 플레아 개선 용접은 설계도에 지정된 목두께, 각장을 확보하도록 적절한 용접조건을 선택하여 시공한다.
(7) 용접은 용접에 따른 변형이 최소가 되도록 시공한다.
(8) 용접은 스패터, 이음의 단부에서 언더컷이 일어나지 않도록 주의해야 한다.
(9) 반자동 용접기를 사용하는 용접의 경우, 탄산가스 아크용접에서 사용하는 와이어는 솔리드 와이어 또는 플럭스 와이어 어느 것도 좋지만 와이어 직경은 1.6㎜ 이하로 한다. 탄산가스는 KS M 1105(액화 이산화탄소) 3종을 사용한다. 그러나, 아르곤가스와 탄산가스를 혼용해도 좋다.
(10) 목두께, 각 길이의 부족 및 언더컷이 생긴 경우에는 적절한 방법으로 보수를 해야 한다.
(11) 용접 조립부재의 구멍뚫기 및 마감절단은 원칙적으로 용접완료하고 변형을 교정한 후에 한다.

(12) 용접검사(육안검사)

① 검사범위

모든 용접부는 육안검사를 실시한다. 용접비드 및 그 근방에서는 어떤 경우도 균열이 있어서는 안 된다.

② 용접균열의 검사

균열검사는 육안으로 하되, 특히 의심이 있을 때에는 자분탐상법 또는 침투탐상법으로 실시해야 한다.

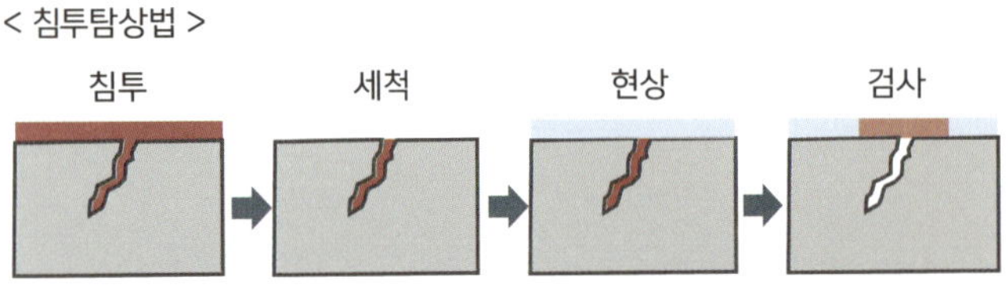

· 시험체에 침투액을 적용하기 전에 유지류, 녹, 스케일 등을 충분히 제거
· 시험 후, 표면에 부착되어 있는 현상제가 시험체를 부식시킬 우려가 있으므로, 현상제 제거

[그림 3.1.4-1] 침투탐상법 검사 순서 및 유의사항

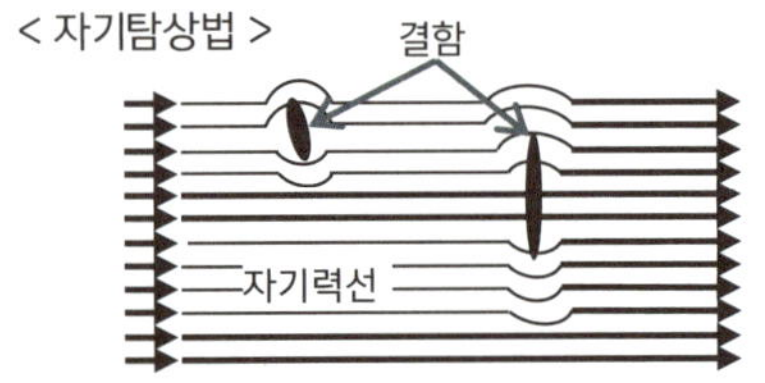

· 시험체에 자속을 흐르게 하여 자분을 시험체에 뿌려 자분의 모양으로 결함부를 검출하는 방법

[그림 3.1.4-2] 자기탐상법 검사의 정의

③ 용접비드 표면의 피트

주요 부재의 맞대기이음 및 단면을 구성하는 T 이음, 모서리 이음에 관해서는 비드 표면에 피트가 있어서는 안 된다. 기타의 필릿용접 또는 부분용입 그루브용접에 관해서는 한 이음에 대해 3개 또는 이음길이 1m에 대해 3개까지 허용한다. 다만 피트 크기가 1mm 이하일 경우에는 3개를 한 개로 본다.

④ 용접비드 표면의 요철

비드길이 25mm 범위에서의 고저차로 나타내는 비드 표면의 요철은 다음 *[표 3.1.4-2]*의 값을 초과해서는 안 된다.

[표 3.1.4-2] 용접비드 표면의 요철 허용값 (단위 : mm)

품질관리 구분	가	나	다	라
요철 허용 값	해당없음	4	4	3

⑤ 언더컷

언더컷 깊이는 *[표 3.1.4-3]*의 값을 초과해서는 안 된다.

[표 3.1.4-3] 언더컷의 깊이의 허용값 (단위 : mm)

언더컷의 위치	품질관리 구분			
	캬	냐	탸	랴
주요부재의 재편에 작용하는 1차응력에 직교하는 비드의 진단부	해당없음	0.5	0.5	0.3
주요부재의 재편에 작용하는 1차응력에 평행하는 비드의 진단부	해당없음	1.0	0.8	0.5
2차부재의 비드 진단부	해당없음	1.0	1.0	1.0

⑥ 오버랩

오버랩이 있어서는 안 된다.

⑦ 필릿용접의 크기

필릿용접의 다리길이 및 목두께는 지정된 치수보다 작아서는 안 된다. 그러나 한 용접선 양끝의 각각 50mm를 제외한 부분에서는 용접길이의 10%까지의 범위에서 -1.0mm의 오차를 인정한다.

[표 3.1.4-4] 용접결함의 원인과 대책 CHECK 07

- 출처 : NCS(국가직무능력표준)을 적용한 건축시공(2017, 정용식 외)

구분	결함 원인	방지 대책
1. 균열	· 용접 후 급속 냉각에 의해 용접 표면이 갈라지는 현상	· 용접 후 냉각 속도를 천천히한다. · 저수소계 용접봉을 사용한다.
2. Undercut	· 용접 금속이 덜 채워진 홈 · 용접 속도가 빠르거나 용접전류가 높을 때 · 부적당한 용접봉을 사용할 때	· 용접속도를 늦게 하고 전류를 낮게 한다. · 균일한 운봉을 사용한다.
3. Overlap	· 용착금속과 모재가 융합되자 않고 단순히 겹치는 것	· 적정 전류 사용 · 위핑(weeping)의 적정 속도 유지
4. Blowhole	· 용접 부위에 가스의 기포가 발생하는 것 · 용착부에 수소가스와 습기가 있을 때 · 용착부가 급랭	· 용착부의 냉각 속도를 낮춘다. · 저수소계 용접봉 사용 · 용접 부위 이물질 제거
5. 용접 불량	· 완전 용입이 안된 상태의 불량 · 용접전류가 낮고 속도가 빠를 경우 · 홈의 각도가 좁을 경우	· 적정 전류와 속도 조절 · 하향 용접 실시
6. 슬랙 감싸들기	· 용접부에 슬래그 부스러기가 잔존하는 현상 · 용접 속도가 너무 느릴 때	· 적정 전류와 속도 조절 · 하향 용접 실시
7. Fish eye	· Blowhole이나 Slag가 모여 반점이 발생하는 경우 · 용접봉의 건조가 나쁠 때	· 용접봉을 잘 건조한다. · 적정 전류와 속도 유지
8. 각장 부족	· 용착 부분의 다리 길이가 부족한 결함 현상 · 용접 속도가 빠르고 전류가 약할 때	· 적정 전류와 속도 유지 · 하향 용접 실시

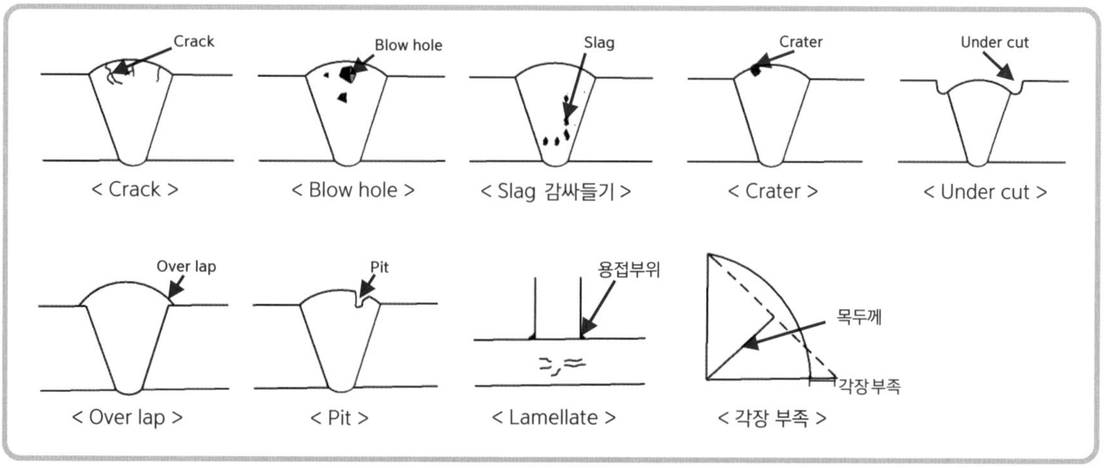

[그림 3.1.4-3] 용접결함 형태 종류

3.1.5 변형의 교정

(1) 가공 중에 생긴 변형을 적당한 기계적인 방법 또는 가열법 등에 의해 주의하여 교정한다. 이때 가열온도는 약 900℃ 이하로 하고 특히 국부변형이 생기지 않도록 주의한다.

3.1.6 검사

(1) 공장제작이 완료된 부재는 제작자검사를 한다. 제작자검사 완료 후에 공사감리자에게 제품검사를 받는다. 불량부분은 즉시 수정의 등의 조치를 하고 재검사를 받는다.

3.2 설치

3.2.1 설치계획

(1) 설치계획도를 작성해서 설치순서를 검토하며, 설치시의 집중하중에 의한 국부변형, 위험방지에 대하여 충분한 검토를 한다.

▲ CHECK 07

기상조건

- 기온이 0℃ 이하의 경우는 원칙적으로 용접을 금지하고 불가피하게 용접을 하고자 할 때에는 접합부에서 100㎜ 범위의 모재부분을 36℃ 이상으로 가열하여 용접한다.
- 바람이 강한 날은 바람막이 필요
- 실내의 경우에도 모재의 표면 및 밑면 부근에 수분의 제거를 확인한다.

<출처> 건설기술지침 Rev.2 (2019, 대한건축학회, 대우건설)

3.2.2 운반시의 보호

(1) 운반시의 겹쳐쌓기, 들어올리기 등에 의한 국부변형의 우려가 있는 부분에 대해서는 적당한 방법에 의하여 미리 보호한다.

3.2.3 설치

(1) 부재에 생기는 휨, 뒤틀림은 설치에 앞서 미리 수정한다.
(2) 고력볼트 또는 용접은 설치 변형을 완전히 교정한 후에 시공한다.
(3) 설치 도중의 풍하중, 기타의 하중에 대해서는 필요에 따라서 가설가새 또는 기타 지지재로서 보강한다. 또 부득이 부재에 집중하중이 작용하는 경우에는 충분하게 임의 보강한다.
(4) 원형철근을 이용한 가새는 각부에도 균일하게 또한 적정한 장력이 되도록 턴버클 등으로 조인다.

3.2.4 현장 용접부재의 조립

(1) 현장 용접부재의 조립에서는 조임기구 등에 의해 부재를 정확한 위치로 유지한다.

3.2.5 마감재의 붙임

(1) 구조체에서 2차 부재의 설치에 있어서 이 부분의 탈락, 파손 등의 중대한 손상이 생기지 않게 하고 구조체의 변형에 추가로 따르는 것을 계산 또는 실험에 의해 확인한다.
(2) 가항에 관계없이 벽마감이 금속판, 샌드위치판, 슬레이트판, 합판 등의 경우, 탈락이 되지 않도록 설치한다.
(3) 마감재의 설치에 용접 등을 사용하는 경우, 부재를 손상하지 않도록 주의한다.

3.2.6 다른 구조와의 병용

(1) 경량철골 구조체가 철근 콘크리트 구조, 프리스트레스 콘크리트 구조 등의 구조와 조합되어 일체가 되어 있는 경우, 조립기간 중에 예측되는 각종의 하중에 대해서 안전성을 검토해서 필요한 경우에는 임시로 보강한다.

3.3 녹막이

3.3.1 녹막이도장 일반

(1) 경량철골 구조물에 이용되는 강재는 판두께가 얇아서 녹에 따른 구조내력의 저하가 현저하기 때문에 반드시 녹막이 조치를 해야 한다.
(2) 강재는 물의 고임에 의해 부식하기 쉽기 때문에 부재배치에 충분히 주의하고, 필요에 따라 물 구멍을 설치하는 등 부재를 건조상태로 유지하도록 한다.
(3) 녹막이도장의 도막은 노화, 타격 등에 의해 화학적, 기계적으로 열화되기 때문에 구조물을 항상 건전한 상태로 유지하도록 재도장 등의 도장 계획을 세운다.
(4) 재도장이 곤란한 건축물 및 녹이 발생하기 쉬운 환경에 있는 건축물의 녹막이는 녹막이 용융아연도금이 필요하다.

3.3.2 녹막이도장

(1) 부재는 건설장소, 부위 등의 부식환경의 우열, 점검, 재도장의 가부에 따른 녹막이도장 계획에 의해서 녹막이 도장을 한다.
(2) 녹막이도장 계획은 아래 사항에 따라 결정한다.
① 초기도장
가. 바탕 만들기 방법
나. 도료의 종류(바탕도장, 재벌도장, 마감도장)
다. 도장밥법(칠 횟수, 시공방법, 시기)
② 재도장
가. 점검의 시기와 방법
나. 부착된 이물질의 제거방법
다. 도료와 도장횟수

(3) 아래 부분은 공장도장을 하지 않지만 공사장 설치 완료후, 이 부분이 녹막이상의 약점이 없도록 인접부분과 동등 이상의 처리를 하여야 한다.
① 콘크리트에 묻히는 부분
② 조립에 의하여 면맞춤이 되는 부분
③ 공사장 용접을 하는 부분
④ 고력볼트 마찰접합부의 마찰면
⑤ 핀 로울러 등 밀착하는 부분과 회전면 등 절삭 가공한 부분

3.3.3 녹막이도장의 주의 사항

(1) 우수가 들어갈 우려가 있는 부분인 상자형 부재의 내부, 가셋 플레이트 틈새 등 재도장이 불가능한 부분은 밀폐해야 한다.
(2) 콘크리트, 모르타르 등의 알칼리의 영향을 받는 부분은 내알칼리성 도료를 사용한다.
(3) 바탕 만들기를 한 후 즉시 녹막이도장을 할 수 있게 공정상의 고려를 한다.

3.3.4 도금

(1) 용융아연도금은 도금에 따른 강재의 변형 또는 용접 접합부의 균열 등이 발생하는 경우가 있기 때문에 도금 후 충분한 검사를 하고 적절한 조치를 한다.
(2) 도금면에 칠을 하는 경우, 일반적으로 도료의 밀착성이 좋지 않기 때문에 도금면의 사전처리 및 도료의 선택에 주의가 필요하다.

3.4 철골 도장 및 내화피복

(1) 경량철골 구조공사의 내화피복은 *KCS 14 31 50* 에 따른다.

3.5 안전시설

(1) 시공자는 현장조립 및 설치 시, 고소작업과 현장상황에 적합한 안전시설을 설치해야 한다.
(2) 안전시설용 장비는 장비의 성능시험에 합격한 장비를 사용해야 한다.
(3) 공사에 대한 안전관리는 산업안전보건법 관리규정에 적합해야 한다.

[표 3.5-1] 가설비계 및 작업 발판 설치

구분		내용
철골안전보호대 설치		-
가설비계설치	작업통로용비계	· 수직이동 : 철골계단, 트랩, 사다리
		· 수평이동 : 철골보, 데크 플레이트
	작업발판용비계	· 설치용 : 데크플레이트, 틀, 삼각비계
		· 달비계 : 달대비계, 달틀비계

- 출처 : NCS(국가직무능력표준)을 적용한 건축시공(2017, 정용식 외)

3.6 환경시설

(1) 시공자는 공사 시 소음, 진동, 먼지 등 환경에 영향을 주는 사항은 관련 기준을 준수해야 하며, 필요시 보완시설을 설치해야 한다.
(2) 시공으로 인하여 자연환경파괴나 피해가 발생 시에는 관련 환경법규에 따라 조치해야 한다.

CHECK 08 ▶
비파괴검사 방법의 종류
- 방사선투과법
- 초음파탐상법
- 자기탐상법
- 침투탐상법
- 육안검사법

3.7 현장 검사 CHECK 08

(1) 현장 용접부 검사

① 용접부 내력시험 검사

② 용접 결함검사 – 용접부 외관검사, 비파괴검사, 전단검사 실시

(2) 현장 고력볼트 접합검사

① 볼트조임 검사

② 볼트의 위치와 규격 확인

③ Torque 검사 T = k · d · n

④ 6개 이하 시 1개 검사, 7개 이상은 2개 검사

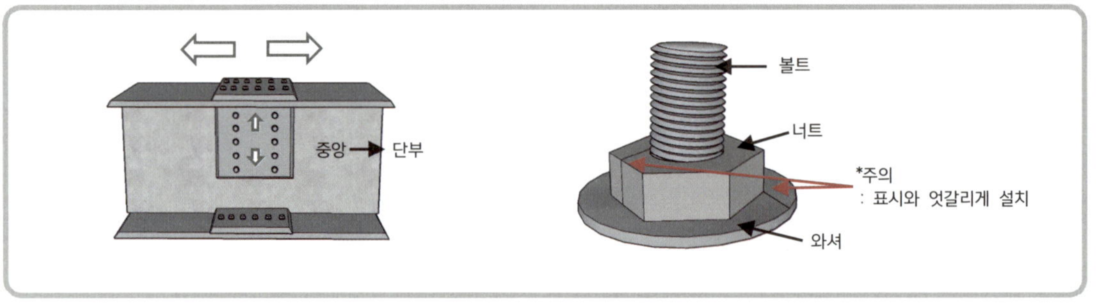

[그림 3.7-1] 고력볼트 접합검사

– 출처 : NCS(국가직무능력표준)을 적용한 건축시공(2017, 정용식 외)

3.8 검사

[표 3.8-1] 철골공사 단계별 주요 검사항목 (LHCS 10 10 05 25 건축공사 일반, 부록3)

공정단계별		주요 검사항목
철골공사	지붕틀 조립 및 설치 완료 후	· 지붕 구배확인 · 경량 철골 용접상태 확인 · 경량 천정 볼트 조임상태 확인

– 출처 : 한국토지주택공사 전문시방서(2020, 한국토지주택공사)

3.9 안전시공

[표 3.9-1] 경량철골 구조공사 안전시공사례

작업내용	위험포인트	안전관리대책
가설전기 / 공구 / 도구 사용	· 작업 전선 작업장 바닥 방치 시 근로자 감전 위험 습윤 장소에서 방수 성능이 부족한 전선의 사용으로 누전	· 작업 전 공구, 도구 접지, 누전 여부 등 이상 유무 확인 · 전선 피복 손상, 노화 여부, 누전차단기 작동상태 확인 · 릴선 외 전선 접지선탈락 여부 확인 · 습한 장소에서 전선 사용 시 방수성이 높은 제품 사용
	· 타정 총 또는 타카 건 사용 시 부주의 및 안전장치 해제 후 사용에 따른 비산물 발생으로 근로자 신체상해 위험	· 타정 총 또는 타카 건 사용 시 안전장치 해제 후 사용 금지 및 사용 시 불안전한 행동 및 공구, 도구 작업 시 균형유지 후 작업 · 공구, 도구를 신체부위에 향하지 않도록 주의
	· 고속절단기 사용 시 비산 방지커버 미설치에따른 불꽃 비산으로 인해 화재 발생 위험 절단기, 그라인더, 전기 톱, 에어 컴프레셔 등 안전장치 해제 및 파손으로 인한 신체 접촉 협착 위험	· 절단기와 날의 회전수(RPM)확인 · 절단기 주변 인화성 물질 제거 및 소화기 비치 · 안전장치 제거 금지 및 파손 시 즉시 교체 후 작업 실시
단열재 설치 / 경량철골 벽체 설치 / 경량철골 천장 설치	· 작업대(이동식 틀비계) 설치, 해체 시 안전대 걸이 미체결로 인한 추락 및 불안전한 작업대 설치, 해체로 인한 작업대 전도로 근로자 상해 위험	· 작업대 2단 이상 설치, 해체 시 안전대 걸이 체결 후 작업을 실시 · 작업대(이동식 틀비계) 안전설치 기준을 준수하며 2단 이상 설치 시 작업 전 설치 계획 확인 점검 및 무리한 해체 작업 금지
	· 작업대(이동식 틀비계) 상부 작업 중 안전 난간대 및 승강 사다리 미설치로 불안전한 승·하강 작업에 의한 근로자 추락 위험	· 작업대 사용 전 안전 난간대 및 승강 사다리 설치 상태를 확인하고 이동식 틀비계는 스토퍼 고정, 아웃트리거 설치 상태 확인 후 작업 실시 · 승·하강 시 불안전한 외부 이동 금지 · 작업 중 가새 등 안전시설물 임의 해체 금지
	· 작업대 상부에 자재를 불안전하게 적재함으로 인한 자재 낙하로 작업대 하부 근로자 낙하물 위험 작업대 상부 안전 발판에 자재 과다 적재로 인한 발판 붕괴 위험	· 작업대 상부에 자재 적재 시 수평을 유지하여 낙하하지 않도록 안전하게 적재하고 작업대 안전 발판의 용접부위 등 구조부를 확인 점검 · 불량 발판 사용을 금지하고, 안전 발판 적재 허용하중 400kg 이상 과적재 금지
	· 말비계를 사용하여 작업 중 작업대 설치불량, 불량 말비계 사용 및 불안전한 자세로 작업중 추락 위험	· 높이에 따른 말비계(폭 400㎜, 높이 1,000㎜ 이내, 경사 설치 사용 금지)사용 · 불량 말비계 사용 금지(사전 점검 후 허가증 발급) 및 수시점검을 통해 부적합 말비계 교체, 폐기 · 난간 등 불안전한 작업 발판을 딛고 작업 금지
	· 개구부 및 단차 구간 작업 시 개구부 덮개 제거, 단차 구간 안전 난간 임의 해체 등으로 인한 근로자 추락 위험	· 작업 전 개구부 덮개 설치 상태 및 단차구 간 안전 난간 설치 상태를 확인한 후 이상이 있을 경우 조치 후 작업 실시 · 작업 전 바닥 평탄성을 확인하고 경사부 작업시 작업대 수평 설치 상태 조치 후 작업 실시
	· 절단 및 용접작업 시 작업장 간섭자재 방치, 이동 통로 상에서 자재 적재(안전 통로 미확보), 작업 전·후 잔재물 미정리로근로자 보행 시 자재에 걸려 전도 위험	· 작업 전·후작업장 주변은 이동 통로를 확보하여 불필요한 자재 등을 사전 제거하고 작업장 주변은 항상 정리 정돈 실시
	· 석고보드 등 천장재 취부 및 타공 시 부주의에 의한 철물 파편 및 이물질 비산으로 인 해 안구 등 신체 손상 위험	· 석고보드 천정 및 벽체 작업 수행 시 분진, 파 편 등 이 · 질 비산에 의한 안구 손상 등을 방 지하기 위해 반드시 보안경 등 보호구 착용 후 작업 실시
	· 천장틀 설치 시 앵커근입 길 이 부족 등 시공 상태 불량 등으로 인한 앵커체 탈락으로 천장재 처짐 및 붕괴 위험	· 천장틀 설치 시 천장재 등 단위하중에 견딜 수 있도록 앵커체의 충분한 근입 상태 확인 및 시 방기준에 의거하여 견고하게 천장재 부착 설치
	· 발코니 및 개구부(창호 등) 주변 작업 시 개구부(창호 등) 가 열린 상태로 작업 중 균형 을 잃고 개구부 외부로 추락 위험	· 개구부(창호 등) 주변 작업 시 개구부(창호 등) 의 닫힘 상태 확인 후 작업 실시
보건 / 근골격계 작업	· 장시간 같은 자세 및 인력 소운반에 따른 반복 작업으로 목, 허리, 어깨통증 등 근골격계 질환 위험	· 휴식시간 부여 및 충분한 스트레칭 실시하여 근골격계 질환 예방

- 출처 : NCS 학습모듈(2016, 한국직업능력개발원, 김영석 외)

(가) 발판폭이 2~40㎝인 경우

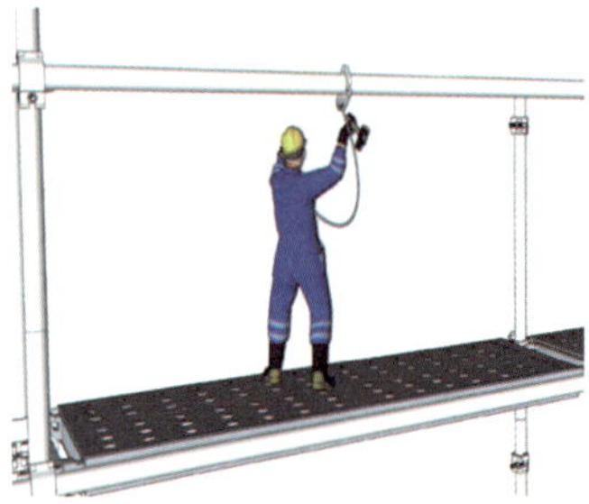

(나) 안전 난간이 없는 경우

(다) 상체를 내밀어 하는 경우

[그림 3.9-1] 안전대를 착용해야 할 작업

(가) 철골트랩 승강 시

(나) 철골기둥 조립 시

(다) 작업대 위 작업 시

(라) 개구부 철근 절단 시

(마) 안전망 설치 시

[그림 3.9-2] 안전대를 정착시키는 방법

3.10 철골공사 하자 사례 및 개선방안

하자 사례

· 철골 마찰 접합면이 이물질에 의하여 오염 되거나 녹 발생

개선 방안

· 접합부위 테이핑 처리 후 공장에서 방청도장 후 현장 반입

[그림 3.10-1] 철골 마찰 접합면의 오염 및 녹 발생

하자 사례

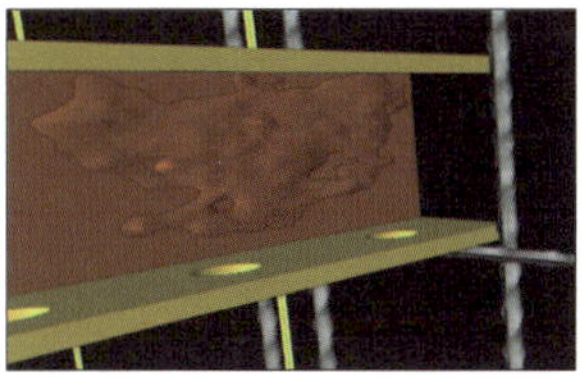

· 보양재 미 제거후 철골 보 용접

개선 방안

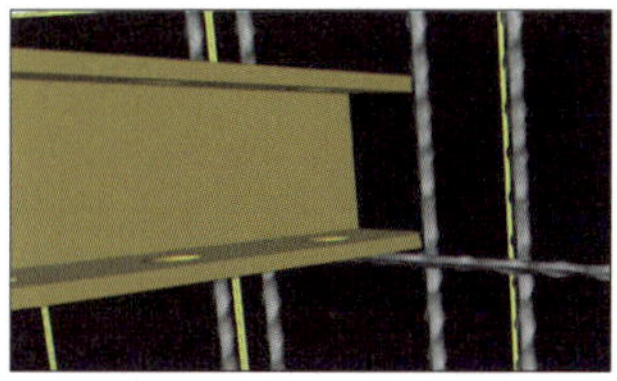

· 보양재 제거 후 현장 방청 도장

[그림 3.10-2] 보양재 미 제거후 철골 보 용접

하자 사례

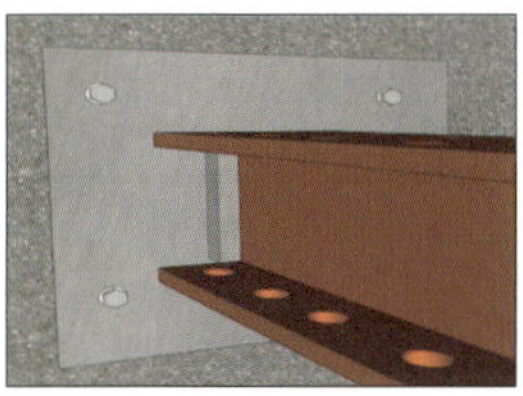

· Embedded Plate 매립위치 불량으로 인한 추가 보강 필요

개선 방안

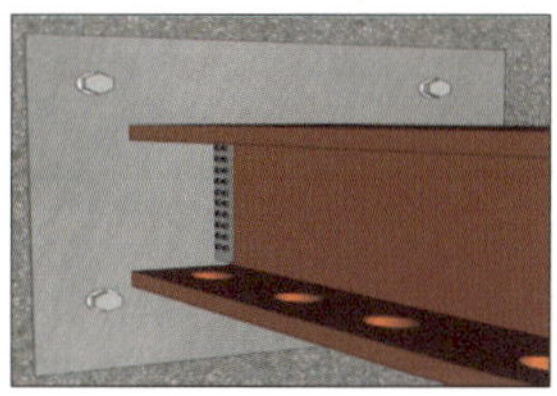

· Embedded Plate 매립전 정확한 위치 선정에 의한 품질 향상

[그림 3.10-3] Embedded Plate(매립철물) 위치 불량

하자 사례

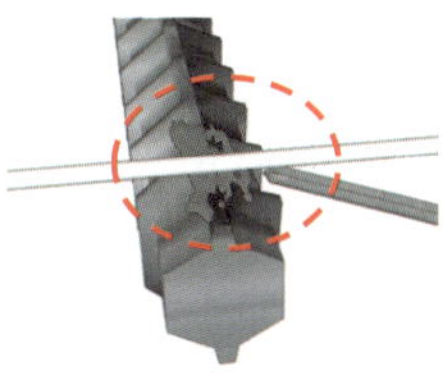

· 초음파테스트에 의한 용접 불량 판정, 가우징 실시 후 재용접

개선 방안

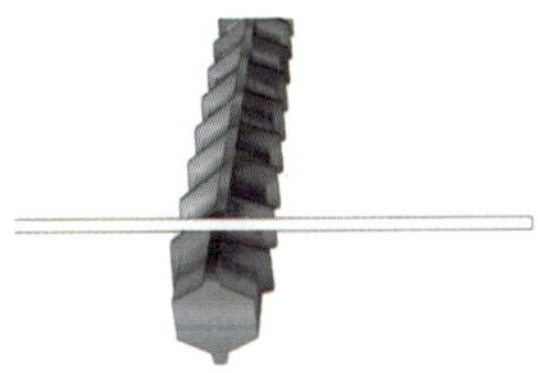

· 용접 작업시 결함이 발생치 않도록 시공 전, 중, 후 관리 철저

[그림 3.10-4] 용접부위 결함 발생

하자 사례

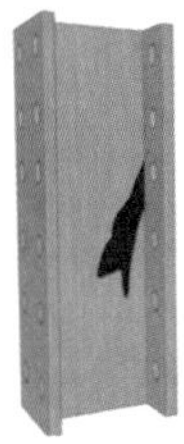

- H-Beam 단부에 내화 피복재 뿜칠 두께 부족
- 뿜칠 전 두께 Marker 미설치

- 제작완료시 형상 치수 검사 미비 또는 운반 과정에서 충격 등 관리 소홀로 H형강 Flange Web가 휘어짐

개선 방안

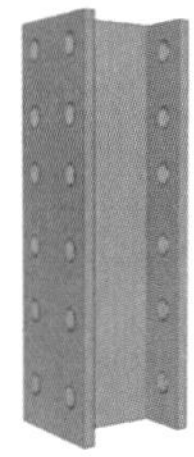

- H-Beam 내화 피복재 뿜칠 두께 부족 확보
- 뿜칠 전 두께 Marker 설치 후 시공

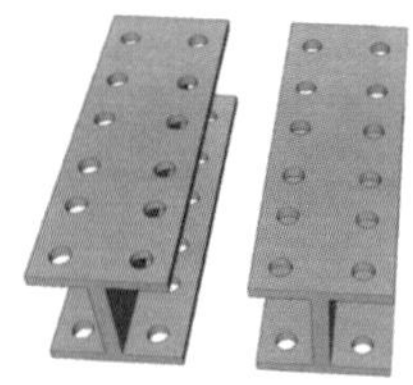

- Shop에서 제작 완료시 형상치수 검사 철저
- 현장 반입시 불량제품 반입금지
- 운반 작업시 변형이 생기지 않도록 과다한 충격 등에 조심

[그림 3.10-5] H-BEAM 단부에 내화 피복재 뿜칠 두께 부족

하자 사례

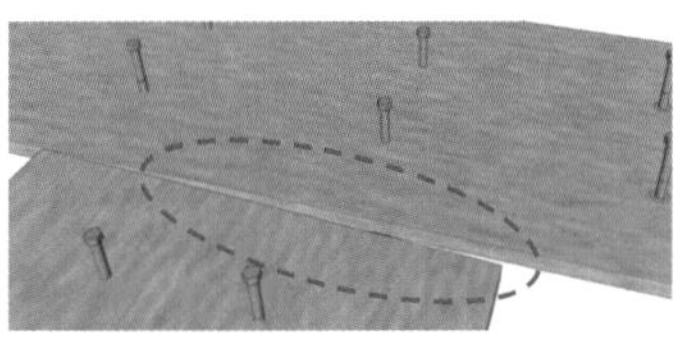

- H형강 Flange 뒤틀림
  (SLAB 거푸집 설치를 정상적인 Flange Top에 맞춰야 하나 변형된 Flange Top에 맞춰 설치하였음)

개선 방안

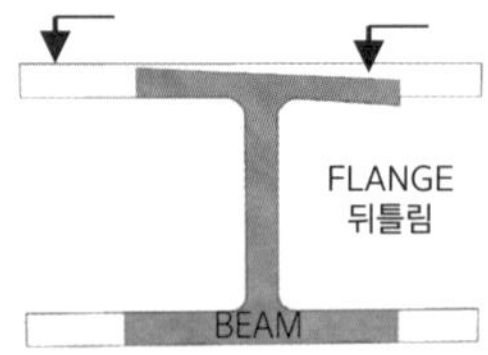

- Shop Dwg에서 제작 완료시 형상 치수 검사를 철저
- 현장 반입시 불량제품은 반입금지 또는 교정 후 설치

[그림 3.10-6] H형강 BEAM FLANGE 변형

하자 사례

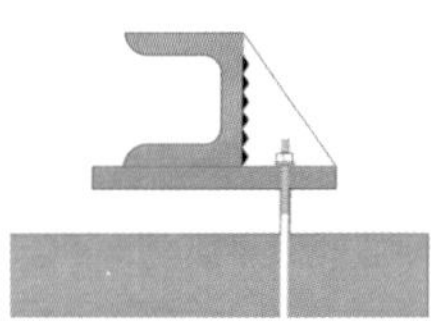

- Stopper용 Channel을 바닥 슬래브에 고정하였으나 그라우팅 처리가 안되어 구조적으로 불안전

개선 방안

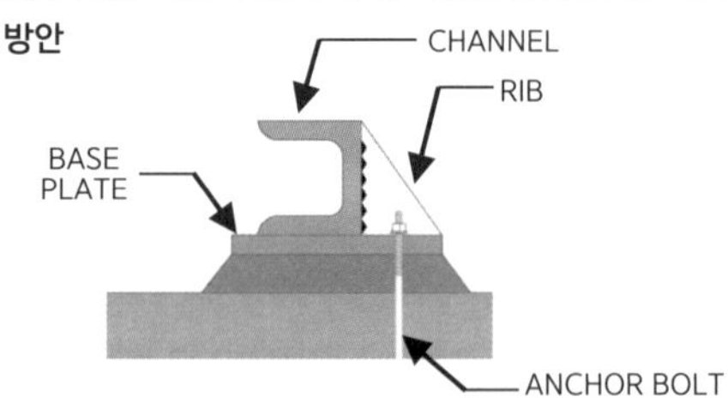

- 안전한 하중전달을 위하여 반드시 그라우팅 시공
- Shop Dwg 검토 철저

[그림 3.10-7] 철골부재 고정 하자

하자 사례

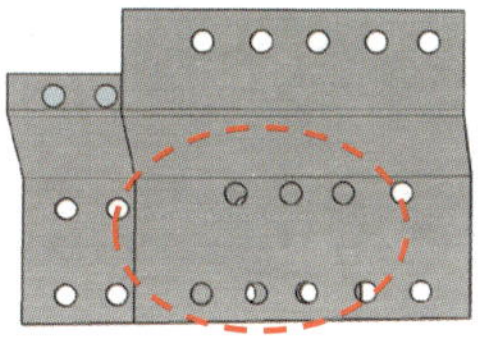

· 부재의 가공 오류로 접합부의 Bolt 구멍이 일치되지 않아 고력 Bolt의 체결이 불가능

개선 방안

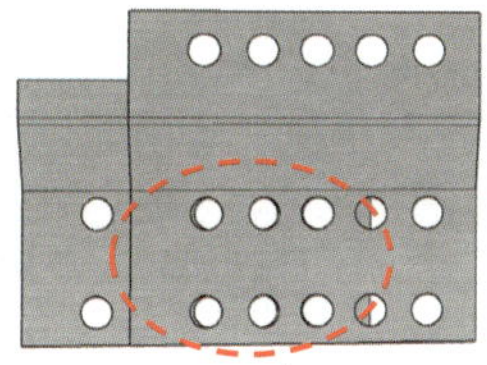

· 부재 가공시 Bolt 구멍 정밀 시공

[그림 3.10-8] H형강 BEAM FLANGE 변형

하자 사례

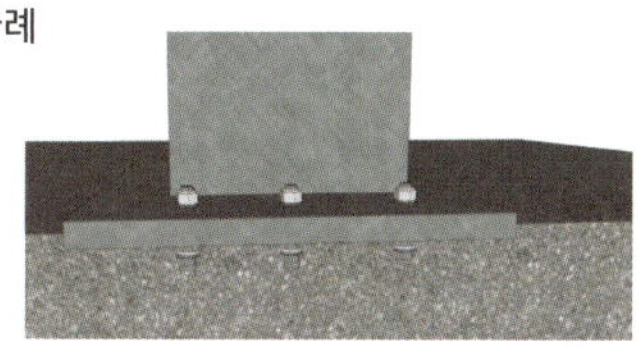

· Shop Dwg 검토 미흡으로 앵커 볼트 시공 위치가 설계 위치에서 이탈되거나 철골 기둥 위치의 설계 변경
· 앵커 볼트와 철골 부재의 간섭이 발생, Rib Plate를 절단함으로써 강재의 구조 결함 발생

개선 방안

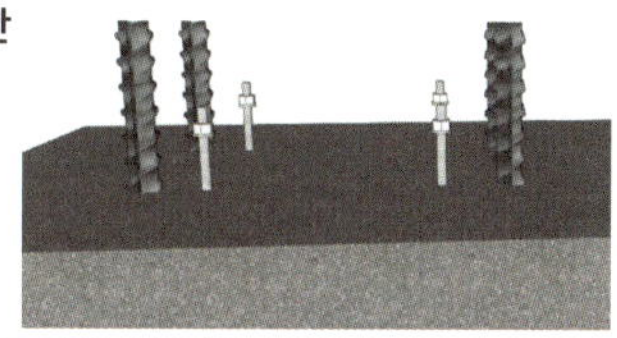

· 앵커 볼트 위치의 철저한 확인 필요
· 설계 변경 등 위치가 변경되어 앵커 볼트 누락, 위치 이격시 볼트를 Expoxy Grouting하여 앵커 볼트를 재시공, 철골 기둥에 Stud Bolt 보강 및 Hoop철근을 추가 배근하여 보강
· 공사 중 설계 변경의 최소화 및 변경 시 충분한 사전검토 실시

[그림 3.10-9] 철골 지지부의 SETTING 하자

하자 사례

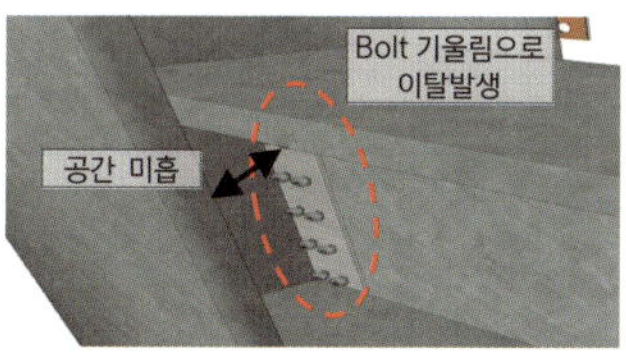

· Torque Shear Bolt의 사용 부위에 Bolt 체결용 Wrench의 작업 공간이 확보되지 않아, 수동 Wrench로 조임으로써 Bolt의 축력 값이 부족하게 시공

개선 방안

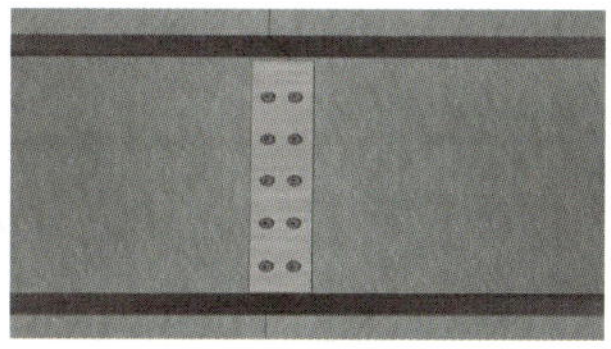

· 현장 Bolt체결의 작업 공간을 사전에 고려

[그림 3.10-10] H형강 BEAM FLANGE 변형

하자 사례

· 기둥에 매입된 Embedded Plate에 용접할 Gusset Plate(T16)의 접합면을 요철이 많게 절단·가공한 후 그라인딩 처리없이 4mm 정도로 Root를 두고 가용접하여 용접결함이 발생할 우려가 있음

개선 방안

· 철골 트러스 상현재와 철근콘크리트 기둥의 연결은 기둥에 매입된 Embedded Plate(매립철물)에 Gusset Plate (T16)를 모살용접 한 후 상현재를 고력볼트로 연결해야 함.
· 모살용접면은 평활하게 하고 Root는 일정 간격을 유지하여 용접 결함이 없도록 해야함.

[그림 3.10-11] 철골 절단·가공 불량

하자 사례

· 철골기둥이 상층부 철골기둥과 강접합(용접)하도록 설계되어 있으나, 철골기둥(4개)을 철골보 상·하부 플랜지에 두께 12mm의 Plate를 용접한 후 핀접합(고력볼트 M22 3개)으로 시공함

개선 방안

· 철저한 철골 Shop Dwg 작성을 통해 Pre-Design 등 사전 검토 후 시공 시 변경 최소화
· 현장 여건상 구조적 변경이 불가피한 경우 변경안에 대해 원설계자의 구조 계산서 검증 절차를 필히 검토

[그림 3.10-12] 철골 기둥과 철골보 접합 부위를 힌지접합으로 시공

[부록]

■ 일체형 데크 플레이트

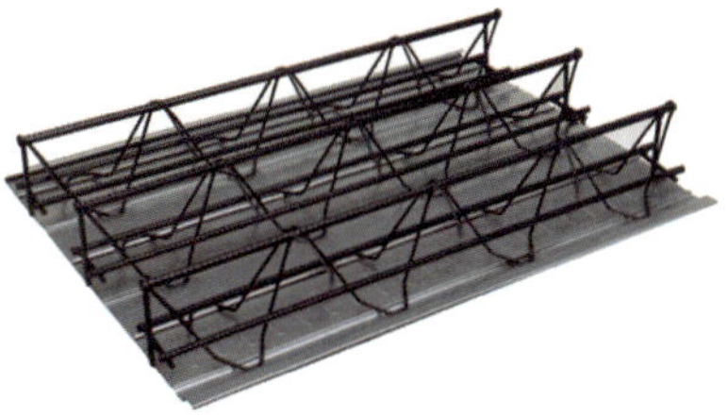

일체형 데크플레이트

단열재 일체형 데크플레이트

[일체형 데크 플레이트 제품 사례]

- 출처 : ㈜덕신하우징(http://www.duckshin.com)

▶ 철근 일체형 데크

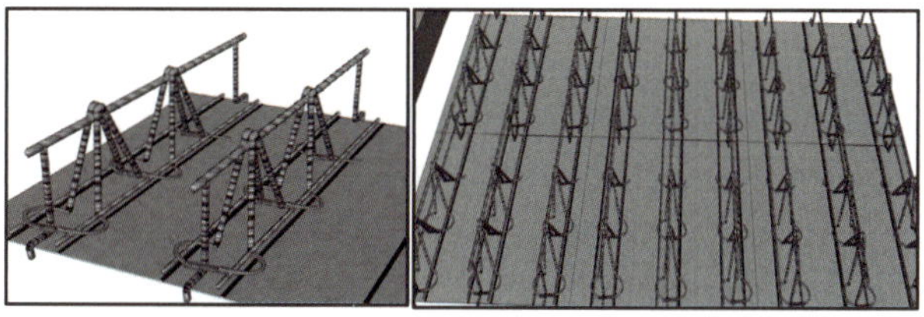

· 구조설계에 맞는 맞춤형 제작으로 공기단축
· 시공시 서포트 및 거푸집이 불필요
· 내화 피복 작업이 불필요 비용 절감
· 철골조, 철근콘크리트조 등 어떤 구조에도 선택의 폭이 넓음

▶ 단열재 일체형 데크

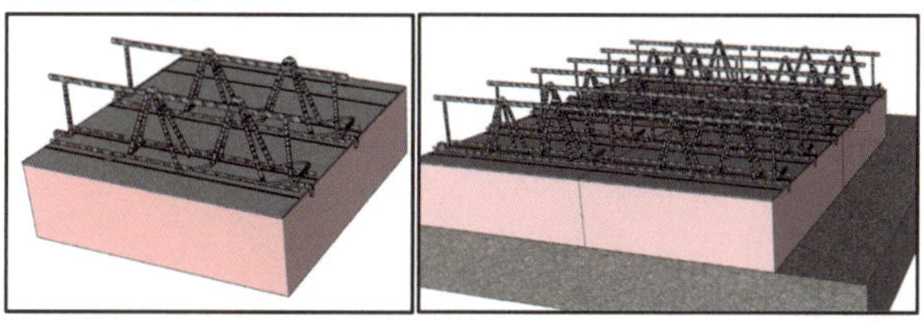

· 단열 공정의 생략으로 공기단축
· 틈새 없는 시공으로 단열성능 우수 (에너지 절감 효과)
· 단열 후시공 대비 공사비 절감

▶ 탈형 데크

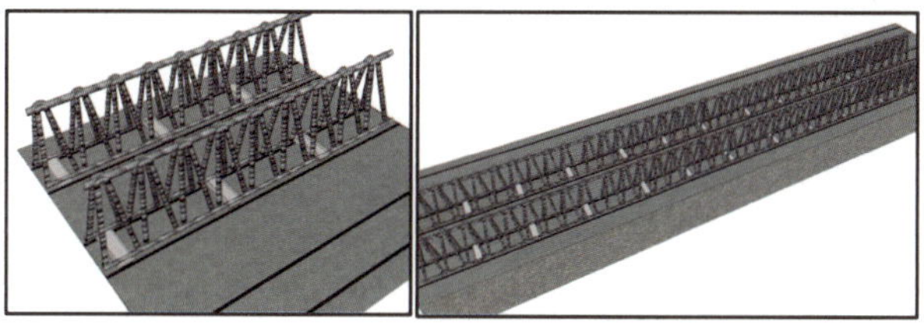

· 하부강판을 분리하여 재활용 할 수 있는 친환경 제품
· 데크와 거푸집 공법의 장점을 모두 살린 제품
· 누수 크랙 보수가 가능하여 장수명 건축물 구축
· 강판 부식 자체가 없어 유지 및 보수비용 불필요
· 시공 후 언제든지 하부강판 탈형이 가능한 제품

[데크 플레이트의 종류 및 특징]

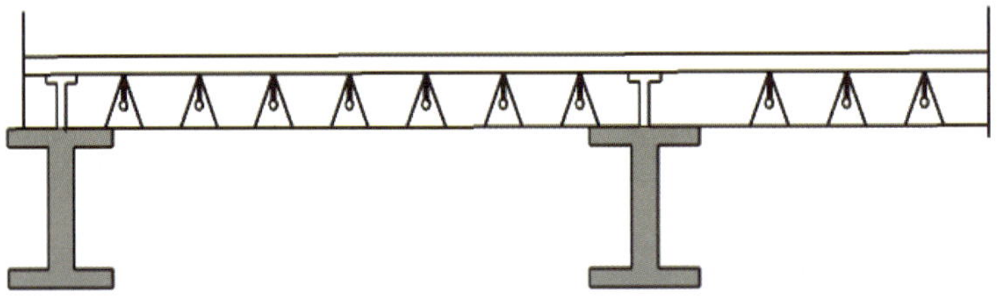

< 철골(S)조형 설치 단면도 >

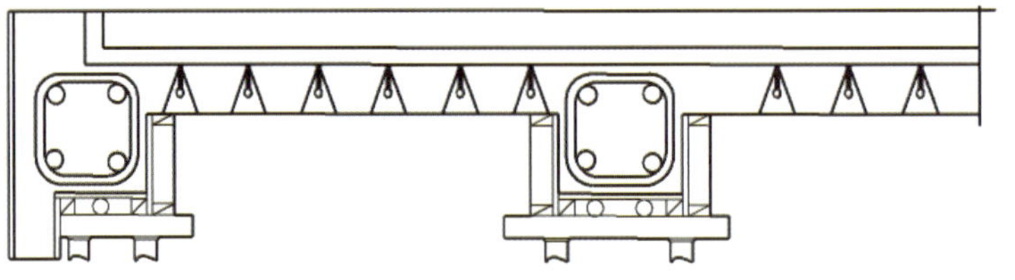

< 철근콘크리트(RC)조형 설치 단면도 >

[데크 플레이트 걸침구조 종류별 상세]

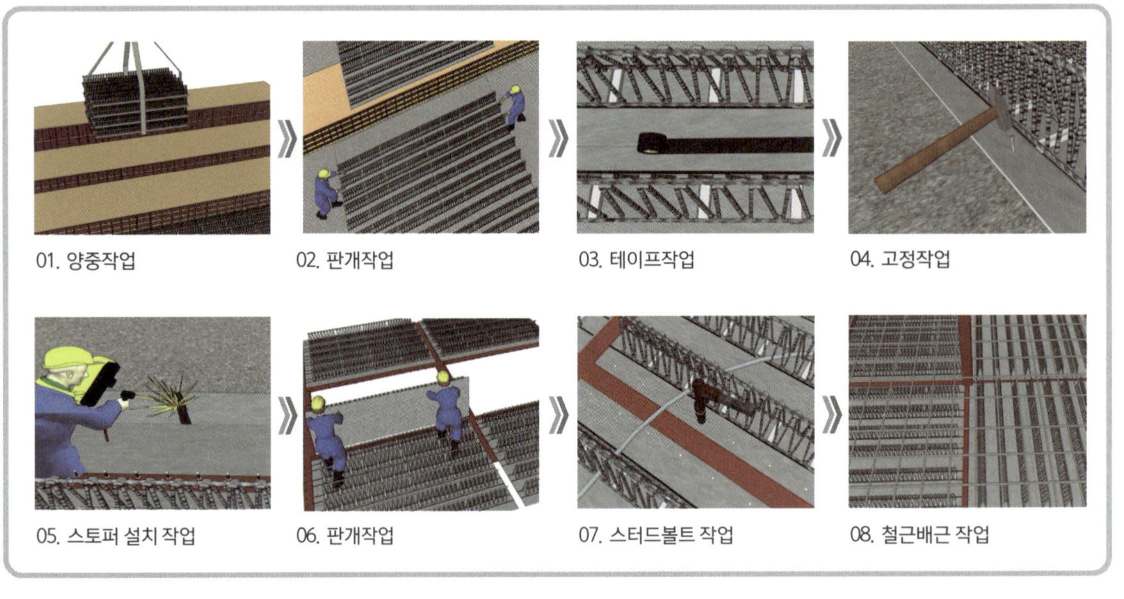

[데크 플레이트 시공 순서]

- 출처 : ㈜덕신하우징(http://www.duckshin.com)

■ 데크 플레이트 공사 하자 사례 및 개선방안

하자 사례

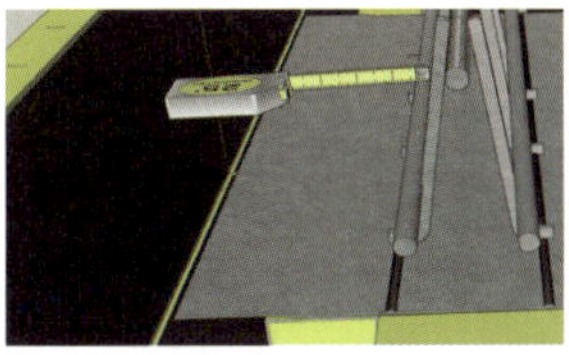

· 바닥 슬래브에 설치된 데크 플레이트 단부가 보 내부에 10~20m 정도 매입되어 있어 추후 콘크리트 타설시 내부 공극 등으로 인한 균열 발생 우려

》

개선 방안

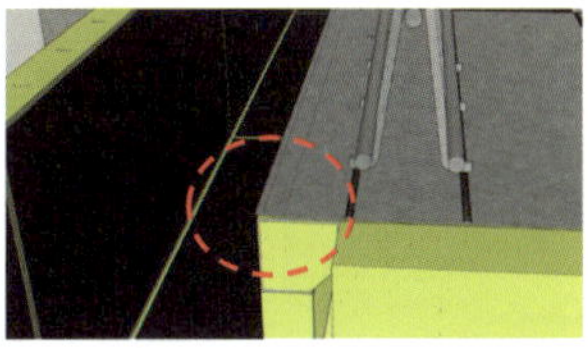

· 데크 플레이트와 R.C보가 일체화 되도록 보 거푸집 설계규격 준수 조립
· 겹침길이 초과분은 데크 플레이트 고정 전에 절단

[데크 플레이트 단부가 R.C 보 내부에 매입]

하자 사례

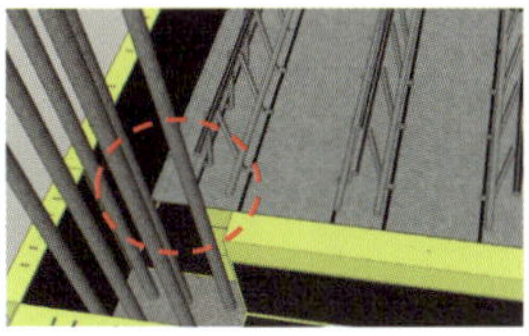

· 철골철근콘크리트 기둥에 접합되는 슬래브 데크 플레이트의 절단·가공이 미흡하여 플레이트 일부(30mm)가 기둥 내부로 내밀어 시공됨

》

개선 방안

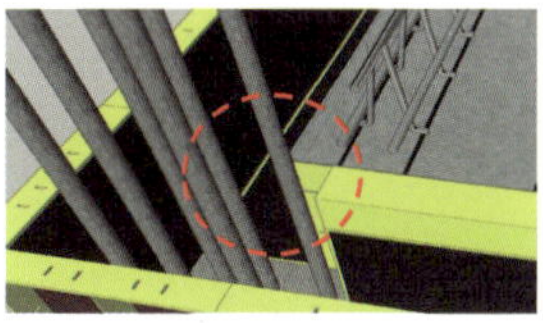

· 데크 플레이트가 R.C콘크리트 기둥 내부에 내밀어 시공시 해당 부위 콘크리트 충진 미비로 기둥 단면 결손에 의한 구조적 결함 발생
· 세부공정간 작업순위를 준수하여 하부층 기둥라인 실측 결과에 따라 데크 플레이트 면에 먹메김 실시 후 플레이트 커팅 작업 및 철근 보강 실시

[데크 플레이트 절단 미흡]

4 시공사례

■ 용인시 처인구 소규모 경량철골 구조공사

01 기초타설 완료(직접기초) CHECK 01

02 경량철골/부자재 방청 및 도장 CHECK 02

03 기둥 및 접합부 용접(용접부위 도장 제거, 용접후 녹막이칠)

04 경량철골 기둥 세우기 (수평·수직계 고임목 등 활용) CHECK 03

05 경량철골 상부재(지붕재) 접합부 및 연결고리(양중용)용접

06 크레인을 통한 상부재 (지붕재)인양 → 연결고리활용

07 기둥 및 상부재(지붕재) 조립

08 기둥 및 상부 접합부 용접 / 하부 볼트 100% 조임 및 정리

09 외장재를 설치하기 위해 각 기둥에 덧댐재 추가 시공

10 전자식 수평계를 활용하여 외장재 설치전 부위별 위치 확인

11 외장재(샌드위치 판넬) 시공 → 전용 철물(스크류 볼트) 사용

12 빈 공간은 우레탄 폼으로 충진

13 지붕(상부) 보강재 체결

14 지붕(샌드위치판넬) 시공 → 전용철물(스크류 볼트) 사용

▲ CHECK 01

기초타설에 대한 시방서는 *SBCS 41 90 20 10 직접기초공사*를 참조한다.

▲ CHECK 02

경량철골의 방청 및 도장에 대한 세부적인 사항은 본 공사의 '2.2.4 녹막이칠'을 참조한다.

▲ CHECK 03

기초와 베이스 플레이트의 볼트 체결은 70% 수준으로 조인다.

5 시공예시도

■ 경량철골구조 시공순서도

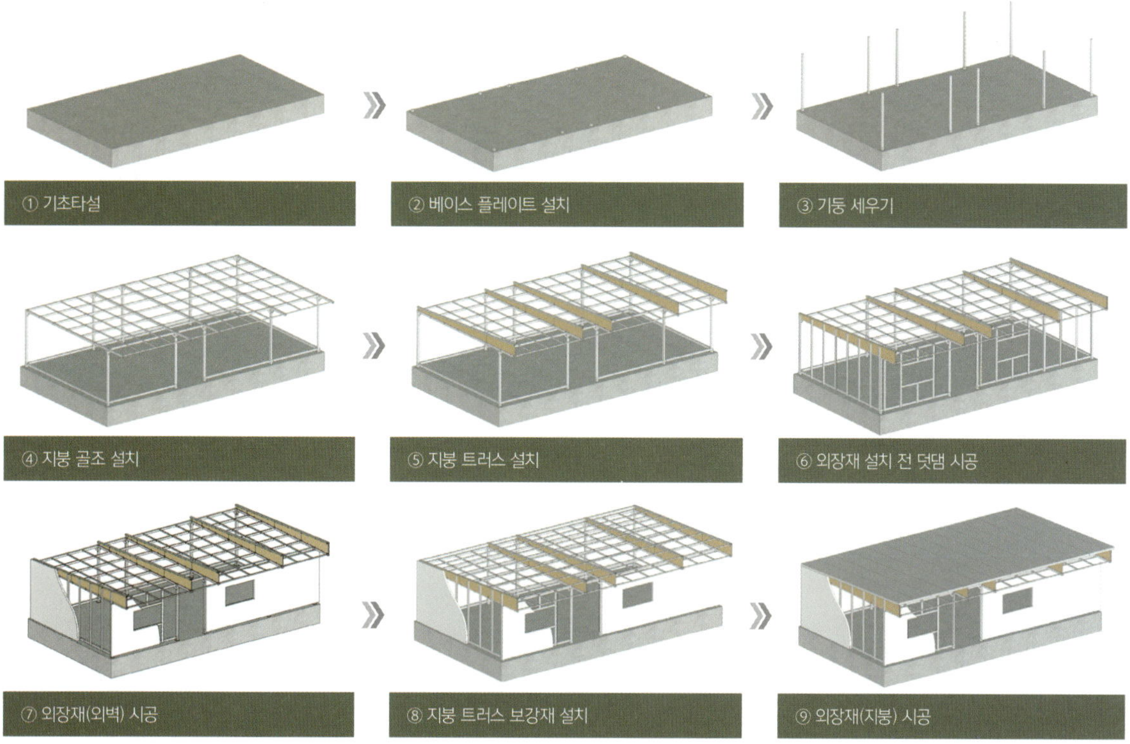

⑤ 지붕 트러스의 부재별 접합 상세도 예시

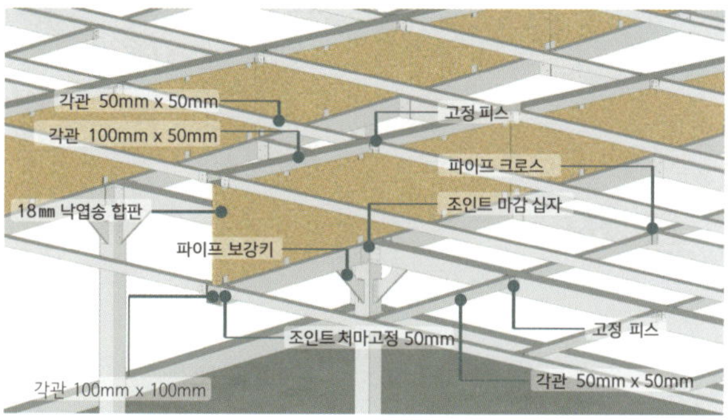

■ [시공 사진] 시공순서도 ① 기초 타설 ~ ③ 기둥 세우기

01. 기초 타설 완료(직접기초)

02. 경량철골/부자재 방청 및 도장

03. 경량철골 현장 도장(분무식)

04. 기둥 설치전 사전준비(청소 및 정리)

05. 기둥 및 접합부(도장 제거 후) 용접

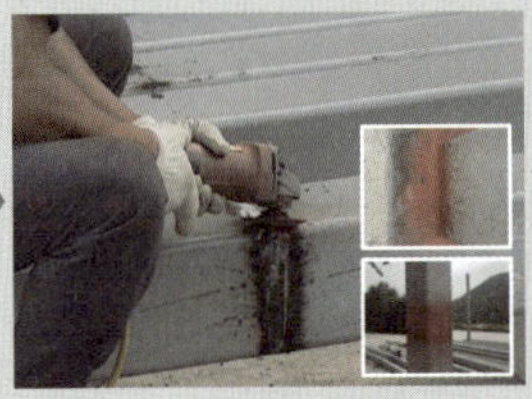

06. 용접부위 정리 및 녹막이칠 등

07. 기둥 세우기(볼트 70% 체결)

08. 볼트 100% 체결 및 정리

■ [시공 사진] 시공순서도 ④ 지붕 골조 설치 ~ ⑥ 외장재 설치전 덧댐 시공

01. 상부재 접합부 연결고리(양중용) 용접

02. 크레인을 통한 상부재 인양

03. 지붕 트러스 배치 및 가고정

04. 기둥 및 상부 접합부 용접

05. 구조부재 사이 사잇기둥 시공

06. 각 기둥에 외장재 고정용 덧댐 시공

07. 외장재 설치 전 부위별 위치 확인

■ [시공 사진] 시공순서도 ⑦ 외장재(외벽) 시공 ~ ⑨ 외장재(지붕) 시공

01. 외장재(외벽) 시공→ 밀폐시공

02. 전용 철물(스크류 볼트) 사용

03. 빈 공간은 우레탄 폼으로 충진

04. 외장재(외벽) 완료

05. 지붕(상부) 보강재 체결

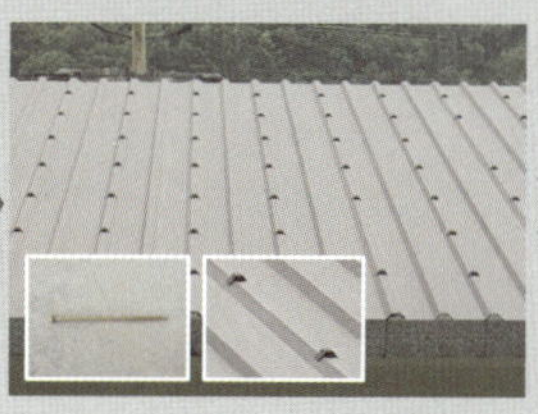
06. 외장재(지붕) 시공→ 전용철물사용

07. 외장재(지붕) 완료

■ 경량철골구조 - 복합단열벽체 시공사례

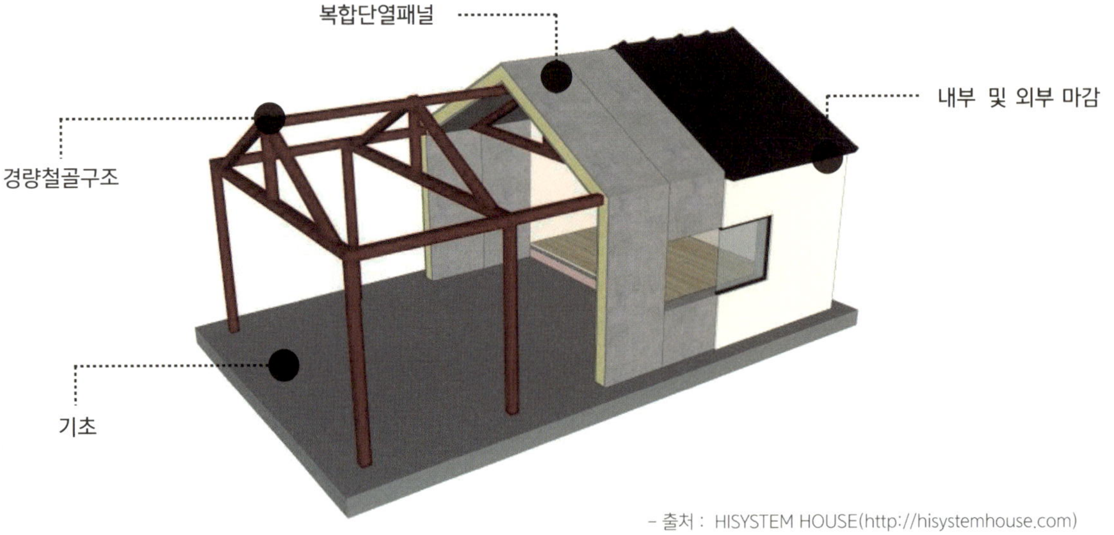

- 출처 : HISYSTEM HOUSE(http://hisystemhouse.com)

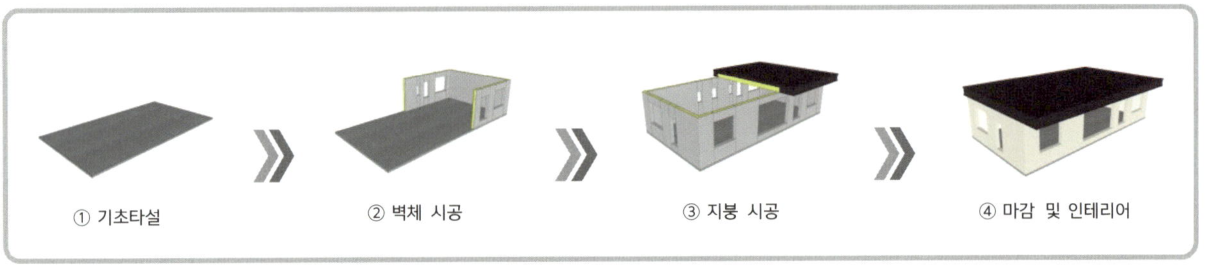

[복합단열벽체 시공 순서도]

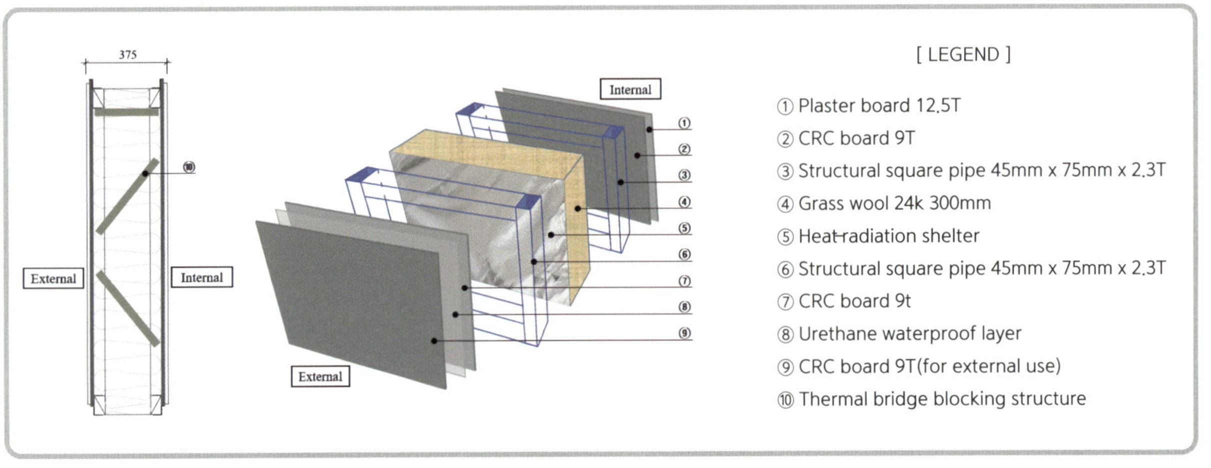

[복합단열벽체 세부 상세도]

- 출처 : 복합단열벽체 적용 주택의 냉방부하에 관한 연구(2021, 서종원 외)

■ [시공 사진] 평지붕 주택 TYPE : 시공순서도 ① 기초 타설 ~ ④ 마감 및 인테리어

01. 벽체, 지붕재, 철골조 공장제작

02. 현장 조립 자재 테스트

03. 기초 타설 완료(직접기초)

04. 제작패널 현장으로 운반

05. 기초 위 금속철물 시공

06. 벽체 현장조립(크레인 활용)

07. 벽체 현장조립 상세

08. 벽체 연결부위 금속철물 시공

09. 벽체 연결 및 조립

10. 창호부위 상인방 시공

11. 외벽 공사 완료

12. 바닥 금속철물 설치 후 내벽 공사

13. 바닥 금속철물 공사 상세

14. 크레인으로 패널 인양 후 지붕조립

15. 평지붕 마감공사

16. 시스템 창호 설치

17. 창호 설치 완료

18. 외부 마감 완료

19. 실내 인테리어 공사 전 내부정리

20. 실내 인테리어공사 완료

■ [시공 사진] 경사지붕 주택 TYPE : 시공순서도 ① 기초 타설 ~ ④ 마감 및 인테리어

01. 제작된 패널 현장으로 운반

02. 직접기초 위 경량철골기둥 세우기

03. 외측 벽체 현장조립

04. 경사지붕 철골구조물 설치 후 단열벽체 패널 시공

05. 지붕 패널 위 마감재 및 방수 시공

06. 내측 벽체 및 경사지붕 현장조립

07. 2층 슬라브 시공

08. 외부 스타코도장 마감 완료

- 출처 : HISYSTEM HOUSE(http://hisystemhouse.com)

SAMOO C.M.
CREATIVE MANAGEMENT

CHAPTER 6

6장

소규모 목공사

SBCS 41 90 33 05 수장 목공사
SBCS 41 90 33 10 경골 목조공사
SBCS 41 90 33 15 대단면 목조공사

CHAPTER 6

01

SBCS 41 90 33 05
수장 목공사

1 일반사항

1.1 적용범위

(1) 이 기준은 건축물 내부의 수장 목공사에 사용되는 목재의 재질, 등급, 마감정도, 품질과 공사의 일반적 사항에 대하여 규정한다.

1.2 참고 기준

(1) 수장 목공사의 참고기준은 *LHCS 41 33 01 10 (1.2), SMCS 41 33 07 (1,2)*에 따르며, 추가사항은 다음과 같다.
① SBCS 41 90 01 소규모 건축공사 총칙
② 국립산림과학원고시, 목재제품의 규격과 품질기준

1.3 용어의 정의

(1) 수장 목공사의 용어의 정의는 *KCS 41 33 01 (1.4)*에 따른다.

1.4 제출물

1.4.1 시공상세도면

(1) 목조반자 시공상세도
(2) 목조칸막이틀 시공상세도
(3) 벽체띠장 설치 시공상세도
(4) 시공상세도에는 재료의 규격 및 간격, 이음 및 맞춤방법, 보강재, 철물, 고정방법이 명시되어야 한다.

1.4.2 제품자료

(1) 목재의 재종, 함수율, 품질등급과 증기건조목 사용시 전체 물량에 대해 증기건조목 여부를 입증할수 있는 증빙서류 및 품질증명서가 포함되어야 한다.
(2) 합판의 수종, 접착형식, 품질등급, 모양 및 치수 등에 관한 사항과 품질증명서가 포함되어야 한다. CHECK 01
(3) 철물

CHECK 01 ▶
• 구조재는 제재치수로, 마감재는 마무리치수로 표현되므로 유의하여 치수를 확인한다.

1.4.3 시공계획서

(1) 세부공정계획서
(2) 시공상태 검측계획서

1.4.4 견본

(1) 규격 및 종류별 목재 견본
(2) 철물
(3) 접착제

1.4.5 품질인증서류

(1) 자재 선정용 KS표시 허가증 사본
(2) KS 제품이 아닌 경우 선정시험 성적서 (품질시험 대행기관 날인)

1.5 품질보증

1.5.1 공사 전 협의

(1) 목공사를 착수하기에 앞서 해당공정 선시공 요구 등 공종간 상호 간섭사항에 대하여 *SBCS 41 90 01 (1.15)*에 따라 수급인, 관련된 타공종 수급인, 하수급인이 모두 참석하는 공종회의를 개최하여 공사에 차질이 없도록 한다.

1.6 운반, 보관 및 취급

(1) 각재, 합판 등 목공사에 사용되는 목재는 손상되지 않은 상태로 현장에 반입해야 한다. 통풍이 원활한 곳에 저장하고 운송 전, 후를 막론하고 습기와 심한 온도 및 습도차로 인한 품질손상이 발생되지 않도록 한다.

(2) 가공목재는 습기, 일광을 직접 받지 않도록 하여 항상 건조상태가 유지되도록 한다.

(3) 목재의 보관은 변형(휨, 우그러짐), 오염, 손상, 변색, 썩음, 습기 등을 방지할 수 있도록 적재하고, 건조가 잘되게 보관한다.

1.7 환경 조건

(1) 건물 외관의 통풍이 차단되어 먼지 및 습기의 유입을 방지하여야 한다.

(2) 천장속의 배관작업 등이 완료되고 배관 누수시험이 끝난 후 작업을 하여야 한다.

(3) 접착제를 사용하여 붙이는 경우 작업의 시작시점부터 접착제가 경화될 때까지 주위의 기온이 5℃ 이상 유지되도록 한다.

(4) 작업공간은 상온상태로 제품자료에 명기된 습도가 유지되도록 밀폐되어야 하며, 작업을 시작하기 5일전부터 목재를 공사 장소에 보관하며, 작업 3일전, 중, 3일 후 기간은 목재가 건조수축하지 않도록 제품자료에 명기된 온도를 유지하여야 한다.

2 자재

2.1 목재

(1) 수장 목공사의 목재는 기본적으로 *KCS 41 33 01 (2.1)* 에 따른다.

CHECK 02 ▶
목재의 함수율 영향
- 목재는 함수율의 증가에 따라 팽창하기도 하고 함수율의 감소와 함께 수축하기도 한다.
- 목재의 수축은 건조에 따른 뒤틀림, 할렬 또는 목재의 가공이나 이용상 장해의 원인이 된다.

2.1.1 함수율 CHECK 02

(1) 목재의 함수율은 KS F 2199에 따라서 측정한다.

(2) 공사에 사용되는 목재의 함수율은 개별 목재 제품에 대한 한국산업표준 또는 설계도서에 따르며, 한국산업표준이나 설계도서에 명시되지 않은 경우는 *[표 2.1.1-1]*에 따른다.

[표 2.1.1-1] 건축용 목재의 함수율

종별	건조재 12	건조재 15	건조재 19	생재	
				생재 24	생재 30
함수율 1)	12% 이하	15% 이하	19% 이하	19% 초과 24% 이하	24% 초과

주 1) 목재의 함수율은 건량 기준 함수율을 나타낸다.

건조의 목적
① 목재수축에 의한 손상방지
② 목재강도의 확보
③ 못, 나사 부착력의 증가
④ 접착성의 개선
⑤ 도장성의 개선
⑥ 전기절연성의 증가
⑦ 열전열성의 개선
⑧ 약제주입의 용이
⑨ 충해방지
⑩ 변색 및 부패방지

<출처> 목재제품의 규격과 품질기준 (2021, 국립산림과학원)

(3) 내장 마감재로 사용되는 목재의 경우에는 함수율 15% 이하로 하고, 필요에 따라서 12% 이하의 함수율을 적용한다.

[표 2.1.1-2] 목재의 흠

구분		내용
옹이	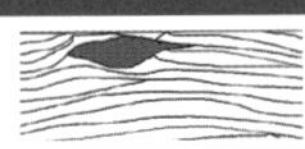	· 나뭇가지의 밑둥이 남은 것
갈라짐	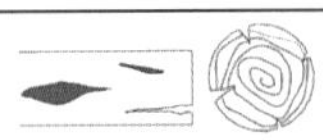	· 건조수축에 따라 생긴다.
껍질박이	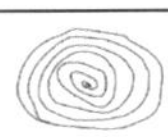	· 목질 내부에 껍질이 남아 있는 것
썩음	-	· 국부적 또는 전체가 썩은 것이 있다.
혹	-	· 섬유가 집중되어 불룩하게 된 부분
죽	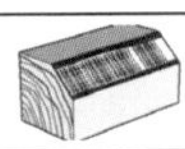	· 제재목의 일부에 피죽이 남아 수피가 붙은 것
송진구멍	-	-
마구리갈램		-

- 출처 : 스마트 건축시공(2021, 김창훈 외)

2.1.2 합판

(1) 합판은 라왕합판으로서, KS F 3101에 적합한 제품을 사용하되, 실내의 습기면에 노출되는 곳 및 외기에 노출되는 곳에는 준내수 1급을 사용한다.

2.1.3 중질섬유판(MDF) 제품

(1) KS F 3200에 적합한 난연 3급 이상인 것을 사용한다.

[표 2.1.3-1] 목재 가공 재료 종류

구분	내용
내수합판	· 내수합판은 얇은 목재의 단판을 여러 겹으로 적층(3겹, 5겹, 7겹, 9겹)하여 접착제로 합친 일명 베니어판으로, 두께 3mm ~18mm 정도가 많이 사용된다. · 대부분 라왕이나 자작나무·밤나무·참나무·느티나무 등으로 만든다.
코어합판	· 코어합판은 양면에는 베니어를 합판, 속에는 목판을 접합하여 생산된 합판을 말한다.
MDF	· MDF(Medium Density Fiber board)는 톱밥을 접착제로 압축가공하여 만든 인공목재판으로 중밀도 섬유판으로 만든 것을 말한다. · 무겁고 습기에 약하지만 높은 강도와 마감이 깔끔하여 실내 인테리어공사(멤브레인 도어·장식판 등)에서 합판대용으로 많이 쓰인다.
OSB	· OSB는 목편을 내수성 접착제를 사용하여 판재의 형태로 적층한 것으로, 목조주택이나 인테리어공사 내·외장 바탕재로 많이 쓰인다.
파티클보드	· 파티클보드는 목재 부스러기에 유기질의 접착제를 첨가하여 가열압착 성형한 보드로, 파티클보드, 파티클보드 치장판 등이 있다.

- 출처 : NCS(국가직무능력표준)을 적용한 건축시공(2017, 정용식 외)

[표 2.1.3-2] 접착 목재제품의 포름알데히드 방산량에 따른 품질 CHECK 03

구분	품질 기준
SE_0	포름알데히드 방산량의 평균값이 0.3mg/ℓ 이하, 최대값이 0.4mg/ℓ 이하
E_0	포름알데히드 방산량의 평균값이 0.5mg/ℓ 이하, 최대값이 0.7mg/ℓ 이하
E_1	포름알데히드 방산량의 평균값이 1.5mg/ℓ 이하, 최대값이 2.1mg/ℓ 이하

- 출처 : 목조건축 시공기준(2011, 국립산림과학원, 박문재 외)

▲ CHECK 03
포름알데히드 방산량 확인
▪ 접착 목재제품의 포름알데히드 방산량은 공인된 KOLAS 인정기관의 시험성적서를 통해 확인한다.

2.2 철물

(1) 철물의 재질 및 치수는 KS F 4514, KS D 3553, KS B 1055 및 KS B 1002~1008, KS B 1010, KS B 1012~1015에 적합한 것으로 한다. KS에 없는 철물의 재질은 KS D 3503 또는 KS D 3512에 따른다.
(2) 철물은 형상 및 치수가 정확하고 떨어짐, 찢김, 들뜬 녹이 없어야 하며, 사용용도에 가장 적합한 형과 크기의 것을 사용한다.
(3) 기계식 타정 못 등 별도의 동력을 이용하는 철물은 용도와 제원, 시공방법 등에 대해 승인을 받아 사용한다.

2.2.1 방부목재 사용 시 연결철물

(1) 방부처리 목재를 시공할 경우, 못과 철물은 아연도금 또는 스테인리스 스틸 제품을 사용한다. 방부처리 목재 사용 시 연결철물 또한 우수한 내구성을 지녀야 한다. 일반적인 탄소강 못과 연결철물은 습기에 접하면 쉽게 부식된다.
(2) 데크의 널재를 장선에 부착하거나, 펜스 혹은 못 사용 시 외관상 좋지 않는 곳에는 방부처리 목재용 부속자재를 접착한다.

- 출처 : 건설기술지침 Rev.2(2019, 대한건축학회, 대우건설)

2.3 목재의 방부 및 방충처리

2.3.1 일반사항

(1) 다음을 포함하는 외기에 노출되는 부위, 콘크리트 및 토양과 직접 접하는 부위 및 기타 장기간 습윤한 환경에 노출되는 부위에는 방부 및 방충처리된 목재가 사용되어야 한다.

① 구조내력 상 중요한 부분에 사용되는 목재로서 콘크리트, 벽돌, 돌, 흙 및 기타 이와 비슷한 투습성의 재질에 접하는 경우

② 목재 부재가 외기에 직접 노출되는 경우

③ 급수 및 배수시설에 근접한 목재로서 수분으로 인한 열화의 가능성이 있는 경우

④ 목재가 직접 우수에 맞거나 습기 차기 쉬운 부분의 모르타르 바름, 라스 붙임 등의 바탕으로 사용되는 경우

⑤ 목재가 외장마감재로 사용되는 경우

(2) 토대, 바닥 데크, 야외시설 및 마루틀용으로 사용되는 방부처리목재는 각각 KS F 3025, KS F 3026, KS F 3028 및 KS F 3122에 적합하여야 한다.

(3) 목재의 방부 및 방충처리는 반드시 공인(예를 들면 ***국립산림과학원 고시***에 적합한 것으로 인정)된 공장에서 실시되어야 하며 방부처리 목재를 절단이나 가공하는 경우에 노출면에 대한 약제 도포는 현장에서 실시할 수 있다.

(4) 방부처리 목재를 현장에서 가공하기 위하여 절단한 경우에는 방부처리 목재를 제조하기 위하여 사용되었던 것과 동일한 방부약제를 현장에서 절단면에 도포하여야 한다.

(5) 방부 및 방충처리 목재의 현장 보관이나 사용 중에 과도한 갈라짐이 발생하여 목재 내부가 노출된 경우에는 현장에서 도포법에 의하여 약제를 처리하여야 한다.

(6) 목재 부재가 직접 토양에 접하거나 토양과 근접한 위치에 사용되는 경우에는 흰개미 방지를 위하여 주변 토양을 약제로 처리할 수 있으며 필요한 경우에 약제 처리 유자격자에 의한 토양 처리를 실시하여 약제의 의한 2차 피해를 방지하여야 한다.

CHECK 04 ▶

• 목재시설별 내구연한에 따른 적절한 방부방법의 선택이 중요하다.

2.3.2 목재방부제 CHECK 04

(1) 목재방부제는 KS M 1701에 적합한 수용성 방부제를 사용한다.

- 출처 : 건설기술지침 Rev.2(2019, 대한건축학회, 대우건설)

2.3.3 목재의 방부처리

(1) 방부처리 대상

① 목조의 외부 버팀 기둥을 구성하는 부재의 모든 면

② 급수 및 배수시설에 근접된 목부로서 부식의 우려가 있는 부분

③ 구조내력상 주요부분인 토대, 외부 기둥, 외부 벽 등에 사용하는 목재로서 포수성의 재질에 접하는 부분

④ 납작마루틀의 멍에·장선

⑤ 직접 우수를 맞거나 습기가 차기 쉬운 부분의 모르타르바름 또는 라스붙임 등의 바탕에 해당되는 부분

[표 2.3.3-1] 방부제의 종류

구분	종류	특징	용도
유성	크레오소트유(Creosote Oil)	갈색으로 가격이 저렴하고 많이 사용	구조재(기둥, 보, 지붕틀) / 철도의 침목, 전주, 파일
수용성	페놀류, 무기플루오르화계 목재방부제(PF)	도장이 가능하며, 독성이 있음 / 색상은 청록색	토대의 부패방지
	펜타클로르페놀구리의 암모니아액 목재 방부제	도장이 가능하며, 독성이 있음 / 색상은 무색	방부, 방충처리 목재
	크롬, 구리, 비소화합물계 목재방부제(CCA)	도장이 가능하며, 독성이 있음 / 색상은 녹색	주거용, 상업용 건축 등에 적용
유용성	펜타클로르페놀(PCP)	도장이 가능하며, 독성이 있음 / 색상은 무색 / 자극적인 냄새 / 성능 우수하나 가격이 고가	방부, 방충처리 목재 / 산업용에 적용

[표 2.3.3-2] 방부제 처리법

구분	내용
가압주입법	· 목재를 밀폐된 압력용기(주약관)에 넣고 감압과 가압을 조합하여 목재의 내부 깊숙히 방부약제를 강제적으로 주입하는 방법 (KSF 2219)
도포법	· 가장 간단한 방법으로, 목재를 충분히 건조시킨다음 균열이나 이음부 등에 주의하여 솔 등으로 도포 (5~6㎜ 침투)
침지법	· 상온에서 목재를 크레오소트액 등에 몇 시간 침지하는것으로서 액을 가열하면 더욱 깊이 침투한다. (15㎜ 침투)
상압주입법	· 침지법과 유사하며 80~120℃ 크레오소트액 속에 3~6시간 침지 (15㎜ 침투)
표면탄화법	· 표면을 3~12㎜ 정도 태운다.
약제도포법	· 크레오소토, 콜타르, 아스팔트, 페인트 등을 표면에 칠한다.

(2) 방부처리시 주의사항
① 방부처리한 목재는 인체에 해롭지 않고, 금속재를 녹슬게 하지 않는 것으로 한다.
② 직접 우수를 맞는 곳에 사용한 방부처리 목재는 방수성이 있는 것으로 한다.
③ 화재의 위험이 있는 장소에는 방부처리물이 마감표면 위로 흘러나오지 않도록 내화처리 한다.
④ 최종 방부목재의 함수율은 ***목재제품의 규격과 품질기준, 부속서 1(제재목)***의 함수율 기준을 따른다. CHECK 05

2.4 목재의 난연처리

2.4.1 일반사항

(1) 수장용 및 실외의 연소의 우려가 있는 곳에 사용하는 목재로서 설계도서에서 특별히 난연 목재를 사용하도록 정해진 경우에는 난연처리 목재를 사용하여야 한다.
(2) 난연처리 목재의 품질은 KS F 3124에 적합하여야 한다.
(3) 목재의 난연처리는 반드시 공인(예를 들면 ***국립산림과학원 고시***에 적합한 것으로 인정)된 공장에서 실시되어야 하며 난연처리 목재를 절단이나 가공하는 경우에 노출면에 대한 약제 도포는 현장에서 실시할 수 있다.
(4) 난연처리 목재를 현장에서 가공하기 위하여 절단한 경우에는 난연처리 목재를 제조하기 위하여 사용되었던 것과 동일한 난연약제를 현장에서 절단면에 도포하여야 한다.
(5) 난연처리 목재의 현장 보관이나 사용 중에 과도한 갈라짐이 발생하여 목재 내부가 노출된 경우에는 현장에서 도포법에 의하여 약제를 처리하여야 한다.
(6) 난연처리는 목재 난연제에 의한 개설법·가압법·침지법·도포법 또는 뿜칠법으로 한다.
(7) 난연처리한 목재는 사람과 가축에 해롭지 않고 또한 철재를 녹슬지 않게 하는 것으로 한다.
(8) 목재는 난연처리에 지장이 없는 정도로 건조되어야 하며, 난연처리된 목재는 충분히 건조된 후에 사용한다.
(9) 페인트칠·바니쉬칠 등으로 마무리하는 목재의 난연제는 공사시방에 따른다.

◀ CHECK 05

수장용재의 함수율 기준

구분		기호	함수율 기준
건조재	건조 12	KD12*, D12	12% 이하
	건조 15	KD15*, D15	15% 이하

* KD : 열기건조(kiln dry)된 제재목

구조/일반용재의 함수율 기준

구분		기호	함수율 기준
건조재	건조 12	KD12, D12	12% 이하
	건조 15	KD15, D15	15% 이하
	건조 19	KD19, D19	19% 이하
생 재*		G	19% 초과

* 규격구조재에는 생재기준을 적용하지 아니 한다.

[표 2.4.1-1] 난연목재의 성능기준

항목	성능기준	시험방법
총방출열량	5분간 8MJ/㎡ 이하	KS F ISO5660-1
최대열방출율	5분간 10초이상 연속으로 200kW/㎡를 초과하지 않음	
균열, 구멍 및 용융	5분간 가열 후 시험체를 관통하는 방화상 유해한 균열, 구멍 및 용융 등이 없어야함	
실험용 쥐의 평균행동 정지시간	9분 이상	KSF 2271
철부식성	철부식비 2.0 이하	KS M 1701
흡습성	흡습비 1.2 이하	KS M 1701

- 출처 : 목재제품의 규격과 품질기준(2021, 국립산림과학원)

2.4.2 목재난연제

(1) 목재난연제의 품질·종별·용제 및 용도는 공사시방에 따른다.

2.4.3 공법

(1) 목재 난연처리의 종별은 *[표 2.4.3-1]*에 따른다. 공사시방에서 정한 바가 없을 때에는 3종으로 한다.

[표 2.4.3-1] 목재 난연처리의 종별

종 별	1 종	2 종	3 종
공 법	개설법 또는 이에 준하는 가압법	2시간 침지	2회 도포 또는 2회 뿜칠

(2) 도포는 솔 또는 헝겊으로 하고 뿜칠은 뿜칠기로서 1회 처리한 후, 공사감리자의 확인을 받은 후 다음 회의 처리를 한다.
(3) 목재 난연처리의 종별 중 2종·3종의 난연처리는 목재가공 후에 한다.
(4) 난연처리를 한 목재를 가공하였을 때에는 그 가공부분에 대하여 3종의 처리를 조립 전에 다시 한다.
(5) 도포 또는 뿜칠일 때에 갈램·틈·흠집 등에 대하여서는 특히 면밀히 재처리한다.
(6) 난연처리를 한 목재의 갈램에 대하여서는 공사감리자의 지시에 따라 3종의 처리를 한다.
(7) 도포나 뿜칠시의 기온은 7℃ 이상이어야 하며 비가 올 때에는 도포작업을 중지한다.
(8) 도포나 뿜칠의 회수는 공사시방에서 정하는 바에 따르되 그 지정이 없을 때에는 3회로 한다. 다만, 매회 도포나 뿜칠이 충분히 건조된 후에 다음 회의 도포나 뿜칠을 한다.

2.5 커튼박스 및 커튼레일

2.5.1 커튼박스

(1) 커튼박스의 재질은 KS F 3101 보통 합판에 의한 준내수 2급에 적합한 합판으로 하거나, 함수율 15% 이하의 증기건조목 또는 PVC제로 한다.

2.5.2 커튼레일 구성부품

(1) 레일의 재질은 KS D 6701에 적합한 알루미늄 및 알루미늄 합금판 또는 설계도서에서 규정한 재질에 적합한 강판으로 제작한다.
(2) 레일의 강도는 스팬 600㎜에서 49N의 하중이 작용할 때 처짐량이 5㎜ 이하인 일반 가정용으로 한다.
(3) 런너는 설계도서에서 규정한 재질에 적합한 재료로 한다.
(4) 브라켓의 재질은 KS D 3512에 의한 냉간압연강판 및 강대로 한다.
(5) 브라켓의 강도는, 싱글일 경우 49N의 하중이 작용할 때 처짐량이 2㎜ 이하, 더블일 경우 49 N의 하중이 작용할 때 처짐량이 3㎜ 이하인 일반 가정용으로 한다.

2.6 반자돌림, 재료분리대, 걸레받이

2.6.1 재질

(1) 반자돌림, 재료분리대, 걸레받이의 재질은 도면 및 특기가 없는 경우, 라왕, 중질섬유판(MDF) 또는 합성수지제로 한다.

2.6.2 중질섬유판(MDF) 제품

(1) 접착제에 의한 구분 : U형 중질섬유판
(2) 난연성 : 난연중질섬유판
(3) 품질기준

[표 2.6.2-1] 중질섬유판의 품질기준

시험항목	단 위	기 준		관련규격
밀 도	g/㎤	0.35 이상~0.85 미만		KS F 3200
휨 강 도	kgf/㎠(N/㎟)	300(30.0) 이상		
포름알데히드 방산량	mg/ℓ	5 이하		
함 수 율	%	5이상~13이하		
박리강도	kgf/㎠(N/㎟)	5(0.5) 이상		
목재용 나사못 지지력	kgf/㎠(N)	50(500) 이상		
흡수두께 팽창율	%	두께 7㎜ 이하	17 이하	
		두께 7㎜~15㎜ 이하	12 이하	
		두께 15㎜ 초과	10이하	

* 단, 목재용 나사못 지지력은 두께 15㎜ 미만의 것에는 적용하지 않는다.

2.6.3 라왕제품

(1) 함수율 18% 이하의 증기건조목을 사용한 제품으로 한다.

2.6.4 합성수지제품

(1) 난연성 제품으로 한다.

2.6.5 데커레이션시트

(1) 반자돌림, 재료분리대, 걸레받이에 부착되는 데커레이션시트는 변색, 찢김 및 박리 등의 결함이 없는 것으로서 다음 기준에 적합한 제품을 사용하여야 한다.

[표 2.6.5 -2] 데커레이션시트의 품질기준

구분		단위	기준		관련규격
인장강도		N/㎟	가로	20 이상	KS M ISO 527-1
			세로	20 이상	
인열강도		N/㎟	가로	8 이상	
			세로	7 이상	
신율		%	가로	150 이상	
			세로	150 이상	
내마모성		%	500회	0.5 이하	KS M ISO 9352
최소두께	올레핀계, 폴리에스터계	mm	0.10 이상		-
	PVC계 및 기타	mm	0.15 이상		-
중금속 함유량	수은	mg/kg	0.5 이하		-
	납	mg/kg	50 이하		-
	카드뮴	mg/kg	0.5 이하		-
기타			유해난연제 사용금지 규제 및 가소제 사용 규제기준 준수		환경표지인증

2.7 문선

(1) 래핑 문틀의 문선은 MDF 또는 PVC위 래핑으로 마감한다.
(2) 도장 문틀의 문선은 라왕 위 도장 마감한다.
(3) 문선은 수급인이 납품 및 설치하되, 디자인, 재료 및 마감 방법은 공사감리자와 협의하여 변경할 수 있다.

2.8 접착제

(1) PVC제인 반자돌림, 재료분리대 및 걸레받이를 부착하기 위한 접착제는 승인된 제조업자의 제품자료에 따른다.
(2) 문선을 부착하기 위한 접착제는 우레탄계 접착제를 사용하여야 한다.

2.9 BMC마루귀틀 및 BMC재료분리대

(1) BMC(Bulk Moulding Compound) 제품은 불포화폴리에스테르수지(unsaturated polyester resin) 및 저수축제, 보강재, 충전제, 경화제 등을 주성분으로 하는 Bulk상의 열경화성 재료를 성형한 것으로 내열성이 뛰어나고 온도변화에 대한 치수안정성 및 흡음성을 보유하며 대리석 질감을 가진 것을 사용한다.
(2) BMC마루귀틀의 규격은 80㎜(너비) × 80㎜(높이) × L(길이) × 5.5㎜(두께)이상으로 한다.
(3) BMC재료분리대의 규격은 40㎜(너비) × 80㎜(높이) × L(길이) × 5.5㎜(두께)이상으로 한다.
(4) BMC마루귀틀 및 BMC재료분리대 구입시 타일의 색상과 조화되도록 색상을 정하여 해당부위를 시공치수보다 20㎜ 긴 제품을 납품토록 하며 평형별, 색상별로 구분하여 보관한다.
(5) BMC재료분리대의 발코니 기포콘크리트 타설시 높은 부위와 낮은 부위가 만나는 부분은 재료분리대의 매립을 고려하여 80㎜의 깊이로 V-Cut한다.

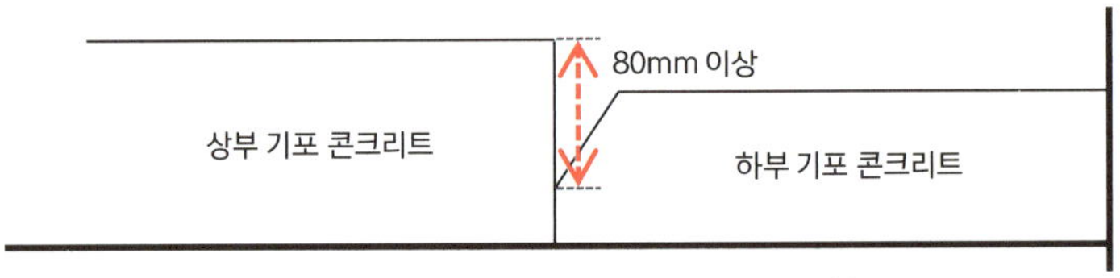

[그림 2.9-1] BMC 재료분리대의 매립을 고려한 V-Cut

2.10 입체성형 인조대리석 마루귀틀 및 입체성형 인조대리석 재료분리대

(1) 입체성형 인조대리석 제품은 아크릴릭 레진, Filler, 가교제, 안료, 경화제, 촉진제 등의 원료를 입체성형(몰드)법으로 제조한 것으로 내열성이 뛰어나고 온도변화에 대한 치수안정성을 보유하며 대리석 질감을 가진 것을 사용한다.
(2) 입체성형 인조대리석 마루귀틀의 규격은 80㎜(너비) × 80㎜(높이) × L(길이) × 9㎜(두께) 이상으로 한다.
(3) 입체성형 인조대리석 재료분리대의 규격은 40㎜(너비) × 60㎜(높이) × L(길이) × 9㎜(두께) 이상으로 한다.
(4) 입체성형 인조대리석 마루귀틀 및 입체성형 인조대리석 재료분리대 구입시 타일의 색상과 조화되도록 색상을 정하여 해당부위를 시공치수보다 20㎜ 긴 제품을 납품토록 하며, 평형별, 색상별로 구분하여 보관한다.

2.11 엔지니어스톤 마루귀틀 및 엔지니어스톤 걸레받이

(1) 엔지니어스톤은 천연 석영, 불포화 수지, 안료 등을 주성분으로 진공 압축하여 제조한 인조대리석으로 내구성과 내열성이 뛰어나고 대리석 질감을 가진 것을 사용한다.
(2) 엔지니어스톤 마루귀틀 규격은 250~300㎜(너비) × L(길이) × 20㎜(두께) 이상으로 한다.
(3) 엔지니어스톤 인조대리석 걸레받이의 규격은 40㎜(너비) × L(길이) × 20㎜(두께) 이상으로 한다.
(4) 엔지니어스톤 마루귀틀 및 엔지니어스톤 걸레받이 구입시 타일의 색상과 조화가 되도록 색상을 정하여 해당부위를 시공 치수보다 20㎜ 긴 제품을 납품토록 하며, 평형별, 색상별로 구분하여 보관한다.
(5) 엔지니어스톤은 KS F 4739에 적합한 제품으로 한다.

2.12 섬유강화시멘트 보드 (CRC 보드)

(1) 섬유강화 시멘트 보드로 다음 성능 동등이상의 제품을 사용한다.

[표 2.12-1] 섬유강화시멘트 보드의 성능

주성분	포틀랜드시멘트, Cellulose fiber, 규사, 물
두께(mm)	도면에 명시한 것
규격(mm)	900×1800 , 900 ×2400 , 1200 ×2400
부피비중(g/㎤)	1.3 이상
휨강도(N/㎟)	16 이상
흡수율(%)	30 이하
열전도율(W/m K)	0.25 이하
흡수에 의한 길이변화율(%)	0.1 이하
난연성	난연 1급

2.13 기타 재료

(1) 목공사에 사용되는 석고보드의 종류 및 치수는 공사시방서에 따르며, 그 품질은 KS F 3504에 적합한 것으로 한다.
(2) 석고보드용 조인트 처리재는 KS F 4915에 적합한 것으로 한다.
(3) 목공사에 사용되는 일반 목재 접착제는 KS M 3700 또는 KS M 3701에 적합한 것으로 하고, 내수 목재 접착제는 페놀, 리솔시놀, 멜라민 또는 멜라민-요소 공축합 수지 목재 접착제를 사용한다.
(4) 기타 재료는 한국산업표준에 정한 것 또는 이와 동등 이상의 성능을 갖는 것으로 한다.

[표 2.13-1] 접착제

구분	내용
종류	아교, 카세인, 합성수지(요소계, 멜라민계, 페놀계, 초산비닐계 등)
접착력 크기순서	에폭시 > 요소 > 멜라민 > 페놀(석탄산계)
내수성 크기순서	실리콘 > 에폭시 > 페놀 > 멜라민 > 요소 > 아교

- 출처 : 스마트 건축시공(2021, 김창훈 외)

2.14 자재의 검사

2.14.1 현장 검사

(1) 모든 재료는 현장에서 종류, 형상, 치수, 수량 등을 정확하게 확인한다.
(2) 원목, 조각재 및 제재목은 현장에서 육안으로 목재의 표면 상태를 검사하여 다음과 같은 목재는 사용할 수 없다.
① *KCS 41 33 01 (2.1.4)* 의 품질 기준에 부적합한 목재
② 변재의 나이테 간격이 10mm 이상인 목재
③ 썩음, 속빔, 충해 등으로 인하여 목재의 구조적 성능에 심각한 손상이 있을 것으로 판단되는 목재
④ 현장 육안 검사의 특성 상 현장에서 품질의 검사가 불가능하고, 보다 정밀한 시험이 필요하다고 판단되는 목재
(3) 창호, 가구 및 수장재 등의 마감용 목재에는 큰 옹이, 갈라짐, 썩음, 벌레구멍, 비틀림 등의 결점이 없어야 하며, 재료의 사용 여부는 공사감리자가 판단한다.
(4) 철물은 표면의 도장 상태, 녹의 발생 정도, 운반 중 파손이나 찌그러짐 상태 등을 확인한다.
(5) 석고보드는 제조업체에서 발급한 성적 증명서 또는 제품 측면에 찍힌 표시를 통하여 품질 및 종류를 확인한다.
(6) 기타 재료는 제조업체에서 발급한 성적 증명서 또는 재료의 표면이나 포장 등에 찍힌 표시를 통하여 품질을 확인한다.

2.14.2 품질 검사 및 시험

(1) 제조업체에서 발급한 성적 증명서 또는 재료의 표면이나 포장 등에 찍힌 표시를 통하여 품질을 확인할 수 있는 경우를 제외하고 재료의 품질을 정밀하게 평가하고자 하는 경우에는 강도, 함수율, 밀도, 치수안정성, 변형 등의 시험 및 검사를 공인검사기관에 의뢰할 수 있다.

(2) 공인검사기관에 의뢰하는 모든 시험 및 검사는 해당 한국산업표준에서 정하는 바에 따라서 실시되어야 한다.

(3) 품질검사 및 시험을 공인검사기관에 의뢰하는 경우에 검사 및 시험용 시편은 현장에 도착한 재료 중에서 한국산업표준에서 정하는 크기, 형상 및 수량대로 제작하여 제공하여야 한다.

2.15 자재의 검수 및 보관

(1) 반입된 목재는 규격별로 보관하며 함수율을 검사하여 20% 미만인 부재만 사용한다.

(2) 반입된 목재는 그늘진 실내에 보관하여야 하며 외부야적은 금한다.

(3) 4면 치수를 확인하며, 옹이, 변재, 죽각재 등 변형된 자재는 반출한다.

(4) 곰팡이가 발생되었으나 함수율이 기준치 이하인 자재는 별도로 구분하여 적치한 후 곰팡이를 제거하여 사용한다.(단, 함수율이 기준치 미만이라도 변형이 진행된 자재는 반출시킨다.)

- 출처 : 건설기술지침 Rev.2(2019, 대한건축학회, 대우건설)

3 시공

3.1 현장여건 파악

(1) 수급인은 작업 시작 전 상세도면을 검토하여 도면의 이상 유무를 체크하고 이상 있을 시 공사감리자에게 보고해야 한다.

(2) 수장 목공사의 설치 전에 필요한 선행공사가 완료되어야 한다.

(3) 목조반자 및 칸막이틀, 벽체띠장 등이 부착되는 부위는 돌출물, 요철 등이 없이 평탄하게 마감하여, 칸막이틀, 띠장 등의 부착에 지장이 없어야 한다.

3.2 시공기준

(1) 목공사에 사용되는 부재는 정확하게 절단 가공하여 수직, 수평을 맞추어 이음 및 맞춤부위에 틈이 생기지 않도록 견고하게 고정한다.

(2) 목재의 이음위치는 한 곳에 집중되지 않도록 엇갈리게 배치하고, 이음간격이 적절하게 되지 않는 지나치게 짧은 길이의 목재는 사용하지 않도록 한다.

(3) 목재의 이음 및 맞춤부위는 필요 이상의 단면손실이 생기지 않도록 한다.

(4) 허용오차

[표 3.2-1] 시공 허용오차

부재 길이	부재 맞춤(수직, 수평)	부재 각도(36°, 40°)	면적 1㎡ 당
±1.5㎜	±0.01㎜	±0.04㎜	±2㎜

3.3 벽체 띠장 설치

(1) 띠장의 설치공법

[표 3.3-1] 띠장의 설치공법

명칭	항목	공법	
		A·B종	C종
띠장	간격	450㎜ 정도로 한다. 다만, 바닥면부터의 높이 900㎜ 정도까지는 360㎜ 정도로 한다.	B와 같다.
	이음	받음재 심에서 맞댄이음	B와 같다.
	대기	① 띠장은 기둥 모서리에 파넣고, 샛기둥은 따넣고, 또는 기둥· 샛기둥에 옆대고 못박기. 띠장을 기둥·샛기둥에 옆댈 때에는 띠장두께와 같은 두께의 끼움쪽을 띠장의 사이에 끼우고못박기. 다만, 비늘널붙임 등으로서 띠장을 기둥·샛기둥에 옆댈 때에는 끼움쪽을 끼우지 않는다. ② 콘크리트조·벽돌조의 벽에 띠장을 댈 때에는 간격 600㎜ 내외에 묻어둔 나무 벽돌에 옆대고 못박기 ③ (구석일 때) 한편의 띠장은 귓기둥에 파넣거나 또는 옆대고 못박기. 다른편의 띠장은 받이재를 그 귀에 대고 못박기	B와 같다.

벽체 위치 먹매김 문틀 위치 먹매김 일면 벽체틀 짜기 양면 벽체틀 짜기

[사진 3.3-1] 먹매김 작업 및 벽체틀 짜기 사례

- 출처 : NCS(국가직무능력표준)을 적용한 건축시공(2017, 정용식 외)

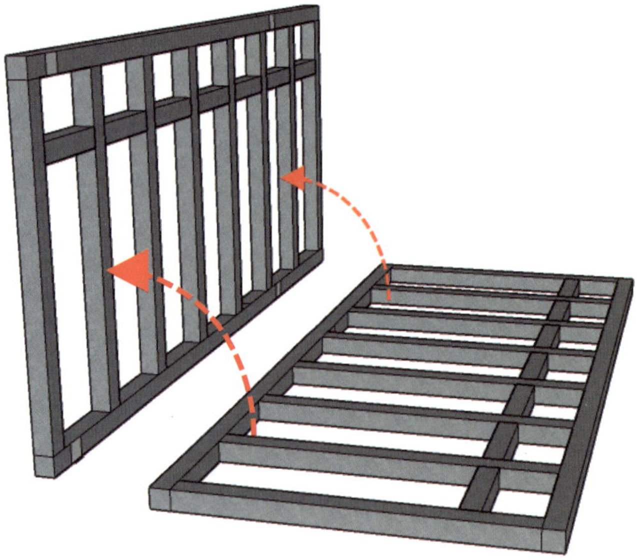

CHECK 06 ▶
▪ 골조를 현장에서 조립하여 세우거나 또는 공장에서 제작된 골조를 현장으로 운반하여 세우는 방법으로서 부재의 치수가 정확하게 측정되어야 골조를 세우고 고정하기에 어려움이 없다. 현장의 바닥, 천장 및 벽면이 깨끗하고 균일하며 상호 직각을 유지하는 경우 시공하기에 유리하다.

[그림 3.3-1] 골조 조립 후 세우는 공법 CHECK 06

- 출처 : 목조건축 시공기준(2011, 국립산림과학원, 박문재 외)

3.4 목조반자 CHECK 07

(1) 공법은 정하는 바가 없을 때에는 *[표 3.4-1]*에 따른다.

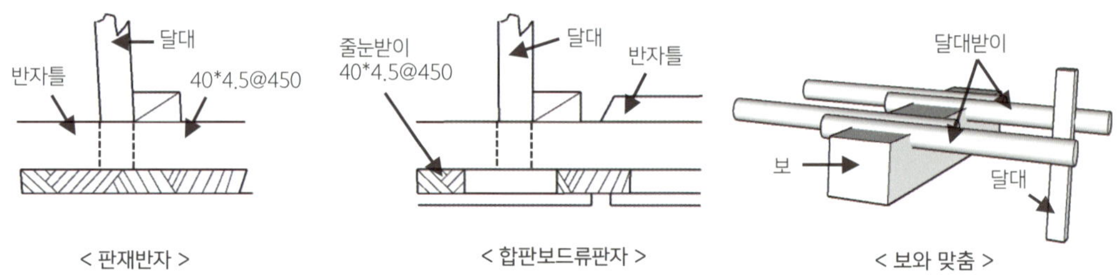

[그림 3.4-1] 달대 반자틀의 종류

- 출처 : NCS(국가직무능력표준)을 적용한 건축시공(2017, 정용식 외)

▲ CHECK 07
반자틀 시공순서 예시
① 달대받이
② 반자돌림대
③ 반자틀받이
④ 반자틀
⑤ 달대
⑥ 반자널
⑩ 변색 및 부패방지
<출처> 스마트 건축시공(2021, 김창훈 외)

[표 3.4-1] 반자의 공법

<table>
<tr><th rowspan="2">명 칭</th><th rowspan="2">항 목</th><th colspan="2">공 법</th></tr>
<tr><th>A·B종</th><th>C종</th></tr>
<tr><td rowspan="3">반자대
맞이</td><td>간격</td><td>900 ㎜ 내외</td><td>B와 같다</td></tr>
<tr><td>이음</td><td>① 이음위치는 엇갈림으로 하고 반자대의 이음위치를 피하여 엇빗이음 못박기
② 벽옆의 반자대맞이는 기둥, 샛기둥 또는 나무벽돌심에서 맞대고 못박기</td><td>B와 같다.
다만, 이음은
맞대고 덧판
이음 못박기</td></tr>
<tr><td>대기</td><td>① 반자대 윗면에 대고 반자대맞이에 못박기
② 살대반자일 때에는 반자널 윗면에 대고, 살대반자 돌림 띠맞이에 못박기
③ 벽옆의 반자틀맞이는 기둥·샛기둥 기타에 대고 못박기
④ 콘크리트조, 벽돌조 등의 벽옆의 반자대맞이는 간격 600 ㎜ 내외에 묻은 나무벽돌에 대고 못박기</td><td>B와 같다</td></tr>
<tr><td rowspan="3">반자대
(널반자
대 제외)</td><td>간격</td><td>① 바름천장은 450 ㎜ 내외
② 기타의 천장은 공사시방에 따른다.</td><td>B와 같다</td></tr>
<tr><td>이음</td><td>A. ① 이음위치는 엇갈림으로 하고, 반자대맞이 위치를 피하여 엇빗이음, 못박기
② 벽옆의 반자대맞이는 기둥·샛기둥 또는 나무벽돌심에서 맞댄이음
B. 반턱이음, 또는 맞대고 양면 덧판대고 못박기</td><td>맞대고 빗
못박기</td></tr>
<tr><td>대기</td><td>① 섬유판·합판·석고판·모조시멘트판·석면시멘트판 등의 반자대는 밑면을 갖추어 반턱따서 격자로 짜고(格子組) 못치기
② 바름반자·치받이널반자 등의 반자대는 한 방향으로 배치하여 반자대맞이 밑면에 대고 못박기
③ 반자대는 콘크리트조, 벽돌조 등의 벽옆에는 간격 600 ㎜ 내외로 묻은 나무벽돌에 대고 못박기</td><td>B와 같다</td></tr>
<tr><td rowspan="2">널반자
대</td><td>이음</td><td>이음위치는 엇갈림으로 하고, 반자대 이음위치를 피하여 받이재심에서 맞댄이음</td><td>B와 같다</td></tr>
<tr><td>대기</td><td>밑면을 갖추어 반자대에 따넣기 또는 반자대 밑면에 대고 못박기.
덧댈 때에는 반자대 밑면에 반자대와 같은 두께의 끼움쪽을 널반자대 사이에 끼우고 못박기</td><td>B와 같다</td></tr>
<tr><td rowspan="2">달대</td><td>간격</td><td>900 ㎜ 내외</td><td>B와 같다</td></tr>
<tr><td>대기</td><td>하부는 반자대맞이 또는 반자대에 반주먹장으로 따서 끼우고 못박기.
상부는 달대맞이에 옆대고 못 2개 박기</td><td>B와 같다</td></tr>
<tr><td rowspan="2">달대
맞이</td><td>간격</td><td>900 ㎜ 내외</td><td>B와 같다</td></tr>
<tr><td>대기</td><td>① (지붕보 기타와의 접합) 받이재 윗면에 엇갈림으로 배치하고, 물림 따내기를 하여 걸쳐대고 엇꺾쇠 또는 못박기
② (층보와의 접합) 층보 옆면에 맞이목을 대고, 받이재맞이 따내어 걸치고, 꺾쇠 또는 못박기
③ (철골보 또는 철골지붕틀과의 접합) 달대맞이를 철골 윗면에 파넣고, 필요에 따라 끼움목을 걸쳐대거나 또는 물림자리를 따내어 걸쳐대고 철사로 걸어맨다.</td><td>B와 같다</td></tr>
<tr><td rowspan="2">천장달
대
맞이</td><td>이음</td><td>(콘크리트판에 붙여댈 때) 묻음 볼트 위치를 피하고 반턱이음, 못 2개 박기</td><td>B와 같다</td></tr>
<tr><td>맞춤</td><td>(콘크리트판과의 접합) 콘크리트판에 붙여대고 양끝과 이음옆을 누르고 중간 1.2 m 이내로 배치한 지름 9 ㎜ 이상의 묻음 볼트 조이기</td><td>B와 같다</td></tr>
<tr><td rowspan="2">처마
반자대</td><td>간격</td><td>① (바탕널을 길게 장다지로 댈 때) 서까래 간격과 같이 배치한다.
② (바탕널을 잘라댈 때) 도면에 따른다.</td><td>B와 같다</td></tr>
<tr><td>이음</td><td>(바탕널을 잘라댈 때) 이음은 반자틀 이음 항의 C종 공법에 따른다.
기둥·샛기둥에 옆대는 반자대는 기둥심에서 맞댄이음</td><td>B와 같다</td></tr>
</table>

3.5 커튼박스 및 커튼레일 설치

3.5.1 커튼박스 설치

(1) 커튼박스는 시공 후에 뒤틀림 등의 변형이 생기지 않아야 한다.

(2) 커튼박스가 목재일 경우, 표면 대패질마감은 경사진 광선을 비추어 거스러미 및 대패자국이 전혀 없어야 하고, 뒤틀림, 휨 및 욱음이 극히 미소하여 기준대를 맞대어보아 틈이 보이지 않아야 한다.

3.5.2 커튼레일 설치

(1) 레일의 부착은 반드시 아연도나사못, 스테인리스 나사못 등 녹이 슬지 않는 나사못을 사용하되 나사못길이의 1/3 이상을 드라이버로 돌려 박는다.

커튼박스 시공 (1) | 커튼박스 시공 (2) | 커튼박스 및 주변 천장 마감 도장

[사진 3.5-1] 커튼박스 설치 사례

3.6 반자돌림 및 재료분리대, 걸레받이 부착

3.6.1 준비

(1) 걸레받이의 시공 전에 바닥재 등 필요한 마감공사가 완료되어야 한다.

(2) 반자돌림, 재료분리대, 걸레받이, 문선 등이 부착되는 부위는 돌출물, 요철 등이 없이 평탄하게 마감하여 반자돌림 등의 부착에 지장이 없어야 한다.

3.6.2 설치

(1) 반자돌림, 재료분리대 및 걸레받이의 이음은 이음부분이 틈이 생기지 않도록 미려하게 시공한다. 특히, 꺾임부위에서는 도면 및 시방에 별도의 언급이 없는 한 45° 연귀맞춤으로 한다.

(2) 합성수지제의 반자돌림, 재료분리대 및 걸레받이의 부착은 접착제를 바탕면과 부착재료에 전면 도포하여 밀착시켜 시공한다. 수급인재의 규격상 보강철물이 필요한 경우 녹이 슬지 않는 제품을 사용하여 견고하게 시공한다.

(3) 반자돌림과 재료분리대의 이음부위는 한면에 순간 접착제를, 또 다른 한면에는 촉진제를 도포하여 압착시키고 실모퉁이의 직각으로 만나는 부위는 길이 18 ㎜의 무두실타카핀으로 반자돌림은 4회, 걸레받이는 6회 정도 박아준다.

(4) 구석진 부위에 합성수지제 걸레받이를 붙일 때는 걸레받이의 꺾여지는 부위의 뒷면을 두께의 2/3 정도 컷팅하여 접어서 벽면에 밀착시킨다.

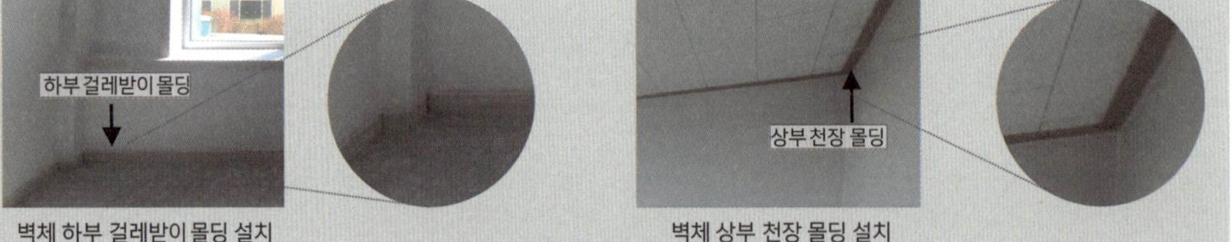

벽체 하부 걸레받이 몰딩 설치 | 벽체 상부 천장 몰딩 설치

[사진 3.6.2-1] 걸레받이, 천장 몰딩 설치 사례

3.7 문선설치

(1) 모서리의 맞춤부위는 별도의 언급이 없는 한 45°연귀맞춤으로 하여 빈틈이 없도록 미려하게 시공한다.

(2) 용착제를 전면에 고르게 도포하여 들뜬 부위가 없게 밀착시켜 부착하고 숨은 못치기를 한다.

3.8 BMC 마루귀틀 및 BMC 재료분리대

3.8.1 BMC 마루귀틀 설치

(1) 부착부위를 실측하여 마루귀틀을 절단한다.

(2) L자 철물을 사용하여 마루귀틀과 바닥면을 고정시킨다.

(3) 마루귀틀 설치 후 곧바로 모르타르로 마루귀틀 공간을 사춤한다.(모르타르가 완전히 양생될 때 까지 밟거나 충격을 주지 말것)

(4) 준공 청소시 보호테이프를 제거하고 테이프에 의한 오염은 유기용제를 사용하여 플라스틱 주걱과 헝겊을 이용하여 제거한다.

3.8.2 BMC 재료분리대 설치

(1) 부착부위를 실측하여 재료분리대를 절단한다.

(2) 수평조절용 받침대(THK9)를 사용하여 시멘트 모르타르로 바닥면에 고정시킨다.
(시멘트 모르타르가 완전히 양생될 때까지 밟거나 충격을 주지 말 것)

(3) 재료분리대를 중심으로 타일나누기를 한 후 타일을 시공한다.

(4) 시공완료 후 시공부위의 오염물을 제거하고 하드롱지 등으로 보양하며 양생 완료시 까지 보행을 금지한다.

3.9 입체성형 인조대리석 마루귀틀 및 입체성형 인조대리석 재료분리대

(1) 부착부위를 실측하여 마루귀틀 및 재료분리대를 절단한다.

(2) 수평조절용 받침대(THK9)를 사용하여 시멘트 모르타르로 바닥면에 고정시킨다.(시멘트 모르타르가 완전히 양생될 때까지 밟거나 충격을 주지 말 것)

(3) 준공 청소시 보호 테이프를 제거하고 테이프에 의한 오염을 제거한다.

3.10 엔지니어스톤 마루귀틀 및 엔지니어스톤 걸레받이

(1) 부착부위를 실측하여 마루귀틀 및 걸레받이를 절단한다.

(2) 시공완료 후 시공부위의 오염물을 제거하고 하드롱지 등으로 보양하며 양생 완료시 까지 보행을 금지한다.

3.11 청소

(1) 반자돌림, 재료 분리대 및 걸레받이를 설치한 후 표면에 오염된 용착제를 제거하고 깨끗이 청소한다.

3.12 안전시공

[표 3.12-1] 목공사 안전시공사례

작업내용	위험포인트	안전관리대책
목재가공용 둥근톱 작업	· 손가락 절단	· 톱날 덮개 설치 및 장갑 착용 금지
	· 반발에 의한 재해	· 기계의 동력을 차단하고 점검을 실시(반발 예방장치 확인)
	· 누전으로 인한 감전	· 분전반에서 누전차단기를 거쳐 사용
	· 정리정돈미흡으로 인한 화재 및 전도	· 작업 후 정리정돈실시 및 소화기 비치
연삭기 작업	· 숫돌 파편 비산	· 덮개 설치, 연삭숫돌 측면 사용 금지, 숫돌정면 150도 비켜 작업, 칩 비산 방지판 설치, 보안경 착용
	· 톱날에 신체 손상	· 덮개 설치
	· 사용 중 감전	· 누전차단기 사용, 접지 실시
	· 분진에 의한 건강 장해	· 방진마스크 착용
공기압축기 작업	· 개인보호구 미착용으로 작업중 재해	· 개인보호구 착용 후 작업
	· 압력이 과하게 높아지면서 폭발	· 압력조절밸브 수시점검, 정상압력여부 확인
	· 벨트 회전부에 덮개 미 설치로 인한 협착	· 벨트 부분에 덮개 설치하여 협착 등 위험 방지
	· 공기압축기를 사용한 작업 중 작업대 전도	· 작업대는 평탄한 장소에 설치
이동식 발전기 작업	· 충전부 보호커버 미설치로 작업 중 충전부에 감전	· 발전기 충전부에 보호커버 설치하여 충전부 보호조치
	· 가설 분전함과 누전 차단기 등을 미설치하여 사용 중 감전	· 별도 분전반 사용, 발전기 외함에 접지 실시
	· 근로자가 임의 조작 중 감전	· 전기담당자를 지정하여 관리
	· 발전기에 우수 침투로 인한 누전	· 발전기를 옥외에 설치하여 덮개 등 우수침투 방지조치 실시

- 출처 : 위험기계기구 작업 안전1(2008, 한국산업안전보건공단, 오지환 외)

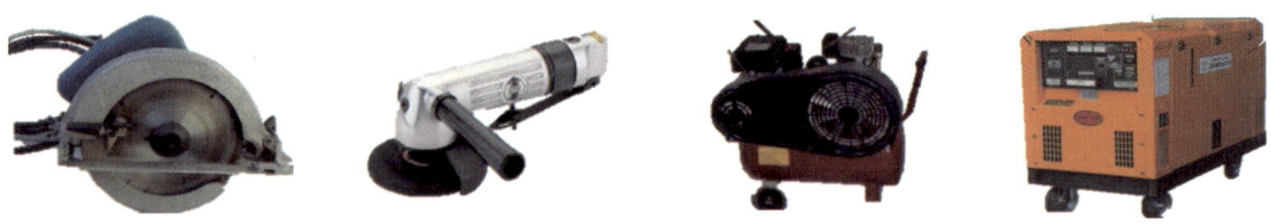

목재가공용 둥근톱 작업 / 연삭기 작업 / 공기압축기 작업 / 이동식 발전기 작업

[사진 3.12-1] 목공사 작업 도구 예시

3.12.1 작업자의 안전

(1) 목공의 개인안전 보호구 착용

(2) Tool Box Meeting 교육

(3) 목재가공 도구의 종류별 안전수칙 교육

- 출처 : NCS(국가직무능력표준)을 적용한 건축시공(2017, 정용식 외)

3.12.2 안전시설물 설치

(1) 제작, 가공시 안전 필요 장치를 설치한다.

(2) 목재 가공 및 설치 시 부위별 안전시설물을 설치기준에 맞게 배치한다.

(3) 시공계획서와 실제구조물의 현장상황에 차이가 발생할 때는 별도의 안전시설물을 설치한다.

(4) 벽, 바닥, 천장 설치 시 안전시설물을 구분하여 설치한다.

CHAPTER 6

02

SBCS 41 90 33 10
경골 목조공사

1 일반사항

1.1 적용범위

(1) 이 기준은 구조내력 상 주요한 부분에 침엽수 구조용 목재 중에서 규격재가 사용되는 경골목조공사에 적용한다.

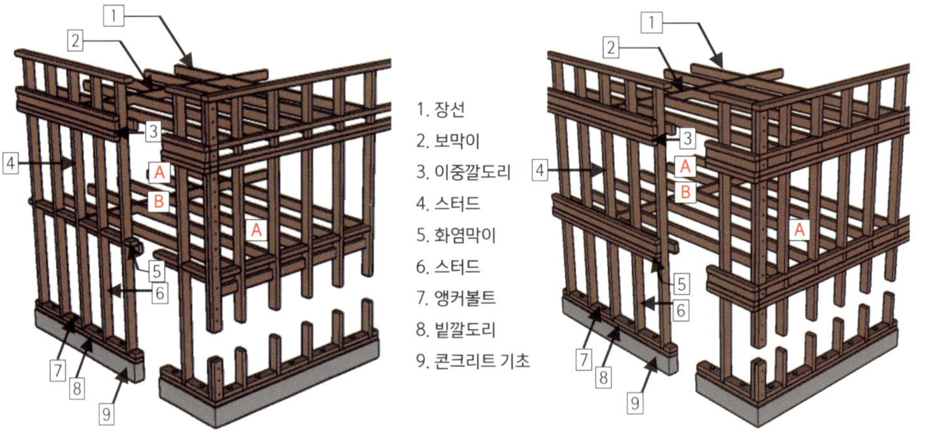

[그림 1.1-1] 경골목조주택의 기본구조

- 출처 : 목조건축 시공기준(2011, 국립산림과학원, 박문재 외)

▲ CHECK 01

발룬구조

• 바닥에는 장선, 벽에는 스터드, 지붕은 서까래 사용. 기초에서 지붕까지 연속된 장선사용, 시공 시 불편하고 샛기둥 사이의 긴 빈공간은 화재 시 연소로 역할을 하여 화재에 취약하다.

플랫폼구조

• 1층 바닥 시공 후 내력벽을 설치하고 다시 이 위에 2층 바닥을 시공하며 짧은 스터드를 사용하므로 시공이 편리하고, 2층 바닥은 화염막이의 역할을 하여 화재에 강하다.

1.2 경골목조공사 일반

(1) 경골목조공사에 사용하는 재료는 한국산업표준에서 정한 성능에 준하는 것으로 하며 한국산업표준 제품이 없는 경우에는 한국산업표준과 동등 이상의 품질을 갖는 것으로 한다.

(2) 재료의 품질이 명시되지 아니한 경우는 다른 대체 재료와 동등하다고 인정된 품질의 것을 공사감리자의 확인을 받아 사용할 수 있다.

[사진 1.2-1] 경골목조주택에 사용되는 자재

- 출처 : 목조건축 시공기준(2011, 국립산림과학원, 박문재 외)

CHECK 02 ▶

Oriented Strand Board(OSB)

• 섬유 방향으로 가늘고 긴 절삭편에 액체 접착제를 첨가하여 배향시킨 층을 서로 직교하여 열압 성형한 보드

• 내·외부 목공사에서 마감 전 시공되는 자재로 천장, 내·외벽의 단열재 시공 후 OSB를 부착한다. 그리고 내벽 OSB는 구조체를 보강하는 것으로 부착해야 한다.

1.3 참고 기준

(1) 경골목조공사의 참고기준은 *KCS 41 33 03 (1.3)* 에 따르며, 추가사항은 다음과 같다.
① SBCS 41 90 20 소규모 지반공사
② SBCS 41 90 33 05 수장 목공사

1.4 용어의 정의

(1) 경골목조공사의 용어의 정의는 *KCS 41 33 01 (1.4)* 및 KS F 1552에 따른다.

1.5 제출물

1.5.1 일반사항

(1) 수급인은 다음과 같은 부분에 대한 시공도를 작성 · 제출하여 공사감리자의 확인을 받은 후에 시공하여야 한다.
① 기둥, 보, 스터드, 장선 및 서까래 배치도
② 건축물에서 목재의 수축으로 인한 침하가 예상되는 부위
③ 설계도서가 필요한 부위
④ 복잡한 구조를 갖는 부위
(2) 수급인은 상기 (1)의 시공도를 포함하여 사전에 설계도서를 철저히 검토하고 필요한 부분에 대해서는 시공계획서를 작성한 후 공사감리자의 확인을 받는다.

1.6 품질보증

1.6.1 저장(보관)시 주의사항

(1) 오염, 손상, 변색, 썩음을 방지할 수 있도록 저장한다.
(2) 습기가 차지 않도록 저장한다.
(3) 종류, 규격, 용도별로 구별하여 저장한다.
(4) 흙, 먼지, 시멘트 가루가 묻지 않도록 저장한다.
(5) 직접 땅에 닿지 않게 저장한다.
(6) 건조가 잘 되게 저장한다.

1.6.2 품질검사 항목

(1) 외관검사 (2) 함수율 (3) 목재의 흠 (4) 비중 (5) 수축률

- 출처 : 스마트 건축시공(2021, 김창훈 외)

2 자재

2.1 목재(규격재)

2.1.1 규격재의 품질

(1) 구조내력상 주요한 부분에 이용하는 규격재의 품질은 구조부재의 종류에 따라 *[표 2.1.1-1]* 에 따른다.

[표 2.1.1-1] 경골목조의 구조부재 품질

구조부재의 종류		규격
(1)	토대, 바닥장선, 끝막이장선, 옆장선, 인방, 천장 장선, 서까래 및 마루대	KS F 3020에 의한 1종 구조재(규격재)의 1등급 또는 2등급 국립산림과학원 고시에 의한 1종 구조재의 1등급 또는 2등급 KS F 3021에 의한 구조용 집성재 구조용 단판적층재(LVL) 기계에 의한 휨응력 등급구분을 하는 규격재의 KS F 3020에 의한 기계등급 규격재(MSR)제재목
(2)	벽 상인방	(1)에 의한 규격재 및 동 3등급
(3)	스터드	(1)에 의한 규격재
(4)	위/밑 깔도리	(1)에 의한 규격재 및 동 3등급
(5)	가새	(1)에 의한 규격재 KS D 3503의 SS275과 동등 이상의 품질을 가지며 두께 1mm 이상 및 너비 40mm 미만으로서 못을 박을 수 있는 구멍이 일정한 간격으로 뚫린 띠쇠

2.1.2 단면치수

(1) 규격재 및 집성재의 치수 형식 및 치수는 KS F 3020, ***국립산림과학원 고시*** 및 KS F 3021에 적합한 것으로 한다.

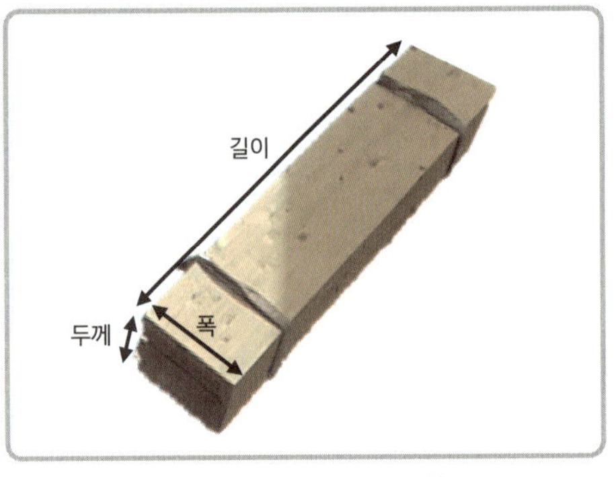

[사진 2.1.2-1] 규격재의 치수

[표 2.1.2-1] 침엽수 구조재의 수종구분

수종군	수종
낙엽송류	· 낙엽송, 더글라스퍼, 북미 낙엽송, 북양 낙엽송
소나무류	· 소나무, 편백나무, 리기다소나무, 북미 솔송나무, 북미 전나무
잣나무류	· 잣나무, 가문비나무, 북미 가문비나무, 북양 가문비나무, 북양적송 라디에타 소나무, 북미 S-P-F
삼나무류	· 삼나무, 전나무, 북미 삼나무

* 상기 수종 이외의 수종은 당해 수정의 허용응력이 각 수종군에 따른 기준허용응력에 상응한다는 사실이 입증된 경우 구조용제재로 사용할 수 있다.

- 출처 : 목조건축 시공기준(2011, 국립산림과학원, 박문재 외)

2.2 구조용 판재

(1) 구조내력상 주요한 부분에 사용하는 구조용 판재(바닥덮개, 벽덮개 및 지붕덮개)의 품질은 구조부재 및 재료의 종류에 따라 *[표 2.2-1]*에 따르며 재료의 종류, 등급, 두께 등은 설계도서에 따른다.

[표 2.2-1] 구조용 판재

종류	재료의 종류	규격
벽	구조용 합판	KS F 3113의 1등급 이상
	오에스비(OSB)	KCS 41 33 01에 따른다.
	석고보드	KS F 3504(단, 옥외에 접하는 부분 및 상시 습윤의 상태가 될 우려가 있는 부분에는 이용할 수 없다).
바닥 및 지붕	구조용 합판	KS F 3113의 2등급 이상
	오에스비(OSB)	KCS 41 33 01에 따른다.

[표 2.2-2] 목재의 용도에 따른 요구조건

구조용 목재의 요구조건	수장용(치장재)의 요구조건
· 강도가 크고, 직대재(直大材)를 얻을 수 있을 것 · 건조변형 수축성이 적을 것 · 산출량이 많고 , 구입이 용이할 것 · 잘 썩지 않고, 충해에 대한 저항이 클 것 · 질이 좋고 공작이 용이할 것	· 결, 무늬, 빛깔 등이 아름다울 것 · 건조가 잘된 것일 것 · 변형(수축, 굽음, 비틀림)이 없을 것 · 재질감이 우수할 것

- 출처 : 스마트 건축시공(2021, 김창훈 외)

2.3 못

(1) 경골목조건축에 사용되는 못은 KS F 4537에 적합한 목조건축용 철못(BXN), 일반 철못(CMN 또는 BXN), KS F 3514에 적합한 석고판용 못(GNF 또는 GNSF) 또는 KS D 7052에 적합한 스테인리스강 못(SFN)으로 한다.

(2) 못박기는 끝면못박기, 경사못박기, 표면못박기로 하고 끝면못박기에는 CMN90 또는 BXN90을, 경사못박기에는 CMN75 또는 BXN75를, 표면못박기에는 재료의 두께가 40㎜를 초과하는 경우에는 CMN90 또는 BXN90, 그 이하인 경우에는 CMN65 또는 BXN65를 사용한다.

(3) 각 접합부에 대한 못박기방법, 못의 치수 및 개수는 다음 *[표 2.3-1]* 에 의한다.

(4) GNSF40 또는 SFN45는 내력벽에 붙이는 석고보드에, CMN50 또는 BXN50은 내력벽에 붙이는 구조용 합판에 사용하며 내력벽에 석고보드를 붙이는 나사못은 KS B 1056에 적합한 것으로 한다.

(5) 못 또는 나사못의 길이는 별도의 설계도서가 없으면 고정시키는 판 두께의 2.5배 이상으로 하고 고정시키는 판 등이 쪼개지지 않도록 적절한 가장자리 비우기 및 둘레 비우기를 한다.

[표 2.3-1] 못박기 기준

접합부	못박기 기준[1]	
	못박기방법	못의 치수 및 개수[2]
장선과 토대 또는 큰보	경사못박기	CMN 또는 BXN65못 3개
보막이와 장선	경사못박기	각 끝 면에 CMN 또는 BXN65못 2개
밑깔도리와 장선 또는 보막이	표면못박기	중심간격 400㎜로 CMN 또는 BXN90못
윗깔도리와 스터드	끝면못박기	CMN 또는 BXNN90못 2개
스터드와 밑깔도리	경사못박기	CMN 또는 BXN65못 4개
	끝면못박기	CMN 또는 BXN90못 2개
이중 스터드	표면못박기	중심간격 600㎜로 CMN 또는 BXN90못
이중 깔도리	표면못박기	중심간격 400㎜로 CMN 또는 BXN90못
윗깔도리 이음부	표면못박기	CMN 또는 BXN90못 2개
헤더(2개의 부재 조립보)	표면못박기	중심간격 400㎜로 CMN 또는 BXN90못
천장 장선과 윗깔도리	경사못박기	CMN 또는 BXN65못 3개
헤더와 스터드	경사못박기	CMN 또는 BXN65못 4개
실내 칸막이벽 위에서 천장 장선의 겹침 부위	표면못박기	CMN 또는 BXN90못 3개
천장 장선과 서까래	표면못박기	CMN 또는 BXN90못 3개
서까래와 윗깔도리	경사못박기	CMN 또는 BXN65못 3개
모서리 스터드	표면못박기	중심간격 600㎜로 CMN 또는 BXN90못
조립보	표면못박기	상하단에서 중심간격 800㎜로 CMN 또는 BXN90못, 1개씩 끝 면과 각 연결부에서 CMN 또는 BXN90못 2개
두께 38mm 널판	표면못박기	각 지점 위에서 CMN 또는 BXN90못 2개 (데크의 경우에는 방청못)
바닥 밑판, 지붕덮개 및 벽덮개와 골조: 두께 15mm이하의 구조용 판재 두께 15~25mm이하의 구조용 판재 두께 28~31mm이하의 구조용 판재		CMN 또는 BXN50못 CMN 또는 BXN65못 CMN 또는 BXN75못
구조용 판재 외벽널(사이딩)과 골조: 두께 12mm이하의 구조용 판재 두께 15mm이하의 구조용 판재		CMN 또는 BXN50못 CMN 또는 BXN65못

주 1) SR = 못의 종류가 별도로 규정되지 않은 경우에는 KS F 4537에 적합한 적당한 크기의 못을 사용한다.
2) 표의 CMN 또는 BXN 못(보통못)은 같은 길이의 BXN 못(박스못)으로 대체할 수 있다.

[표 2.3-2] 못 접합부에 대한 최소 끝면거리, 연단거리 및 간격 (D = 못의 지름, ㎜)

구분	미리 구멍을 뚫지 않는 경우	미리 구멍을 뚫는 경우
끝면거리	20D	10D
연단거리	5D	5D
섬유에 평행한 방향으로 못의 간격	10D	10D
섬유에 직각방향으로 못의 간격	10D	5D

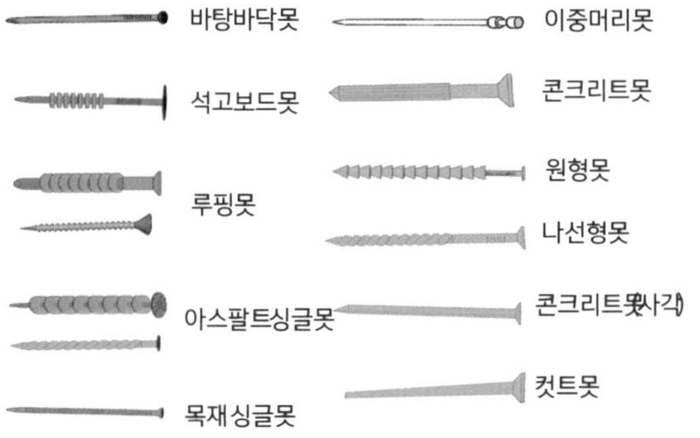

[그림 2.3-1] 경골 목조건축에 사용되는 못의 종류

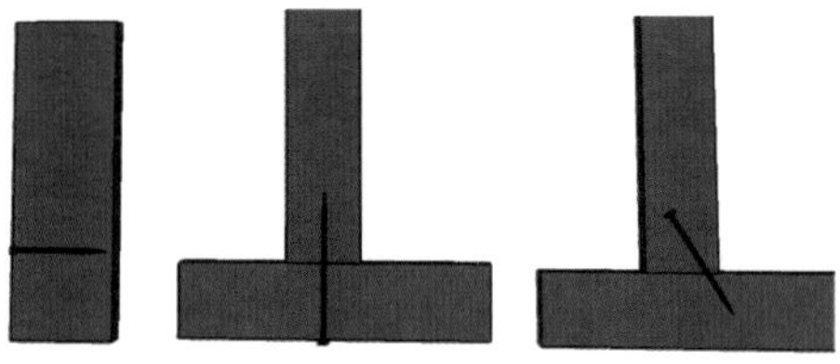

[그림 2.3-2] 못박기의 종류

2.4 접합철물 CHECK 03

(1) 접합철물은 *KCS 41 33 01*에 따르며 이와 동등 이상의 성능을 가진 것은 공사감리자의 확인을 받아 사용할 수 있다.

◀ CHECK 03

- 오랜 시간 동안 내구성을 발휘해야 하는 구조체에 방부처리 목재를 사용할 경우 스테인리스 스틸이나 실리콘 도장, 청동제 연결철물을 사용한다.

<출처> 건설기술지침 Rev.2 (2019, 대한건축학회, 대우건설)

[표 2.4-1] 꺽쇠

명칭		직경 또는 변	작용길이	갈구리 길이	비고
둥근꺽쇠	90㎜ 꺽쇠 및 엇꺽쇠	6	90	36	갈구리는 그 길이의 1/3 이상을 각추형으로 한다.
	100㎜ 꺽쇠 및 엇꺽쇠	6	100	45	
	120㎜ 꺽쇠 및 엇꺽쇠	9	120	45	
	150㎜ 꺽쇠 및 엇꺽쇠	9	150	45	
	180㎜ 꺽쇠 및 엇꺽쇠	12	180	50	
평꺽쇠	75㎜ 평꺽쇠	9 x 3	75	20	
	90㎜ 평꺽쇠	9 x 6	90	36	
	100㎜ 평꺽쇠	9 x 6	100	36	
	120㎜ 평꺽쇠	9 x 6	120	45	
주걱꺽쇠		주걱부 단면 30 x 3 40 x 3 꺽쇠부 단면 9 x 6	150 200	45 60	창문틀 기타용 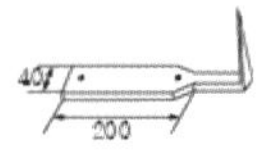

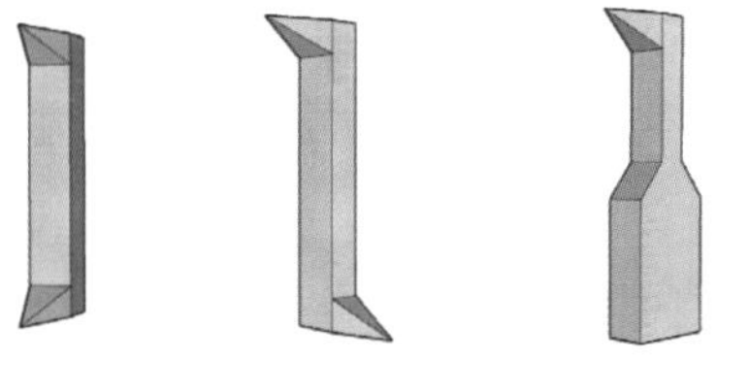

[그림 2.4-1] 꺽쇠 종류

- 출처 : 스마트 건축시공(2021, 김창훈 외)

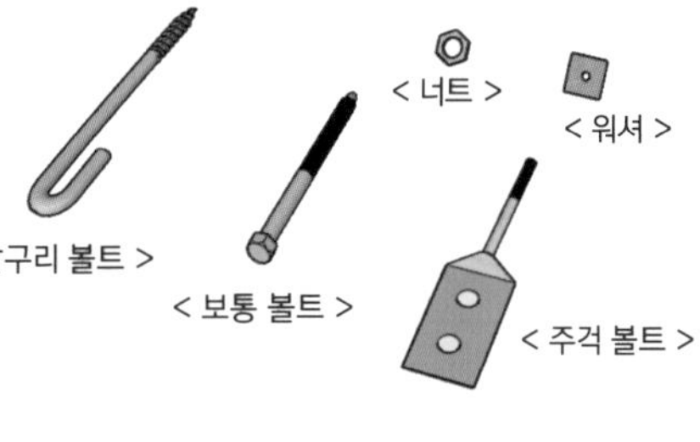

[그림 2.4-2] 볼트 종류

- 출처 : 건축시공의 이해(2020, 신상욱)

[표 2.4-2] 볼트 접합

볼트의 지름 (mm)	와셔의 크기(mm)			유효지압면적[1] (mm)
	두께	둥근 와셔의 지름	정사각형 와셔의 변의 길이	
6	1.6	30	25	200
8	2.0	36	32	350
10	2.5	45	40	570
12	3.0	55	50	750
16	4.0	65	57	1,330
20	5.0	75	65	1,960
24	6.0	90	80	2,830

주 1) 유효지압면적은 와셔의 굽음을 고려하였기 때문에 실제 면적보다 작다.

[표 2.4-3] 결합용 철물의 종류 CHECK 04

구분	결합 철물	시공방법
장선걸이		
기둥캡	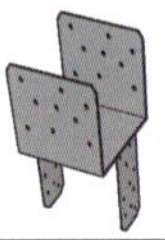	
토대고정철물		
띠쇠	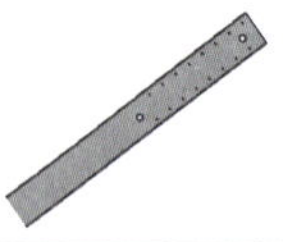	
골조고정철물		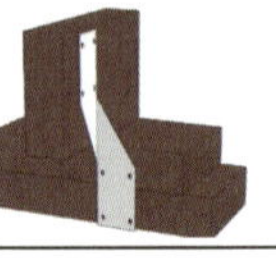
3중 골조고정철물		
토재·장선 결합철물	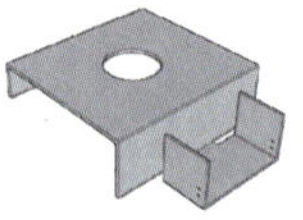	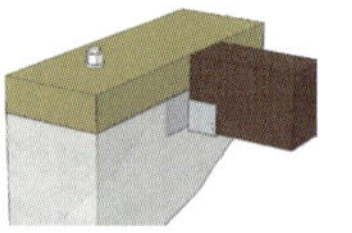

- 출처 : 목조건축 시공기준(2011, 국립산림과학원, 박문재 외)

▲ CHECK 04

- 목조주택에서 접합 철물은 구조부재와 덮개를 접합하여 하중을 전달하고 분배한다.
- 접합 철물은 주택의 구조설계와 전반적인 구조성능을 발휘하기 위하여 중요하다.

2.5 목재의 방부 및 방청처리

(1) 목재의 방부 및 방청처리는 *SBCS 41 90 33 05 (2.3)* 에 따른다.

2.6 목재의 난연처리

(1) 목재의 난연처리는 *SBCS 41 90 33 05 (2.4)* 에 따른다.

2.7 기타 재료 CHECK 05

(1) 목공사에 사용되는 단열재의 종류 및 규격은 설계도서에 따르며 그 성능은 KS L 9102에 적합한 펠트, 보온판 또는 저밀도 고두께 단열재로서 밀도가 9±1kg/m³이고 평균온도 25℃에서 열전도율이 0.046W/m·K 이하인 것을 사용하여야 한다.

(2) 기타 재료는 한국산업표준에 정한 것 또는 이와 동등 이상의 성능을 갖는 것으로 한다.

◀ CHECK 05

- 건축물의 각 부위는 『건축물의 에너지절약 설계기준, [별표1]』에 따른 열관류율을 만족할 수 있도록 단열 처리 되어야 한다.
- 적절한 열관류율을 달성하기 위하여 목재의 두께를 증가시키거나 또는 구조체 내부의 빈 공간에 단열재를 충전하여야 한다.

2.8 자재의 검사

2.8.1 현장 검사

(1) 경골목조건축용 구조용 목재, 구조용 집성재 및 목질 판재 등은 제조업체에서 발급한 성적 증명서 또는 목재 표면에 찍힌 등급인을 통하여 품질을 확인한다.

(2) 그 밖의 경골목조공사의 현장 검사에 대한 일반적인 사항은 *SBCS 41 90 33 05 (2.14)* 에 따른다.

2.8.2 품질 검사 및 시험

(1) 경골목조공사의 품질 검사 및 시험에 대한 일반적인 사항은 *SBCS 41 90 33 05 (2.14)* 에 따른다.

3 시공

① 먹매김 » ② 기초 위 토대 고정 » ③ 기둥 설치 » ④ 도리와 보 맞춤

⑤ 가새, 귀잡이, 버팀대 설치 CHECK 06 » ⑥ 지붕틀 설치 » ⑦ 지붕 잇기 » ⑧ 수장 목공사 CHECK 07

[그림 3-1] 목구조물 시공 순서

▲ CHECK 06

보강부재

- 가새 : 횡력에 저항하기 위해 대각선 방향으로 설치하는 경사부재
- 버팀대 : 수직재와 수평재의 모서리에 45도 경사로 설치하는 보강재
- 귀잡이 : 수평재가 서로 만나는 귀부분에 수평으로 댄 버팀대

▲ CHECK 07

- 수장 목공사에 대한 시방서는 *SBCS 41 90 33 05* 수장 목공사를 참조한다.

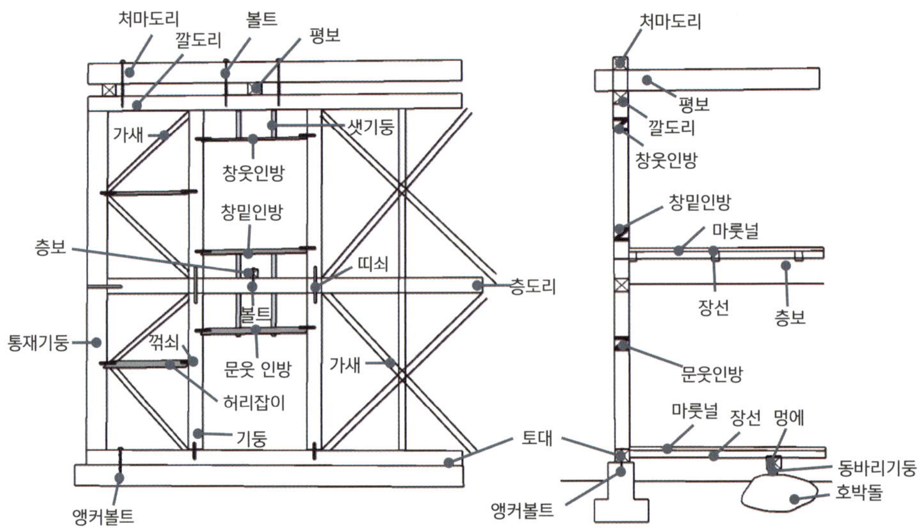

< 입면도 > < 단면도 >

[그림 3-2] 벽체의 뼈대 설치 및 사례

- 출처 : NCS(국가직무능력표준)을 적용한 건축시공(2017, 정용식 외)

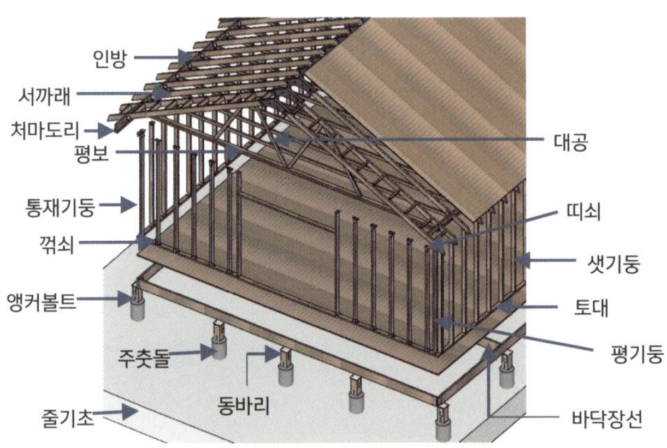

[그림 3-3] 부위별 공사

- 출처 : 건축시공의 이해(2020, 신상욱)

3.1 기초

(1) 경골목조의 기초에 관한 일반사항은 *SBCS 41 90 20* 에 따르며 기초에 대한 세부사항은 *KDS 41 33 07(1.2)* 에 따른다.

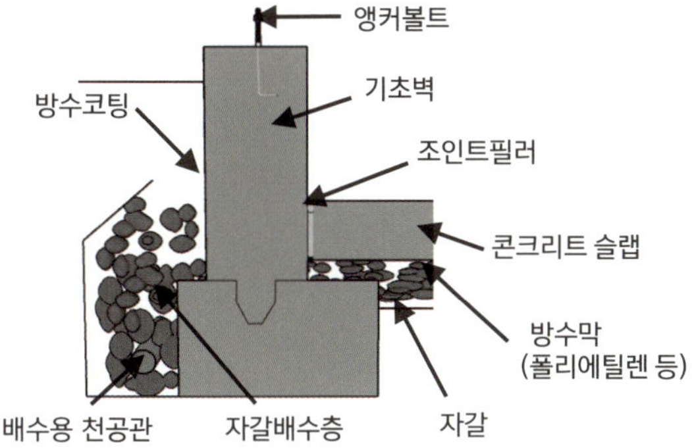

a) 기초와 지정 및 기초 주변의 모식도

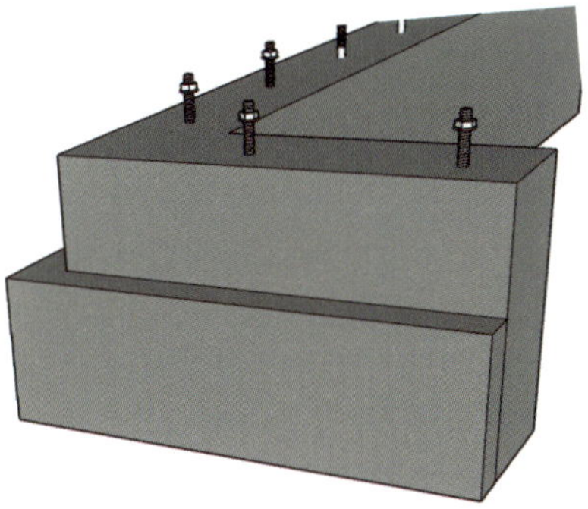

b) 콘크리트 기초가 시공된 모습

[그림 3.1-1] 기초벽의 모식도와 실제 시공된 모습 CHECK 08

- 출처 : 목조건축 시공기준(2011, 국립산림과학원, 박문재 외)

◀ CHECK 08

- 1층 내력벽 또는 전단벽의 아래에는 그림과 같이 동결선 아래의 깊이까지 설치하고 기초의 윗면은 수평을 유지하여야 한다.
- 보통 기초벽은 주택의 바깥쪽 마감지면보다 최소 200㎜ 위로 올라오도록 하여야 한다.

3.2 토대

3.2.1 토대의 치수 및 형식 CHECK 09

(1) 토대에 사용하는 목재는 *[표 2.1.1-1]*에 적합한 것으로 한다.

(2) 토대에는 *KCS 41 33 01*에 규정하는 방부·방충 처리한 것 또는 KS F 3025에 적합한 가압식 방부 처리 목재를 사용한다.

◀ CHECK 09

토대에 사용되는 방부목 예시

- KS F 3025에 적합한 가압식 방부 처리

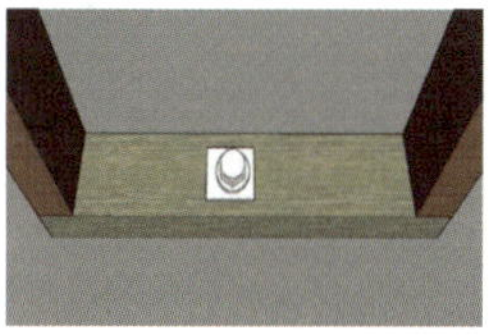

3.2.2 토대의 설치

(1) 1층의 모든 벽 아래쪽에 토대를 설치한다.

(2) 토대는 앵커볼트 또는 이와 유사한 강도를 갖는 강철 띠쇠 등의 철물을 사용하여 기초구조에 고정한다.

(3) 앵커볼트는 지름 12㎜ 이상, 길이 230㎜ 이상의 것으로서 끝 부분이 기초구조 내에 180mm 이상의 깊이로 묻히도록 설치한다. 고정볼트는 토대 끝면 또는 개구부로부터 150㎜ 이내에 고정하고, 토대 1개당 2개 이상의 고정볼트를 사용하며, 고정볼트 사이의 간격은 1.8m 이하로 한다.

(4) 기초구조로부터 토대로 수분이 전달되는 것을 방지하기 위하여 토대 밑면에 수분의 침투를 방지할 수 있는 방수지 또는 이와 동등 이상의 방수 성능을 갖는 재료를 덧대어야 한다.

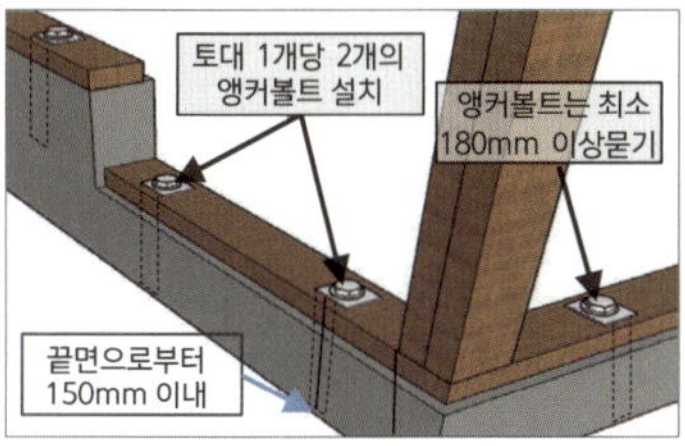

a) 토대설치 모석도

b) 토대가 설치된 모습

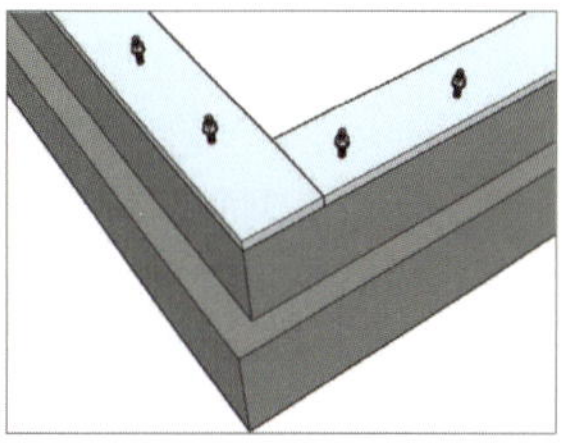

c) 공학목재로 토대가 사용되어 설치된 모습

[그림 3.2.2-1] 토대의 설치 CHECK 10

- 출처 : 목조건축 시공기준(2011, 국립산림과학원, 박문재 외)

◀ CHECK 10

- 토대의 설치는 끝부분이 기초구조 내에 180㎜ 이상의 깊이로 묻히도록 설치한다. 앵커볼트는 토대 끝면 또는 개구부로부터 150㎜ 이내에 고정하고, 토대 1개당 2개 이상의 앵커볼트를 사용하며, 앵커 볼트 사이의 간격은 1.8m 이하로 한다.

3.3 바닥

3.3.1 일반사항

(1) 목조건축물의 바닥구조는 건축물의 구조요소로서 하중을 전달하며 처짐과 과도한 진동을 억제하고 마감바닥을 위한 바닥면을 제공한다.

(2) 바닥면은 평평하여야 하며 바닥 마감재를 설치하기에 적합하여야 한다.

3.3.2 바닥구조의 구성

(1) 바닥은 바닥장선, 옆막이 장선, 끝막이(헤더) 장선, 그리고 개구부 주변의 개구부 헤더장선, 개구부 옆막이 장선 및 반장선으로 구성된다.

(2) 바닥장선은 설계도서에 따라 600㎜ 이하의 간격으로 배치하며 바닥장선의 양끝에는 바닥장선과 같은 단면의 부재로 끝막이(헤더) 장선을 설치한다.

(3) 바닥장선의 높이가 235㎜ 이상인 경우에는 바닥장선 사이에 2.4m 이하의 간격으로 바닥장선과 같은 치수의 부재로 보막이를 설치한다.

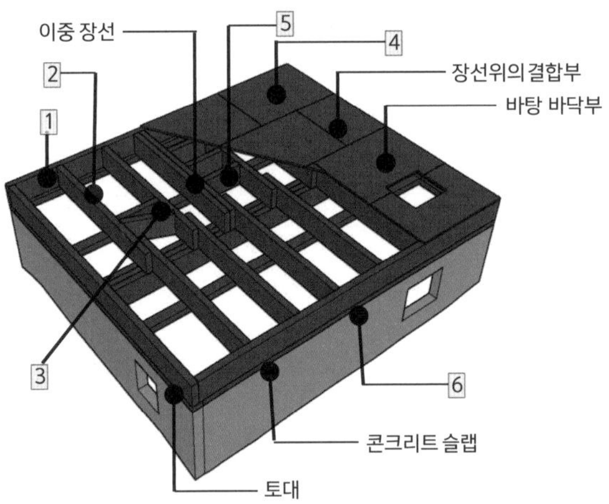

1. 바닥장선은 토대와 보에 경사 못박기 한다.
2. 장선 띠장은 바닥장선의 하단에 못박기 한다.
3. 장선가새는 장선에 못박기 한다.
4. 바닥 덮개는 바닥장선에 못 또는 나사못을 박으며, 접착제를 사용한다.
5. 끝막이 장선은 장선의 끝면에 끝면 못박기 한다.
6. 끝막이 장선과 옆막이 장선은 토대에 경사 못박기 한다.

[그림 3.3.2-1] 전형적인 바닥구조

- 출처 : 목조건축 시공기준(2011, 국립산림과학원, 박문재 외)

3.3.3 바닥장선

(1) 바닥장선은 KS F 3020의 2등급 또는 이와 동등 이상의 허용응력을 지닌 1종 구조재로서 너비 140㎜ 이상의 것을 사용하며 바닥장선 상호간의 간격은 설계도서에 명시된 바가 없는 경우에는 600㎜ 이하로 한다.

(2) 바닥의 골조부재 사이의 못박기는 *[표 2.3-1]* 에 따른다.

(3) 풍속이 40m/s 이상인 경우에는 바닥격막의 가장자리에 위치하는 3개 이상의 바닥장선 사이에 바닥장선과 같은 치수의 보막이를 1,200㎜ 이하의 간격으로 설치하여야 한다.

· 끝막이장선과 옆박이 장선 및 바닥장선으로 시공된 바닥골조

· 장선과 장선 사이의 보막이는 같은 치수의 것으로 한다.

[그림 3.3.3-1] 바닥장선의 설치(좌), 바닥장선 사이에 보막이 설치(우)

- 출처 : 목조건축 시공기준(2011, 국립산림과학원, 박문재 외)

3.3.4 옆막이장선 및 끝막이장선

(1) 끝막이장선과 옆막이장선, 옆막이장선과 바닥장선 사이에는 각각 3개의 CMN90 또는 BXN90 못을 끝면 못박기하여 고정한다.

(2) 끝막이장선을 바닥구조의 양 끝에 위치시키고 CMN75 또는 BXN75 못을 150㎜ 이하의 간격으로 하부의 토대, 보 또는 아래층 벽의 이중(윗) 깔도리에 경사못박기하여 고정한다.

(3) 토대 또는 헤더에 대한 못박기는 *[표 2.3-1]* 에 따른다.

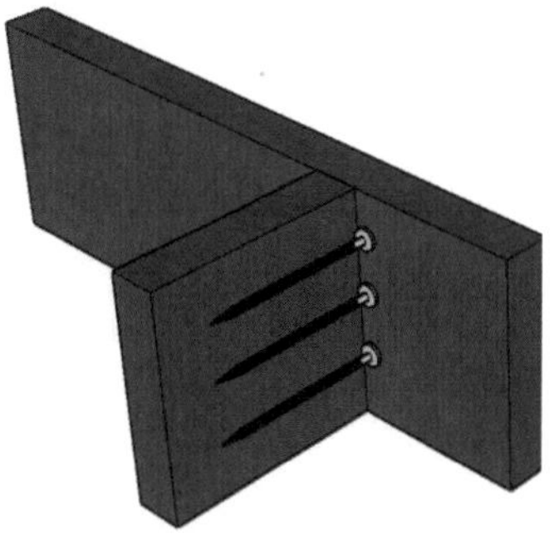

a) 3개의 못으로 끝면 못박기

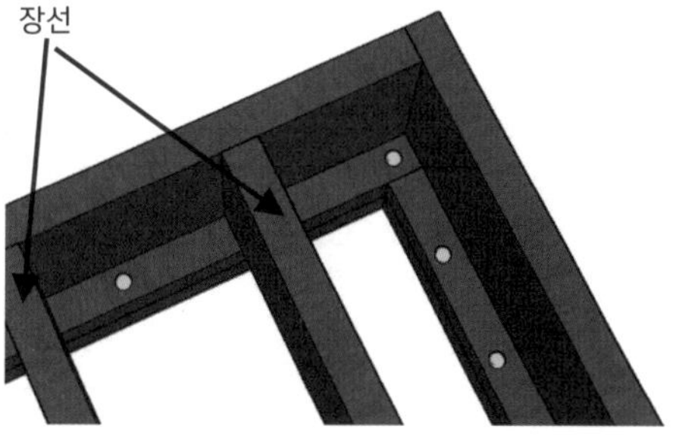

b) 옆막이/끝막이 장선은 바닥장선과 같은 치수

[그림 3.3.4-1] 옆막이 장선 및 끝막이 장선의 설치

- 출처 : 목조건축 시공기준(2011, 국립산림과학원, 박문재 외)

3.3.5 바닥 개구부

(1) 바닥에 설치하는 개구부는 이를 구성하는 바닥장선과 같은 치수를 갖는 부재를 사용하여 개구부 헤더장선, 개구부 옆막이장선 등을 설치하여 보강한다.

(2) 개구부 헤더장선의 길이가 1,200㎜를 초과하는 경우에는 개구부의 헤더장선 및 옆막이장선을 이중으로 설치하여야 하며 이중으로 설치되는 장선들은 하부에서 보 또는 내력벽에 의하여 지지되지 않는 한 이중장선의 너비에 적합한 안장쇠(행거)에 의하여 지지되어야 한다.

(3) 길이가 3,600㎜를 초과하는 반장선은 하부에서 보 또는 내력벽에 의하여 지지되지 않는 한 안장쇠 또는 50㎜×50㎜ 이상의 덧도리에 의하여 지지되어야 한다.

(4) 개구부 주변의 보강부재들 사이의 못박기는 *[표 2.3-1]* 에 따른다.

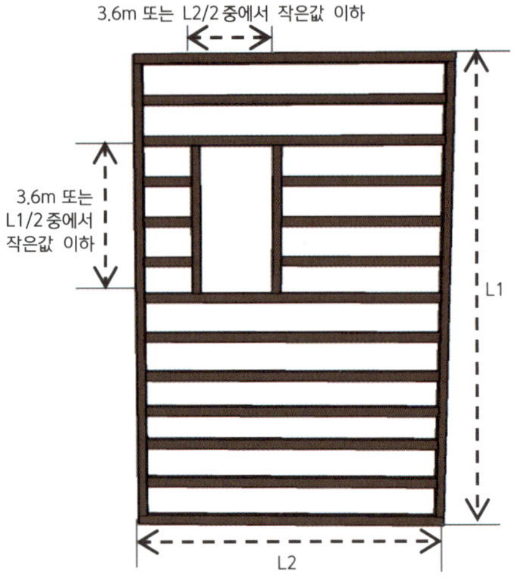

[그림 3.3.5-1] 바닥 개구부의 형상비

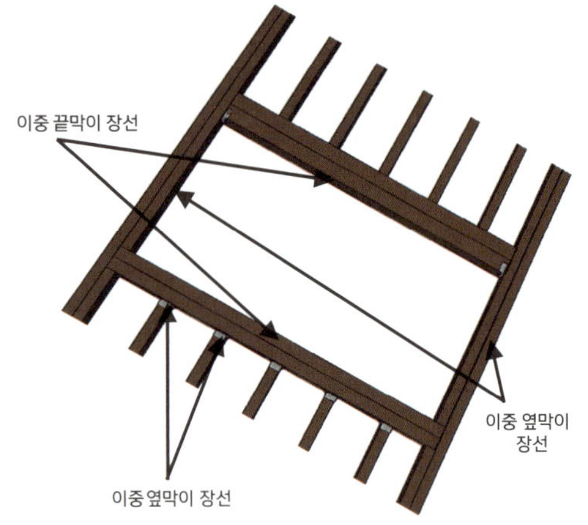

[그림 3.3.5-2] 바닥 개구부의 보강

- 출처 : 목조건축 시공기준(2011, 국립산림과학원, 박문재 외)

3.3.6 바닥구조의 보강

(1) 상부의 내력벽은 하부의 바닥장선에 의하여 직접 지지되어야 하며 내력벽이 바닥장선과 평행하거나 또는 1,500N 이상의 집중하중이 작용하는 경우에는 하부의 바닥장선을 이중으로 설치하고 상부의 비내력벽이 바닥장선 사이에 바닥장선과 평행하게 배치되는 경우에는 양 측면의 바닥장선 사이에 바닥장선과 같은 치수의 부재를 사용하여 보막이를 800㎜ 이하의 간격으로 설치하여 보강하여야 한다.

(2) 기타 바닥구조의 보강이 필요한 경우 설계도서에 따른다. 바닥 장선에 평행인 내력 내벽은 강도가 충분한 보나 벽체로 지지하여, 하중을 수직 지점에 전달하여야 한다. 벽체를 장선 바로 위에 설치하는 경우, 이중 장선으로 하는 것이 바람직하다. 바닥 장선에 직각인 내력 내벽은 지지하는 보나 내력벽으로부터 600㎜ 이내에 위치하여야 한다*(그림 3.3.6-1)*. 이 거리를 유지할 수 없는 경우, 구조계산이 필요하다. 장선에 직각인 비내력 내벽은 지지하는 보나 내력벽으로부터 900㎜ 이내에 위치하여야 한다*(그림 3.3.6-2)*.

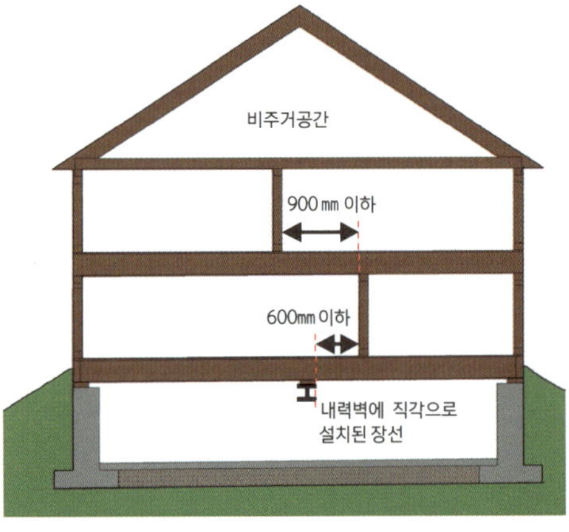

[그림 3.3.6-1] 내력 내벽의 지지

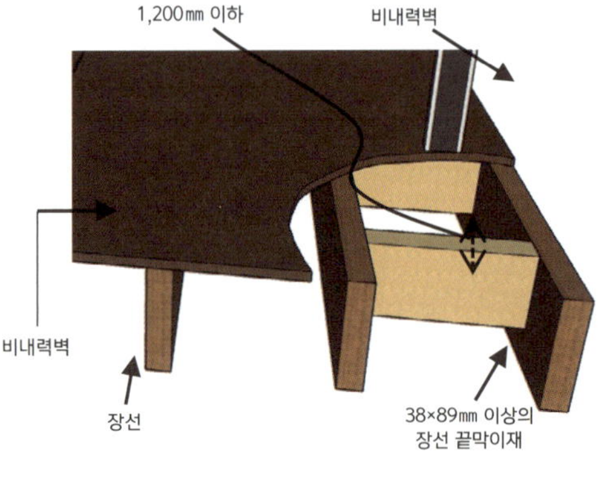

[그림 3.3.6-2] 비내력 내벽의 지지

- 출처 : 목조건축 시공기준(2011, 국립산림과학원, 박문재 외)

(3) 내민 바닥장선

① 내민 바닥장선의 경우 장선의 치수가 38㎜×140㎜일 때는 지점을 넘어서 400㎜까지, 장선의 치수가 38㎜×235㎜일 때는 지점을 넘어서 600㎜까지 내민구조로 할 수 있으며 그 사이의 치수에 대해서는 직선보간법에 의하여 내민길이를 계산한다.

② 벽이나 보를 지나서 돌출된 바닥장선의 끝 부분이 상부의 내력벽을 지지하는 경우에는 바닥장선의 돌출길이를 바닥 장선의 높이 이하로 제한하여야 하며 비내력벽을 지지하는 경우에는 돌출길이를 바닥장선 경간의 1/4 이하로 하여야 한다.

③ 구조계산에 의해 내력이 충분한 경우를 제외하고는 내민 바닥장선은 다른 층의 바닥하중을 지지하지 않아야 한다.

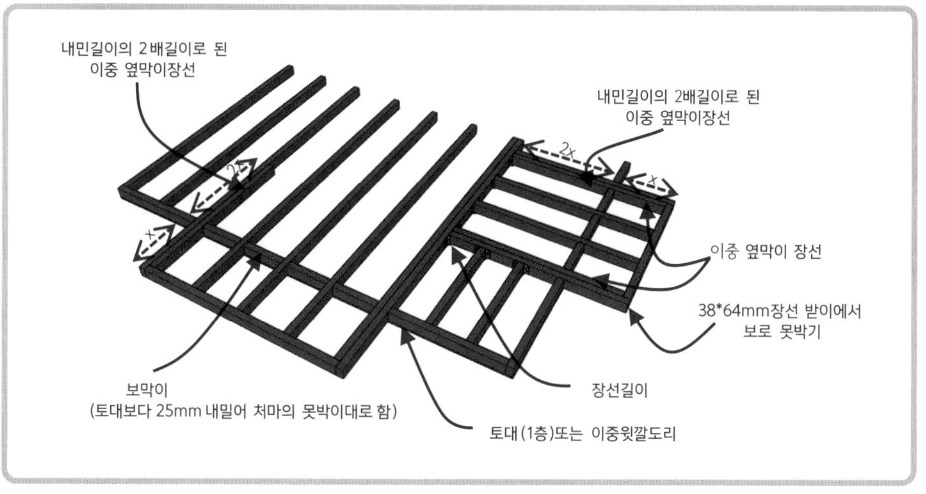

[그림 3.3.6-3] 내민 바닥장선

- 출처 : 목조건축 시공기준(2011, 국립산림과학원, 박문재 외)

3.3.7 바닥보

(1) 바닥장선은 바닥보의 상단에 설치하거나 보의 측면에 연결한다.

(2) 바닥장선을 바닥보의 상단에 설치하는 경우에는 지지점 위에서 38㎜ 이상의 지압길이가 필요하다.

(3) 바닥장선을 바닥보의 측면에 연결하는 경우에는 안장쇠(행거)와 같은 접합철물을 사용하여 설치한다.

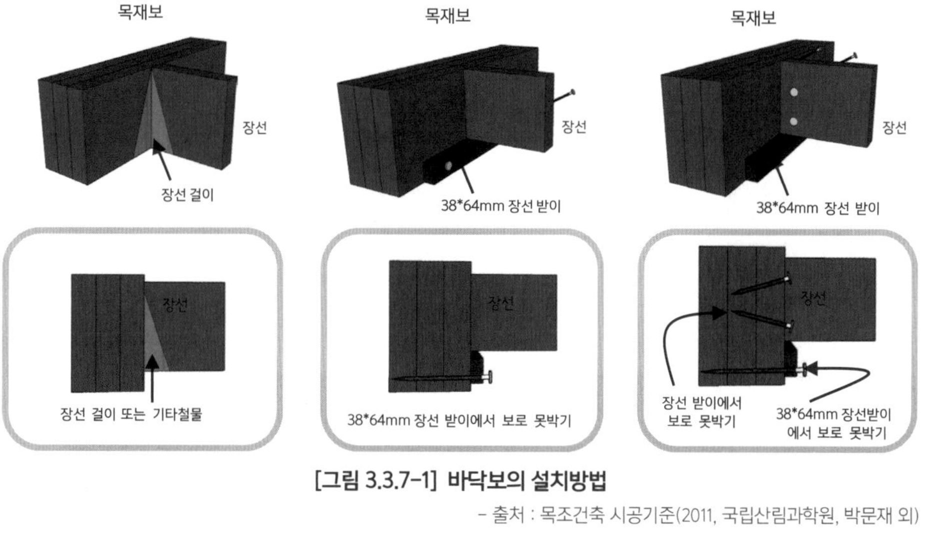

[그림 3.3.7-1] 바닥보의 설치방법

- 출처 : 목조건축 시공기준(2011, 국립산림과학원, 박문재 외)

3.3.8 바닥장선의 파냄 및 구멍뚫기

(1) 가능하면 바닥장선에는 파냄이나 구멍이 없어야 하지만 배선 또는 배관의 목적으로 바닥장선에 파냄 또는 구멍뚫기를 하는 경우에는 바닥구조의 안전 및 내구성에 지장이 없도록 하여야 한다.
(2) 바닥장선의 파냄이나 구멍뚫기는 인장측을 피하여야 하고 경간의 중앙 1/3 부분 내에 위치해서도 안 된다.
(3) 바닥장선의 파냄 깊이 및 길이는 각각 부재 춤의 1/6 이하 및 1/3 이하로 하여야 한다.
(4) 바닥장선의 구멍은 부재 춤의 중앙부에 뚫어야 하고 구멍의 지름은 부재 춤의 1/3 이하로 하여야 하며 구멍의 가장자리는 바닥장선의 윗면 또는 밑면으로부터 50㎜ 이상 떨어져 있어야 하고 구멍이나 파냄 사이의 상호 간격은 100㎜ 이상이 되어야 한다.
(5) 장선이나 보의 끝면에 지점에 걸치기 위한 파냄을 하는 경우에 그 깊이를 부재 춤의 1/4 이하로 하여야 하며 이외의 인장측 파냄은 허용되지 않는다.

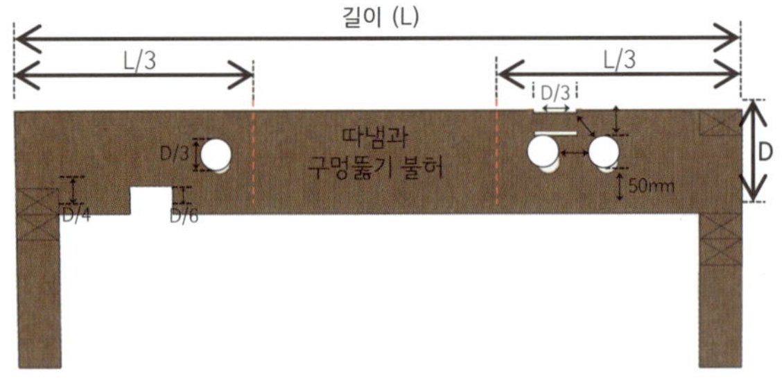

[그림 3.3.8-1] 따냄 및 구멍 뚫기

- 출처 : 목조건축 시공기준(2011, 국립산림과학원, 박문재 외)

CHECK 11 ▼
• 바닥덮개는 3개 이상의 바닥장선에 걸치게 하고 조인트부분이 연속되지 않도록 하며 구조용 합판은 표면 섬유 방향이 바닥장선방향과 직교하도록 설치하고, 구조용 판재는 긴 방향이 바닥장선방향과 직교하도록 설치한다.

3.3.9 바닥덮개 붙이기

(1) 바닥덮개용 판재의 품질은 *[표 2.1-1]* 에 따르며 두께는 18㎜ 이상으로 한다.
(2) 구조용 합판은 표면의 섬유방향이 바닥장선의 방향과 직교하도록 설치하고 오에스비(OSB)와 같은 구조용 판재는 긴 방향이 바닥장선의 방향과 직교하도록 설치한다.
(3) 바닥덮개는 판재와 판재의 이음 부분이 연속되지 않도록 하며 3개 이상의 바닥장선에 걸치도록 설치한다.
(4) 바닥덮개의 접합 부분에 제혀쪽매 가공이 된 경우를 제외하고 판재의 측면을 따라서 바닥장선 사이에 보막이를 설치하여 받침을 제공하여야 한다.
(5) 바닥덮개는 바닥장선과의 사이에 KS M 3702 및 KS M 3735에 적합한 내수 접착제 또는 이와 동등 이상의 접착제를 도포한 후 *[표 2.3-1]* 에 따라 못박기하여 고정한다.

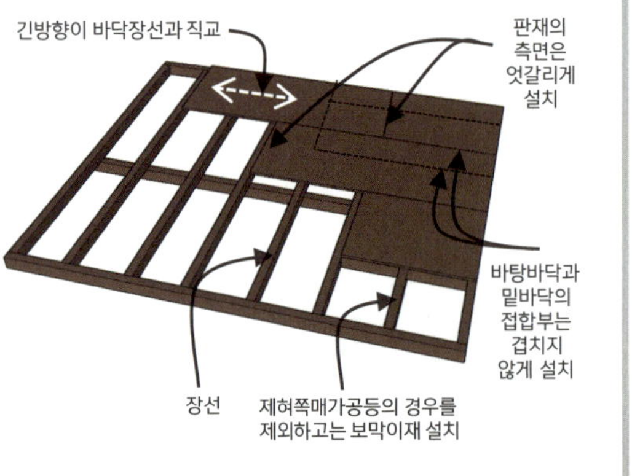

[그림 3.3.9-1] 바닥덮개의 배치 CHECK 11

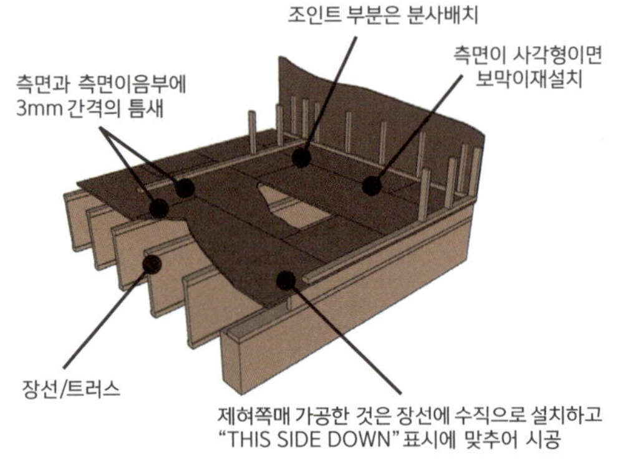

[그림 3.3.9-2] 바닥덮개의 설치

- 출처 : 목조건축 시공기준(2011, 국립산림과학원, 박문재 외)

3.4 벽체

3.4.1 일반사항

(1) 가능하면 바닥장선에는 파냄이나 구멍이 없어야 하지만 배선 또는 배관의 목적으로 바닥장선에 파냄 또는 구멍뚫기를 하는 경우에는 바닥구조의 안전 및 내구성에 지장이 없도록 하여야 한다.

(2) 바닥장선의 파냄이나 구멍뚫기는 인장측을 피하여야 하고 경간의 중앙 1/3 부분 내에 위치해서도 안 된다.

(3) 바닥장선의 파냄 깊이 및 길이는 각각 부재 춤의 1/6 이하 및 1/3 이하로 하여야 한다.

(4) 바닥장선의 구멍은 부재 춤의 중앙부에 뚫어야 하고 구멍의 지름은 부재 춤의 1/3 이하로 하여야 하며 구멍의 가장자리는 바닥장선의 윗면 또는 밑면으로부터 50㎜ 이상 떨어져 있어야 하고 구멍이나 파냄 사이의 상호 간격은 100㎜ 이상이 되어야 한다.

(5) 장선이나 보의 끝면에 지점에 걸치기 위한 파냄을 하는 경우에 그 깊이를 부재 춤의 1/4 이하로 하여야 하며 이외의 인장측 파냄은 허용되지 않는다.

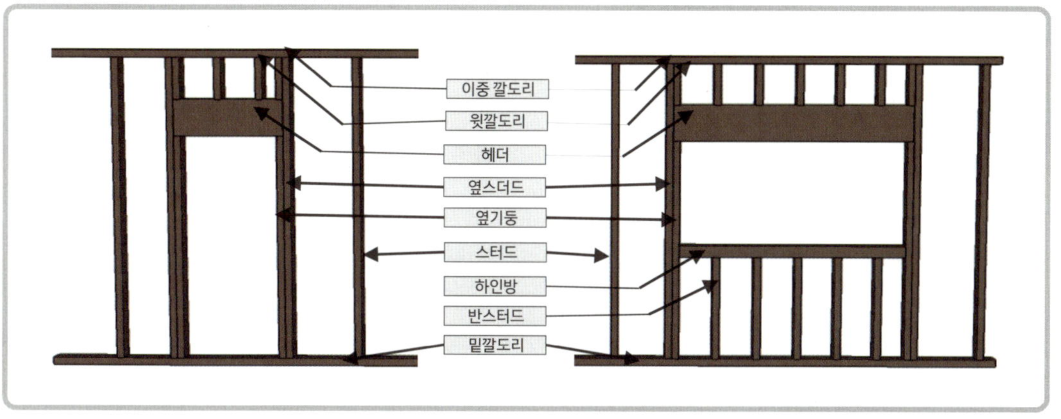

[그림 3.4.1-1] 벽체의 기본구조

- 출처 : 목조건축 시공기준(2011, 국립산림과학원, 박문재 외)

3.4.2 내력벽

(1) 내력벽의 밑깔도리, 윗깔도리, 스터드 및 헤더에는 KS F 3020의 2등급 또는 이와 동등 이상의 허용응력을 지닌 규격재를 사용한다.

(2) 스터드의 간격은 설계도서에 따르며 특별히 명시된 바가 없는 경우에는 600㎜ 이하로 한다.

(3) 1층 및 2층의 내력벽은 설계도서에 따르는 경우를 제외하고 원칙적으로 같은 내력벽선 상에 설치한다.

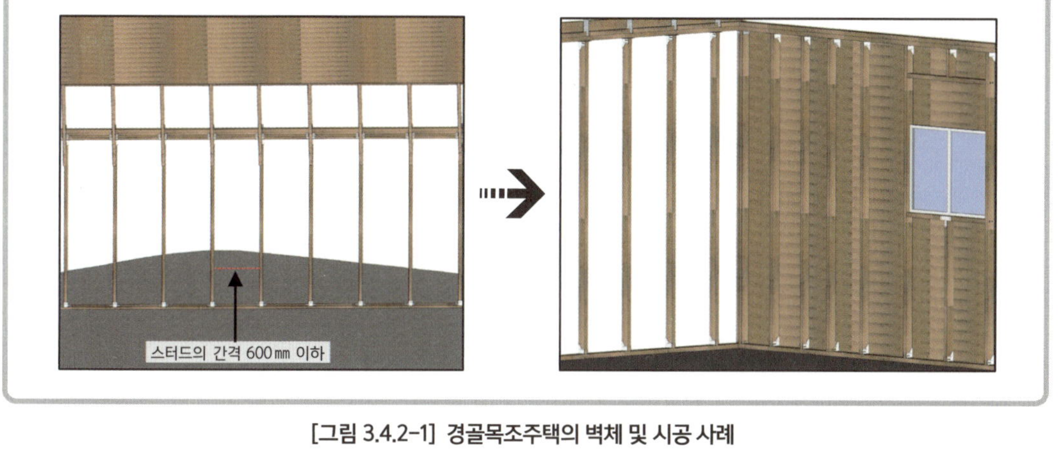

[그림 3.4.2-1] 경골목조주택의 벽체 및 시공 사례

- 출처 : 목조건축 시공기준(2011, 국립산림과학원, 박문재 외)

CHECK 12 ▼

• 밑깔도리는 지점으로부터 깔도리 나비의 1/3 이상 밖으로 벗어나면 안된다.

CHECK 13 ▼

• 윗깔도리는 두겹으로 하고 연결부는 서로 겹치지 않도록 한다.

3.4.3 윗깔도리 및 밑깔도리

(1) 윗깔도리 및 밑깔도리는 각각의 벽면마다 하나의 부재로 사용하며 길이가 길어서 이음이 필요한 경우에는 스터드와 스터드 사이의 중앙에서 맞대고 스터드와 동일한 부재를 스터드 사이의 간격에 해당하는 길이로 잘라서 윗깔도리는 아랫면에 밑깔도리는 윗면에 덧대고 이음부의 좌우측 부재에 각각 CMN90 또는 BXN90 못 4개씩을 박아서 고정한다.

(2) 벽을 구성하는 골조부재 사이의 접합은 설계도서에 특별히 명시된 경우를 제외하고 *[표 2.3-1]* 에 따른다.

[그림 3.4.3-1] 밑깔도리를 포함한 벽체의 설치 CHECK 12

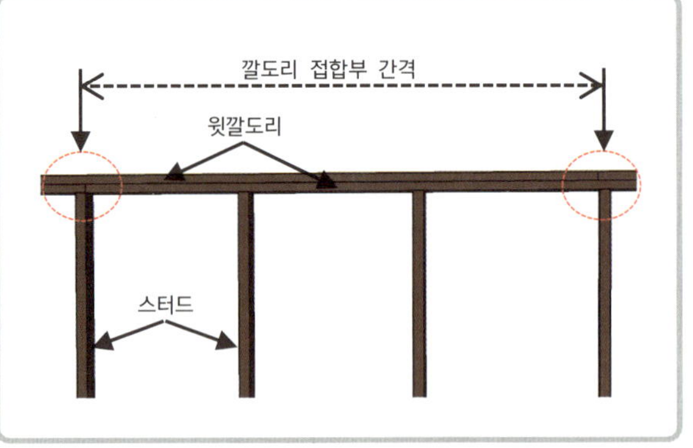

[그림 3.4.3-2] 윗깔도리의 설치방법 CHECK 13

- 출처 : 목조건축 시공기준(2011, 국립산림과학원, 박문재 외)

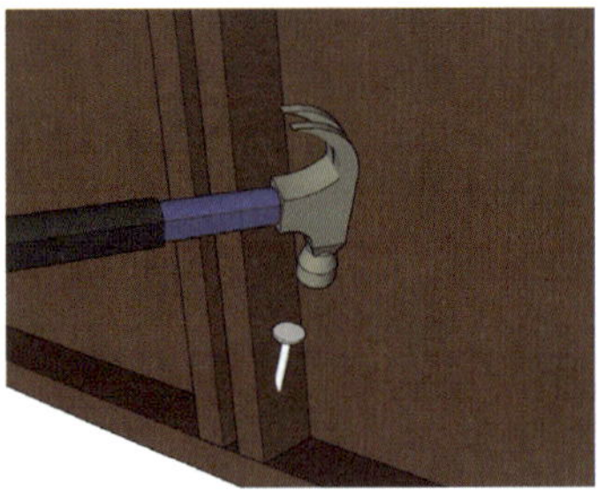

경사못박기에 의한 스터드와 깔도리의 결합

[그림 3.4.3-3] 스터드와 깔도리의 결합

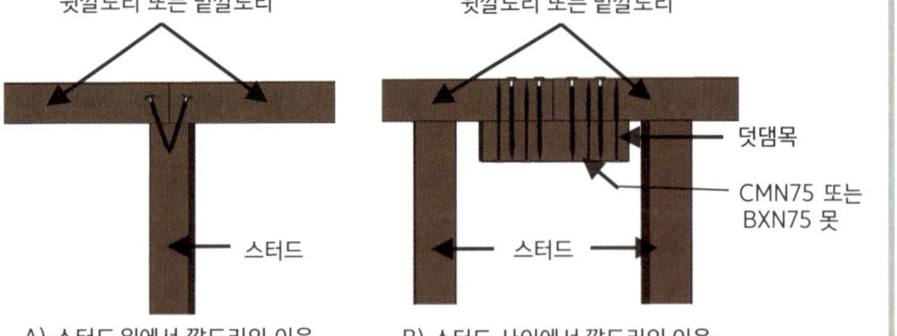

A) 스터드 위에서 깔도리의 이음　　B) 스터드 사이에서 깔도리의 이음

[그림 3.4.3-4] 깔도리의 이음 CHECK 14

- 출처 : 목조건축 시공기준(2011, 국립산림과학원, 박문재 외)

CHECK 14 ▲

• 골조 조립 시 밑깔도리 및 윗깔도리는 이음이 없는 하나의 부재를 사용한다. 다만 하나의 부재로 사용할 수 없는 경우에는 그림과 같이 이음부분에 적절한 보강을 하여야 한다.

3.4.4 내력벽의 헤더

(1) 헤더는 설계도서에 따라서 설치하며 헤더용 부재를 별도로 주문 제작하는 경우 이외에는 1종 구조재를 사용하여 조립보 또는 상자보를 만들어서 설치한다.

(2) 조립보는 1종 구조재 2장, 3장 또는 4장을 *[표 3.4.4-1]* 과 같이 CMN90 또는 BXN90 못 2개씩을 300mm 간격으로 박아서 접합하며 접합하는 부재의 치수 및 수는 설계도서에 따른다.

(3) 상자보는 1종 구조재를 사용하고 CMN90 또는 BXN90 못을 100~300㎜ 간격으로 박아서 *[표 3.4.4-1]* 과 같이 접합하며 상하 플랜지 부재는 벽체의 스터드와 같은 치수의 부재를 사용하고 웨브부재의 치수 및 못의 간격은 설계도서에 따른다.

[표 3.4.4-1] 조립보 및 상자보

조립보	상자보
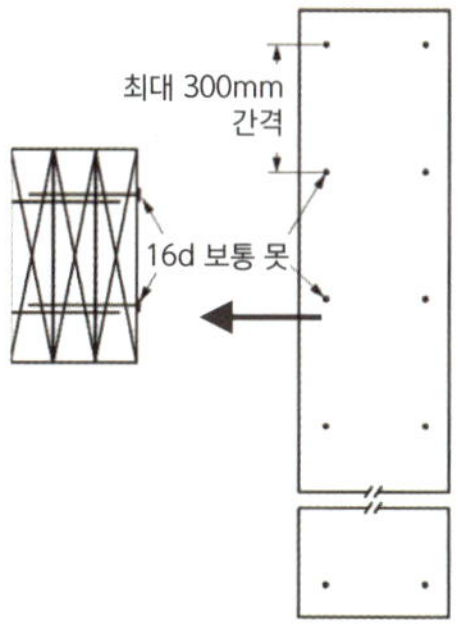	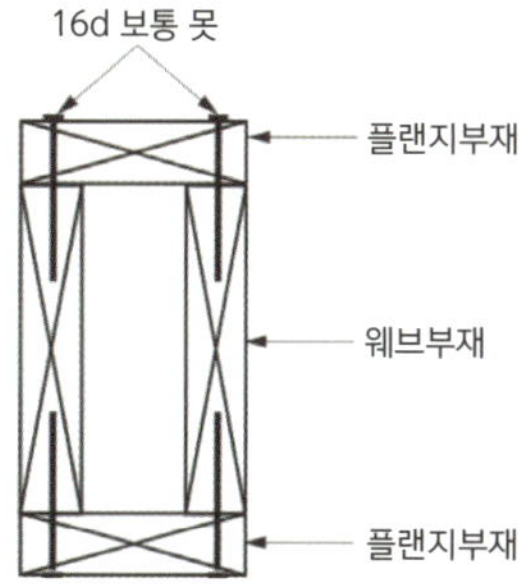

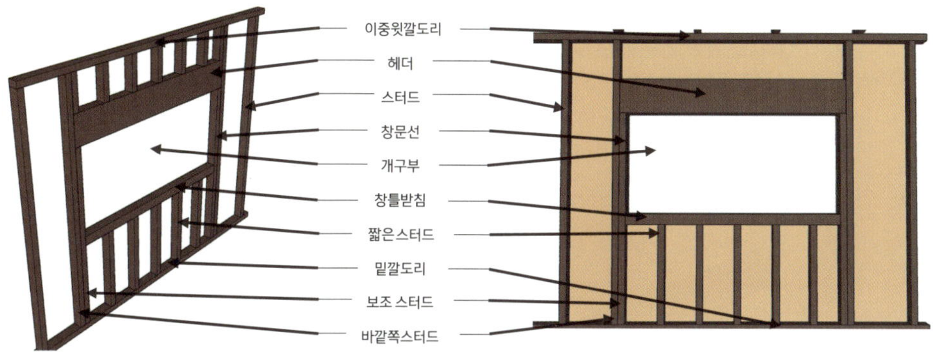

[그림 3.4.4-1] 내력벽의 헤더 설치

- 출처 : 목조건축 시공기준(2011, 국립산림과학원, 박문재 외)

3.4.5 내력벽의 모서리

(1) 내력벽의 모서리는 3개 이상의 스터드로 구성한다.

(2) 벽체의 끝 부분끼리 만나는 바깥모서리는 3개의 스터드를 사용하고 벽체의 중간에 다른 벽체와 만나는 교차부는 4개의 스터드를 사용하여 실내면에 석고보드 부착이 용이하도록 보강한다.

(3) 내력벽선이 상호 직각으로 교차하지 않는 경우의 처리는 설계도서에 따른다.

◀ CHECK 15

- 벽체의 끝 부분끼리 만나는 바깥 모서리는 그림과 같이 1개의 모서리에 3개의 스터드를 사용하여 석고보드의 뒷면에 받침을 제공할 수 있도록 보강한다.

[그림 3.4.5-1] 벽체의 바깥 모서리 CHECK 15

- 출처 : 목조건축 시공기준(2011, 국립산림과학원, 박문재 외)

CHECK 16 ▶
• 벽체의 중간에서 다른 벽체와 만나는 안쪽 모서리는 그림과 같이 스터드를 사용하여 석고보드의 뒷면에 받침을 제공할 수 있도록 보강한다.

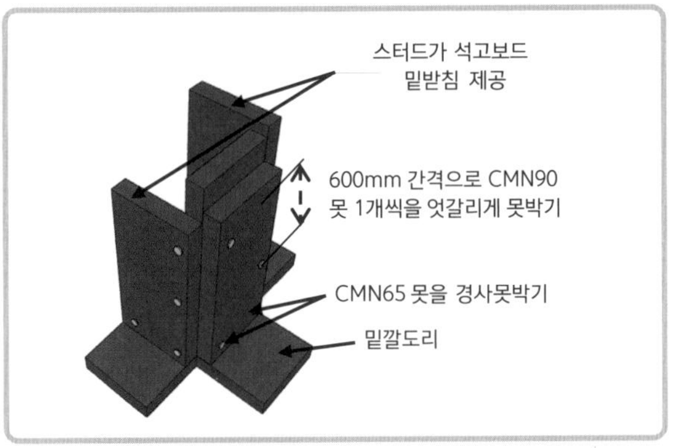

[그림 3.4.5-2] 벽체중간에서 다른 벽체와의 교차부 CHECK 16

- 출처 : 목조건축 시공기준(2011, 국립산림과학원, 박문재 외)

3.4.6 내력벽의 개구부

(1) 내력벽에 설치되는 개구부의 길이는 4m 이하로 하며 그 길이의 합계는 *KDS 41 33 07[표 1.4-2]*에 따른다.

(2) 내력벽에 길이 900㎜ 이상의 개구부를 설치하는 경우에는 개구부를 구성하는 스터드와 동일치수의 단면을 가지는 옆기둥에 의하여 지지되는 조립보 헤더를 *KDS 41 33 07[표 1.4-3~표 1.4-6]* 에 따라서 구조내력 상 유효하게 설치하거나 상자보를 만들어서 설치한다.

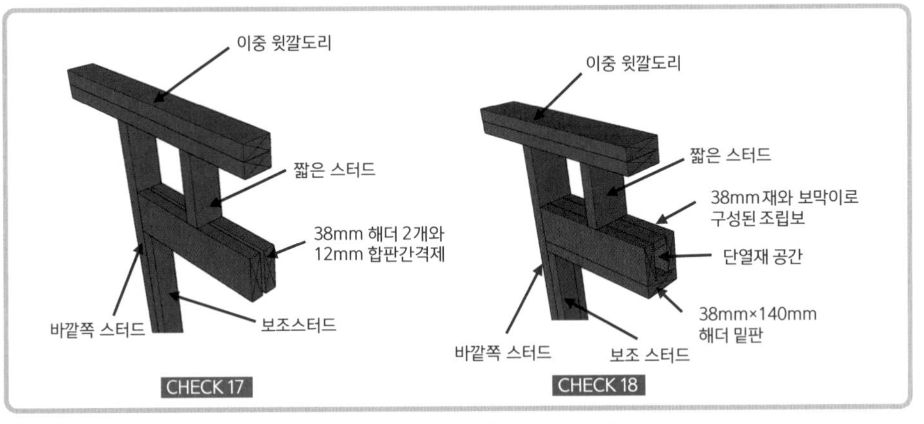

[그림 3.4.6-1] 개구부 상단에 헤더의 설치

- 출처 : 목조건축 시공기준(2011, 국립산림과학원, 박문재 외)

CHECK 17 ▲
• 헤더의 두께는 벽체 골조의 두께와 같아야 하며 38㎜ 규격재를 사용하는 경우 두 개의 38㎜ 규격재에다 두께조절용으로 12.5㎜ OSB 같은 판재를 간격재로 사용하여 두께를 맞춘다.

CHECK 18 ▲
• 헤더로 상자보를 만들어서 설치하기도 한다.

3.4.7 양측 개구부 보강

(1) 건축물의 실외벽 모서리 부분의 양측에 개구부를 설치하는 경우에는 설계도서에 따른다.

3.4.8 스터드의 파냄 및 구멍 뚫기

(1) 가능하면 스터드에는 파냄이나 구멍이 없어야 하지만 배선 또는 배관의 목적으로 스터드를 파내거나 구멍을 뚫는 경우에는 벽체의 안전 및 내구성에 지장이 없도록 하여야 한다.

(2) 스터드에 파냄이나 구멍뚫기를 하는 경우에는 스터드 길이의 중앙 1/3 부분을 피하여 상하부 1/3 부분에 파냄이나 구멍뚫기를 하여야 한다.

(3) 내력벽 스터드의 파냄은 그 깊이가 스터드 너비의 1/4 이하로 제한되어야 한다.

(4) 스터드에 구멍을 뚫는 경우에 구멍의 지름은 단일스터드의 경우에는 너비(단면의 긴 치수)의 40% 이하가 되어야 하며, 이중스터드의 경우에는 너비(단면의 긴 치수)의 60% 이하가 되어야 하고 구멍은 스터드 측면으로부터 15㎜ 이상 떨어져 있어야 한다.

(5) 내력벽의 윗깔도리 또는 밑깔도리에 파냄이나 구멍뚫기를 하는 경우에 해당 부재의 너비가 50㎜ 이상 손상되지 않고 남아 있도록 하여야 하며 이를 넘는 경우의 보강은 설계도서에 따른다.

(6) 스터드에서 동일한 단면에 파냄과 구멍이 동시에 나타나서는 안 되며 파냄이나 구멍 사이의 간격은 100㎜ 이상이 되어야 한다.

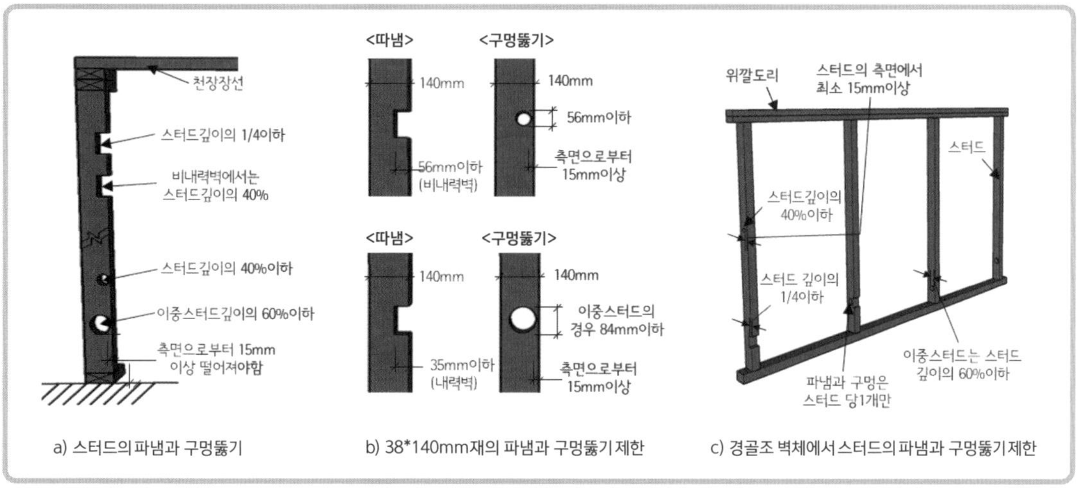

[그림 3.4.8-1] 스터드의 파냄과 구멍뚫기

- 출처 : 목조건축 시공기준(2011, 국립산림과학원, 박문재 외)

3.4.9 벽덮개

(1) 벽덮개용 판재의 품질은 *[표 2.2-1]*에 따르며 두께는 11㎜ 이상으로 한다.

(2) 구조용 판재는 수직 또는 수평으로 사용할 수 있으며 수평으로 사용하는 경우에는 판재의 측면을 따라 스터드 사이에 스터드막이를 설치하여 받침을 제공한다.

(3) 구조용 판재를 사용하지 않고 석고보드만을 사용하는 경우에는 두께 12.5㎜ 이상의 석고보드를 사용하고 길이 50㎜ 이상의 나사못으로 석고보드 측면에서는 간격 75㎜ 이하, 그리고 석고보드 내부에서는 간격 125㎜ 이하로 고정한다.

(4) 구조용 판재는 *[표 2.3-1]*에 따라 판재의 가장자리에는 150㎜ 간격, 그리고 판재의 내부에는 300㎜ 간격으로 CMN50(또는 BXN50) 또는 CMN65(또는 BXN65) 못을 박아서 스터드에 고정시킨다.

3.4.10 벽 골조와 바닥구조와의 접합

(1) 바닥에서 벽체의 조립이 완료된 후 벽체를 세워서 밑깔도리를 바닥의 분필선에 정확하게 일치시키고 밑깔도리 위에서 각각의 스터드 사이마다 CMN90 또는 BXN90 못 2개씩을 박아서 고정시킨다.

(2) 벽체를 바닥에 고정시킨 후 윗깔도리 위에 이중깔도리를 구조내력 상 유효하게 설치하며 벽과 벽이 만나는 부위에는 이중깔도리가 윗깔도리와 엇갈리도록 배치하고 2개 이상의 CMN90 또는 BXN90 못으로 고정한다.

CHECK 19 ▶
- 사진과 같이 골조를 세워서 바닥, 천장 및 벽과 기둥의 먹줄이나 분필선에 정확하게 맞춘 다음 밑깔도리, 윗깔도리 및 벽체 양끝의 스터드를 바닥, 천장 및 벽체 양끝과 만나는 벽이나 기둥에 고정한다.

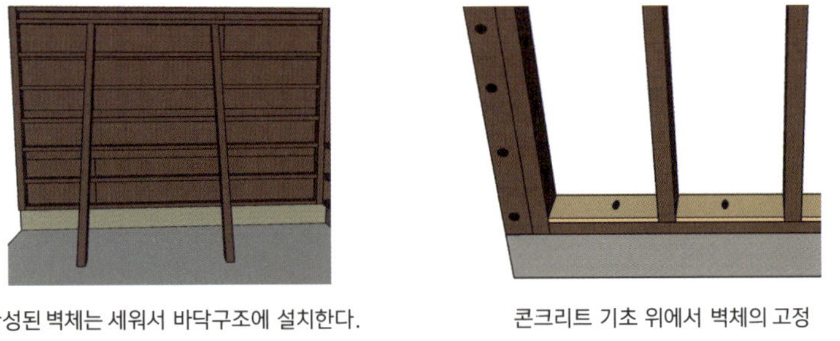

[그림 3.4.10-1] 벽체 덮개의 시공과 고정 CHECK 19

- 출처 : 목조건축 시공기준(2011, 국립산림과학원, 박문재 외)

CHECK 20 ▶
- 윗깔도리 위에 이중깔도리를 설치하면 구조물의 성능이 높아지게 된다.

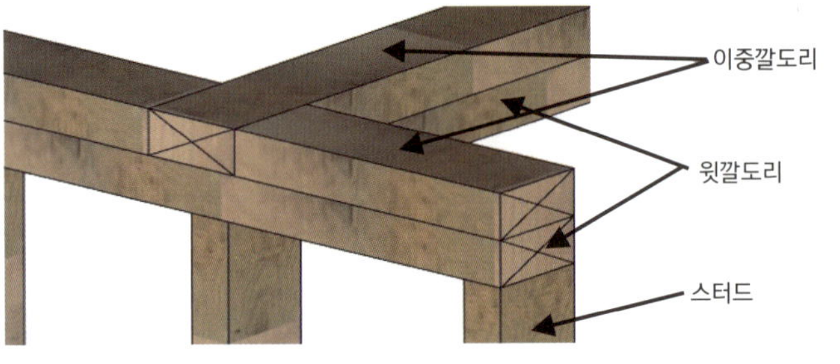

[그림 3.4.10-2] 이중깔도리의 설치 CHECK 20

- 출처 : 목조건축 시공기준(2011, 국립산림과학원, 박문재 외)

3.5 기둥

3.5.1 일반사항

(1) 기둥은 수직하중을 지지하고 지붕의 하중을 기초로 전달하는 역할을 한다. 일반적으로 경골목조건축은 벽식구조(상자형구조)로서 기둥이나 보를 사용하지 않고 내력벽 또는 전단벽이 수직하중을 지지하는 역할을 하지만 벽체를 설치하기 어려운 경우에는 기둥에 의하여 수직하중을 지지할 수도 있다.
(2) 기둥의 하부 및 상부는 그 아래 및 윗부분의 구조체와 수직 및 수평하중을 효율적으로 전달할 수 있도록 접합되어 있어야 한다.
(3) 설계도서에 특별히 명시된 경우를 제외하고 기둥의 중심은 수직으로 설치되어야 한다.

3.5.2 기둥의 설치

(1) 기둥부재의 치수 및 형식, 그리고 기둥의 위치 등은 설계도서에 따르며 인접한 구조부재와 구조적으로 일체화되어야 하고 기둥은 수직 및 수평하중을 지지하기에 구조내력상 필요한 충분한 성능을 보유하여야 한다.
(2) 기둥은 기초, 토대, 바닥 등의 받침구조 위에 설치되어야 하며 접합철물 또는 부재 사이의 맞춤에 의하여 받침구조와 접합되어야 한다.
(3) 기둥부재에 구멍을 뚫거나 파내는 경우에 해당 부분을 적절히 보강하여 구조내력상 필요한 충분한 성능을 유지할 수 있도록 하여야 한다.
(4) 기둥부재로 공학목재를 사용할 경우에는 해당 제품의 규격에 따라 인증된 것을 사용하여야 하며 부재의 치수는 구조계산에 의하여 결정되어야 한다.

3.6 지붕 CHECK 21

3.6.1 일반사항

(1) 목조주택의 지붕은 외기로부터 주택 내부의 인명 및 재산을 보호하고 건축물에 작용하는 하중을 지지하며 주택의 단열성능을 향상시키는 역할을 한다.
(2) 지붕면은 평평하여야 하며 지붕 마감재를 설치하기에 적합하여야 한다.
(3) 지붕의 면과 면이 만나는 부위에는 마룻대, 마룻보, 귀서까래, 골서까래 등의 부재가 설치되어야 한다.

3.6.2 지붕구조

(1) 지붕구조는 서까래와 천장장선구조, 서까래와 조름보구조 또는 트러스구조로 할 수 있으며 이들 중에서의 선택은 설계도서에 따른다.
(2) 지붕의 서까래 및 천장의 장선으로는 KS F 3020의 1종구조재로서 2등급 또는 이와 동등 이상의 강도와 강성을 지닌 목재를 사용하고 경간은 *KDS 41 00 00*의 해당 요건에 의한 구조계산에 따라서 결정하여야 한다.
(3) 지붕 서까래 또는 천장장선 상호간의 간격은 설계도서에 특별히 명시된 바가 없는 경우에는 600㎜ 이하로 한다.

◀ CHECK 21

- 지붕과 천장사이에 생기는 공간에 습기가 유입되고 지붕 위의 찬공기와 접촉하게 되면 지붕 구조 내에서 결로가 발생할 수 있다. 이러한 습기 차단을 위해 실내 쪽에 방습지를 설치하고 천장에 생길 수 있는 구멍을 철저히 차단해야 한다.

<출처> 월간, 전원속의 내집

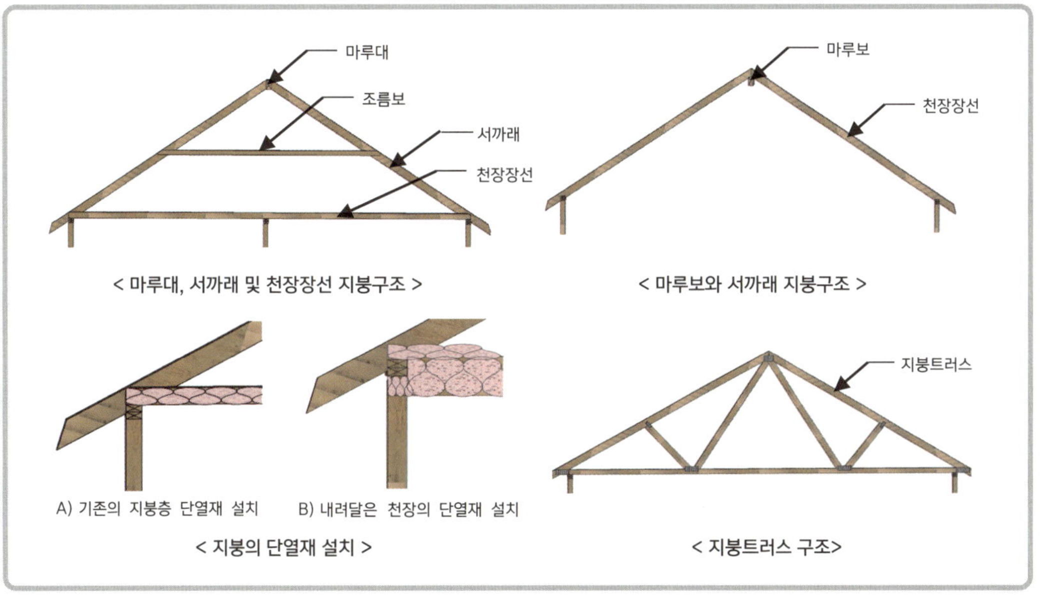

[그림 3.6.2-1] 지붕의 구조

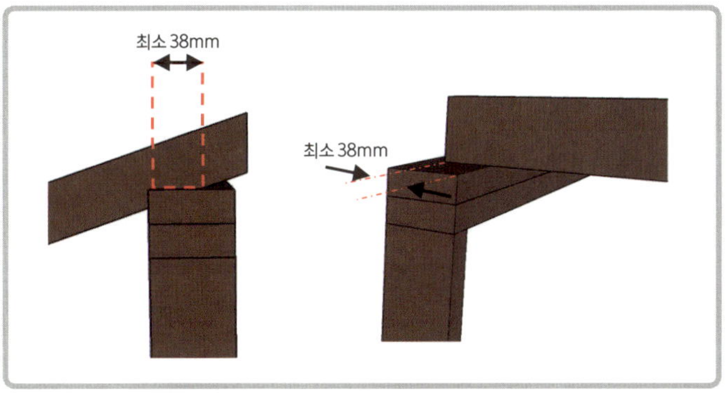

[그림 3.6.2-2] 서까래와 장선의 지압길이

- 출처 : 목조건축 시공기준(2011, 국립산림과학원, 박문재 외)

트러스지붕 골조 사례

3.6.3 서까래 방식에 의한 지붕

(1) 서까래 및 천장장선

① 일반적으로 서까래와 천장장선은 동일한 간격으로 배치하여 내력벽 위에서 상호 인접하여 만나도록 하고 *[표 3.6.3-1]*에 따라 CMN90 또는 BXN90 못을 박아서 고정하며 *[표 3.6.3-1]*에 주어진 지붕경사, 적설하중 및 경간의 중간값에 대해서는 직선보간에 의하여 구한다.

[표 3.6.3-1] 천장장선의 한쪽 끝 부분에서 서까래와의 고정에 사용되는 CMN90 못의 수

지붕경사	서까래 간격 (㎜)	시공하중 (1.0kPa 이하)		적설하중(kPa)			
				1.0		2.0	
		지붕 경간(m)					
		3.6	10.8	3.6	10.8	3.6	10.8
3:12	305	4	10	4	12	7	20
	406	5	13	5	15	9	26
	610	7	19	8	23	13	38
4:12	305	3	8	3	9	6	15
	406	4	10	4	12	7	20
	610	5	15	6	17	10	29
5:12	305	3	6	3	7	5	12
	406	3	8	3	9	6	16
	610	4	12	5	14	8	24
7:12	305	3	5	3	5	4	9
	406	3	6	3	7	5	12
	610	3	9	4	10	6	17
9:12	305	3	4	3	4	3	7
	406	3	5	3	5	4	9
	610	3	7	3	8	5	13
12:12	305	3	3	3	3	3	6
	406	3	4	3	4	3	7
	610	3	5	3	6	4	10

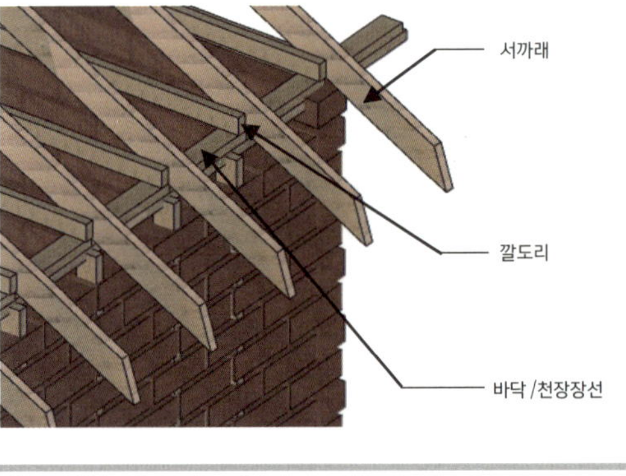

[그림 3.6.3-1] 서까래와 천장장선

- 출처 : 목조건축 시공기준(2011, 국립산림과학원, 박문재 외)

② 서까래 및 천장장선은 KS F 3020의 2등급 또는 이와 동등 이상의 허용응력을 지닌 1종 구조재로서 너비 140㎜ 이상의 것을 사용하며 치수 및 간격 등의 세부사항은 설계도서에 따른다.

③ 서까래 및 천장장선 상호간의 간격은 600㎜ 이하로 하며 일반적인 간격은 300, 400 또는 600㎜로 한다.

(2) 마룻대와 서까래의 접합

① 마룻대는 두께 25㎜ 이상으로서 서까래의 경사절단 길이 이상의 너비를 갖는 부재를 사용하여야 한다.

② 서까래와 서까래 사이가 벌어지는 것을 방지하기 위하여 천장장선, 조름보 또는 지붕마루 띠쇠 등을 설치하여야 하며 이들 부재 사이의 고정방법은 *[표 3.6.3-1~표 3.6.3-2]*에 따른다.

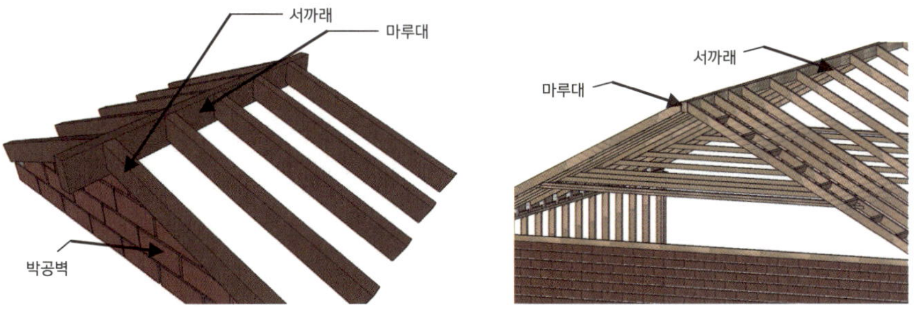

[그림 3.6.3-2] 마루대와 서까래의 접합

- 출처 : 목조건축 시공기준(2011, 국립산림과학원, 박문재 외)

[표 3.6.3-2] 지붕마루 띠쇠의 한쪽 끝 부분에 대한 고정방법

지붕의 경사각	지붕의 경간 (m)	아래의 풍속(m/s)대에서 지붕마루 띠쇠의 한쪽 끝 부분에 사용되는 CMN65 못의 수				
		25	30	35	40	45
3:12	3.6	1	1	1	2	2
	7.2	1	1	2	2	3
	10.8	1	2	2	3	4
4:12	3.6	1	1	1	1	2
	7.2	1	1	2	2	2
	10.8	1	2	2	2	3
5:12	3.6	1	1	1	1	1
	7.2	1	1	1	2	2
	10.8	1	1	2	2	3
6:12	3.6	1	1	1	1	1
	7.2	1	1	1	1	2
	10.8	1	1	2	2	2
7:12~12:12	3.6	1	1	1	1	1
	7.2	1	1	1	1	2
	10.8	1	1	2	2	2

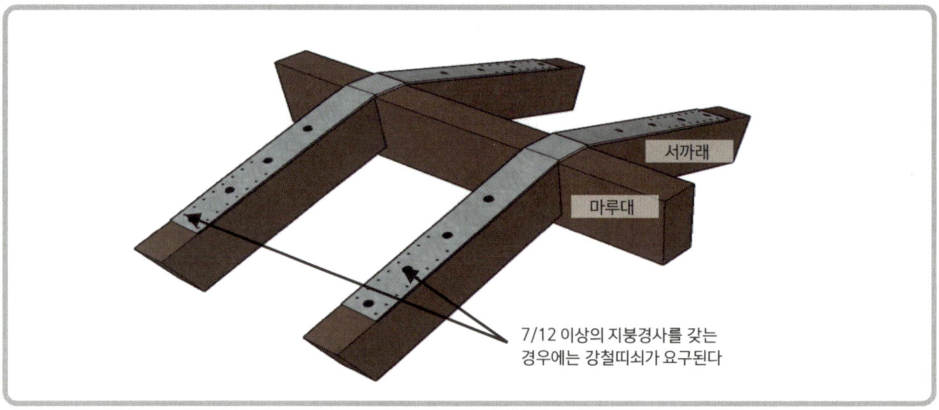

[그림 3.6.3-3] 지붕마루띠쇠의 설치 방법

- 출처 : 목조건축 시공기준(2011, 국립산림과학원, 박문재 외)

(3) 서까래와 이중깔도리 사이의 접합

① 서까래는 벽체와 만나는 부위에 걸침턱을 파서 이중깔도리 위에 걸쳐야 하며 걸침턱의 길이는 서까래의 수직하중을 지지하기에 충분하여야 한다.

② 벽체 위에서 서까래의 고정은 설계도서에 따르며 서까래를 못으로 고정하는 경우에는 CMN90 또는 BXN90 못 2개를 경사못박기로 고정한다.

③ 서까래를 접합철물로 고정하는 경우에 사용되는 철물의 종류, 형식 및 고정방법 등은 설계도서에 따르고 철물 고정용 못을 사용하여 구조내력 상 안전하게 고정하여야 한다.

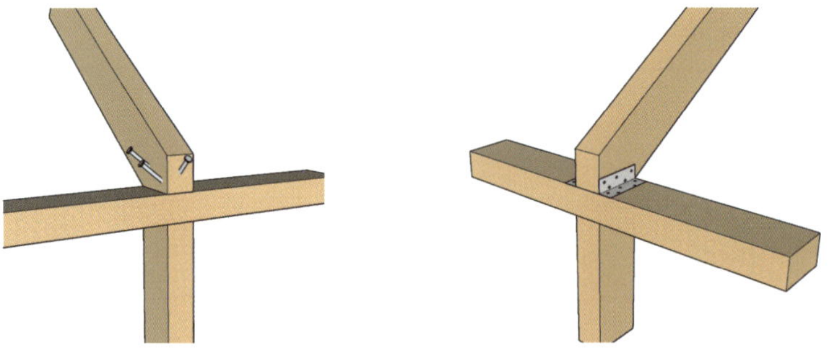

[그림 3.6.3-4] 서까래와 벽 윗깔도리와의 접합

- 출처 : 목조건축 시공기준(2011, 국립산림과학원, 박문재 외)

CHECK 22 ▶
박공처마

(4) 처마

① 서까래의 처마 돌출길이는 서까래 경간의 1/2과 600㎜ 중에서 작은 값 이하로 하여야 한다.

② 박공처마는 38㎜×89㎜의 박공 반자를 2개 이상의 서까래에 걸쳐서 연속부재로 설치하고 이 경우에 박공처마의 돌출길이는 박공반자 길이의 1/2과 600㎜ 중에서 작은 값 이하로 하여야 하며 박공반자를 1개의 서까래에 걸쳐서 박공블록으로 설치하는 경우에는 박공처마의 돌출길이를 300㎜ 이하로 제한하여야 한다. CHECK 22

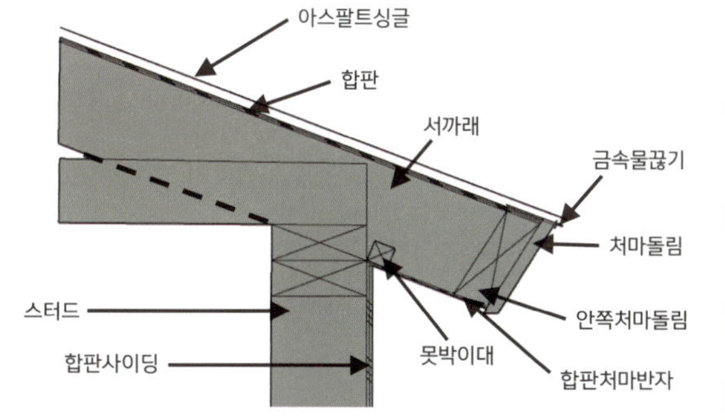

[그림 3.6.3-5] 처마의 기본 구조

- 출처 : 목조건축 시공기준(2011, 국립산림과학원, 박문재 외)

(5) 조름보

① 천장장선이 설치되거나 또는 구조내력 상 유효한 방법으로 보강된 경우를 제외하고 서까래에는 조름보를 구조내력 상 유효하게 설치한다.

② 조름보는 서까래 높이의 절반 이하에 설치하며 서까래와 동일한 치수의 구조용재를 한쪽 면에 5개 이상의 CMN90 또는 BXN90 못으로 서까래에 고정한다.

③ 천장장선과 서까래가 유효하게 접합된 경우에는 조름보를 설치할 필요가 없다.

④ 설계도서에 따라 천장장선과 함께 조름보를 설치하는 경우에는 3개의 서까래마다 1개의 조름보를 설치하고 천장장선 없이 조름보를 설치하는 경우에는 각각의 서까래마다 조름보를 설치한다.

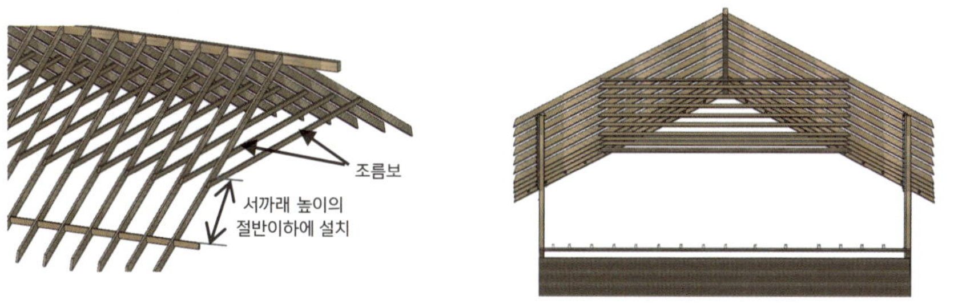

[그림 3.6.3-6] 서까래에 조름보의 설치방법

- 출처 : 목조건축 시공기준(2011, 국립산림과학원, 박문재 외)

(6) 지붕골조 파냄 및 구멍 뚫기

지붕골조에 대한 파냄 및 구멍 뚫기는 바닥구조에 대한 파냄 및 구멍 뚫기와 동일하게 적용한다.

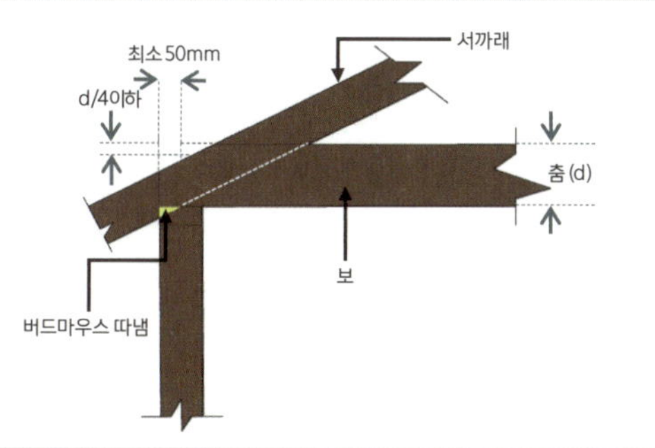

[그림 3.6.3-7] 서까래의 따냄 제한 CHECK 23

- 출처 : 목조건축 시공기준(2011, 국립산림과학원, 박문재 외)

◀ CHECK 23
- 서까래가 내력벽이나 보 등과 만나는 지점에서의 파냄은 그림과 같이 그 깊이를 서까래 춤의 1.4 이하로 하여야 한다.

3.6.4 지붕트러스

(1) 트러스를 설치하는 경우에는 트러스 전문제조업체에서 설계 및 제작한 것을 사용하고 제조업체에서 요구하는 방법에 따라서 설치하며 시공방법은 설계도서에 의한다. CHECK 24

(2) 트러스 설계에서 지정하지 않은 트러스 부재의 파냄이나 구멍 뚫기는 허용되지 않는다.

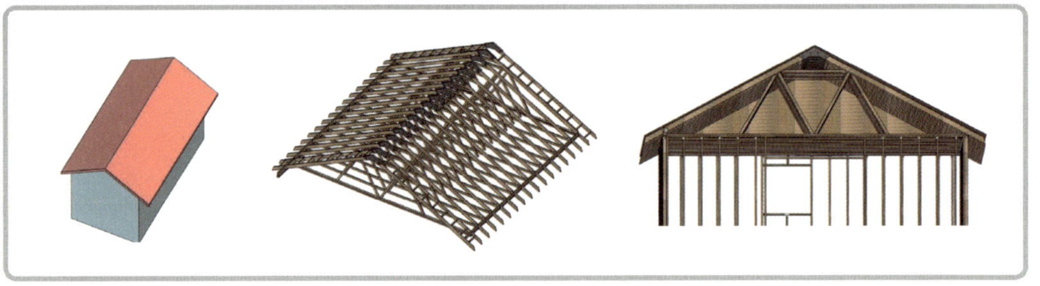

[그림 3.6.4-1] 박공지붕과 박공지붕용 트러스

- 출처 : 목조건축 시공기준(2011, 국립산림과학원, 박문재 외)

3.6.5 지붕의 개구부

(1) 지붕에 설치되는 개구부는 지붕 서까래와 같은 치수를 갖는 부재를 사용하여 개구부 헤더장선, 개구부 옆막이 장선 등을 설치하고 부재의 배치 및 못박기는 설계도서에 따른다.

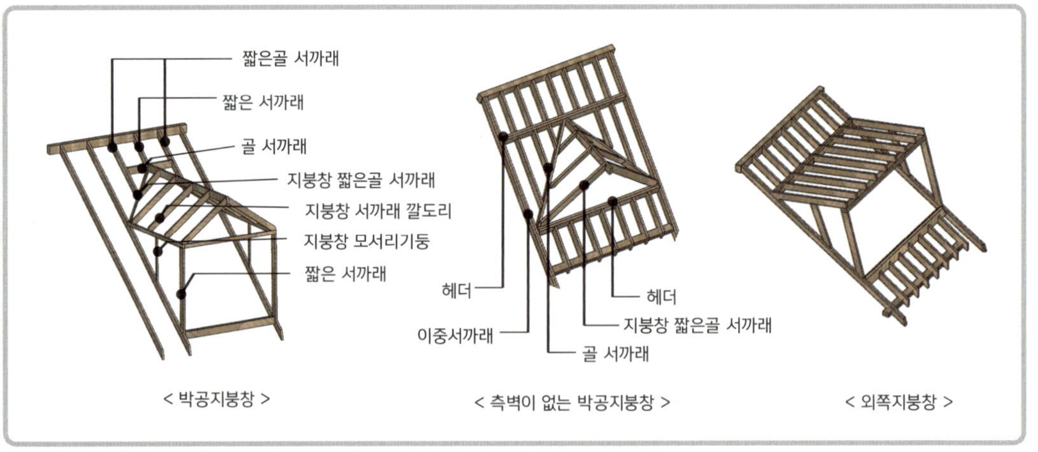

[그림 3.6.5-1] 지붕개구부의 보강

- 출처 : 목조건축 시공기준(2011, 국립산림과학원, 박문재 외)

CHECK 24 ▲

- 공장 조립 트러스는 트러스 인증서(트러스가 적설하중 등의 규정에 따라 설계 제조된 사실을 포함한 구조 인증)와 설치 계획, 트러스의 설계도면 및 규격, 가새의 규정과 설치에 필요한 기타 정보 등이 포함되어 현장으로 운반된다.

3.6.6 지붕덮개

(1) 지붕덮개용 판재의 품질은 *[표 2.2-1]* 에 따르며 두께는 11㎜ 이상으로 한다.

(2) 지붕덮개는 강축(판재의 긴 치수)을 서까래에 직각 방향으로 설치하며 지붕덮개의 인접한 열 사이에 짧은 측면이 서로 엇갈리도록 설치한다.

(3) 지붕덮개로 사용되는 구조용 판재의 등급 및 경간은 판재 위에 찍힌 등급인에 의하여 식별하며 구조용 판재의 경간은 600㎜ 이하로 한다.

(4) 지붕덮개용 판재에 대한 못박기는 *[표 2.3-1]* 에 따르며 판재의 가장자리에서는 150㎜ 이하, 그리고 판재의 중간부에서는 300㎜ 이하의 간격으로 서까래, 지붕보 또는 트러스 상현재 및 받침부재에 표면못박기하여 고정한다.

[표 3.6.6-1] 지붕골조의 간격에 따른 덮개재의 두께

지붕 골조의 최대간격(mm)	덮개의 최소 두께(mm)	
	고정하중 ≤ 0.3 kN/㎡, 적재하중 ≤ 2.0 kN/㎡	고정하중 > 0.3 ≤ 1.3 kN/㎡, 적재하중 ≤ 2.0 kN/㎡
400	9	11
500	9	11
600	12	12

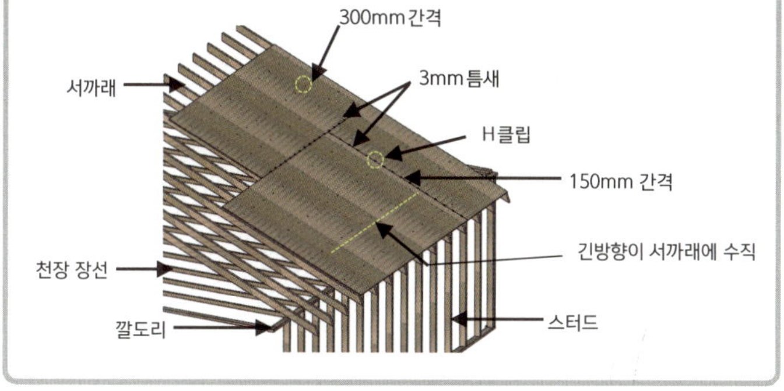

[그림 3.6.6-1] 지붕덮개의 설치

- 출처 : 목조건축 시공기준(2011, 국립산림과학원, 박문재 외)

3.7 석고보드 붙이기

(1) 석고보드는 골조부재에 직각으로 설치하고 스터드의 간격은 600㎜ 이하로 한다.

(2) 1매 붙이기를 하는 경우에 석고보드 고정용 못은 KS F 3514에 적합한 GNF40 혹은 KS D 7052에 의한 SFN45 또는 길이 32㎜ 및 지름 2.5㎜ 이상의 경사 나삿니못 혹은 원형 나삿니못을 사용한다.

(3) 2매 붙이기를 하는 경우에 석고보드 고정용 못은 GNF50, SFN50 또는 길이 50㎜ 및 지름 2.5㎜ 이상의 경사 나삿니못 혹은 원형 나삿니못을 사용한다.

(4) 못의 간격은 천장에서는 180㎜, 벽체에서는 200㎜를 초과하지 않아야 한다. 나사못의 간격은 지지부재의 간격이 600㎜ 미만, 400㎜ 이상일 경우에는 400㎜를 초과할 수 없으며 400㎜ 미만일 경우에는 300㎜를 초과할 수 없다.

(5) 2매 붙이기에서 못박기 간격은 천장 붙이기의 경우에는 보드 가장자리와 중간부 모두에서 300㎜ 이하로 하고 벽 붙이기의 경우에는 보드 가장자리와 중간부 모두에서 200㎜ 이하로 한다.

(6) 2매 붙이기를 하는 경우에 바탕보드와 마감보드의 못 또는 나사못 설치 위치가 중복되지 않도록 한다.

(7) 벽의 모서리 또는 천장장선과 평행한 방향의 벽 이중깔도리 위에는 받침부재를 설치하거나 또는 보드클립 등을 설치하여 석고보드 받침으로 사용한다.

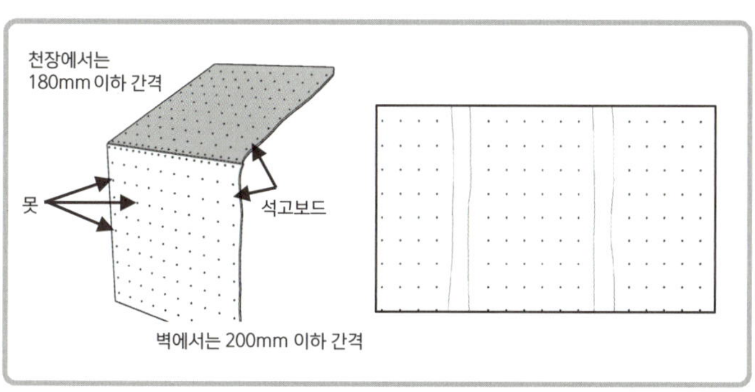

[그림 3.7-1] 석고보드의 설치

- 출처 : 목조건축 시공기준(2011, 국립산림과학원, 박문재 외)

3.8 다층건물의 시공

[표 3.8-1] 다층목조건축물의 최대허용 층수

국가	최대허용층수	비고
미국	5층	자동화재 진압시설을갖출 때는 6층
캐나다, 덴마크, 핀란드	4층	면제규정 취득시 4층 이상도 가능; 캐나다 18층 목조건물 완공(2016)
영국	7층	면제규정 취득시 7층 이상도 가능; 영국 9층 목조건물 완공(2009)
독일, 노르웨이, 스웨덴	제한 없음	노르웨이에서 14층 목조건물 완료(2017)

- 출처 : 목조건축 시공기준(2011, 국립산림과학원, 박문재 외)

3.8.1 일반사항

(1) 연속기초

① 설계도서에서 기초의 형식에 대하여 특별히 정한 바가 없는 경우에는 연속기초로 하고 줄기초의 두께는 1층 벽 두께의 2배, 그리고 깊이는 해당 지역의 동결깊이 아래까지 도달하도록 한다.

② 기초에 사용하는 재료 및 공법 등은 *SBCS 41 90 20* 에 따른다.

(2) 접합철물을 사용하는 경우에 그 품질은 *KCS 41 33 01*에 따르며 이와 동등 이상의 성능을 가진 것은 공사감리자의 확인을 받아 사용할 수 있다.

(3) 다층건물의 1층 벽 스터드로 사용되는 부재의 치수는 38㎜ x 140㎜ 이상으로 한다.

(4) 건축물의 내력벽은 해당 지역의 지진하중 및 수직하중에 대하여 충분한 강도와 강성을 갖도록 설계 및 시공되어야 하며 적절한 철물을 사용하여 접합되어야 한다.

(5) 내력벽에 설치되는 개구부는 구조내력에 지장을 초래해서는 안 되며 적절한 부재를 사용하여 주변부를 보강하여야 한다.

3.8.2 시공

CHECK 25 ▶

1층 스터드와 기초와의 접합

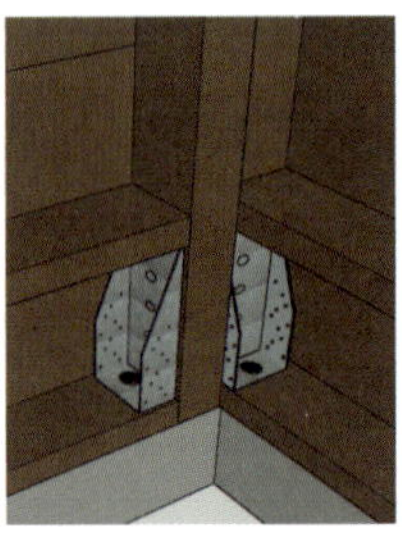

CHECK 26 ▶

윗층과 아래층에 두 개의 결합철물과 강철봉의 결합

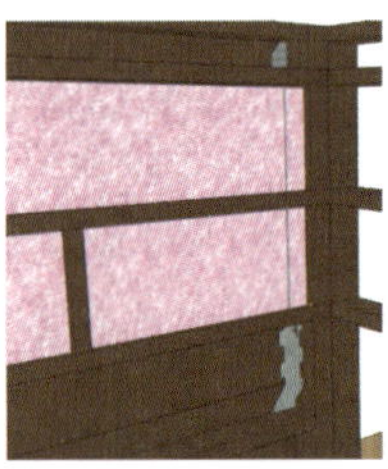

<출처> 목조건축 시공기준 (2011, 국립산림과학원, 박문재 외)

(1) 1층 내력벽과 기초 사이의 접합 CHECK 25

① 설계도서에서 특별히 명시된 경우를 제외하고 벽체를 구멍 뚫린 전단벽으로 시공하는 경우에는 내력벽의 양끝 모서리 부분에 기초용 인장철물(홀드다운 및 고정볼트)을 사용하여 모서리 스터드를 기초에 접합하여야 한다.

② 하나의 모서리에서 한쪽 벽체에 인장철물(홀드다운 및 고정볼트)이 설치되고 직각 방향의 벽체가 이 시방서에 따라서 접합된 경우에는 추가적인 인장철물의 설치가 요구되지 않는다.

③ 벽체를 분리 전단벽으로 시공하는 경우에는 각각의 전단벽 부분의 양 끝에 기초용 인장철물(홀드다운 및 고정볼트)을 사용하여 스터드를 기초에 접합하여야 한다.

(2) 윗층과 아래층 내력벽 사이의 접합 CHECK 26

① 풍하중이나 지진하중과 같은 수평하중 하에서 발생하는 인장하중에 저항하기 위하여 윗층과 아래층 내력벽 사이에 층간연결 인장철물(상하부 홀드다운 및 긴 볼트)을 설치한다. 하나의 홀드다운은 윗층 내력벽의 스터드에 설치하고 다른 하나는 아래층 내력벽의 스터드에 설치한 후 이들 사이를 바닥을 관통하는 볼트로 연결하고 너트 및 와셔를 사용하여 단단히 조인다.

② 풍하중이나 지진하중과 같은 수평하중 하에서 발생하는 인장하중이 17.8kN을 초과하지 않는 경우에는 상하부 내력벽의 스터드에 강철띠쇠를 설치하여 접합할 수 있으며 이 경우에 강철띠쇠는 상하부 내력벽에 각각 300㎜ 이상 접합되어야 한다.

③ 풍하중이나 지진하중과 같은 수평하중 하에서 발생하는 인장하중이 17.8kN을 초과하는 경우에는 지름 28㎜ 이상의 골이 파인 강철봉으로 연결된 타이다운(tie down)을 사용하여 시공할 수 있으며 이 강철봉은 기초에 결합되어야 한다.

④ 층간 연결 인장철물(상하부 홀드다운 및 긴 볼트)은 반드시 3개 이상의 스터드가 조립된 부재에 설치하여야 한다.

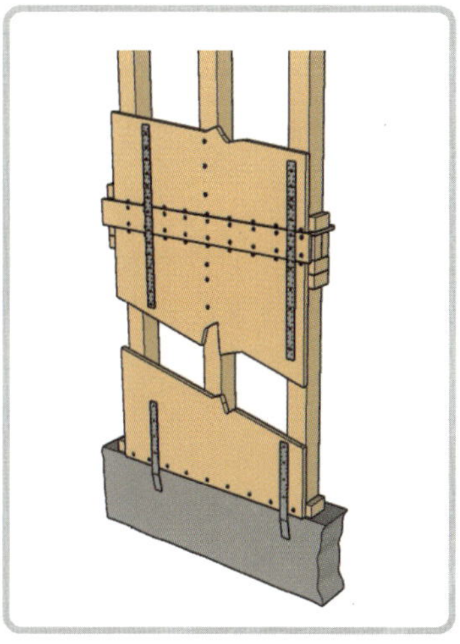

[그림 3.8.2-1] 강철띠쇠(스크랩) 설치 CHECK 27

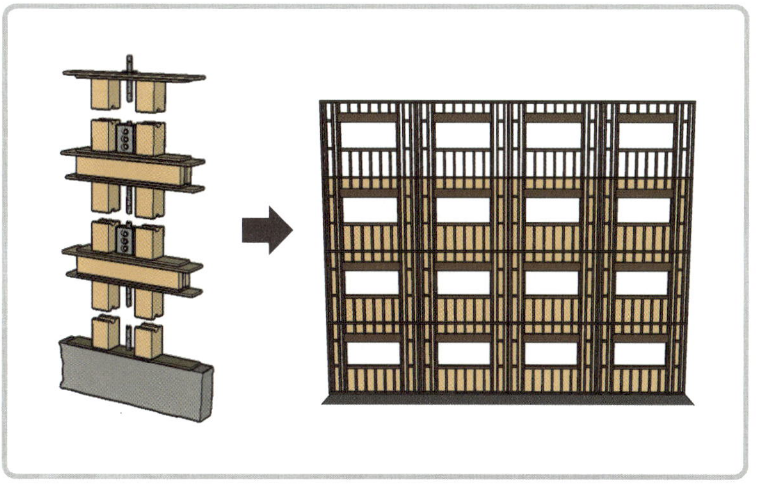

[그림 3.8.2-2] 연속된 타이다운으로 설치된 다층구조 CHECK 28

- 출처 : 목조건축 시공기준(2011, 국립산림과학원, 박문재 외)

(3) 바람에 의한 상향력과 전단력에 저항하기 위한 접합부

① 바람에 의한 상향력에 저항하기 위하여 기초-벽, 아래층-윗층, 벽-지붕 등의 접합부를 강철띠쇠로 보강하고 강철띠쇠의 양쪽 끝을 각각 못을 박아 고정하며 못의 수는 *[표 3.8.2-1]* 에 따른다.

② 전단력에 저항하기 위하여 덮개용 판재의 못박기 간격을 줄여서 시공할 수 있으며 판재의 두께를 증가시키고 등급이 높은 구조용 판재를 사용하여 전단력에 저항하기 위한 접합부를 구성할 수 있다.

③ 풍속이 높은 지역에서는 덮개용 판재를 스터드에 접합하기 위하여 꺾쇠못(스테이플)을 사용해서는 안 된다.

▲ CHECK 27

- 인장하중이 17.8kN을 초과하지 않는 경우 상하부 스터드에 그림과 같이 강철띠쇠(스크랩)을 설치하여 상부내력벽을 접합할 수 있다.

▲ CHECK 28

- 인장하중이 17.8kN을 초과하는 경우, 지름 28㎜ 이상의 골이 파인 강철봉으로 연결된 타이다운을 사용하여 시공할 수 있다.

[표 3.8.2-1] 바람상향력에 저항하기 위하여 사용되는 강철띠쇠의 한쪽에 사용되는 CMN65 또는 BXN65 못의 수

서까래/천장장선 간격 (㎜)	지붕의 경간 (m)	아래의 풍속대에서 강철띠쇠의 한쪽 끝에 사용되는 못의 수				
		25m/s	30m/s	35m/s	40m/s	45m/s
300/305	3.6	1	1	1	1	1
	6.0	1	1	1	1	2
	8.4	1	1	1	2	2
400/406	3.6	1	1	1	1	2
	6.0	1	1	2	2	2
	8.4	2	2	2	2	2
600/610	3.6	1	1	2	2	2
	6.0	2	2	2	2	3
	8.4	2	2	2	3	4

(4) 건물의 대수축에 한 고려사항

① 다층 목구조 건축물에서 목재의 수축은 설계단계에서부터 계산되어야 하며 목재부재의 수축이나 벽돌치장벽에서 벽돌의 팽윤과 같은 움직임의 차이를 고려하여야 한다.

② 목재의 수축은 주로 섬유직각방향으로 발생하므로 토대, 벽체의 밑깔도리 및 윗깔도리, 바닥장선, 천장장선 등과 같이 수평으로 설치된 목재부재에 대해서만 수축을 계산한다.

③ 일반적으로 건조재가 사용된 2층 이하의 목조건축물에서는 수축의 발생량이 크지 않기 때문에 수축 계산을 실시하지 않으나 함수율이 높은 구조용재를 사용한 경우에는 수축 계산을 실시하여야 한다.

④ 수축의 발생이 예상되는 경우에는 배선, 배관, 창문, 문 등이 건축물의 수축으로 인한 피해를 입지 않도록 설계 및 시공하여야 한다.

CHECK 29 ▶

- 3층 목구조 건물에서 목재의 수축 문제는 설계단계로부터 계산되어야 하며 목재 부재의 수축이나 벽돌치장벽에서 벽돌의 팽윤과 같은 움직임의 차이를 고려하여야 한다.
- 그림과 같이 서부산헴록 235㎜ 재의 수축량을 보면 19%인 건조 상태에서 8%의 평형 함수율로 건조될 경우 폭이 거의 8㎜ 정도 수축하는 것을 볼 수 있다.

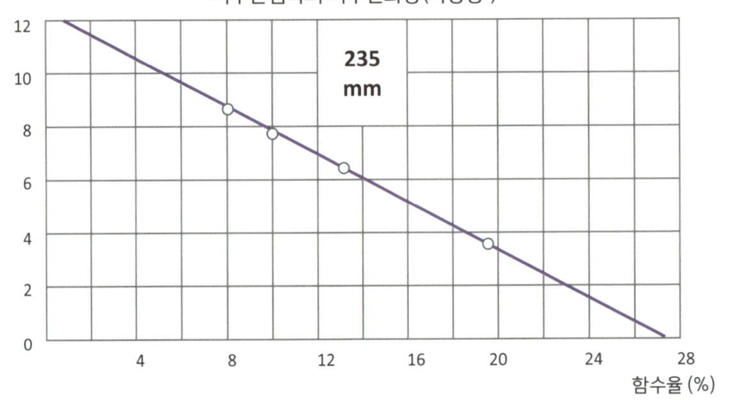

[그림 3.8.2-2] 함수율에 따른 목재의 수축 CHECK 29

- 출처 : 목조건축 시공기준(2011, 국립산림과학원, 박문재 외)

CHECK 29 ▶

- 다층목구조 건물은 건축시공과정과 사용 중에 발생할 수 있는 실제치수의 변화에 대하여 분석이 실시되어야 하며 이 수축을 수용할 수 있는 방안이 별도로 마련되어야 한다.

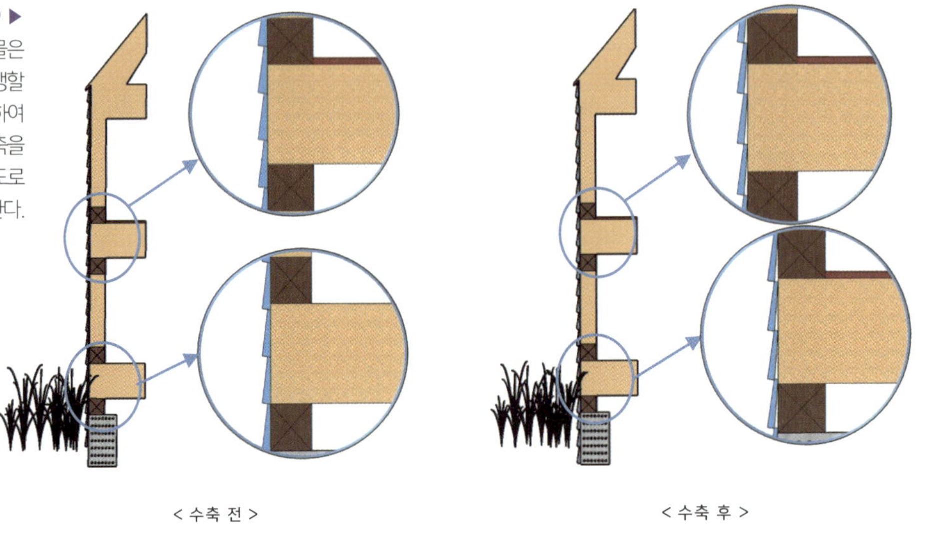

[그림 3.8.2-3] 목조건물에서 함수율에 따른 목재의 수축 CHECK 30

- 출처 : 목조건축 시공기준(2011, 국립산림과학원, 박문재 외)

3.9 건물의 차음 CHECK 31

3.9.1 일반사항

(1) 건축물의 세대 간 경계벽 및 칸막이벽 등을 차음구조로 하는 경우에 건축물의 벽체는 지붕 및 바로 윗층 바닥판까지 닿도록 하여야 한다.

(2) 경골목구조에 사용하는 차음구조의 경계벽 및 칸막이벽은 국토교통부 고시 벽체의 차음구조 인정 및 관리기준에서 정하는 기준 이상의 차음성능을 확보하여야 한다.

[표 3.9.1-1] 차음구조 성능기준

등급	등급기준 (dB)
1급	63 ≤ R_W+ C 및 세대간 경계벽을 공유하지 않는 경우
2급	58 ≤ R_W+ C < 63
3급	53 ≤ R_W+ C < 58
4급	48 R_W+ C 53

- 출처 : 벽체의 차음구조 인정 및 관리기준(2021, 국토교통부)

◀ CHECK 31

건물의 차음구조

- 소음은 트럭과 차량, 비행기, 기계류, 이웃 등 건축물의 외부, 혹은 텔레비전과 라디오, 펌프, 건조기, 거주자 자신 등으로부터 실내에서 발생할 수 있다.
- 소음의 전달을 감소 시키려면 진동을 감소 하고 공극을 밀폐 하여야 한다.
- 목재는 다른 소재에 비하여 소음 감소성능이 우수하며 목조주택은 거주자의 필요에 따라 소음의 투과를 효과적으로 제어하도록 설계 시공할 수 있는 장점이 있다.

3.9.2 차음재 설치

(1) 차음성능이 요구되는 세대 사이의 경계벽에는 이중 스터드를 설치하고 스터드 사이에 단열재를 연속하여 설치하여야 한다.

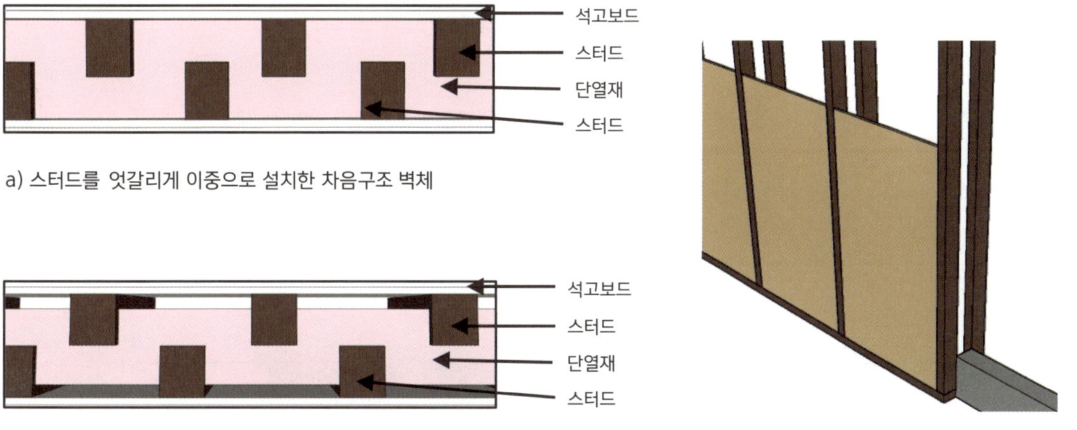

a) 스터드를 엇갈리게 이중으로 설치한 차음구조 벽체

b) 스터드를 일정한 간격으로 띄우고 이중으로 설치한 차음 구조 벽체

c) 이중 스터드를 설치한 차음구조 벽체의 시공

[그림 3.9.2-1] 이중 스터드를 설치한 벽체의 차음구조

- 출처 : 목조건축 시공기준(2011, 국립산림과학원, 박문재 외)

(2) 벽체에 소음을 줄이기 위한 차음채널을 설치할 경우에는 스터드의 중심간 간격과 같은 간격으로 차음채널을 배치하며 석고보드를 차음채널에 붙이는데 사용되는 나사못은 스터드에 닿지 않도록 설치하여야 한다.

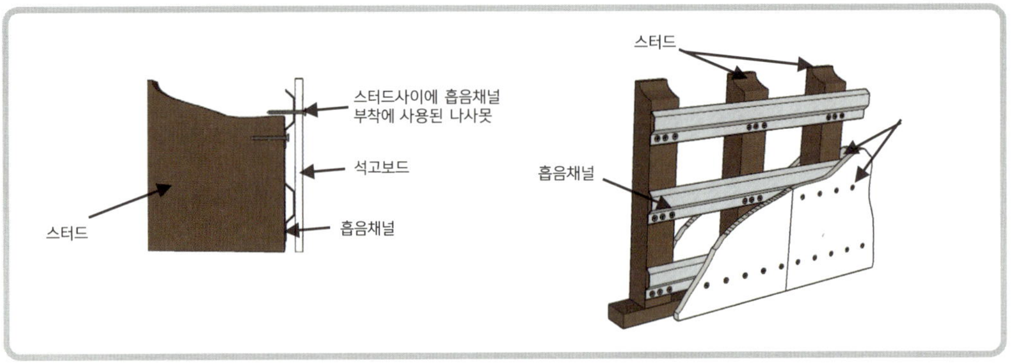

[그림 3.9.2-2] 흡음(차음)채널의 설치방법

- 출처 : 목조건축 시공기준(2011, 국립산림과학원, 박문재 외)

(3) 스터드를 엇갈리게 배치하는 경우에는 밑깔도리 및 윗깔도리의 너비는 스터드 부재의 너비보다 50㎜ 더 큰 것으로 사용한다.

(4) 바닥과 천장구조의 차음성능을 향상시키기 위하여 바닥에 카펫을 설치할 수 있으며 바닥장선과 아래층 벽체와의 사이에 흡음패드를 설치하고 장선 사이에는 단열재를 설치한다.

(5) 아래층 천장에 소음방지채널을 설치하는 경우에는 소음방지채널과 석고보드를 모두 나사못으로 고정한다.

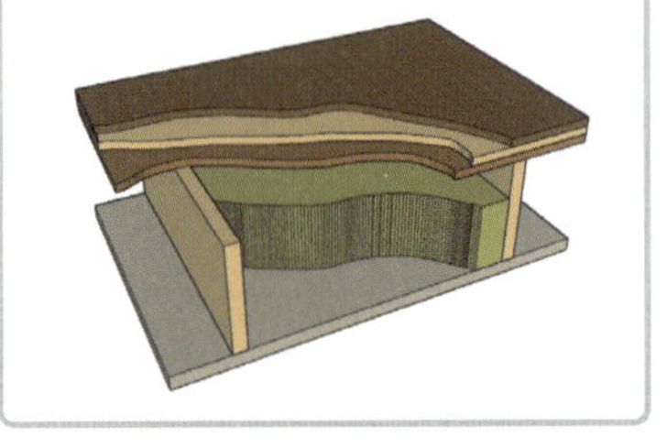

[그림 3.9.2-3] 장선 사이에 단열재를 설치한 바닥의 차음 구조

- 출처 : 목조건축 시공기준(2011, 국립산림과학원, 박문재 외)

(6) 바닥 충격음 및 진동의 완화를 목적으로 바닥구조의 강성을 향상시키기 위하여 바닥장선 사이에 보막이를 1.2m 이하의 간격으로 설치할 수 있다.

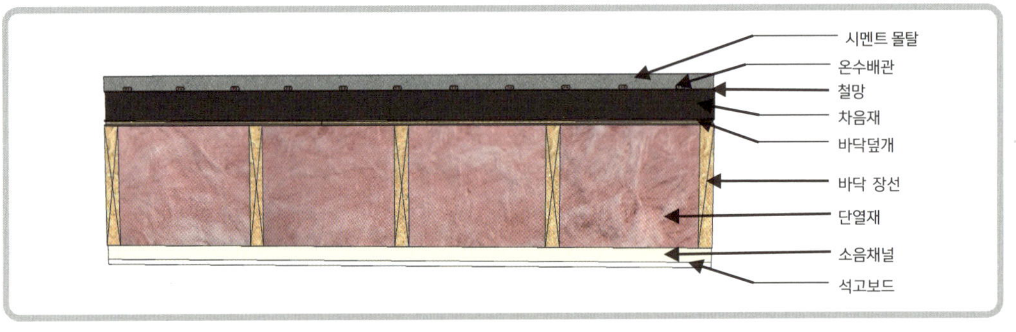

[그림 3.9.2-4] 온돌 아래에 차음재를 설치하는 경우의 바닥 차음 구조

- 출처 : 목조건축 시공기준(2011, 국립산림과학원, 박문재 외)

3.10 안전시공

(1) 경골목조공사의 안전시공에 대한 사항은 *SBCS 41 90 33 05 (3.12)* 에 따른다.

4 시공사례

(주택) 시공 사례 – [㈜주택문화사 제공] 경골목조 공사

01 배관공사와 콘크리트 기초판 시공(4~5일 기간 소요)

02 경골목조 골조공사를 통한 전체적인틀 시공

03 골조를 강화하기 위한 덮개(Sheathing) 부착

04 덮개 부착 완료 후 천장(또는 2층 바닥판) 장선 시공

05 장선 위에 용마루 세우기

06 용마루를 세운 뒤 서까래(또는 트러스) 시공

07 지붕골 시공

08 합판(또는 지붕 덮개) 시공

09 외부 벽 덮개에 방습을 위한 방습지 시공

10 지붕 마감재 시공(펠트 및 아스팔트 싱글)

11 지붕 마감재 시공, 창호 설치 등

12 외벽 마감재(사이딩, 스터코, 벽돌 등) 시공 및 완료

- 출처 : 월간, 전원속의 내집(https://uujj.co.kr)

(패시브하우스) 시공 사례 - [㈜동건 제공] 소형 경골목조 공사

01 기초 거푸집 설치 및 콘크리트타설

02 기초 콘크리트 양생

03 기초 콘크리트 완료

04 정화조 설치 부위 굴토 → 정화조 설치후 되메우기

05 경골목조 벽체 지상 조립

06 경골목조 벽체 세우기

07 바닥 압출법 보온재 180㎜+ PIR 단열재 75㎜ 시공

08 경골목조 벽체 세우기 및 바닥부위 단열 공사 완료

09 외벽 및 지붕 외단열 시공

10 앵커볼트는 점형 열교방지 처리

11 실내 마감재 공사 전 석고보드(벽체) 및 MDF(바닥) 시공

12 외벽 및 지붕 마감재 시공 완료, 소형 환기장치설치 등

- 출처 : ㈜동건

5 시공예시도

■ 경량 목구조 조립분해도

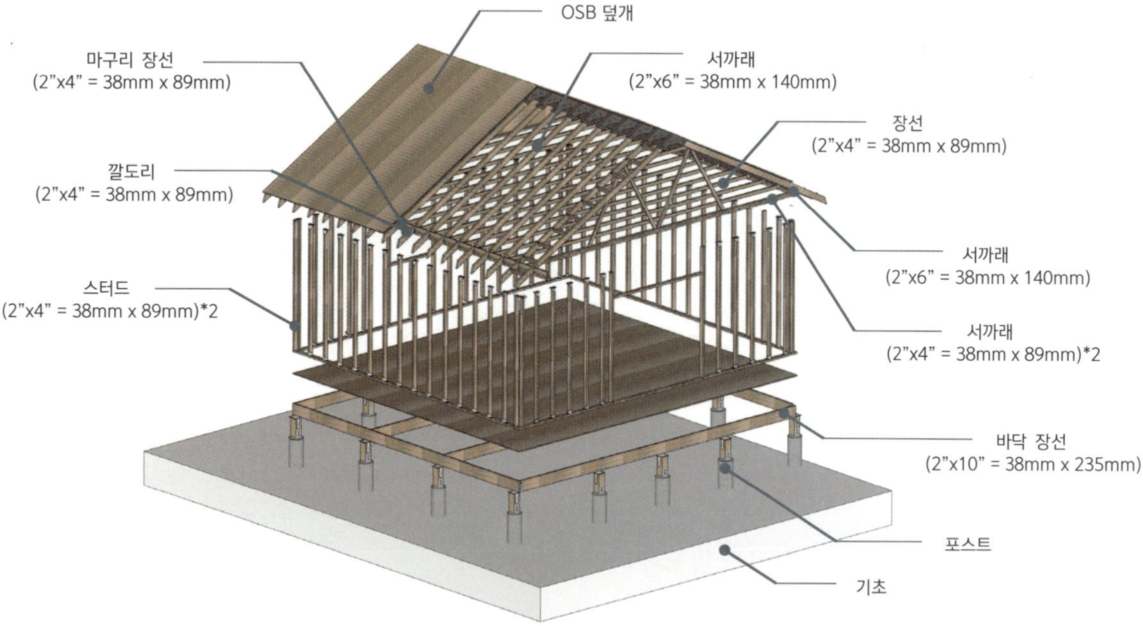

■ 지붕-기둥 접합부위 상세도

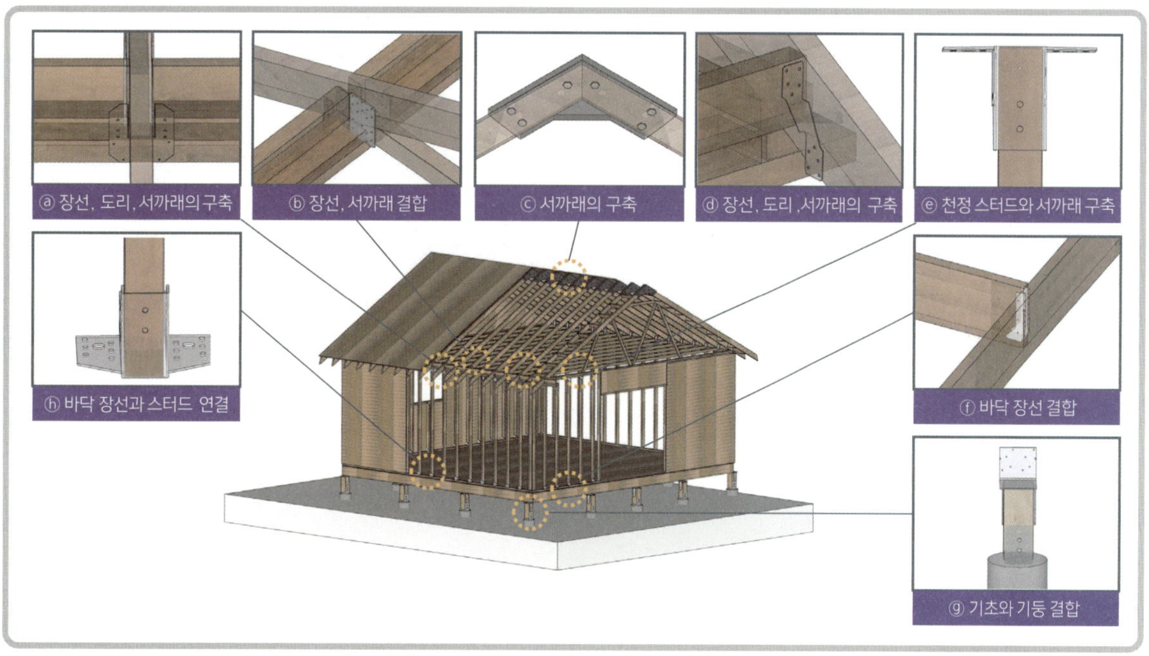

■ [시공 사진] 경량목구조 기초공사 및 벽체 골조공사 조립분해도

01. 기초 콘크리트 공사 실시(지면에서 최소200mm 이상, 300mm 이상 권장)

02. 기초 콘크리트 시공 완료 후 기초판 위 먹매김 실시

03. 기초판 위 먹매김 후 수평이 되도록 방부목 토대 설치

04. 토대는 방부목재를 사용하며, 콘크리트면과 접하는 부분에는 패드를 부착하여 직접 접촉이 안 되도록 설치

05. 바닥에서 벽체골조를 먼저 조립 후에 세워 토대 위에 고정

06. 완성된 벽체골조 위 OSB 덮개 시공

07. 완성된 벽체 위 천정 장선 시공

08. 기초공사 및 벽체 골조공사 완료

- 출처 : 월간, 전원속의 내집(https://uujj.co.kr)

■ [시공 사진] 경량목구조 지붕공사 및 외부마감 조립분해도

01. 세워진 벽체 위 용마루 및 서까래 시공(1)

02. 세워진 벽체 위 용마루 및 서까래 시공(2)

03. 지붕 골조공사 완료

04. 지붕 골조공사 완료 후 OSB 덮개 시공

05. 외부 벽 덮개에 방습을 위한 투습방수지 설치

06. 지붕 OSB합판 위 지붕용 투습방수지 시공

07. 아스팔트 슁글 등 지붕재 설치

08. 경량목구조 주택 시공 완료

- 출처 : 월간, 전원속의 내집(https://uujj.co.kr)

CHAPTER 6

03

SBCS 41 90 33 15
대단면 목조공사

1 일반사항

1.1 적용범위

(1) 이 기준은 건축물의 주요 구조부에 단면치수가 큰 목재부재들이 사용되는 대단면 목조건축물 시공에 적용한다.

(2) 대단면 목조건축물은 부재의 짧은 변의 치수가 150㎜ 이상인 대단면의 구조용 목재 또는 구조용 집성재로 시공하는 목조건축물을 말한다.

[사진 1.1-1] 구조용 집성재로 건축된 목조건축물의 사례

- 출처 : 목조건축 시공기준(2011, 국립산림과학원, 박문재 외), 18층짜리 세계 최고 목조 고층빌딩 지었다(2016, 한겨레)

1.2 대단면목조공사 일반

(1) 대단면 목조건축에 사용되는 구조부재의 치수는 KS F 3020의 2종 및 3종 구조재 또는 KS F 3021의 대단면 집성재가 되어야 한다.

1.3 참고 기준

(1) 대단면 목조공사의 참고기준은 *KCS 41 33 04 (1.3)*에 따르며, 추가사항은 다음과 같다.

① SBCS 41 90 33 05 수장 목공사

1.4 용어의 정의

(1) 대단면 목조건축물: 부재의 짧은 변의 치수가 150mm 이상인 대단면의 구조용 목재 또는 구조용 집성재로 시공하는 목조건축물

(2) 보수: 유지관리에 포함되는 행위의 일부로서 기존 건축물의 소모적인 부품과 재료의 교체, 나사 재조임, 주유 등의 조치와 기능 회복을 위하여 먼지나 얼룩 등을 제거하는 작업

(3) 유지관리: 일반적으로 수리, 갱신, 점검보수, 운전, 청소 등을 포함하여 기존 건축물의 초기 성능과 기능을 유지하기 위한 행위

(4) 접합: 두 개 이상의 부재를 못, 철물, 접착제 또는 짜맞춤 등으로 연결하는 작업

(5) 접합철물: 두 개 이상의 부재를 접합하기 위해 사용되는 평강판과 걸쇠철물, 연마철물 등의 금속제품

(6) 제재목: 벌채된 원목으로부터 제재된 각재와 판재 등의 제품

a) 각재 b) 판재

[사진 1.4-1] 제재목의 종류

- 출처 : 목조건축 시공기준(2011, 국립산림과학원, 박문재 외)

(7) 조임쇠: 두 개 이상의 부재를 서로 밀착되도록 접합시키기 위하여 사용되는 못, 볼트, 래그나사못, 드리프트핀 등 조임용 철물의 총칭

(8) 집성재: 목재 층재를 섬유방향이 평행하도록 하여 두께 및 길이방향으로 집성 접착한 목재제품으로 구조용 집성재 및 수장용 집성재를 포함

(9) 구조용 목질판재

구조용 목질판재에는 일반적으로 구조용 합판, OSB, CLT(Cross Laminated Timber) 등이 포함된다. 이 기준에 제시된 종류 및 등급 이외의 구조용 패널에 대해서는 KS 등에 정해진 실험 및 평가방법에 의하여 구조용으로 타당한 것으로 판단되는 재료에 한하여 구조용 패널로 사용될 수 있다.

a) 합판 b) OSB c) CLT

[사진 1.4-2] 구조용 패널

- 출처 : 목조건축 시공기준(2011, 국립산림과학원, 박문재 외)

(10) 단판적층재 (Laminated Veneer Lumber, LVL): 단판적층재는 상업적으로 생산된 구조용 복합재의 첫 번째 형태이다. 이것은 목재로 구성되어 있으며, 각 단판의 목리 방향이 완성된 제품의 길이 방향에 따라 배치되도록 하여 적층시킨 것이다.

(11) 평행스트랜드목재(Parallel Strand Lumber, PSL): 평행스트랜드목재는 두께 3㎜, 폭 18㎜의 스트랜드를 완성된 제품의 길이 방향을 따라 적층하여 만든 제품이다.

(12) 스트랜드적층재(Laminated Strand Lumber, LSL): 스트랜드적층재는 길고 얇은 스트랜드, 즉 길이 300㎜, 두께 0.7㎜ 정도의 스트랜드를 길이 방향으로 배향시켜 만든 구조용 복합재이다. 이렇게 만들어진 두께 140㎜, 길이 1,200㎜, 폭 2,400㎜의 치수를 갖는다.

a) 단판적층재(LVL) b) 평행스트랜드목재(PVL) c) 스트랜드적층재(LSL)

[사진 1.4-3] 단판적층재, 평행스트랜드목재, 스트랜드적층재

- 출처 : 목조건축 시공기준(2011, 국립산림과학원, 박문재 외)

(13) 파스너 : 두 개 이상의 부재를 접합하기 위해 사용되는 볼트, 래그나사못, 드리프트핀, 전단플레이트 등의 연결철물을 말한다.

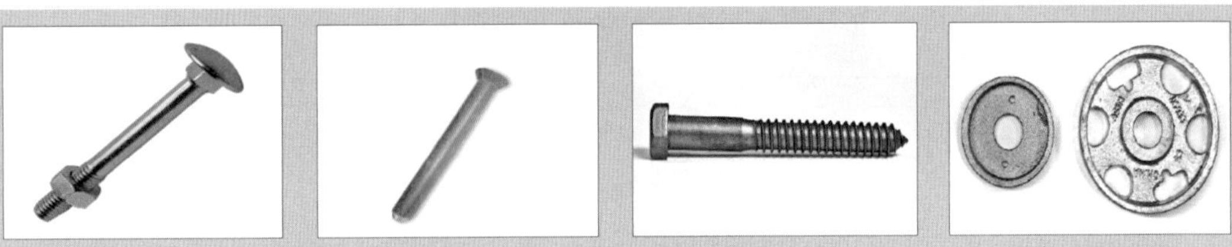

a) 볼트 b) 드리프트핀 c) 래그나사못 d) 전단플레이트

[사진 1.4-4] 파스너의 종류

- 출처 : 목조건축 시공기준(2011, 국립산림과학원, 박문재 외)

1.5 제출물

1.5.1 일반사항

(1) 이 기준은 건축물의 주요 구조부에 단면치수가 큰 목재부재들이 사용되는 대단면 목조건축물 시공에 적용한다.

(2) 대단면 목조건축물은 부재의 짧은 변의 치수가 150㎜ 이상인 대단면의 구조용 목재 또는 구조용 집성재로 시공하는 목조건축물을 말한다.

2 자재

2.1 목재의 품질

2.1.1 제재목

(1) 이 기준은 건축물의 주요 구조부에 단면치수가 큰 목재부재들이 사용되는 대단면 목조 건축물 시공에 적용한다.
(2) 대단면 목조건축물은 부재의 짧은 변의 치수가 150mm 이상인 대단면의 구조용 목재 또는 구조용 집성재로 시공하는 목조건축물을 말한다.

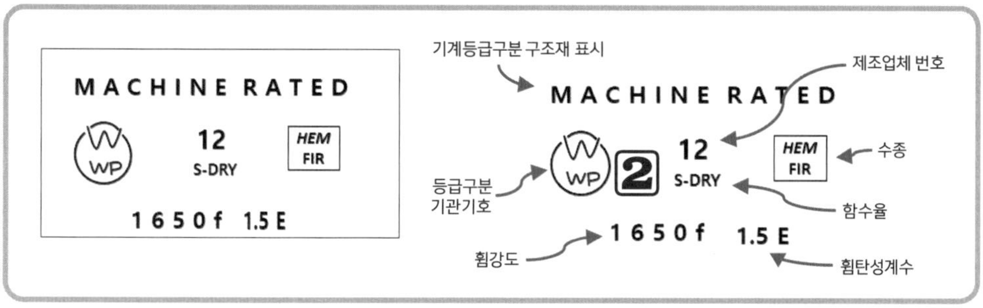

[그림 2.1.1-1] 기계등급 구조재(미국서부목재협회 등급인) CHECK 01

- 출처 : 목조건축 시공기준(2011, 국립산림과학원, 박문재 외)

> ◀ CHECK 01
> - 수입산 제재목의 경우 그림과 같이 등급규정이 명시된 구조용재를 사용한다.
>
> ◀ CHECK 02
> - 구조용 집성재는 설계 도서에 표시된 형상과 치수로 제작되어야 하며, 설계도에 명시된 위치에 가공한다.
> - 구조용 집성재는 구조내력, 내구성, 내화성능을 확보하며, 접합부와 고정부는 작용하는 하중을 충분히 전달할 수 있도록 한다.

2.1.2 집성재 CHECK 02

(1) 구조용으로 사용되는 집성재의 품질은 KS F 3021에 적합한 것으로 한다.

2.2 부재의 가공

(1) 대단면 목조건축을 위한 부재의 가공은 공장에서 컴퓨터로 조정되는 정밀가공기계를 사용하여 실시하거나 또는 다음 순서에 따라 수작업으로 실시할 수도 있다.
① 부재는 설계도서를 바탕으로 공작도 또는 실물도를 작성하고 책임기술자의 검토 및 확인 후 공사감리자의 확인을 받은 후 제작한다.
② 실물도 작성은 강철줄자의 대조, 기준치수 확인, 접합철물과의 결합 등을 검사하여 공사감리자의 확인을 받는다.
③ 자 또는 형판은 충분히 안정된 재료로 작성하고, 기준이 되는 방향과 심먹 등을 명확히 한다.
④ 먹매김은 공작도에 따라 자와 형판, 강철줄자를 이용하여 제작에 필요한 정보를 정확하고 명료하게 표시한다.
⑤ 길이방향의 절단은 절단각도에 충분히 유의하여 정확하게 실시한다.
⑥ 볼트 등의 구멍은 형판을 이용하여 정확한 위치를 표시하고 하중을 효과적으로 전달할 수 있는 정밀도로 가공한다.
⑦ 접합철물과 짜맞춤 등 접합부의 절삭은 부재나 실물형판 등을 직접 맞추는 등 충분히 확인한 후 실시한다.
⑧ 면치기와 표면 마무리는 가공정밀도에 따라 실시하고 경미한 손상은 퍼티 등으로 처리한다.
(2) 마감도장은 원칙적으로 2회까지 공장에서 실시한다.

2.3 부재의 가공정밀도

(1) 부재의 가공은 *[표 2.3-1~표 2.3-2]* 에 주어진 허용오차 범위에 들도록 하며 접합부의 가공은 접합형식에 따라 적정한 가공정밀도를 확보한다.

[표 2.3-1] 부재의 가공 허용오차(기둥, 보)

부재	길이	휨	짧은 변	긴 변
보	±5mm	L/1000 또는 20mm 이내	±1.5% (<±1.5mm)	±1.5mm
기둥	±5mm	L/1500 또는 10mm 이내		

6장_소규모 목공사

[표 2.3-2] 부재의 가공 허용오차

측정항목	형상, 치수	허용 오차
1. 통직 기둥 및 보의 길이(L)	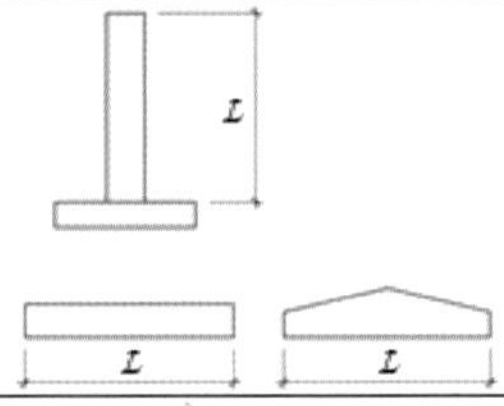	±5㎜
2. 만곡재의 길이(L)	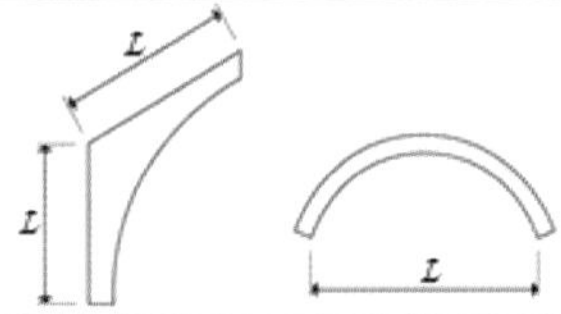	±5㎜
3. 통직재 또는 만곡재의 휨(e/L)	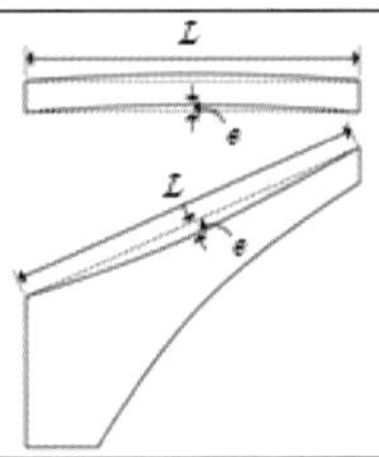	1/1,000
4. 스프링 백(e/L') 또는 e	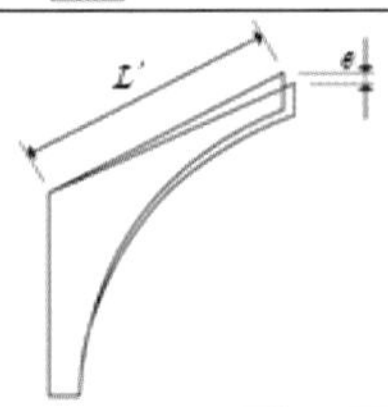	±1/2,000 또는 ±5㎜
5. 접합면의 직각도 e/H, e/B 또는 e	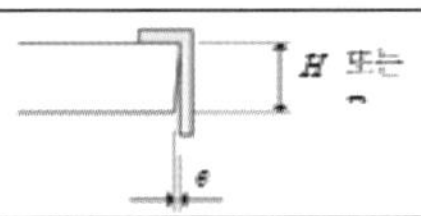	±1/150 또는 ±5㎜
6. 비틀림 e/L 또는 e	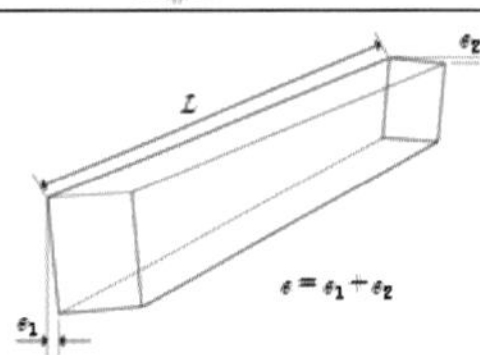	1/1000 또는 10㎜
7. 단면치수(H,B)	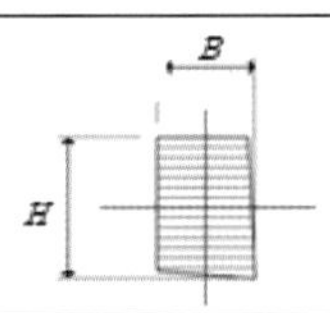 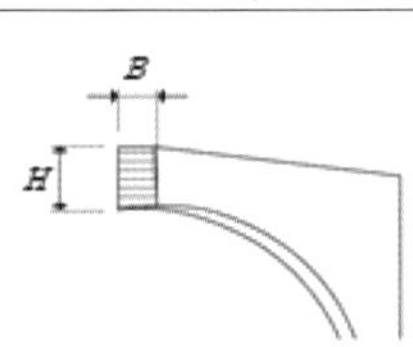	H: ±3/200 또는 ±5㎜ B:±1.5㎜

2.4 부재의 품질검사

(1) 제조 및 가공된 제재목, 집성재, 접합철물 등에 대하여 설계도서에서 요구하는 형상, 치수, 품질, 가공기준, 정밀도 등에 적합한지 확인하며 일반적으로 사내검사는 제조업체에서 실시하고 반입검사는 시공업체에서 실시한다.

(2) 제재목의 치수는 함수율에 따라 변화하므로 사용 장소의 온습도와 평형을 이루는 함수율로 건조된 상태에서 치수와 형상을 정해진 방법에 따라 측정하고 현장 조립에 지장이 없는지 확인한다.

(3) 집성재의 치수 및 형상은 정해진 방법에 따라 정확하게 측정하고 현장 조립에 지장이 없는지 확인하며 부적합한 경우에는 반품하거나 공사감리자의 지시를 받아 대책을 세운다.

(4) 제재목과 집성재를 볼트 등으로 접합할 때는 접합형식에 따라 볼트 등의 구멍지름과 위치 등의 정밀도(허용오차)는 *[표 2.4-1]* 에 적합하여야 한다.

[표 2.4-1] 볼트 등 구멍의 허용오차

대상	구멍중심 위치	구멍간격	부재간 볼트구멍 위치	구멍지름
볼트 전단볼트 드리프트핀 래그나사못	±2mm	±2mm	< 2mm	+ 1.5mm + 2mm 핀지름 축지름

(5) 접합철물의 치수와 형상은 부재의 조립과 구조물의 강성 및 강도에 지장이 없는지 확인한다.

(6) 이음과 맞춤은 공작도만으로는 예상하지 못한 착오가 발생할 수 있으므로 공장에서 1세트의 부재들을 제조한 후 가조립하여 검사한다.

(7) 부재의 방부, 방충, 도장 등의 처리가 설계도서에 적합한지 확인한다.

(8) 부재의 품질검사에 의하여 부적합한 경우가 발견되면 반품하거나 공사감리자의 확인을 받아서 개선방법을 세우며 현장에서 개선할 수 없는 중대한 결함의 경우에는 제조업체로 반품하여 공장에서 개선하도록 하여야 한다.

(9) 가능하면 현장에서 부재와 접합철물을 가공하지 않도록 하여야 하며 부득이하게 현장가공할 때는 작업의 안전을 확보하여야 하며 정밀한 가공이 이루어지도록 주의하여야 한다.

2.5 부재의 접합

(1) 건물의 구조형식과 부재 형상, 접합방법 등은 설계도서에 따르며 조임쇠의 설치 및 조임 등은 구조내력 상 안전을 확보할 수 있는 방법으로 이루어져야 한다.

(2) 조임쇠와 접합철물에는 방청, 방·내화 및 방로처리가 되어 있어야 하며, 접합철물 및 조임쇠의 배치 및 설치는 설계도서에 따른다.

(3) 가구 조립에 우선하여 조임쇠와 접합철물의 종류, 형상, 치수, 종류 등에 대해 다음 사항을 검사 및 확인하고 조립작업은 구조내력 상 지장이 없도록 하여야 한다.

① 조임쇠 및 접합철물의 종류, 치수 및 수량
② 조임쇠 및 접합철물의 상처 및 녹의 유무와 방청처리 상태
③ 못, 리벳, 드리프트핀 등의 수량과 위치, 목부의 할렬, 조임쇠의 탈락
④ 조임쇠의 고정 깊이, 수량 및 홈 구멍과의 간격
⑤ 볼트 및 래그나사못의 수량, 조임 상태, 와셔의 치수 및 형상, 그리고 부재 사이의 간격
⑥ 전단플레이트 또는 스프리트링의 수와 위치, 목부 할렬 및 부재 사이의 간격

2.6 목재의 방부 및 방청처리

(1) 목재의 방부 및 방청처리는 *41 90 33 05 (2.3)* 에 따른다.

2.7 목재의 난연처리

(1) 목재의 난연처리는 *41 90 33 05 (2.4)* 에 따른다.

2.8 자재의 검사

2.8.1 현장 검사

(1) 경골목조건축용 구조용 목재, 구조용 집성재 및 목질 판재 등은 제조업체에서 발급한 성적 증명서 또는 목재 표면에 찍힌 등급인을 통하여 품질을 확인한다.

(2) 그 밖의 대단면 목조공사의 현장 검사에 대한 일반적인 사항은 *SBCS 41 90 33 05 (2.14)* 에 따른다.

2.8.2 품질 검사 및 시험

(1) 대단면 목조공사의 품질 검사 및 시험에 대한 일반적인 사항은 *SBCS 41 90 33 05 (2.14)* 에 따른다.

3 시공

사전 준비 단계

- 구획과 환경영향의승인
- 배치도와 실시도면
- 건축허가서 발급

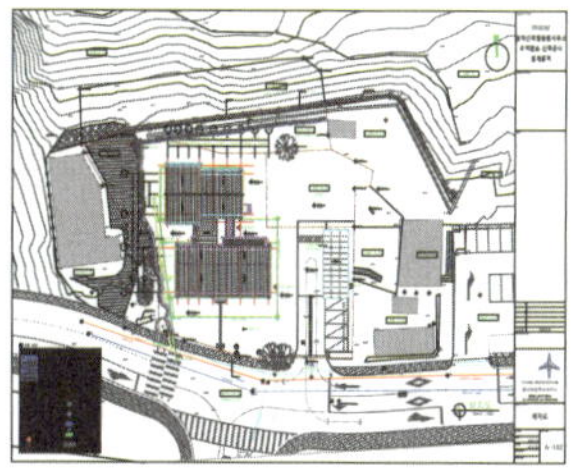

공사 단계

- 검사신청
- 기초검사
- 콘크리트 슬래브 또는 층 밑 검사
- 상·하수도관, 수도, 지하배관 검사
- 인입 전기 검사
- 되메우기 검사
- 골조 검사
- 내화 관련 검사
- 열효율 검사/ 단열재 검사
- 래스 또는 석고보드 검사

준공 단계

- 준공검사
- 입주허가

[그림 3-1] 대단면 목조공사의 시공공정

3.1 운반 및 보관

(1) 부재 운반을 위해서는 운반계획서를 미리 작성하여야 하며 운반경로 상의 도로상황, 운반차량의 성능 및 치수, 건축현장의 작업순서 등을 고려하여야 한다.
(2) 부재 치수는 운반차량과 도로교통법 등에서 허용하는 범위 이내로 하여야 하며, 교통 및 도로사정을 고려하여 길이와 높이에 여유를 둔다.
(3) 상차, 하차 및 현장적재를 실시하는 작업자는 산업안전기준 등에서 정하는 자격을 갖춘 자로 한다.
(4) 상차, 하차 및 현장 적재는 부재의 조립순서를 고려하여 실시한다.
(5) 부재 운반 시 적재 불량 또는 차량운행 시의 충격 등으로 인한 과도한 변형이나 국부압축변형이 생기지 않도록 주의하여야 하며, 운반 중에 강우, 강설 등으로 인한 오염을 방지할 수 있도록 포장 및 덮개 등의 조처를 취하여야 한다.
(6) 상차, 하차 및 현장적재 시 부재에 손상이 발생하지 않도록 인양 철물, 인양 위치 및 인양 방법 등의 대책을 세워야 하며 필요한 경우에는 덮개를 씌워서 부재를 보호하여야 한다.
(7) 현장에서 부재의 적재 및 보관 장소는 평탄하고 배수가 양호하여야 하며 받침대를 깔아서 부재가 직접 지면에 닿지 않도록 하고 강우 및 강설 등으로 인한 부재의 오염 및 함수율 상승을 방지할 수 있도록 포장 및 덮개를 설치하여야 한다.

3.2 조립 시공

3.2.1 조립 계획

(1) 구조부재의 조립은 공사가 원활하고 안전하게 진행될 수 있도록 사전에 작업계획을 수립하여 작업의 효율성, 안전성 및 적정 수준의 품질을 확보하여야 한다.
(2) 조립계획은 주로 다음 사항을 고려하여 수립한다.
① 공정 계획
② 주각의 고정방법
③ 조립공간의 배치 및 규모
④ 조립 기계의 종류, 수량, 용량 및 이동 방법
⑤ 부재 반입, 분류, 보관 및 보관 방법(부재, 접합철물, 고정볼트 등)
⑥ 사전조립 순서 및 방법
⑦ 가설 및 비계의 종류, 설치시기 및 설치방법
⑧ 조립순서, 임시 고정, 임시 조임 순서, 조립 조정 방법 및 마무리 조임 순서
⑨ 자재의 보관
⑩ 안전 및 현장 정리

3.2.2 조립 준비

(1) 조립 작업 전에 부재 및 철물의 배치, 조립방법, 인양장비, 인양 경로, 인양순서, 안전요원 배치, 안전시설물 설치 등의 사전준비를 철저히 하여야 한다.
(2) 조립 전에 고정볼트의 위치를 확인하고 중심선의 오차 등이 발생한 경우에는 즉시 적절한 위치로 수정한다.
(3) 부재는 지상조립 여부 및 조립 순서를 고려하여 지정된 장소로 반입한다.
(4) 반입된 부재의 수량, 치수 및 가공 상태 등을 검사한다.
(5) 가구의 뼈대는 가능하면 지상조립 후 인양하고 접합정밀도를 확보하기 위하여 필요한 비계, 가설대 및 버팀목 등을 설치한다.
(6) 조립작업의 효율성과 안전성을 확보하기 위해 가구형식과 부지조건에 따라 임시설비를 적절하게 설치하며 고소 작업 시에는 안전망을 설치하여야 한다.

3.2.3 지상조립

(1) 건축물의 골조는 가능하면 지상조립을 실시한 후에 인양한다.
(2) 지상조립을 하는 경우에는 그 크기와 형상을 고려하여 지상에 충분한 작업 공간을 확보하여야 하며 지상조립에 필요한 시설을 설치하여야 한다.
(3) 지상조립 후 인양 시에 인양경로를 확보하고 인양에 충분한 성능을 갖는 인양장비를 설치하여야 한다.

3.2.4 조립

(1) 조립은 조립순서에 따라 부재 및 가구의 골조를 정해진 위치로 이동하고 즉시 고정볼트, 조임쇠, 접합철물 등을 사용하여 임시로 고정한다.
(2) 인양작업은 가구의 뼈대에 무리한 변형이 생기지 않도록 균형을 맞추어 인양하여야 하며 인양 중 변형이 발생하지 않도록 필요한 부위를 보강한다.
(3) 가구 뼈대의 조립단계에서 임시 버팀대, 임시 가새, 보조 와이어 등을 설치하여 건축물이 완전히 완성되기 이전에 작용하는 중력, 풍압, 지진 등의 외력을 안전하게 지지할 수 있도록 한다.
(4) 조립 도중에 작업을 중단할 때는 충분히 안전대책을 세운다.
(5) 강풍과 비, 눈 등의 악천후에는 작업자의 안전 확보를 위하여 작업하지 아니한다.

3.2.5 조정조립

(1) 조립한 기둥과 뼈대의 수직, 수평 또는 비틀림 등을 목표 정밀도에 맞추기 위하여 조정한다.
(2) 조정조립 시기는 건축물 규모, 가구형식, 접합방식 등에 따라 적절하게 설정한다.
(3) 조정조립은 부재에 손상을 입히지 않도록 각별히 주의하여 실시한다.
(4) 조정조립 후 각부의 정밀도가 허용오차를 벗어나지 않는지 확인한다.
(5) 조정조립이 끝난 부분부터 순차적으로 마무리 조임을 실시한다.

▼ CHECK 03
- 목재의 길이를 이어서 사용하는 경우에 이음부에서 만나는 각각의 부재는 1m 이상의 길이를 갖도록 한다.

3.2.6 설치 정밀도

(1) 각부 구조체의 정밀도는 *[표 3.2.6-1~표 3.2.6-2]* 에 따른다.

[표 3.2.6-1] 구조체의 허용오차

구 분	연직도	건축물 만곡	건축물 층고
허용오차	<H/2500±10㎜또는 <50㎜	<H/2500 또는 <50㎜	<5㎜

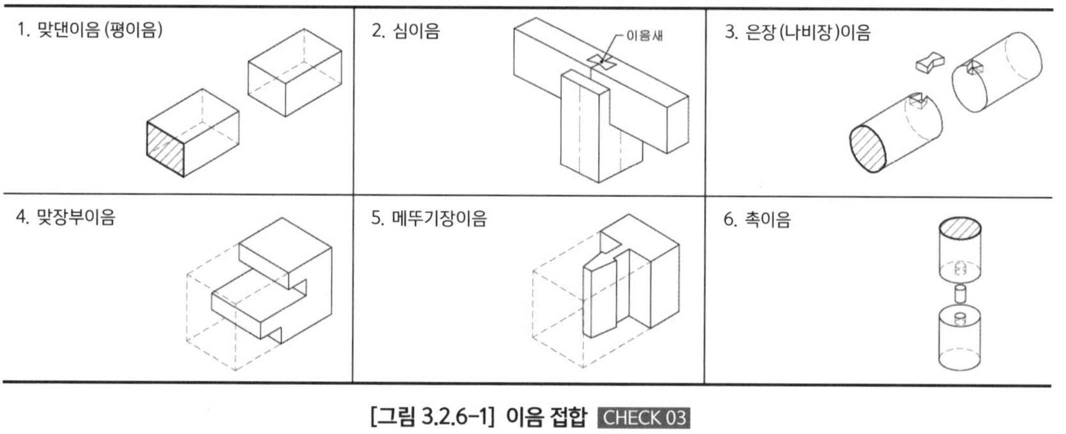

[그림 3.2.6-1] 이음 접합 CHECK 03

- 출처 : 문화재수리 표준시방서(2021, 문화재청)

CHECK 04 ▶
- 이음 및 맞춤 접합부를 가공할 경우에 접합이 너무 헐거워서 쉽게 빠질 정도로 끼우는 목재 치수가 너무 작거나 또는 접합을 위하여 무리한 힘을 가해야 할 정도로 끼우는 목재 부분의 치수가 너무 크지 않도록 주의하여야 한다.
- 이음 및 맞춤 접합부는 산지를 끼워서 고정하여야 하며 산지 구멍의 형상에 대해 특별히 정해진 것이 없는 경우에는 네모 또는 원형으로 한다.

[표 3.2.6-2] 맞춤 접합 (계속) CHECK 04

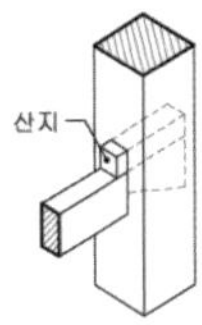	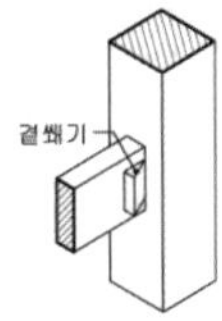	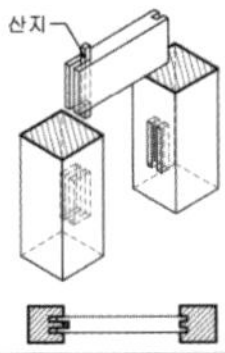	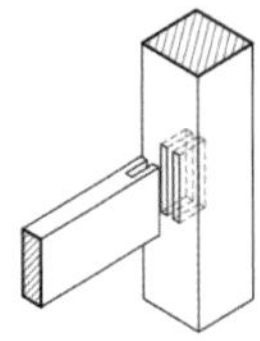
갈퀴맞춤	곁쐐기	되맞춤	쌍갈맞춤(가름장)
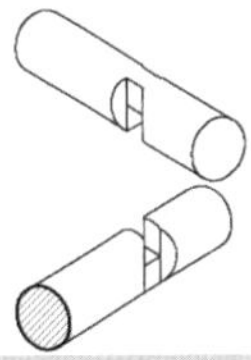	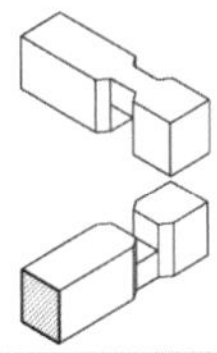	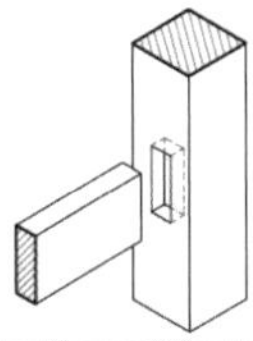	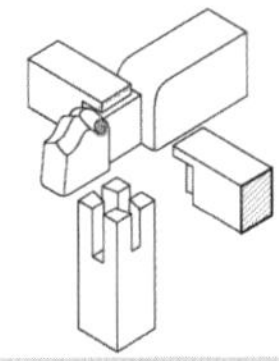
왕지맞춤(1)	왕지맞춤(2)	통맞춤	화통맞춤
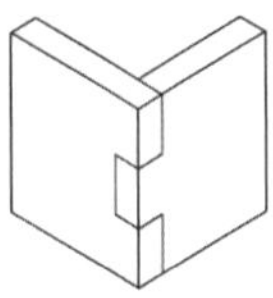	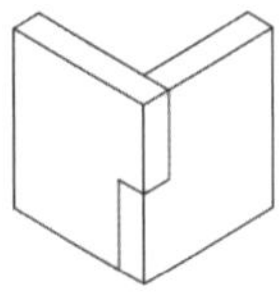	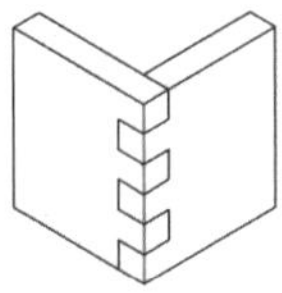	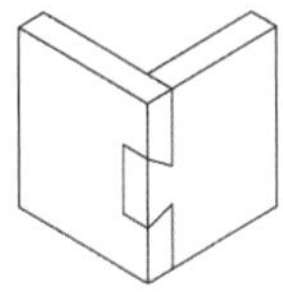
사개맞춤(1)	사개맞춤(2)	사개맞춤(3)	주먹장사개맞춤
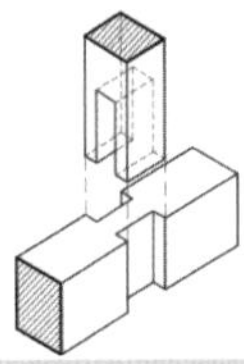	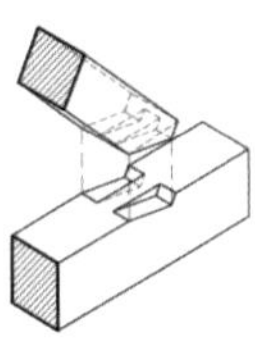	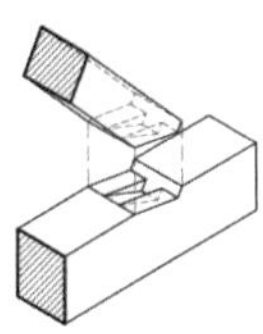	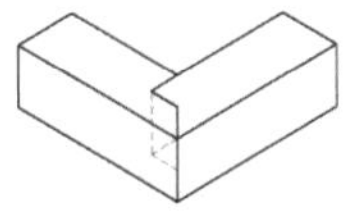
가름장맞춤	안장맞춤	홀림장부안장맞춤	반연귀맞춤(1)
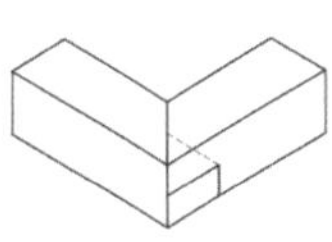	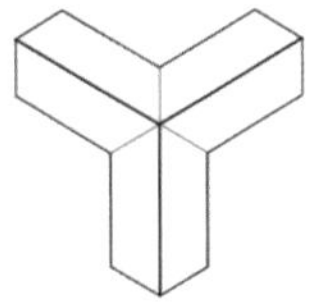	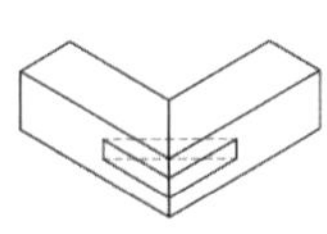	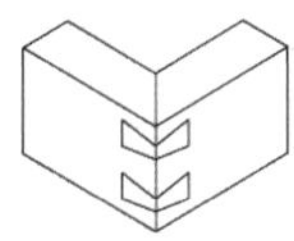
반연귀맞춤(2)	삼방연귀맞춤	연귀귀불쪽맞춤	연귀귀불쪽끼움
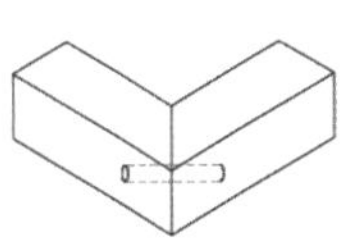	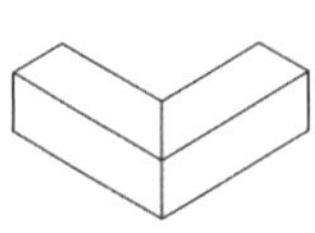	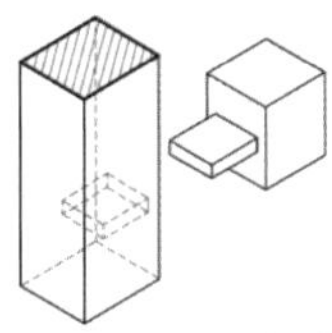	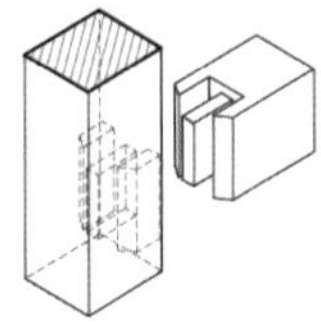
연귀산지맞춤	온연기(맞연귀)맞춤	가로장부맞춤	가름장장부맞춤

[표 3.2.6-2] 맞춤 접합

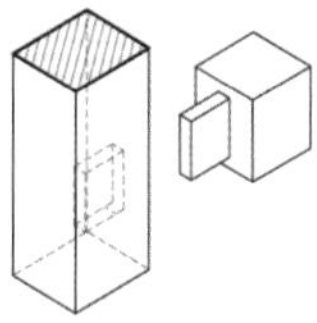 세로장부맞춤	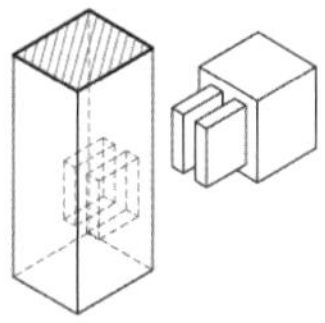 쌍장부맞춤	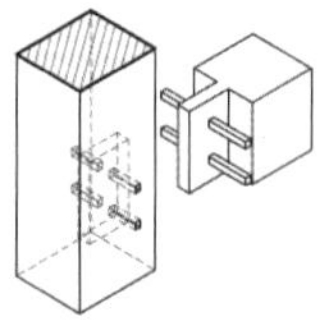 산지장부맞춤	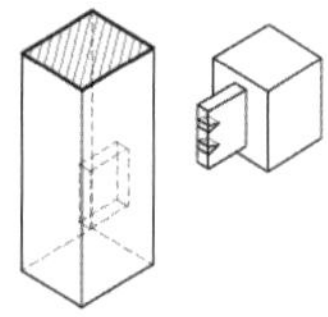 지옥장부맞춤
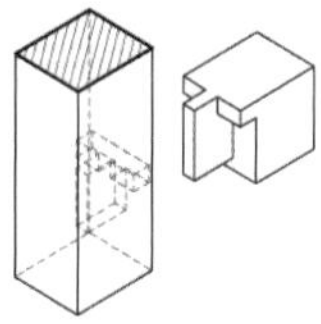 턱솔장부맞춤	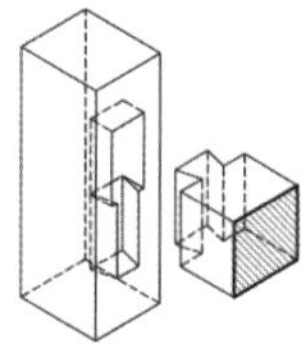 내림주먹장맞춤	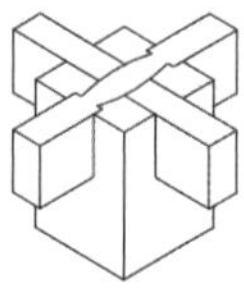 내외주먹장맞춤	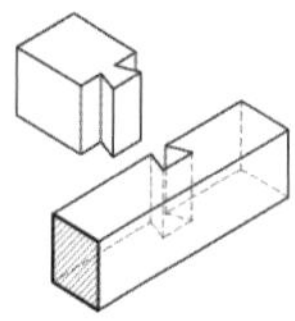 주먹장맞춤(1)
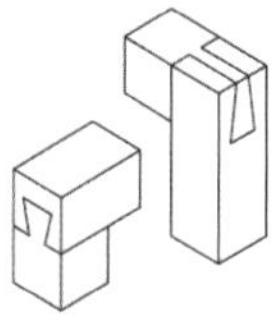 주먹장맞춤(2)	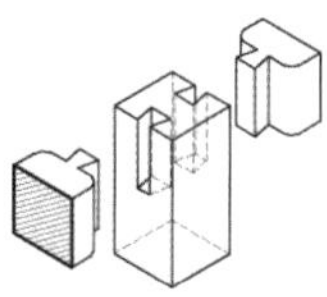 주먹장맞춤(3)	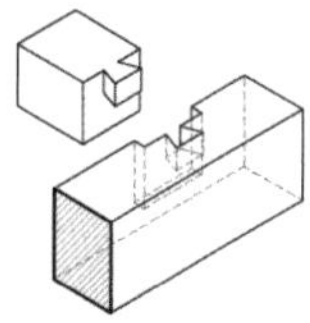 통넣고주먹장맞춤(1)	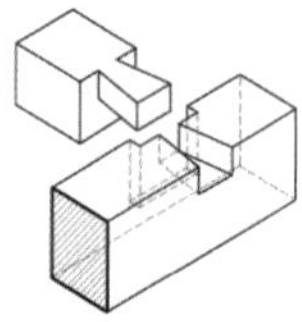 통넣고주먹장맞춤(2)
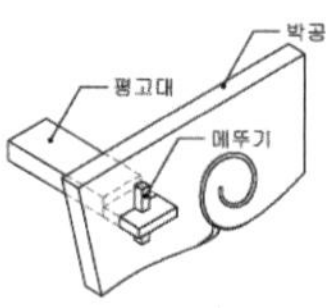 메뚜기장맞춤	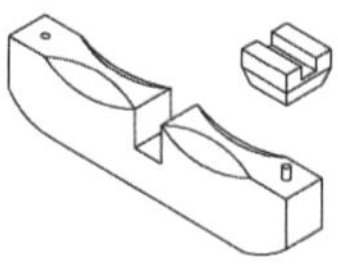 촉막춤	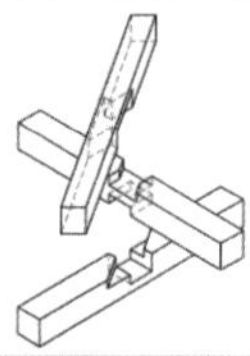 6모 3분턱(1)	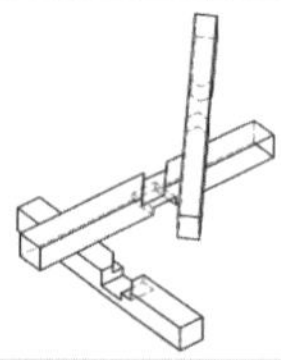 6모 3분턱(2)
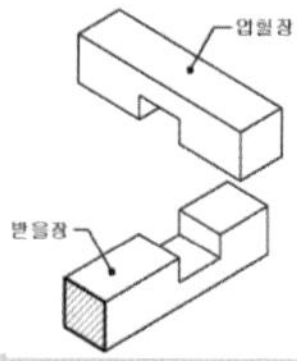 반턱맞춤	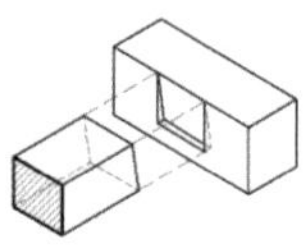 비턱맞춤	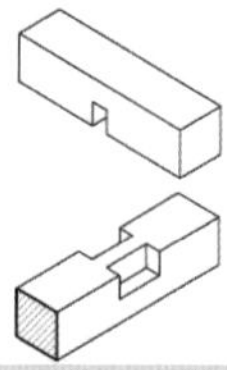 양걸침턱맞춤	

- 출처 : 문화재수리 표준시방서(2021, 문화재청)

[표 3.2.6-3] 대단면 목조건축물의 허용오차

명칭	그림	허용오차
건물의 쏠림(e)	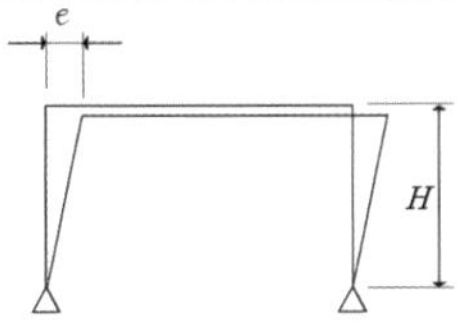	$e \leq \left(\frac{H}{2,500} \pm 10\right)$ mm 또는 $e \leq 50$ mm
건물의 휨(e)	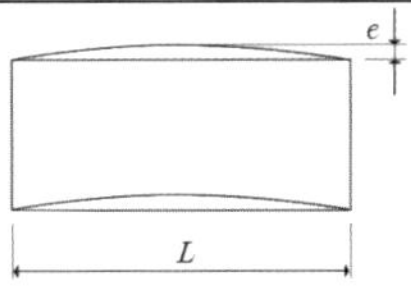	$e \leq \frac{L}{2,500}$ mm 또는 $e \leq 50$ mm
건물 높이	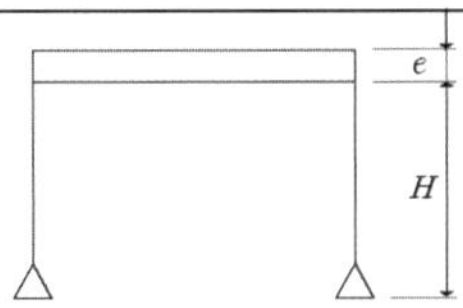	-5 mm $\leq e \leq 50$ mm
기둥의 기울기(e)	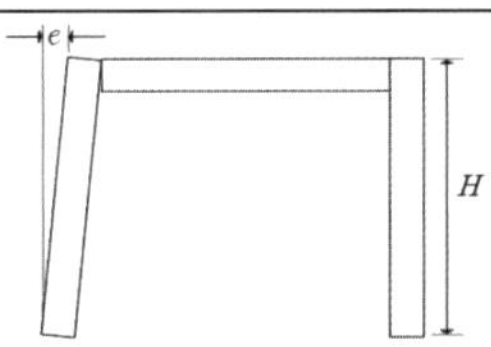	$e \leq \frac{H}{1,000}$ mm 또는 $e \leq 10$ mm
보의 수평도(e)	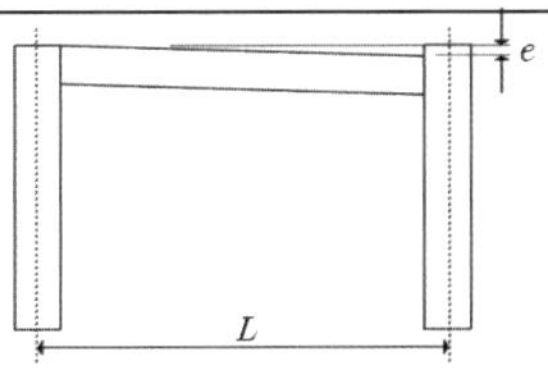	$e \leq \left(\frac{L}{1,000} + 3\right)$ mm 또는 $e \leq 10$ mm

3.3 안전시공

(1) 대단면 목조공사의 안전시공에 대한 사항은 *SBCS 41 90 33 05 (3.12)* 에 따른다.

3.4 접합부의 시공 상세 - 출처 : 목조건축 시공기준(2011, 국립산림과학원, 박문재 외)

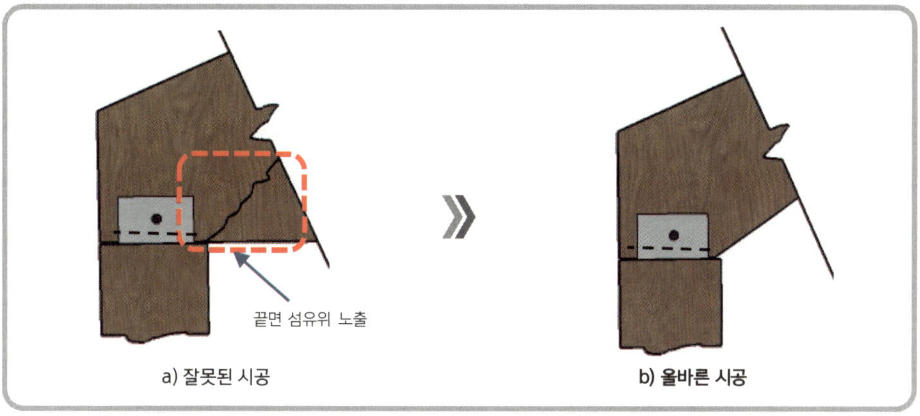

[그림 3.4-1] 기둥과 보의 접합에서 끝면 섬유의 영향 CHECK 05

◀ CHECK 05

- a)와 같이 보의 끝면 섬유가 노출되면 목재의 건조와 함께 접합철물 끝부분에 섬유 직각방향 인장응력이 집중되어 분할이 발생하여 보의 강도가 떨어지게 된다. 따라서, b)와 같이 보의 끝면 섬유가 노출되지 않는 디테일로 시공한다.

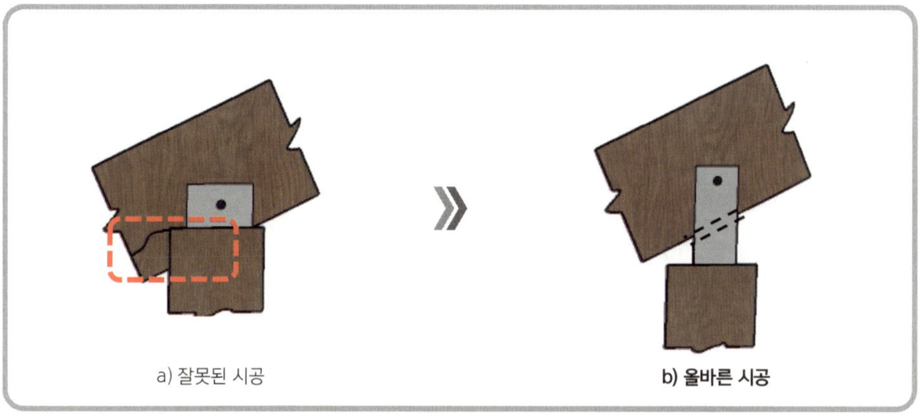

[그림 3.4-2] 기둥과 보의 접합에서 보의 따냄의 영향 CHECK 06

◀ CHECK 06

- a)와 같이 보를 따내면 따낸 면의 각진 모서리에 섬유 직각방향 인장응력이 집중되어 목재에 갈라짐이 발생하게 된다. 따라서, b)와 같이 보의 따내기를 하지 않는 디테일로 시공한다.

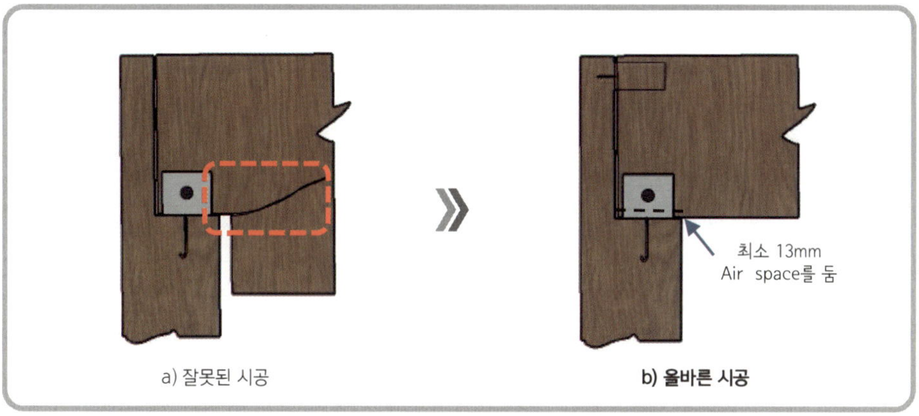

[그림 3.4-3] 기둥과 보의 연결 시 보의 끝면 따냄의 영향 CHECK 07

◀ CHECK 07

- a)와 같이 보의 끝부분 따내기를 하면 따낸 부분의 각진 모서리에 섬유 직각방향 인장 응력이 집중되어 목재의 갈라짐이 발생하게 된다. 따라서, b)와 같이 보의 끝부분에는 따내기를 금지하거나 따내기의 크기는 보 너비의 1/10 이내로 제한한다.

CHECK 08 ▶

▪ a)와 같이 보의 밑면은 철물에 의하여 고정되고 윗면이 횡방향 움직임방지 클립과 볼트로 고정되어 있을 때 수축이나 하중에 의해 보가 처지게 되면 보 끝부분이 회전을 못해 보 윗부분 고정부분에 갈라짐이 발행하게 된다. 따라서, 횡방향 움직임 방지클립은 b)와 같이 볼트로 고정하지 않는다.

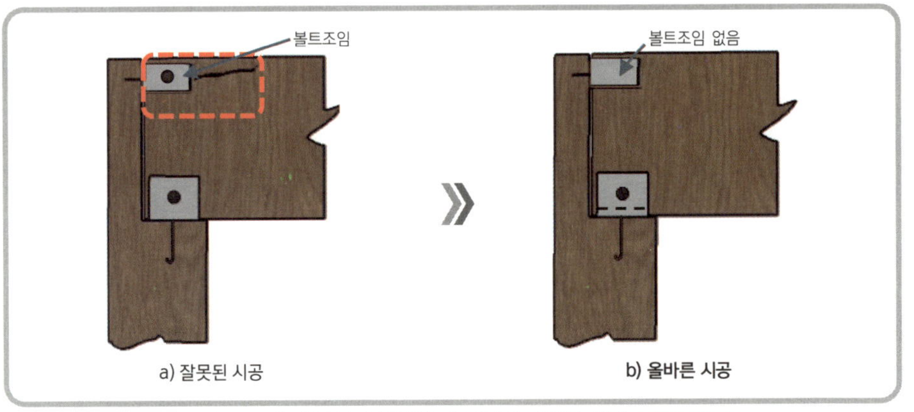

[그림 3.4-4] 횡방향 움직임 방지 클립의 올바른 시공 CHECK 08

CHECK 09 ▶

▪ 화재발생 시 a)와 같이 직각모서리 절단을 한 보는 처짐에 의해 내력벽에 구조적인 손상을 주게 된다. 따라서, 보의 모서리를 b)와 같이 사선 절단(fire cut)을 하도록 한다.

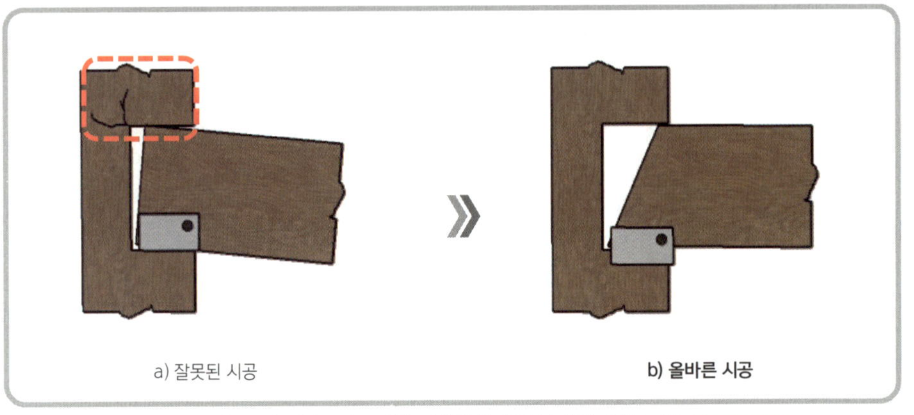

[그림 3.4-5] 보와 기둥 또는 벽체와의 접합에서 화재에 대한 고려 CHECK 09

CHECK 10 ▶

▪ a)와 같이 클립형 접합철물에 여러 개의 파스너를 사용하면 보가 수축될 때 파스너 접합부분에서 섬유 직각방향 인장응력이 발생하여 보에 갈라짐이 발생하게 된다. 따라서, 가능하면 b)와 같이 클립형 접합철물 보다는 지지받침이 "U" 자형 접합철물을 사용하여 시공한다.

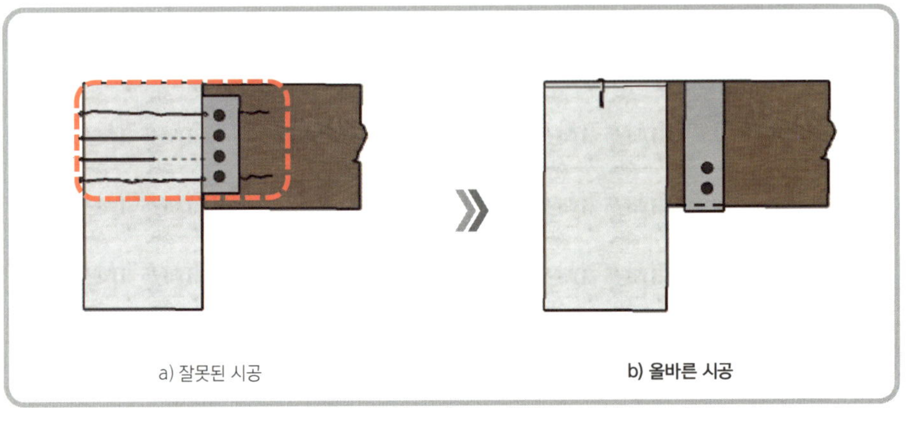

[그림 3.4-6] 보와 보의 접합에서 "U"자형 접합철물을 이용한 올바른 시공 CHECK 10

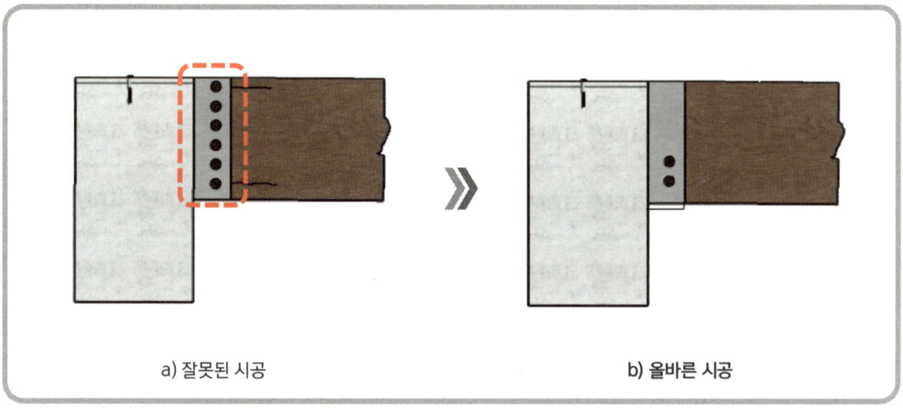

[그림 3.4-7] "U"자형 접합철물을 이용한 보와 보의 접합에서 볼트의 개수를 고려한 올바른 시공 CHECK 11

◀ CHECK 11

- a)와 같이 "U"자형 접합철물을 여러 개의 볼트로 고정하면 보가 수축할 때 볼트 접합부 위에서 섬유 직각방향 인장응력이 작용하여 보에 갈라짐이 발생할 수 있다. 따라서, 가능하면 b)와 같이 보의 하단에만 소수의 볼트로 고정하는 방법을 사용한다.

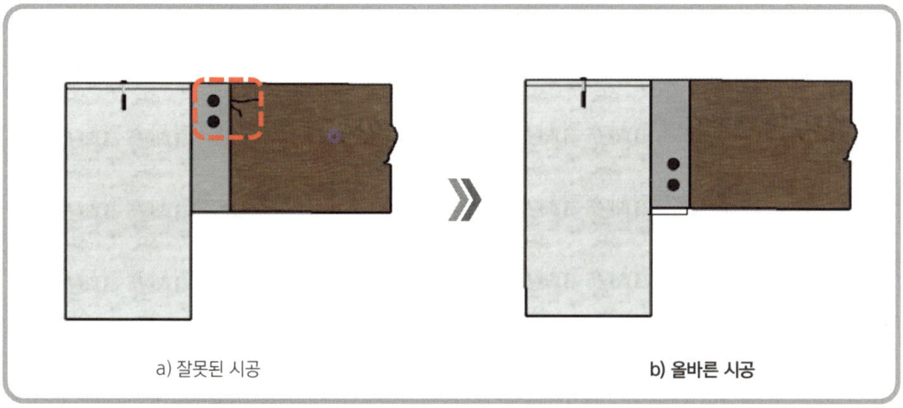

[그림 3.4-8] "U"자형 접합철물을 이용한 보와 보의 접합에서 볼트의 개수를 고려한 올바른 시공 CHECK 12

◀ CHECK 12

- a)와 같이 고정볼트가 보 윗부분에 위치하게 되면 보가 수축할 때 보 밑면이 접합철물의 지지받침에서 들리게 되며 보의 하중으로 인해 볼트 접합부위에 섬유 직각방향 인장응력 작용으로 갈라짐이 발생할 수 있다. 따라서, b)와 같이 고정볼트가 보의 아랫부분에 위치하는 접합방법으로 시공한다.

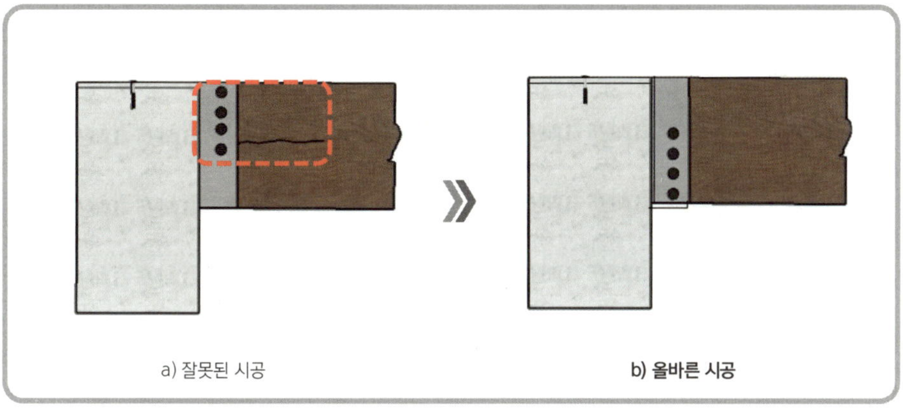

[그림 3.4-9] 보와 보의 연결시 "U"자형 걸이의 못의 위치를 고려한 올바른 시공 CHECK 13

◀ CHECK 13

- a)와 같이 고정 못이 보 윗부분에 위치하게 되면 보가 수축할 때 보 밑면이 접합철물의 지지받침에서 들리게 되며 보의 하중으로 인해 못 접합부위에 섬유 직각방향 인장응력 작용으로 갈라짐이 발생할 수 있다. 따라서, b)와 같이 고정 못이 보의 아랫부분에 위치하는 접합방법으로 시공한다.

CHECK 14 ▶

• a)와 같이 큰보의 중립축 아랫부분에 대부분의 파스너가 위치하게 되면 큰보로 전달되는 하중이 큰보에 섬유 직각방향 인장응력을 발생시켜 갈라짐이 발생할 수 있다. 따라서, b)와 같이 부착되는 보의 높이보다 큰 걸이를 사용하여 큰보의 중심축 윗부분에 대부분의 파스너가 위치하도록 시공한다.

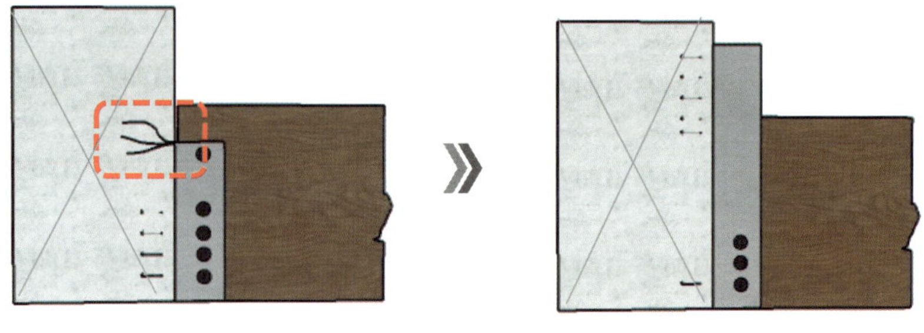

[그림 3.4-10] 표면 부착용 걸이를 사용할 경우에 올바른 시공방법 CHECK 14

CHECK 15 ▶

• 보를 큰보에 접할 때 a)와 같이 파스너가 여러 개 사용되는 매립형 휘시플레이트 접합철물을 사용하게 되면 보와 큰보에 섬유 직각방향 인장응력으로 인한 갈라짐이 발생하게 된다. 따라서, b)와 같이 지지 받침이 있고 적은 수의 파스너가 사용되는 반매립형 접합철물을 사용하여 시공한다.

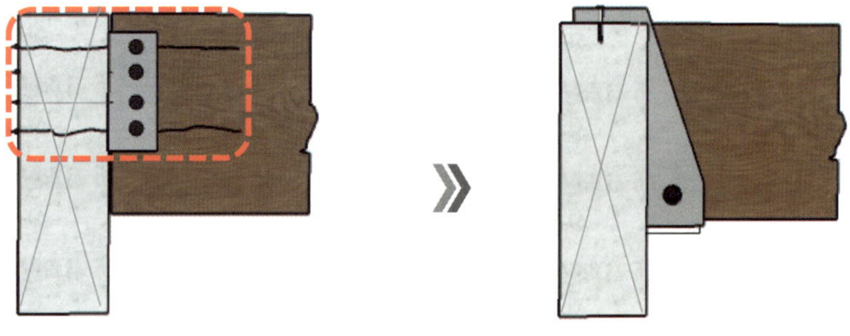

[그림 3.4-11] 반매립형 접합철물의 올바른 시공 CHECK 15

CHECK 16 ▶

• a)와 같이 에어컨이나 기계설비 등과 같이 큰 집중하중이 작용하는 설비를 보의 밑부분 (인장측)에 매다는 경우, 보에 섬유 직각방향 인장응력이 발생하여 갈라짐의 원인이 된다. 따라서, 집중하중의 전달은 가능하면 b)와 같이 압축측에서 이루어지도록 시공한다.

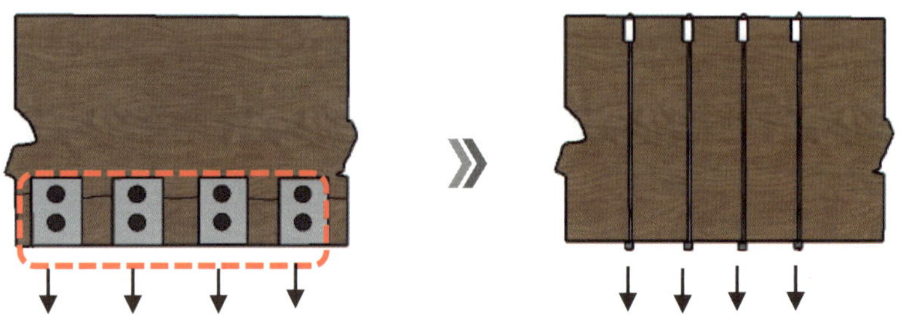

[그림 3.4-12] 설비장치를 보에 매달 때 올바른 시공방법 CHECK 16

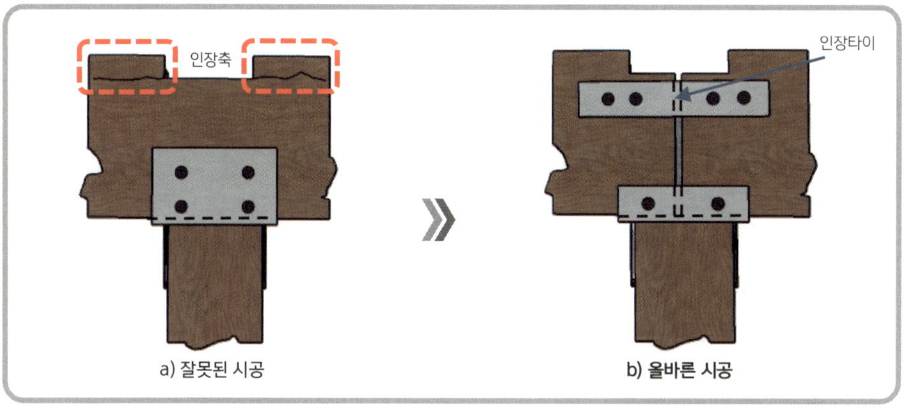

[그림 3.4-13] 기둥 위에 놓인 보의 윗부분을 따내는 경우의 올바른 접합방법 CHECK 17

◀ CHECK 17

- a)와 같이 중앙 기중 위에 설치되는 연속보 윗면의 따내기는 보의 인장력이 작용하는 곳에 따내기를 하게 되는 경우이므로 반드시 금지한다. 따라서, b)와 같이 2개의 단순보로 시공하며, 윗부분의 연결방식 (인장띠쇠, 측장지지용 접합철물 등)에 따라 적절하게 접합한다.

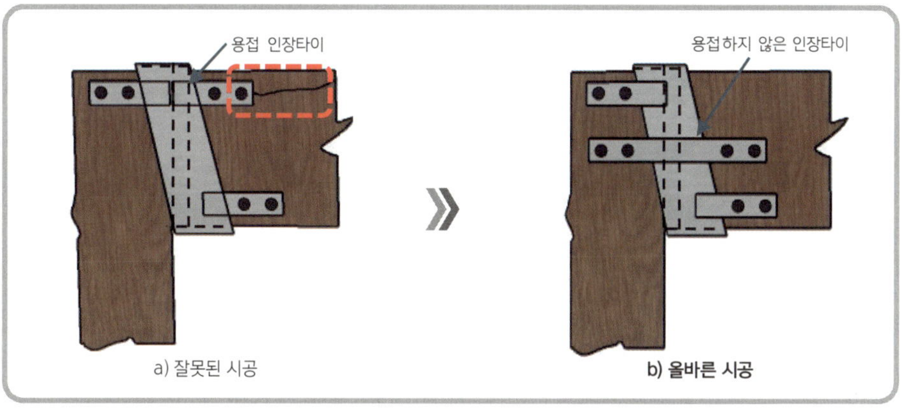

[그림 3.4-14] 독립된 인장타이를 이용한 보의 연결 I CHECK 18

◀ CHECK 18

- 각 a)와 같이 걸이와 일체형으로 용접된 인장타이를 사용하여 접합부를 구성하면 보가 수축할 때 인장타이의 위치에 상관없이 인장타이가 접합된 부분에 섬유 직각방향 인장응력이 발생하여 갈라짐의 원인이 된다. 따라서, 인장 연결이 필요한 경우에는 각 b)와 같이 걸이와 완전히 분리된 독립 인장타이를 사용하여 시공한다.

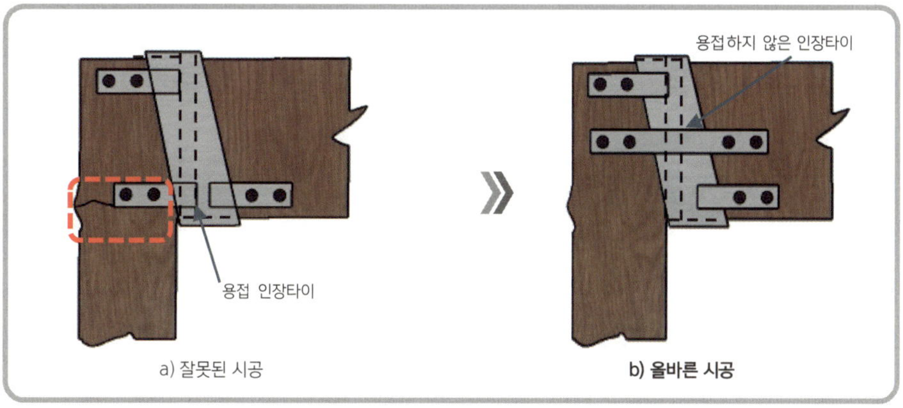

[그림 3.4-15] 독립된 인장타이를 이용한 보의 연결 II CHECK 18

CHECK 19 ▶

• 걸이와 일체형으로 용접된 인장타이를 사용하는 경우에는 a)와 같이 볼트 지름에 꼭 맞는 볼트구멍의 사용으로 움직임이 허용되지 않으면 보가 수축할 때 2개의 보 모두에서 갈라짐의 원인 이 된다. 따라서, b)와 같이 볼트 구멍을 수직 으로 길쭉하게 하여 목재의 수축에 의한 볼트 의 움직임을 허용하도록 시공한다.

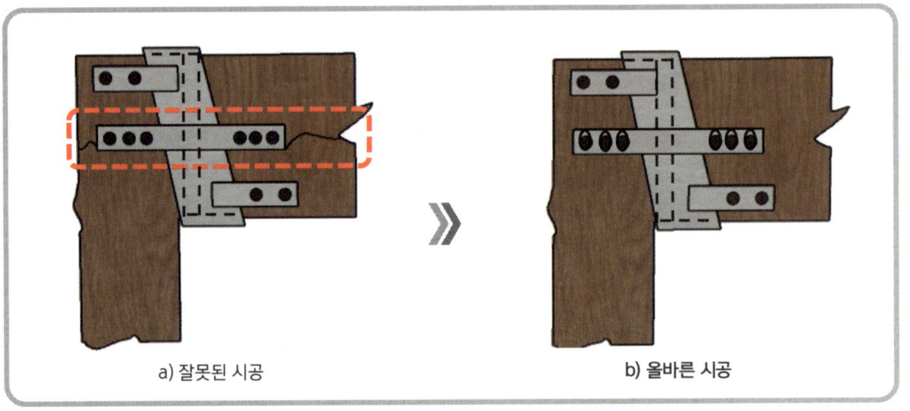

[그림 3.4-16] 용접한 인장타이를 이용한 보의 접합 CHECK 19

CHECK 20 ▶

• a)와 같이 외팔보와 보의 접합에서 여러 개의 파스너가 사용되는 접합철물이 설치되면 목재가 수축될 때 두 보 모두에 섬유 직각방향 인장응력이 작용하여 갈라짐이 발생할 수 있다. 따라서, b)와 같이 외팔보용 힌지 접합철물을 사용하여 시공한다.

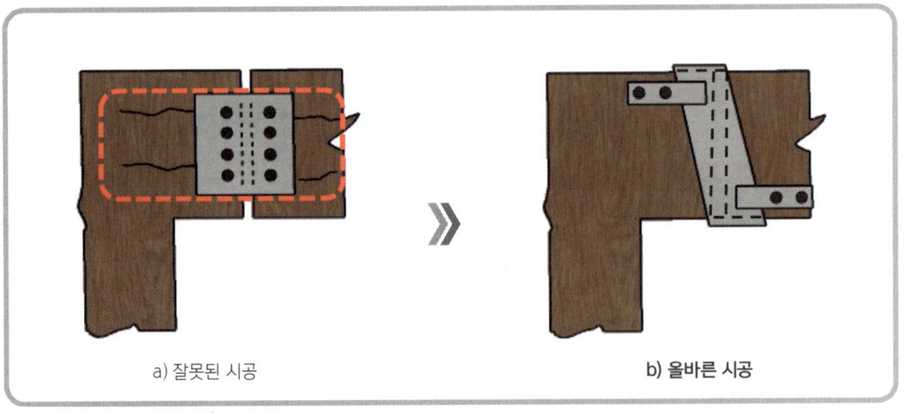

[그림 3.4-17] 외팔보용 힌지 접합철물을 이용한 보와 보의 연결 CHECK 20

CHECK 21 ▶

• a)와 같이 외팔보용 접합철물의 측면판이 걸이 지지받침과 서로 반대쪽 에 위치하게 되면 보가 수축할 때 하중이 걸이 지지받침에서 측면판으로 이동하게 되면서 두 보에 모두 섬유 직각방향 인장 응력이 작용하여 보에 갈라짐이 발생한다. 따라서, b)와 같이 걸이의 측면판과 지지받침이 같은 쪽에 위치하도록 시공한다.

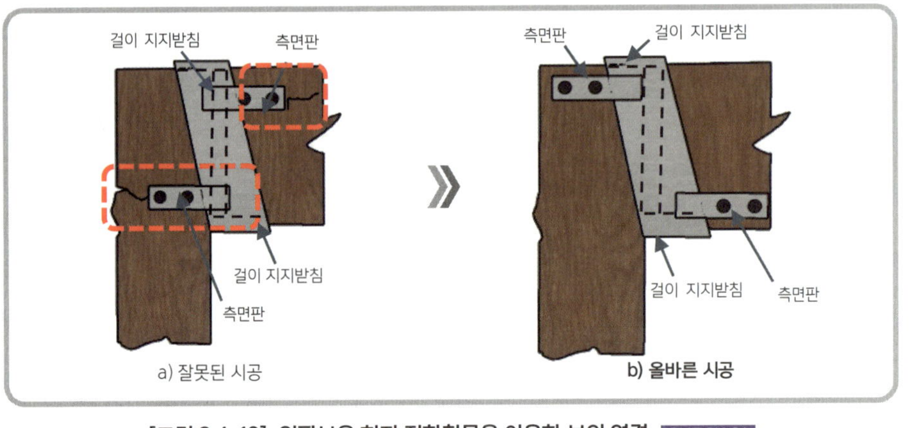

[그림 3.4-18] 외팔보용 힌지 접합철물을 이용한 보의 연결 CHECK 21

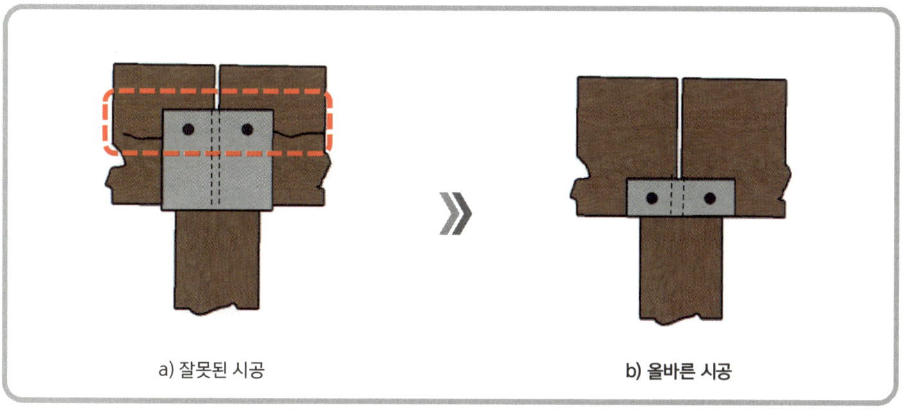

[그림 3.4-19] "U"자형 받침을 사용한 보와 기둥의 접합 CHECK 22

◀ CHECK 22

- a)와 같이 볼트가 보의 윗부분에 위치하고 있는 "U"자형 받침을 사용하면, 보가 수축할 때 보의 밑면 이 받침으로부터 들리며 보의 하중으로 인하여 볼트 접합부분에 섬유 직각방향 인장 응력이 작용하여 갈라짐이 발생하게 된다. 따라서, b)와 같이 볼트가 보의 아랫 부분에 위치하는 "U"자형 받침을 사용하여 시공한다.

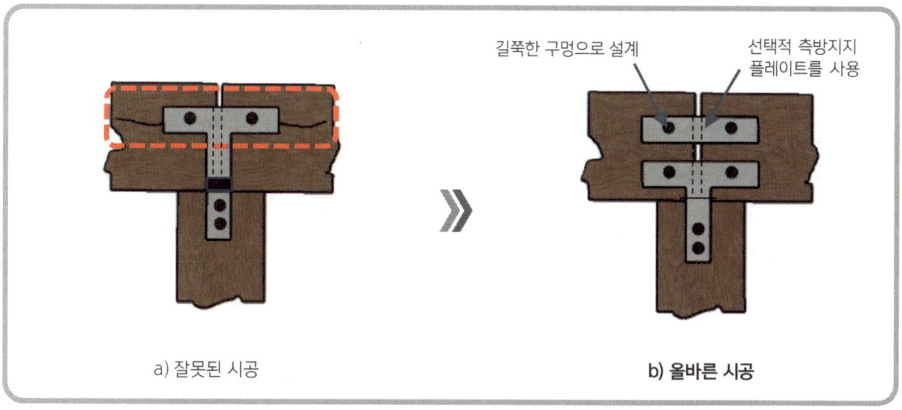

[그림 3.4-20] T-Bracket을 이용한 두 개의 보와 기둥의 연결 CHECK 23

◀ CHECK 23

- a)와 같이 볼트가 보의 윗부분에 위치하고 있는 "T"형 접합철물을 사용 하면, 볼트 접합 부위에 갈라짐이 또는 접합 철물에 비틀림이 발생하게 된다. 따라서, b)와 같이 볼트가 보의 아랫 부분에 위치하고 있는 접합철물을 사용 하고 수평으로 길쭉 한 볼트 구멍으로 설계된 측면판을 사용하여 시공한다.

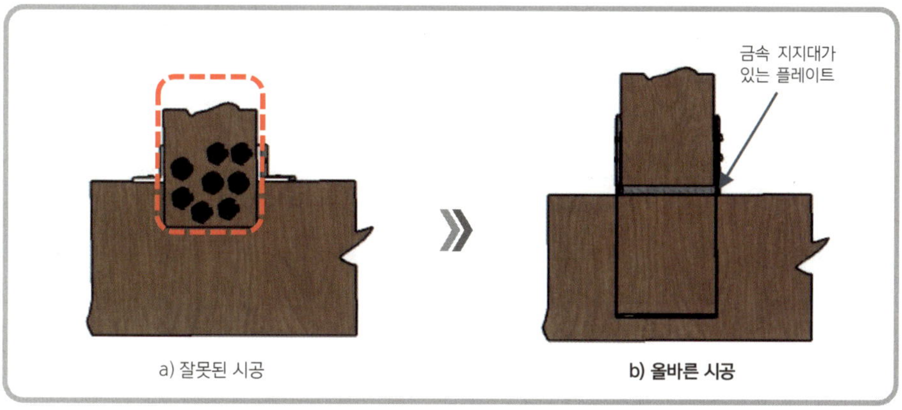

[그림 3.4-21] 목재 기둥과 콘크리트 기초 사이의 접합방법 CHECK 24

◀ CHECK 24

- a)와 같이 방부처리 목재 가 아닌 기둥이 콘크리트 와 접촉하게 되면 수분의 영향으로 목재가 썩을 수 있다. 따라서, 방부처리 목재를 기둥으로 사용하거나 방부처리 목재가 아닌 경우 b)와 같이 금속 지지대가 있는 접합철물을 사용하여 목재가 직접적으로 콘크리트에 접촉하지 않도록 시공한다.

CHECK 25 ▶

▪ a)와 같이 안쪽 모서리가 구부러진 걸이에 설치된 보의 밑면 모서리가 직각이라면 보의 밑면이 전체적으로 지압되지 않기 때문에 시간이 지나면 섬유 직각방향 압축 응력으로 인해 찌그러짐 으로써 보가 밑으로 가라 앉게 된다. 따라서, b)와 같이 보의 밑면 모서리를 걸이의 안쪽 모서리에 맞도록 곡면 처리한다.

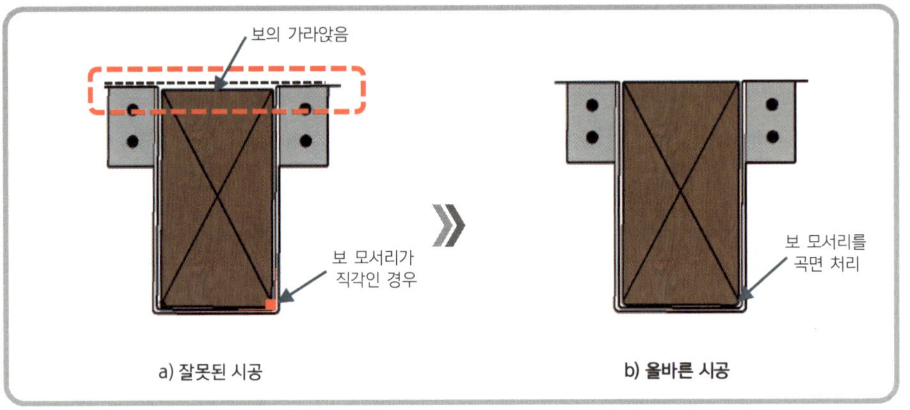

[그림 3.4-22] 걸이를 이용한 보의 접합방법 CHECK 25

CHECK 26 ▶

▪ a)와 같이 트러스를 구성하는 각 부재의 중심축이 서로 일치하지 않을 경우에는 접합부에 섬유 직각방향 인장응력이 작용하게 되어 부재의 갈라짐이 발생하게 된다. 따라서, b)와 같이 트러스를 구성하는 각 부재의 중심축이 일치하도록 볼트로 접합한다.

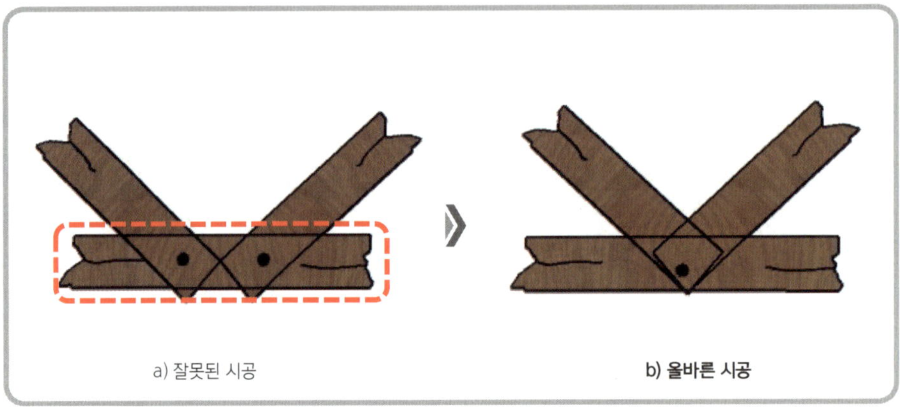

[그림 3.4-23] 트러스의 볼트접합 CHECK 26

CHECK 27 ▶

▪ a)와 같이 고정각 덧댐 철판을 설치하면 각 트러스 부재들이 하중을 받을 때 회전이 억제됨 으로써 각 트러스 부재들 의 끝부분에 섬유 직각 방향 인장응력이 작용 하여 갈라짐의 원인이 된다. 따라서 가능하면 고정각 덧댐철판의 사용 을 금지하고 b)와 같이 트러스를 구성하는 각 부재의 중심축이 일치 하도록 분리형 철판을 사용하여 시공한다.

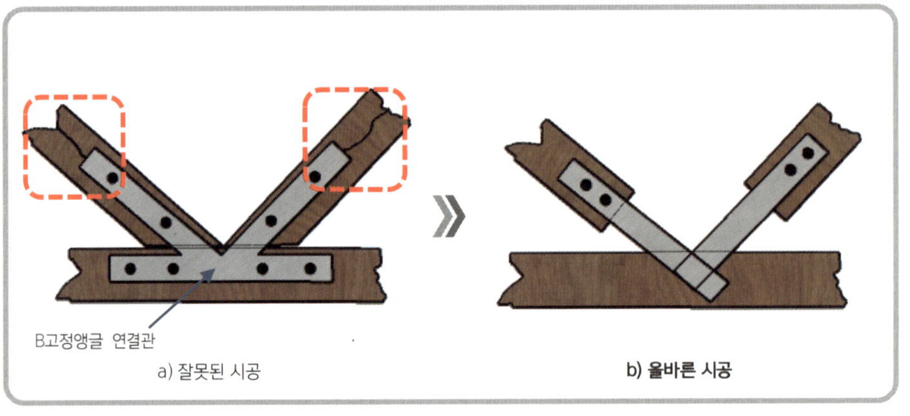

[그림 3.4-24] 고정각 덧댐철판 및 분리형 철판을 사용한 트러스 접합부 CHECK 27

3.5 유지보수

3.5.1 건축물의 변형 진단

[표 3.5.1-1] 건축물 부위별 변형 점검항목

부위			점검항목
지붕		변형	· 용마루부, 처마부, 평면부의 파상
		표면	· 지붕덮개재의 손상
벽	외벽	변형	· 벽면, 창, 출입구에서의 균열
		표면	· 외벽재의 틈새, 균열, 벗겨짐, 융기, 파손 등
	내벽	변형	· 벽면, 창, 출입구에서의 균열
		표면	· 내벽재의 할렬, 균열, 파손, 빗물흔적, 결로수 흔적 등
마루		변형	· 삐걱거림, 처짐, 진동, 하강, 경사 등
		표면	· 할렬, 균열, 벗겨짐, 융기, 틈새 등
기초		변형	· 할렬, 균열, 부러짐, 부동침하 등
		표면	· 균열, 벗겨짐(마무리칠 외) 등

[표 3.5.1-2] 건축물 부재별 변형 점검항목

부재(뼈대 포함)		점검항목
각 부재마다	수직재	· 경사, 비틀림 등
	수평재	· 휨, 처짐 등
	공통	· 할렬, 벗겨짐등
뼈대		· 건도 및 처짐

[표 3.5.1-3] 건축물 부위 및 부재의 검검방법

점검항목	점검방법
물결침	· 육안
할렬	· 육안, 측정은 자 및 버니어캘리퍼스
어긋남, 벗겨짐 부풀기	· 육안
비틀림, 융기 및 탈락	· 육안
균열	· 육안, 틈새측정 게이지 및 버니어캘리퍼스
뜸	· 육안 및 해머 타진
빗물·결로수 흔적	· 육안
처짐	· 육안
삐걱거림 진동 및 하강	· 보행
경사 및 전도	· 육안, 내림추, 물수평 및 수준기
틈새	· 육안, 틈새측정 게이지 및 버니어캘리퍼스
부동침하	· 육안

[표 3.5.1-4] 건축물 부위와 부재 수준의 점검결과 판정

부위	점검항목	판정의 취급
부위 변형	(지붕) 용마루, 처마 및 평면부의물결침 (벽) 구조 균열 (마루) 삐걱거림 처짐, 진동, 하강 및 경사 (기초) 할렬, 균열, 절손 및 부동침하	전문가의 정밀진단
부위 표면	(지붕) 어긋남, 할렬, 벗겨짐 탈락 및 부식 (벽) 어긋남, 할렬, 벗겨짐 탈락 및 부풀기 (마루) 할렬, 균열, 벗겨짐 뜸 및 틈새 (기추) 균열 및 벗겨짐	조정과 보수 조정과 보수 보수 판정 이월과 보수
부재	(수직재) 할렬, 경사, 비틀림 및 벗겨짐 (수평재) 할렬, 휨, 처짐 및 벗겨짐	조정, 판정 이월과 보수
	(뼈대) 전도 및 처짐	전문가의 정밀진단

(1) 수리지침

① 각 부위별 변형과 뼈대 변형에 대한 수리는 다음 순서에 따른다.

변형 원인의 조사 → 변형 장소의 특정 → 변형 장소가 관련된 부위의 변형에의 영향 유무 → 변형 장소만 수리해야 할지, 다른 부위를 포함하여 수리해야 할지 판단

② 부위 표면 또는 부재단독 변형의 수리는 다음 순서에 따른다.

변형 원인 조사(구조체 변형에 기인한 것을 포함) → 변형 장소의 특정 → 부위 표면 또는 부재만 수리해야 할지, 또는 구조체를 포함하여 수리해야 할지 판단

3.5.2 부후 진단

(1) 점검부위

① 대단면 목조건축물의 부후를 진단하기 위한 점검부위는 다음과 같다.

가. 물빠짐이 나쁜 장소
나. 접합부
다. 건구
라. 내구성에 중요한 장소
마. 점검항목

② 목재표면에 다음의 징후가 나타나면 대비하여 상세 점검한다.

가. 부후에 의한 재색 등의 변화
나. 갈색으로 할렬 발생
다. 백색으로 섬유상
라. 목재표면에 버섯 발생
마. 물흐름에 의한 재색 변화
바. 목재 일부가 검게 변함
사. 목재 일부가 희게 변함
아. 목재표면에 곰팡이 발생

(2) 점검방법 : 점검은 다음 방법에 따른다.

① 육안 ② 촉진 ③ 타진 ④ 처짐 검사

(3) 점검시기 및 점검주기

건축물은 년 1회 정도 정기적으로 점검한다. 건축 후 10년 이상 경과한 건축물과 이미 이상이 발견된 건축물은 겨울과 장마철, 강풍 직후로 년 3회 이상 점검한다.

(4) 점검결과의 판정
세부점검 결과 이상이 발견되면 수리 등 필요한 조치를 한다.
(5) 수리지침
부후로 판단되면 가능하면 부재를 교환하되, 공법상 부후되기 어려운 환경이 되도록 수리하며 약제 등으로 예방조치를 취한다.

3.5.3 충해 진단

(1) 점검부위
충해에 대해서는 다음 부위를 중점적으로 점검을 실시한다.
① 부지 주변 ② 기초 주변 ③ 외벽 주변 ④ 마루 주변 ⑤ 지붕·천장 주변
⑥ 물 주변
(2) 점검항목과 점검방법
충해의 점검항목 및 방법은 다음에 따른다.
① 개미의 군비 : 육안으로 개미의 군비를 확인한다. 이때 일반개미와 확실하게 구별하고 흰개미 종류도 주의하여 식별한다.
② 의도·의토 : 육안으로 의도·의토의 유무를 확인한다.
③ 목재 부재의 단면감소 : 육안 및 해머타격음, 드라이버 등의 압입으로 목재표면과 내부의 단면감소 유무와 그 정도를 확인한다.
(3) 점검시기와 점검주기
충해 점검의 시기와 주기는 다음에 따른다.
① 개미의 군비 : 일본 흰개미는 4월에서 5월의 주간, 집 흰개미는 6월에서 7월의 저녁 무렵부터 야간에 주의한다. 점검주기는 1년에 1회로 한다.
② 의도·의토 : 1년에 1회, 여름 이후 실시한다.
③ 목재 부재의 단면감소 : 목재부재의 점검은 3년에서 5년에 한번 주기로 실시한다.
④ 각 부위의 이상 : 일상적으로 점검한다.
(4) 점검결과의 판정
점검결과의 판정은 위 점검항목의 유무와 그 진위 여부에 따라 행한다.
(5) 수리지침
충해의 범위와 정도가 파악되면 전문업자 등에 의뢰하여 적절한 수리를 실시한다.
(6) 흰개미의 구제처리
① 야간에 주의한다. 점검주기는 1년에 1회로 한다.
② 충해발생의 건축적 요인을 제거하도록 조치한다.
③ 충해를 입은 목재부위는 보수 또는 교체한다.
④ 충해 부위를 수리할 때는 기존 부분의 제거 범위를 최소한으로 한다.

3.5.4 철물의 부식

(1) 부식진단은 대단면 목조건축물에 이용되는 구조용철물 및 강재 부재를 대상으로 점검하고, 부식·노화 유무와 정도를 진단하여 수리 등 유지보전 및 보건계획 작성의 자료로 활용하며, 해당 건축물의 기능과 성능을 확보하기 위해 실시한다. 부식진단 내용은 점검, 진단, 결과 판정, 보수 또는 부재교체를 포함한다.
(2) 점검대상
점검대상은 접합부에 이용된 파스너와 접합철물, 강재 부재로 한다.
① 파스너 : 볼트, 래그나사못, 드리프트핀, 집성재리벳, 트러스플레이트 등
② 접합철물 : 주각철물, 강판(삽입형, 웹형), 박스형 철물, 걸이용 철물 등
③ 강재 부재 ④ 가새 등

(3) 점검항목과 점검방법

① 점검은 파스너와 접합철물, 강재 부재의 표면에 대해 실시하며, 그 항목은 변퇴색 광택도 저하. 백악화, 부풀기(뜸), 할렬, 벗겨짐, 적녹, 백녹, 단면결손 등이 있다.

② 점검방법은 육안, 촉감 또는 간편한 공구 및 기구를 사용하여 실시한다.

(4) 점검주기

① 점검은 건축물의 입지조건과 용도, 방청처리 정도, 경과연수 등을 감안하여 일정 주기로 실시한다(정기점검).

② 다른 점검에 더불어 점검을 고려한다(임시점검).

(5) 점검결과의 판정

① 점검결과의 판정은 재도장의 여부로 기준을 삼는다. 판정은 건전, 부분보수 및 전면보수의 3종으로 구분한다.

② 건전이란 녹이 없거나 도막면에 변화가 없어 다음 점검 때까지 보수할 필요가 없다.

③ 부분보수란 국부적으로 부식이 진행되어 바로 수리가 필요함을 말한다.

④ 전면보수란 부재전면에 걸쳐 균등하게 녹슬어 있음을 말한다.

(6) 수리 지침

① 수리란 현장에서 방청도장을 행하는 것을 말한다.

② 방청도장 공사에 우선하여 신축 당시의 방청처리 종류와 정도를 확인하고, 부식상황과 재도장이 필요한 기간 등을 검토하고 재도장 계획을 수립한다.

③ 부분보수란 국부적으로 부식이 진행되어 바로 수리가 필요함을 말한다.

④ 재도장 계획서에는 바탕조정방법과 방청도장, 마감도장, 도장환경, 도장시공 관리 등 적정한 공사의 진행을 위한 항목이 필요하다.

3.5.5 접착층 진단

(1) 점검부분

① 점검대상은 구조용 집성재와 단판적층재의 접착층이다. 이 규정은 신축 후 접착층의 진단이 공사 중에 납품되는 제품의 검사에도 적용할 수 있다.

② 점검 장소는 원칙적으로 모든 접착층이지만, 다음 부위를 중점적으로 점검한다.

가. 건습 영향이 큰 부위

나. 주각부

다. 부재간의 접착부와 주변

라. 공조 출구 부위

마. 실외 폭로부위의 경우 전체 접착층

(2) 점검항목과 점검방법

① 점검항목은 접착층의 박리이다.

② 점검방법은 육안, 루페 및 틈새측정 게이지로 점검한다.

(3) 점검주기

① 점검장소의 일반부위는 수년에 한번을 원칙으로 한다. 단, 빗물젖음 및 기타 원인에 의한 충해 습윤환경에서는 수시로 점검한다.

② 중점 점검부위는 시공 후 1년째는 수시점검하고, 2년째부터는 ①에 따른다.

[표 3.5.5-1] 접착층 점검결과 판정의 단계별 정의

열화 정도	단계별 정의
I	· 전체 접착층에 걸쳐 접착층의 박리나 벗겨짐이전혀 없음
II	· 접착층의 극히 일부에 길이 수 mm 이내의 머리카락 수준의 박리가 있고 균열깊이는거의 없음
III	· 접착층 일부에 박리가 있고 균열깊이는재폭의 10% 미만인 것
IV	· 길이 수 cm의 박리가 여러 접착층에 있거나 한 접착층에 수십 cm 길이의박리가 있고, 박리깊이는재폭의 1/3 미만인 것
V	· 박리깊이가재폭의 1/3을 초과하거나 박리가 뒷면까지 관통한 것

[표 3.5.5-2] 열화정도에 따른 수리 대응방법

열화 정도	단계별 정의
I	· 없음
II	· 판정은 다음 기회로 미룸
III	· 틈새를 메우고 점검한 후 박리의 추이를 관찰하고 박리가 진행되면 전문가의 판단에 따름
IV	· 즉시 전문가의 판단을 묻고 해당 부분에 접착제 등을 주입하는 등 조치를 강구하고 박리진행을 우선 저지
V	· 즉지 전문가의 진단을 받고 해당 부위가 설계구조내력에 합당한지 검증하고 필요한 조치를 취함

3.5.6 접합부의 진단

(1) 점검부위

접합부의 진단은 접합부의 응력전달에 대한 초기성능의 유지를 목적으로 하며, 접합철물과 파스너를 사용한 접합부를 대상으로 한다.

(2) 점검주기

① 신축 후 3년 이내에 1회 점검한다.

② 육안점검은 매년 1회 행한다. 육안점검에서 충해가 우려되는 장소는 변화조사도 포함하여 실시한다.

[표 3.5.6-1] 접합부의 점검항목과 점검방법

점검항목	점검방법
볼트의 느슨함	· 육안, 손가락 또는 스패너에 의한 회전
파스너의 이탈	· 육안
파스너 및 접합철물과 부재간의 틈새	· 육안 또는 틈새측정 게이지
파스너 및 접합철물과 부재간의 흔들림	· 촉진
접합부재의 통직성	· 육안 또는 자

[표 3.5.6-2] 점검결과의 판정

점검항목	판정
볼트의 느슨함	· 보수 필요
파스너의 이격	· 보수 필요
파스너 및 접합철물과 부재간의 틈새 또는 흔들림	· 보수 필요
접촉불량	· 보수 필요
파스너 이탈	· 보수 필요
접합부재의 통직성	· 보수 필요

4 시공사례

■ 설악산 오색분소(소규모 업무시설) 중량 목구조 공사

01 기초 및 베이스 시공(기초 부위 압출법단열재시공)

02 지붕-기둥-보 지상에서 선조립후 시공

03 지상 조립 후 첫 구조물(단) 세우기

04 기초위 기둥고정

05 다음 조립 구조물(단) 세우기

06 조립 구조물(단) 간 장선 설치 및 시공

07 다음 조립 구조물(단) 세우기

08 기둥 세우기 및 바닥 장선 설치(연결)

09 끝단 조립 구조물(단) 세우기

10 조립 구조물(단) 간 지붕 장선 설치(연결)

11 내측 기둥 세우기 및 바닥 장선설치

12 지붕도리설치(연결)

5 시공예시도

■ 중량 목구조 상세도 - 설악산 오색분소 실증현장

■ 중량 목구조 시공순서도 – 설악산 오색분소 실증현장

■ [시공 사진] 조립분해도 ① 기초 및 베이스 설치 ~ ② 지붕-기둥-보 지상에서 조립 및 첫 단 세우기

01. 기초 및 베이스 설치

02. 지붕-기둥-보 지상에서 조립

03. 첫 단 세우기

04. 기초 위 기둥 고정

■ [시공 사진] 시공상세도 - 기초와 기둥의 연결

01. 기초콘크리트 위 철물 제거

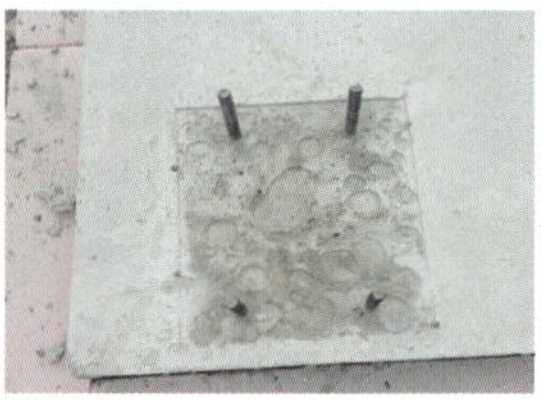

02. 바탕면 청소

03. 고정 철물 설치

04. 구조물 기둥과 철물 결합

■ [시공 사진] 조립분해도 ③ 다음 조립 구조물 세우기 ~ ⑩ 지붕 도리 설치(연결)

01. 다음 조립 구조물 세우기(② 동일)

02. 조립 구조물 간 장선 설치(연결)

03. 다음 조립 구조물 세우기(②,③ 동일)

04. 기둥 세우기 및 바닥 장선 설치(연결)

05. 끝단 조립 구조물 세우기 (②, ③, ⑤ 동일)

06. 조립 구조물 간 지붕 장선 설치(연결)

07. 내측 기둥 세우기 및 바닥 장선 설치

08. 지붕 도리 설치(연결)

SAMOO C.M.
CREATIVE MANAGEMENT

CHAPTER 7

7장

소규모 조적공사

SBCS 41 90 34 05 벽돌공사
SBCS 41 90 34 10 블록공사
SBCS 41 90 34 15 기타 조적공사

CHAPTER 7

01

SBCS 41 90 34 05
벽돌공사

1 일반사항

1.1 적용범위

(1) 이 기준은 벽돌을 건축물의 내외마감 및 구조벽에 사용하는 벽돌공사 및 이에 준하는 벽돌공사에 적용하고, 도면 또는 공사시방서에 정한 바가 없을 때에는 모두 이 기준에 따른다. 다만, 부분적으로 이 기준에 따를 수 없거나 기재되지 않은 사항 또는 특수한 벽돌로서, 이 기준대로 실시할 수 없는 사항에 대해서는 미리 공사감리자와 협의하여 그 재료, 구조 및 공법 등을 정하고, 그 지시에 따른다.

(2) 이 기준에서 취급하는 각 벽돌공사에는 기능사 또는 이와 동등한 기능을 보유한 인력에 의하여 시공되는 것을 원칙으로 한다.

CHECK 01 ▶

벽돌구조체의 역할

1) 내력벽

- 내력벽은 건물의 모든 하중을 벽체가 받는 것으로 지붕이나 상부는 콘크리트 슬래브로 된 것과 목조체제로 구분

2) 커튼월(칸막이 벽)

- 커튼월(칸막이벽) 구조체의 하중은 벽돌의 벽체가 아닌 다른 구조방식으로, 단지 칸막이와 내외부의 의장성의 의미를 띨 수 있는 구조체로 이루어진 구조방법

1.2 벽돌공사 일반 CHECK 01

(1) 공사착수 전에 설계도서에 기초하여 시공 상 필요한 벽돌 나누기 및 나무벽돌, 묻음볼트 및 배관 등의 설치요령의 상세에 관한 시공도를 작성하여 공사감리자의 확인을 받는다.

(2) 창문틀, 기타 개구부 갓둘레의 접합부 또는 벽돌조와 다른 구조부와의 연결부에 대하여 공사감리자의 확인을 받는다.

(3) 벽면에서 내밀어쌓기 및 장식쌓기 또는 부분적으로 판석재, 대리석, 타일붙임 및 미장바름 등의 여지를 두어 들여쌓을 때에는 그 상태를 나타낸 시공도를 작성하여 공사감리자의 확인을 받는다.

(4) 지정하는 곳에 약 1.2m×1.2m 크기의 실물 두께로 벽쌓기의 견본(실물모형)을 만들어 색채, 질감, 일솜씨를 볼 수 있도록 한다. 또 시공할 줄눈의 견본을 만들고 시방에 따라 코킹과 접착공사의 견본도를 만든다. 모형은 해당되는 벽돌공사가 끝날 때까지 개조, 이동 및 파괴되지 않도록 유지한다.

(5) 기타 보강철물의 시공 위치, 시공 부위 상세 및 신축줄눈에 대해 시공도를 작성한다.

1.3 참고 기준

(1) 벽돌공사의 참고기준은 *KCS 41 34 02 (1.3), LHCS 41 34 02 05 (1.2)* 에 따르며, 추가사항은 다음과 같다.

① SBCS 41 90 30 05 철근콘크리트 공사
② SBCS 41 90 31 소규모 강구조공사
③ SBCS 41 90 34 10 블록공사
④ SBCS 41 90 46 05 미장공사

1.4 용어의 정의

(1) 벽돌공사의 용어의 정의는 기본적으로 *KCS 41 34 01 (1.3)* 에 따른다.

1.5 제출물

1.5.1 일반사항

(1) 벽돌, 기타 공사감리자가 필요하다고 인정하는 재료는 모두 반입 전에 견본품을 제출하여 공사감리자의 확인을 받아야 한다. 벽돌공사에 사용하는 모든 재료는 반입 즉시 공사감리자의 검사를 받고 불합격품은 곧 장외로 반출한다.

(2) 벽돌, 기타의 재료로서 도면이나 공사시방서에 정해져 있거나 또는 공사감리자가 필요하다고 인정하는 것은 도면 또는 공사시방서에 따르거나 공사감리자가 지정하는 시험소에서 재료시험을 하고, 그 성적서를 제출한다.

(3) 각종 조적재 및 부속재에 대하여 시방사항에 합당한 것임을 증명하는 제조자의 확인서를 제시하되 취급, 저장, 설치 및 보양에 관한 내용이 포함된 것이어야 한다.

1.5.2 시공상세도면

(1) 창문틀, 개구부 갓둘레의 접합부 상세도
(2) 벽돌조와 다른 구조부와의 연결부 상세도
(3) 보강철물의 시공부위 상세도
(4) 신축줄눈 상세도, 치장줄눈 상세도
(5) 교차부, 모서리, 창문틀, 아치, 창대, 공간쌓기 부분에 대한 내밀어 쌓기, 장식쌓기, 부분적으로 들여쌓기 상세도
(6) 매입물의 설치위치
(7) 인방보의 제작, 크기, 위치, 배근상세도

1.5.3 제조업자의 제품자료 및 물성시험자료

(1) 벽돌 및 보강재의 특성, 물성
(2) 혼화재 및 접착제 특성, 물성, 혼합비율
(3) 연소재벽돌

1.5.4 시공계획서

(1) 벽돌설치 세부공정계획서
(2) 시공상태 검측계획서
(3) 품질관리계획서 (벽돌관리시험, 벽돌 및 줄눈 시공방법, 모르타르배합계획, 기상조건, 보양방법)

1.5.5 시공상태 확인서

(1) 시공상태 확인을 받도록 되어있는 항목에 대하여 현장대리인이 사전 현장점검후 서명날인한 시공상태확인서를 공사감리자에게 제출하여 확인을 받아야 한다.

1.5.6 견본

(1) 규격 및 종류별 벽돌 견본
(2) 색모래 안료, 치장줄눈용 방수재, 방습재
(3) 접합부 보강철물
(4) 연소재벽돌

1.6 운반, 보관 및 취급

(1) 벽돌의 운반 및 취급에 있어서 깨어지거나 모서리가 파손되지 않도록 하며, 던지거나 쏟아 내리지 않도록 한다. 특히 상하차 작업은 파레트에 저장된 상태로 해야 한다.
(2) 벽돌은 현장반입시 즉시 압축강도와 흡수율 시험을 하여 제품 물성시험표에 의거 불합격한 제품은 장외 반출한다.
(3) 보강 철물 및 부속철물 등 모든 금속 보강재는 지면과 직접 닿지 않도록 저장하고, 녹슬지 않도록 해야 한다. 또한 부착을 저해할 수 있는 피막이 있어서도 안된다.
(4) 벽돌 및 이에 준하는 제품의 저장에 있어서는 형상, 품질 및 용도별로 구분하여 공사에 용이하게 적재한다.
(5) 모래는 평평한 장소에 저장하고, 주위의 흙, 대패밥 등의 불순물이 혼입되지 않도록 한다.
(6) 구조물 상부 및 슬래브에 자재 저장 및 운반 시에는 구조체의 허용적재하중을 고려한 시공계획서를 제출하여 공사감리자의 확인을 받은 후 공사를 시행한다.

[표 1.6-1] 벽돌공사 자재 하역 · 준비 · 운반시 안전관리사항

작업내용	위험포인트	안전관리대책
자재 하역	· 지게차 부주의 및 무리한 자재 적재시 협착	· 지정된 신호수 배치 · 규정된 적재기준 준수(2단 이상 적재금지)
작업 준비	· 작업장 간섭자재 방치로 인한 전도	· 작업장 주위 불필요한 자재 사전 제거 · 작업장 정리정돈
자재 운반	· 개구부 인근 자재 적재시 낙하	· 수평개구부 인근 자재적재 금지
	· 손수레 운반시 균형 상실로 인한 전도	· 손수레 자재 과적금지 및 코팅장갑 착용 필수 · 손수레 2인 1조 작업 필수

- 출처 : 조적, 미장 및 견출 작업안전(2009, 한국산업안전보건공단, 오지환 외)

1.7 환경요구 사항

1.7.1 환경조건

(1) 그늘진 곳의 기온이 37℃ 이상이고 상대습도가 50% 이하일 때는 혹서기 쌓기를 적용한다.

(2) 주위의 기온이 4℃ 이하일 때는 한냉기 쌓기를 적용한다.

(3) 모르타르의 온도는 21℃에서 43℃ 사이를 유지하며 시멘트와 혼합하는 물과 모래는 71℃ 미만이어야 한다.

1.7.2 작업조건

(1) 벽돌을 작업위치에 운반하여 슬래브 위에 적치할 때는 과도한 집중하중이 유발되지 않도록 분산 배치하여야 한다. 특히, 복도측에 과다한 하중을 지양하고, 발코니 측에 적치하지 않도록 하며 벽돌을 슬래브 위에 적치할 때는 하부를 동바리로 보강을 하되 타 공정 진행에 문제가 없도록 한다.

1.8 타 공종과의 협력

(1) 조적작업시 설비, 전기, 판재석재 및 창호공사 설치업자와 협의하고 공사감리자의 지시에 따른다.

2 자재

2.1 점토벽돌 CHECK 02

(1) 점토벽돌은 한국산업표준에 적합한 제품으로 한다.

(2) 점토벽돌은 발수제를 사용하지 않은 조건에서 KS L 4201의 미장벽돌 1종에 적합하여야 한다.

2.2 콘크리트 벽돌 CHECK 02

(1) 콘크리트 벽돌은 한국산업표준에 적합한 제품으로 한다.

2.3 시멘트, 소석회, 모래 및 안료 기타

(1) 시멘트 및 소석회는 한국산업표준에 적합한 제품으로 한다.

(2) 색모래 및 안료 등은 견본품으로 한다.

(3) 모래는 경질이고 깨끗하며, 먼지, 흙, 유기물 및 기타 유해물이 혼입되지 않은 것으로서 5㎜ 체로 쳐서 100% 통과하는 적당한 입도분포를 갖는 것으로 한다.

2.4 골재

(1) 줄눈 모르타르, 충전 모르타르, 충전 콘크리트, 붙임 모르타르 및 안채움 모르타르에 사용하는 잔골재는 보통골재로서, 밀실하고 철근 및 보강철물 등의 부식을 유발할 수 있는 유해한 불순물을 함유하고 있지 않은 것으로 그 성질은 *[표 2.4-1]* 의 규정을 만족하는 것을 원칙으로 한다. 그 외의 잔골재를 사용하는 경우는 공사감리자의 확인을 받아야 한다.

[표 2.4-1] 모르타르에 사용되는 잔골재의 성질

품질항목	절건비중(g/㎤)	흡수율(%)	점토량(%)	유기불순물	세척시험 손실량(%)	염분(%)
규정치	2.4 이상	4.0 이상	2.0 이하	합 격	3.0 이하	0.04 이하

(2) 줄눈 모르타르, 충전 모르타르, 깔모르타르 등에 사용되는 잔골재의 최대치수 및 입도분포는 *[표 2.4-2]*를 표준으로 한다.

[표 2.4-2] 모르타르에 사용되는 잔골재의 입도분포

구분		체를 통과하는 중량백분율						
모르타르 종류	최대치수(㎜)	10	5	2.5	1.2	0.6	0.3	0.15
충전 모르타르 안채움 모르타르 깔모르타르	5.0	100	90~100	70~90	50~80	25~60	10~35	2~10
줄눈 모르타르	2.5		100	90~100	60~90	30~70	15~45	5~15

주 1) 벽 최하단의 깔모르타르는 줄눈 모르타르와 동일한 입도로 한다.

2) 붙임 모르타르의 경우는 공법에 따라 2.5㎜ 또는 1.2㎜로 한다. 충전 콘크리트에 사용하는 잔골재는 양호한 입도분포를 갖도록 하고, 그 최대치수는 5.0㎜ 또는 2.5㎜로 한다.

3) 충전 콘크리트에 사용하는 굵은골재는 양호한 입도분포를 가진 것으로 하고, 그 최대치수는 충전하는 벽돌공동부 최소 직경의 1/4 이하로 한다.

◀ CHECK 02

점토벽돌의 특징

- 점토, 백토, 황토, 고령토 등의 흙에서 불순물을 제거한 후 1,200℃ 이상의 열로 구워내어 높은 강도를 지님

콘크리트 벽돌의 선별

- 콘크리트 벽돌은 품질과 성능뿐만이 아니라 외관도 양호해야 하며, 사용 골재의 종류 및 성질을 충분히 조사하고 사용해야 한다.

2.5 모르타르, 콘크리트용 혼합수

(1) 모르타르, 콘크리트에 사용하는 혼합수는 시멘트의 경화에 지장을 주거나 매입되는 철근의 부식을 유발하는 불순물이 유해함량 이하인 것으로 한다.

2.6 혼화재료

(1) 줄눈 모르타르에 사용하는 혼화재료는 시멘트의 경화, 벽돌에 대한 접착성을 저해하지 않는 것으로 하고, 압축강도를 크게 저하시키지 않는 것으로 한다. 그 종류는 공사시방서에 따른다.
(2) 충전 모르타르, 콘크리트 및 안채움 모르타르에 사용하는 혼화재료는 시멘트의 경화 및 강도상 유해하지 않는 것으로 하고, 그 종류는 공사시방서에 따른다.
(3) 붙임 모르타르에 사용하는 혼화재료는 시멘트의 경화 및 벽돌에 대한 접착성을 저해하지 않는 것으로 하고, 그 종류는 공사시방서에 따른다.

2.7 모르타르의 배합

(1) 줄눈 모르타르, 붙임 모르타르, 깔모르타르, 안채움 모르타르 및 치장 줄눈 모르타르의 배합표준은 *[표 2.7-1]*에 따른다.

[표 2.7-1] 모르타르의 배합

모르타르의 종류		용적배합비(잔골재/결합재)
줄눈 모르타르	벽용	2.5 ~3.0
	바닥용	3.0~3.5
붙임 모르타르	벽용	1.5~2.5
	바닥용	0.5~1.5
깔모르타르	바탕용	2.5~3.0
	바닥용	3.0~6.0
안채움 모르타르		2.5~3.0
치장줄눈용 모르타르		0.5~1.5

주 1) 계량은 다음 상태를 표준으로 한다.
시멘트: 단위용적중량은 1.2kg/L 정도
잔골재: 골재는 표면건조 내부 포수상태
2) 혼화재료를 사용하는 경우는 요구성능을 손상시키지 않는 범위로 한다.
3) 결합제는 주로 시멘트를 사용하며, 보수성 향상을 위해 석회를 약간 혼합할 때도 있다.

(2) 충전 모르타르의 배합표준은 *[표 2.7-2]* 에 따른다.

[표 2.7-2] 충전 모르타르의 배합

구분	단층 및 2층 건물		3층 건물	
	시멘트	잔골재	시멘트	잔골재
용적비	1	3.0	1	2.5

주 1) 계량은 다음 상태를 표준으로 한다.시멘트: 단위용적중량은 1.2kg/L 정도
잔골재: 골재는 표면건조 내부 포수상태
2) 혼화재료를 사용하는 경우는 요구성능을 손상시키지 않는 범위로 한다.

(3) 모르타르의 워커빌리티는 벽돌의 흡수성 등을 고려하여 양호한 접착성 및 충전성이 확보되도록 정한다.
(4) 혼화재료를 사용하는 경우의 혼화량, 혼합방법은 공사시방서에 따른다.
(5) 줄눈 및 접착용으로 사용하는 기성배합 시멘트 모르타르 및 치장줄눈재는 강도, 내성에 문제가 되지 않는 품질을 갖도록 하고, 그 종류는 공사시방서에 따른다.

2.8 나무벽돌, 철물, 기타

(1) 나무벽돌은 쉽게 썩지 않는 수종으로 하되, 도면 또는 공사시방서에서 정한 바가 없을 때에는 소나무나 잣나무 또는 낙엽송 등으로 한다. 나무벽돌의 치수는 벽돌의 반토막과 같은 것으로 하되, 공사감리자의 확인을 받아 두께가 10㎜ 작은 것을 사용할 수 있다. 나무벽돌의 하면은 75㎜로 줄여 쐐기형으로 만들고, 특별한 경우 이외에는 마구리가 벽면에 나오지 않도록 한다. 또 나무벽돌은 콜타르, 크레오소트 오일 및 기타 공사감리자가 확인한 목재 방부제 칠을 각 면에 1회 도포하여 건조한 다음에 사용한다.
(2) 묻음볼트, 연결 고정철물 및 기타 볼트는 한국산업표준에 적합한 제품으로 한다. 꺾쇠, 기타 연결 고정철물 및 보강철물 등의 형상, 치수 및 재질은 도면 또는 공사시방서에 따른다. 볼트, 꺾쇠 및 철물 등이 모르타르에 묻히지 아니하는 부분에는 도면이나 공사시방서 또는 공사감리자가 지시하는 녹막이도장을 한다.
(3) 벽돌공사에서 익스팬션 조인트, 기능줄눈 및 조절줄눈(균열유발줄눈) 등에 사용하는 신축줄눈재는 사용환경에 대하여 예측할 수 있는 변형에 대응할 수 있는 유효한 재질의 것으로 하고, 그 종류는 공사시방서에 따른다.

[표 2.8-1] 각종 Joint 별 추천 신축줄눈재

Joint 종류	설치 간격	신축줄눈재
Movement Joint	간격 100㎜ 이내	· 1성분형 실리콘계 · 2성분형 변성 실리콘계 · 2성분형 폴리 설파이드계 · 2성분형 아크릴 우레탄계
	간격 100㎜ 이상	· 2성분형 실리콘계 · 2성분형 변성 실리콘계 · 2성분형 폴리 설파이드계 · 2성분형 아크릴 우레탄계
Control Joint	-	· 1성분형 실리콘계 · 2성분형 변성 실리콘계 · 2성분형 폴리 설파이드계 · 2성분형 아크릴 우레탄계

- 출처 : 건축공사표준시방서 해설(조적·석공사)(2009, 대한건축학회)

(4) 치장줄눈 및 방습 대용 모르타르에 사용하는 방수제는 공사시방서에 따른다.
(5) 기타 보강 및 연결철물의 시공 위치, 시공 부위 상세 및 신축줄눈에 대해 시공도에 따라 설치한다.

2.9 규준틀

(1) 세로 규준틀은 뒤틀리지 않은 건조한 직선재를 대패질하여 벽돌줄눈을 명확히 먹매김하고, 켜수와 기타 관계사항을 기입한다. 세로 규준틀의 설치는 수평규준틀에 의하여 위치를 정확하고 견고하게 설치하고, 작업개시 전에 반드시 검사하여 수정한다. 세로 규준틀은 비계발판 및 거푸집, 기타 가설물에 연결 · 고정해서는 안 된다.
(2) 세로 규준틀 대신에 기준대를 사용할 때는 공사감리자의 확인을 받아 수준기 및 다림추 등과 병용한다. 이때 기초 바닥 윗면 또는 콘크리트 기둥 및 벽면에 벽돌벽의 중심선 및 벽면선 등을 먹줄치고 벽돌켜수 등을 먹매김한다.

2.10 발수제

(1) 발수제는 발수용도로 사용하는 무기계 혹은 유기계(실리콘 화합물계 등) 또는 기타 발수성 물질의 침투성 용액을 의미하며, 발수제의 품질은 KS F 4930에 의한 *[표 2.10-1]*에 적합한 것이어야 한다.

[표 2.10-1] 재료의 품질기준

<table>
<tr><th colspan="2" rowspan="2">항목</th><th colspan="2">기준치</th></tr>
<tr><th>유기질계</th><th>무기질계</th></tr>
<tr><td colspan="2">도포 후의 겉모양</td><td colspan="2">변화가 없을 것</td></tr>
<tr><td colspan="2">침투깊이</td><td>2.0 ㎜ 이상</td><td>- 2)</td></tr>
<tr><td rowspan="4">내흡수
성능</td><td>표준상태 1)</td><td rowspan="3">물흡수계수비 0.10 이하</td><td rowspan="4">물흡수계수비 0.50 이하</td></tr>
<tr><td>내알칼리성 시험 후</td></tr>
<tr><td>저온, 고온 반복 저항성 시험 후</td></tr>
<tr><td>촉진 내후성 시험 후</td><td>물흡수계수비 0.20 이하</td></tr>
<tr><td colspan="2">내투수성능</td><td colspan="2">투수비 0.10 이하</td></tr>
<tr><td colspan="2">염화이온 침투저항성능</td><td colspan="2">3.0 ㎜ 이하</td></tr>
<tr><td rowspan="9">용출저항
성능</td><td>냄새와 맛</td><td colspan="2">이상 없을 것</td></tr>
<tr><td>탁도</td><td colspan="2">2도 이하</td></tr>
<tr><td>색도</td><td colspan="2">5도 이하</td></tr>
<tr><td>중금속(Pb로서)</td><td colspan="2">0.1 mg/ℓ 이하</td></tr>
<tr><td>과망간산칼륨 소비량</td><td colspan="2">10 mg/ℓ 이하</td></tr>
<tr><td>pH</td><td colspan="2">5.8~8.6</td></tr>
<tr><td>페놀</td><td colspan="2">0.005 mg/ℓ 이하</td></tr>
<tr><td>증발 잔류분</td><td colspan="2">30 mg/ℓ 이하</td></tr>
<tr><td>잔류 염소의 감량</td><td colspan="2">0.2 mg/ℓ 이하</td></tr>
</table>

주 1) 흡수방지재를 도포하고 열화처리를 하지 않은 시험체

2) 무기질계인 경우에는 침투비성막형으로서 방수막을 형성하지 않고 모세관 공극에 시멘트 수화물과 동일한 형태의 생성물을 형성하여 조직을 치밀화시킴으로써 외부로부터의 물 또는 염화이온(Cl-)의 침투를 억제하는 매커니즘을 가지고 있기 때문에 침투 깊이의 측정이 불가능하여 침투깊이에 대한 성능을 규정하지 않음

3 시공

3.1 재료의 취급과 보관, 준비

(1) 모든 재료는 이 기준의 *(2. 자재)*에서 적용 가능한 요구사항들을 만족해야 한다. 현장에서의 보관과 취급, 준비는 다음의 조건들을 만족해야 한다.

① 조적재료들은 보관 시 깨끗하고 구조적으로 안전하게 적치되어야 한다.

② 모든 금속 보강재는 녹슬지 않도록 해야 한다. 또한 부착을 저해할 수 있는 피막이 있어서도 안 된다.

③ 조적체를 쌓을 때, 소성점토벽돌이나 석회벽돌의 경우 처음 일분간의 초기 흡수율이 1.6/m²를 넘어서는 안 된다. 흡수율 측정시험 시에는 시험체의 시험면이 물의 표면에서 3㎜ 이상 밑으로 잠겨야 한다.

④ 콘크리트 조적체에서는 허가된 경우를 제외하고 젖어서는 안 된다.

⑤ 재료들은 불순물에 의한 품질 저하가 없고 이물질의 침입을 방지할 수 있도록 보관해야 한다. 그리고 그 재료들은 배합이나 시공 시에 적합한 요구사항들을 만족할 수 있어야 한다.

⑥ 재료를 계량하는 방법은 각 재료의 비율을 적절히 조절할 수 있는 방법으로 한다.

⑦ 현장에서 원하는 시공연도를 얻을 수 있을 만큼의 물을 넣고 모르타르나 그라우트를 비비는 경우에 비빔기계 안에서의 비빔시간은 3분 미만이나 10분 이상이어서는 안 된다. 단, 작은 양의 모르타르에 대한 손비빔은 허용된다. 모르타르는 다시 비빌 수 있으나 시멘트의 수화작용에 의해 경화되기 시작한 모르타르나 그라우트를 사용해서는 안 된다. 어떤 경우에도 처음 물을 넣고 비빈 후 두 시간이 지난 모르타르나 한 시간이 지난 그라우트를 사용해서는 안 된다. 단, 공장에서 건조상태로 혼합되고 현장에서 비비는 경우에는 예외로 할 수 있다. 그라우트나 모르타르는 성형 가능할 때까지 비빔기계에서 비벼야 하며, 이 때의 비빔시간은 10분을 넘지 않도록 한다.

3.2 한중시공

(1) 한중시공은 다음의 사항에 따르며, 사전에 동절기 시공계획서(winterization plan)를 제출하여 공사감리자의 확인을 받는다.

① 모든 재료들은 사용 가능한 상태로 운반되어야 한다. 또 모세관현상이나 눈, 비에 의해 습윤해지는 것을 방지할 수 있도록 보관해야 한다. 기밀하지 못하거나 보호 차양이 없는 모든 벽의 상단부는 매일 또는 매 작업이 끝날 때마다 내후성이 강한 재료로 덮어두어야 한다. 벽시공 중에 벽은 작업이 중단될 때는 반드시 덮개를 씌워야 한다. 덮개는 벽의 상단부에서 양쪽으로 최소한 600㎜ 이상 늘어뜨려 정착해야 한다. 단, 다음에 제시되는 ④의 사항에 의해서 부가적인 덮개가 필요한 경우는 예외로 한다.

② 조적조의 모르타르 층에 눈이나 얼음이 생겼을 경우, 조적조의 상단이 건조하게 될 때까지 열을 조심스럽게 가해서 녹여야 한다. 얼었거나 파손되었다고 생각되는 조적조의 단부는 그 부분의 공사가 재개되기 전에 제거하여야 한다.

③ 쌓을 때의 조적체는 반드시 건조상태이어야 한다. 젖었거나 얼어붙은 조적체를 쌓아서는 안 된다. 기온에 따른 주의사항들은 다음과 같다.

가. 벽돌공사의 경우에는 벽돌쌓기에 있어서 기온이 4℃ 이하로 강하하거나 그렇게 될 우려가 있을 때에는 쌓아올림 켜수, 기타 필요한 사항에 대하여 공사감리자의 지시를 받는다.

나. 기온이 4℃ 이상, 40℃ 이하가 되도록 모래나 물을 데운다. 또 기온이 영하 7℃ 이하일 때에도 모르타르의 온도가 4℃에서 40℃ 사이가 되도록 모래나 물을 데우고 비빔판 위의 모르타르 온도는 동결온도보다 높도록 한다. 벽돌 및 쌓기용 재료의 표면온도는 영하 7℃ 이하가 되지 않도록 한다.

다. 블록공사인 경우에는 블록을 쌓을 때 기온이 2℃ 이하로 강하하거나 그 우려가 있을 때에는 쌓아올림 켜수, 기타 필요한 사항에 대하여 공사감리자의 지시를 받아야 한다. 기온이 4℃ 이하일 때에는 모르타르나 그라우트의 온도가 4℃ 이상, 49℃ 이하가 되도록 골재나 물을 데운다.

라. 비빔판 위의 모르타르 온도는 동결온도보다 높게 해야 한다. 그라우트가 시공될 때부터 최소한 24시간 동안은 조적조가 동결온도 이상으로 유지되어야 하며, 기온이 -7℃ 이하로 떨어지는 경우에는 그라우트가 시공될 때부터 최소한 24시간 동안은 조적조 주위에 울타리를 설치하여야 한다.

CHECK 03 ▼

벽돌쌓기의 형태

- 길이쌓기 : 길이면이 보이도록 쌓는 방법(0.5B 두께) - 칸막이벽
- 마구리쌓기 : 마구리면이 보이도록 쌓는 방법(1.0B 두께) - 굴뚝
- 옆세워쌓기 : 마구리면이 보이도록 쌓는 방법
- 길이세워쌓기 : 길이면이 보이도록 세워쌓는 방법

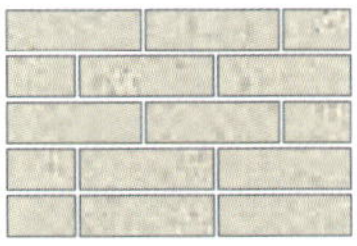

< 길이쌓기 >

< 마구리쌓기 >

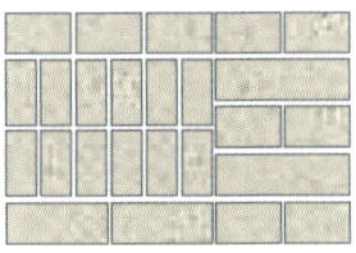

< 옆세워쌓기 >

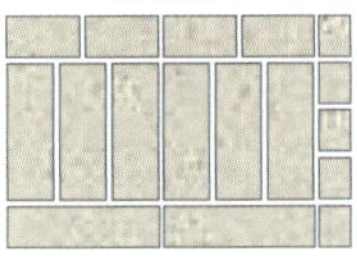

< 길이세워쌓기 >

④ 한중시공일 때의 보양은 다음 사항을 따른다.

가. 평균기온이 4℃~0℃인 경우에는, 내후성이 강한 덮개로 덮어서 조적조를 눈, 비로부터 보호해야 한다.

나. 평균기온이 0℃~-4℃인 경우에는 내후성이 강한 덮개로 완전히 덮어서 조적조를 24시간 동안 보호해야 한다.

다. 평균기온이 -4℃~-7℃인 경우에는 보온덮개로 완전히 덮거나 다른 방한시설로 조적조를 24시간 동안 보호해야 한다. 평균기온 -7℃ 이하인 경우에는 울타리와 보조열원, 전기담요, 적외선 발열램프 등을 이용하여 조적조를 동결온도 이상으로 유지하여야 한다.

3.3 벽돌쌓기

3.3.1 준비

(1) 줄기초, 연결보 및 바닥 콘크리트의 쌓기면은 작업 전에 청소하고 우묵한 곳은 모르타르로 수평지게 고른다. 그 모르타르가 굳은 다음 접착면은 적절히 물축이기를 하고 벽돌쌓기를 시작한다. 붉은 벽돌은 벽돌쌓기 하루 전에 벽돌더미에 물 호스로 충분히 젖게 하여 표면에 습도를 유지한 상태로 준비하고, 더운 하절기에는 벽돌더미에 여러 시간 물뿌리기를 하여 표면이 건조하지 않게 해서 사용한다. 콘크리트 벽돌은 쌓기 직전에 물을 축이지 않는다.

① 벽돌에 부착된 흙이나 먼지는 깨끗이 제거한다.

② 모르타르는 배합과 보강 등에 필요한 자재의 품질 및 수량을 확인한다. 모르타르는 지정한 배합으로 하되 시멘트와 모래는 건비빔으로 하고, 사용할 때에는 쌓기에 지장이 없는 유동성이 확보되도록 물을 가하고 충분히 반죽하여 사용한다.

③ 벽돌공사를 하기 전에 바탕점검을 하고 구체 콘크리트에 필요한 정착철물의 정확한 배치, 정착철물이 콘크리트 구체에 견고하게 정착되었는지 여부 등 공사의 착수에 지장이 없는가를 확인한다.

3.3.2 쌓기의 일반사항 CHECK 03

(1) 가로 및 세로줄눈의 너비는 도면 또는 공사시방서에 정한 바가 없을 때에는 10mm를 표준으로 한다. 세로줄눈은 통줄눈이 되지 않도록 하고, 수직 일직선상에 오도록 벽돌 나누기를 한다.

(2) 벽돌쌓기는 도면 또는 공사시방서에서 정한 바가 없을 때에는 영식 쌓기 또는 화란식 쌓기로 한다.

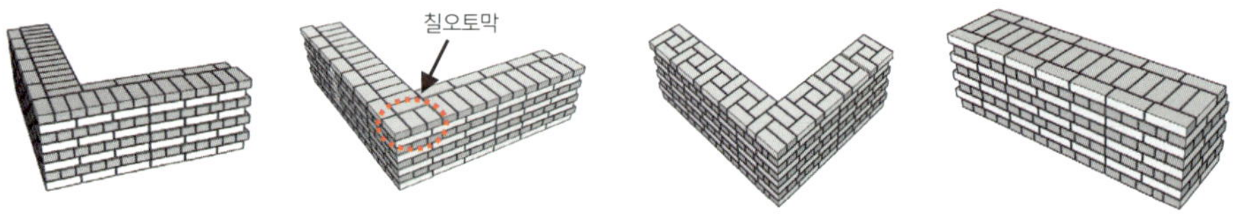

영식 쌓기	화란식 쌓기	불식 쌓기	미식 쌓기
· 길이쌓기와 마구리쌓기를 번갈아 사용하는 방식으로 벽돌을 쌓는 밥법 중 가장 튼튼한 방법	· 기본 패턴은 영식쌓기와 동일하지만 길이켜에서 벽이나 모서리 부분에는 칠오토막을 사용하여 영식쌓기에 비해 시공이 간편하며, 모서리가 튼튼하게 시공되어 가장 많이 사용되는 방법	· 한 켜에서 길이와 마구리가 번갈아 나오도록 쌓는 방법으로, 내부에 통줄눈이 많이 생기는 단점이 있음	· 뒷면은 영식쌓기로 하고 표면의 치장벽돌은 5켜 정도는 길이쌓기 그리고 한 켜는 마구리쌓기로 하여 뒷면의 벽돌과 맞물리도록 쌓는 방법으로 빠르게 작업이 가능함

[그림 3.3.2-1] 치장줄눈의 종류와 모양

(3) 가로줄눈의 바탕 모르타르는 일정한 두께로 평평히 펴 바르고, 벽돌을 내리누르듯 규준틀과 벽돌나누기에 따라 정확히 쌓는다.

(4) 세로줄눈의 모르타르는 벽돌 마구리면에 충분히 발라 쌓도록 한다.

(5) 벽돌은 각부를 가급적 동일한 높이로 쌓아 올라가고, 벽면의 일부 또는 국부적으로 높게 쌓지 않는다.

(6) 하루의 쌓기 높이는 1.2m(18켜 정도)를 표준으로 하고, 최대 1.5m(22켜 정도) 이하로 한다.
(7) 연속되는 벽면의 일부를 트이게 하여 나중쌓기로 할 때에는 그 부분을 층단 들여쌓기로 한다.
(8) 직각으로 오는 벽체의 한편을 나중 쌓을 때에도 층단 들여쌓기로 하는 것을 원칙으로 하지만 부득이할 때에는 공사감리자의 확인을 받아 켜걸음 들여쌓기로 하거나 이음보강철물을 사용한다. 먼저 쌓은 벽돌이 움직일 때에는 이를 철거하고 청소한 후 다시 쌓는다. 물려 쌓을 때에는 이 부분의 모르타르는 빈틈없이 다져 넣고 사춤 모르타르도 매 켜마다 충분히 부어 넣는다.
(9) 벽돌벽이 블록벽과 서로 직각으로 만날 때에는 연결철물을 만들어 블록 3단마다 보강하여 쌓는다.
(10) 벽돌벽이 콘크리트 기둥(벽)과 슬래브 하부면과 만날 때는 그 사이에 모르타르를 충전한다.

3.3.3 보강벽돌쌓기

(1) 벽종근 및 벽횡근의 조립
① 종근은 기초까지 정착되도록 콘크리트 타설 전에 배근한다.
② 벽체 부분의 철근은 굽어지면 안 된다. 종근은 상시 내진설계로 배근한다.
③ 횡근은 횡근용 벽돌 내에 배근하고 종근과의 교차부를 결속선으로 긴결한다.
④ 우각부 및 T형 합성부의 횡근은 종근을 구속하도록 배근한다.
⑤ 철근의 피복 두께는 20㎜ 이상으로 한다. 다만, 칸막이벽에서 콩자갈 콘크리트 또는 모르타르를 충전하는 경우에 있어서 10㎜ 이상으로 한다.
(2) 벽돌쌓기
① 최하단의 벽돌쌓기에 있어서 수평으로 정확히 평평하게 되도록 하고, 완성 후에 누수되지 않도록 바닥면과 벽돌 사이에 바탕 모르타르를 바른다.
② 벽돌쌓기는 줄눈바름면의 전체에 줄눈 모르타르가 고루 배부되도록 쌓는다.
③ 벽돌의 1일 쌓기 높이는 1.5m 이하로 한다.
④ 줄눈 모르타르는 공동 부분에 노출되지 않도록 한다.
⑤ 벽돌쌓기 시공 중 배수가 불가능한 벽돌공동 내에는 우수 등이 침입하지 않도록 양생한다.
(3) 벽돌 공동부의 모르타르 및 콘크리트의 축차(逐次) 충전
① 벽돌쌓기에 의해 생기는 수직줄눈 공동부(철근을 삽입하지 않는 공동부를 포함)에 대한 모르타르 및 콘크리트의 충전은 충전압력으로 벽돌이 미끄러짐 이동이 되지 않는 시기로 한다.
② 모르타르 및 콘크리트 충전에는 가는 환봉 등을 사용하여 밀실하게 한다.
③ 모르타르 및 콘트리트 충전은 표준 벽돌쌓기 2~3단마다 실시한다.
④ 횡방향 줄눈 공동의 모르타르 및 콘크리트의 충전은 벽돌의 상단과 동일면 이상의 높이가 되도록 평평하게 한다.
⑤ 1일 작업종료 시 종줄눈 공동부의 모르타르 및 콘크리트의 충전높이는 벽돌의 상단부터 약 50mm 아래로 한다.
(4) 벽돌 공동부의 모르타르 및 콘크리트의 층고 충전
① 층고 충전공법의 공동부 최소직경은 80㎜ 이상으로 한다.
② 층고 충전공법의 벽돌쌓기는 충전 모르타르 및 콘크리트 타설 시의 측압에 견디도록 쌓는다.
③ 층고 충전공법의 청소구 및 점검구의 위치 및 크기는 공사감리자와 협의하여 결정한다.
④ 벽돌쌓기 시 낙하 및 노출된 모르타르는 신속히 제거한다.
⑤ 청소구 및 점검구는 충전하기 전에 모르타르 및 콘크리트가 누출되지 않도록 한다.
⑥ 벽돌벽 공동부 내부에는 충전하기 전에 벽돌공동부 내부를 충분히 물축임한다.
⑦ 공동부의 타설은 원칙적으로 반복하여 타설한다. 1회의 타설높이는 1.5m 이하로 한다.
⑧ 타설되는 각 층의 긴결은 콘크리트 봉형 진동기(공칭봉경 28㎜ 이하)를 사용하고, 필요에 따라 다른 긴결용구를 보조로 하여 사용한다.
⑨ 콘크리트 봉형 진동기는 각 층마다 사용하고, 그 층의 하부에 선단이 도달하도록 수직으로 삽입한다. 그 삽입간격은 약 400㎜ 이하로 한다.

(5) 벽돌벽의 단부 및 연결부의 철근콘크리트 공사
① 배근은 거푸집조립보다 먼저 한다.
② 거푸집 조립
가. 콘크리트 타설개소에 줄눈 모르타르 돌출이 있는 것을 제거한다.
나. 콘크리트를 타설하기 전에 콘크리트 타설 측압에 견디도록 형틀을 조립한다.
다. 거푸집의 긴결철물은 공동벽돌쌓기 시에 설치한다.
라. 벽돌거푸집을 사용하는 경우
(가) 벽돌거푸집은 줄눈 전체 면에 틈이 생기지 않도록 모르타르를 바르고 쌓는다.
(나) 벽돌거푸집은 긴결철물에 의하여 설치한다.
마. 거푸집을 사용하는 경우
(가) 거푸집공사는 원칙적으로 벽돌벽 쌓기가 종료한 후 가설용 거푸집공사와 동시에 한다.
(나) 거푸집은 줄눈봉 등을 사용하여 벽돌과의 틈이 생기지 않도록 조립한다.
(다) 거푸집은 긴결철물에 의하여 견고하게 설치한다.
③콘크리트의 1회 타설높이는 600㎜ 이하를 표준으로 하고, 타설 중인 콘크리트에 결함이 생기지 않도록 한다.
(6) 주 구조체와 장막벽의 설치공법
① 주 구조체와 장막벽의 긴결은 설계도서 혹은 시공도에 따른다.
② 접합용 철근의 주 구조체에 대한 설치는 벽돌공사를 하기 전에 한다.
③ 장막벽을 철골조에 시공하는 경우
가. 벽돌벽을 철골조에 시공하는 경우의 철근과 철물의 설치는 시공도에 따른다. 시공도에 표시되지 않은 경우에는 철골에 접합용 철근과 철물을 용접하고, 여기에 벽돌벽의 보강철물을 접합한다.
나. 철골과 철근의 용접접합은 다음에 따른다.
(가) 철골 표면에 철근을 수직으로 용접접합하는 경우는 개선을 45°로 하여 용접한다.
(나) 철근 단부를 90°로 절곡하여 철골 표면에 평행하게 용접접합하는 경우는 절곡 부분을 5d 이상 용접하고 절곡 부분의 주위를 충분히 용접한다.

3.3.4 보강근 배근
(1) 금속 보강재의 위치는 도면과 시방서에 따른다.
(2) 그라우트를 부어넣기 전에 보강재는 금속간격재나 그 밖에 적당한 도구를 이용하여 철근 직경의 200배를 넘지 않도록 긴결하여야 한다.
(3) 벽과 휨부재에서 보강 철물 설치의 허용차는 유효춤(d)이 200㎜ 이하인 경우에 ±13㎜ 이다. 또한, 직경이 200㎜ 보다 크고 600㎜ 이하인 경우에는 ±25㎜이다. 직경이 600㎜ 보다 크다면 ±32㎜가 된다.
(4) 보강근의 길이방향 위치의 허용차는 ±51㎜이다.

3.3.5 알루미늄 장비
(1) 알루미늄 재료와 장비가 그라우트의 강도에 나쁜 영향을 미치지 않는다는 것이 확인될 경우를 제외하고, 알루미늄 장비를 사용하여 그라우트를 취급하거나 송출하지 않도록 한다.

3.3.6 통줄눈 쌓기
(1) 치장벽을 제외한 내력벽 또는 비내력벽에서 가로방향의 연직면상에 위치한 개체의 75% 이하가 밑면에 위치한 조적조의 높이 절반 이하 또는 조적조 길이의 4분의 1 이하로 포개져 시공될 때, 이 벽체를 통줄눈쌓기로 간주한다.

3.3.7 다중겹벽 쌓기

(1) 다중겹벽의 모든 겹은 그라우트나 부식방지 벽체 연결철선이나 철근에 의해 연결 · 부착되며, 사용재료는 이 기준의 *(2. 자재)*에 따른다.

① 공간쌓기벽 시공에서의 벽체 연결철물

가. 벽체의 연결철물은 모든 홑겹벽을 충분히 연결할 수 있을 만큼 길이를 확보하여야 한다. 홑겹벽에 걸친 벽체 연결철물 부분은 모르타르나 그라우트 내부에 완전히 매립되어야 한다. 벽체 연결철물의 단부는 90°로 구부려 길이가 최소 50mm 이상이어야 한다. 벽체 연결철물이 모르타르나 그라우트에 완전히 묻히지 않은 부분은 개별적으로 양단이 각각 홑겹벽에 연결되어야 한다.

나. 벽체면적 0.42m²당 적어도 직경 9.5㎜의 연결철물 1개 이상 설치되어야 한다. 공간쌓기벽의 공간너비가 75㎜ 이상, 115㎜ 이하인 경우에는 벽체면적 0.28m²당 적어도 직경 10㎜의 연결철물을 1개 이상 설치해야 한다.

다. 연결철물은 교대로 배치해야 하며, 연결철물 간의 수직과 수평간격은 각각 610㎜와 900㎜를 초과해서는 안 된다.

라. 개구부 주위에는 개구부의 가장자리에서 300㎜ 이내에 최대 간격 900㎜인 연결철물을 추가로 설치해야 있다.

마. 길이 조정이 가능한 연결철물의 경우 다음 사항을 만족해야 한다.

바. 벽체면적 매 0.16m²당 적어도 한 개 이상의 연결철물을 설치하여야 하며 수평 및 수직간격은 400㎜ 이하로 한다. 홑겹벽체를 연결하는 바닥 연결철물의 최대 32㎜의 오차를 허용할 수 있다.

사. 연결철물 연결부분의 이격거리는 최대 1.6㎜이다. 인장 훅이 부착된 연결철물은 적어도 2개 이상이어야 하며, 훅 부분의 직경이 4.8㎜이어야 한다. 벽체 연결철물의 크기나 간격이 다른 경우에도 홑겹벽체 사이에 동등한 강도를 확보할 수 있는 경우에는 사용 가능하다.

② 그라우트를 사용한 다중 홑겹벽에서의 벽체 연결철물

가. 다중 홑겹벽에서 각각의 홑겹벽은 면적 0.2m²마다 최소 직경 4.8㎜의 벽체 연결철물에 의해 부착되어야 한다. 벽체 연결철물의 크기나 간격이 다른 경우에도 홑겹벽 사이에 동등한 강도를 제공할 수 있는 경우에는 사용 가능하다.

③ 줄눈보강

가. 조적조 벽체에 사용될 선조립 줄눈보강은 벽체면적 0.2m²마다 최소 굵기 1.5㎜ 교차 철선을 적어도 1개 이상 설치하여야 한다. 줄눈보강의 수직간격은 400㎜ 이하로 한다. 길이방향의 철선은 바닥 가로줄눈 모르타르에 완전히 묻혀 있어야 한다. 줄눈보강의 철물은 모든 홑겹벽과 연결되어야 한다.

나. 연결철물로 연결된 홑겹벽 사이가 그라우트나 모르타르로 채워져 있는 경우에는 허용응력설계법과 기타 조적조 구조설계 규정을 적용할 수 있다. 공간이 충전되어 있지 않은 경우에는 연결철물로 연결된 벽체를 공간쌓기벽의 사용하중 응력, 횡방향 지지, (공간을 제외한)두께, 높이와 연결철물 요구조건에 부합하는 것으로 본다.

3.3.8 수직방향 지지

(1) 조적조가 치장 목적으로 사용되거나 피복 용도로 사용되는 경우를 제외한 조적조의 수직방향으로의 지지 역할을 하는 구조부재의 최하단 가로줄눈은 비가연성 재료로 최소 6㎜, 최대 25㎜의 폭을 갖는 지지면적을 확보하여야 한다.

3.3.9 측면 지지

(1) 수평으로 걸쳐 있는 부분에서는 교차 벽체, 기둥, 벽기둥, 부벽 또는 버트레스로서 수직으로 걸쳐 있는 부분에서 바닥판, 보, 가장자리 보 또는 지붕 등이 조적조의 횡지지 역할을 할 수 있다. 보에 의한 횡지지의 안목 거리는 압축측 면적의 최소 폭의 32배를 초과할 수 없다.

3.3.10 연결철선과 줄눈보강근의 보호

(1) 연결철선 또는 줄눈보강근에 대해서는 피복두께 최소 16㎜의 모르타르가 필요하다. 조적조 개체와 줄눈보강근 사이의 시멘트 페이스트 또는 모르타르 두께는 철근이나 연결철선 두께의 최소 2배 이상인 가로줄눈에 최대 직경 6㎜인 철근이나 볼트가 놓인 경우를 제외하고는 6㎜ 이상이어야 한다.

3.3.11 파이프와 배관 매설

(1) 조적조에 묻힌 파이프와 배관은 조적조의 강도와 내화성을 요구조건 이하로 저하시키는 방식으로 설치해서는 안 되며 파이프와 배관을 중공식 조적조 개체의 사춤되어 있지 않은 중앙부에 배치되는 것은 매설된 것으로 간주하지 않으나 다음과 같은 사항은 예외로 할 수 있다.

① 견고한 전기배관의 위치가 승인된 도면에 의해 상세 설계되어 있는 경우에는 구조용 조적조 내부에 매설할 수 있다.

② 파이프나 배관은 허브나 연결장치가 충분히 통과할 수 있을 만큼의 슬리브를 설치하여 조적조를 수직 및 수평으로 관통할 수 있으며, 슬리브 사이 간격은 슬리브 직경의 3배 이상 떨어져 있어야 하며, 슬리브로 인해 구조물의 강도저하를 최소화해야 한다.

3.4 줄눈 및 치장줄눈

3.4.1 줄눈

(1) 벽돌쌓기 줄눈 모르타르는 벽돌의 접합면 전부에 빈틈없이 가득 차도록 한다.

(2) 쌓은 직후 줄눈 모르타르가 굳기 전에 줄눈흙손으로 빈틈없이 줄눈 누르기를 한다.

3.4.2 치장줄눈

(1) 치장줄눈을 바를 경우에는 줄눈 모르타르가 굳기 전에 줄눈파기를 한다.

(2) 치장줄눈은 벽돌 벽면을 청소 · 정리하고 공사에 지장이 없는 한 빠른 시일 내에 빈틈없이 바른다.

(3) 치장줄눈의 깊이는 6㎜로 하고, 그 의장은 공사시방서에 따른다.

3.4.3 줄눈보강

(1) 중공개체를 이용한 시공의 주된 보강재로 사용되는 철망줄눈 보강재는 지지점 사이에서 연속되어야 한다. 단, 다음과 같이 겹침이음되는 경우는 제외한다.

① 정착 및 이음길이의 겹친 부분 길이가 25d 이상일 때

② 인장근 이음길이가 25d 또는 40d 이거나 압축근 이음길이가 20d 이상일때

③ 시공중 접합부의 가로줄눈이 교차될 경우 줄눈 간의 거리는 철망 직경에 54배에 가로줄눈 간격의 두 배를 더한 것보다 작아야 한다.

④ 계산상 요구된 경우와 반곡점과 같이 응력이 최소인 특정한 경우

⑤ 테두리 철선을 휨가공하여 사용할 때는 *SBCS 41 90 34 10 (3. 시공)*에 따른다.

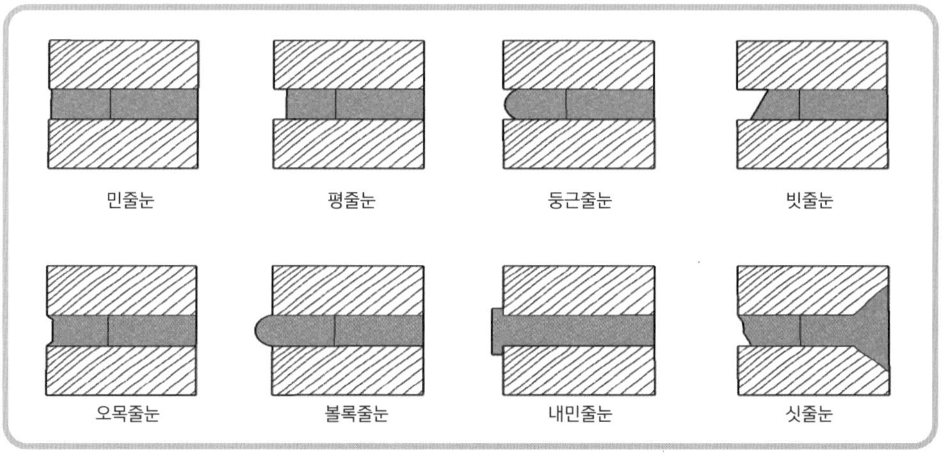

[그림 3.4.3-1] 치장줄눈의 종류와 모양

3.5 나무벽돌, 볼트, 기타 철물 묻어쌓기

3.5.1 나무벽돌

(1) 나무벽돌은 도면 또는 공사시방서에서 정한 바에 따라 묻을 위치를 정하고, 수직 및 수평 줄눈을 바르고 간격을 일정히 하여 묻어 쌓는다.

(2) 도면에 의하여 목재 걸레받이, 띠장 및 돌림띠, 기타 못박기가 필요한 곳에는 나무벽돌을 위치, 거리, 간격을 정확하게 하여 빠뜨리지 않고 묻어 쌓는다.

(3) 나무벽돌의 간격은 도면 또는 공사시방서에 정한 바가 없을 때에는 붙여 댈 목재의 위치를 정하고, 길이방향으로는 간격을 900㎜ 이내로 한다.

(4) 나무벽돌은 벽돌면보다 2㎜ 정도 내밀어 수직면 줄을 바르게 놓고 그 주위에는 모르타르를 빈틈없이 사춤한다.

3.5.2 볼트, 기타 철물

(1) 볼트, 철선, 홈걸이 및 기타 벽돌벽에 고정하는 철물은 벽돌쌓기와 동시에 견고하게 묻어 쌓고, 철물의 노출 부분은 그 주위의 마무리를 하기 전에 도면이나 공사시방서에서 정하는 바에 따라 녹막이 칠을 한다. 연결 고정철물은 원칙적으로 줄눈 위치에 수직 및 수평으로 바르게 배치하고, 그 주위에는 모르타르를 빈틈없이 채워 넣는다. 부득이하여 벽돌벽면에 위치하게 될 때에는 공사감리자의 확인을 받아 견고하고 외관이 좋은 위치에 설치한다.

3.5.3 배관

(1) 벽돌면에 배관할 때에는 그 위치를 정확히 유지하고, 벽돌을 배관의 모양에 잘 맞게 마름질하여 쌓고 배관의 주위에는 모르타르를 충분히 사춤한다.

(2) 벽돌을 쌓은 후 나중에 배관홈을 파고 묻을 때에는 그 위치, 깊이 및 길이 등에 대하여 공사감리자의 확인을 받아 시공하고 곧바로 모르타르 등으로 충분히 충전함으로써 구조적으로 문제가 발생하지 않도록 한다.

3.6 기초쌓기 및 내쌓기

3.6.1 기초쌓기

(1) 줄기초 윗면은 청소하고 물축이기를 한다. 기초 윗면의 우묵한 곳은 벽돌쌓기 전일에 모르타르 또는 콘크리트로 고름질하여 둔다. 부득이 벽돌을 옆세워 쌓아야 할 때에는 공사감리자의 확인을 받아 사춤 모르타르를 충분히 하여 쌓는다. 기초 쌓기는 1/4 B씩 1켜 또는 2켜 내어 쌓는다. 기초 벽돌의 맨 밑의 너비는 도면 또는 공사시방서에서 정한 바가 없을 때에는 벽두께의 2배로 하고 맨 밑은 2켜 쌓기로 한다.

3.6.2 내쌓기 CHECK 04

(1) 벽돌 벽면 중간에서 내쌓기를 할 때에는 2켜씩 1/4 B 또는 1켜씩 1/8 B 내쌓기로 하고 맨 위는 2켜 내쌓기로 한다.

> ◀ CHECK 04
> **내쌓기 시 주의사항**
> • 내쌓기는 마구리쌓기로 하는 것이 강도를 위하여 유리하다. 특히 박공벽은 횡력에 대한 보강을 해야 하며, 돌출부의 비막이를 잘해야 하고 방화를 위해 방화 모르타르를 사용해야 한다.

3.7 교차부 및 모서리쌓기

3.7.1 교차부 쌓기

(1) 직교하는 벽돌벽의 한편을 나중쌓기로 할 때에는 그 부분에 벽돌 물림자리를 벽돌 한 켜 걸름으로 1/4 B를 들여쌓는다. 이때 그 켜걸름 들여쌓기의 좌측, 우측 및 옆은 정확하게 수직으로 하고 일정한 깊이로 들여 놓는다. 하루 일이 끝나면 들여쌓기 부분의 여분의 모르타르는 깨끗이 청소한다. 교차부 물려쌓기는 모르타르를 충분히 펴고, 끼우는 벽돌에는 모르타르를 끼워대고 사춤 모르타르도 빈틈없이 채워 넣는다.

3.7.2 모서리쌓기

(1) 벽돌벽의 끝 모서리쌓기를 할 때에는 통줄눈이 생기지 않도록 주의하고, 토막이 적게 사용되도록 벽돌 나누기를 하며 사춤 모르타르도 충분히 채운다. 벽돌벽의 끝 또는 모서리 선은 정확히 수직으로 일직선이 되게 한다. 예각 또는 둔각 교차부의 치장쌓기에는 마름질한 벽돌을 연마하여 평활하게 하여 쌓는다.

3.8 독립기둥, 붙임기둥, 부축벽 및 좁은벽 쌓기

(1) 이들의 평면은 벽돌 나누기를 잘하여 통줄눈이 생기지 않도록 하고, 모서리선은 정확한 수직선이 되게 한다. 특히 이 부분에 사용하는 벽돌은 일정한 치수의 것을 선별하여 사용하고, 서로 잘 물려 쌓으며 사춤 모르타르도 매 켜마다 한다.

3.9 아치쌓기

(1) 아치의 가설 형틀은 형상 및 치수를 정확하고 견고하게 짜서 설치하고 떼어내기에 편리하게 한다. 가설 형틀은 아치를 쌓은 후 모르타르가 완전히 굳을 때까지 존치하고 공사감리자의 확인을 받아 제거한다.
(2) 아치쌓기는 그 축선에 따라 미리 벽돌 나누기를 하고, 아치의 어깨에서부터 좌우 대칭형으로 균등하게 쌓는다. 아치쌓기에 사용하는 모르타르의 배합은 지정이 없을 때에는 *[표 2.7-1]*을 참조하고 사춤 모르타르를 빈틈없이 채워 넣고 줄눈이 일매지고 모양 바르게 쌓는다.
(3) 아치를 쌓은 후에는 보행, 짐싣기 및 충격 등을 주지 않도록 하고 모르타르가 충분히 굳은 다음 그 윗벽을 쌓는다.
(4) 환기구멍 및 층보 걸침 구멍 등의 작은 문꼴 윗부분에는 도면 또는 공사시방서에서 정한 바가 없더라도 공사감리자가 지시할 때에는 아치쌓기로 한다.

3.10 공간쌓기

(1) 공간쌓기는 도면 또는 공사시방서에 정한 바가 없을 때에는 바깥쪽을 주벽체로 하고 안쪽은 반장쌓기로 한다. 공간은 50㎜~70㎜ 정도로 하고 바깥쪽에는 필요에 따라 물빠짐 구멍(직경 10㎜)을 낸다.
(2) 안쌓기는 연결재를 사용하여 주 벽체에 튼튼히 연결한다. 연결재의 종류, 형상, 치수 및 설치공법은 도면 또는 공사시방서에 따르고, 그 지정이 없을 때에는 공사감리자의 확인을 받아 다음 중의 하나로 한다.
① 벽돌을 걸쳐대고 끝에는 이오토막 또는 칠오토막을 사용한다.
② #8 철선(아연도금 또는 적절한 녹막이 칠을 한 것)을 *[그림 3.10-1]*과 같이 구부려 사용한다. 형상 및 길이 등은 공사감리자의 지시에 따른다.
③ #8 철선을 가스압접 또는 용접하여 #자형으로 된 철망형의 것을 사용한다.
④ 직경 6㎜~9㎜의 철근을 꺾쇠형으로 구부려 사용한다.
⑤ 두께 2㎜, 너비 12㎜ 이상의 띠쇠를 사용한다.
⑥ 직경 6㎜, 길이 210㎝ 이상의 둥근 꺾쇠 또는 각형 꺾쇠를 사용한다.
(3) 연결재의 배치 및 거리 간격의 최대 수직거리는 400㎜를 초과해서는 안 되고, 최대 수평거리는 900㎜를 초과해서는 안 된다. 연결재는 위 아래층 것이 서로 엇갈리게 배치한다.
(4) 공간쌓기를 할 때에는 모르타르가 공간에 떨어지지 않도록 주의하여 쌓는다.

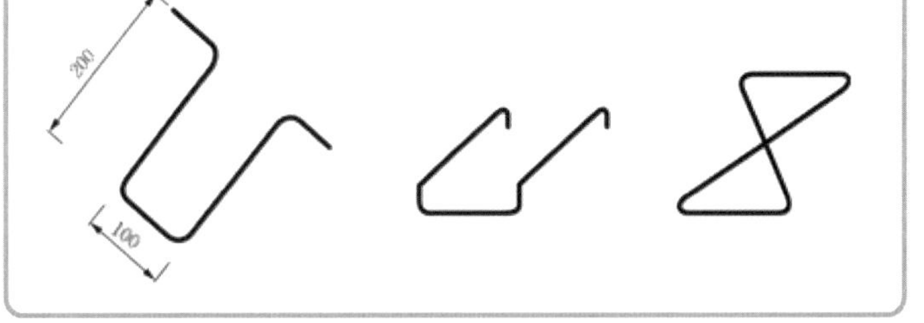

[그림 3.10-1] 공간쌓기용 철물

3.11 창문틀 세우기

3.11.1 일반사항

(1) 창문틀은 도면 또는 공사시방서에서 정한 바가 없을 때에는 원칙적으로 먼저 세우기로 하고, 나중 세우기로 할 때에는 가설틀 또는 먼저 설치 고정한 나무벽돌 또는 연결철물의 재료, 구조 및 공법 등의 상세를 나타낸 공작도를 작성하여 공사감리자의 확인을 받아 시공한다.

3.11.2 먼저 세우기

(1) 창문틀을 먼저 세우기로 할 때에는 그 밑까지 벽돌을 쌓고 24시간 경과한 다음에 세운다. 창문틀은 고임목, 쐐기 등을 사용하여 수평 위치를 맞추고 버팀대 및 연결대 등을 사용하여 수직 위치를 정확히 유지하고 견고하게 설치한다. 이때 도면 또는 공사시방서의 지정 또는 공사감리자가 지시하는 버팀대 및 연결대는 문틀 바깥쪽에 치장면이 아닌 방향으로 못박아 대고 나중 잘라내기로 한다. 창문틀의 상하 가로틀은 세로틀 밖으로 뿔을 내밀어 옆 벽면의 벽돌에 물리고 선틀의 상하 끝 및 그 중간 간격 600㎜ 이내마다 꺾쇠 또는 큰못(길이 75㎜~100㎜) 2개씩을 줄눈 위치에 박아 고정시킨다.

3.11.3 나중 세우기

(1) 창문틀을 나중 세우기로 할 때에는 도면 또는 공사시방서에서 정하는 바에 따라 가설 창문틀을 먼저 세우고, 이 창문틀을 나중 세우기로 하거나 벽돌벽을 먼저 쌓고 나무벽돌, 볼트, 기타 연결 고정철물을 묻어 두고 여기에 창문틀을 나중 세우기로 한다.

① 가설 창문틀은 도면 또는 공사시방서에서 정하는 바에 따라 전 항에 준하여 설치하고, 벽돌을 쌓은 후 이 창문틀을 끼워대고 숨은 못 또는 연결물로 고정한다. 그 구조 및 공법은 도면 또는 공사시방서에 따른다.

② 가설 창문틀을 사용하지 않고 옆벽의 벽돌을 먼저 쌓을 때에는 창문틀을 끼울 수 있는 여유를 두고 그 상하 좌우 벽돌면을 수평·수직이 되고 모서리는 일직선으로 정확한 치수로 쌓아 창문틀 나중 끼우기에 지장이 없게 한다. 이때 창문틀을 연결 고정하는 철물 또는 나무벽돌이 빠지지 않도록 묻어 쌓는다. 그 재료 치수, 구조 및 공법 등은 도면 또는 공사시방서에 따르고, 그 지정이 없을 때에는 나무벽돌을 사용하며 배치간격은 상하 끝 및 그 중간 600㎜(9켜 정도) 이내마다 한다.

3.12 창대쌓기

(1) 창대 벽돌은 도면 또는 공사시방서에서 정한 바가 없을 때에는 그 윗면을 15° 정도의 경사로 옆세워 쌓고 그 앞 끝의 밑은 벽돌 벽면에서 30㎜~50㎜ 내밀어 쌓는다.

(2) 창대 벽돌의 위 끝은 창대 밑에 15㎜ 정도 들어가 물리게 한다. 또한 창대 벽돌의 좌우 끝은 옆벽에 2장 정도 물린다.

(3) 창문틀 주위의 벽돌 줄눈에는 사춤 모르타르를 충분히 하여 방수가 잘 되게 한다.

3.13 창문틀 옆쌓기

(1) 창문틀의 상하 가로틀은 뿔을 내어 옆벽에 물리고 중간 600㎜ 이내의 간격으로 꺾쇠 또는 큰못 2개씩을 박아 견고히 고정한다. 옆벽을 쌓을 때에는 창문틀에 횡력을 가하여 선틀이 안으로 휘거나 각도가 일그러지지 않게 주의한다.

(2) 옆벽 쌓기는 좌우에서 같이 쌓아 올라가고 꺾쇠 및 못 등을 박을 때에는 진동, 이동 및 변형 등이 없게 하여 그 옆 모르타르가 진동으로 흘러내려 선틀이 안으로 휘지 않도록 주의한다.

(3) 선틀이 휠 우려가 있을 때에는 선틀 중간에 버팀목을 대어 선틀의 옆 휨을 방지하고, 높이 600㎜ 정도로 쌓을 때마다 꺾쇠 또는 큰 못을 박을 때에 다림추 및 수평기 등으로 점검하여 수정하고, 창문틀의 수직 · 수평 및 각도를 정확히 유지한다.

(4) 창문틀의 선틀재가 길어 옆 휨의 우려가 있을 때에는 안으로 휘어지는 것을 방지하기 위하여 중간 버팀대를 댄다.

(5) 창문틀 옆벽의 벽돌 나누기를 하여 이오토막 등의 잔토막 벽돌을 사용하지 아니하고 사다리꼴로 반절하여 쌓는다.

(6) 창문틀이나 나무벽돌 또는 고정철물의 주위에는 모르타르를 빈틈없이 사춤한다. 이때 창문틀 밑 또는 옆의 고임목 및 쐐기 등은 반드시 빼내야 한다.

3.14 기타 벽돌쌓기

3.14.1 철골과 벽돌

(1) 철골과의 접합 부분에는 철골의 모양과 알맞도록 벽돌을 마름질하여 쌓고, 그 접촉 부분에는 빈틈없이 모르타르를 채워 넣으며 쌓는다.

3.14.2 방수층보호 누름벽돌쌓기

(1) 방수층보호 누름벽돌쌓기는 먼저 시공한 방수층을 손상하지 않도록 주의하여 쌓고, 벽돌과 방수층 사이에는 모르타르를 빈틈없이 채워 넣는다.

3.15 목부 방부제도장

(1) 벽돌면에 접촉되는 목부는 모두 방부제를 1회 칠하여 건조시킨 다음 설치한다.
(2) 방부제는 한국산업표준에 적합한 제품 및 도면 또는 공사시방서의 지정 또는 공사감리자가 확인하는 것으로 한다.
(3) 방부제도장을 할 때에는 목부의 치장면을 더럽히지 않도록 주의하고, 도장하는 면은 충분히 방부상 유효하게 칠한다.

3.16 방수 및 방습

3.16.1 방수

(1) 벽면 및 치장줄눈에 방수처리를 할 때에 그 재료배합 및 공법은 도면 또는 공사시방서에 따른다.
(2) 벽돌 벽면의 비계장선의 끼움 구멍을 메울 때에는 방수 모르타르를 사용하여 그 구멍에 충분히 밀어 넣고 구멍깊이에 알맞은 벽돌을 끼운다.
(3) 벽돌을 끼운 다음 주위에 사춤 모르타르를 빈틈없이 다져 넣고 방수에 유효하게 한다.
이때 그 구멍이 맞구멍 뚫린 곳은 안팎에서 사춤 모르타르를 채운다.

3.16.2 방습

(1) 지반에 접촉되는 부분의 벽체에는 지반 위, 마루 밑의 적당한 위치에 방습층을 수평줄눈의 위치에 설치한다.
(2) 방습층의 재료, 구조 및 공법은 도면 또는 공사시방서에 따르고, 그 정함이 없을 때에는 공사감리자가 확인한 시멘트 액체방수제를 혼합한 모르타르로 하고 바름두께는 10㎜로 한다.
(3) 방습층의 방수 모르타르 바름은 수평면으로 평탄하게 하여 벽돌벽을 타고 상승하는 수분을 충분히 막을 수 있게 하여야 한다.

3.16.3 비흘림판

(1) 비흘림판은 벽돌을 쌓을 때 붙박이로 설치하되 외부에서 보이지 않게 하는 것을 원칙으로 한다.

3.17 붙박이공사

(1) 공동벽돌쌓기에서 붙박이장 등을 벽돌쌓기 도중에 설치하게 될 때에는 줄눈 부분에 메탈라스를 펴고 빈속을 모르타르로 채운다.

3.18 신축줄눈

(1) 도면 표시에 따라 신축줄눈을 설치하되 3.8㎜ 두께의 스테인리스 스틸과 냉간압연한 구리판 등을 사용하고, 신축줄눈의 스트립으로는 탄성충전재, 신축성이 있는 기성 네오프랜 또는 압출 플라스틱 등을 사용한다.

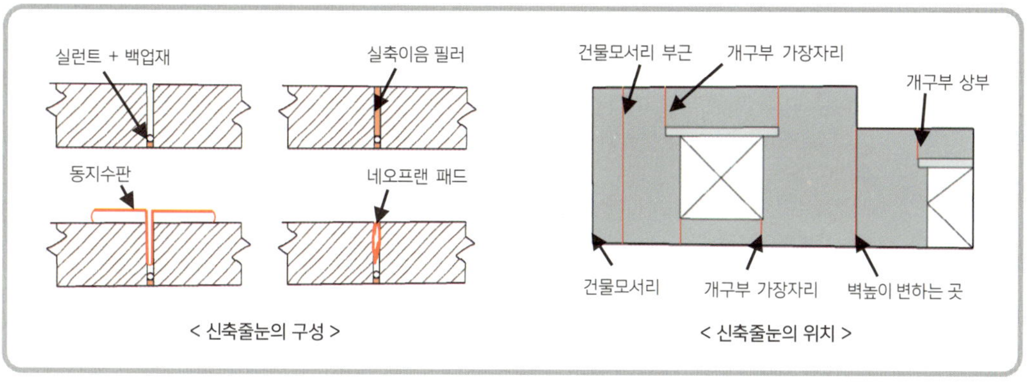

[그림 3.18-1] 신축줄눈의 구성 및 위치

3.19 보양

(1) 쌓기가 완료된 벽돌은 어떠한 경우에도 움직이지 않도록 한다. 쌓은 후 12시간 동안은 하중을 받지 않도록 하고 3일 동안은 집중하중을 받지 않도록 하되, 모르타르가 완전히 경화될 때까지 유해한 진동, 충격 및 횡력 등의 하중을 주지 않도록 한다.

(2) 벽돌의 모서리 돌출부 및 단부 등은 파손되지 않도록 적절한 재료를 사용하여 보양하고 더럽히지 않도록 주의한다.

(3) 평균기온이 4℃ 이하, 영하 4℃까지는 최소한 24시간 동안 보온막을 설치한다.

(4) 아직 지붕을 설치하지 않은 치장쌓기로서 직접 우로에 노출되는 부분은 매일의 공사가 끝날 때마다 두꺼운 방수시트로 벽 위를 덮고 단단히 고정시킨다.

① 평균기온이 －4℃~4℃까지는 눈, 비로부터 최소 24시간 방수 시트로 덮어서 보호해야 한다.

② 평균기온이 －7℃~－4℃까지는 보온덮개 혹은 이에 상응하는 재료로 24시간 보호해야 한다.

③ 평균기온이 －7℃ 이하의 경우는 벽돌 쌓은 부위의 온도가 0℃를 유지할 수 있도록 보호막에 열을 공급하거나 전기담요 혹은 전열 등을 이용하는 방법을 사용하여 벽돌 쌓은 부위를 24시간 보호한다.

3.20 인방보 및 테두리보

3.20.1 인방보

(1) 인방보는 도면 또는 공사시방서에 정하는 바에 따라 현장타설 콘크리트 부어넣기 또는 기성 콘크리트 부재로 한다.

(2) 인방보를 현장타설 콘크리트로 부어넣을 때의 거푸집, 철근배근 및 콘크리트 부어넣기 공법은 SBCS 41 90 30의 해당 요건에 따른다.

(3) 기성 콘크리트 인방보의 형상, 치수, 품질 및 제조방법 등은 도면 또는 공사시방서에 따른다.

(4) 인방보는 양 끝을 벽체의 블록에 200㎜ 이상 걸치고, 또한 위에서 오는 하중을 전달할 충분한 길이로 한다. 인방보 상부의 벽은 균열이 생기지 않도록 주변의 벽과 강하게 연결되도록 철근이나 블록 메시로 보강연결하거나 인방보 좌우단 상향으로 컨트롤 조인트를 둔다.

(5) 좌우의 벽체가 공간쌓기일 때에는 콘크리트가 그 공간에 떨어지지 아니하도록 벽돌 또는 철판 등으로 막는다.

3.20.2 테두리보

(1) 테두리보의 철근콘크리트 시공은 *SBCS 41 90 30*의 해당 요건에 따른다.
(2) 테두리보의 모서리 철근은 서로 직각으로 구부려 겹치거나 길이 40d (철근직경의 40배) 이상 바깥에 오는 철근을 넘어 구부려 내리고 유효하게 정착한다.
(3) 바닥판 및 차양 등을 철근콘크리트조로 할 때에는 이어붓기 자리가 내력 상 및 방수 상 지장이 없도록 하고 필요에 따라 적절히 보강한다.
(4) 테두리보에 접합되는 목조보 및 철골보의 위치에는 콘크리트를 부어넣을 때에 설치 고정용의 앵커볼트, 달쇠, 기타 설치 고정철물을 정확한 위치에 빠짐없이 묻어둔다.
(5) 철골조 테두리보의 철골에 대해서는 *KCS 41 90 31*의 해당 요건에 따르고 다음 사항에 주의한다.
① 강재와 조적 부분과의 접촉부분은 강재의 모양에 알맞도록 쌓는다.
② 강재와의 접촉면에는 빈틈없이 모르타르를 채워 넣는다.

CHECK 05 ▶
백화현상
- 벽 표면에서 침투하는 빗물에 의해 모르타르의 석회분이 유출되어 수산화석회 Ca(OH)2로 되면서 표면에 유출되어 공기 중의 탄산가스 또는 벽돌의 유황성분과 결합해 흰색의 가루가 생기는 현상

백화현상 방지대책
- 양질의 벽돌 사용
- 줄눈 모르타르에 방수제 혼합
- 빗물이 침입하지 않도록 비막이 설치
- 벽돌 표면에 파라딘 도료 도포로 염류 유출 방지
- 낮은 물시멘트비로 시공
- 눈, 비올 때 작업 금지

3.21 백화 CHECK 05

(1) 벽돌면에 백화가 발생되지 않도록 적절한 계획을 세우고, 백화가 발생되었을 때에는 공사감리자의 지시에 따라 처리한 후, 그 결과를 공사감리자에게 보고한다.
(2) 벽체 내부로 수분의 침투시에는 백화현상이 발생하므로, 공간벽의 상단에는 통기구, 하단에는 통기구 및 배수구를 설치하고 최하단부나 각 층으로 구획된 부분은 모르타르 낙하방지구를 설치하는 등 통기를 원활하게 유지시켜 공간내부에 수분을 제거시킨다.

3.22 발수공사

3.22.1 바탕처리

(1) 발수공사 시공 전에 다음과 같은 장소는 실링재, 줄눈재, 시멘트 모르타르 등으로 충분히 표면처리하여 발수공사 효과를 극대화시킬 수 있도록 한다.
① 곰보
② 조인트, 이음타설부, 균열
③ 콘크리트에 관통하는 거푸집, 기타 고정재에 의한 구멍, 볼트, 철골, 배관 주위
(2) 콘크리트 표면의 취약층, 먼지, 기타 오물 등과 같은 발수효과를 저해하는 것은 미리 제거한다.
(3) 발수 시공하고자 하는 표면은 충분히 건조시킨 후 시공한다.

3.22.2 바탕처리 후의 점검 및 검사

(1) 바탕처리 후 충전재의 들뜸, 흘러내림 등을 점검하여 발수 시공에 지장이 없음을 확인한다.
(2) 발수시공 면의 오염상태를 점검하고 청소한다.
(3) 발수시공 면에 손을 대어 수분이 묻어날 정도면 송풍기 등으로 표면건조 시키거나 헝겊 또는 스펀지 등으로 물을 닦아낸다.

3.22.3 발수제의 도포

(1) 발수제는 붓, 롤러, 뿜칠 등으로 시공 부위에 균일하게 도포한다. 붓으로 바를 경우에는 바름 방향이 일정하도록 겹쳐서 도포한다.
(2) 앞 공정에서 도포한 발수제가 충분히 침투되어 손가락 끝에 묻어나지 않는 상태가 되도록 충분히 건조된 다음에 2차 도포를 한다.
(3) 2차 도포가 끝난 후 충분히 발수시공이 되었는가를 확인하기 위해 물 뿌리기로 물을 뿌려 물 맺힘 상태를 확인하고, 물 맺힘 상태가 좋지않을 경우에는 완전히 건조된 다음 다시 도포한다.
(4) 뿜칠기로 시공할 때도 같은 방법으로 시공한다.
(5) 저온시의 시공(5 ℃ 이하)은 피한다.

3.22.4 발수제 도포 후의 점검

(1) 시공 범위 내에서 점검을 실시하여 핀홀이나 발수재의 남김이 없음을 확인한다.
(2) 물 맺힘(발수) 상태를 확인하고, 도포 부위에서의 이상 유무를 확인한다.

3.22.5 양생

(1) 밀폐공간은 충분히 환기되도록 하고, 수분이나 습기의 유입을 막는다.
(2) 밀폐장소에서의 결로가 예상될 때에는 환기, 통풍, 제습의 조치를 취한다.
(3) 저온에 의한 동결이 예상되는 경우에는 충분히 용제가 휘발될 수 있는 조치를 취한다.
다만, 화기는 절대 엄금한다.

3.23 검사

[표 3.23-1] 조적공사 단계별 주요 검사항목 (LHCS 10 10 05 25 건축공사 일반, 부록3)

공정단계별		주요 검사항목
조적공사	쌓기준비 완료 후	· 바닥 및 벽체의 각종 먹줄 확인 - 창, 문틀 폭 및 창인방 길이, 높이 확인 - 개구부 배관, 각종 함 위치 - 방수턱 신축줄눈 위치 · 부속재료 검토 확인 - 매립 철물류의 규격 및 품질 - 보온재 규격 및 품질 - 시멘트, 모래의 품질 · 개구부 주위 수직 규준대 및 규준틀 설치 여부 · 결로방지재 관리상태(훼손, 탈락)
	쌓기 완료 후	· 벽체 수직여부 및 홈벽돌 시공상태 · 창인방 설치상태(높이, 길이) · 신축줄눈 및 배관부위 보강철선 사용여부 · 교차부, 모서리 및 옹벽과 접합부위 긴결철선 사용여부 · 상단쌓기시 문틀과 이격거리 확인 · 문틀하부 조적쌓기 상태

- 출처 : 한국토지주택공사 전문시방서(2020, 한국토지주택공사)

3.24 안전시공

[표 3.24-1] 벽돌공사 안전시공사례

작업내용	위험포인트	안전관리대책
작업대 및 발판 설치	· 작업대 설치 불량시 추락	· 작업대 안전 설치 기준 준수(안전난간대 설치 필수)
	· 작업대 상부 자재 과다적재시 낙하	· 작업대 상부 400kg이상 적재금지
시멘트몰탈 비빔	· 불량 공도구 사용시 감전	· 작업선 3선사용 및 사전 공도구 점검 필수
	· 작업대 상부로 몰탈 무리한 운반시 근골격계 질환	· 작업 전 스트레칭 및 무리한 작업 금지
조적 작업	· 안전벨트 미착용시 추락	· 고소작업시 안전벨트 착용 필수
	· 1회 쌓기 높이 기준 미준수시 도괴	· 하루쌓기 높이는 벽돌 1.5m이내(블록 7켜 이내)
작업대 및 발판 해체	· 무리한 해체시 협착 및 전도	· 무리한 해체 금지 및 지하 작업시 시계확보
정리정돈	· 작업 잔재로 인해 안전통로 미확보시 전도	· 작업 후 정리정돈

- 출처 : 조적, 미장 및 견출 작업안전(2009, 한국산업안전보건공단, 오지환 외)

3.25 벽돌공사 하자 사례 및 개선방안 CHECK 06

하자 사례

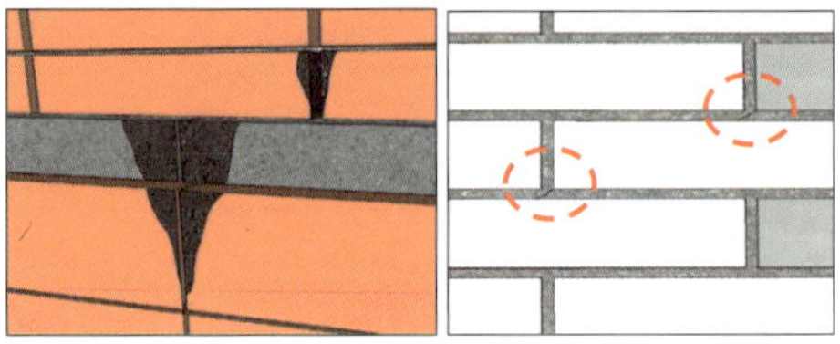

· 벽돌 및 모르타르의 소요강도 부족
· 기초 부동침하, 불합리한 벽 배치
· 온도, 습도, 하중에 의한 탄성 변형 및 신축줄눈 미시공

개선 방안

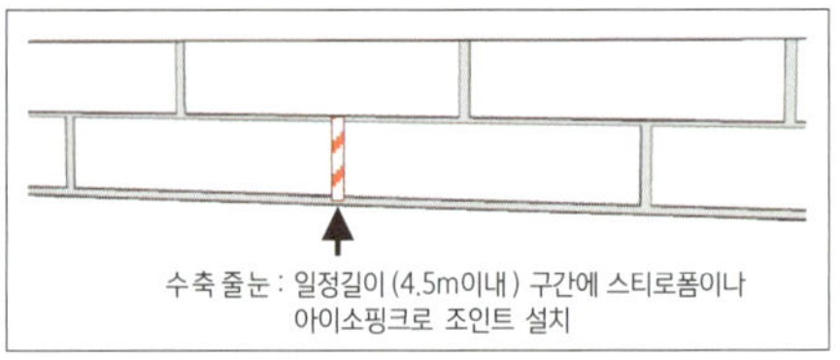

▪ 이질재와 접합부위에 보강재 및 수축줄눈 설치
▪ 고정용 보강철물 시공

[그림 3.25-1] 조적벽 균열 발생

하자 사례

· 벽돌 자체 강도가 부족하거나 흡수율이 너무 클 때 백화 발생
· 모르타르의 강도나 배합의 불량
· 파라펫 상부, 창대 등 우수처리 미흡
· 양생중에 빗물이 침투하는 경우

개선 방안

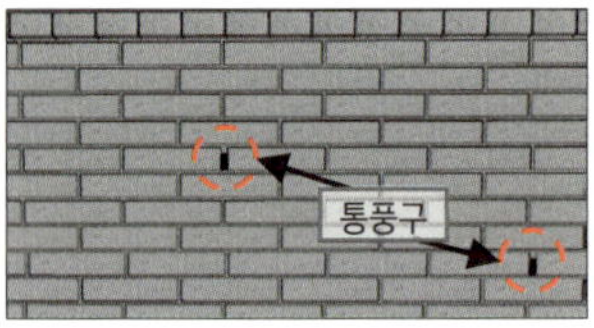

▪ 우천시 작업 중지, 공간쌓기시 통풍구 및 배수구 설치
▪ 백화방지용 발수제 시공 및 발수성능이 함유된 벽돌 사용
▪ 재료의 소요강도와 흡수율 등 품질이 확보될 것
▪ 적정한 모르타르 배합강도 유지를 위해 비빔 후 1시간 내 사용

[그림 3.25-2] 백화현상 발생

하자 사례

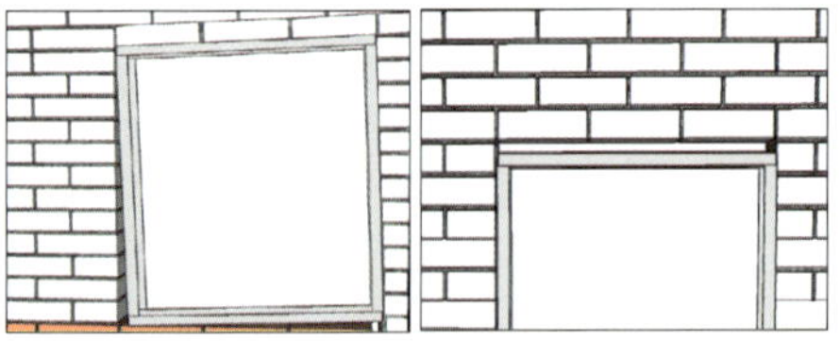

· 인방 설치규격 미달
· 인방 위치 선정 부적정
· 인방 양쪽 물림 길이 부족(200mm)

개선 방안

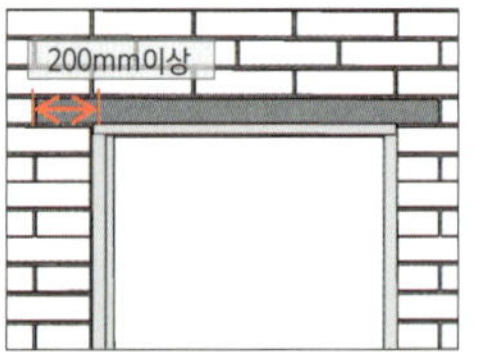

▪ 인방 양쪽 각각 200mm 물리는 것으로 산정
▪ 인방이 콘크리트 벽면에 접할 경우 Anchor나 부자재로 고정
▪ 인방 규격 및 위치 정확한 시공(문틀 +20mm)

[그림 3.25-3] 인방시공 불량

- 출처 : 건축공사 들여다보기(2009, 서울지방국토관리청, 노성열 외)

▲ CHECK 06

벽돌벽의 균열 원인

계획설계상 결함
▪ 기초의 부동 침하
▪ 불균형 또는 큰 집중하중, 횡력 및 충격
▪ 건물의 평면, 문꼴 크기, 입면의 불균형 및 벽의 불합리한 배치
▪ 벽돌벽의 길이, 높이, 두께와 벽돌 벽체의 강도

시공상의 결함
▪ 모르타르 바름의 신축 및 들뜨기
▪ 벽돌 및 모르타르의 강도 부족과 신축성
▪ 벽돌벽의 부분적 시공결함
▪ 이질 재료와 접합부
▪ 장막벽의 상부
▪ 부실 시공(기능도 저하 등)

하자 사례

- 줄눈 모르타르 두께 시공 미흡
- 가로, 세로 줄눈 모르타르 충진 불량
- 조적 벽체 최상부 몰탈 사춤 누락
- 사춤 누락 부위로 열손실, 소음, 악취 발생 우려

개선 방안

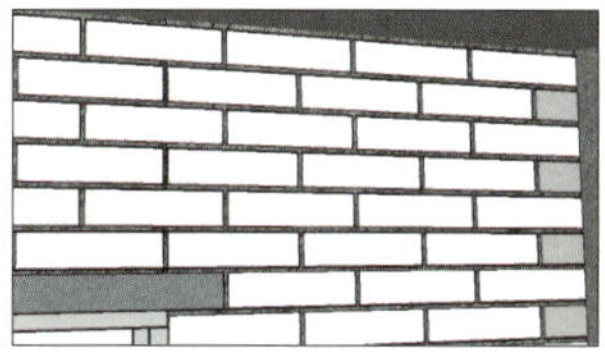

- 시공중 정확한 벽돌나누기
- 수평, 수직 줄눈 및 기둥, 보 또는 슬래브와 접하는 부위는 줄눈몰탈을 빈틈없이 충진

[그림 3.25-4] 줄눈 사춤 불량

하자 사례

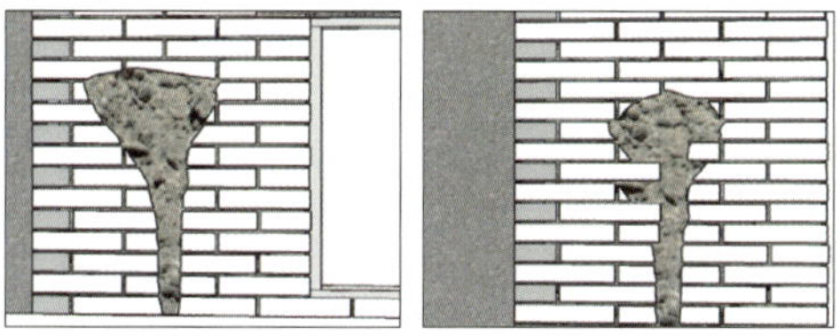

- 전선관 관통부위 긴결 철선 누락으로 강도 저하 및 균열 발생 우려
- 조적 매립 부위 시공계획 미흡

개선 방안

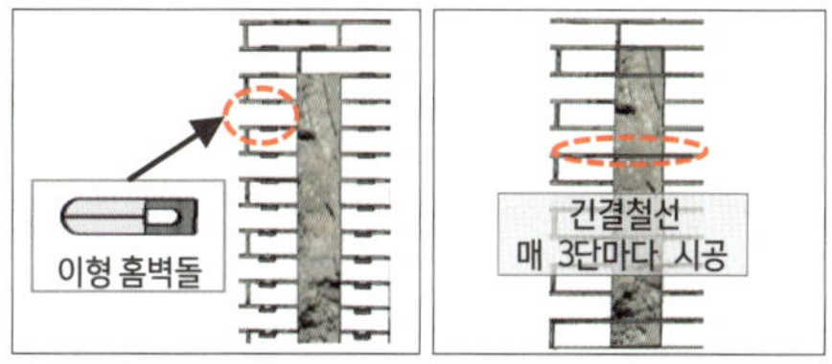

- 전기 배관 관통 부위 기계 홈파기 또는 배관 주위 매 3단마다 긴결철선을 매립하고, 몰탈로 벽돌면과 같은 두께로 밀실 충진
- 설비, 전기 배관이 있는 부위는 홈벽돌로 시공

[그림 3.25-5] 전선관 관통 부위 긴결 철선 누락

하자 사례

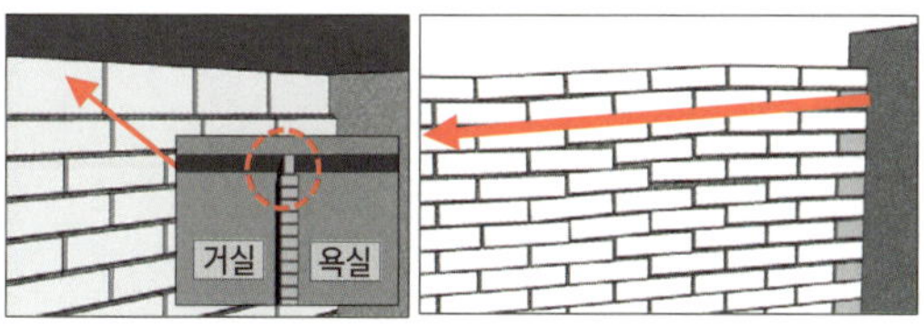

- 벽돌 쌓기 방법 불량(2~3켜 연속 마구리 또는 길이 쌓기)
- 벽체 수평, 수직불량
- 최상단 벽돌 옆세워 쌓기로 인한 단면 결손

개선 방안

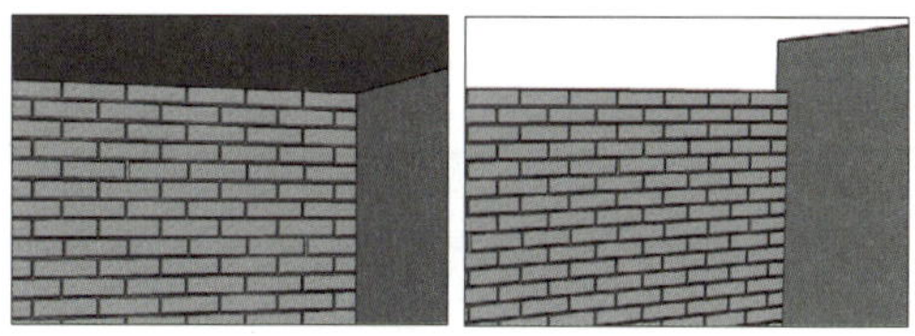

- 쌓기 방법 시방 준수(영식 또는 화란식)
- 1켜 마구리 다음켜 길이 쌓기
- 벽체 수평 및 수직 유지

[그림 3.25-6] 벽돌 쌓기 불량

하자 사례

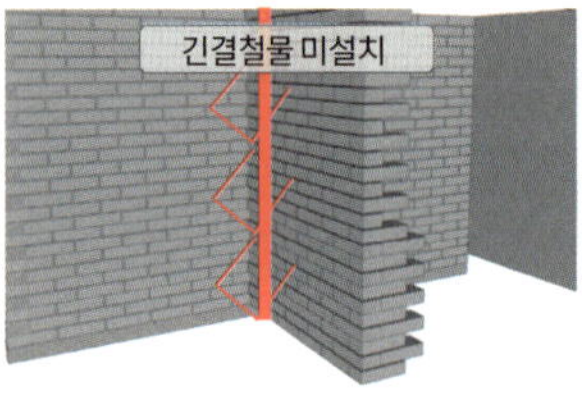

· 공간벽 단열재 시공시 긴결철물 미설치로 벽돌 및 단열재가 고정이 되지 않아 벽체 변형 및 단열재 탈락

》

개선 방안

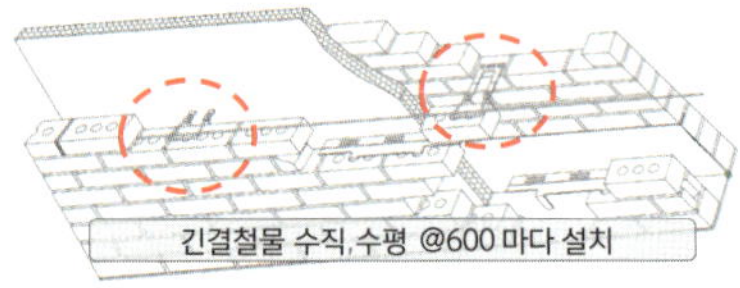

- 긴결 철선(#8) 수직, 수평 @600마다 설치
- 시공순서는 한쪽을 먼저 쌓고 어느정도 경화 후 단열재 설치와 나머지 부분 조적
- 단열재 사이는 틈이 생기지 않게 밀실하게 충전

[그림 3.25-7] 공간벽 긴결철물 미설치

하자 사례

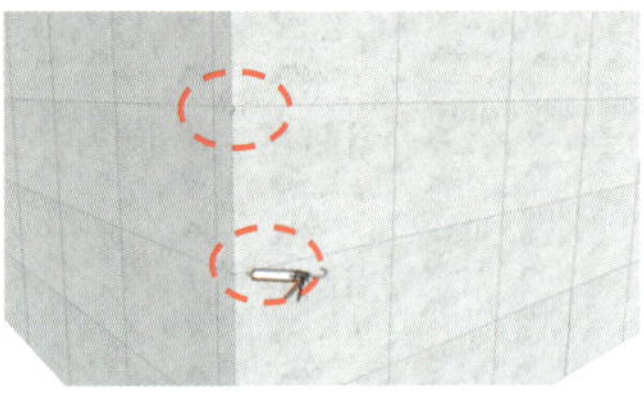

· 모서리 부분이 파손된 ALC블록 시공후 우레탄폼 사춤 시공

》

개선 방안

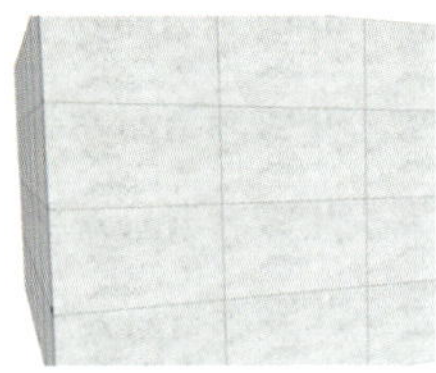

- 불량자재의 검수 확인 및 반출
- ALC 전용공구를 개발하여 시공효율을 높임
- 설계시 규격의 모듈화
- 부재 취급 횟수 최소화하여 파손 예방 및 홈파기 가능한 억제

[그림 3.25-8] ALC 블록 모서리 파손

하자 사례

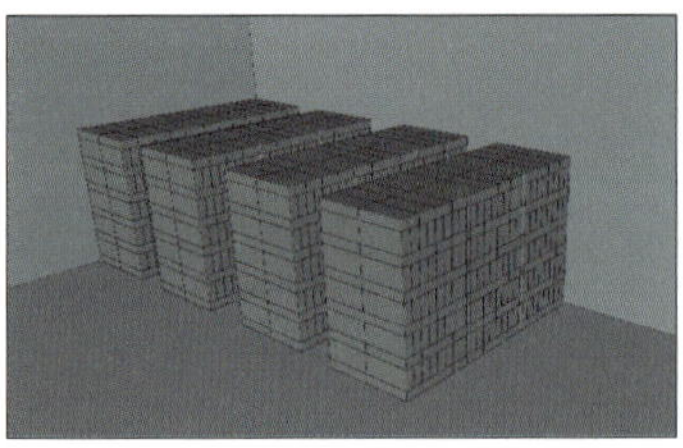

· 벽돌 집중 적재로 구조체 균열 유발

》

개선 방안

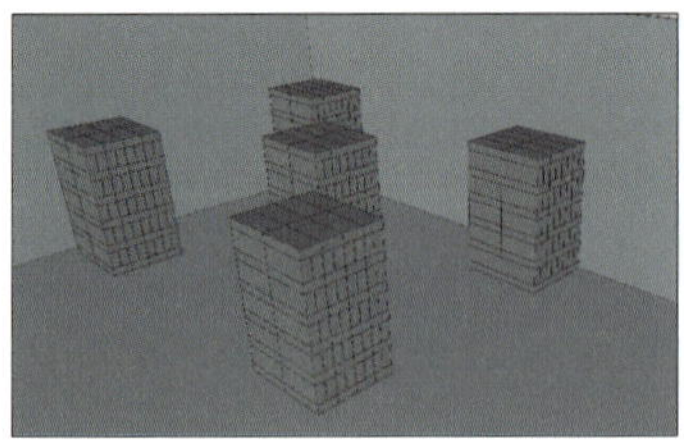

- 벽돌 적재 시 분산 배치

[그림 3.25-9] 벽돌 적재 불량 1

하자 사례

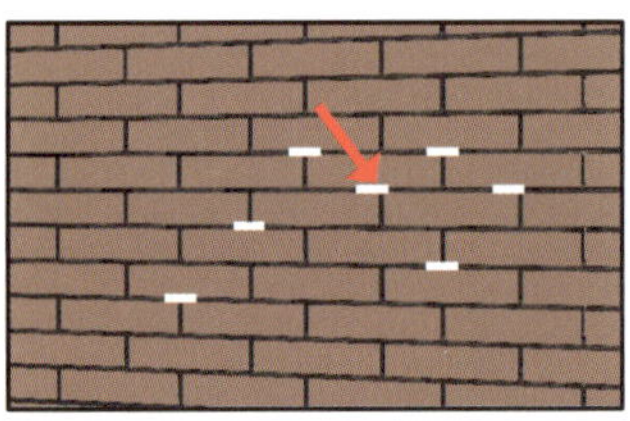

· 벽돌(또는 조적) 간 사춤 불량으로 냄새 및 소음 전달

》

개선 방안

- 벽돌(또는 조적) 줄눈 밀실 사춤(또는 미장) 실시

[그림 3.25-10] 벽돌 적재 불량 2

4 시공사례

■ 서울시 구로구 근린생활시설 벽돌공사

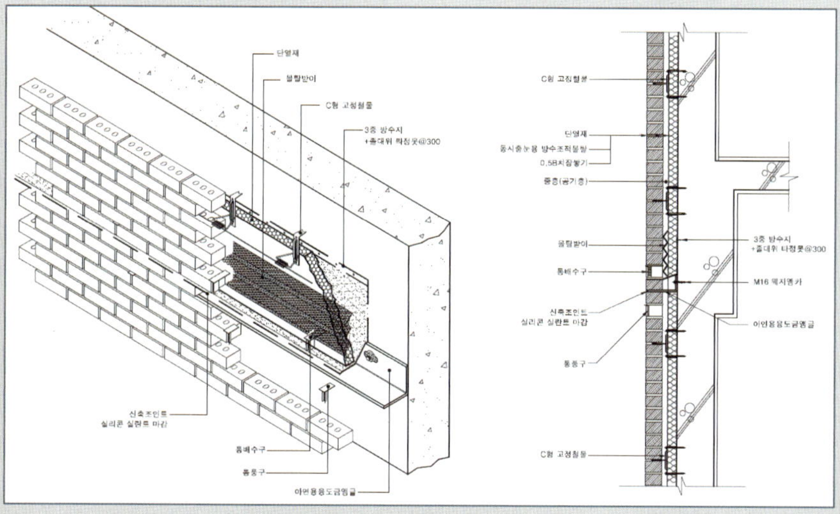

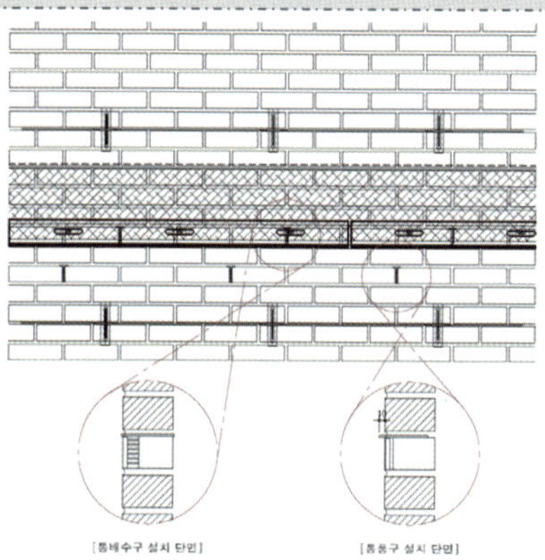

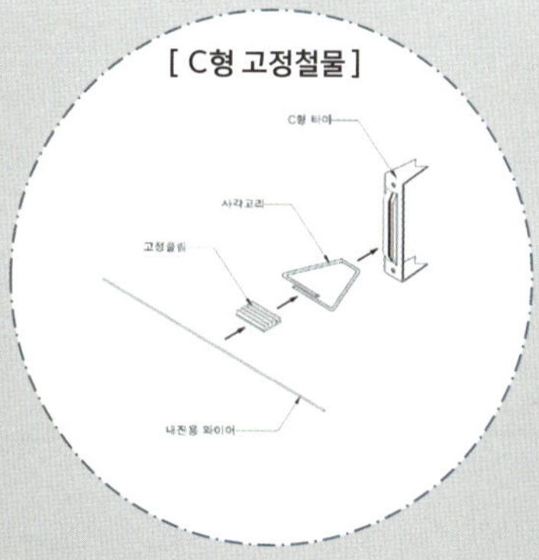

[설치 주의 사항]

1. 배수구와 통풍구는 하단 입면과 같이 서로 엇갈리게 설치되어야 배수구의 수분이 하부 통풍구로 유입되는 것을 막을 수 있다.
2. 상부 통풍구는 반드시 통풍구 덮개 앞부분이 5-10mm 돌출되게 시공되어야 외벽을 타고 흐르는 물의 유입을 막을 수 있다.

5 시공예시도

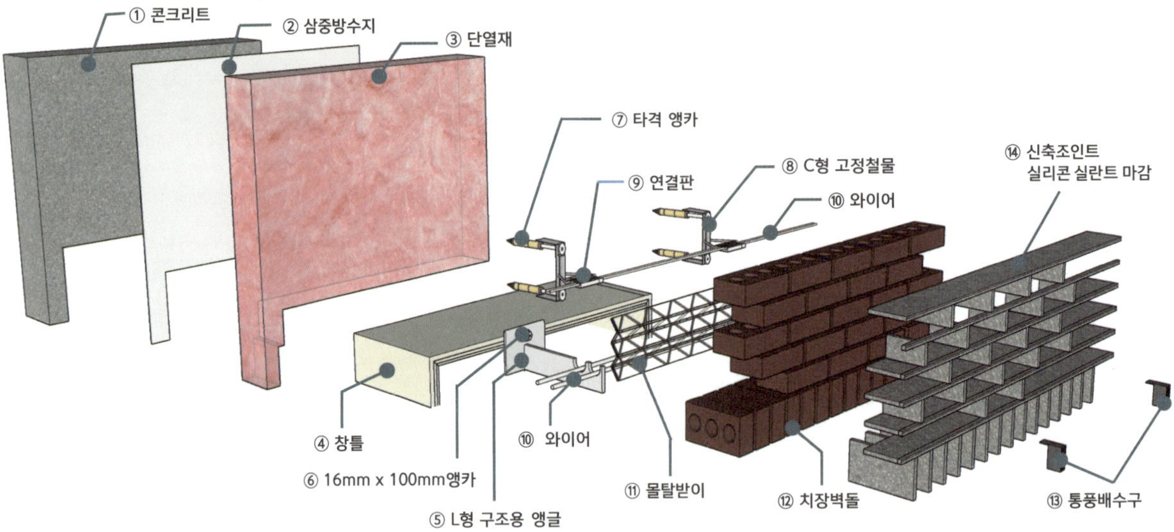

■ 벽돌공사 상세도 예시

① 콘크리트
② 삼중방수지
③ 단열재
④ 창틀
⑤ C형 구조용 앵글
⑥ 16*120앵카
⑦ 타격 앵카
⑧ L형 고정철물
⑨ 연결판
⑩ 와이어
⑪ 몰탈받이
⑫ 치장벽돌
⑬ 통풍배수구
⑭ 신축조인트실리콘 실란트

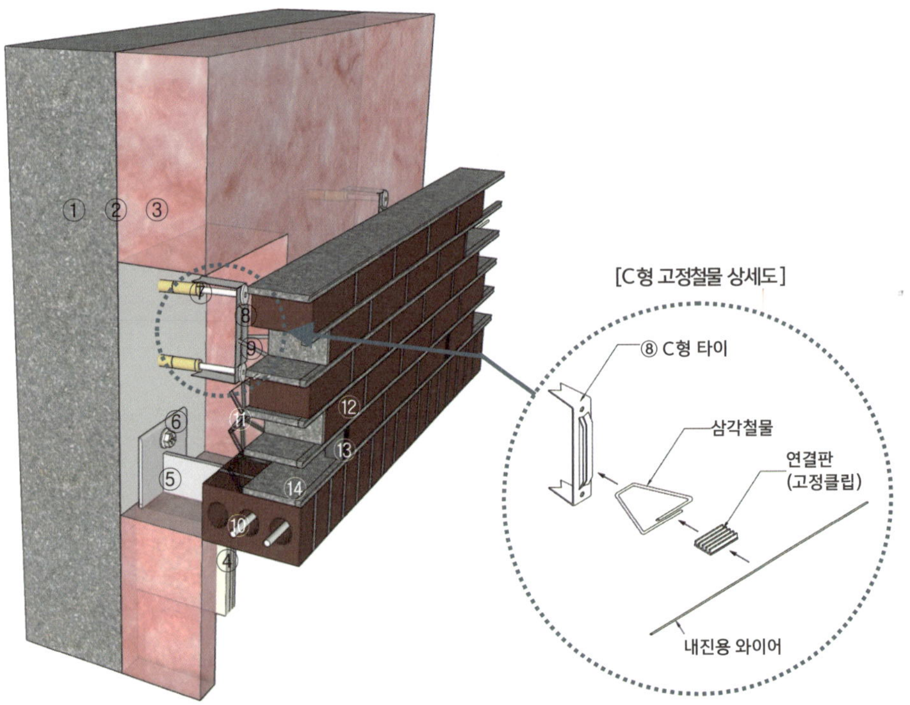

■ [시공 사진] 조립분해도 ① 콘크리트 ~ ⑭ 신축조인트 실리콘 실란트 마감

01. 타격앵카를 이용 콘크리트 벽체에 C형 철물(외단열시)을 고정

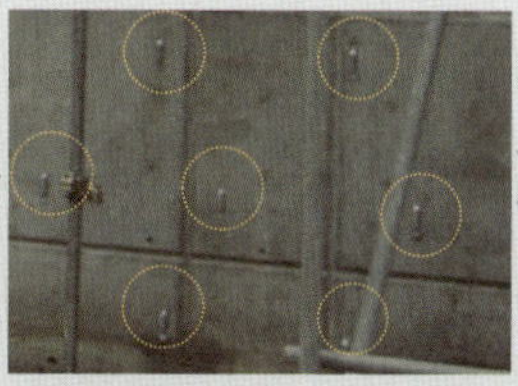

02. 고정철물 고정시 견고한 시공을 위해 상하 지그재그로 시공

03. 조적벽체 시공

04.삼각철물과 연결판, 와이어를 조적 벽체와 일정한 간격으로 연결

05. C형 철물과 조적벽체 연결 상세

06. 몰탈받이를 설치하여 몰탈이 하단 통풍구 및 배수구 막는 것 방지

07. 벽체공간의 수분을 배출하기 위한 통풍배수구 설치(백화방지)

08. 신축줄눈 설치

■ [시공 사진] 조립분해도 ⑤ 개구부 L형 구조용 앵글 설치

01. 콘크리트 위 L형 구조용 앵글 설치위치 표시

02. 드릴로 콘크리트 벽체에 앵글홈 뚫기

03. 홈에 웨지앙카를 밀어 넣고 고정

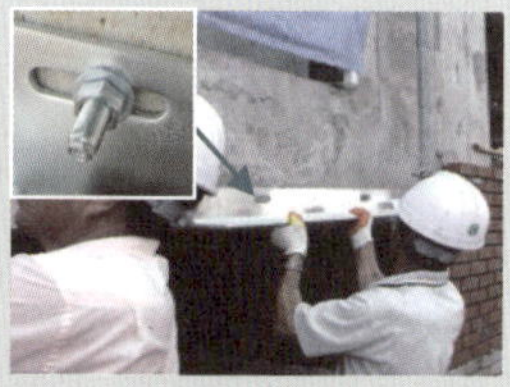

04. L형 구조용 앵글 설치 후 너트 조임

05. 개구부 L형 구조용 앵글 설치가 완료된 모습

06. 벽돌을 컷팅하여 L형 구조용 앵글에 시공

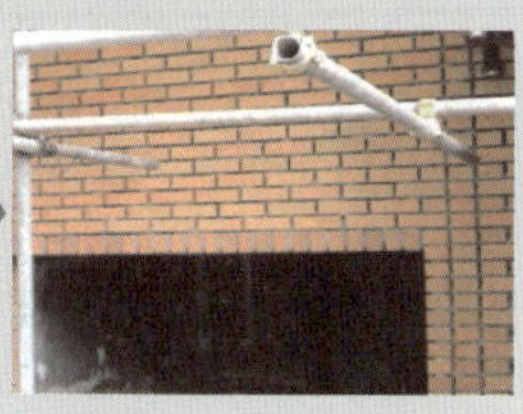

07. 개구부 벽돌공사 완료된 모습

CHAPTER 7

02

SBCS 41 90 34 10

블록공사

1 일반사항

1.1 적용범위

(1) 이 기준은 속빈 콘크리트 블록공사, 콘크리트 스플릿블록 및 이에 준하는 조적공사에 적용하고, 도면 또는 공사시방서에서 정한 사항 이외는 모두 이 기준에 따른다. 다만, 이 기준에 따르지 못할 사항에 대해서 공사감리자 및 책임기술자와 협의하여 그 지시에 따른다.

(2) 이 기준에서 규정하지 않은 블록공사에 수반되는 가설 틀, 거푸집, 철근 및 콘크리트 공사에 대한 것은 *SBCS 41 90 30 05* 에 따른다.

1.2 참고 기준

(1) 블록공사의 참고기준은 *KCS 41 34 05 (1.2), LHCS 41 34 05 05 (1.2), KCS 41 34 06 (1.2), KCS 41 34 07 (1.2)*에 따르며, 추가사항은 다음과 같다.

① SBCS 41 90 05 05 패시브 건축자재 및 시공

② SBCS 41 90 30 05 철근콘크리트 공사

③ SBCS 41 90 34 05 벽돌공사

④ SBCS 41 90 46 05 미장공사

⑤ SBCS 41 90 40 소규모 방수공사

1.3 용어의 정의

(1) 블록공사의 용어의 정의는 기본적으로 *KCS 41 34 01 (1.3)* 에 따르며, 추가사항은 다음과 같다.

콘크리트 스플릿블록 : 철근으로 보강할 수 있는 공동이 있고, 거칠게 채석된 돌의 형태를 가진 블록을 만들기 위하여 콘크리트를 기계로 잘라놓은 블록

1.4 제출물

1.4.1 시공상세도면

(1) 블록조와 다른 구조부와의 접합부 상세도

(2) 모르타르 및 콘크리트 충전위치

(3) 철근과 매입철물의 종류 및 위치

(4) 철근의 종류와 이음, 정착방법, 용접의 경우 공법을 나타낸 상세도

(5) 인방의 배근상세도

(6) 창문틀 및 출입문틀이 고정과 접합부위 상세도

(7) 신축줄눈 상세도

(8) 블록나누기 상세도

(9) 건물 외장에 적용시 비구조 내진 설계기준에 따른 내진성능 확인서 등

1.4.2 제품자료

(1) 블록 및 보강재의 물성, 특성자료를 제출하여야 한다.

1.4.3 시공계획서

(1) 블록 및 보강블록설치 세부공정계획서, 자재공급계획서
(2) 자재반입 및 적치계획서
(3) 시공상태 검측계획서
(4) 품질관리계획서(관리시험계획, 바탕정리, 시공방법, 모르타르배합, 기상조건, 양생방법)

1.4.4 견본

(1) 규격별 블록
(2) 블록메쉬

지하층 지수벽 시공(1)　　지하층 지수벽 시공(2)

[사진 1-1] 보강블록 공사 시공 사례

2 자재

2.1 블록공사

CHECK 01 ▶
콘크리트 블록의 특징
• 콘크리트 블록은 압축력을 받는 담장, 벽체 등에 주로 쓰이는 건축 재료로, 자체 무게를 줄이고 단열 성능을 높이기 위해 중간 부분을 비워둔다. 일정한 틀을 만들어 시멘트와 잔골재를 배합해 넣고 다져서 꺼내고 양생하는 공정으로 대량생산과 보관이 쉬워 건축 기본자재로 많이 쓰인다.

2.1.1 콘크리트 블록 CHECK 01

(1) 콘크리트 블록은 한국산업표준에 적합한 제품으로 한다.
(2) 수급인은 공사착수 전 콘크리트 블록 견본품을 제출하고 공사감리자의 확인을 받는다. 제출하는 견본품의 종류 및 수량은 공사감리자의 지시에 따른다.
(3) 블록은 사용 상 유해한 이상 형상, 모서리 깨짐 등이 있어서는 안 되며, 이 판정 규준은 공사감리자와 협의하여 결정한다.
(4) 실험을 필요로 하는 경우는 공사시방서에 따른다.

2.1.2 시멘트
(1) 시멘트는 한국산업표준에 적합한 제품으로 한다.
(2) 시멘트는 신선한 것을 사용하고, 사용 시 이상한 성질을 나타내는 것은 사용하면 안 된다.
(3) 유동화제는 포틀랜드 시멘트에 첨가할 수 있으나 용적으로 12%를 초과해서는 안 된다.

2.1.3 소석회
(1)소석회는 한국산업표준에 적합한 제품을 사용하며, 그 외의 것을 사용할 때는 공사감리자의 확인을 받는다.

2.1.4 골재
(1) 골재는 유해량의 먼지, 흙, 유기불순물, 염분 등을 포함해서는 안 되며, 소요의 내구성 및 내화성을 가진 것으로 한다.
(2) 줄눈 모르타르에 사용하는 모래의 표준입도는 *[표 2.1.4-1]* 에 따르고,
그 최대치수를 2.5mm로 한다.

[표 2.1.4-1] 보통골재(잔골재)의 표준입도

종류 \ 체크기(mm)	체를 통과하는 것의 중량 백분율(%)						
	10	5	2.5	1.2	0.6	0.3	0.15
줄눈 모르타르	-	100	90~100	60~90	30~70	15~45	5~15
사춤 모르타르	100	90~100	80~100	50~90	25~65	10~25	2~10

(3) 사춤 모르타르에 쓰이는 모래의 표준입도는 *[표 2.1.4-1]*에 따르고 그 최대치수는 5mm로 한다.
(4) 사춤 그라우트의 자갈의 최대치수는 공사시방서에 의한다. 공사시방서에 없는 경우에는 블록 공동부의 최소폭 1/4 이하 또한 20mm 이하로 한다.
(5) 블록 제작에 쓰이는 골재의 최대치수는 블록 최소 살두께의 1/3 이하로 하고 입도는 *[표 2.1.4-2]*의 범위로 한다.

[표 2.1.4-2] 속빈 콘크리트 블록 제작용 골재의 입도

체 크기 (mm)	10	5	2.5	1.2	0.6	0.3	0.15
통과율 (중량%)	100	65~85	45~65	20~50	24~40	10~30	5~20

2.1.5 물 및 혼합재료

(1) 물은 콘크리트 및 철근에 악영향을 끼치는 기름, 산, 알칼리, 기타 유기불순물이 없는 깨끗한 것으로 한다.

(2) 혼합재료를 사용할 때에는 공사시방서에 따른다. 공사시방서가 없는 경우 공사감리자와 협의하여 그 지시에 따른다.

2.2 콘크리트 스플릿블록 CHECK 02

◀ CHECK 02

콘크리트 스플릿블록 예시

2.2.1 블록

(1) 블록은 KS F 4038(표1)의 압축강도 1 470 블록에 적합한 치장 콘크리트 블록을 사용한다.

(2) 블록은 겉모양이 균일하고 비틀림, 해로운 균열 또는 홈 등이 없어야 한다.

(3) 블록의 모양, 치수 및 그 허용차는 다음과 같다.

[표 2.2.1-1] 기본블록의 치수 및 허용차

모양	치수			허용차
	길이	높이	두께	
기본블록	390	190	190,150,100	2

(4) 기본블록 이외의 부속블록은 별도 기준에 따른다.

(5) 블록의 철근을 삽입하는 속빈부분은 콘크리트를 채우기에 지장이 없는 크기로 제작하여야 한다.

2.2.2 시멘트모르타르

(1) 시멘트 모르타르는 *SBCS 41 90 46 05*에 따른다. 다만, 모르타르의 배합에서 쌓기용 모르타르의 배합(용적비)은 시멘트 1, 석회 1, 모래 3의 비율로 한다.

(2) 칼라 모르타르

① 줄눈에 색상을 넣고자 할 때는 모르타르 배합 시 시멘트량의 5% 정도의 콘크리트 착색용 무기안료를 첨가하여 배합한다. 줄눈의 경우 별도작업을 하지 않고 조적 시 쌓기용 모르타르 자체를 문질러서 마무리한다.

2.2.3 안료

(1) 콘크리트에 착색하는 경우에는 내알카리성, 내후성이 있는 무기질 안료를 사용한다.

(2) 자재의 품질시험기준은 속빈 콘크리트 블록에 준한다.

2.3 단순조적 블록

(1) 단순조적 블록의 재료는 이 기준의 블록공사 *(2.1)*에 따른다.

2.4 보강 블록

(1) 블록 및 모르타르, 기타 재료는 *SBCS 41 90 34 05 (2. 자재)* 및 이 기준의 블록공사 *(2.1~2.2, 3.1~3.2)*에 따른다.

(2) 모르타르 및 그라우트는 이 기준에 따른다. 구조 상 중요한 부분의 철근콘크리트 배합은 *SBCS 41 90 30 05*에 따르되, 이에 따르기가 곤란할 때에는 이 기준의 *[표 3.3.3-1]*에 따를 수 있다.

(3) 경량 콘크리트 및 깬자갈 콘크리트, 기타 특수 콘크리트를 사용할 때에는 공사시방서에 따른다.

(4) 철근은 보통 이형철근을 사용하고 한국산업표준에 적합한 제품으로 한다.

(5) 결속선은 도면 또는 관련 기준에서 정한 바가 없는 한 직경 #21 소성철선으로 한다.

(6) 철망 및 연결 고정철물, 기타는 이 기준의 블록공사 또는 도면 및 관련 기준에 따른다.

2.5 단열블록

(1) 패시브 건축을 위한 단열블록의 자재는 *SBCS 41 90 05 05 (2.2)*에 따른다.

3 시공

3.1 블록제작 방법

(1) 블록제작용 원료의 혼합에는 믹서를 사용하거나 이와 동등 이상의 결과를 얻을 수 있도록 혼합하여야 한다. 성형에는 동력에 의한 진동과 압축을 병용하는 방법으로 한다. 성형 후에는 500 ℃·h 이상, 습도는 100%에 가까운 상태로 둔 다음 성형의 통산 4,000 ℃·h 이상 다습상태에서 보양한다. 그 후 7일 이상 경과한 후 이용한다.

주 1) 도시라 함은 보양온도(℃)와 보양시간(h)을 서로 곱한 값이다.

2) 4,000℃·h 의 계산에 있어 2℃ 이하는 계산에 넣지 않는다.

3.2 블록의 치수

(1) 블록의 형상 : 치수는 *[표 3.2-1]* 에 따른다.

[표 3.2-1] 속빈 콘크리트 블록의 치수

형상	치수(mm)			허용치(mm)		비고
	길이	높이	두께	길이 및 두께	높이	
기본 블록	390	190	210 / 190 / 150 / 100	±2		-
이형 블록	길이, 높이 및 두께의 최소 크기를 90mm 이상으로 한다. 또 가로근 삽입 블록, 모서리 블록과 기본 블록과 동일한 크기인 것의 치수 및 허용치는 기본 블록에 따른다.					

(2) 콘크리트 블록에 철근을 삽입하는 속빈 부분은 콘크리트를 부어넣기에 지장이 없도록 충분히 크게 한다. 그 속빈 크기 및 블록의 최소 살두께는 *[표 3.2-2]* 에 따른다.

[표 3.2-2] 속빈 부분 및 최소 살두께

속빈 부분 및 최소 살두께	속빈 부분			최소 살두께	
	세로근을 삽입하는 속빈 부분		가로근을 삽입하는 속빈 부분	조적 후 외부에 나타나는 부분	기타의 부분
블록의 종류	단면적 (mm²)	최소 너비 (mm)	최소 직경 (mm)		
두께 150 mm이상의 블록	6,000 이상	70 이상	85 이상	25 이상	20 이상
두께 100 mm이하의 블록	3,000 이상	50 이상	50 이상	20 이상	20 이상

주 1) 2개의 블록을 쌓아서 생기는 속빈 부분(줄눈도 포함)에 대해서도 적용한다.
2) 속빈 부분의 모서리에 둥글기가 없는 것으로 보고 계산한다.

(3) 등급 : 블록은 *[표 3.2-3]* 에 적합하여야 한다.
다만, 공사시방서에 별도로 정한 경우에는 공사시방서에 따른다.

[표 3.2-3] 속빈 콘크리트 블록의 등급

구 분	기건비중	전단면1)에 대한 압축강도 (N/mm2)	흡수율 (%)	투수성2) (m/ m3-h)
A종 블록	1.7 미만	4.0 이상	-	-
B종 블록	1.9 미만	6.0 이상	-	-
C종 블록	-	8.0 이상	10 이하	10 이하

주 1) 전단면적이란 가압면(길이×두께)으로서, 속빈 부분 및 양 끝의 오목하게 들어간 부분의 면적도 포함한다.
2) 투수성은 방수 블록에만 작용한다.

(4) 블록은 겉모양이 균일하고 비틀림, 해로운 균열 또는 흠 등이 없어야 한다. 미리 견본품을 제출하여 공사감리자의 확인을 받는다.
(5) 블록의 등급을 평가하기 위한 시험방법은 한국산업표준에 따른다.

3.3 모르타르 및 그라우트 배합

3.3.1 모르타르 및 그라우트 배합 일반

(1) 3.3은 줄눈 모르타르, 사춤 모르타르 및 사춤용 그라우트의 현장배합에 적용한다.

3.3.2 재료

(1) 줄눈 모르타르, 사춤 모르타르 및 사춤 그라우트에 사용되는 시멘트, 골재, 물 및 혼화재료는 이 기준의 *(2. 자재)*에 따른다.

3.3.3 줄눈 모르타르

(1) 줄눈 모르타르 배합은 *[표 3.3.3-1]* 에 따른다.

[표 3.3.3-1] 줄눈 모르타르, 사춤 모르타르, 치장줄눈 모르타르 및 사춤 그라우트의 배합비(용적 배합비)

구분	용도	배합비			
		시멘트	석 회	모래	자갈
모르타르	줄눈용	1	1	3	-
	사춤용	1		3	
	치장용	1		1	
그라우트	사춤용	1	-	2	3

(2) 줄눈 모르타르의 연도는 블록의 흡수성을 고려해서 양호한 점착이 되도록 정한다.
(3) 줄눈 모르타르에 혼화재료를 사용한 경우 혼화재량, 비빔 방법은 공사시방서에 의한다.

3.3.4 사춤 모르타르, 그라우트

(1) 속빈 콘크리트 블록공사에 사용되는 사춤 모르타르, 보 사춤 그라우트 배합은 *[표 3.3.3-1)* 에 따른다.
(2) 사춤 모르타르, 그라우트의 연도는 사춤하는 공동부 크기, 사춤 높이, 블록의 흡수성, 사춤 방법 등을 고려하여 공동부를 빈틈없이 충전할 수 있도록 정한다.
(3) 사춤 모르타르, 그라우트에 혼화재료를 사용하는 경우의 혼화재량, 비빔 방법은 관련 기준에 따른다.

3.3.5 치장줄눈 모르타르

(1) 치장줄눈 모르타르의 배합은 *(표 3.3-1)*에 따르고, 특별한 경우에는 공사시방서에 의한다.

3.4 철근 및 기타

3.4.1 철근 및 결속선

(1) 철근 및 결속선은 *SBCS 41 90 30 05*의 해당 요건에 따른다.

3.4.2 철망

(1) 블록 보강용 철망은 #8~#10 철선을 가스압접 또는 용접한 것을 사용하고, 그 형상, 치수, 기타는 도면 또는 공사시방서에 따른다.

(2) 공사시방서에서 정한 바가 없을 때에는 다음 *[표 3.4.2-1]*에 따른다. 다만, 도면 또는 공사시방서에서 정한 바가 없을 때에는 철선은 #10로 한다.

[표 3.4.2-1] 철망의 치수(mm)

구분	210mm 블록	190mm 블록	150mm 블록	100mm 블록	비고
너비(A) 너비(B)	180 150	160 150	120 150	80 150	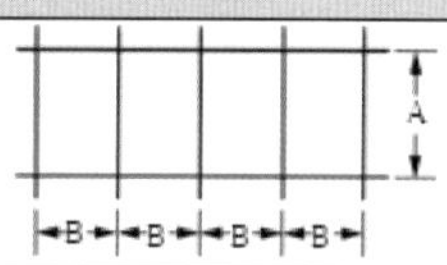

3.4.3 연결 고정철물

(1) 블록과 다른 부재와의 접촉부의 연결 고정용 철물은 도면 또는 공사시방서에 따른다.

3.5 운반, 취급 및 저장

3.5.1 블록

(1) 블록의 적재장소는 평탄한 곳으로 하고 공사감리자의 지시에 따른다.

(2) 블록 및 이에 준하는 제품의 저장에 있어서 품질, 형상, 치수 및 사용개소별로 구분하여 사용 상 지장이 없게 저장한다.

(3) 블록의 적재 높이는 1.6m를 한계로 하며, 바닥판 위에 임시로 쌓을 때는 1개소에 집중하지 않도록 한다. 야적 시의 블록은 흙 등으로 오염되지 않도록 하고, 또한 우수를 흡수하지 않도록 저장한다.

(4) 블록 운반 및 취급에 있어서 모서리의 파손, 깨짐 및 굵힘 등이 생기지 않도록 해야 한다.

3.5.2 시멘트

(1) 시멘트는 우수 및 습기에 영향을 받지 않도록 저장한다.

(2) 적재높이는 13포대를 한계로 하며 검사가 용이하도록 적재한다.

(3) 조금이라도 응고한 시멘트는 사용해서는 안 된다.

3.5.3 골재

(1) 골재는 종류별로 구분하여 저장한다.

(2) 먼지, 흙, 기타 불순물이 혼입되지 않도록 한다.

3.5.4 혼화재료

(1) 혼화재료는 종류별로 구분하여 저장한다.

(2) 품질의 특성에 유의하여 품질변화가 발생하지 않도록 한다.

3.5.5 철근

(1) 철근은 직접 지면에 접촉하여 저장하지 않으며, 우수에 접하지 않도록 하며 흙, 기름 등에 오염되지 않도록 저장한다.
(2) 철근은 규격별, 종류별로 구분하여 저장한다.

3.6 보양

(1) 블록을 쌓은 후는 어떠한 때라도 이동시켜서는 안 된다. 또한 줄눈 모르타르 및 사춤 모르타르, 그라우트는 충분히 경화될 때까지 충격 및 기타 하중을 주지 않도록 주의한다.
(2) 강우로 인하여 조적한 블록공동 내에 우수가 들어갈 우려가 있을 때는 시트 등으로 덮어 우수가 들어가지 않도록 한다.
(3) 블록 벽체의 표면은 조적용 및 사춤용 모르타르 등으로 얼룩지지 않도록 하고 모르타르가 묻으면 즉시 이를 제거한다.

3.7 한랭기 시공

(1) 한랭기에 속빈 콘크리트 블록, 줄눈 모르타르 및 사춤 모르타르, 그라우트, 기타의 사용에 대해서는 *SBCS 41 90 30 05*에 준하여 공사감리자의 지시에 따른다.
(2) 블록을 쌓을 때에 기온이 2 ℃ 이하로 내려가거나 그 우려가 있을 때에는 쌓아 올림 켜수(단수), 기타 필요한 사항에 대하여 공사감리자의 지시를 받아야 한다.
(3) 기온이 4 ℃ 이하일 때는 모르타르나 그라우트의 온도가 4 ℃ 이상 49 ℃ 이하가 되도록 골재 및 물을 데운다. 비빔판 위의 모르타르 온도는 동결온도보다 높게 해야 한다.

3.8 시공도

3.8.1 시공도 작성

(1) 수급인은 필요에 의해 설계도서에 근거하여 시공도를 작성하고 공사감리자의 확인을 받는다.

3.8.2 시공도의 내용

(1) 시공도는 다음과 같은 내용을 가지고 공사감리자의 승인을 받는다.
① 블록 나누기, 모르타르 및 그라우트의 충전 개소, 철근의 종류와 배근 시 매입물의 종류 및 매입 위치
② 철근가공 상세, 이음매 및 정착의 위치 및 방법, 용접의 경우 그 공법
③ 블록벽의 단부 및 L형, 역T형 접합부에 대한 거푸집 블록의 조립공법
④ 인방의 배근 및 상세, 거푸집 조립 및 지보공의 공법
⑤ 창문틀 및 출입문틀의 고정과 접합부위 상세
⑥ 블록 장벽을 붙인 건축물의 주요구조와 해당 부분의 연결공법
⑦ 이상에서 기술한 것 이외의 것은 공사감리자의 지시에 따른다.

CHECK 03 ▼
규준틀의 종류

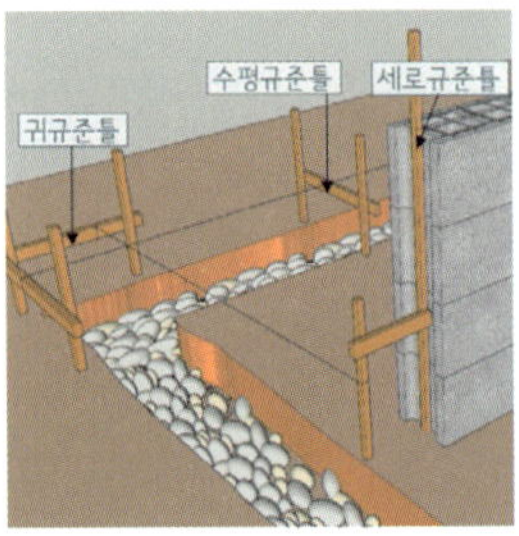

3.8.3 모르타르 및 그라우트의 배합과 제조

(1) 줄눈 모르타르, 충전 모르타르 및 그라우트의 배합과 제조는 이 기준의 블록공사 *(3.3)*에 따른다.

3.9 규준틀 CHECK 03

(1) 세로 규준틀은 뒤틀리거나 휘지 않은 직선재를 대패질하여 블록 및 줄눈 위치를 정확히 먹매기고, 제 위치에 견고하게 설치한다. 다만, 경미한 공사에서는 공사감리자의 확인을 받아 블록 나누기 및 줄눈을 표시한 규준대를 사용할 수 있다.
(2) 철근콘크리트조의 기둥, 벽 또는 바닥판에 먹줄을 치고 블록 나누기를 할 수 있다.
기둥 및 벽 등이 없는 곳에는 철선을 수직으로 치고 세로 규준틀을 대용할 수 있다.

3.10 보강 벽 세로근 CHECK 04

(1) 벽의 세로근은 구부리지 않고 항상 진동 없이 설치한다.
(2) 세로근은 밑창 콘크리트 윗면에 철근을 배근하기 위한 먹매김을 하여 기초판 철근 위의 정확한 위치에 고정시켜 배근한다.
(3) 세로근은 원칙으로 기초 및 테두리보에서 위층의 테두리보까지 잇지 않고 배근하여 그 정착길이는 철근 직경(d)의 40배 이상으로 하며, 상단의 테두리보 등에 적정 연결철물로 세로근을 연결한다.
(4) 그라우트 및 모르타르의 세로 피복두께는 20mm 이상으로 한다.
(5) 테두리보 위에 쌓는 박공벽의 세로근은 테두리보에 40d 이상 정착하고, 세로근 상단부는 180°의 갈구리를 내어 벽 상부의 보강근에 걸치고 결속선으로 결속한다.

◀ CHECK 04
보강 벽 세로근 설치 예시

3.11 보강 블록공사 벽 가로근

(1) 가로근을 블록 조적 중의 소정의 위치에 배근하여 이동하지 않도록 고정한다.
(2) 우각부, 역T형 접합부 등에서의 가로근은 세로근을 구속하지 않도록 배근하고 세로근과의 교차부를 결속선으로 결속한다.
(3) 가로근은 배근 상세도에 따라 가공하되 그 단부는 180°의 갈구리로 구부려 배근한다. 철근의 피복두께는 20mm 이상으로 하며, 세로근과의 교차부는 모두 결속선으로 결속한다.
(4) 모서리에 가로근의 단부는 수평방향으로 구부려서 세로근의 바깥쪽으로 두르고 정착길이는 공사시방서에 정한 바가 없는 한 40d 이상으로 한다.
(5) 창 및 출입구 등의 모서리 부분에 가로근의 단부를 수평방향으로 정착할 여유가 없을 때에는 갈구리로 하여 단부 세로근에 걸고 결속선으로 결속한다.
(6) 개구부 상하부의 가로근을 양측 벽부에 묻을 때의 정착길이는 40d 이상으로 한다.
(7) 가로근은 그와 동등 이상의 유효단면적을 가진 블록보강용 철망으로 대신 사용할 수 있다.

3.12 블록쌓기

3.12.1 준비 CHECK 05

(1) 줄기초, 연결보 및 바닥판, 기타 블록을 쌓는 밑바탕은 정리 및 청소를 하고 물축임을 한다.
(2) 줄기초, 연결보 및 바닥판, 기타 블록을 쌓을 뒷면에는 벽중심선 및 블록 표면선을 먹줄치고 블록 나누기를 하여 먹매기고 블록쌓기에 지장의 유무를 검사하여 지장이 있는 부분을 보정한다.
(3) 블록은 깨끗한 건조상태로 저장되어야 하고, 공사감리자의 승인 없이는 물축임을 해서는 안 된다.
(4) 블록에 붙은 흙, 먼지, 기타 더러운 것은 제거하고 모르타르 접착면은 적당히 물로 축여 모르타르의 경화수가 부족하지 않도록 한다.
(5) 모르타르나 그라우트의 비빔시간은 기계믹서를 사용하는 경우 최소 5분 동안 비벼야 하며, 원하는 시공연도가 되도록 한다. 모르타르가 소량일 경우에는 손비빔을 할 수 있다. 모르타르나 그라우트의 비빔은 기계비빔을 원칙으로 한다.
(6) 최초 물을 가해 비빈 후 모르타르는 2시간, 그라우트는 1시간을 초과하지 않은 것은 다시 비벼 쓸 수 있다. 그러나 반죽한 것은 될 수 있는 한 빨리 사용하고 물을 부어 반죽한 모르타르가 굳기 시작한 것은 사용하지 않는다. 굳기 시작한 모르타르에 물을 부어 되비빔하는 것은 금한다.
(7) 보강 블록공사에서 보강 블록조와 라멘구조가 접하는 부분은 보강 블록조를 먼저 쌓고 라멘구조를 나중에 시공한다.

◀ CHECK 05
블록쌓기 시 유의사항
- 쌓기 전 바탕면은 깨끗이 청소하고 충분히 물축임을 한다.
- 블록의 물축임은 모르타르 접촉면만 한다.
- 블록은 쉘 두께가 두꺼운 쪽이 위로 향하게 한다.
- 막힌 줄눈을 원칙으로 한다.
- 하루쌓기 높이는 1.2m(6켜)를 표준으로 하고, 최대 1.5m(7켜) 이하로 한다.
- 직교하는 벽과 T형부는 세로근이나 철망 등을 삽입하여 보강할 수 있다.

3.12.2 단순조적 블록공사 쌓기

(1) 단순조적 블록쌓기의 세로줄눈은 도면 또는 공사시방서에서 정한 바가 없을 때에는 막힌 줄눈으로 한다.
(2) 기준틀 또는 블록 나누기의 먹매김에 따라 모서리, 중간요소, 기타 기준이 되는 부분을 먼저 정확하게 쌓은 다음 수평실을 치고 먼저 쌓은 블록을 기준으로 하여 수평실에 맞추어 모서리부에서부터 차례로 쌓아간다.
(3) 살두께가 큰 편을 위로 하여 쌓는다.
(4) 가로줄눈 모르타르는 블록의 중간살을 제외한 양면살 전체에, 세로줄눈 모르타르는 마구리 접합면에 각각 발라 수평 · 수직이 되게 쌓는다. 블록은 턱솔이 없게 수평실에 맞추어 줄눈이 똑바르도록 대어 쌓는다. 치장이 되는 면의 더러움은 그때마다 청소한다.
(5) 하루의 쌓기 높이는 1.5m(블록 7켜 정도) 이내를 표준으로 한다.
(6) 줄눈 모르타르는 쌓은 후 줄눈누르기 및 줄눈파기를 한다.
(7) 특별한 지정이 없으면 줄눈은 10mm가 되게 한다. 치장줄눈을 할 때에는 흙손을 사용하여 줄눈이 완전히 굳기 전에 줄눈파기를 한다.

CHECK 06 ▶

창문틀 세우기

- 창문틀 세우기는 벽돌공사에 준하여 하되, 도면 또는 특기 시방에서 정한 바가 없을 때에는 먼저 세우기를 원칙으로 한다.

3.13 창문틀 세우기 CHECK 06

3.13.1 창문틀 먼저 세우기

(1) 창문틀 주위에 창대블록, 잼블록 및 인방블록 등을 사용하지 아니할 때에는 창문틀 주위에 거푸집을 대어 모르타르 또는 그라우트 블록 1켜를 쌓을 때마다 둥근 막대 등으로 다져 넣는다.
(2) 창문틀 주위의 모르타르 또는 그라우트 사춤은 바깥면에 거푸집을 대고 내부에서 모르타르 또는 그라우트를 잘 다져 넣는다.

3.13.2 창문틀 나중 세우기

(1) 거푸집은 블록이 파손되지 않도록 조립하고, 사춤 시의 하중, 측압 및 타설 시의 진동과 충격 등에 견디며 또한 누수가 없고 용이하게 해체할 수 있는 것으로 한다.
(2) 창문틀의 밑틀에 채워 넣는 모르타르는 고임 및 쐐기 등을 반드시 빼놓고 빈틈없이 밀어 넣어 채운다.

3.14 나무벽돌, 앵커볼트, 연결철물 및 홈걸이 묻기

(1) 나무벽돌, 앵커볼트, 연결철물 및 홈걸이, 기타의 묻는 위치는 사춤용 줄눈위치로 한다. 사춤용 줄눈 이외의 위치에 묻을 때에는 공사감리자의 확인을 받는다.
(2) 나무벽돌, 앵커볼트, 기타 철물을 묻은 블록의 빈속은 모두 모르타르 또는 그라우트를 채워 넣는다. 이때 그 밑의 빈속을 막고자 할 때에는 도면 또는 공사시방서에 따라 철판 뚜껑을 사용하거나 모르타르 밑채우기를 미리 해둔 것을 사용한다.

3.15 배관

(1) 배관은 배관용 블록을 사용할 때 이외는 원칙적으로 노출배관으로 하고, 부득이 묻을 때에는 블록의 빈속을 통하여 배관한다.
(2) 상하수도 및 가스배관은 블록의 빈속에 매입하지 않는다.
(3) 전기배관 등 블록의 빈속을 통하여 배관할 때에는 보강철근의 피복두께에 지장이 없도록 그 빈속의 한편으로 치우쳐 배관하고 배관의 인입부와 인출부의 자리에는 블록의 빈속에 모르타르 또는 그라우트를 채워 넣는다.
(4) 노출배관의 지지철물 설치는 상기 (3)에 따른다.
(5) 블록 벽면에 부득이 줄홈을 파서 배관할 때에는 공사감리자의 지시에 따라 그 자리는 블록의 빈속까지 모두 모르타르 또는 그라우트를 채운다.

3.16 인방블록쌓기 CHECK 07

(1) 인방블록의 형상, 치수 및 품질 등은 도면 또는 공사시방서에 따르고 한국산업표준에 준하여 제작된 것을 사용한다. 인방블록은 그라우트가 철근을 충분히 피복할 수 있는 모양으로 하고, 미리 견본품을 제출하여 공사감리자의 확인을 받는다.
(2) 인방블록은 가설틀을 설치하고, 그 위에 쌓는다. 인방블록면은 수평이 되게 하고, 턱지지 않게 한다.
(3) 인방블록은 창문틀의 좌우 옆 턱에 200mm 이상 물리고, 도면 또는 공사시방서에서 정한 바가 없을 때에는 400mm 정도로 한다.
(4) 철근은 도면 또는 공사시방서에 따라 위치 및 형상을 정확히 배근하고 늑근도 지정한 형상, 치수 및 간격으로 확실히 주근을 감아 걸고 결속선으로 결속한다.
(5) 그라우트를 부어 넣을 때에는 인방블록의 안면을 적당히 물축이기를 하고 철근의 위치를 정확히 유지하며 그라우트를 빈틈없이 다져 넣는다. 이때 철근의 피복두께는 최소 30mm 이상이 되도록 한다.
(6) 가설틀 및 거푸집 등은 인방블록의 그라우트가 충분히 굳은 다음 공사감리자의 확인을 받아 제거한다. 그 제거작업은 인방블록을 손상하거나 충격을 주지 않도록 주의한다.

◀ CHECK 07
인방블록쌓기
- 개구부 폭이 2m 이하이고 또 테두리보가 가까이 있을 때에는 인방블록 쌓기를 한다.
- 블록은 인방블록을 쓰거나 가로근용 블록을 쓴다.

3.17 인방보

3.17.1 제자리 부어넣기 철근콘크리트

(1) 인방 주근의 정착부에 블록을 사용하는 경우 설계도서와 시공도에 의하지만 도면에 표시되어 있지 않은 경우는 가로 주근용 블록을 사용한다.
(2) 인방보의 주근은 문꼴의 양측 벽에 40d 이상 정착한다. 좌우 벽체가 속빈 콘크리트 블록일 때는 콘크리트가 그 빈속에 떨어지지 않도록 철판 뚜껑을 사용하거나, 미리 모르타르 채우기를 한 블록을 사용한다.

▶ 인방보 시공 상세

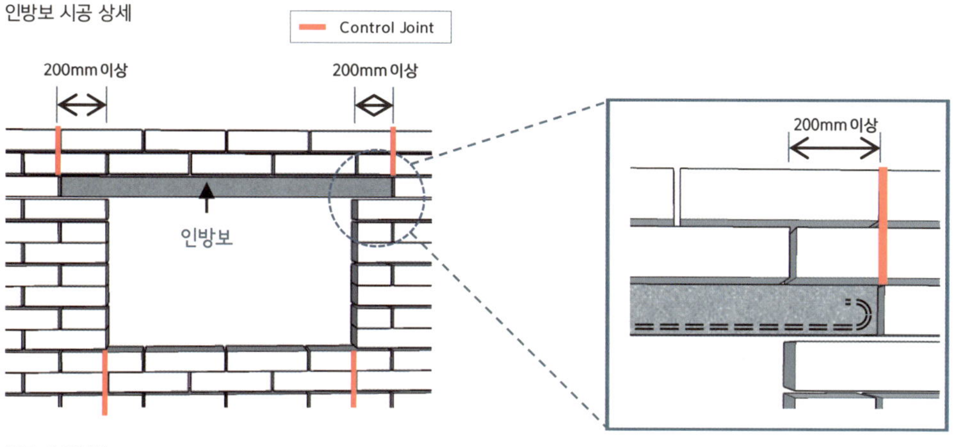

▶ 시공 유의사항

- 인방보 상부 벽에 균열이 생기지 않도록 보강연결 또는 Control Joint(조절줄눈) 설치
- 공간쌓기 시 콘크리트가 공간에 떨어지지않도록 벽돌 또는 철판 막음
- 인방블록은 창문틀의 좌우 옆 턱에 200mm~400mm 정도 물림
- 제자리 부어넣기 인방보의 주근은 물꼴의 양측벽에 40d이상 정착
- 기성 콘크리트 인방보의 양끝을 벽체의 블록에 200mm이상 걸침

[그림 3.17.1-1] 인방보 시공 상세 및 시공 시 유의사항

3.17.2 기성 콘크리트 인방보

(1) 기성 콘크리트 인방보의 형상, 치수, 품질 및 제작방법은 도면 또는 공사시방서에 따른다.
(2) 인방보의 구멍 또는 홈을 두어 개구부의 옆벽에 세운 보강철근을 꽂을 수 있게 한다. 인방보에 철근을 꽂은 다음 그 부분에 콘크리트 또는 모르타르를 다져 넣는다.
(3) 인방보의 양 끝을 벽체의 블록에 200mm 이상 걸치고, 또한 위에서 오는 하중을 전달할 충분한 길이로 한다. 인방보 상부의 벽은 균열이 생기지 않도록 주변의 벽과 강하게 연결되도록 철근이나 블록 메시로 보강연결하거나 인방보 좌우단 상향으로 컨트롤 조인트를 둔다.

CHECK 08 ▶
테두리보의 설치목적
- 수직하중의 분산
- 벽체의 일체성 확보
- 집중하중에 대한 보강
- 수직근의 정착 및 이음자리 제공

3.18 테두리보 CHECK 08

(1) 테두리보 시공과 관련된 철근콘크리트 시공은 *SBCS 41 90 30 05* 에 따른다.
(2) 테두리보의 모서리 철근을 서로 직각으로 구부려 겹치거나 밑에 있는 블록의 빈 속에 접착시켜 그라우트 사춤을 한다. 또한 테두리보의 안쪽에 있는 철근은 직교하는 테두리보의 바깥쪽까지 연장하여 걸도록 한다.
(3) 테두리보의 바로 밑에 있는 블록의 빈속에는 그라우트가 떨어지지 않게 철판 뚜껑 또는 모르타르 채우기를 한 블록을 사용한다.
(4) 테두리보로는 가로근을 배치하고 그라우트를 다져 넣을 수 있는 이형블록을 사용하든가 또는 기본블록을 사용하든가 변형시켜 쓸 수 있다.

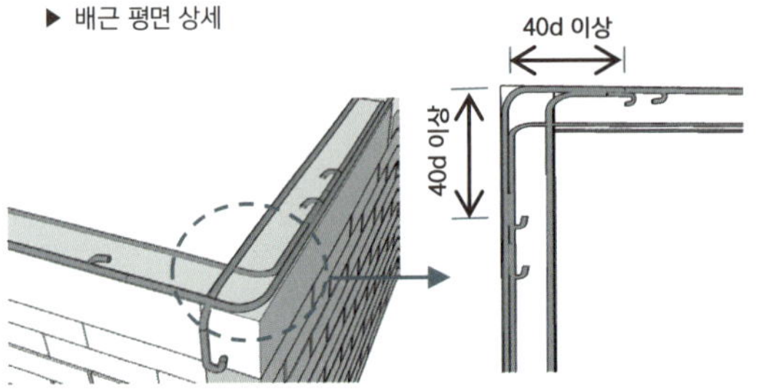

▶ 시공 유의사항
- 모서리 철근은 서로 직각으로 구부려 겹치거나 40d 이상 정착
- 바닥판 및 차양 등을 RC조로 할 때에는 이어붓기 자리가 내력상 및 방수상 지장이 없도록 시공
- 테두리보에 목조보, 철골보 등이 접합할 때에는 콘크리트 타설전 고정철물을 정확한 위치에 설치
- 테두리보의 바로 밑에 있는 블록의 빈속에는 철판 뚜껑 모르타르 채우기를 한 블록을 사용

[그림 3.18-1] 테두리보 시공 상세 및 시공 시 유의사항

3.19 방수 및 방습처리

(1) 블록 벽면의 방수처리는 도면 또는 관련 기준에 따르고, 방수재료, 배합 및 공법 등은 *SBCS 41 90 40*과 *SBCS 41 90 41*을 참고한다.
(2) 블록 벽체가 지반면에 접촉하는 부분에는 수평 방습층을 두고 그 위치, 재료 및 공법은 도면 또는 공사시방서에 따르고, 그 정함이 없을 때에는 마루 밑이나 콘크리트 바닥판 밑에 접근되는 가로줄눈의 위치에 두고 액체방수 모르타르를 10mm 두께로 블록 윗면 전체에 바른다.
(3) 물빼기 구멍은 콘크리트의 윗면에 두거나 물끊기 및 방습층 등의 바로 위에 둔다. 그 구멍의 크기, 간격, 재료 및 구성방법 등은 도면 또는 공사시방서에 따른다. 도면 또는 공사시방서에서 정한 바가 없을 때에는 직경 10mm 이내, 간격 1.2m마다 1개소로 한다. 또한 블록 빈속의 밑창에 모르타르를 바깥쪽으로 약간 경사지게 펴 깔고 블록을 쌓거나 10mm 정도의 물흘림 홈을 두어 블록의 빈속에 고인 물이 물빼기 구멍으로 흘러내리게 한다.
(4) 물빼기 구멍에는 다른 지시가 없는 한 직경 6mm, 길이 100mm되는 폴리에틸렌 플라스틱 튜브를 만들어 집어넣는다.

3.20 검사

(1) 블록공사 단계별 주요 검사항목은 *SBCS 41 90 30 34 (3.23)*에 따른다.

3.21 단열블록

(1) 패시브 건축을 위한 단열블록의 시공은 *SBCS 41 90 05 05 (3.2)*에 따른다.

3.22 블록공사 하자 사례 및 개선방안

하자 사례

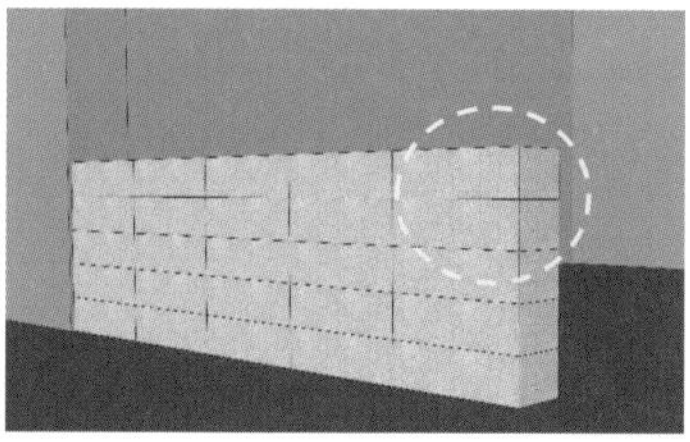

· 블록 벽체 개구부 주위 보강근 미설치 등 시공 미흡으로 균열 발생

개선 방안

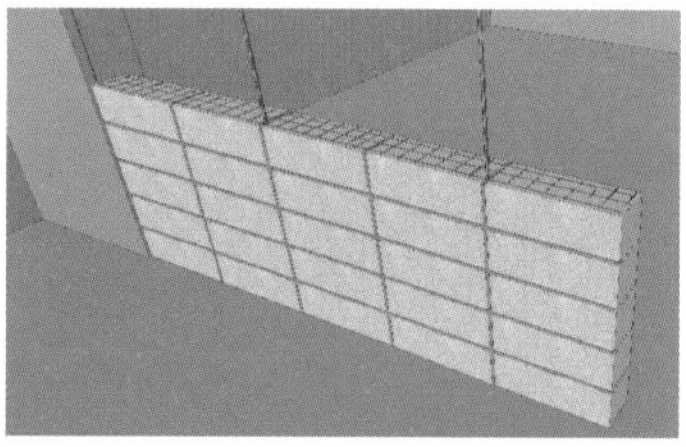

· 블록 벽체 개구부 주위 보강근 시공 및 사춤 철저

[그림 3.22-1] 블록 벽체 개구부 주위 보강근 미설치

4 시공예시도

■ 보강블록 조립분해도

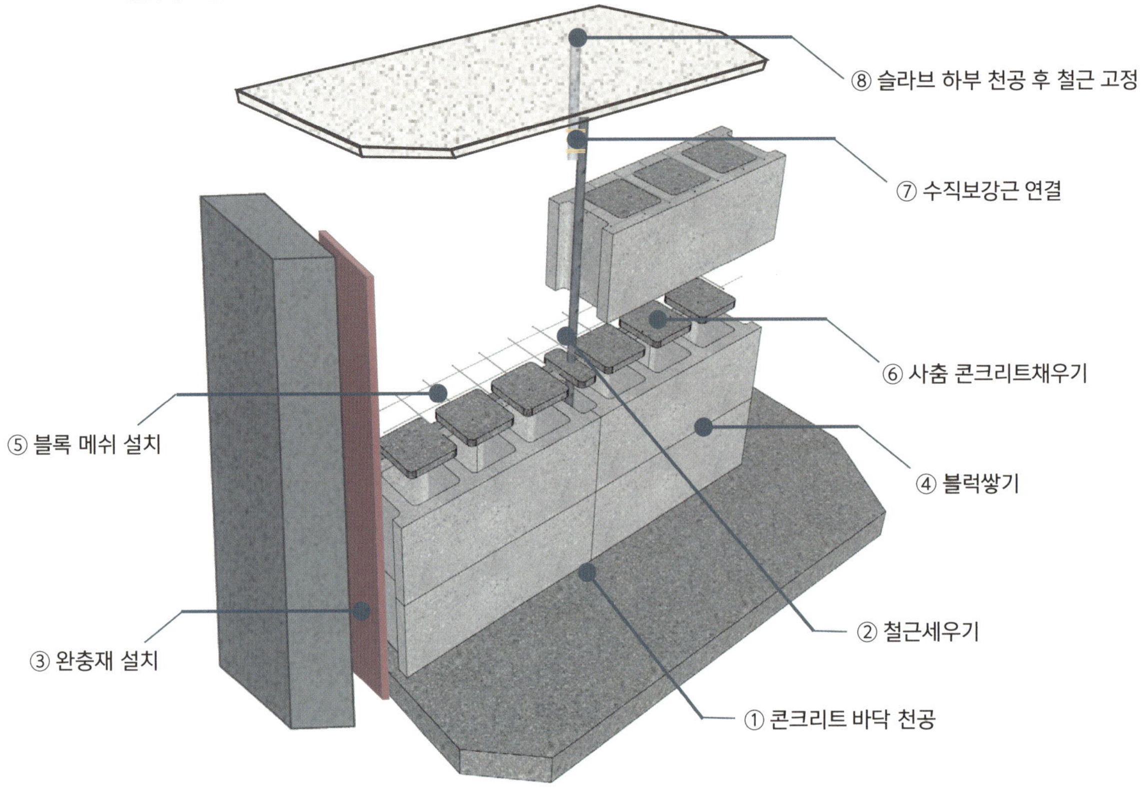

■ [시공 사진] 조립분해도 ① 콘크리트 바닥 천공 ~ ⑧ 슬라브 하부 천공 후 철근 고정

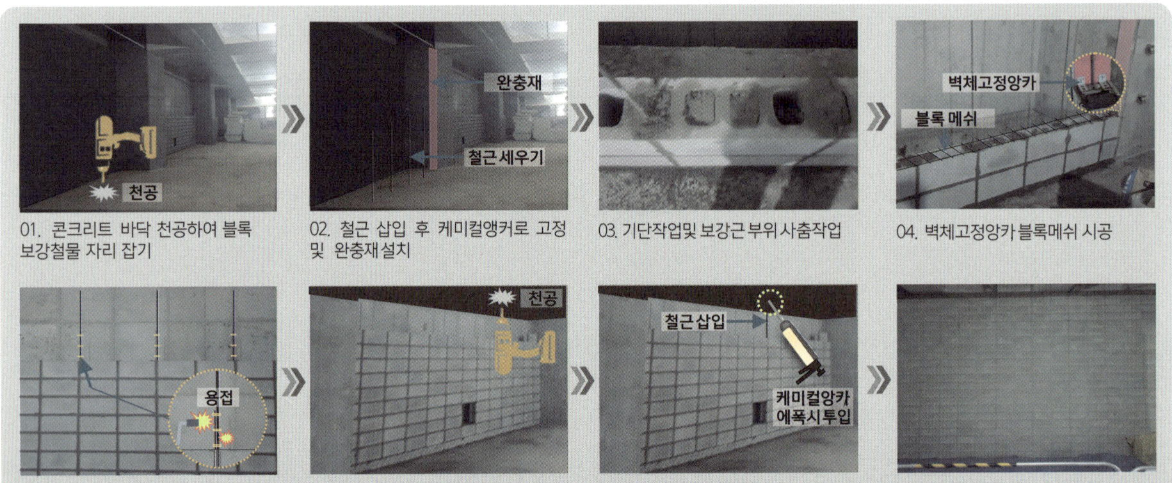

01. 콘크리트 바닥 천공하여 블록 보강철물 자리 잡기

02. 철근 삽입 후 케미컬앵커로 고정 및 완충재설치

03. 기단작업및 보강근 부위 사춤작업

04. 벽체고정앙카 블록메쉬 시공

05. 수직보강근 연결부위 용접하여 고정

06. 상부 슬라브 천공 후 상부철근 고정용 앙카설치

07. 케미컬앙카또는 에폭시투입 후 상부 고정용철근삽입

08. 블록면 정리 후 시공 완료

CHAPTER 7

03

SBCS 41 90 34 15

기타 조적공사

1 일반사항

1.1 적용범위

(1) 이 기준은 41 90 34 05(벽돌공사)와 41 90 34 10(블록공사)에서 규정하지 않는 기타 조적공사에 적용한다. 다만, 이 시방에 기재되지 아니한 사항에 대해서는 공사감리자의 지시에 따른다.

(2) ALC블록 공사는 건축물의 내 · 외벽에 사용되는 고온고압 증기 양생한 경량기포 콘크리트 블록(autoclaved lightweight aerated concrete block:이하 "ALC 블록"이라 한다.)을 건축물 또는 공작물 등의 외벽, 칸막이벽 등으로 사용하는 공사 및 부속 재료에 관한 품질, 보관 및 시공기준 등에 대해 적용한다.

1.2 참고 기준

(1) 기타 조적공사의 참고기준은 기본적으로 *KCS 41 34 01 (1.2)*에 따른다.

CHECK 01 ▶
ALC 블록이란?
• 규사에 시멘트와 기포제를 넣어 물을 섞고 오토 클레이브에 넣어 다공질 화한 혼합물을 높은 온도와 압력에서 증기 양생하는 과정을 거쳐 만드는 경량 기포콘크리트 건축자재의 일종

1.2.1 ALC블록 공사 CHECK 01

(1) SBCS 41 90 30 05 철근콘크리트 공사
(2) SBCS 41 90 31 소규모 강구조 공사
(3) SBCS 41 90 34 05 벽돌공사
(4) KCS 41 34 09 ALC블록 공사
(5) KS F 2701 경량기포 콘크리트 블록

1.3 용어의 정의

(1) 기타 조적공사의 용어의 정의는 기본적으로 *KCS 41 34 01 (1.3)* 에 따른다.

1.3.1 ALC블록 공사

(1) 고름 모르타르: 블록의 첫 단 작업 시 수평을 맞추기 위해 사용되는 모르타르
(2) 미장 모르타르: 도장마감용 및 표면경도의 강화를 위하여 사용되는 모르타르
(3) 보강철물: 블록 · 패널의 교차 부위 또는 모서리 부위, 블록 · 패널과 문틀, 창호의 접합 부위에 보강용으로 사용되는 철물의 총칭
(4) 보수 모르타르: 블록의 파손 부위 보수용으로 사용되는 모르타르
(5) 시공도: 블록의 종류, 수량, 설치 위치와 방법 등이 포함된 블록 시공에 필요한 도면
(6) 쌓기 모르타르: 블록과 블록이 맞닿는 면에 쌓기용으로 사용되는 전용 모르타르
(7) 접합철물: 블록상호간 또는 블록 및 패널과 타 부재를 긴결하기 위해 사용되는 철물의 총칭
(8) 제조업자: 블록을 생산 · 공급하는 자
(9) 충전 모르타르: 블록조적조의 보강용 홈에 충전을 목적으로 사용되는 모르타르
(10) 충전재: 블록과 블록, 블록 및 패널과 타 부재와의 틈새에 충전용으로 사용되는 재료

1.4 제출물

CHECK 02 ▶
블록공법의 선정
• 블록공법의 선정에는 건물의 용도, 규모, 층고, 구조형식 및 지반의 조건 등이 고려되어야 하며, 공사감리자의 승인을 얻어 확정한다.

1.4.1 ALC블록 공사 CHECK 02

(1) 블록의 시공은 전문건설업체에서 시공하는 것을 원칙으로 한다.
(2) 블록 시공업체는 공사에 앞서 시공도 및 공사계획서와 생산업체의 제품설명서를 공사감리자에게 제출하여 승인을 받는다.

1.5 타 공종과의 협력

(1) 블록 작업 시 판재석재 및 창호공사 설치업자와 협력하여야 한다.

2 자재

2.1 ALC블록 공사 CHECK 03

2.1.1 블록

(1) 블록은 한국산업표준에 규정된 품질 이상으로 하는데, 그 기준은 *[표 2.1.1-1]*과 같다.

[표 2.1.1-1] 경량기포 콘크리트 블록의 품질기준

구분	절건밀도(g/cm³)	압축강도(N/mm²)
0.5품	0.45 이상 0.55 이하	3 이상
0.6품	0.55 이상 0.65 이하	5 이상
0.7품	0.65 이상 0.75 이하	7 이상

(2) 이 기준에 규정되지 않은 재료는 공인기관의 시험을 통해 이 시방의 재료와 동등 이상의 성능이 인정된 경우, 공사감리자의 확인을 받아 사용할 수 있다.

▲ CHECK 03

ALC 블록의 장점

- 별도의 단열재가 필요하지 않을 정도로 높은 단열성을 갖추고 있으며, 경량성과 내화성, 방음성, 시공성 등이 장점임

ALC 블록의 단점

- 수분을 빨아들이는 습성이 ALC블록의 가장 큰 단점으로, 환기 시스템 및 통기성 있는 자재로 마감하는 것이 필수적임

2.1.2 접합철물

(1) 블록 쌓기에 사용하는 철근은 한국산업표준에 규정된 품질 이상의 것으로 한다. 블록과 블록의 교차 부위, 모서리 부위, 블록과 문틀, 창호틀 접합부위에 설치하는 벤트 플레이트, 쉬어 플레이트, 트위스트바 등의 재질, 형상 및 치수는 공사시방서 및 도면에 따른다.

2.1.3 모르타르

2.1.3.1 쌓기 모르타르

(1) 블록 쌓기에 사용되는 모르타르는 ALC블록 전용 모르타르로서 블록 제조업자 또는 모르타르 제조업자가 블록쌓기용으로 제조한 것으로 한다. 쌓기 모르타르의 품질은 경량기포콘크리트 블록구조 설계기준 등에 규정된 *[표 2.1.3.1-1]*과 같은 품질 이상으로 한다.

[표 2.1.3.1-1] ALC 블록구조 설계기준

항목	품질 기준
압축강도(28일)	≥10N/mm²
전단강도(28일)	≥0.5N/mm²
가사시간	≥4시간
보정시간	≥7분

2.1.3.2 충전 모르타르 CHECK 04

(1) 충전 모르타르는 다음 품질 이상으로 한다.

① 시멘트는 한국산업표준의 보통 또는 조강시멘트를 사용한다.

② 모래는 유해량의 먼지, 흙, 유기불순물 및 염화물을 함유하지 않은 것으로 최대입경은 5mm 미만의 입도 분포의 것을 사용한다.

③ 물은 철근 및 모르타르에 나쁜 영향을 미치는 유해한 불순물이 함유되지 않은 것을 사용한다.

④ 혼화제를 사용하는 경우 공사감리자의 확인을 받는다.

◀ CHECK 04

충전모르타르란?

- 블록 조적조의 홈을 충전하기 위하여 사용되는 모르타르로써 배합은 시멘트와 모래의 용적비를 1:3으로 하고 충전에 적당한 유동성을 갖도록 한다.

2.1.3.3 미장 모르타르

(1) 블록면의 내 · 외부 마감이나 표면경도의 강화를 위해 사용하는 모르타르로서 소요의 방수성과 통기성이 있어야 한다.

2.1.3.4 고름 모르타르

(1) 블록 첫 단 조정 시 수평을 잡기 위해 사용하는 것으로서 품질은 충전 모르타르와 동일한 것으로 한다.

2.1.3.5 프라이머

(1) 프라이머는 바탕조절용으로 바르는 재료로서 전문제조업자가 제조한 것으로 한다.

2.1.3.6 실링재

(1) 실링재는 한국산업표준에 규정된 품질 이상의 것으로서 종류는 공사시방서에서 규정한다.

2.1.3.7 내화줄눈재

(1) 내화줄눈재는 한국산업표준에 규정된 품질 이상의 것으로 한다.

2.1.4 발수제

(1) 발수제는 발수용도로 사용하는 무기계 혹은 유기계(실리콘 화합물계 등) 또는 기타 발수성 물질의 침투성 용액을 의미하며, 발수제의 품질은 KS F 4930에 의한 *SBCS 41 90 34 05 (표 2.10-1)*에 적합한 것이어야 한다.

3 시공

3.1 ALC블록 공사 CHECK 05

3.1.1 일반사항

(1) 수급인은 블록전용공구를 사용하여 공사를 효율적으로 한다.
(2) 공사수행 시 일어나는 제반 사항에 관해 공사감리자 및 책임기술자와 긴밀히 협조한다.
(3) 시공 불량 부위가 발생하지 않도록 사전에 타 공종과 업무분담을 명확히 한다.
(4) 수급인은 공사에 따르는 사고방지에 유의한다.

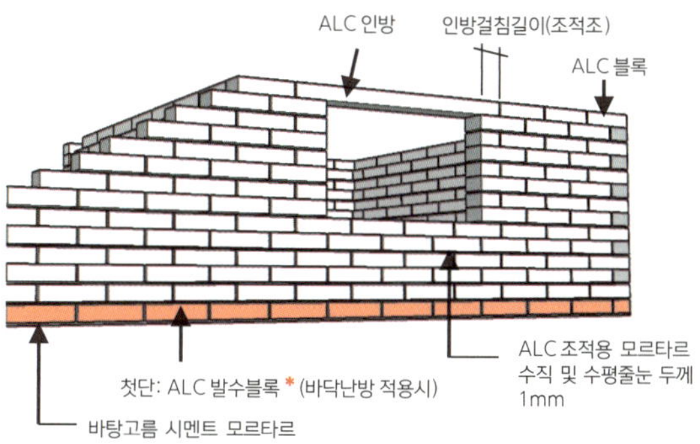

▪ 조적조 내력벽체 인방보 묻힘길이(mm)

인방 길이	최소 걸침길이
2,000미만	200
2,000이상 3,000미만	300
3,000이상	400

- 걸침길이는 현장여건에 따라 별도 구조계산에 의해 변경가능
- 비내력벽체의 인방은 위 기준을 적용하지 않음

* ALC 발수블록 : 현장에서 물을 많이 사용하는 기포콘크리트타설로 인한 과도한 물 흡수 예방

[그림 3.1.1-1] ALC블록 공사의 시공 예시도

3.1.2 운반

(1) 블록은 공장에서 운반차로 운반하여 시공장소에 하역하는 것을 원칙으로 하고, 가급적 하역 후의 운반거리를 최소화한다.
(2) 블록의 하역 및 적재에는 전용장비 및 기구를 사용하여 파손이 생기지 않도록 주의한다.
(3) 블록 적재 시에는 설치장소까지 이동이 용이한 소정의 장소에 규격별로 받침목을 대어 파손되지 않도록 적치한다.

3.1.3 검수

(1) 블록은 반입 시에 종류, 치수 및 형상에 대해 공사감리자의 확인을 받는다. 또한, 외관에 대해서는 공사감리자의 검사를 받고 사용상의 유해한 균열 · 파손이 있는 경우에는 공사감리자의 지시에 따른다.

3.1.4 보관

(1) 블록의 저장은 원칙적으로 옥내에 하고, 옥외에 저장할 때는 덮개를 덮어 보호한다.
(2) 사용하고 남은 블록은 습기나 파손 방지를 위해 항상 받침목 위에 적재 · 보관한다.
(3) 블록의 보관은 파손, 오염, 흡수 등이 없도록 주의한다.

3.1.5 확인 및 준비사항

(1) 지표면 이하에는 블록을 사용하지 않는 것을 원칙으로 하며, 부득이하게 흙에 접하거나 부분적으로 지표면 이하로 매설될 경우에는 반드시 표면처리제 등으로 방수되도록 마감하여야 한다.
(2) 화학적으로 유해한 영향을 받을 수 있는 장소에 블록을 사용하는 경우에는 필요한 방호처리를 한다.

▲ CHECK 05

ALC 블록 쌓기 시공순서

❶ 반입자재 검수
❷ 바닥면 청소, 먹메김
❸ 모르타르로 수평잡기
❹ 첫단 모르타르 시공
❺ 블록쌓기(ALC 전용 모르타르 사용)
❻ 측벽, 모서리쪽 충전 및 고정철물사용
❼ 벽면고르기
❽ 양생(Curing)

ALC 블록 쌓기 현장 시공

❶ 바닥고름 및 방습지깔기
❷ ALC 전용 모르타르바름
❸ ALC 블록쌓기
❹ 쌓은면 수평보기

3.1.6 환경요구사항

(1) 주위의 기온이 37 ℃ 이상이고 상대습도가 50 % 이하일 때는 혹서기 쌓기를 적용한다.
(2) 주위의 기온이 4 ℃ 이하일 때는 한냉기 쌓기를 적용한다.

3.2 비내력벽쌓기

3.2.1 일반사항

(1) 3.2는 비내력벽 시공 시의 공사에 적용하며, 부분적으로 이 절에 따를 수 없거나 기재되지 않은 사항에 대해서는 책임기술자의 검토 및 확인 후 공사감리자와 협의 하에 재료, 구조 및 공법 등을 정하고 그 지시에 따른다.
(2) 슬래브는 작업 전 청소를 하고 도면에 따라 바닥이 균일하지 않은 곳은 시멘트 모르타르로 수평을 맞춘다.
(3) 블록벽체의 개구부와 개구부 사이는 60mm 이상으로 한다.
(4) 모든 창호에 인방보를 설치하는 것이 좋지만 개구부의 폭이 0.9m 미만인 경우에는 인방보를 설치하지 않아도 무방하다.

3.2.2 쌓기

(1) 슬래브나 방습턱 위에 고름 모르타르를 10mm~20mm 두께로 깐 후 첫 단 블록을 올려놓고 고무망치 등을 이용하여 수평을 잡는다.
(2) 블록의 제작치수 중 높이에 대한 편차가 KS F 2701에서 규정한 높이에 대한 허용차범위 +1mm, -3mm를 초과하는 경우 인접블록과 높이 편차를 맞춘 후 쌓기 모르타르를 사용하여 조적한다.
(3) 쌓기 모르타르는 교반기를 사용하여 배합하며, 1시간 이내에 사용해야 한다.
(4) 쌓기 모르타르는 블록의 두께와 동일한 폭을 갖는 전용 흙손을 사용하여 바른다. 또한, 시공 시 흘러나온 모르타르는 경화되기 전에 빨리 긁어낸다.
(5) 줄눈의 두께는 1mm~3mm 정도로 한다.
(6) 블록 상·하단의 겹침길이는 블록길이의 1/3~1/2을 원칙으로 하고 100mm 이상으로 한다. 단, 보강블록쌓기의 경우에는 공사시방서에 따른다.
(7) 블록은 각 부분이 가급적 균등한 높이로 쌓아가며, 하루 쌓기높이는 1.8m를 표준으로 하고, 최대 2.4m 이내로 한다. 벽체길이가 긴 경우는 공사감리자와 협의한 후 적정조치를 취한 후 쌓기를 한다.
(8) 연속되는 벽면의 일부를 트이게 하여 나중쌓기로 할 때에는 그 부분을 층단 떼어쌓기로 한다.
(9) 모서리 및 교차부 쌓기는 끼어쌓기를 원칙으로 하여 통줄눈이 생기지 않도록 한다. 직각으로 만나는 벽체의 한편을 나중쌓을 때는 층단쌓기로 하며, 부득이한 경우 공사감리자의 승인을 얻어 층단으로 켜거름 들여쌓기로 하거나 이음보강철물을 사용한다.
(10) 콘크리트 구조체와 블록벽이 만나는 부분 및 블록벽이 상호 만나는 부분에 대해서는 접합철물을 사용하여 보강하는 것을 원칙으로 한다.
(11) 상부구조체와 접하는 부위는 구조체의 처짐에 충분히 견딜 수 있고, 상부 구조체로부터 힘이 전달되지 않는 충전재로 밀실하게 채운다.
(12) 공간쌓기의 경우 공사시방서 또는 도면에서 규정한 사항이 없으면 바깥쪽을 주벽체로 하고, 내부공간은 50mm~90mm 정도로 하고, 수평거리 900mm, 수직거리 600mm 마다 철물연결재로 긴결시킨다.
(13) 신축줄눈을 통한 열손실 방지, 방음성능 및 내화성능 확보가 요구될 경우에는 암면 등의 광물섬유를 채워 넣고 실란트 또는 내화용 줄눈재로 충전한다.
(14) 블록구조의 표면은 필요한 경우 집중하중 또는 마모에 대하여 보호한다.
(15) 블록의 절단은 전용톱을 사용하여 정확하게 절단하며, 접착면이나 노출면이 평활하도록 한다.

[사진 3.2.2-1] ALC 블록 시공 예시

- 출처 : 홍광 ALC블록 시공전문(www.hkalc.co.kr/)

3.2.3 보강작업

(1) 모서리

통행이 빈번한 벽체의 모서리 부위는 면접기 또는 별도의 보강재로 보강한다.

(2) 개구부

① 개구부 상부에 설치되는 인방보의 단부는 응력 상 안전하도록 지지구조체에 묻혀야 하며, 최소 걸침길이는 *[표 3.2.3-1]*과 같이 한다.

[표 3.2.3-1] 인방보의 최소 걸침길이

인방보 길이(mm)	2,000 미만	2,000 이상 3,000 미만	3,000 이상
최소 걸침길이(mm)	200	300	400

② ALC 인방보의 보강철근은 방청처리된 호칭지름 5mm 이상의 철근을 사용하도록 한다.

③ 문틀 세우기는 먼저 세우기를 원칙으로 하며, 문틀의 상・하단 및 중간에 600mm 이내마다 보강철물을 설치한다.

④ 문틀 세우기를 나중 세우기로 할 때는 블록벽을 먼저 쌓고 문틀을 설치한 후 앵커로 고정한다.

(3) 테두리보

① 철근콘크리트의 테두리보는 *KCS 14 20 00*의 해당 사항을 준용한다.

② 철골조 테두리보는 KCS 14 31 00의 해당 사항을 준용한다.

③ U형 블록 또는 목조를 이용한 테두리보는 제조업자의 시방에 따른다.

3.2.4 방수 및 방습

(1) 지표면의 습기가 블록벽체에 영향을 줄 수 있는 최하층 바닥 위에 첫 단 블록을 쌓을 때는 바닥에 아스팔트 펠트 등과 같이 방수성능이 우수하고 모르타르와 접착력이 좋은 재료를 사용하여 벽두께와 같은 폭으로 방습층을 설치한다.
(2) 상시 물과 접하는 부분에는 방수턱을 설치한다.
(3) 시멘트 액체방수를 사용할 경우, 취약 부위 또는 균열발생의 우려가 있는 부위에는 부분적으로 도막방수를 추가 · 시공하도록 한다.
(4) 창호 방수는 다음 방법 중 현장여건에 따라 공사감리자와 협의하여 선정 · 적용한다.
① 창문틀은 외부 벽면과 동일 선상 또는 외부로 돌출되게 시공하고, 접합부는 실란트로 마무리한다.
② 창문틀을 외부 벽면에서 들여 설치할 경우에는 창대석 또는 후레싱을 설치하고, 접합부는 실란트로 마무리한다.

3.2.5 구멍뚫기, 홈파기 및 메우기

(1) 구멍뚫기, 홈파기 및 메우기작업은 벽체가 충분히 양생된 후 시행한다.
(2) 블록을 절단할 때는 전용공구를 사용하여 정확하게 절단하고, 접착면이나 노출면을 평활하게 한다. CHECK 06

CHECK 06 ▶
블록의 곡선 절단
• 블록의 곡선절단은 접착 모르타르를 바르지 않고 임시로 조적한 벽체에 아치를 그린 후 톱으로 절단하는 방법과 접착 모르타르로 조적한 후 아치를 그리고 절단하는 방법이 있으며, 현장여건을 감안하여 적절한 방법을 선택·적용한다.

(3) 구멍은 목재용 오거 비트(auger bit) 등을 이용하여 정확하게 뚫는다.
(4) 홈파기
① 전기 및 설비용 배관에 필요한 홈파기는 블록쌓기가 완료된 후에 전용공구를 이용하여 시공한다.
② 홈파기 깊이는 파이프 매설 후 사춤 두께(충전 모르타르의 두께)가 최소 10mm 이상 확보되도록 한다.
③ 배관은 흔들리지 않도록 못과 철선 등으로 견고하게 고정한다.
(5) 메우기
① 배관이 완료된 부위는 충전용 모르타르를 바른 후 흙손으로 면처리하여 마감한다.
② 메워진 부위는 유리 섬유망(fiber glass mesh)으로 보강하는 것을 원칙으로 한다.
③ 충전재의 충전은 블록의 고정 부위가 충분히 양생된 후에 하도록 한다.

3.2.6 마 감

(1) 마감은 공사감리자의 확인을 받은 후 실시한다.
(2) 벽면의 표면상태가 마감에 영향을 줄 경우에는 블록조각, 나무손, 면갈기 대패, 거친 샌드페이퍼 등으로 평활하게 한 후 마감한다.
(3) 내부 벽지 마감
① 도배공사는 미장 모르타르로 마감한 후 도배하는 것을 원칙으로 한다.
② 미장이 없는 벽체의 경우에는 롤러 및 스프레이 장비를 이용하여 프라이머를 도포한 후 도배마감을 조속히 실시한다.
(4) 미장 모르타르 마감
① 미장 모르타르는 바름두께 1mm~3mm를 표준으로 평활하게 바르며, 배합된 모르타르는 1시간 이내에 사용하는 것을 원칙으로 한다.
② 문틀 주변의 미장은 문틀 안쪽으로 마감한다.

3.2.7 기구부착

(1) 기구의 부착은 다음 재료 중 기구의 중량 등을 감안하여 선택 · 적용한다.
① 볼트: 블록에 볼트를 관통시키고 와셔나 너트로 고정시키는 방법으로서, 관통볼트에 철물을 달아 기구를 부착시키는 방법과 관통볼트에 기구를 직접 부착시키는 방법이 있다.
② 플러그: 드릴로 블록에 구멍을 뚫은 후 플러그 또는 앵커를 고정시키고, 기구를 부착시키는 방법으로서 구멍은 블록 가장자리에서 100mm 이상 안쪽으로 들어간 곳에 위치하게 한다.
③ 전용 못은 경량기구를 부착할 때 사용한다.

3.3 내력벽쌓기

3.3.1 일반사항

(1) 블록을 내력벽으로 하는 경우 경량기포콘크리트 블록구조 설계기준에 따라 구조적 안전성을 확보하여야 한다.
(2) 이 시방에 따를 수 없거나 기재되지 않은 사항에 대해서는 공사감리자 및 책임기술자와 협의하여 재료, 구조 및 공법 등을 정하고 그 지시에 따른다.
(3) 블록에 묻은 흙, 먼지, 기타 유해물을 제거하여야 한다.
(4) 모든 개구부에는 인방을 설치하는 것을 원칙으로 한다.

3.3.2 쌓기 CHECK 07

(1) 작업 부위는 작업 전에 청소하고 바닥이 균일하지 않은 곳은 고름 모르타르로 수평을 맞춘다. 시공 부위의 폭에 관계없이 막힌 줄눈쌓기로 한다.

① 하단부 쌓기
 가. 쌓기 전 하단면을 청소하고 바닥면 및 방수벽에 요철이 있을 때는 고름 모르타르로 평활하게 수평을 잡고 모르타르가 굳은 후 쌓기작업을 한다.

② 상단부 쌓기
 가. 상부 구조체와 접하는 부위는 틈이 없도록 하며, 미세한 틈새는 충전재로 충전한다.
 나. 캔틸레버보 주위에도 충전재로 충전한 후 코킹처리하여 추후 처짐으로 인한 균열을 방지한다.

③ 모서리 연결부 쌓기
 가. 콘크리트벽과 블록벽이 만나는 부위는 연결철물로 보강한다.
 나. 블록이 서로 맞닿는 부분은 엇갈려쌓기를 원칙으로 하지만 불가피한 경우에는 ALC용 보강철물로 블록 2단마다 고정한다.

④ 블록의 제작치수 중 높이에 대한 편차가 KS F 2701에서 규정한 높이에 대한 편차범위 +1mm, -3mm를 초과하는 경우 인접블록과 높이 편차를 맞춘 후 쌓기 모르타르를 사용하여 조적한다.

⑤ 쌓기 모르타르는 교반기를 사용하여 배합하며, 1시간 이내에 사용해야 한다.

⑥ 쌓기 모르타르는 블록의 두께와 동일한 폭을 갖는 전용 흙손을 사용하여 바른다. 또한, 시공 시 흘러나온 모르타르는 경화되기 전에 빨리 긁어낸다.

⑦ 가로 및 세로줄눈의 두께는 1mm~3mm 정도로 한다.

⑧ 블록 상하단의 겹침길이는 블록길이의 1/3~1/2을 원칙으로 하고, 최소 100mm 이상으로 한다.

⑨ 블록은 각 부분을 균등한 높이로 쌓아가며, 하루 쌓기 높이는 1.8m를 표준으로 하고 최대 2.4m 이내로 한다.

⑩ 연속되는 벽면의 일부를 나중쌓기로 할 때에는 그 부분을 층단 떼어쌓기로 한다.

⑪ 모서리 및 교차부 쌓기는 끼어쌓기를 원칙으로 하여 통줄눈이 생기지 않도록 한다. 직각으로 오는 벽체의 한 면을 나중쌓을 때는 층단쌓기로 하며, 부득이한 경우 공사감리자의 확인을 받아 층단으로 켜거름 들여쌓기하거나 이음보강철물을 사용한다.

⑫ 콘크리트 구조체와 블록벽이 만나는 부분 및 블록벽이 상호 만나는 부분에 대해서는 접합철물을 사용하여 보강한다.

⑬ 공간쌓기의 경우 공사시방서 또는 도면에서 규정한 사항이 없으면 바깥쪽을 주벽체로 한다. 내부공간은 50mm~90mm 정도로 하고, 수평거리 900mm, 수직거리 60mm 마다 연결재를 사용하여 긴결시킨다.

◀ CHECK 07

ALC 쌓기용 모르타르

- 조적벽 쌓기는 블록쌓기와 동일하나 모르타르는 ALC 쌓기용을 사용한다.

절단 및 재단

- ALC 블록은 목공용 톱으로 절단 및 재단이 가능한 장점이 있다.

3.3.3 개구부

(1) 개구부 상부에 설치되는 인방보의 단부는 응력 상 안전하도록 지지구조체에 묻혀야 하며, 최소 걸침길이는 *[표 3.2.3-1]*과 같이 한다.
(2) ALC 인방보의 보강철근은 방청처리된 호칭지름 5mm 이상의 철근을 사용하도록 한다.

3.3.4 테두리보

(1) 철근콘크리트 테두리보는 *SBCS 41 90 30 05*의 해당 사항을 준용한다.
(2) 철골조 테두리보는 *SBCS 41 90 31*의 해당 사항을 준용한다.
(3) U형 블록 또는 목조를 이용한 테두리보는 제조업자의 시방에 따른다.

3.3.5 마무리 작업

(1) 블록의 보수작업은 설치 후 1일 이상 경과 후 시행한다.
(2) 파손된 표면은 거친 솔로 문지르고 불순물 등을 제거한 후 물을 축인다.
보수 부위의 블록 표면이 건조할 경우 물을 뿌려 습윤케 한다.
(3) 보수 모르타르는 필요한 양만큼 배합해서 사용한다.
(4) 보수 부위에는 파손 부위보다 조금 많은 양의 보수 모르타르를 바른 후 흙손으로 마무리 한다.
(5) 보수 부위가 깊은 곳은 블록전용 못을 박아 보강한 후에 충전용 모르타르를 충전하여 보수한다.
(6) 쌓기 후 최종마감이 완료되면 벽면 두께를 조정할 수 없으므로 시공면의 수직 · 수평을 철저히 맞추어 평활한 면이 되도록 해야 하며, 평활하지 못한 경우 공사감리자의 지시에 따라 재시공한다.
(7) 블록과 상부 슬래브가 맞닿는 곳은 충전재로 밀실하게 시공한다.
(8) 외부마감은 벽체의 보수를 완료한 후에 블록면의 돌출 부위를 면갈이 대패, 고무망치 등을 사용하여 평평하게 하고, 먼지나 오물 등을 깨끗이 제거한 다음 공사감리자의 확인을 받은 후 시공한다.

3.4 발수공사

(1) 발수공사의 시공은 *SBCS 41 90 34 05 (3.22)*에 따른다.

4 시공사례

■ [ALC TUBE제공] ALC 블록공사

- 출처 : ALC TUBE

01 기초콘크리트 위 먹줄작업

02 프라이머 도포 위 방수시트지 (블록크기에 맞게 절단) 부착

03 전기관을 블록높이로 재단, 빗물 유입을 막기 위해 밀봉

04 수평 몰탈장비 설치

05 수평 몰탈장비 위 레미탈 올리기

06 블록 천공 및 점검부 절단

07 레미탈 위 ALC 접착 몰탈바름

08 보강메쉬 사용 첫단 블록 보강

09 열전도를 막기위해 우레탄 발포 후 블록 쌓기

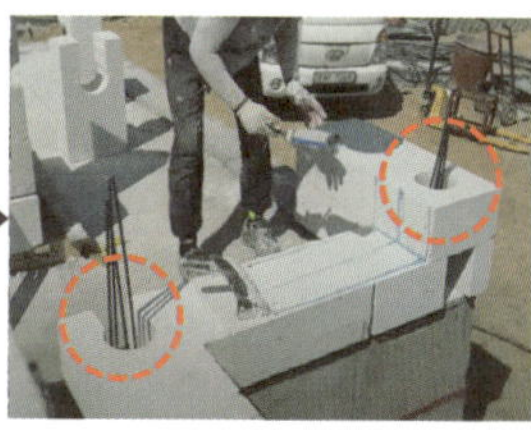

10 내·외벽 끼워 쌓기, 건축물 모서리 부분 내진보강 등

11 5단까지 내·외벽 끼워 쌓기

12 레미탈 홈에 채움, 철근 삽입, 레미탈 다짐 후 표면 정리

13 하인방 위 몰탈 바름 → 메쉬 도포 → 표면 정리

14 상인방 올릴 ALC 조적, 상인방 자리 몰탈 도포 등

15 상인방 설치(리프트 이용) 및 상인방 사이 채움

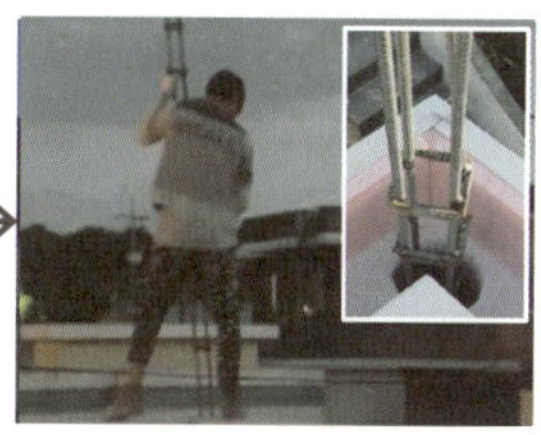

16 바닥판넬 위치에 메쉬 보강 후 내진보강 위한 수직근 설치

5 시공예시도

■ ALC 블록 공사 시공순서도

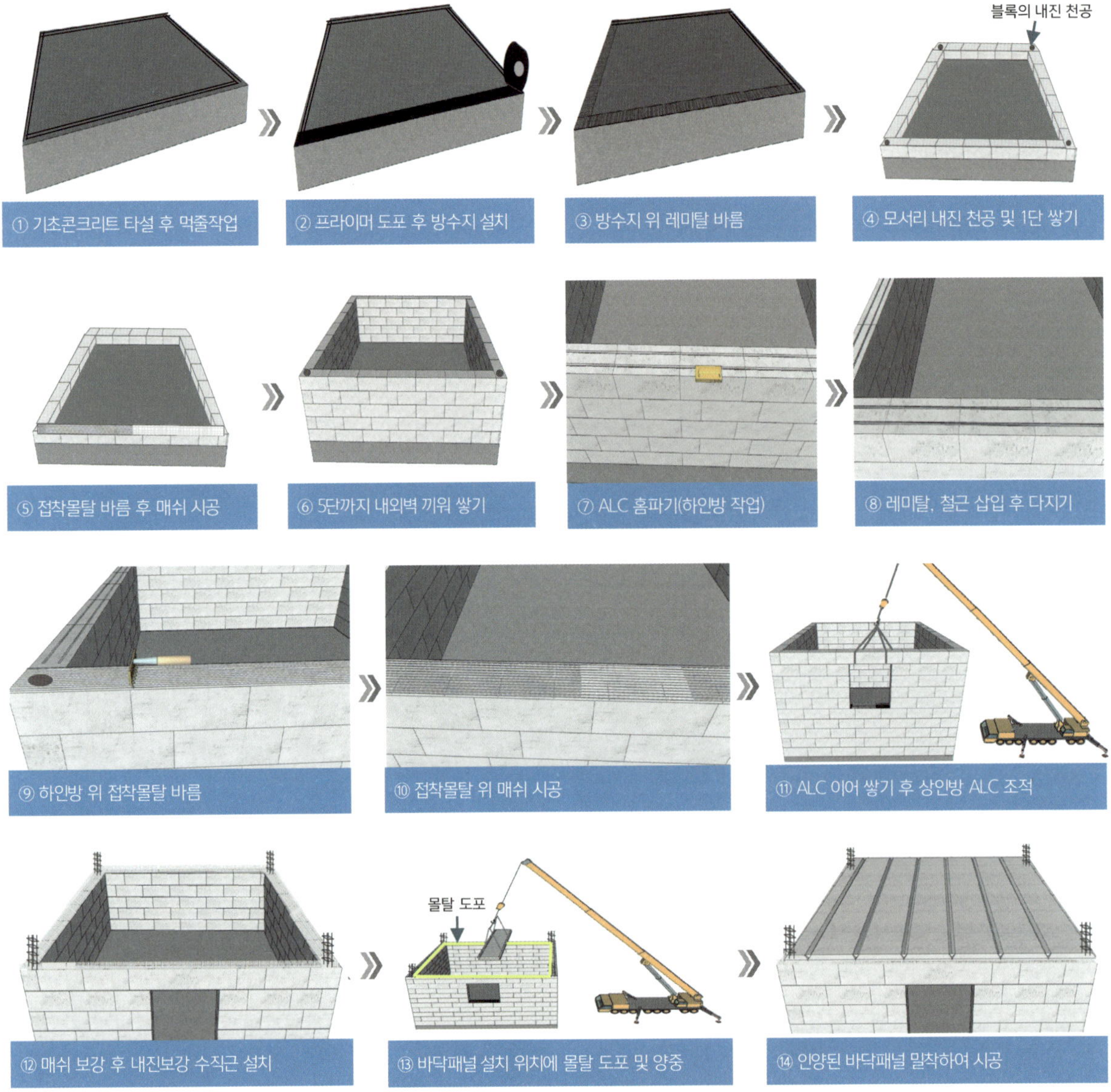

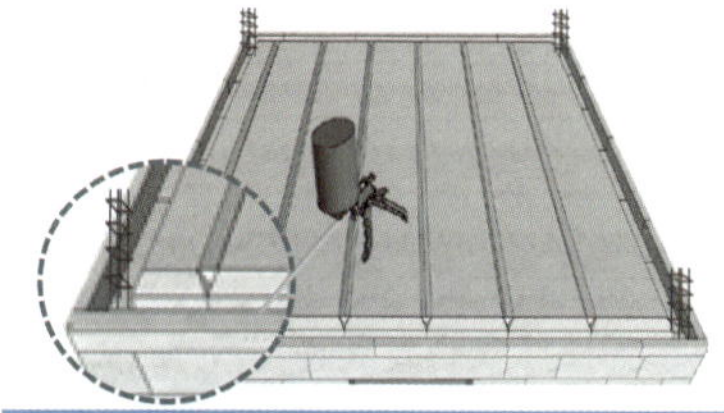

⑮ 접착 폼 이용 버팀 블록 시공 후 파장핀 고정

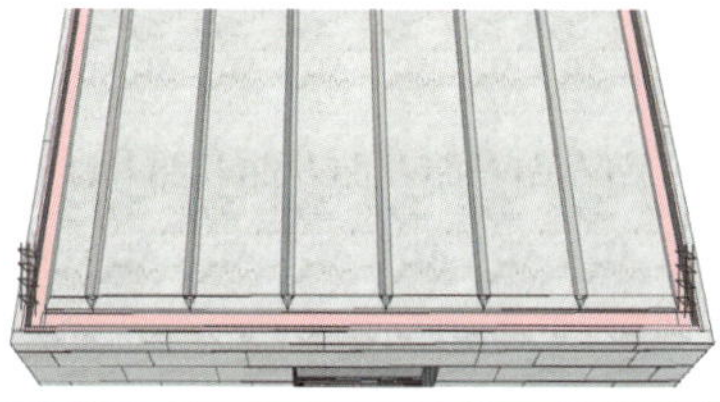

⑯ 보강블럭과 바닥패널 연결부위 단열재 시공

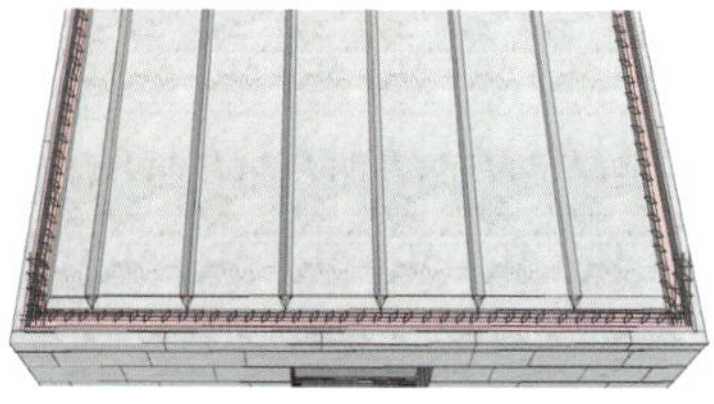

⑰ 테두리보 철근 배근 후 수직근과 결속

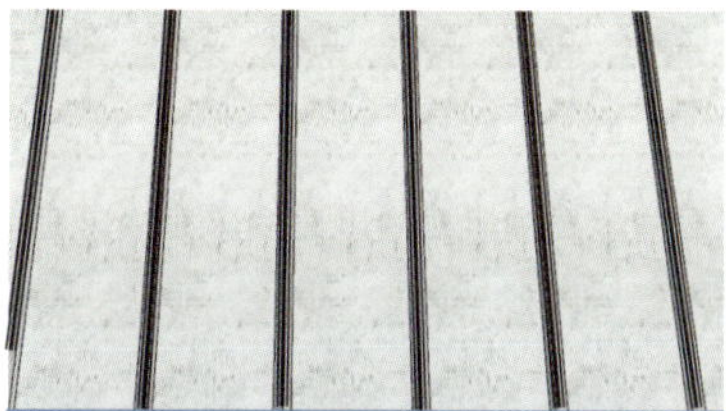

⑱ 패널과 패널 사이에 앙카 철근 및 철근 배근

⑲ 테두리보 및 바닥패널 사이 레미탈 사춤

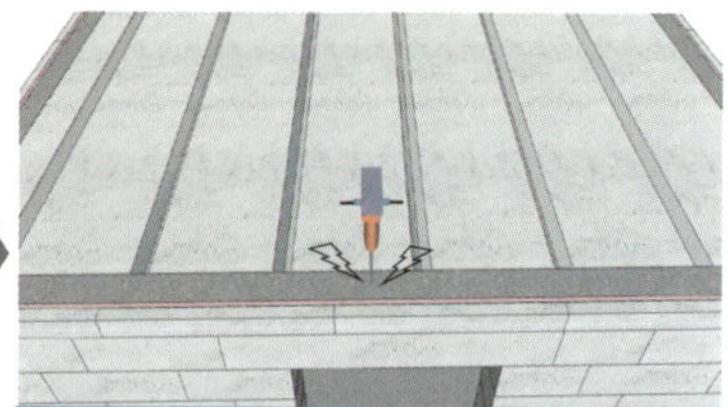

⑳ 진동기를 이용하여 공기 배출

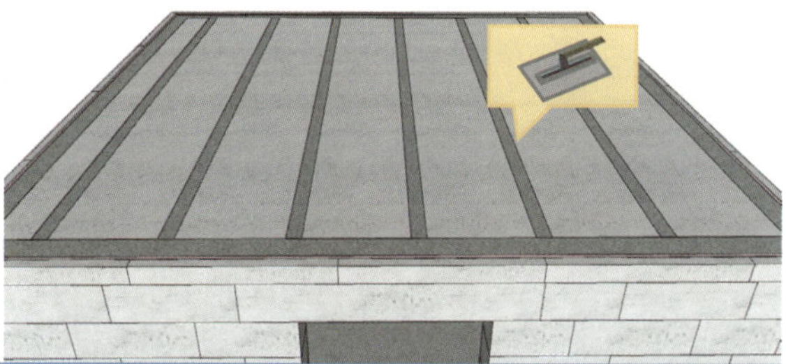

⑯ 미장 흙손으로 몰탈 재채움 후 다짐

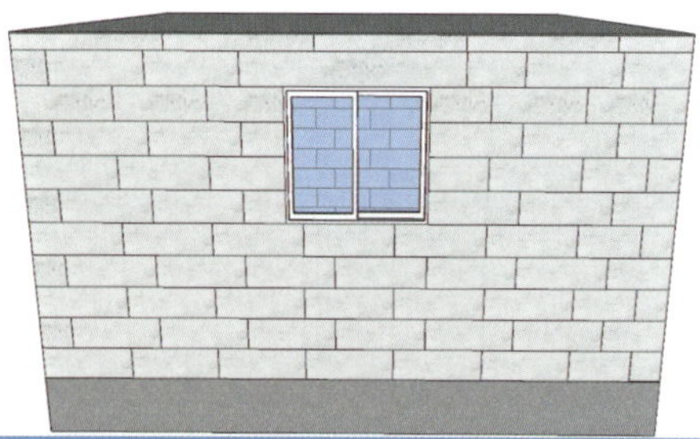

⑰ ALC 조적 시공 완료

■ [시공 사진] 시공순서도 ① 기초콘크리트 타설 ~ ② 프라이머 도포 후 방수지 설치

01. 기초콘크리트 위 먹줄 작업

02. 블록의 크기에 맞게 방수지 절단

03. 방수시트지 작업을 위한 면 청소

04. 먹줄을 따라 프라이머 도포

05. 방수 시트지를 프라이머에 부착

06. 방수 시트지를 프라이머에 부착

07. 전기관을 블럭높이로 재단

08. 빗물 유입을 막기위해 밀봉

■ [시공 사진] 조립분해도 ③ 방수지 위 레미탈 바름 ~ ⑥ 5단까지 내외벽 끼워 쌓기

01. 수평몰탈 장비 설치

02. 시멘트 레미탈 혼합

03. 수평몰탈 장비 위 레미탈 올리기

04. 레미탈 수평 작업 후 양생

05. 블록의 내진 천공

06. 천공된 블록의 점검부 절단

07. 레미탈 위 ALC 접착 몰탈 바름

08. 보강메쉬 사용 첫 단 블록 보강

09. 열전도를 막기위한 우레탄 발포 후 블록 쌓기

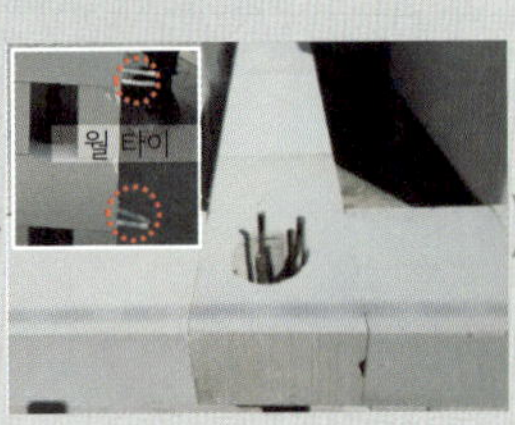

10. 내외벽 끼워쌓기(끼워쌓기 못할시 월 타이, 철근 등 사용하여 보강)

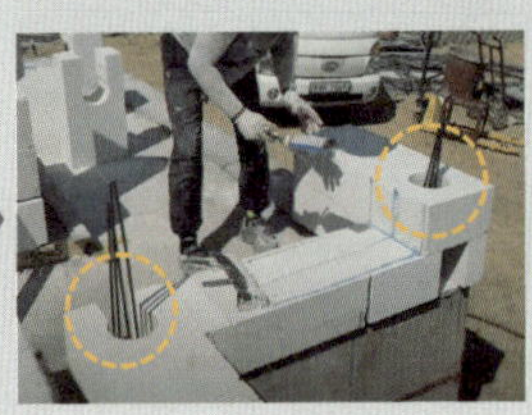
11. 건축물의 모서리와 내벽이 만나는 곳에 내진 보강

12. 5단까지 내외벽 끼워쌓기

■ [시공 사진] 시공순서도 ⑦ ALC 홈파기(하인방 작업) ~ ⑪ ALC 이어 쌓기 후 상인방 ALC 조적

01. ALC 5단 조적 후 하인방 홈파기

02. ALC 홈파기 후 면 정리

03. 시멘트몰탈 수분차단용 물축임

04. 하인방 길이에 맞게 철근 절단

05. 레미탈을 홈에 채움

06. 철근 삽입 후 두들겨 피복 유지

07. 레미탈 다짐 후 표면 정리

08. 하인방 위 몰탈 바름

09. 몰탈 위 메쉬 도포

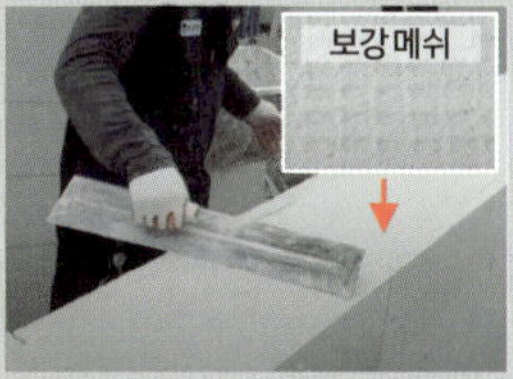

10. 표면 정리 후 메쉬 보강 완료

11. 상인방을 올릴 ALC조적

12. 상인방 자리 몰탈 도포

13. 리프트를 이용한 상인방 설치

14. 상인방 사이 채움 조적

■ [시공 사진] 조립분해도 ⑫ 매쉬 보강 후 내진보강 수직근 설치 ~ ⑭ 인양된 바닥패널 밀착하여 시공

01. 바닥판넬 위치에 메쉬 보강 후 내진 보강을 위한 수직근 설치

02. 패널 위치에 접착 몰탈 도포

03. 크레인으로 바닥패널 양중 후 밀착하여 설치

04. 바닥패널 설치 완료 후 자재 양중 (단열재, 테두리보, 버팀블록 등)

7장 _ 소규모 조적공사

■ [시공 사진] 조립분해도 ⑮ 접착 폼 이용 버팀 블록 시공 후 파장핀 고정 ~ ⑱ 패널과 패널 사이에 앙카 철근 및 철근 배근

01. 접착 폼 이용하여 버팀블럭 시공

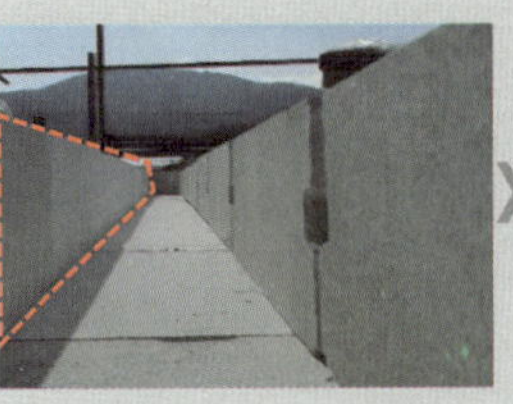

02. 버팀블럭 시공후 파장핀으로 고정

03. 버팀블럭 및 바닥패널 시공 완료

04. 전용 접착폼 사용 단열재 설치

05. 테두리보 철근 배근

06. 수직철근과 결속

07. 패널과 패널 사이에 앙카 철근을 설치하고 철근은 패널 홈 중앙에 위치하도록 시공

08. 처마설치 시 블록 천공 후 L앙카를 삽입하여 테두리 안에 타설되는 레미탈과 연결

■ [시공 사진] 조립분해도 ⑲ 테두리보 및 바닥패널 사이 레미탈 사춤 ~ ⑰ ALC 조적 시공 완료

01. 수직철근, 테두리보 레미탈 타설

02. 패널과 패널 사이 레미탈 사춤

03. 진동기를 이용해 레미탈 사춤

04. 레미탈 사춤 완료

05. 레미탈 수축 후 크랙방지를 위한 재다짐

06. 청소 후 ALC조적공사시공완료

- 출처 : ALC TUBE

SAMOOCM
CREATIVE MANAGEMENT

CHAPTER 8

8장 소규모 석공사

SBCS 41 90 35 05 석재 바닥깔기
SBCS 41 90 35 10 습식 석재 벽설치
SBCS 41 90 35 15 건식 석재 벽설치

CHAPTER 8

01

SBCS 41 90 35 05

석재 바닥깔기

1 일반사항

1.1 적용범위

(1) 이 기준은 화강석, 대리석 석재 판재를 모르타르 등으로 바닥에 붙이는 공사에 대하여 규정한다.

1.2 참고 기준

(1) 석재 바닥깔기의 참고기준은 *LHCS 41 35 01 05 (1.2)*에 따르며, 추가사항은 다음과 같다.

① SBCS 41 90 02 소규모 건축공사 일반사항
② SBCS 41 90 35 10 습식 석재 벽설치
③ SBCS 41 90 35 15 건식 석재 벽설치
④ SBCS 41 90 46 05 미장공사
⑤ SBCS 41 90 48 05 타일공사

1.3 용어의 정의

(1) 석재 바닥깔기의 용어의 정의는 *KCS 41 35 01 (1.4)*에 따른다.

1.4 제출물

(1) 공사계약문서 및 이 시방서의 일반사항에서 정한 바에 따라 다음 사항을 제출하여 공사감리자의 확인을 받도록 한다.

① 제품 관련자료: 각 종류별 석재, 보강철물 및 기타 소요자재와 관련된 제품설명서, 카탈로그, 기술자료, 시공지침서 포함
② 시공도: 제작도 및 절단, 부분가공, 마감 상세를 포함한 설계도면
③ 견본: 각 종류별 석재는 KS F 2530에 규정된 것과 동등 이상의 석재 견본품 및 설계도면에 의한 보강철물, 실링재 및 기타 소요자재 포함
④ 기타: 계약조건 및 이 시방서의 일반사항에서 정한 경우 또는 별도로 지정한 바에 따라 성분(물리) 시험 분석보고서, 및 품질보증서 제출

(2) 제출사항의 규격, 형식, 시기 및 절차는 일반사항에서 정한 바에 따르고, 공사감리자의 확인을 받은 설계도면, 견본품 및 관련 자료 등은 지정된 기간 동안 정해진 관리기준에 따르도록 유지·관리 하여야 한다.

1.5 운반, 보관, 취급

(1) 석재판넬 끝단을 수직으로 세워서 석재판넬을 보관하여야 하며, 끝단에 하중을 싣지 말아야 한다.

(2) 석재의 색상이 변하지 않도록 보관한다.

[그림 1.5-1] 운반시 부적합한 Packing으로 석재오염

1.6 현장조건

1.6.1 환경요구사항

(1) 동절기의 습식시공은 5℃ 이상 건식시공은 -10℃ 이상에서 실시하는 것을 원칙으로 하며, 이외의 경우에는 동절기 시공계획서(winterization plan)를 작성하여 공사감리자의 확인을 득한 후 실시한다.

1.7 석재사용시 주의사항

(1) 석재는 중량이 크고 운반이 제한이 따르므로 최대치수를 정한다.

(2) 1m^3 이상인 석재는 높은 곳에 사용하는 것이 불가능하며 가능하면 압축응력을 받는 곳에 사용한다.

(3) 내화도가 필요한 곳에는 열에 강한 것을 사용한다.

(4) 조각용으로는 너무 연한 것이나 너무 굳은 것은 피한다.

- 출처 : 건축시공 제2판(2009, 노인철)

2 자재

CHECK 01 ▶
석재 선택시 고려사항
- 강도, 균질, 색상, 면이 바른 것
- 수평, 수직이고 모서리에 흠이 없는 것
- 생산공정 확인
- 외부 줄눈용 코킹재 선택에 신중

2.1 화강석 CHECK 01

2.1.1 품 질

(1) KS F 2530의 경석, 1등품에 적합한 것으로 철분 함유량이 3% 이하이어야 한다.

[사진 2.1.1-1] 화강석 마감재의 다양한 무늬 및 색 예시

2.1.2 가공 마무리

(1) 버너마감

① 버너를 석재면과 간격이 30~40mm 정도 되도록 하여 회전직경 150mm, 버너 겹침 너비 50mm로 원형을 그리면서 회전 진행시켜 가공하고 가공 완료된 후 열을 가한 면에 즉시 물 뿌리기를 한다.

② 버너가공면은 실금, 박리층, 귀떨어짐, 현저한 흠집이 없어야 한다.

(2) 물갈기

① #400~800의 카보런덤 숫돌 또는 같은 정도의 마무리가 되는 다이아몬드 숫돌로 갈아낸 것으로 한다.

버너마감 / 물갈기

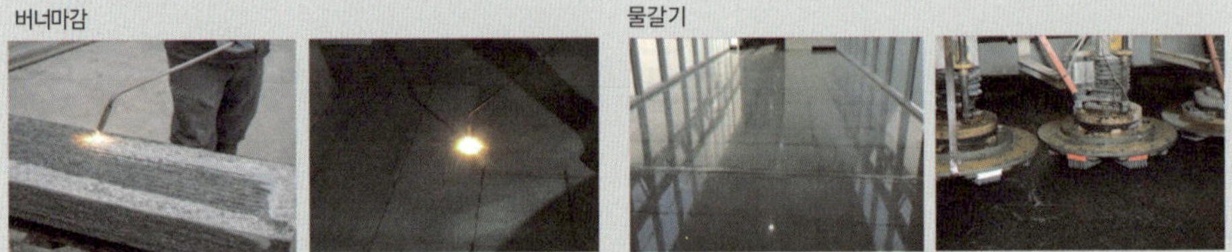

- 석면에 모난 부분을 다듬은 후 광택을 없애기 위해 불로 굽는 마감처리
- 물로 광택을 내어 매끈하게 표면을 연마한 마감처리

[사진 2.1.2-1] 화강석의 가공 마무리

[표 2.1.2-1] 가공 및 표면마감

가공 공정	사용기구	세부내용
혹두기	쇠메	쇠메로 큰 요철을 없애는 거친면마무리
정다듬	정	정으로 쪼아 평평하게 마감(거친다듬, 잔다듬, 고운다듬)
도드락 마감	도드락 망치	도드락 망치로 다듬는 과정
잔다듬	날망치	정다듬 또는 도드락다듬한 면에 일정한 방향으로 날망치의 평행선 자국을 남기면서 평탄하게 다듬는 과정
물갈기	기계, 수작업	표면에 철사, 금강사로 물을 주면서 갈고 광택 마감
버너마감	버너화염	돌표면에 원을 그리면서 화염을 주어 표면박락에 따라 요철면이 나타나고, 열 가열에 따른 강도 및 변형문제 고려

- 출처 : 건축시공 제2판(2009, 노인철)

2.2 대리석

(1) KS F 2530의 경석, 1등품에 적합한 것으로 한다.

2.3 모르타르

2.3.1 시멘트

(1) KS L 5201의 규격에 적합한 것으로 1종 보통포틀랜드 시멘트를 사용한다.

2.3.2 모래

(1) *SBCS 41 90 46 05*에 따르되, 모래의 입도는 5mm 체 통과량이 100%인 것으로 한다.

2.3.3 물

(1) 청정하고 유해량의 철분, 염분, 가황분, 유기물 등이 함유되지 않은 것으로 한다.

CHECK 02 ▶
시공순서
❶ 시공도 작성 및 석재 재단
❷ 바닥 건비빔 모르타르 깔기
❸ 시멘트페이스트 붓기
❹ 바닥 석재 깔기
❺ 고무망치로 수평 맞추기
❻ 줄눈넣기 및 보양

<출처> 건축시공 제2판 (2009, 노인철)

3 시공 CHECK 02

3.1 작업준비

(1) 바탕면은 부착력을 저해할 수 있는 이물질을 제거하고 깨끗이 청소한다.
(2) 석재의 모서리나 표면에 묻은 이물질은 설치 전에 제거한다.

3.2 석재깔기

(1) 된비빔 모르타르의 시공 전에 바탕면과의 접착을 향상시키기 위하여 유상액을 시공면에 바른다.
(2) 시멘트와 모래를 1 : 3으로 배합한 된비빔 모르타르를 시공면에 일정두께로 고르게 깔고 레벨링을 한다.
(3) 시공은 기준틀에 따라 수평실을 설치하고 모서리, 구석 등 기준이 되는 위치에서부터 깔아 나간다.
(4) 시멘트 페이스트를 모르타르 위에 도포하고 고무망치로 두드려 수평을 맞춰 설치한다.
(5) 젖은 스펀지 등으로 조심스럽게 석재 표면에 묻은 모르타르 등의 이물질을 닦아낸다.
(6) 줄눈은 석재깔기 시공 후 2~3일이 경과된 후에 시공하며, 줄눈크기는 2~3mm로 한다. 줄눈의 시공은 줄눈용 흙손으로 모르타르를 충분히 다져 넣어 속 빔이 없도록 한다.

3.3 청소 및 보양

(1) 시공 완료 후 모르타르가 경화하기 전에는 통행을 금지하고 시공면을 보호한다.
(2) 마감면에 오염 및 파손의 우려가 있는 경우에는 포장지 등으로 보양한다.
(3) 마감면의 오염부위는 중성세제로 청소하고 깨끗한 물로 씻어낸다.
(4) 동절기 공사의 경우 모르타르의 동해 또는 양생 불량의 우려가 있는 추운 날씨에는 작업을 중지하거나 타설 후 24시간 동안의 기온이 4℃ 이상 유지되도록 보온조치를 취한다.

3.4 석재 바닥깔기 공사 하자 사례 및 개선방안

- 출처 : 건축공사 들여다보기(2009, 서울지방국토관리청, 노성열 외)

하자 사례

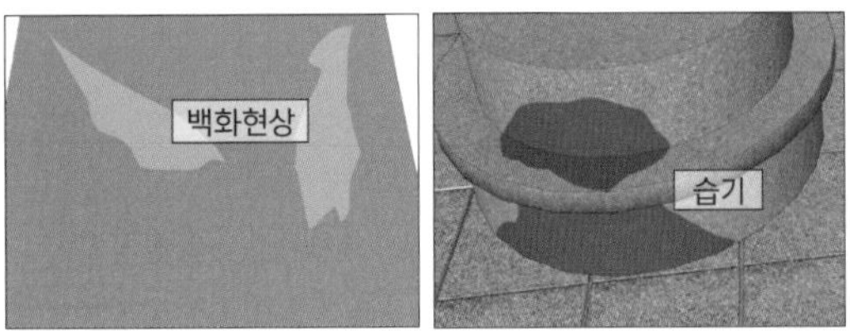

· 시멘트 모르타르중의 수산화칼슘이 용출되어 대기중의 탄산가스와 결합하여 탄산칼슘이 됨
· 줄눈폭이 지극히 적은 경우 불충분한 충진으로 인한 줄눈의 파단으로 우수가 침투되거나 줄눈공극이나 균열 부위로 우수가 침입 되어 발생
· 화단 옹벽시 두겁석 뒷채움 불량으로 수분이 유입되어 발생
· 음지에서 건조 경화시 많이 발생

》

개선 방안

· 외부 공사 시 습식공법 지양
 - 석재배면 및 마구리에 침투성발수제 도포
 - 시멘트 모르타르 우수등 수분유입 방지 (줄눈 및 뒷채움 철저)
 - 석재 접착용 모르타르 완전 경화후 줄눈시공(동절기공사 지양)
 - 옥외바닥 시공시 최소 6m마다 신축줄눈 설치
 - 백화 발생시 연마 Pad, Wire Brush 등으로 제거
외부 화단 시공시 두겁석 하부를 방수 모르타르로 밀실하게
· 뒷채움 실시
외부의 경우 걸레받이를 방수 모르타르로 시공하여
· 바닥으로의 흡습 방지

[그림 3.4-1] 석재표면 백화발생 및 흡습으로 인한 석재오염

하자 사례

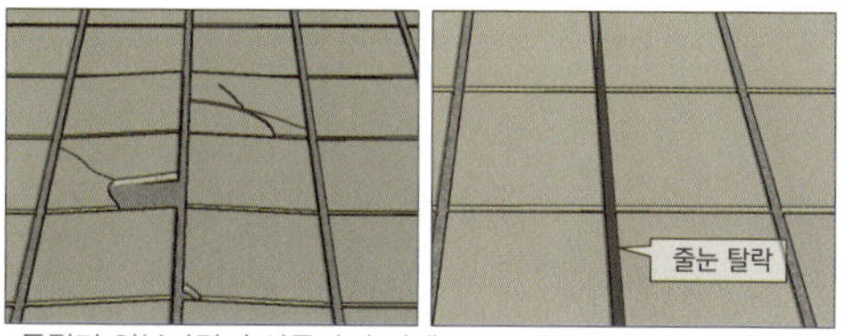

· 동절기 외부바닥 습식공사시 시멘트모르타르의 동결로 수축, 팽창을 반복하여 석재의 균열, 들뜸, 줄눈의 탈락이 발생됨

개선 방안

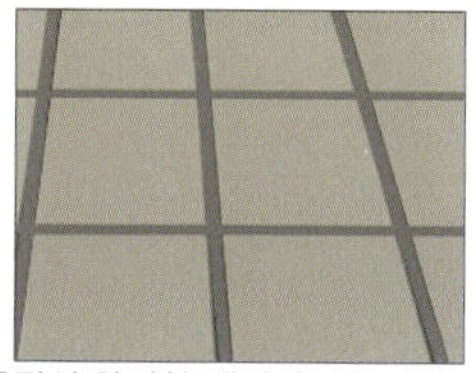

· 줄눈사이 이물질의 완벽한 제거 후 줄눈시공 및 매 6m 간격으로 신축줄눈을 시공
· 충분한 양생과 동절기 습식공사 지양

[그림 3.4-2] 외부 바닥 석재의 박리, 탈락

하자 사례

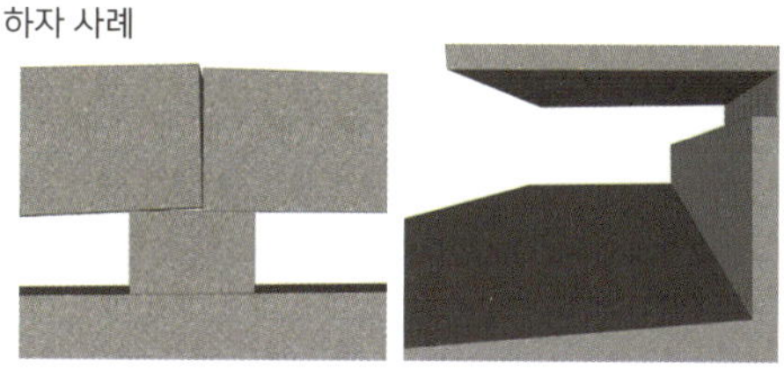

· 석재의 두겁석 시공시 긴결철물을 사용하지 않아 처짐 발생
· Metal Truss 설치위치의 오류로 부적합한 상부석재 시공

개선 방안

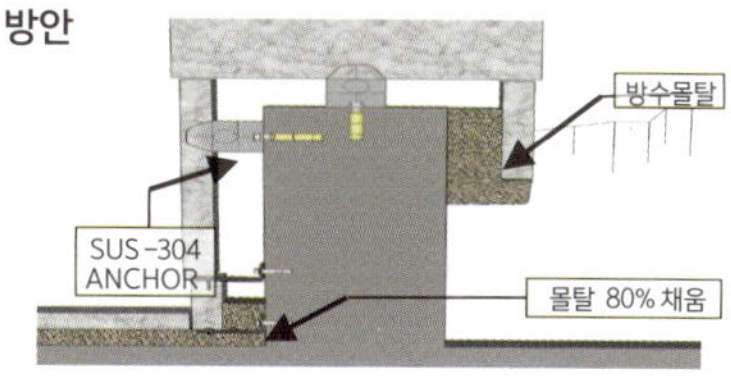

· 두겁석 설치시 반드시 긴결철물 사용
· 화단 두겁석의 경우 방수 Mortar로 뒷 채움 철저
· Metal Truss 설치 시 Metal Frame로 Shop Drawing을 작성하여 적정한 위치에 설치될 수 있도록 함

[그림 3.4-3] 두겁석 하자 시공

하자 사례

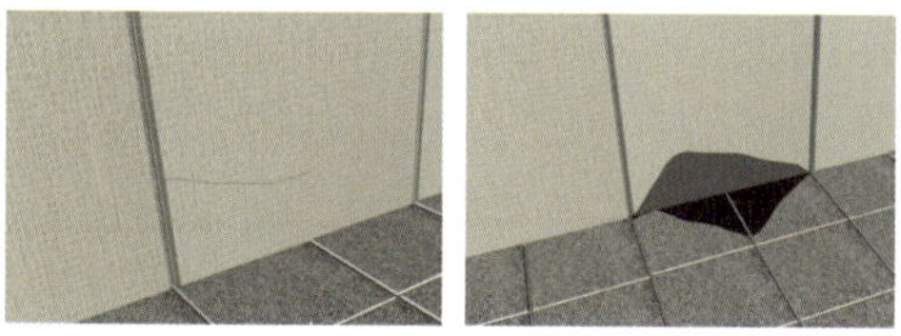

· 지반 침하에 의한 옹벽의 침하로 석재를 고정하고 있던 앵글이 동반 침하하여 인장력에 의한 석재 파손
· 시공 후 지반 침하에 의한 석재 줄눈 벌어짐

개선 방안

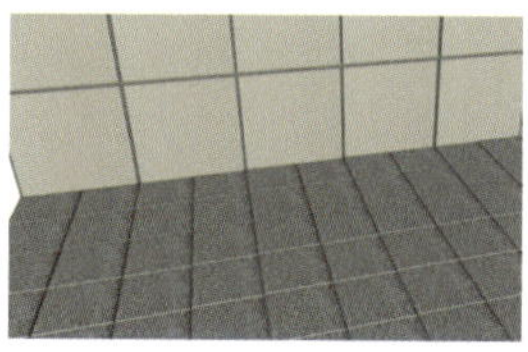

· 지반 침하 방지를 위한 층다짐 및 기초공사 철저

[그림 3.4-4] 지반 침하에 의한 석재 파손 및 줄눈 불량

하자 사례

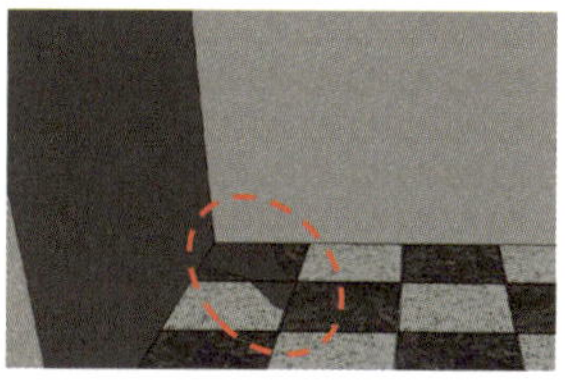

· 지하층 시공 후 바닥습기에 의한 변색
· 바닥 석재 시공후 우수에 의해 석재의 철분 산화도가 틀려 이색이 두드러짐

개선 방안

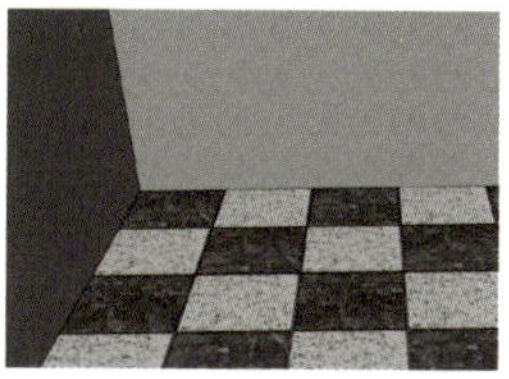

· 지하층 바닥 석재 시공시 발수제를 석재 뒷면에 도포 후 시공
· 지하층 바닥 방수 철저
· 동일 원석에서 판재 가공하여 석재 자체 철분 함유 차이를 줄임

[그림 3.4-5] 바닥 누수 및 습기에 의한 변색

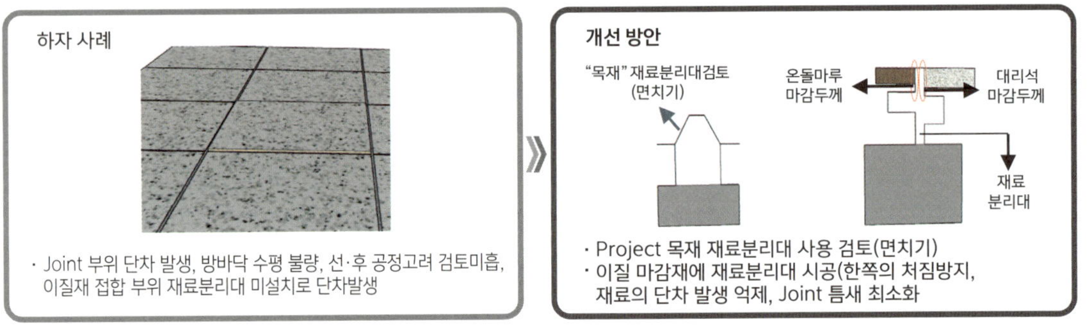

[그림 3.4-6] 대리석 재료분리대 단차 발생

4 시공예시도

■ 석재바닥깔기 조립분해도

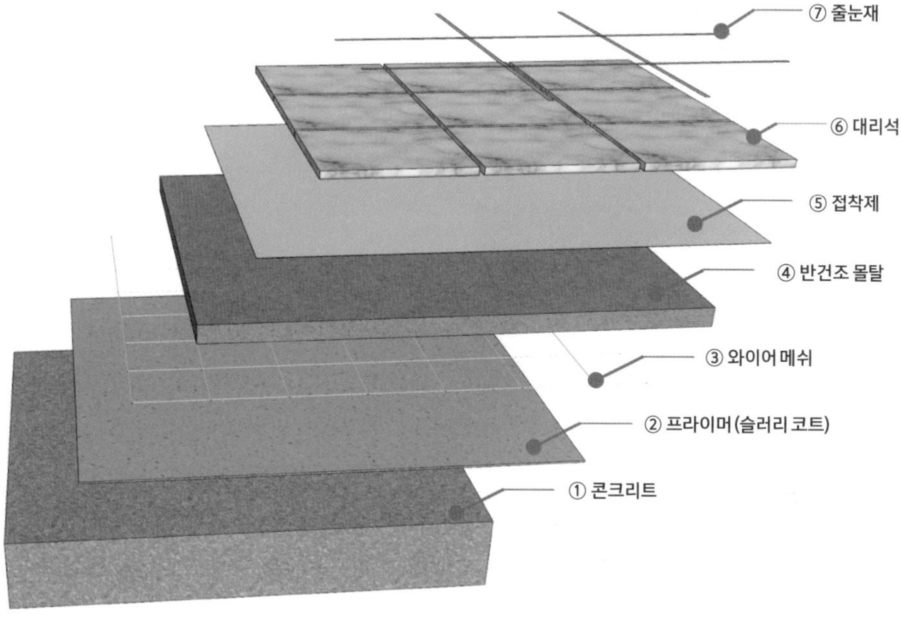

■ 석재바닥깔기 상세도

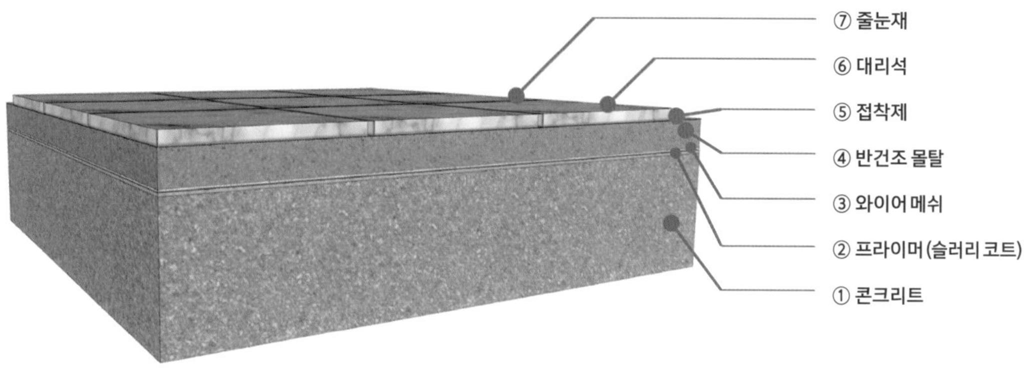

■ [시공 사진] 조립분해도 ① 콘크리트 ~ ⑦ 줄눈재 마감

01. 콘크리트 면 먼지 및 이물질 제거

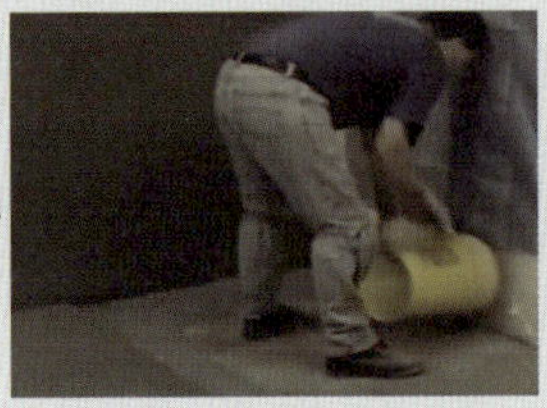

02. 바탕면 프라이머 바르기

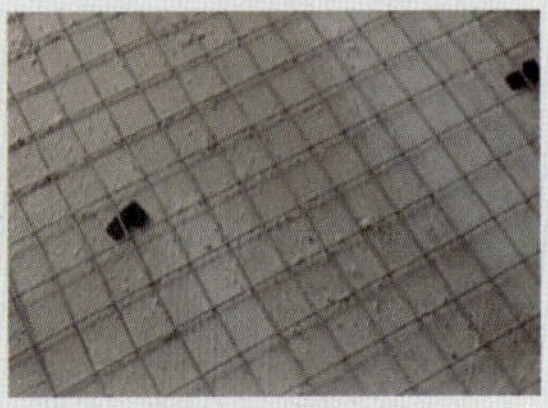

03. 와이어메쉬 시공

04. 반건조 몰탈 타설

05. 반건조 몰탈 수평작업

06. 석재 가설치(반건조몰탈 상부 얹기)

07. 가설치 석재 수평 확인

08. 가설치 석재 탈착

09. 가설치 석재 뒷면 접착제 바름

10. 석재 안장

11. 고무망치로 석재 타격하여 고정

12. 최종 수평 확인 후 줄눈재로 마감

- 출처 : 옥타인터내셔날(https://youtu.be/uzDUByRXx6Q)

CHAPTER 8

02

SBCS 41 90 35 10

습식 석재 벽설치

1 일반사항

1.1 적용범위

(1) 이 기준은 화강석, 대리석 석재 판재를 모르타르 및 철물 등을 사용하여 내・외부 벽에 설치하는 공사에 대하여 규정한다.

(2) 이 기준은 건축공사에 있어서 석공사를 필요로 하는 부위에 기타 통석을 사용하여 시공하는 기타 통석 공사에 적용한다.

1.2 참고 기준

(1) 습식 석재 벽설치의 참고기준은 *KCS 41 35 01 (1.3)*에 따르며, 추가사항은 다음과 같다.

① SBCS 41 90 35 15 건식 석재 벽설치

1.3 용어의 정의

(1) 습식 석재 벽설치의 용어의 정의는 *KCS 41 35 01 (1.4)*에 따른다.

1.4 제출물

(1) 공사계약문서 및 이 시방서의 일반사항에서 정한 바에 따라 다음 사항을 제출하여 공사감리자의 확인을 받도록 한다.

① 제품 관련자료: 각 종류별 석재, 보강철물 및 기타 소요자재와 관련된 제품설명서, 카탈로그, 기술자료, 시공지침서 포함

② 시공도: 제작도 및 절단, 부분가공, 마감 상세를 포함한 설계도면

③ 견본: 각 종류별 석재는 KS F 2530에 규정된 것과 동등 이상의 석재 견본품 및 설계도면에 의한 보강철물, 실링재 및 기타 소요자재 포함

④ 기타: 계약조건 및 이 시방서의 일반사항에서 정한 경우 또는 별도로 지정한 바에 따라 성분(물리) 시험 분석보고서, 및 품질보증서 제출

(2) 제출사항의 규격, 형식, 시기 및 절차는 일반사항에서 정한 바에 따르고, 공사감리자의 확인을 받은 설계도면, 견본품 및 관련 자료 등은 지정된 기간 동안 정해진 관리기준에 따르도록 유지·관리 하여야 한다.

1.5 현장조건

1.5.1 환경요구사항

(1) 동절기의 습식시공은 5℃ 이상, 건식시공은 -10℃ 이상에서 실시하는 것을 원칙으로 하며, 이외의 경우에는 동절기 시공계획서(winterization plan)를 작성하여 공사감리자의 확인을 받은 후 실시한다.

2 자재

2.1 석재

(1) 석재는 KS F 2530 성능검정품을 사용하며, 그 외의 것을 사용할 때는 공사감리자의 확인을 받는다. 수입 석재의 경우는 공사시방서에서 정한 원산지 등급기준에 합격한 것이어야 한다.

(2) 석재의 시공 부분, 종류, 석질, 형상, 색상, 마감방법 및 규격, 기타 필요사항은 도면 또는 공사시방서에 따른다.

(3) 석재는 도면 또는 공사시방서에 따라 견본품을 제출하여 공사감리자의 확인을 받는다. 공사시방서에 정한 바가 없을 때에는 견본품의 규격은 300mm 각 이상으로 하고 동일석재의 견본품을 2매 이상 제출하여 색상, 흐름, 띠, 철분, 풍화 및 산화 등을 판별할 수 있도록 한다.

(4) 시험이 필요한 것은 공사시방서에 정한다. 시험편의 치수에 대해 압축강도 시험용은 50mm 입방체로 KS F 2519에 따르고, 흡수량 시험용은 50~80mm 입방체로 하고, 시험방법은 KS F 2518에 따른다.

(5) 구조체에 사용하는 화성암(화강암, 안산암), 변성암(대리석, 사문암), 수성암(점판암, 사암) 등의 흡수율, 비중, 압축강도, 파괴율은 *[표 2.1-1]* 을 표준으로 하되 일부 미달한 경우 공사감리자의 확인을 받은 것은 예외로 한다.

[표 2.1-1] 암석의 물성 기준

암석 \ 구분		흡수율(최대%)	비중(최대%)	압축강도(N/mm²)	철분 함량(%)
화성암(화강암, 안산암)		0.5	2.6	130	4
변성암 (대리석, 사문암)	방해석	0.8	2.65	60	2
	백운석	0.8	2.9		
	사문석	0.8	2.7		
수성암 (점판암, 사암)	저밀도	13	1.8	20	5
	중밀도	8	2.2	30	5
	고밀도	4	2.6	60	4
	보통	21	2.3	20	5
	규질	4	2.5	80	4
	규암	2	2.6	120	4

(6) 석재는 균열, 파손, 얼룩, 띠, 철분, 풍화, 산화 등의 결함이 없고, 특히 철분의 함유량이 적어야 하며, 가공마무리한 규격이 정확하여야 하며, 현장에 반입된 모든 석재의 수량, 품질 등에 대하여 공사감리자의 검사를 받는다.

(7) 석재의 등급은 *[표 2.1-1]* 의 기준에 의하여 1등급에서 3등급으로 구분한다.

① 1등급: 흐름(구름무늬, 얼룩), 점(흰점, 검은점), 띠(흰줄, 검은줄), 철분(녹물), 끊어지는 줄(균열, 짬), 산화, 풍화 등이 조금도 없는 석재

② 2등급: 1등급의 기준에 결점이 심하지 않은 석재

③ 3등급: 시공의 실용상 지장이 없는 것

(8) 석재 뒷면에 발수제 등을 도포하지 않으며, G.P.C공법은 방수처리를 할 수 있다.

(9) 두께 허용오차: 허용오차는 시공도에 따른다. 시공도에 없을 때에는 *[표 2.1-2]*의 수치를 초과하지 않도록 한다.

[표 2.1-2] 두께 허용오차

두께(mm)	허용오차(±mm)	허용 수량
T10	1	1개 단위재로서 전체 시공수량의 10% 이내의 수량
T20	1.5	1개 단위재로서 전체 시공수량의 10% 이내의 수량
T30 이상	2	1개 단위재로서 전체 시공수량의 5% 이내의 수량

2.2 철물

(1) 연결 및 보강철물은 석재의 크기 및 중량, 시공 개소에 따라 충분한 강도와 내구성을 보장할 수 있도록 *KDS 41 00 00*에 준한 구조계산서에 따르고 석재 1개에 대하여 최소 2개 이상을 사용한다.

(2) 연결철물 중 앵커, 볼트, 너트, 와셔 등은 KS B 0802 및 KS D 1652에 의한 *[표 2.2-1]* 스테인리스강(STS 304) 화학성분 기준 이상을 사용하되, 보강철물의 종류・재질・형상 및 규격은 도면 또는 공사시방서에 따른다.

[표 2.2-1] 스테인리스강(STS 304) 화학성분 기준

종류	C (탄소)	Si (규소)	Mn (망간)	P (인)	S (황)	Cr (크롬)	Ni (니켈)
KS 표준치	≤ 0.08	≤ 1.00	≤ 2.00	≤ 0.045	0.030	18~20	8~10.50

(3) 스테인리스강 STS 304는 다음 항목의 기준 이상 제품을 사용한다.

① 인체에 무해하고 환경호르몬(다이옥신)이 없는 제품

② 일반 공기 부식이나 수중에서의 내식성이 우수하여야 한다.

③ 우수한 내식성, 내열성, 저온인성을 가지며 성형가공 및 용접성이 양호하며 열에 경화되지 않으며 자성은 없어야 한다.

④ 내식성의 재질로 부식 또는 녹이 나지 않는 제품

⑤ 처짐현상이 없으며 충격에 강하고 내구성 및 내약품성이 탁월하며 변색되지 않는 제품.

(4) 도면 및 공사시방서에서 철물의 규격에 대해 따로 정한 바가 없을 때에는 석재 쌓기 공사의 경우는 *[표 2.2-2]* 를 표준으로 하고 방청처리한다.

[표 2.2-2] 철물 규격

구분	촉	꺾쇠
봉강(棒鋼)	9 또는 D10	9 또는 D10
	길이 100 ㎜	적용길이 150 ㎜

(5) 도면 및 공사시방서에 정한 바가 없을 때에 습식공법 공사의 경우는 *[표 2.2-3]*을 표준으로 한다.

[표 2.2-3] 습식공법용 철물

철물두께 (㎜)	스테인리스 제품 (㎜)			황동 제품 (㎜)		
	연결철물	촉	꺾쇠	연결철물	촉	꺾쇠
40 미만	직경 3.2	직경 3.2	직경 3.2	직경 3.5	직경 3.5	직경 3.5
		길이 40			길이 40	
40 이상	직경 4.0	직경 4.0	직경 4.0	직경 4.2	직경 4.2	직경 4.2
		길이 50			길이 50	

(6) 욕실 및 화장실 등의 격판(隔板) 설치에 사용하는 꺾쇠는 스테인리스제로 하고 직경 6mm, 적용 길이 60mm로 한다.
(7) 기타 철물의 재질, 형상 및 부착방법 등에 대해서는 종류당 2개 이상의 견본품을 제출하여 공사감리자의 승인을 받는다.

2.3 모르타르

(1) 시멘트는 KS L 5201, KS L 5204의 규정에 따르고 모래는 경질이고 깨끗하며, 먼지, 흙, 유기물 및 기타 유해물이 혼입되지 않은 것으로 사용하며 해사는 사용하지 않는다. 다만, 물로 세척하여 품질기준 및 체가름 기준이 충족된 해사는 사용할 수 있다. 이 경우 조개껍질 등의 이물질이 섞이지 않아야 한다.
(2) 모르타르 배합(용적비) 및 줄눈의 너비는 공사시방서에서 따로 정한 바가 없을 때에는 *[표 2.3-1]* 에 따른다.

[표 2.3-1] 모르타르 배합(용적비) 및 줄눈 너비

자재 용도	시멘트	모래	줄눈 너비
통돌	1	3	실내, 외벽, 벽·바닥은 3~10mm
바닥모르타르용	1	3	실내, 외부, 바닥 벽 3~6mm
사춤모르타르용	1	3	가공석의 경우 실내외 3~10mm
치장모르타르용	1	0.5	거친 석재일 경우 3~25mm
붙임용 페이스트	1	0	

(3) 혼화자재나 조합된 모르타르를 사용하는 경우에는 공사시방서에 따른다.

2.4 실링재

(1) 실리콘 실란트를 사용하는 경우 공사시방서에 따른다.
(2) 실리콘 실란트는 비오염성으로 오염된 산성비, 눈, 및 오존 등에 반영구적 내후성을 발휘하며 석재를 오염시키지 않는 부정형 1성분형(습기 경화형) 변성실리콘으로서 온도 변화에 영향을 받지 않는 실리콘 실란트를 사용하여야 한다.
(3) 실링재 작업 전 줄눈 주위의 페인트, 시멘트, 먼지, 기름, 철분 등을 제거한다.
(4) 백업재는 폴리에틸렌과 같이 수분을 흡수하지 않는 재질을 사용한다.
(5) 백업재는 줄눈 폭보다 2~3mm 정도 큰 것을 사용한다.
(6) 실링재 줄눈 깊이는 6~10mm 정도가 되도록 충전한다.

2.5 발수제

(1) 발수제는 발수용도로 사용하는 무기계 혹은 유기계(실리콘 화합물계 등) 또는 기타 발수성 물질의 침투성 용액을 의미하며, 발수제의 품질은 KS F 4930에 의한 *[표 2.5-1]*에 적합한 것이어야 한다.

[표 2.5-1] 재료의 품질기준

<table>
<tr><th colspan="2" rowspan="2">항목</th><th colspan="2">기준치</th></tr>
<tr><th>유기질계</th><th>무기질계</th></tr>
<tr><td colspan="2">도포 후의 겉모양</td><td colspan="2">변화가 없을 것</td></tr>
<tr><td colspan="2">침투깊이</td><td>2.0 mm 이상</td><td>– 2)</td></tr>
<tr><td rowspan="4">내흡수 성능</td><td>표준상태1)</td><td rowspan="3">물흡수계수비 0.10 이하</td><td rowspan="4">물흡수계수비 0.50 이하</td></tr>
<tr><td>내알칼리성 시험 후</td></tr>
<tr><td>저온, 고온 반복 저항성 시험 후</td></tr>
<tr><td>촉진 내후성 시험 후</td><td>물흡수계수비 0.20 이하</td></tr>
<tr><td colspan="2">내투수성능</td><td colspan="2">투수비 0.10 이하</td></tr>
<tr><td colspan="2">염화이온 침투저항성능</td><td colspan="2">3.0 mm 이하</td></tr>
<tr><td rowspan="9">용출 저항 성능</td><td>냄새와 맛</td><td colspan="2">이상 없을 것</td></tr>
<tr><td>탁도</td><td colspan="2">2도 이하</td></tr>
<tr><td>색도</td><td colspan="2">5도 이하</td></tr>
<tr><td>중금속(Pb로서)</td><td colspan="2">0.1 mg/ℓ 이하</td></tr>
<tr><td>과망간산칼륨 소비량</td><td colspan="2">10 mg/ℓ 이하</td></tr>
<tr><td>pH</td><td colspan="2">5.8~8.6</td></tr>
<tr><td>페놀</td><td colspan="2">0.005 mg/ℓ 이하</td></tr>
<tr><td>증발 잔류분</td><td colspan="2">30 mg/ℓ 이하</td></tr>
<tr><td>잔류 염소의 감량</td><td colspan="2">0.2 mg/ℓ 이하</td></tr>
</table>

주 1) 흡수방지재를 도포하고 열화처리를 하지 않은 시험체

2) 무기질계인 경우에는 침투비성막형으로서 방수막을 형성하지 않고 모세관 공극에 시멘트 수화물과 동일한 형태의 생성물을 형성하여 조직을 치밀화시킴으로써 외부로부터의 물 또는 염화이온(Cl-)의 침투를 억제하는 매커니즘을 가지고 있기 때문에 침투깊이의 측정이 불가능하여 침투깊이에 대한 성능을 규정하지 않음.

3 시공

3.1 습식공법 CHECK 01

3.1.1 화강석 공사

(1) 석재 설치 전에 다음 항목에 대하여 확인하고, 미비한 것은 충분히 보수한다.

① 연결철물, 연결용 철근, 받침철물의 위치 및 수량은 시공도에 따르되 철물은 *[표 2.2-2]*에 따른다.

② 연결철물로 강연선을 사용하지 않는다.

③ 콘크리트 이어치기 부분, 익스팬션 조인트, 균열, 콜드 조인트, 허니콤 등이 있을 때에는 보수한다.

④ 철근조각, 나무조각, 담배꽁초, 톱밥 등을 제거 및 청소한다.

⑤ 철근 및 철물의 방청처리한다.

⑥ 모르타르 자재 중 모래는 양질의 강모래를 사용하며, 해사는 사용치 않는다. 다만, 물로 세척하여 품질기준 및 체가름 기준이 충족된 해사는 사용할 수 있다. 이 경우 조개껍질 등의 이물질이 섞이지 않아야 한다.

⑦ 지지틀의 상태 및 강도를 확인한다.

⑧ 벽돌 및 블록 부분에 석재를 설치 시 미장 초벌을 바르고 양생된 후 석재를 설치한다.

⑨ 골조 및 조적, 블록 등에 물을 뿌린 후 석재를 설치한다.

⑩ 석재 설치 시 결착선 고정용 나무, 쐐기, 석재받침목 등은 나왕을 사용하지 않는다.

(2) 구조체와 석재와의 뒤채움 간격은 40mm를 표준으로 한다.

(3) 맨 하부의 석재는 마감 먹에 맞추어 수평과 수직이 되게 하고, 쐐기를 석재의 밑면과 구조체와의 사이에 끼우고 밑면에 된비빔 모르타르로 사춤한 후, 석재 상부에 연결철물이나 꺾쇠를 걸어 구체와 연결한다. 단, 모르타르를 채우되 하루에 여러 단을 설치하기 위해 마른 시멘트 가루를 주입하지 않는다.

(4) 상부의 석재 설치는 하부 석재에 충격을 주지 않도록 하고, 하부의 석재와의 사이에 쐐기를 끼우고 연결철물, 촉, 꺾쇠를 사용하여 인접 석재와 턱이 지지 않게 고정시켜 모르타르를 채운다.

(5) 마주치는 면은 핀, 연결철물 및 꺾쇠를 사용해 붙여대고 모서리 및 구석은 꺾쇠로 고정한다.

(6) 모르타르를 채우기 전에 모르타르가 흘러나오지 않도록 줄눈에 발포 플라스틱재 등으로 막는다.

(7) 모르타르를 채울 때에는 모르타르의 압력으로 석재가 밀려나지 않도록 여러 번에 나누어 채운다.

(8) 띠석(몰딩), 아치, 기타 통석으로 시공 시 석재면에 세트 앵커를 설치하여 구조체에 연결한다.

(9) 모르타르 양생 정도를 보아 차례로 줄눈에 발포 플라스틱재 등을 제거하고, 줄눈파기를 한 후 석재 마감면의 오염된 개소를 즉시 청소한다.

(10) 신축줄눈의 위치에는 발포 플라스틱재 등을 미리 끼워둔다.

(11) 줄눈 모르타르를 사용할 때에는 속빔이 없도록 충분히 눌러 채우고 소정의 형상으로 일매지고 줄바르게 바른다. 줄눈 너비는 *KCS 41 35 01(표 2.3-1)*에 따른다.

(12) 줄눈은 석재면을 물씻기 및 깨끗한 물걸레로 닦은 후에 하고, 줄눈용 모르타르로 평활하게 마무리한다.

(13) 습식공법 설치 시는 줄눈에 실링재를 사용하지 않으며, 줄눈용 모르타르를 사용한다.

(14) 석재의 뒷면을 가공하는 경우는 도면 및 공사시방서에 따른다.

◀ CHECK 01

습식공법의 장단점

- 습식공법은 얇은 두께의 판재 시공이 가능하여, 시공성이 용이하고 공사비가 저렴해 주택 또는 소형 건물에 주로 적용함
- 그러나 백화현상 발생 우려가 있으며 우천 및 동절기에 공사가 불가하여 공기지연 우려가 있음

공법의 종류

- 전체주입공법 : 석재의 상하좌우 맞댐 사이에 긴결철물로 안벽과 연결 고정시키고 석재 뒷면 전체에 모르타르를 채워 석재를 붙여나가는 공법
- 부분주입공법 : 석재 뒷면에 모르타르를 채울 때 돌의 줄눈부분에 띠모양으로 100mm 정도의 폭만큼 시공해 중간에 중공부분을 남게 하는 공법
- 절충공법 : 돌을 설치하는 철물은 주입공법과 같으나 석재의 고정에 이음 모르타르를 쓰지 않고 철물 고정을 위한 부분에만 모르타르를 감싸는 공법

시공순서

- 돌나누기 → 연결 철물설치 → 돌붙이기 → 모르타르 사춤 → 치장줄눈 → 보양

<출처> 건축시공 제2판 (2009, 노인철)

3.1.2 대리석 공사

(1) 대리석 설치 전에 다음 항목에 대하여 확인하고, 미비한 것은 충분히 보수한다.

① 연결철물, 연결용 철근, 받침철물의 위치 및 수량은 도면에 따르되 철물은 *[표 2.2-2 및 2.2-3]* 에 따른다.

② 연결철물로 강연선을 사용하지 않는다.

③ 콘크리트 이어치기 부분, 익스팬션 조인트, 균열, 콜드 조인트 및 허니콤 등이 있을 시 보수한다.

④ 철근조각, 나무조각, 담배꽁초 및 톱밥 등을 제거 및 청소한다.

⑤ 철근 · 철물은 방청처리한다.

⑥ 모르타르 자재 중 모래는 양질의 강모래를 사용하며, 해사는 사용치 않는다. 다만, 물로 세척하여 품질기준 및 체가름 기준이 충족된 해사는 사용할 수 있다. 이 경우 조개껍질 등의 이물질이 섞이지 않아야 한다.

⑦ 지지틀의 상태 및 강도를 점검한다.

⑧ 벽돌 및 블록 부분에 대리석을 설치할 때 미장 초벌을 바르고 완전히 양생된 후 대리석을 설치한다.

⑨ 골조 및 조적, 블록 등에 물을 뿌린 후 석재를 설치한다.

⑩ 대리석 설치 시 결착선 고정용 나무, 쐐기, 대리석 받침목 등은 나왕을 사용하지 않는다.

(2) 구조체와 마감 대리석 뒤채움의 간격은 40mm를 표준으로 한다.

(3) 맨 밑켜의 대리석은 마감먹에 맞추어 수평 또는 수직이 되게 하고, 쐐기를 대리석의 밑면과 구조체와의 사이에 끼우고 밑면에 된비빔 모르타르를 채운 후 대리석의 상부에 연결철물이나 꺾쇠를 걸어 구조체와 연결한다.

(4) 콘크리트 면에 걸레받이를 붙일 때에는 걸레받이 밑에 쐐기를 꽂아 위치가 바르게 가(假)설치하고, 대리석의 크기에 따라 대리석의 윗면 및 좌우면을 철물로 바탕에 연결한다.

(5) 마주치는 면은 핀, 연결철물, 꺾쇠를 사용하여 붙여대고 모서리 · 구석은 꺾쇠로 고정한다.

(6) 핀의 고정을 위해 석고 모르타르, 기타 접착제(에폭시 포함)를 사용할 때에는 공사감리자의 지시에 따른다.

(7) 띠석(몰딩), 아치, 기타 통석으로 시공 시 대리석 면에 세트 앵커를 설치하여 구조체에 연결한다.

(8) 내부벽체 줄눈에 실링재를 사용할 때에는 뒤채움 모르타르가 양생된 후 *(2.4)*에 따르며, 바닥습식 깔기공사에는 실링재를 사용하지 않으며, 줄눈용 모르타르를 사용한다.

(9) 대리석 뒷면을 가공 · 처리하는 경우에는 도면 및 공사시방서에 따른다.

3.1.3 기타 통석 공사

3.1.3.1 기타 통석 공사 일반

(1) 이 기준에 규정된 공법은 석재 두께 60mm 이상을 표준으로 한다.

(2) 석재의 시공개소 · 종류 · 석질 · 형상 · 색상 및 규격은 도면 또는 공사시방서에 따른다.

(3) 연결철물 · 핀 · 꺾쇠의 재질 및 규격은 도면 또는 공사시방서에 따른다.

(4) 모르타르

① 모르타르용 자재는 *(2.3)*에 따른다.

② 석재붙임용 모르타르의 배합은 *[표 2.3-1]* 에 따른다.

3.1.3.2 붙이기 공법

(1) 통석재를 구조체에 설치할 때 철물의 규격 및 사용수량은 석재의 규격 · 중량 · 외력 · 내구성에 따르고 도면 또는 공사시방서에서 정한 바가 없을 때에는 공사감리자의 지시에 따른다.

(2) 상부 석재 설치 전에 하부 석재 위에 핀을 사전에 꽂아놓고, 통석재 뒷면에는 세트 앵커를 설치하여 앵글로 구조체에 고정시킨다.

(3) 석재설치는 *(3.1.1)*에 따른다.

(4) 바탕면을 청소하고 물 축이기를 한다. 필요에 따라 석재 밑에 가설쐐기 등으로 고이거나 된 모르타르를 깔고, 수평 · 수직으로 정확하게 붙여대고 소정의 고정철물 및 연결철물로 구조체 또는 바탕 철근에 견고하게 연결한다.

(5) 인접 석재 상호간에는 줄눈 두께의 쐐기를 끼우고, 핀 또는 꺾쇠로 고정하되 경사가 없고 턱이 지지 않고 줄눈이 일매지고 줄이 바르게 붙여댄다.

(6) 깔모르타르를 양생한 후 줄눈에 발포 플라스틱재 등을 끼우고, 석재의 크기에 따라 2~3회에 나누어 모르타르를 채워 넣는다.

(7) 줄눈에 끼운 발포 플라스틱재는 모르타르의 양생 정도를 보아 차례로 제거한다.

(8) 밑돌 위에 석재를 붙여댈 때에는 밑돌의 윗면에 나무쪽을 놓고 그 위에 석재를 가만히 내려놓은 다음, 줄눈 두께보다 조금 높게 굄을 끼우고 가설 나무쪽을 빼낸다. 석재 위에 나무쪽을 대고 망치로 두들겨 소정의 줄눈두께까지 안정시킨다.

(9) 연결철물의 설치는 도면 또는 *(2.2)*에 따른다.

(10) 아치, 처마 돌림띠, 보 모양 등의 붙여대기는 *SBCS 41 90 35 15 (3.1)*에 따른다.

(11) 줄눈너비는 도면 또는 *[표 2.3-1]* 에 따른다.

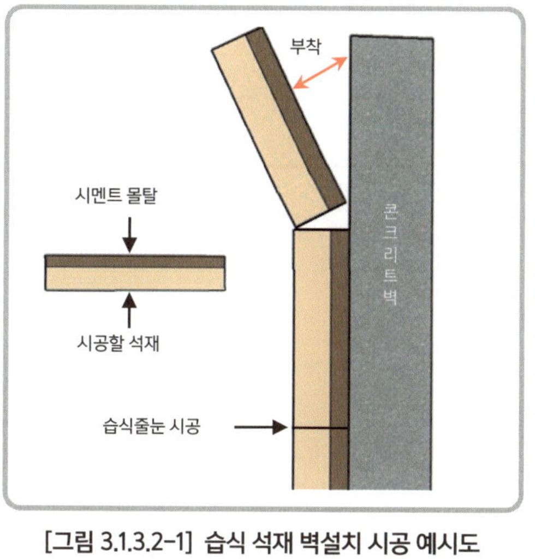

[그림 3.1.3.2-1] 습식 석재 벽설치 시공 예시도

3.2 석재 가공 마무리의 종류 및 가공공정

(1) 형상, 규격은 석재나누기도 및 시공상세도에 따라 정확하게 가공한다.

(2) 마무리의 종류 및 가공공정은 *[표 3.2-1 ~ 표 3.2-3]*을 표준으로 하여 도면 또는 공사시방서에서 정한다.

(3) 마무리 정도는 견본품을 제출하여 공사감리자의 승인을 받는다.

(4) 석재의 마주치는 면 및 모서리 마감은 도면 및 공사시방서에서 따로 정한 바가 없을 때에는 너비 15mm 이상, 기타 보이지 않게 되는 부분은 30mm 이상 마무리한다.

(5) 몰딩 및 조각 등은 원석을 시공도에 의하여 할석한 후 정확히 가공한다.

(6) 연결철물, 핀, 꺾쇠 등의 구멍 및 모서리 부분은 설치 전에 가공하며, 정밀도 확보를 위하여 공장 가공하는 것을 원칙으로 한다.

(7) 손(手)갈기 마무리일 때에는 *[표 3.2-2]* 의 거친갈기, 물갈기, 본갈기 공정으로 마감한다.

(8) 기계 가공 시 원석을 할석한 후 *[표 3.2-3]* 를 표준으로 하여 가공한다.

(9) 시공 허용오차 : 허용오차는 도면 및 공사시방서에 따른다. 도면 및 공사시방서에 없을 때에는 *[표 3.2-4]* 의 수치를 초과하지 않도록 한다.

[표 3.2-1] 석재 기계 가공 마무리 종류 및 가공공정

가공공정 / 마무리 종류		혹두기		정다듬			도드락다듬			잔다듬			비 고
		큰혹	작은혹	거친정 15개	중간정 25개	고운정 70개	25눈	64눈	100눈	5~6 mm	3~4 mm	1.5 ~2 mm	
혹두기	큰혹	①											쇠망치로 따낸다.
	작은혹		①										쇠망치와 날메로 따낸다.
정다듬	거친정		①	②									정으로 2.3회 쪼아 낸다.
	중간정		①	②	③								
	고운정		①	②	③	④							
도드락다듬	거친다듬		①	②	③	④	⑤						도드락 망치로 타격한다.
	중간다듬		①	②	③	④	⑤	⑥					
	고운다듬		①	②	③	④	⑤	⑥	⑦				
잔다듬	거친다듬		①	②	③ *	④	⑤	⑥ *	⑦ *	⑧			일자형 잔다듬 망치로 타격한다.
	중간다듬		①	②	③ *	④	⑤	⑥ *	⑦	⑧ *	→ +	⑨	
	고운다듬		①	②	③	④	⑤	⑥	⑦	⑧	⑨	⑩	

주 1) ○ 내의 숫자는 가공순위를 표시한다.
2) 잔다듬 숫자는 잔다듬 망치의 날 간격임.
3) *표 공정은 생략하거나 +표의 공정으로 바꿀 때는 공사시방서에 따른다.
4) 수(手) 가공에 한정한다.
5) 석재의 두께는 80mm 이상으로 한다.
6) 정다듬 숫자는 100×100정 자국으로 표시한다.
7) 도드락다듬 눈(目) 숫자는 35×35면의 뿔 안의 숫자를 표시한다.

[표 3.2-2] 석재 물갈기 마감 공정

마감 종류	수동 물갈기	자동 물갈기
거친갈기	메탈 # 60(Matal Polishing Disc)	마석 # 3
물갈기	레진 # 1,500(Resin Polishing Disc)	마석 # 14
본갈기	레진 # 3,000(Resin Polishing Disc)	마석 # 15
정갈기	광판(광내기)	P.P(파우더)

[표 3.2-3] 석재 기계 가공 마무리 종류 및 가공공정

마감종류 \ 가공공정		정다듬		도드락다듬			잔다듬	비 고
		버너	3날정	9눈	25눈	49눈	1.5~2mm	
정다듬	면 고르기	①						버너로표면을벗겨낸다.
	1회		②					3날 정으로 타격
도드락 다듬	거친다듬	①		②				NB 10 도드락 망치로 타격한다.
	중간다듬	①		②	③			
	고은다듬	①		②	③	④		
잔다듬	1회	①		②	③	④	⑤	일자형 잔다듬 날로 타격한다.

주 1) ○ 내의 숫자는 가공순위를 표시함.
2) 원석을 할석, 버너한 후 가공한다.
3) 석재의 두께는 60mm 이상으로 한다.
4) 잔다듬 숫자는 잔다듬 망치의 날 간격임.

[표 3.2-4] 시공허용오차

범위	높이(mm)	허용오차(mm)	비고
수직면	3,000 이내	0	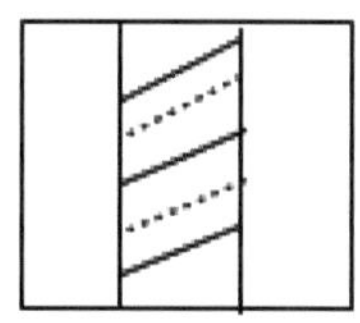
	10,000 이내	2	
	15,000 이내	3	
	20,000 이내	4	
	30,000 이내	6	
수평면	10,000 이내	0	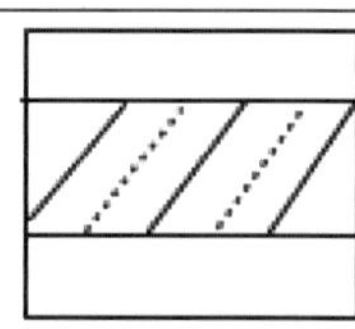
	15,000 이내	2	
	20,000 이내	3	
	30,000 이내	4	
90°각	10,000 이내	0	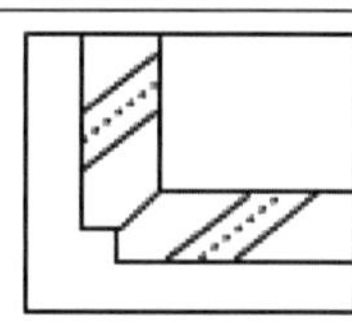
	15,000 이내	2	
	20,000 이내	3	
	30,000 이내	4	

3.3 발수공사

3.3.1 바탕처리

(1) 발수공사 시공 전에 다음과 같은 장소는 실링재, 줄눈재, 시멘트 모르타르 등으로 충분히 표면처리하여 발수공사 효과를 극대화시킬 수 있도록 한다.

① 곰보

② 조인트, 이음타설부, 균열

③ 콘크리트에 관통하는 거푸집, 기타 고정재에 의한 구멍, 볼트, 철골, 배관 주위

(2) 콘크리트 표면의 취약층, 먼지, 기타 오물 등과 같은 발수효과를 저해하는 것은 미리 제거한다.

(3) 발수 시공하고자 하는 표면은 충분히 건조시킨 후 시공한다.

3.3.2 바탕처리 후의 점검 및 검사

(1) 바탕처리 후 충전재의 들뜸, 흘러내림 등을 점검하여 발수 시공에 지장이 없음을 확인한다.

(2) 발수시공 면의 오염상태를 점검하고 청소한다.

(3) 발수시공 면에 손을 대어 수분이 묻어날 정도면 송풍기 등으로 표면건조 시키거나 헝겊 또는 스펀지 등으로 물을 닦아낸다.

3.3.3 발수제의 도포

(1) 발수제는 붓, 롤러, 뿜칠 등으로 시공 부위에 균일하게 도포한다. 붓으로 바를 경우에는 바름 방향이 일정하도록 겹쳐서 도포한다.

(2) 앞 공정에서 도포한 발수제가 충분히 침투되어 손가락 끝에 묻어나지 않는 상태가 되도록 충분히 건조된 다음에 2차 도포를 한다.

(3) 2차 도포가 끝난 후 충분히 발수시공이 되었는가를 확인하기 위해 물 뿌리기로 물을 뿌려 물 맺힘 상태를 확인하고, 물 맺힘 상태가 좋지않을 경우에는 완전히 건조된 다음 다시 도포한다.

(4) 뿜칠기로 시공할 때도 같은 방법으로 시공한다.

(5) 저온시의 시공(5℃ 이하)은 피한다.

3.3.4 발수제 도포 후의 점검

(1) 시공 범위 내에서 점검을 실시하여 핀홀이나 발수재의 남김이 없음을 확인한다.

(2) 물 맺힘(발수) 상태를 확인하고, 도포 부위에서의 이상 유무를 확인한다.

3.3.5 양생

(1) 밀폐공간은 충분히 환기되도록 하고, 수분이나 습기의 유입을 막는다.

(2) 밀폐장소에서의 결로가 예상될 때에는 환기, 통풍, 제습의 조치를 취한다.

(3) 저온에 의한 동결이 예상되는 경우에는 충분히 용제가 휘발 될 수 있는 조치를 취한다. 다만, 화기는 절대 엄금한다.

3.4 보양 및 청소

3.4.1 보양

(1) 외벽에 석재를 부착할 때는 비나 눈 등에 노출되지 않도록 덮개를 씌운다.
(2) 동절기 공사의 경우 모르타르의 동해 또는 양생 불량의 우려가 있는 추운 날씨에는 작업을 중지하거나 타설 후 24시간 동안의 기온이 4℃ 이상 유지되도록 보온조치를 취한다.
(3) 마감면에 오염의 우려가 있는 경우에는 폴리에틸렌 시트 등으로 보양한다. 파손의 우려가 있는 모서리 등의 부위에는 나무 및 스테인리스 판·하드보드지 두께 3mm 이상으로 석재 표면에 흔적을 남기지 않는 양면 접착 테이프를 사용하여 밀봉·부착하여 보양한다.
(4) 바닥 깔기를 마친 후 모르타르가 양생되기 전에 보행을 금한다.

3.4.2 청소

3.4.2.1 화강석 공사

(1) 설치완료 후 적절한 시기에 깨끗한 물과 나일론 솔을 사용하여 부착된 이물질이나 모르타르 등을 제거한다.
(2) 오염을 방지할 필요가 있는 경우, 공사감리자의 지시에 따라 석재붙임이 끝난 켜마다 질긴 백지나 모조지 또는 하드보드지 두께 1.5mm 이상으로 풀칠하여 석재면에 보양한다.
(3) 석재면에는 원칙적으로 산류를 사용하지 않는다. 부득이하게 사용할 경우에는 부근의 철물 및 타 공정의 자재를 잘 보양한 후에 사용하고, 석재면을 깨끗한 물로 씻어내서 산분이 남아 있지 않게 한다.
(4) 실내에서 본갈기를 하는 경우에는 맑은 물 씻기 후 마른걸레로 청소한다. 바닥에 오염 방지와 광내기를 위하여 왁스를 사용하는 경우에는 먼지 등이 부착하여 오염이나 변색이 발생하지 않도록 왁스 선택에 주의한다.

3.4.2.2 대리석 공사

(1) 설치완료 후 즉시 깨끗한 물걸레와 마른걸레를 사용하여 부착된 이물질이나 모르타르 등을 제거한다.
(2) 원칙적으로 산류는 사용하지 않는다.
(3) 오염을 방지하기 위하여 대리석 붙임이 끝난 켜마다 질긴 백지나 모조지 또는 하드보드지 두께 1.5mm 이상으로 풀칠하여 대리석 면에 보양한다.

3.5 안전시공

[표 3.5-1] 습식 석재 벽설치 공사 안전시공사례

작업내용	위험포인트	안전관리대책
석재 벽설치	· 근로자가 달비계 사용 시 수직구명줄에 안전대 미착용하고 작업 중 떨어짐	· 달비계 사용 시 수직구명줄에 안전대를 체결하고 작업 실시
	· 줄눈 코킹 작업 중 공구 등이 떨어지면서하부에서 작업 중인 근로자 맞음	· 줄눈 코킹 작업 시 낙하 재해 예방을 위해 하부 근로자 통제
	· 줄눈 코킹 작업 시 달비계 로프고정 불량으로 떨어짐	· 외부 줄눈 및 코킹 작업 위해 달비계 사용 시 상부의 로프 고정 상태 확인
	· 옥상 모서리에 달비계 로프보호대 미설치에의해 로프 파단	· 옥상 모서리에달비계 로프 설치하여작업중 로프 파단 방지
	· 달비계 작업대와 고정로프의 연결부가 파단되면서 근로자 떨어짐	· 달비계 장비는 로프와 작업대 연결부 등 견고성을 사전에 확인하고 사용

- 출처 : 교육미디어-석재 및 타일 부착원의 안전대책(2014, 한국산업안전보건공단)

3.6 습식 석재 벽설치 공사 하자 사례 및 개선방안

– 출처 : 건축공사 들여다보기(2009, 서울지방국토관리청, 노성열 외)

하자 사례

- 대리석의 성분중 비산화철(FeO)이 함유된 것의 습식공사시 Cement Mortar 및 Cement Paste에 의하여 오염 발생
- Heating Coil이 바닥 밑에 깔려있는 경우 열에 의하여 변색 및 오염 가속
- 석재의 임시고정을 위한 목재쐐기로 인한 황변발생
- 석재 고정을 위한 Epoxy Bond로 인한 황변발생
- 석재설치를 위한 Metal Frame 설치시 Frame 표면 녹발생으로 석재표면 변색

》

개선 방안

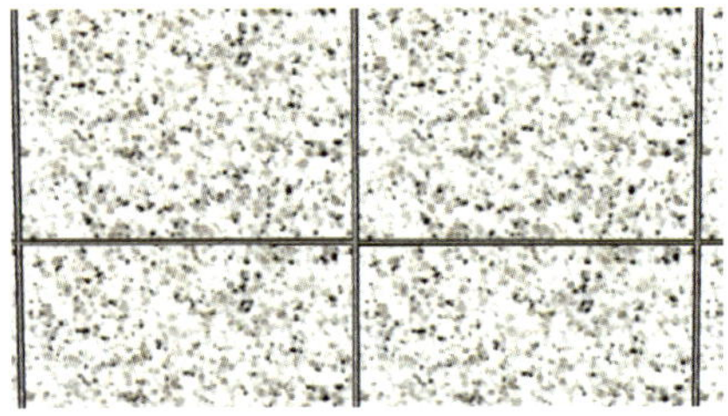

- 시공부위에 따른 석재의 성분 및 특성을 고려한 선택
- 백색계열의 대리석은 습식공법 지양
- 대리석의 배면 및 마구리면에 발수제 도포
- 석재의 임시고정 및 줄눈폭 유지를 위한 목재쐐기 사용지양 및 사용이 불가피할 경우 줄눈마감전 반드시 제거
- 석재 고정을 위해 Metal Truss 설치시 용접부위 녹막이 철저
- Epoxy Bond 사용시 주제와 경화제의 정확한 배합비율 유지 및 무황변제품 사용

[그림 3.6-1] 대리석 표면 황변 현상

하자 사례

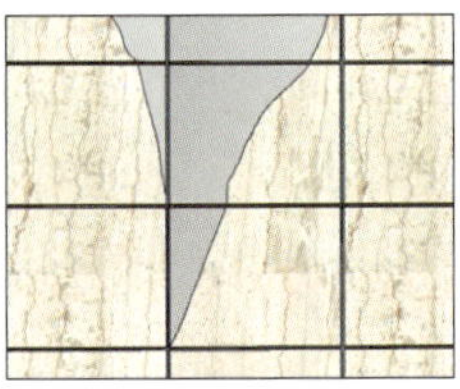

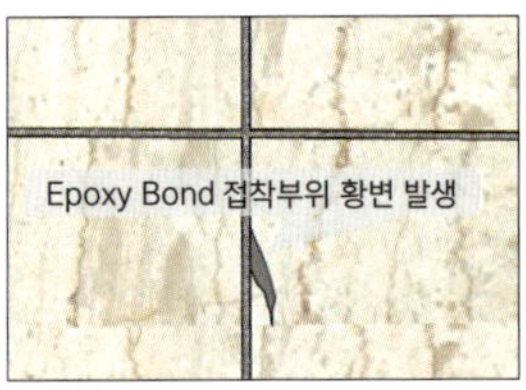

- Epoxy Bond의 주제와 경화제의 잘못된 배합으로 경화되지 않아 석재오염 발생
- –5°C 이하 배합시 반응열이 중단되어 경화되지 않아 석재오염 발생

》

개선 방안

- 주제와 경화제의 1:1 배합비 준수 및 충분한 혼합 후 시공
- 동절기 시공 시 주제와 경화제의 반응열은 –5°C 이하의 기온에서는 중단되므로 보온 철저
- 석재 고정시 Epoxy Bond의 최소 사용 및 무황변 제품 사용

[그림 3.6-2] 석재표면 Epoxy Bond로 인한 오염

4 시공예시도

■ 습식석재벽설치 조립분해도

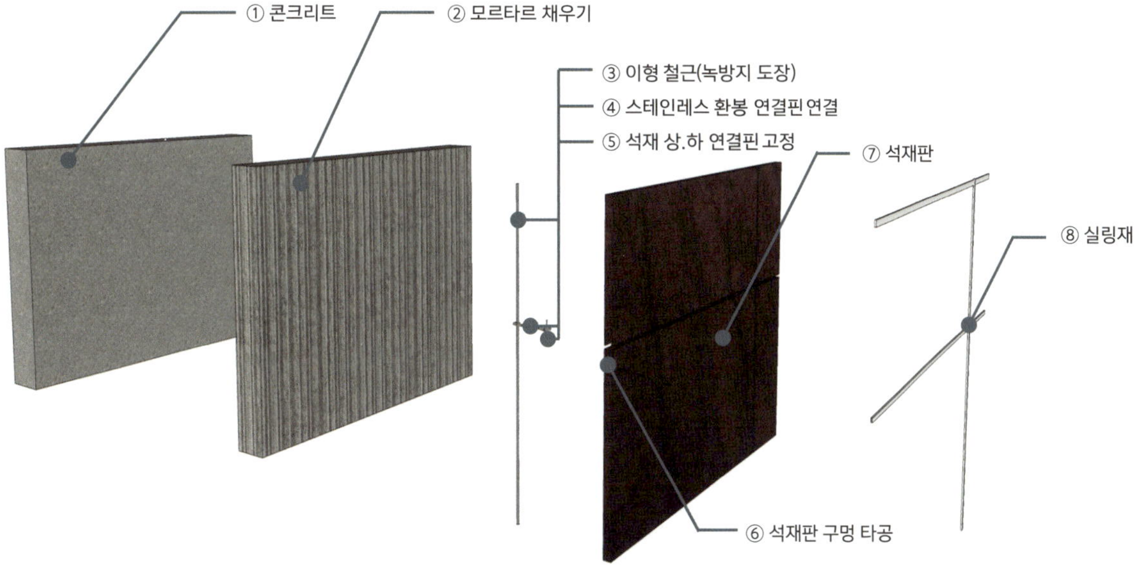

■ 습식석재벽설치 상세도

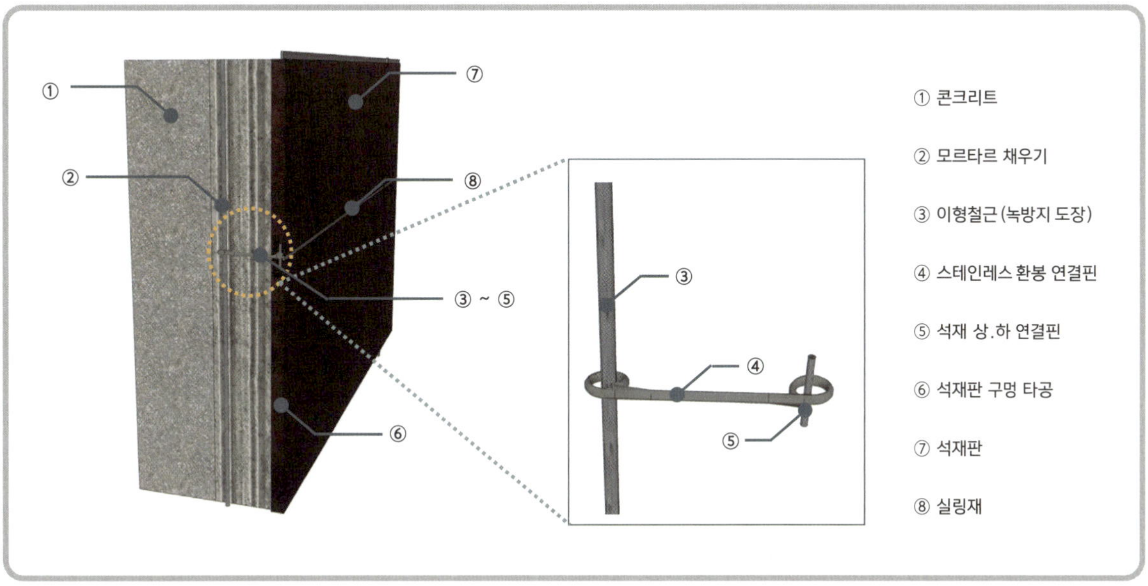

CHAPTER 8

03

SBCS 41 90 35 15

건식 석재 벽설치

1 일반사항

1.1 적용범위

(1) 이 기준은 건축공사에 있어서 석공사를 필요로 하는 부위에 건식 석재를 사용하여 시공하는 건식 석재 공사에 적용한다.

CHECK 01 ▶

건식 석재공사 공법의 종류

- Anchor 긴결 공법
- 강재 Truss 공법
- Open joint 공법

시공순서

❶ 석재반입 및 가공
❷ 모체에 연결철물 설치
❸ 석재설치
❹ 핀홀 에폭시 충전
❺ 실링재 줄눈설치
❻ 보양

<출처> 건축시공 제2판 (2009, 노인철)

1.2 건식 석재공사 일반 CHECK 01

(1) 건식 석재공사는 석재의 하부는 지지용으로, 석재의 상부는 고정용으로 설치하되 상부 석재의 고정용 조정판에서 하부 석재와의 간격을 1mm로 유지하며, 촉구멍 깊이는 기준보다 3mm 이상 더 깊이 천공하여 상부 석재의 중량이 하부 석재로 전달되지 않도록 한다.

(2) 화강석은 *SBCS 41 90 35 10 (표 2.1-1)*에 따른다.

(3) 석재의 색상 · 석질 · 가공형상 · 마감 정도 · 물리적 성질 등이 동일한 것으로 한다.

(4) 화강석 특유의 무늬를 제외한 눈에 띄는 반점 등을 제거하며, *SBCS 41 90 35 10 (2.1(7))*에 준하여 견본품을 제출하여 공사감리자의 확인을 받도록 한다.

(5) 건식 석재 붙임공사에는 석재 두께 30mm 이상을 사용하며, 구조체에 고정하는 앵글은 석재의 중량에 의하여 하부로 밀려나지 않도록 심페드를 구조체와 앵글 사이에 끼우고 단단히 너트를 조인다.

(6) 건식 석재 붙임공사에 사용되는 모든 구조재 또는 트러스 철물은 반드시 녹막이 처리하고 강재의 선택은 시공도에 따른다.

(7) 건식 석재붙임에 사용되는 앵커(앵글, 조정판), 근각볼트, 너트, 와셔, 핀, 데파볼트, 캡(슬리브) 등은 *SBCS 41 90 35 10 (2.2)*에 준하여 사용한다.

(8) 건식 석재 붙임공사에 사용되는 끼움판은 영구적인 자재로 고온에 변형되지 않고 화재시 인체에 해로운 유독가스가 발생하지 않는 것을 사용한다.

(9) 건식 석재 붙임공사의 줄눈에는 석재를 오염시키지 않는 부정형 1성분형 변성실리콘을 사용하여 *SBCS 41 90 35 10 (2.4)*에 따른다.

(10) 석재의 구조적인 안정을 위하여 고정하중 · 풍하중 · 지진하중 · 운반설비 및 부속장치 하중, 구조물에 의한 처짐 등의 변형과 앵커, 앵커볼트, 핀 및 부재결합에 대하여 *KDS 41 00 00*에 준한 구조계산서를 책임기술자의 검토 및 확인 후 공사감리자에게 제출하여 승인받는다.

(11) 석재 내부의 마감면에서 결로가 생기는 경우가 많으므로 습기가 응집될 우려가 있는 부위의 줄눈에는 눈물구멍 또는 환기구를 설치하도록 한다.

1.3 참고 기준

(1) 건식 석재 벽설치의 참고기준은 *KCS 41 35 01 (1.3)*에 따르며, 추가사항은 다음과 같다.
① SBCS 41 90 35 10 습식 석재 벽설치

1.4 용어의 정의

(1) 건식 석재 벽설치의 용어의 정의는 *KCS 41 35 01 (1.4)*에 따른다.

1.5 제출물

(1) 공사계약문서 및 이 시방서의 일반사항에서 정한 바에 따라 다음 사항을 제출하여 공사감리자의 확인을 받도록 한다.

① 제품 관련자료: 각 종류별 석재, 보강철물 및 기타 소요자재와 관련된 제품설명서, 카탈로그, 기술자료, 시공지침서 포함

② 시공도: 제작도 및 절단, 부분가공, 마감 상세를 포함한 설계도면

③ 견본: 각 종류별 석재는 KS F 2530에 규정된 것과 동등 이상의 석재 견본품 및 설계도면에 의한 보강철물, 실링재 및 기타 소요자재 포함

④ 기타: 계약조건 및 이 시방서의 일반사항에서 정한 경우 또는 별도로 지정한 바에 따라 성분(물리) 시험 분석보고서, 및 품질보증서 제출

(2) 제출사항의 규격, 형식, 시기 및 절차는 일반사항에서 정한 바에 따르고, 공사감리자의 확인을 받은 설계도면, 견본품 및 관련 자료 등은 지정된 기간 동안 정해진 관리기준에 따르도록 유지・관리하여야 한다.

1.6 현장조건

1.6.1 환경요구사항

(1) 동절기의 습식시공은 5℃ 이상 건식시공은 -10℃ 이상에서 실시하는 것을 원칙으로 하며, 이외의 경우에는 동절기 시공계획서(winterization plan)를 작성하여 공사감리자의 확인을 받은 후 실시한다.

2 자재

*SBCS 41 90 35 10 (2. 자재)*에 따른다.

3 시공

3.1 앵커 긴결공법 CHECK 02

(1) 먼저 시공 개소에 시공도에 의하여 구조체에 수평실을 쳐서 연결철물의 장착을 위한 세트 앵커용 구멍을 45mm 정도 천공하여 캡이 구조체보다 5mm 정도 깊게 삽입하여 외부의 충격에 대처한다.
(2) 연결철물은 석재의 상하 및 양단에 설치하여 하부의 것은 지지용으로, 상부의 것은 고정용으로 사용하며 연결철물용 앵커와 석재는 핀으로 고정시키며 접착용 에폭시는 사용하지 않는다.
(3) 도면 및 공사시방서에 앵커의 종류, 특성 등이 따로 정한 바가 없을 때에는 설치 시의 조정과 층간 변위를 고려하여 핀 앵커로 1차 연결철물(앵글)과 2차 연결철물(조정판)을 연결하는 구멍 치수를 변위 발생 방향으로 길게 천공된 것으로 간격을 조정한다.
(4) 판석재와 철재가 직접 접촉하는 부분에는 적절한 완충재(kerf sealant, setting tape 등)를 사용한다.
(5) 시공도에 따라 설치 방향대로 한 장씩 설치한 후 다음과 같은 항목에 대하여 확인한다.
① 상세 시공도면과 실제 설치된 규격
② 줄눈의 각도, 수평상태
③ 하부 석재와 상부 석재의 공간 유지 확보 유무
④ 석재의 형상 · 모서리 상태 · 연결철물 주위의 상태 등
⑤ 설치 후 판재가 완전히 고정되었는지 여부
⑥ 이미 설치된 하부 석재가 상부를 시공함으로써 변형되었는지 여부 등

◀ CHECK 02
앵커 긴결공법의 특징
- 백화현상 우려 없음
- 건물의 자중이 상대적으로 적음
- 공기단축 가능
- 충격에 약함
- 부자재비가 많이 소요

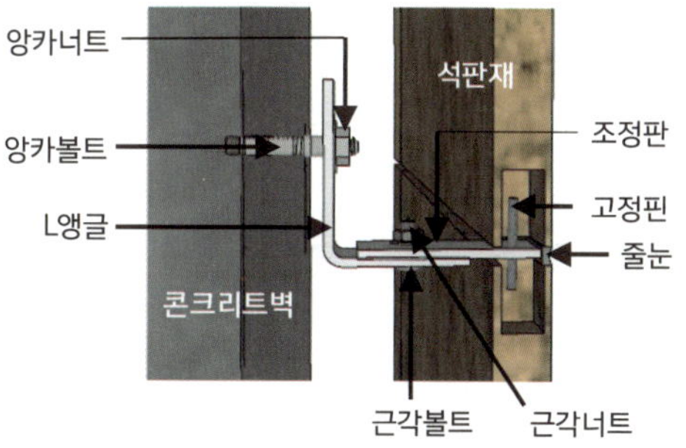

[그림 3.1-1] 앵커 긴결공법 시공 상세도

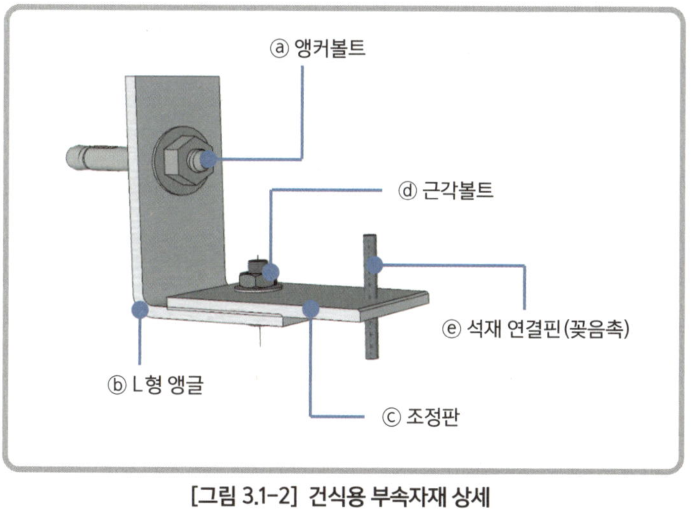

[그림 3.1-2] 건식용 부속자재 상세

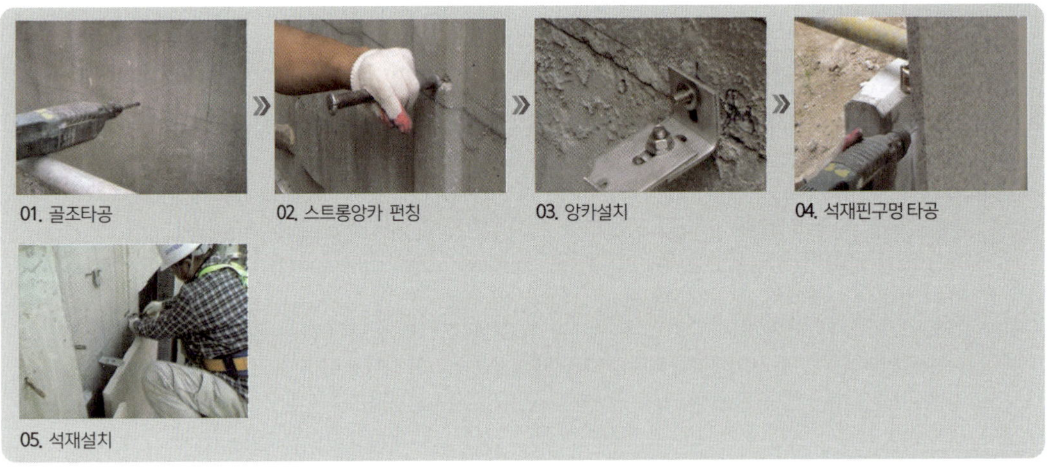

[사진 3.1-1] 앵커 긴결공법 시공 예시도

3.2 발수공사

(1) 발수공사의 시공은 *SBCS 41 90 35 10 (3.3)*에 따른다.

3.3 보양 및 청소

(1) 마감면에 오염의 우려가 있는 경우에는 폴리에틸렌 시트 등으로 보양한다. 파손의 우려가 있는 모서리 등의 부위에는 나무 및 스테인리스 판 · 하드보드지 두께 3mm 이상으로 석재 표면에 흔적을 남기지 않는 테이프를 사용하여 보양한다.
(2) 설치완료 후 즉시 깨끗한 물로 세척하되 염산류를 사용하지 않는다.

CHECK 03 ▼
강재 트러스 지지공법 특징
- 비계 설치 불필요
- 설치용 양중장비 필요
- 기계화 설치작업으로 공기단축 가능
- 습기에 의한 부식 우려

3.4 강제 트러스 지지공법

(1) 이 공법은 구조체에 강제 트러스를 설치한 후 석재를 강재 트러스에 설치해 나가는 공법을 말한다.
(2) 트러스 제작 및 석재의 부착, 줄눈시공, 검사 및 시험 등은 시공도 및 공사시방서에 따른다.
(3) 강제 트러스와 구조체의 응력전달체계, 트러스와 트러스 사이에 설치될 창호의 하중에 의한 처짐 검토 등에 대한 *KDS 41 00 00*에 준한 구조계산서를 책임기술자의 검토 및 확인 후 공사감리자의 확인을 받도록 한다.

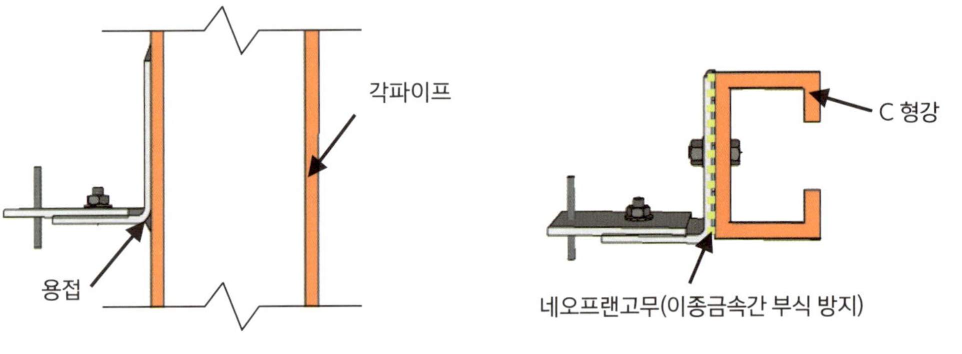

· 석재와 구조체가 없는 벽을 일체화하기 위해 철재 트러스에 석재를 설치하는 공법
· 수직재는 주로 각파이프와 H형강을 사용하며, 수평재는 C형강과 L형강 등을 사용

[그림 3.4-1] 강재 트러스 지지공법 시공 상세도 CHECK 03

3.5 건식 석재 벽설치 공사 하자 사례 및 개선방안

하자 사례

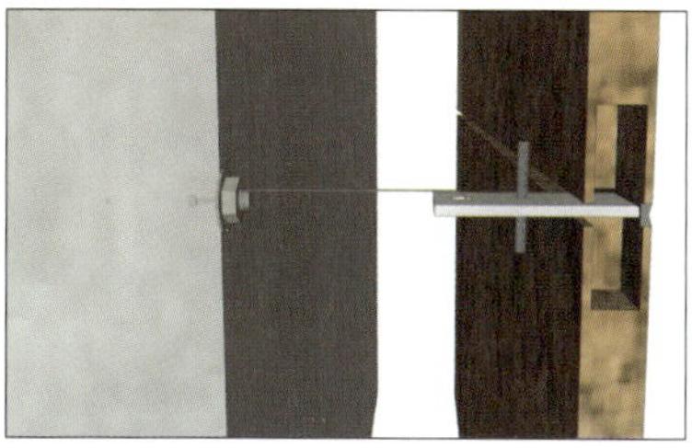

· 벽체의 석재 붙임을 앙카철물 시공없이 직경 3mm 정도 구리선을 벽체에 콘크리트 못으로 고정하고, 화강석 고정은 꽂임촉 시공없이 구리선을 석재에 에폭시본드 만으로 고정 시공 (벽체 최상부 및 최하부 일부는 파스너로 고정)

개선 방안

· 건식 돌붙임공사의 경우 벽체에 앙카용 구멍을 뚫어 앙카철물을 설치하고, 앙카 철물에 연결철물(파스너 등)을 연결하여 상하 및 양단에 설치하여 하부는 지지용으로 상부는 고정용으로 하는 것으로 설계 및 시공

[그림 3.5-1] 석재 고정 불량

하자 사례

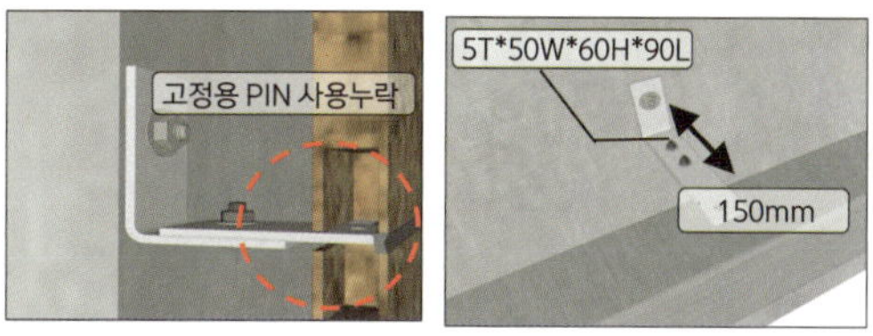

· Pin을 사용하지 않고, Epoxy Bond로 고정하여 밀림 및 변색 등 하자발생 우려
· 부적정한 규격의 긴결철물 사용으로 처짐 및 탈락 우려
· 과소한 길이의 앵글사용으로 처짐 및 탈락 우려
· 앵글긴결철물의 밀착시공으로인한 상부석재 하중전달로 구조적 문제발생

개선 방안

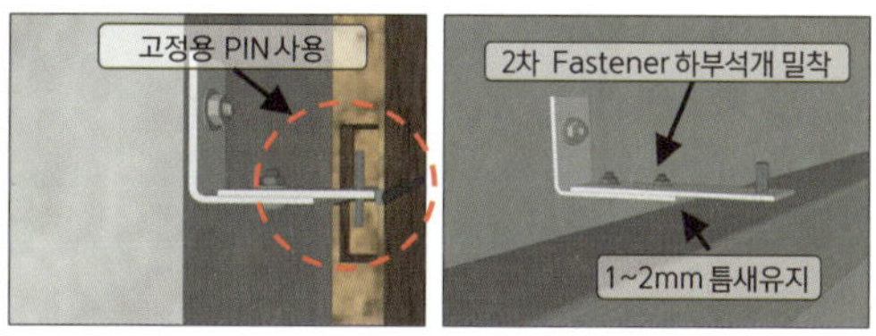

· 긴결철물(파스너)은 석재 규격에 따른 중량 및 마감거리에 따라 구조검토후 적정한 규격 사용
· 1차 Fastener는 석재 배면에서 약 20mm 떨어진 길이가 적정
· 앵글긴결철물은 상부의 석재의 하중만을 부담하도록 구조검토되어 하부의 석재와는 반드시 이격

[그림 3.5-2] 앵글긴결공법 부적합 사례

하자 사례

· 외벽 석재 시공 시 조정판 미사용(앵글과 에폭시 본드만 시공)하여 탈락

개선 방안

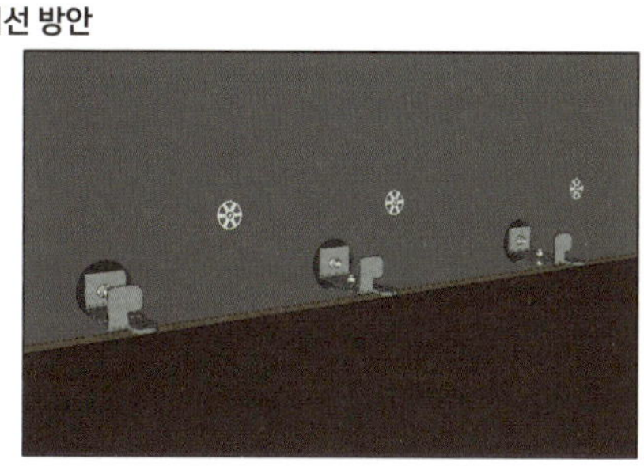

· 외벽 석재 시공 시 앵글과 조정판 및 핀(석재연결핀)으로 고정시키며, 접착용 에폭시는 사용하지 않음

[그림 3.5-3] 외벽 석재 탈락

- 출처 : 건축공사 들여다보기(2009, 서울지방국토관리청, 노성열 외)

4 시공예시도

■ 건식석재벽설치 조립분해도

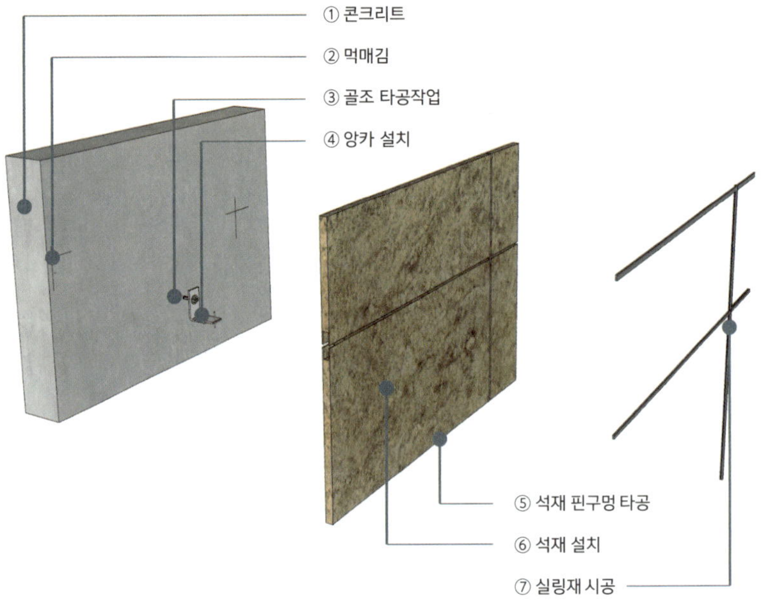

■ 건식석재벽설치 상세도

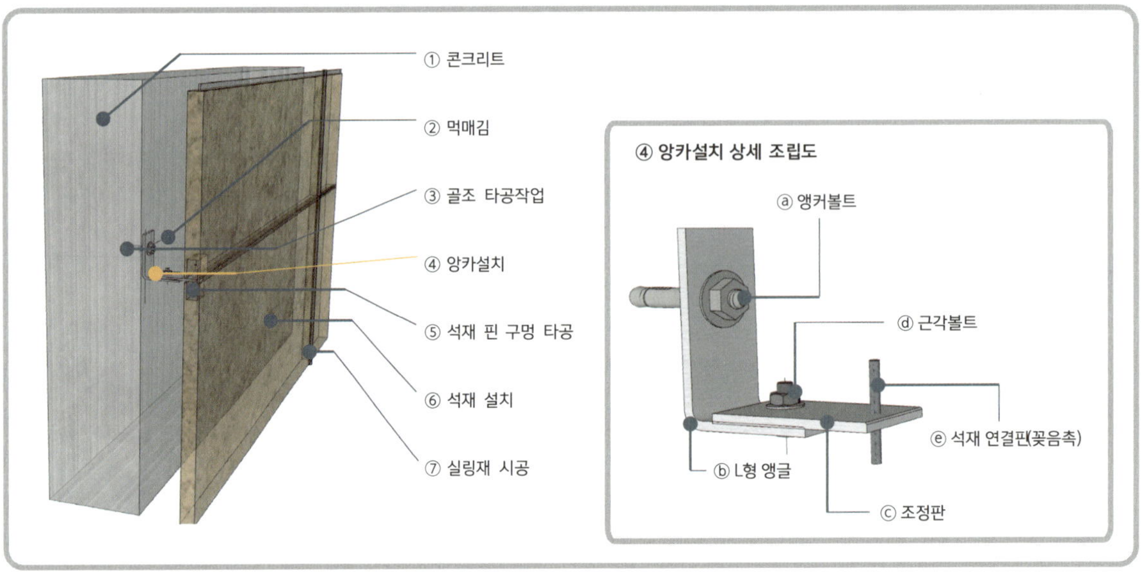

■ [시공 사진] 조립분해도 ① 콘크리트 ~ ⑦ 실링재 시공

01. 콘크리트 위 먹줄 그리기

02. 콘크리트 타공

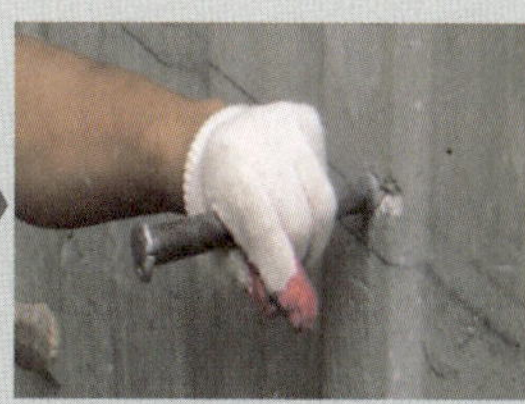
03. 스트롱앙카 펀칭

04. 앙카 설치

05. 석재 핀구멍 타공

06. 석재 고정 및 고정핀 설치

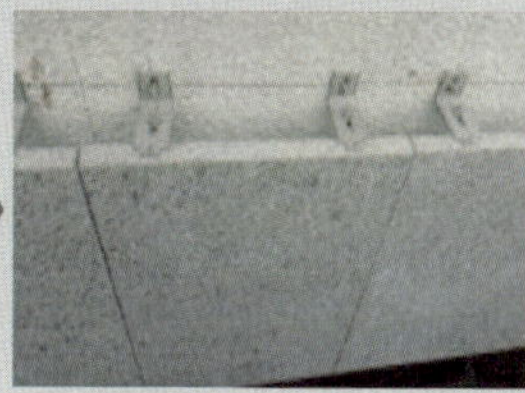
07. 석재 설치 완료

08. 실링재 시공 후 보양

SAMOOC.M.
Creative Management

REFERENCE
참고문헌

SBCS 41 90 01 00 소규모 건축공사 총칙

Specification (시방서)
- 표준시방서, KCS 10 10 05 : 2016, 공사일반
- 표준시방서, KCS 10 10 20 : 2016, 자재관리
- 표준시방서, KCS 10 10 35 : 2016, 시공 및 준공요건
- 한국토지주택공사 전문시방서, LHCS 10 10 05 25 : 2020, 건축공사 일반

Reference (참고문헌)
- 야간 건설공사 안전보건작업 지침, 한국산업안전보건공단, 2016
- 동절기 건설현장안전보건 가이드라인, 한국산업안전보건공단, 2016
- 가연성 자재 등의 보관 가이드라인, 한국산업안전보건공단, 2018

SBCS 41 90 02 00 소규모 건축공사 일반사항

Specification (시방서)
- 표준시방서, KCS 41 10 00 : 2016, 건축공사 일반사항

Reference (참고문헌)
- 고용노동부, 산업안전보건법 시행규칙, 별표6, 국가법령정보센터, 2021
- 고용노동부, 건설공사발주자 기술지도 계약의무제 시행에 따른 건설재해예방 지도계약 안내, 2022
- 신상욱, 건축시공의 이해, 1장 총론, 1-9. 안전관리, 도서출판지식공감, 2020

SBCS 41 90 02 05 패시브 건축자재 및 시공

Specification (시방서)
- 공사(특기) 시방서, ㈜스타빌 엔니지어링, 열교차단재 시방서, 2021
- 공사(특기) 시방서, ㈜제로하우스, 제품규격서(시방서) : 건축용 경량 단열블록(인슈블록), 2018
- 공사(특기) 시방서, ㈜프로클리마, 시방서 : 내/외부용 창호 기밀테이프, 팽창 테이프, 가변형 투습방습지, 지붕/벽체 투습방습지, 2020
- 공사(특기) 시방서, ㈜티푸스코리아, 다세대 빌라(은평구 불광동) 현장, 2020
- 공사(특기) 시방서, ㈜이비엠리더, 수성구청 서측별관 그린 리모델링 공사 - 건축공사시방서, 2-11. 외부전동블라인드 공사, 2017

Reference (참고문헌)
- ㈜이지아이비스, EZBlock 시공 매뉴얼, 서산주택(인지면 둔당리) 현장, 2021
- 사단법인 한국패시브건축협회(PHIKO) & ZARIM ENC Architects, 외단열미장마감공법 설계 및 시공 지침 Ver.1.5, 2015
- 경기도 공고 제2021-903호, 태양광 발전설비 설치 및 유지관리 가이드라인, 경기도, 2021

SBCS 41 90 02 10 패시브 및 제로에너지건축물 인증

Reference (참고문헌)
- 국토교통부, 건축물의 에너지절약설계기준, 2018
- 국토교통부, 건축물 에너지효율등급 인증 및 제로에너지건축물 인증 기준, 2020
- 한국여과기공업협동조합 단체표준, 공조용 에어필터, SPS KFIC 0004: 2017

SBCS 41 90 20 05 토공사

Specification (시방서)
- 공사(특기) 시방서, 은한건축사사무소, 토공사, 2020
- 한국토지주택공사 전문시방서, LHCS 10 10 05 25 : 2020, 건축공사 일반

Reference (참고문헌)
- 오지환 외, 굴착 작업안전, 04 안전시공사례, 한국산업안전공단, 2008
- 한국산업안전보건공단, 부대토목작업(부대토목 옹벽시공, 구내포장) 교안, 건설분야 교육자료, 2009
- 노성열 외, 건축공사 들여다보기, 제2장 토공사, 서울교통부 서울지방국토관리청, 2006
- 배영수, 건축시공 현장실무, 제2장 기초공사, 좋은땅, 2020
- 노인철, 건축시공 제2판, 제3장 토공사, 문운당, 2009

SBCS 41 90 20 10 직접기초공사

Specification (시방서)
- 공사(특기) 시방서, ㈜삼우씨엠건축사사무소, A03010 직접기초공사, 2019

Specification (시방서)
- 공사(특기) 시방서, ㈜삼우씨엠건축사사무소, 철근콘크리트 공사, 2017
- 표준시방서, KCS 41 40 16 : 2016, 수팽창 지수재 및 지수판 공사
- 콘크리트구조 철근상세 설계기준, KDS 14 20 50: 2021, 철근의 최소피복 두께 기준

· 한국토지주택공사 전문시방서, LHCS 10 10 05 25 : 2020, 건축공사 일반

Reference (참고문헌)

· 오지환 외, 거푸집 작업안전, 04 안전시공사례, 한국산업안전보건공단, 2008
· 오지환 외, 철근 작업안전, 04 안전시공사례, 한국산업안전보건공단, 2009
· 오지환 외, 콘크리트 작업안전, 04 안전시공사례, 한국산업안전보건공단, 2009
· 노인철, 건축시공 제2판, 제5장 철근콘크리트공사, 문운당, 2009

SBCS 41 90 31 05 경량철골 구조공사

Specification (시방서)

· 공사(특기) 시방서, ㈜삼우씨엠건축사사무소, A05050 경량철골, 2019
· 한국토지주택공사 전문시방서, LHCS 10 10 05 25 : 2020, 건축공사 일반

Reference (참고문헌)

· 정상진 외, 건축시공, 그림으로 보는 착공에서 준공까지, 기문당, 2019
· ㈜대우건설, 건설기술지침 Rev.2, 건축 I, Chapter 8. 철골공사, 철골조립_일반사항, (사)대한건축학회, 2019
· 노동부/한국산업안전공단, 사망재해 다발작업 안전대책: 철골구조 설치작업 편, 2006
· ㈜대우건설, 건설기술지침 Rev.2, 건축 I, Chapter 8. 철골공사, 철골조립_용접공사, (사)대한건축학회, 2019
· 정용식 외, NCS(국가직무능력표준)을 적용한 건축시공, 제9장 철골공사, 제2절, 2.1 현장 안전관리계획, 기문당, 2017
· 정용식 외, NCS(국가직무능력표준)을 적용한 건축시공, 제9장 철골공사, 제1절, 4.4 용접 접합, 기문당, 2017
· 정용식 외, NCS(국가직무능력표준)을 적용한 건축시공, 제9장 철골공사, 제2절, 3.2 품질관리계획, 기문당, 2017
· 정용식 외, NCS(국가직무능력표준)을 적용한 건축시공, 제9장 철골공사, 제2절, 3.3 공정관리계획, 기문당, 2017
· 김영석 외, NCS 학습모듈, 경량철골시공 안전관리, 한국직업능력개발원, 2016
· 노성열 외, 건축공사 들여다보기, 제6장 철골공사, 서울교통부 서울지방국토관리청, 2006
· 노인철, 건축시공 제2판, 제6장 철골공사, 문운당, 2009
· 서종원 외, 복합단열벽체 적용 주택의 냉방부하에 관한 연구, 설비공학논문집, 33(6), 2021

SBCS 41 90 33 05 수장 목공사

Specification (시방서)

· 서울특별시 전문시방서, SMCS 41 33 07 : 2018, 수장 목공사
· 표준시방서, KCS 41 33 01 : 2016, 목공사 일반
· 공사(특기) 시방서, ㈜삼우씨엠건축사사무소, A09020 수장 목공사, 2019
· 한국토지주택공사 전문시방서, LHCS 41 33 01 10 : 2020, 의장 목공사

Reference (참고문헌)

· 김창훈 외, 스마트 건축시공, 제8장 목공사, 기문당, 2021
· 정용식 외, NCS(국가직무능력표준)을 적용한 건축시공, 제17장 목공사, 제1절, 2.2 목재 가공 재료 종류, 기문당, 2017
· 정용식 외, NCS(국가직무능력표준)을 적용한 건축시공, 제17장 목공사, 제2절, 4.1 벽체 수장 공사, 기문당, 2017
· 정용식 외, NCS(국가직무능력표준)을 적용한 건축시공, 제17장 목공사, 제2절, 4.2 천장틀 수장 공사, 기문당, 2017
· 정용식 외, NCS(국가직무능력표준)을 적용한 건축시공, 제17장 목공사, 제2절, 2. 사례현장 시공현장 안전, 기문당, 20170
· 오지환 외, 위험기계기구 작업 안전1, 04 위험성 평가 우수사례, 한국산업안전보건공단, 2008
· 박문재 외, 목조건축 시공기준, 제1장 목공사 일반, 국립산림과학원, 2011
· ㈜대우건설, 건설기술지침 Rev.2, 건축 II, Chapter 17. 수장공사, 목공사-일반사항, (사)대한건축학회, 2019

SBCS 41 90 33 10 경골목조공사

Specification (시방서)

· 표준시방서, KCS 41 33 03 : 2016, 경골목조공사
· 표준시방서, KCS 41 33 01 : 2016, 목공사 일반

Reference (참고문헌)

· 김창훈 외, 스마트 건축시공, 제8장 목공사, 기문당, 2021
· 정용식 외, NCS(국가직무능력표준)을 적용한 건축시공, 제17장 목공사, 제2절, 3.3 사례현장

목구조체 제작 및 설치 계획, 기문당, 2017
· 신상욱, 건축시공의 이해, 9장 목공사, 9-1. 목공사, 도서출판지식공감, 2020
· 박문재 외, 목조건축 시공기준, 제1장 목공사 일반, 국립산림과학원, 2011
· ㈜대우건설, 건설기술지침 Rev.2, 건축 II, Chapter 17. 수장공사, 목공사-일반사항, (사)대한건축학회, 2019
· 박문재 외, 목조건축 시공기준, 제3장 경골목조공사, 국립산림과학원, 2011

SBCS 41 90 33 15 대단면 목조공사

Specification (시방서)

· 표준시방서, KCS 41 33 04 : 2016, 대단면목조공사
· 표준시방서, KCS 41 33 01 : 2016, 목공사 일반

Reference (참고문헌)

· 박문재 외, 목조건축 시공기준, 제4장 대단면목조공사, 국립산림과학원, 2011

SBCS 41 90 34 05 벽돌공사

Specification (시방서)

· 표준시방서, KCS 41 34 02 : 2016, 벽돌공사
· 한국토지주택공사 전문시방서, LHCS 41 34 02 05 : 2020, 외부치장점토벽돌
· 한국토지주택공사 전문시방서, LHCS 10 10 05 25 : 2020, 건축공사 일반

Reference (참고문헌)

· 오지환 외, 조적, 미장 및 견출 작업안전, 04 안전서공사례, 한국산업안전보건공단, 2009
· 노성열 외, 건축공사 들여다보기, 제10장 조적공사, 서울교통부 서울지방국토관리청, 2006
· 건축공사표준시방서 해설(조적·석공사), 07015 벽돌공사, 대한건축학회, 2009
· 노인철, 건축시공 제2판, 제7장 벽돌 및 블록공사, 문운당, 2009

SBCS 41 90 34 10 블록공사

Specification (시방서)

· 표준시방서, KCS 41 34 05 : 2016, 블록공사
· 표준시방서, KCS 41 34 06 : 2016, 단순조적블록공사
· 표준시방서, KCS 41 34 07 : 2016, 보강 블록공사
· 한국토지주택공사 전문시방서, LHCS 41 34 05 05 : 2020, 콘크리트스플릿블록

SBCS 41 90 34 15 기타 조적공사

Specification (시방서)

· 표준시방서, KCS 41 34 09 : 2016, ALC 블록공사

SBCS 41 90 35 05 석재 바닥깔기

Specification (시방서)

· 한국토지주택공사 전문시방서, LHCS 41 35 01 05 : 2020, 석재바닥깔기

Reference (참고문헌)

· 노성열 외, 건축공사 들여다보기, 제12장 석공사, 서울교통부 서울지방국토관리청, 2006
· 노인철, 건축시공 제2판, 제8장 석공사, 문운당, 2009

Reference (참고문헌)

· 한국산업안전보건공단,교육미디어 - 석재 및 타일 부착원의 안전대책, 2014
· 노성열 외, 건축공사 들여다보기, 제12장 석공사, 서울교통부 서울지방국토관리청, 2006
· 노인철, 건축시공 제2판, 제8장 석공사, 문운당, 2009

SBCS 41 90 35 15 건식 석재 벽설치

Specification (시방서)

· 표준시방서, KCS 41 35 01 : 2016, 석공사 일반
· 표준시방서, KCS 41 35 06 : 2016, 건식 석재공사

Reference (참고문헌)

· 노성열 외, 건축공사 들여다보기, 제12장 석공사, 서울교통부 서울지방국토관리청, 2006
· 노인철, 건축시공 제2판, 제8장 석공사, 문운당, 2009

[대표저자]
삼우CM 신규사업팀
김재문 이사
고원경 대리

[공동저자]
삼우CM 신규사업팀
박정민 부장
김재희 차장
남승훈 차장
장현호 차장
이두환 차장
전완표 과장
우상희 대리
변지연 사원
고예은 사원
삼우CM 기술연구소

[감수]
삼우CM 신규사업팀
박동환 팀장
삼우CM 기술연구소
한석재 이사

기후위기, 탄소중립을 대응하는

올바른 건축시공 가이드북(1편)

2025년 2월 10일 1쇄 발행

엮은이 (주)삼우씨엠건축사사무소
발행인 (주)삼우씨엠건축사사무소
발행처 시공문화사 Spacetime Pub.
편집/디자인 아키스토리 jade-comm@hanmail.net

등록 1993년 3월 12일
주소 서울시 서대문구 독립문공원길 13 극동프라자 5층

전화 02) 3147-1212
팩스 02) 3147-2626

http//www.spacetime.co.kr
spacetime@korea.com

ISBN 978-89-5592-486-2
정가 38,000원